乡村振兴战略之乡村人才振兴

农村实用技术人才培训教程

王　磊　王海峰　戴冠明　主编

中国农业大学出版社
·北京·

内容简介

本书共分六章：第一章介绍了小麦、玉米、水稻等主要作物栽培技术；第二章介绍了黄瓜、番茄、茄子、辣椒、瓜类等设施蔬菜栽培技术；第三章介绍了果树高效丰产栽培技术；第四章介绍了肉猪、羊、鸡的养殖技术；第五章介绍了池塘水产养殖技术；第六章介绍了生态农业模式及配套技术。本书可供广大基层农业管理者、农业技术人员学习参考，亦可用作新型农业经营主体和新型职业农民的培训教材。

图书在版编目(CIP)数据

农村实用技术人才培训教程/王磊，王海峰，戴冠明主编. —北京：中国农业大学出版社，2018. 7(2022. 1 重印)

ISBN 978-7-5655-2062-4

Ⅰ. ①农… Ⅱ. ①王…②王…③戴… Ⅲ. ①农业技术-技术培训-教材 Ⅳ. ①S

中国版本图书馆 CIP 数据核字(2018)第 166796 号

书　　名　农村实用技术人才培训教程

作　　者　王　磊　王海峰　戴冠明　主编

策划编辑　林孝栋　　**责任编辑**　石　华

封面设计　郑　川

出版发行　中国农业大学出版社

社　　址　北京市海淀区圆明园西路 2 号　　**邮政编码**　100193

电　　话　发行部 010-62818525，8625　　读者服务部 010-62732336

编辑部 010-62732617，2618　　出　版　部 010-62733440

网　　址　http://www.caupress.cn　　**E-mail** cbsszs@cau.edu.cn

经　　销　新华书店

印　　刷　涿州市星河印刷有限公司

版　　次　2018 年 8 月第 1 版　　2022 年 1 月第 4 次印刷

规　　格　850 mm×1 168 mm　32 开　10.125 印张　250 千字

定　　价　39.80 元

编委会

主　编　王　磊　王海峰　戴冠明

副主编　熊明国　王　静　林菊连　王　亮
周巍然　舒伍星　李　嫣　张瑞波

编　委　张启华　黄佑刚　倪　丹　张　蔓
张建文　高　敏　王克春

前　言

我国已进入由传统农业向现代农业转型的关键时期,大量先进的农业技术、农业设施设备以及现代化的经营理念被引入农业生产的各个领域。为适应这种变化,农业各产业迫切需要大量的高素质新型职业农民。基于为使农业从业人员的文化素质和职业技能得到提高,我们在编写本书时注重结合当地农业生产实际、农村经济现状等因素,重点介绍了有关农业产业的成熟技术、有推广前景的新技术和新型职业农民必备的基础知识。

本书共分六章:第一章介绍了小麦、玉米、水稻等主要作物栽培技术;第二章介绍了黄瓜、番茄、茄子、辣椒、瓜类等设施蔬菜栽培技术;第三章介绍了果树高效丰产栽培技术;第四章介绍了肉猪、羊、鸡的养殖技术;第五章介绍了池塘水产养殖技术;第六章介绍了生态农业模式及配套技术。

由于时间较为仓促,本书难免存在不足和错误之处,恳请广大读者批评指正,以便修正和完善。

编者

2018 年 5 月

目　录

第一章　主要农作物栽培技术

第一节　小麦高产栽培技术

一、选好品种

根据茬口衔接，扩大半冬性小麦品种，减少春性品种，挖掘品种单产潜力。早中茬品种以周麦 32、百农 207、百农 4199、存麦 11、皖麦 50、皖麦 52、皖麦 53、淮麦 25、百农 AK58、泛麦 5 号、邯 6172、豫麦 70-36、濮麦 9 号、阜麦 936 为主；晚茬品种以春性的郑麦 9023、偃展 4110 为主。郑麦 9023 要严格掌握播期，搞好技术配套，继续扩大示范周麦 22、济麦 22、淮麦 22、烟农 19、新麦 18、开麦 18、连麦 2 号等半冬性品种。

二、科学播种技术

（一）推广测土配方施肥技术

常言说“三追不如一底，年外不如年里。”“麦喜胎里富，底肥是基础。”小麦施足底肥之所以重要，其原因是多方面的，具体如下。

一是与小麦生长期长、幼穗分化期长有关。首先，小麦从种到收要经历 220 余天，生育期长；其次，小麦幼穗分化从小麦分蘖期（11 月中旬）一直到小麦孕穗期，长达 5 个月之久，如果没有足够的底肥就不能够实现高产。

二是小麦营养临界期来得较早。小麦的磷素临界期为二叶一心，氮素的临界期为三叶一心。如果土壤养分比例失调，很容易影响小麦苗期的生长发育。

三是与小麦底肥施入各种肥料的性质有关。首先，有机肥只有深施于土壤中才有利于分解和利用；其次，磷肥、钾肥在土壤中移动性小，必须施于小麦根系活动层内才便于吸收利用；最后，氮肥的挥发性大，只有深施于耕作层内才有利于提高肥料利用率。

一些地方在底肥的施用上还存在许多不合理的现象：首先，部分农民重视化肥，轻视有机肥使用的做法导致了部分土壤有机质含量偏低，影响了小麦产量的进一步提高。其次，在底肥的施用上，部分农户存在重磷轻钾或重氮轻钾的现象。最后，部分麦田底肥施用量偏大，追肥量偏少，甚至不追肥，采取"一炮轰"的施肥方法。所有这些现象都不利于小麦实现高产。

综上所述，底肥的施用必须坚持走有机与无机相结合，用地与养地相结合的路子，而且底肥要坚持以增施有机肥为主的原则。因此，高产田要实行秸秆还田，并要求秸秆还田的麦田应增施尿素 5 kg/亩左右，以利于土壤中的秸秆加快分解和利用。如果没有实行秸秆还田，就应施优质农家肥 2 000 kg/亩以上，以达到改良土壤、培肥地力，促使小麦高产的目的。实行测土配方平衡施肥，合理确定施肥总量，采取"以产定氮，测土定磷钾，因缺补微，按需施肥"的指导原则，结合当地土壤化验结果以及不同的产量目标，底肥采取以下方案。

方案一：施有机肥 3～4 m^3/亩，施尿素 25～30 kg/亩配过磷酸钙(12%)40～50 kg/亩和 5～10 kg/亩氯化钾或 45%复合肥 40 kg/亩配尿素 10～15 kg/亩。

方案二：施有机肥 3～4 m^3/亩，施用小麦测土配方肥。

①20-10-10＋$ZnSO_4\cdot 7H_2O$(0.5 kg)(50 kg)　(高产田)；

②28-12-10＋$ZnSO_4\cdot 7H_2O$(0.5 kg)(40 kg)　(低产田)；

③23-12-10＋$ZnSO_4\cdot 7H_2O$(0.5 kg)(50 kg)　(中产田)。

有机肥、磷肥、钾肥全部底施，氮肥底施 60%～70%，拔节期追施 30%～40%。在耕地前，将肥料均匀撒于地表，随深耕翻埋掩底。

（二）种子包衣和药剂拌种

这是防治小麦苗期病虫害，保证苗全、苗匀的一项重要措施。在继续加大种子包衣推广力度的基础上，因地制宜地搞好药剂拌种，具体方法如下。

一是根病发生较重的地块可每千克麦种用 10%适乐时悬浮种衣剂 25～50 mL 或 3%的戊唑醇（立克秀）100 g 拌种；二是地下害虫发生较重的地块可选用 40%甲基异柳磷乳油或 50%辛硫磷乳油按种子量的 0.2%拌种。三是病、虫混发地块可选用以上药剂（杀菌剂＋杀虫剂）混合拌种。由于拌种对小麦出苗有影响，播种量应适当加大 10%～15%。

（三）精细整地，足墒适期播种与降低播量相结合技术

1. 精细整地

实现苗齐、苗匀、苗壮是高产小麦对播前整地质量的基本要求。因此，小麦播前整地的标准必须达到“深、透、实、净、平、足”。

（1）深 “深”指深耕。其主要好处有：一是深耕可以加厚活土层，增加土壤空隙度，利于协调土壤水、肥、气、热的状况，小麦形成强大的根系和提高小麦抗旱、抗寒及抗灾夺丰收的能力。二是深耕可以将有机肥、化肥深掩入土中，土肥相融，利于提高肥料的利用率。三是深耕可以促进土壤微生物的活动和有机物的分解，利于增加土壤养分，改良土壤结构，培肥地力。因此，要指导示范户全部实行深耕，深耕达到 25 cm 以上。有条件的地方示范推广土壤深松技术，机械深松达到 35 cm，以提高整地质量。

（2）透 “透”指耕透、耙透，确保耕层无明暗坷垃。

（3）实 “实”指耙地要反复耙磨，达到耕层上虚下实，利于种子扎根出苗。

(4)净　“净”指上季作物收获后要及时灭茬保墒，灭茬质量高，并要拾净根茬。

(5)平　“平”指在整地时要达到田面平整沟直，达到耕层深浅一致，克服“大平小不平，有水浇不成”的现象。

(6)足　“足”指底墒充足。墒足不仅利于小麦苗齐、苗匀、苗壮，而且有利于减轻小麦冬季冻害，实现壮苗安全越冬。

因此，底墒充足对小麦实现高产非常重要。若墒情不足，应造墒后播种。要牢固树立抗灾夺丰收意识，立足抗灾抓秋种。在适期内，应掌握“宁可适当晚播，也要造足底墒”的原则，要立足抢播，有墒抢墒、无墒造墒，做到足墒下种。稻茬及低洼地区要大力推广机开沟，做到农田“三沟”配套，预防涝渍灾害。

2. 适期播种

小麦适期播种可以合理利用冬前的热量资源，以利于培育冬前壮苗，促使大分蘖增多，根系发达，提高分蘖成穗率，并能制造积累较多的养分，增强小麦抗逆力，为培育壮秆大穗夺取高产奠定基础。实践证明，高产麦田适期播种是实现小麦冬前壮苗的关键性措施。如果小麦播种过早，冬前积温过多，易发生冬前旺长，冬季易发生冻害；如果播种过晚，冬前苗龄小，分蘖少，易形成弱苗。

“晚播弱、早播旺，适期播种麦苗壮”就是这个道理。根据多年的生产实践，半冬性小麦品种适播期为日平均气温 16～14℃，春性品种适播期在日平均气温 14～12℃，沿淮地区半冬性小麦品种适播期为 10 月 10—20 日，10 月 20—30 日。中茬小麦应全部使用半冬性品种，力争在 10 月 20 日前播种结束，晚茬小麦使用郑麦 9023 在 10 月底至 11 月初播种结束。

3. 适量播种

在通常情况下，播种量直接决定着基本苗数，而且也与穗数密切相关。但在确定播量时，如果不考虑具体的地力、品种、播期等因素，也不考虑小麦各生育时期群体内部的光照条件、群体光合速率以及群体结构的合理与否，盲目增大播量的话，最终的产量可能会适得其反，事与愿违。因此，适宜的播量应根据地力状况、品种特性、播期早晚、种子质量以及有利于提高光能利用率等因素综合而定。

确定播量的方法应按照“以地定产，以产定穗，以穗定苗，以苗定播量”的方法确定。首先，应根据地力确定与之相适应的产量目标；其次，根据产量目标，结合品种的穗粒数、穗粒重，合理确定出计划亩穗数；再次，根据计划亩穗数，结合品种的单株成穗数确定出合理的计划基本苗数；最后，再根据计划基本苗数，结合品种的千粒重、发芽率以及实际播种条件下的田间出苗率，确定出具体的播种量。

根据主推品种情况，亩产 500 kg，要求穗数为 40 万～42 万，穗粒数为 36 万～38 万，千粒重为 42～45 g，按基本苗与成穗率 1∶2 的比例确定基本苗，有效穗数为 40 万～42 万，每亩基本苗为 20 万～21 万株。一般整地质量较好、土壤墒情充足、品种分蘖能力较强、适播期内播种的早茬麦播量应控制在墒情正常的情况下，机条播半冬性品种播种量为 10 kg/亩左右，春性品种播种量为 11 kg/亩左右，稻茬小麦撒播田块播种量也不能超过 14 kg/亩。如果适播期每推迟 2 d，其播量要增加 0.5 kg。

在生产实践上应掌握“四减四增”的原则，灵活确定播量，具体为：①适期早播减少播种量，播期推迟增加播种量。②肥水条件好减少播种量，肥水条件差适当增加播种量。③整地质量高减少播种量，整地质量差增加播种量。④土壤墒情好减少播种量，土壤墒情差适当增加播种量。

4. 适墒播种

水分是小麦种子萌发的首要条件。小麦从播种到出苗，以田间持水量的 70％～80％为宜，播种前降雨 30 mm 以上可以满足小麦出苗对水分的要求。水分低于60％，则出苗不齐；水分高于90％，容易造成烂种。

5. 适深播种

小麦播种总体要求："小麦播种要达到播深适宜，行直垄正，沟直底平，覆土一致，盖严压实"，机械条播17～20 cm，种子均匀分布。掌握适宜的播种深度是争取苗早、苗齐、苗全和苗壮的重要措施。通常播种深度以3～5 cm为宜。土壤墒情好，土质黏重，播种可浅一点，反之稍深些。遇到干旱缺墒，要造墒播种，防止播种过深。

（四）稻区推广机条播、机开沟技术

稻茬麦田土壤含水量高，土质黏重，土体结实，适耕期短，不易耕整细碎，尤其是采用畜力或动力较小的机械耕耙作业，田间坷垃大，无法采用机条播。而人工撒播存在着播种不均，播种深度不一，播量难以控制，常表现为"丛籽、深籽、露籽"，土块压种和缺苗断垄，出苗不整齐。稻茬麦不仅出苗率低，出苗不整齐，而且撒播田间空间大，易生杂草。故应改进播种方式，采用机条播，用大动力拖拉机带施肥播种机或大动力拖拉机带旋耕施肥播种一体机，也可用小四轮带条播机，播种行距为17～20 cm。

如果稻茬麦"三沟"不配套，在冬春雨水多时，则会带来田间渍害，根系生长受阻。人工开沟不仅劳动强度大，而且人工开沟的沟浅、沟不直，严重影响排水，故应采用机械开沟：既可采用手扶拖拉机带小型开沟机，开沟较直，沟底碎土较少，开沟质量较高，但作业效率较低，也可采用大动力拖拉机带圆盘式开沟机，开沟效率高，开沟较深，适合大地块作业。无论何种机械开沟，都要注意将沟土均匀撒在畦面上，切忌不能将土堆积在沟两边，以防压种过深，影响出苗。

三、冬前麦田管理技术(出苗—翌年返青期)

这一阶段是小麦生产中争早苗、全苗、壮苗,促进冬前分蘖和发根,奠定穗数的重要时期,也是为壮秆大穗打基础的时期。此阶段生长得好坏不仅影响每亩穗数的多少,而且也影响每穗粒数的多少。小麦的分蘖分为有效分蘖和无效分蘖:能生长成穗的分蘖叫有效分蘖;不能生长成穗的分蘖叫无效分蘖。根据调查,高产小麦冬前(12 月下旬)分蘖成穗率为 80%~90%,返青后的分蘖成穗率为 5%左右。分蘖出生越早,成穗率越高;分蘖出生越晚,成穗率越低。要获得足够穗数,必须促进前期分蘖发生。另外,小麦幼穗分化早,在主茎第四叶出生时,麦苗就开始幼穗分化,因此,生产上必须抓好苗期越冬管理。

冬前麦田管理的主攻方向是:促根增蘖,提高分蘖成穗率,确保小麦实现壮苗安全越冬。其主要措施如下。

(一)查苗补种和及时疏苗

在小麦出苗期应及时进行查苗补种。其行内有 10 cm 以上缺苗断垄的地段应立即带水补种,确保苗全苗匀。播种过密或出现的固堆苗,应及时进行疏苗,注意去弱留壮。

(二)冬前中耕或镇压

弱苗在冬前进行浅中耕不仅可以破除板结,消除杂草,还可以起到保墒增温、促苗生长的作用。冬前群体过大、发生旺长的麦田应采取深中耕,通过切断部分根系,达到控制分蘖滋生的目的或采取镇压措施,抑制小麦冬前的旺长趋势。

(三)适时浇好塌墒越冬水

适时浇好塌墒越冬水不仅具有踏实土壤,粉碎坷垃,促使小麦安全越冬的作用,而且可以为早春麦田提供较好的墒情,并有利于推迟高产麦田年后第 1 次肥水管理的时间,以实现氮肥后移,并为搞好春季麦田管理争取了主动。

浇塌墒越冬水时间的早晚主要看墒情、看气温、看苗情具体而定。浇塌墒越冬水主要有三种情况：一是在小麦播种时，墒情较足。但越冬前降水量较少，临近越冬期时的麦田墒情不足。这种情况主要看气温，即日平均气温为3～5℃（11月下旬）浇越冬水；二是在播种时，底墒不太足，加上播后一直无雨，小麦分蘖初期就发生了旱情。这种情况为促壮苗越冬，可于小麦分蘖期(11月上中旬)浇塌墒越冬水；三是秸秆还田地块，加上底墒不足，抢墒播种，且播后一直无雨，在出苗期就发生了旱情。这种情况可在出苗期结合查苗补种，立即浇塌墒越冬水，以塌实土壤，防止秸秆悬空和冬季冻死麦苗。底肥不足的麦田可结合浇塌墒越冬水亩追尿素5～10 kg。

（四）因地制宜施腊肥

施用肥效长而稳的有机肥为主的越冬肥（腊肥）既可培土壅根，弥合土缝，增温防冻，保苗安全越冬，又可以补充基肥、苗肥不足，增加冬季和早春土壤中速效氮的供应，促进早春分蘖和巩固分蘖成穗，还可同时增大中部叶片，增强穗分化强度，促进穗大粒多。施用技术要因苗制宜，分类促进。早麦、肥地、壮苗多施有机粗肥，以保苗安全越冬。晚苗、薄地、弱苗或早播脱肥麦苗要多施精肥，促进麦苗尽快转化，生长平衡。在高产栽培条件下，一般基、苗肥施得足，苗壮蘖多。为了避免返青拔节期间总茎蘖数过多，中部叶片过大，造成早期郁蔽，一般不宜施用越冬肥（腊肥）。

（五）化学除草

化学除草是一项省工省时、简便易行的灭草技术。要发动组织示范户在12月10日之前，气温平均为5℃以上时，全面完成化学除草。

1. 禾本科杂草为主的田块

以看麦娘、日本看麦娘、野燕麦等禾本科杂草为主的田块用6.9%骠马乳剂70 mL/亩或15%麦极可湿粉20 g/亩。

2. 以阔叶杂草为主的麦田

以猪殃殃、大巢菜等阔叶杂草为主的麦田用5.8%麦喜乳油10 mL/亩或20%使它隆乳油50 mL/亩。

3. 以禾本科杂草和阔叶杂草混生的麦田

如果田间禾本科杂草和阔叶杂草混生，可用骠马乳剂70 mL/亩，或麦极可湿粉20 g加麦喜乳油10 mL/亩混配使用。上述药剂均要进行二次稀释，加水30 kg进行茎叶喷雾。

4. 化学施药注意事项

施药要选择温暖的晴好天气，平均气温为5℃以上较好。不要在寒流到来前用药；水要加足，喷雾要均匀，不要粗喷、漏喷或重喷；不要随意加大用量，要防止药害的发生。

四、春季田间管理技术(小麦返青、起身至抽穗阶段)

这个阶段从2月上旬开始到4月下旬结束。小麦的茎、叶、穗、蘖等器官同时迅速生长，小麦营养生长与生殖生长并进，并随着生长量的不断增大，小麦群体与个体之间的矛盾也日益突出。此期对肥水敏感且需求量大，是小麦一生中需水、需肥最多的时期。需水量约占总量的40%，需肥量占总量的50%左右，尤其在拔节、孕穗阶段，如果水肥供应不足，会严重影响幼穗发育，小花大量退化，粒数明显减少。因此，为确保小麦穗大粒多，必须在拔节至孕穗阶段根据苗情采取相应措施，分类管理。

高产麦田春季管理的主攻目标是：看苗管理，合理促控，大力推广氮肥后移技术，着力建造良好的群体结构，促花增粒，培育壮秆大穗，争取穗多穗大，并为提高千粒重，夺取高产奠定良好基础。

(一)因苗制宜、分类管理

1. 对一类麦田的管理

(1)一类麦田　返青期群体一般为70万～90万株，叶色浓绿，分蘖多，叶较长，叶尖微斜，叶形如驴耳朵，根系良好，长势好，属于壮苗麦田。

(2)主攻方向　提高年前分蘖质量,控制春季分蘖。提高成穗率,培育壮秆大穗,应重管拔节期,即在拔节期酌情追施速效化肥,并及时进行浇水。一类麦田应控促结合在春季旱情不太严重的情况下应在返青起身期控水控肥。改返青起身期追肥为拔节初中期(3 月中旬左右)追肥,即可在第 1 节间接近定长,第 2 节间开始伸长时施肥浇水,以利于控制无效分蘖的滋生,建造合理的群体结构,实现氮肥后移,增加穗粒数。拔节期追尿素 10 kg/亩左右。

2. 对二类麦田的管理

(1)二类麦田　由于各种原因,此类麦田,群体不足,返青期群体一般为 60 万株。

(2)主攻方向　它的管理重点是:以肥水促进为主,巩固冬前分蘖,适时促进春季分蘖的发生,提高分蘖成穗率,增加亩穗数和穗粒数。此类麦田应于返青起身期(2 月上旬至 3 月初)进行肥水管理,一般追施尿素 5 kg/亩左右。

3. 对三类麦田的管理

(1)三类麦田　弱苗群体一般在 60 万株以下,叶色黄绿,叶片狭小直立,叶形如马耳朵,分蘖很少,表现缺肥。个体发育一般较弱,单株分蘖 3 个以下,且大蘖比例小的划为弱苗。这类苗主要问题是群体不足,蘖数不够、蘖小质量差。

(2)主攻方向　促分蘖、增穗数,兼顾穗大粒多。晚苗播种较晚,分蘖很少或没分蘖。其主要特点是“少”和“晚”,即蘖少、根少、发育晚。春季管理的主攻方向是提温、促蘖、增穗,使之早发快长,于早春围绕提高地温加强管理,于起身期再肥水促进,力争春季分蘖多成穗、成大穗。弱苗晚苗都应在 2 月上旬起身期追施 5～10 kg/亩尿素。若墒情不足,应进行灌溉,促弱转壮,争取更多的有效穗。

4. 对群体过大的旺长麦田的管理

(1)旺长麦田　此类麦田返青期群体一般超过 100 万株。叶色黑绿,叶片肥宽柔软,向下披垂,叶形如猪耳朵,分蘖很多,有郁蔽现象。

(2)主攻方向　这类苗不宜追施氮肥,应采取控水控长措施:一是在返青起身期控水控肥,并在返青期采取深锄断根措施,达到控制无效分蘖,减缓群体进一步增长的目的。二是在起身期喷施壮丰胺或助壮素等生长调节剂,以缩短基部节间长度,促进根系下扎,预防后期倒伏。三是改返青起身期追肥浇水为拔节中期(3 月 20—25 日)肥水管理。这样可以促使小麦两极分化,群体结构向着更为合理的方向发展。

5. 氮肥后移追肥技术

(1)追肥　在栽培管理过程中,特别是采用氮肥后移这一高产优质栽培技术显得尤其重要。在冬小麦高产栽培中,氮肥的运筹一般分为 2 次。第 1 次为小麦播种前随耕地将一部分氮肥耕翻于地下,称为底肥;第 2 次是结合春季浇水进行的春季追肥。

追肥时间在返青期至起身期,还有在小麦越冬前浇冬水时增加一次追肥。在小麦生育前期,若氮素肥料过多,则会造成麦田群体过大,无效分蘖增多,小麦生育中期田间郁蔽,后期易早衰与倒伏,影响产量和品质。

(2)氮肥后移　在高产壮苗麦田将春季追施的氮肥后移至拔节期施用,它具有很多优势:①可以有效地控制无效分蘖过多,开花后光合产物积累多;②能够促进根系下扎,提高土壤深层根系比重,提高生育后期的根系活力,以利于延缓衰老,提高粒重;③能够控制营养生长和生殖生长并进阶段的植物生长,以利于干物质的稳健积累,减少碳水化合物的消耗,促进单株个体健壮,有利于小穗小花发育,增加穗粒数;④能够促进开花后光合产物的积累和光合产物向产品器官运转,显著提高籽粒产量,改善小麦品质。⑤氮肥后移可减少氮肥损失，提高氮肥利用率，减少了氮素对环境的污染，有利于农业可持续发展。

总之，起身肥水要因地因苗，合理施用。地差有脱肥趋势的地块（中产田）应早施（二棱初）提高成穗率；肥地具有旺长趋势的麦田（高产田）应晚施（二棱中、后期）以免穗数过多，中、上部叶片过大，基部节间过长，过早封垄而导致倒伏。

（二）及时化学除草

凡是越冬前未及时防除或防除效果不好的，抓住晴好天气不失时机地做好早春化除。2 月中旬至 3 月上、中旬为小麦返青至拔节前，杂草 3～4 叶期，气温达 5℃以上，土壤湿度较大时用药。喷药时间选晴朗天气，无风、在上午 9:00～下午 4:00 用药，因为在这个时间内气温高，光照足，草体吸收药液能力强。要严防药量过大；小麦拔节后用药易产生药害，严禁用药。高效低毒除草剂主要有麦喜、使它隆、骠马等，方法同年前。

（三）预防晚霜冻害

小麦在拔节孕穗期间要注意预防晚霜冻害。虽然晚霜所带来的低温时间很短，但这时小麦生长旺盛，幼穗已处在地表以上，抗寒力很弱，故能造成不同程度的冻害。当夜间温度下降到零下 3℃，持续时间达 6 h 以上，已经拔节的麦田就会产生冻害。轻者麦穗粒数减少，半截穗无籽；重者不抽穗，有的甚至颗粒不收。浇水是预防和减轻晚霜冻害最有效的措施。浇水可以增加植株附近的空气湿度。温度较为稳定，可以显著减轻冻害。据调查，凡霜冻前 5 d 内浇过水的效果最好；在霜前 5～10 d 内浇水的会遭受不同程度的冻害，因此，要注意天气预报。在冻害发生后，应及时追施速效肥或叶面喷肥进行补救。

（四）防治病虫害

春季随气温逐渐升高，麦田地下害虫、麦蜘蛛、白粉病、锈病等可能在中期阶段发生流行，应做好病虫测报，及时防治。开沟降渍，清沟沥水，降低田间湿度，减少病害的发生。

1. 小麦纹枯病

当小麦返青期病株率达到15%时，可亩用15%粉锈宁可湿性粉剂100 g或12.5%的禾果利可湿性粉剂30 g，兑水50～60 kg，对准小麦茎基部进行喷施，一般要连喷2遍以上，间隔7 d左右。

2. 地下害虫

惊蛰后在地下休眠的害虫开始活动，返青期的麦苗将出现危害高峰，特别是金针虫、蝼蛄等易引起缺苗断垄。金针虫发生严重的地块可用50%辛硫磷乳油或乙酰甲胺磷1 kg随春季返青水一起灌地，或用敌百虫拌炒香的麦麸和青菜叶傍晚撒在田间，诱杀蝼蛄。

3. 麦蜘蛛

每单行麦株上有虫200头以上进行喷药防治。用1.8%阿维菌素乳油6～8 mL/亩加水50 kg，或20%扫螨净20 g/亩加水50 kg，或氧化乐果1 500倍液喷雾防治红蜘蛛。

4. 麦蚜

当百株有蚜500头时，用10%吡虫啉20 g/亩，或24%添丰20 g/亩，或3%啶虫脒30 g/亩，兑水40 kg喷雾。

5. 白粉病

此病在温度为20℃左右时发生最快。其发病后主要危害叶片，严重时也能在叶鞘、茎秆、穗上发生。在发病初期，在叶面上产生灰白色丝状小霉点，逐渐扩大，呈近似圆形灰白色粉状霉斑。以后霉斑变成灰褐色，叶片枯黄，最后枯死。其防治方法：20%粉锈宁乳油50 g或12.5%纹霉清水剂200 mL兑水50 kg喷雾。一般发病后喷1次，1周后再喷1次。

6. 吸浆虫

以幼虫吸食麦粒浆液，使籽粒瘪瘦或空壳。在严重时，会造成绝收，吸浆虫重发生地块为4月20日左右。因此，要着重搞好蛹期防治。其具体方法是：用50%辛硫磷乳油200～250 mL/亩加水 5 kg 拌干细沙土 25 kg 顺垄撒施，撒后及时浇水。一般发生区在小麦田抽穗至开花期，若两手扒开麦垄一眼能看见 2～3 头成虫，进行成虫补治。其具体方法是：亩用 50%辛硫磷乳油 50 mL 加水 30～45 kg 喷雾及时防治，或用高效氯氰菊酯加敌敌畏乳油喷雾防治。

7. 赤霉病

赤霉病以预防为主，小麦抽穗至扬花期连遇 3 d 以上阴雨天气就将偏重发生。在齐穗期，用 80%多菌灵可湿性粉剂 80 g/亩，或 30%戊・福可湿粉 80 g/亩，兑水 40～50 kg 喷雾，间隔 5～7 d 再喷 1 次。

五、后期田间管理

小麦抽穗后即进入了后期阶段。小麦此期持续时间短，从抽穗至成熟仅 40 d 左右，但此期却是决定小麦产量高低最关键的时期。此期小麦需水量大，据测定，从抽穗至成熟阶段的耗水量占小麦总耗水量的 1/3，日耗水量达 2.33 m^3/亩。此期又是多种病虫和高温干旱等自然灾害的多发期，加上此时小麦生理机能衰退较快。所以此期又是小麦千粒重最易受到较大影响的时期。

因此，高产示范亩后期的主攻目标是：养根护叶，防早衰，防倒伏，防病虫，防干热风，着力提高千粒重，力争夺取小麦高产丰收。其主要措施具体如下。

（一）搞好叶面喷肥

在小麦生育后期，进行叶面喷肥，不仅能延长叶片功能期，保持根系活力，防止早衰，防御干热风，而且能促进籽粒灌浆，增加粒重，提高籽粒品质。实践证明，小麦后期进行叶面喷肥是一项经济有效的增产措施。叶面喷肥的最佳时间应为齐穗期至灌浆初中期，可用 0.5～1 kg/亩尿素，加 200 g/亩磷酸二氢钾，或美洲星、氨基酸叶面肥兑水 50 kg，连续进行叶面喷肥 2 遍以上，间隔 5 d 左右，也可结合后期“一喷三防”进行根外追肥,但应注意随配随用。

(二)搞好小麦一喷三防

针对小麦后期多种病虫混合发生的特点,为了省工省时,提高功效,可将杀虫剂、杀菌剂、叶面肥混合起来一起喷洒,达到一次用药既防病虫,又防干热风的目的。用药配方可根据麦田病虫发生的具体情况而定,并做到随配随用。

其具体情况为:①在防治赤霉病、吸浆虫和蚜虫为主时,应在小麦齐穗后,开花初期,晴天下午 4:00 后,用 80%多菌灵可湿性粉剂 80 g/亩,或 70%甲基托布津可湿性粉剂 80 g/亩加 40%氧化乐果 80 mL 或 4.5%高效氯氰菊酯 30～40 mL/亩加尿素 500 g 加磷酸二氢钾 150～200 g 加水 50 kg 搅匀后,对准穗部进行喷洒。若开花至灌浆初期连遇阴雨天气,应连续防治赤霉病 2 遍以上,间隔 5～7 d。②在防治小麦白粉病、锈病、蚜虫、黏虫为主时,应于发病初期用 12.5%禾果利可湿性粉剂 30 g/亩,或 20%三唑酮乳油 50～60 mL/亩加 40%氧化乐果 80 mL 加尿素 500 g 加磷酸二氢钾 150～200 g 加水 50 kg 搅匀,于下午 4:00 后连续喷洒 2 遍以上。

(三)适期收获

超高产小麦后期的根系活力强,叶片光合速率高,籽粒灌浆速率高,营养器官向籽粒中运转有机物质的速率强度大。据测定,小麦蜡熟中期至蜡熟末期千粒重仍在增加,因此,不宜收获过早,宜在蜡熟末期收获。小麦在蜡熟末期的长相是:植株茎秆全部变黄,叶片基本干枯,但茎秆尚有弹性,籽粒颜色已呈种子固有的色泽,大部分籽粒用指甲掐感觉较硬时,此期收获最佳。

第二节 水稻高产栽培技术

一、水稻育秧技术(肥床旱育技术)

移栽稻育秧方式主要有水育秧、湿润育秧和旱育秧 3 种,其中，旱育秧省田、省种、省水、省肥、省工，且有利于培养壮秧，是目前水稻育秧的主要方式之一。

（一）苗床准备

1. 床址选择

床址选择必须慎重，一经选用，便要固定，逐步培肥，建立起永久性的育苗基地。首先，应充分考虑旱育秧控水旱育的特点，选择高爽的地块。其次，为了减轻培肥工作量，宜选用土壤肥沃疏松、熟化程度高、杂草少、地下害虫少、鼠雀危害轻、未受污染的菜园地或永久性旱地作苗床。最后，苗床尽可能靠近水源和大田，以便于管理和防止禽畜为害。有些地方把旱育秧苗床和蔬菜地等结合起来，利用蔬菜地加以适当培肥，比较容易达到旱育秧苗床的质量要求，事半功倍。苗床基地的综合利用不仅减少了苗床培肥重复劳动和减轻劳动强度，而且提高了复种指数和苗床的种植效益。

2. 苗床面积

适宜苗床面积应依据移栽大田面积和苗床大田比例而定，中苗栽插的苗床与大田的比例为 1∶15。

3. 旱育苗床的质量

旱育苗床质量的 3 大特点：一是“肥沃”。经培肥后的苗床，床土养分充足，营养成分齐全。苗床培肥时的用肥量往往是常规育秧的 2 倍以上。只有重视培肥，才能使床土有非常高的供肥强度，以满足旱秧生长所需的必要营养物质。二是“疏松”。苗床松软，富有弹性，如“海绵”状反映了床土的物理性状优良，有机质含量高，团粒结构良好，保肥蓄水保墒能力强，土壤容重低，孔隙度大，毛细管丰富，微生物种类多、数量大、活力旺盛。在苗床培肥时，要施入足够数量的粗纤维秸秆，并充分腐烂，均匀拌和在床土中。三是“深厚”。苗床土层深厚才能适应根系生长特点，以利于种子根的下扎、不定根和分枝根的扩伸和根毛的发展。保证根系吸收到充足的养分和保持叶、蘖分化生长所需的最基本的生理水分。

4. 苗床培肥

根据试验研究和生产实践，各地普遍采用的三段式培肥法，即分为秋季培肥或冬前培肥、春季培肥和播前培肥。三段式培肥法对床土理化性状的改善，尤其是土壤物理性状的改善较为理想。利用蔬菜地作苗床，在蔬菜生长期间注重多施腐熟有机肥料，一般播前培肥即可。

(1)秋季培肥　一般要求投肥量施用碎秸秆 2～3 kg/m^2、家畜粪 2～3 kg/m^2，另加适量的速效氮、磷、钾肥。有机肥料应分层施用，速效化肥提早施和分次施，耕作深度由深到浅，干耕、干整、干施。其作业流程是：分 3 次把碎秸秆和土杂肥等有机物翻耖入 0～20 cm 土层中，浇足人畜粪尿，加盖稻草或覆盖地膜等，以加速腐烂。

(2)春季培肥　应注意施用的有机肥要以播种前能充分腐烂为原则。在施用时，越早越好，分层翻耖入土，与床土拌和均匀。在翻耖床土时，发现大团未腐熟的有机物，要随即清除掉。

(3)播前培肥　施用速效氮、磷、钾，以迅速提高供肥强度。在施用时，必须注意 3 点：①时间上一定要掌握在播种前 15 d 以上。②适当增加磷、钾肥用量，注意氮、磷、钾平衡。③播前培肥一般施用尿素 30～50 g/m^2、过磷酸钙 100～150 g/m^2、氯化钾 40～50 g/m^2。在每次撒施后，都必须充分耖耙，使肥料均匀拌和于 0～10 cm 土层中。

目前，在播前培肥方面，很多地方选用壮秧剂，可省略许多操作环节，省工省力、安全可靠、效果好，值得大力推广应用。

5. 床土调酸与消毒

水稻属于喜弱酸性作物，适宜的 pH 为 6～7。根系正常生长的适宜 pH 为 4.5～5.5。偏酸性的土壤环境有利于提高主要矿物营养元素的有效性和有益微生物的活动。降低土壤 pH 一个重要作用是抑制有害病菌的繁殖与侵染，尤其是在育秧期间温度较低的稻区,这是防止旱育秧苗立枯病、青枯病的有效手段。否则黄化死苗现象严重,特别是施用草木灰的苗床,草木灰施到哪里秧苗死到哪里。调酸剂一般选用硫黄粉,也可用壮秧营养剂。调酸处理应掌握以下关键。

(1)处理时间　从防病和安全角度出发,以播前 20 d 左右施用较适宜。

(2)处理数量　从降低生产成本出发,pH 为 7 左右,施用硫黄粉 100～150 g/m^2;pH 为 6 左右,用 50～100 g/m^2,都可以达到较好调酸效果。

(3)处理要求　施用要均匀,要把硫黄粉捣碎,先与 5 kg 熟床土均匀拌和后,再分次均匀拌和于 0～10 cm 床土层中;当降雨较少、床土干燥时,必须浇水,维持土壤饱和含水量达 15～20 d,以促进土壤微生物特别是硫黄菌的活性。

(4)床土消毒　床土消毒也能抑制土壤中的病菌生长,增强秧苗抗逆性。在调酸的同时,进行床土消毒,用 2～4 g/m^2 敌克松兑水 2 kg 喷施就可达到经济有效的消毒防病效果。使用壮秧营养剂对床土调酸消毒,在播前 2 d 用壮秧剂 1 袋(2.5 kg)加入干细土 10～15 kg,均匀撒在 20 m^2 的床面上,在 2 cm 的土层内耧匀即可。

(二)种子处理

稻种经过冬天低温贮藏的休眠阶段后,在翌年育秧播种前,要进行种子处理,以提高种子的发芽率、整齐度,减少种皮带菌。

1. 晒种

播前晒种可以增加种皮的透性,加快吸水速度,增进酶的活性,增强种子活力,具有促进提早萌发和提高发芽势和发芽率的作用。播前晒种 1～2 d 即可。

2. 精选种子

充实饱满的种子是培育壮秧的物质基础,因此,选用粒饱、粒重和大小整齐的种子是培育叶蘖同伸壮秧的一项有效措施，一般采用机械或盐水选种。

3. 浸种催芽

在播种前，用咪鲜胺 2 000～3 000 倍液浸种 8～12 h，可预防水稻恶苗病和干尖线虫病等多种病害。在浸种结束后，直接催芽至露白，即可播种。

催芽是为了减少或避免田间发芽时的水分不足和受到的天气影响，缩短出苗时间，防止烂种烂芽，提高成秧率。催芽标准为稻谷破胸露白最佳。根据种子发芽对温度的要求，催芽的关键是掌握高温破胸、适温催芽、低温晾芽。

(三)播种

播种程序：苗床洒水—播种—盖种—洒水—喷除草剂—盖膜。

1. 确定播种量

合理的播种量是培育适龄叶蘖同伸壮秧的关键。确定具体播种量要考虑的因素较多，包括品种特性、移栽叶龄等。常规粳稻达 7 叶左右时移栽，播干谷以 120 g/m^2 左右为宜。

2. 准备盖种土

在播种前，要求准备好盖种土。选用苗床培肥土或菜园土，用直径 5 mm 的筛子过筛，准备 10～15 kg/m^2，也可用麦糠代替过筛盖种土。麦糠既能保湿，又利于出苗，还能隔热降温防止烧苗。

3. 苗床洒水

苗床先整好压平，再喷洒清水，使 0～5 cm 土层处于水分饱和状态。

4. 均匀播种

将芽谷均匀撒播在床面上，用木板轻压入土。

5. 盖种

把预先准备好的过筛床土或麦糠均匀撒盖在床面上。盖种厚度以不见谷为度，过筛土的厚度为0.5～1.0 cm，麦糠的厚度为1.0～2.0 cm。

6. 洒水

盖种后用喷壶喷湿盖种土或麦糠。

7. 喷除草剂

盖种洒水后，用60%丁草胺·恶草酮乳油0.1～0.2 mL/m^2，兑水均匀喷雾。

8. 覆膜盖草

在化学除草后，要及时在苗床上直接盖薄膜保湿至出齐苗。盖膜前可在苗床上撒适量粗秸秆防“贴膏药”，同时应在膜上加铺清洁秸草、草帘或用其他方法遮阳降温，亦可不覆盖地膜而直接铺盖麦草或其他秸秆(最好不用稻草)。

(四)苗期水分管理

水分控制是旱育秧壮秧技术的中心环节和成败关键。旱育秧在不同叶龄期对水分的反应和需求有差异，管理要针对差异采取措施。旱育秧出苗不齐和出苗率不高的主要原因是播种至齐苗期的水分控制不当。

1. 齐苗期的水分控制

齐苗前一定要保持床土相对含水量在70%～80%。为此，必须注意3点：一是播前浇透底墒，使0～5 cm土层处于水分饱和状态；二是盖种后，及时喷水淋湿盖种土或麦糠；三是及时覆盖，保墒至齐苗前。

2. 齐苗后的水分控制

一般播种后5～7 d便可齐苗。在齐苗后，要适时揭去苗床上的覆盖物。要看天气揭膜，一般要求晴天傍晚揭、阴天上午揭、雨天赶在雨前揭。采取边揭膜边喷一次透水，以弥补土壤水分的不足。要防止揭膜后因秧苗周围空气湿度急剧下降，叶面蒸腾大，而根部吸水供应不上，导致青枯死苗的情况发生。

3. 齐苗至移栽前的水分控制

齐苗至移栽前应以水控苗。旱育秧与其他育秧方式的主要区别就在于此期的控水。幼苗期前后对水分胁迫的忍耐力差异很大。

在旱育时,要突出强调 2 点:①2～3 叶期是旱育秧对水分亏缺最敏感的时期,也是防止死苗、提高成苗率的关键时期,要注意及时补水。②4 叶期以后是控水培育壮秧的关键。即使中午叶片出现轻度萎蔫也无须补水。当发现叶片有“卷筒”现象时,可在傍晚喷些水,但应一次补足,喷水次数不能多。移栽前 1 d 傍晚,可结合施“送嫁肥”浇透水。

(五)秧苗追肥

旱育秧追肥应注意以下 3 点:一是一般旱育秧的叶色比较深绿,缺肥初期不易察觉。当叶片出现落黄时,表明缺肥程度比同叶色的湿润秧重;二是旱育秧施用肥料种类应考虑到苗床干燥的特点,以选用优质尿素为最佳,不能施用易挥发的其他肥料,不能直接撒施,防止局部肥料浓度过高,灼伤叶片或烧苗,应采用肥水喷浇的方式;三是旱育秧缺肥是由缺水引起的,所以在追肥时,一次用肥不宜过多,用尿素 5～10 g/m^2,兑成 1% 的尿素液喷浇,可避免烧苗,以水带肥入土,提高肥效。

与浇水一样,浇肥液要求在傍晚,最好与补水同时进行;追肥次数、肥料用量和用水量要严格控制,以防削弱旱育秧生理优势。

(六)矮化促蘖

多效唑具有抑制秧苗伸长,促进分蘖,并能提高秧苗体内叶绿素含量和细胞内容物浓度,增强酶活性,有利于代谢,可以调节秧苗株型,增强抗旱等能力。

生产上用 15% 多效唑 0.2～0.3 g/m^2,连年使用多效唑的老苗床用量可取下限,秧龄小的用量也可小些。把用药时间安排在移栽前的 20～25 d 范围内,秧苗 1 叶 1 心喷施。若播种前床土采用壮秧剂调酸消毒，因壮秧剂中已复配了多效唑，故此操作可免。

二、大田栽培技术

（一）大田整地

充分认识土壤特点，采取适宜耕作方法，创造优越的土壤环境，为大田科学管理提供有利条件，是实现水稻优质高产的基础。

1. 翻耕法

翻地、耙地（包括旱耙、水耙）、平地是常规的耕作方法。这种耕作法的耕层较深，但存在漏耕、土块破碎程度差、田面平整难度大等现象；耕翻的好处是可以把麦根和杂草、杂稻种籽翻到下边，有利于充分疏松土壤，减轻病虫草害和杂稻现象。

2. 旋耕法

旋耕法可使耕整地作业程序大为简化，整地质量好，便于田间管理，省工、省时、省水，降低作业成本。在旋耕前，可以将底肥均匀撒施到全田，边施边旋耕，通过机械作业，将肥料搅拌到土壤耕层里，做到全层施肥。高产优质无公害稻田，施用有机肥料多，耕翻整地时结合施用基肥，常采用的耕作方法是旋耕，这样既可以将有机肥料均匀翻入土中，达到土肥相融，又达到田面平整的要求，最后上水耢田验平，使田面平整。

（二）移栽

1. 确定适宜基本苗

（1）基本苗与产量构成因素的关系　适宜的基本苗对协调群体和个体矛盾，促进高产群体的建成和发展有重要的作用。水稻产量由单位面积上的穗数、穗粒数、结实率和粒重等因素组成，这些因素的形成及相互的合理组合都受基本苗数的影响。

合理的基本苗数就是要充分发挥各个因子对产量的增产效应，争取达到最高产量水平。穗数直接受基本苗数的制约，随着基本苗数的增加，一般穗数有不同程度的增加。在中低产水平下，往往通过增加穗数来提高产量。随着基本苗数的增加，当穗数增加到一定程度后，穗粒数、结实率、粒重都会受制约而降低。若这种对产量的负效应超过增穗对产量的正效应，基本苗的增加就会导致减产。

(2)基本苗与群体调控　确定适宜的移栽基本苗，使群体发展合理，在有效分蘖临界叶龄期或稍前适时够苗。控制够苗后分蘖的发生既能保证适宜穗数，又能减少无效分蘖，使高峰苗出现在拔节前一个叶龄，茎蘖数的最高值是穗数的 1.5 倍以内，中期形成由有效分蘖为主的健壮个体组成的小群体，为后期攻大穗创造条件，达到穗足、粒多、粒重的产量结构，从而提高产量。

(3)移栽基本苗与数量的关系

①移栽基本苗过多，群体茎蘖数发展的起点较高，够苗期必然提前，部分有效分蘖不能成穗，导致有效分蘖利用率下降，无效分蘖增多，中期群体增大，群体对个体的抑制作用增强，影响健壮个体的形成。总茎蘖数增多，成穗率降低，个体之间竞争也加剧，这都会限制大穗的形成。同时，中期群体过大，无效生长增加，后期光合面积减少，物质积累量少，稻株贪青倒伏，加重病虫危害，减产幅度更为明显，而且会降低稻米品质。②移栽基本苗过少，往往会导致穗数不足。有效分蘖临界叶龄期内的茎蘖数达不到穗数指标，够苗期推迟，部分高节位的分蘖也要利用，这样就影响了穗层结构。大小穗之间的差距拉大也不利于大穗的形成。

在大面积生产中，常出现"大苗栽不足，小苗栽过头"的现象。这主要是由大苗分蘖多，中、小苗分蘖少，栽时大苗感觉多，小苗感觉少而造成的。在大苗移栽大田后，有效分蘖节位减少，其产生的分蘖少，要达到预定的穗数，必然要栽较多的基本苗。而在小苗移栽大田后，有效分蘖节位较多，产生的分蘖数也较多，要达到预定穗数，基本苗数则不必过多。在大苗移栽时，秧苗个体较大，叶片较长，栽后很容易给人以苗数较多的感觉，移栽的人往往会减少栽插的苗数。而小苗个体小，叶片短，往往会给人以苗数不足的感觉，在移栽时也会一穴栽上过多的苗数，穴内个体竞争加剧，都不利于高产，因此，要防止大苗栽不足，小苗栽过头。

2. 配置适宜行株距

(1)扩大行距对提高群体质量的作用　在培育壮秧的基础上，扩大栽插行距，能改变传统的基本苗过多，无效分蘖多，高峰苗过早的弊端。扩大行距以降低高峰苗数值，提高分蘖成穗率，促进个体健壮发育，解决多穗与大穗的矛盾，使产量构成因素在高水平上得到协调统一。扩大行距，控制封行期，有利于通风透光，改善中后期群体内的光照条件，可以在保证中后期植株基部受光良好的基础上提高叶面积和总颖花量，以利于进一步提高产量。

(2)扩大行距的原则　确定栽插基本苗后，扩大行距，合理配置行株距极为重要。另外，也要防止一穴苗数过多，造成穴内个体之间的竞争，限制稻苗个体生长和分蘖发生。首先，行株距配置要根据土壤肥力、生产条件、育秧方式和产量水平而有所不同。一般旱育秧高产栽培首先要求苗少，即每公顷基本苗群体起点低，每穴茎蘖苗少，减少同穴中个体的竞争消耗。其次，扩大行距应根据生产水平和品种株高而定，一般产量要求高的，行距要大，反之要小些。

(3)旱秧移栽行距的具体配置　根据各地对不同品种旱秧适宜基本苗株行距配置的试验，对旱秧采用群体质量栽培，中苗移栽。常规中粳稻以行距为 23～26 cm，株距为 13 cm 左右，2 万～2.2 万穴/亩，基本茎蘖苗为 10 万～12 万株/亩为宜。以上行距再扩大，则过稀，难封行，成穗不足，穗型不整齐，难以高产；过小则封行过早，群体恶化，穗型变小，影响穗肥施用。在栽插行向上，尽量采用东西行向，以利于充分利用光能。

3. 提高栽插质量

(1)适时移栽　移栽秧龄始期根据叶蘖同伸规律,5 叶期的秧苗,第 2 叶节为主要发根节位,并有第 1 叶节和第 3 叶节 2 个辅助发根节位;5 叶秧苗功能鞘中已有较多的淀粉积累,具有较强的发根力,并且 5 叶秧苗也具有一定的抗植伤能力和高度,故 5 叶期可作为水稻各类品种移栽的起始叶龄期。

(2)提高栽插质量　栽插标准要求浅、匀、直。以深度对稻株生长和产量形成影响最大。因此,栽插质量的主要指标是浅栽。深栽的秧苗,分蘖节深埋在土中,往往要通过分蘖节间的伸长,把分蘖节推至地表才能开始分蘖,这样不仅浪费了养料,而且也明显地延误了有效分蘖期,分蘖发生慢,长势弱。在浅栽的基础上,努力做到栽匀、栽直,这样有利于促进群体平衡生长和田间管理。栽插深度以 2～3 cm 为宜,小苗移栽还应适当再浅些。田平水浅是提高栽插质量的保证。

三、肥料运筹

肥料的施用不仅关系到产量的高低、品质的优劣,而且还会影响病虫害的发生和农药用量。

(一)水稻的施肥原则

水稻的施肥应该“稳促结合”“攻中、稳前后”。在具体施用中应坚持以下几点。

1. 增施有机肥

从长远看,重视有机肥的施用对培育肥沃的稻田土壤是十分必要的。无论是腐熟的牲畜圈粪、各种沤制的堆厩肥、秸秆还田,还是沟塘、泥坑的淤泥等,每亩施 3 000 kg 左右均可以提高土壤有机质含量,增强地力,使土壤结构更加疏松,通透性得到改善,以利于水稻根系的发展,有机肥含有各种营养成分和稻米品质的提高。禁止使用未经处理的城市垃圾和污泥,以减少污染、尤其是硝酸盐的积累。

2. 提高无机氮肥的有效性

氮素是作物吸收的大量元素之一，生产中需施用大量氮素补充土壤供应的不足。但大量施氮素化肥对环境、农产品质量具有潜在的不良影响。水稻生产中应减少无机氮肥的施用量，尤其注意避免使用硝态氮肥。必须补充的无机氮素提倡使用长效氮肥，以减少氮素因淋溶或反硝化作用而造成的损失，提高氮素利用率，减轻环境污染。此外，在常规氮肥的使用中，应配合施用氮肥增效剂，抑制土壤微生物的硝化作用或脲酶的活性，达到减少氮素反硝化或氨挥发损失的目的。

3. 测土配方平衡施肥

水稻生长必须的主要营养元素是氮、磷、钾。在制订水稻高产施肥方案时，必须先测土，然后因土配方。就水稻生长本身特点而言，每亩产 550 kg 稻谷的稻田须从土壤中吸收纯氮 10～12 kg，但目前氮肥利用率还不到 40%，实际施肥量要超过吸收量，氮、磷、钾三要素养分吸收比例大致是 2∶1∶3。

4. 确定化学氮素肥料施用前后期合理比例

坚持稳促结合的施肥原则，在施肥上坚持以基肥为主，基肥与追肥结合。基肥以有机肥为主，有机肥与无机肥结合，迟效肥与速效肥兼备。基肥量占总施肥量的 60%以上，其中有机肥占 80%以上；追肥量占总施肥量的 35%～40%，以化肥为主。

5. 适期施用化学肥料

秧苗期对磷肥最敏感，磷肥以前期作基肥为宜。水稻幼穗分化中期对钾肥最敏感，在晒田复水后施用钾肥对保花效果好。土壤对钾肥的吸收能力强，也可将一部分钾肥作基肥。

6. 应用定量施肥公式

除由土壤供给外，水稻吸收的养分主要通过施肥来补给，但所施用肥料的养分只有部分被水稻当季吸收和利用。肥料利用效率因肥料种类、气象因素和栽培条件等而不相同。应根据水稻对养分的需要量、土壤养分的供给量以及所施肥料的养分含量和利用效率等因素确定总施肥量。水稻需要每亩施用氮肥（纯氮）15～20 kg，磷肥（五氧化二磷）7～10 kg，钾肥（氧化钾）20～25 kg。

（二）高产水稻肥料施用技术

1. 本田期氮肥施用技术

（1）基肥　它是水稻插秧之前施用的基础肥料，也包括面肥。其主要作用：改善土壤结构，提高肥力水平，促进分蘖早生快发。基肥以有机肥为主，如腐熟的厩肥和堆肥，配套适量速效氮、磷和钾肥，基肥用量要兼顾到品质和产量，基蘖肥与穗肥比例为（6.5～7）∶（3.5～3）。

基肥的施用方法有全层施和浅层施 2 种方法。土壤蓄肥力强、基肥用量多且以有机肥、土杂肥为主的，则用全层施肥方法，将肥料在整个耕作层中均匀分布，形成松软肥沃的耕作层。土壤蓄肥力差、基肥用量又少，则采用浅层施肥法，将肥料施在根系最密集的部位，以利于根系吸收。

（2）分蘖肥　它是在水稻移栽后为促进分蘖而施用的肥料。水稻分蘖大体可分为 2 种类型：一是出生早的低位、中位分蘖大多为有效分蘖；二是发生迟的高位分蘖大多是无效分蘖。栽培上要促进有效分蘖，控制无效分蘖。短的有效分蘖期不足 1 个星期，长的有效分蘖期，如单季稻可达 1 个月左右。有效分蘖期短的一般在基肥、面肥的基础上，在返青后一次施用尿素 10～15 kg/亩；长的有效分蘖期在第 1 次施用分蘖肥的基础上，还要看苗再补施接力肥尿素 5～10 kg/亩。在实际应用中，应根据预期的穗数要求，通过控制肥料施用量来合理控制无效分蘖，促进有效分蘖生长发育。

（3）穗肥　它是供给稻穗分化及生长发育所需的肥料。穗肥按施用时间和作用分为促花肥和保花肥 2 种：①促花肥有利于促进颖花分化，增加枝梗数，一般在幼穗分化初期施用；②保花肥有利于保护颖花发育，避免或减少它的退化。两者均能增加穗粒数，一般在穗形成初期施用。确定幼穗分化期的方法具体如下。

一是叶龄余数，即倒数叶龄法。根据有关研究，不管叶片总数多少，穗分化开始的叶龄余数值都是在 3.5 左右，即倒 4 叶出生的后半期；叶龄余数为 2.1～3，即倒 3 叶出生过程为枝梗分化期（一、二次枝梗分化）；叶龄余数为 0.8～2，即倒 2 叶出生过程为颖花分化期（包括颖花原基及雌雄蕊分化期）；叶龄余数为 0.8～0，即剑叶出生的中、后期为花粉母细胞形成及减数分裂期，孕穗期为花粉粒充实完成期。所以，用倒数叶龄值（叶龄余数）去诊断幼穗分化期简捷而准确，只要当人们知道了品种的主茎总叶片数以后，就可以知道穗分化各期所处的叶龄期。

二是根据抽穗期推算。一般早稻抽穗前的 25～30 d、中稻 30 d 左右，晚稻 30～35 d 为幼穗分化期，同一品种穗分化各期离始穗期也是基本稳定的。所以可用离始穗期天数诊断分化时期，例如，已知某品种常年在 8 月 25 日始穗，8 月 7 日约为雌雄蕊形成期。

(4)粒肥　水稻在抽穗和扬花期间及以后施用的追肥叫粒肥。施用粒肥可以增加叶片含氮量，延长其功能期，增加光合产物。重视后期粒肥，对保证籽粒饱满、改善稻米品质、促进成熟均具有良好效果，如磷肥、镁肥的施用。

粒肥宜看苗、看天酌情施用，具体施用时机与条件要根据群体变化特点决定，苗不黄不施，天多雨不施；叶色褪淡，天气多晴好的施粒肥效果明显，对后期追肥不足的，应施粒肥。粒肥也可采用根外施肥的方法，如用 0.5～1 kg 尿素加水 50 kg，或磷酸二氢钾 0.15 kg 和 0.5～1 kg 尿素加水喷施。根外喷肥，应避开开花时间，以傍晚或早上为好。

2. 微肥及有机肥料施用

(1)微肥施用　在水稻必需的元素中，铁、锰、硼、锌、铜、钼、氯 7 种元素的需要量很少，只占万分之一到千分之一，所以被称作微量元素。土壤中缺少某一种或几种微量养分，就要用施肥的方法来补充。含有一种或几种微量元素的肥料就称为微量元素肥料，简称为微肥。

微肥具体可分为：①按所含元素可分为硼肥、锌肥、锰肥、钼肥等；②按形态可分为有液态微肥和固态微肥。微肥常用根外追肥的方式施用，也可直接施入土中。

(2)环境友好肥料的施用　随着人们对无公害农产品需求的不断增加和可持续发展的要求，增加有机肥使用量，减少化肥用量，加快农业有机废弃物的无害化、资源化利用已成为 21 世纪农业生产的主流和方向。

优质稻米生产要求有机肥与化肥的比例为 1∶1。应用环境友好肥料(主要为改造的传统有机肥料、微生物肥料、生物有机肥料等)在一定程度上可以减少化肥的使用，稳定和增加水稻产量、改善品质，防止土壤退化和保护环境。环境友好肥料一般用作基肥，施用量为 50～150 kg/亩，在耕翻前撒施于土壤中，也可用作追肥。

3. 硅肥的施用

水稻是喜硅作物，通常在植株茎叶中二氧化硅的含量可达 10%～20%，是水稻生长发育的必需营养元素之一。施硅肥具有较好的增产作用，多效硅肥作基肥、分蘖肥、拔节肥、保花肥使用都具有一定的增产效果。硅肥能促使基部节间变粗、强度增加、抗折力明显增大，增强了抗倒性。硅肥还能提高水稻抗病能力，减少农药使用，显著改善稻谷品质，尤其是使稻米腹白减少、透明度和整精米率提高。补充硅可施用含硅量较高的稻草或土杂肥，也可施硅肥，即 7.5～10 kg/亩，分别与基肥和分蘖肥 2 次施用。

四、水浆管理

“有收无收在于水”。水是稻作生产最重要的因素之一，充足的水源、良好的水质是优质稻米生产的重要条件。

（一）水分对水稻生长发育的影响

1. 分蘖期

秧苗在移栽本田，返青活棵后即进入分蘖期，这是水稻对水比较敏感的时期。土壤含水量处高度饱和至浅水层之间有利于早分蘖，随着水层的加深，抑制分蘖。反之，当土壤水分降至田间持水量的70%以下时，水稻的分蘖开始有所影响。

2. 幼穗分化期

稻穗分化开始到抽穗是水稻一生生理需水最多的时期，尤其是在花粉母细胞减数分裂期对水分最敏感。当土壤持水量为50%时，就会影响水稻的正常生理活动。在穗分化初期，如果缺水会抑制枝梗与颖花原基分化，颖花数就会明显减少。当幼穗分化中期缺水干旱，则会导致内外颖、雌雄蕊发育不良。如果花粉母细胞减数分裂期缺水干旱，则严重影响器官发育，颖花不孕及退化数量增加，严重影响产量。在这一阶段，保持水层不仅可满足幼穗形成期生理用水的需要，而且有利于肥料的吸收，创造一个比较稳定的温度环境。

3. 抽穗扬花期

这是水稻生理需水较为敏感的时期，其对水分的要求仅次于拔节长穗期。此期缺水，容易使花粉和雌蕊柱头受旱枯萎，或者抽穗困难，不能正常开花授粉，形成空粒，并极易造成根系、叶片早衰。在这一阶段保持5 kg左右的水层，其光合强度比湿润状态高16.2%～24.1%。灌浆结实期的水分状况与结实率、籽粒饱满度以及稻米品质等密切相关。为了提高根系活力，促进叶片光合作用、灌浆物质的顺利运输和减轻病害，宜采用间隙灌溉的办法，使土壤保持干干湿湿，达到“以水调气，以气养根，以根养叶”的目的。

（二）高产水稻灌溉技术

实施水稻合理灌溉，首先，应掌握水稻各生育期田间需水量；其次，根据水稻生理需水特性和不同稻田土壤性质，采取科学的灌溉方法，以满足水稻高产、优质所需水分。下面将水稻各生育期的灌水技术分述如下。

1. 移栽到栽后1个叶龄期

在水稻插秧时，稻田薄水层是实现栽浅、栽直，保证足够苗数的必要条件。刚移栽的秧苗，老根已伤，吸水力弱，容易失去水分平衡，栽后稻田保持深不没叶耳的水，可免去“黄秧搁一搁，到老发不足”之虑。栽后及时灌浅水层，有利于创造一个较稳定的温、湿度环境；减少幼嫩苗的蒸腾量，保持稻体水分平衡，有利于秧苗早发新根，加速活棵进程，起到护苗作用。如遇大风，还可以减轻秧苗受风浪冲刷。旱育秧苗根系活力强，其在湿润条件下发根速度和分蘖发生加快，几乎没有缓苗期，不需深水护秧，浅水层就可以，但切忌断水，不然也会造成“黄秧搁一搁，到老不发作”的后果。干旱、水源不足地区的稻田可采用深水护苗，以防缺水。

2. 栽后1个叶龄期到有效分蘖临界叶龄期

此期是水稻有效分蘖期，是穗数决定期。能否按N－3叶蘖同伸原则进行分蘖是分蘖期壮苗的指标。栽秧后的幼苗的活跃的分生组织都埋于土壤表层之内，分蘖环境适宜与否是决定分蘖速度及成长的关键。稻田水浆管理直接影响到根际的湿度、氧（O_2）的变化和水分养分的吸取。对于土质黏重田或高肥田而言，秧苗返青早的不宜采用浅水层灌溉，而宜湿润灌溉。因为此时稻田不保持水层，就可以相应提高土壤温度。土壤昼夜温度变化大，促使植株通风透光，土壤内的氧气也可得到补充。氧化作用加强，有利于根系发育，促进有效分蘖的生长。其他土质差的稻田或中低肥力的稻田，分蘖阶段一般是灌一次浅水，以后让其自然落干，待田面无明水、土壤湿润时，再灌一次水，如此周而复始。采用此法，田间实际够苗叶龄期和预期有效分蘖临界叶龄期相吻合，茎蘖动态合理。群众说得好："浅水灌溉如上粪，深水淹苗如害病。"旱育秧分蘖期一般要求田间土壤持水量为70%，才利于分蘖，在气温较高(25～35℃)地区，土壤持水量为80%左右，分蘖发生多，保持深水层反而抑制分蘖的发生。

3. 有效分蘖临界叶龄期到倒3叶期

在正常情况下，于预定够苗叶龄期进行搁田。搁田亦称晒田，搁田是稻田水分管理的一个重要环节。

(1)搁田的主要作用　①搁田能使土壤脱水干缩而裂缝，增强土壤的渗漏性，提高土壤中空气含量，减少还原性有毒物质，增强好气微生物的活动，加速有机物的矿化，从而提高土壤中的有效养分的含量。②搁田促进了根系向纵、横两个方面的生长，扩大了根系的活动范围，增强根系活力，提高其吸肥吸水的性能。③搁田能控制无效分蘖，抑制土壤中养分的供应，巩固有效分蘖的生长，提高成穗率，增加了地上部的干物质积累，控制群体的发展，为水稻后期生长打下良好的基础。④搁田降低了田间湿度，推迟了稻田封行期，改善了田间通风透光的条件，有利于稻株稳健生长，增强抗倒、抗病虫害能力，所以生产上都十分重视这项技术的应用。

(2)搁田适期的确定　搁田通常在无效分蘖期到穗分化初期进行。根据"水稻生育进程叶龄模式"来确定适宜搁田期，搁田时间因品种类型而异，一般从有效分蘖临界叶龄期前一个叶龄开始$(N-n-1)$(N：品种的总叶片数，n：伸长节间数)至倒3叶期结束内进行。

苗情不同，搁田上应有早迟、轻重的差别。其具体可分为：①如果够苗过早在有效叶龄期前茎蘖数达到适宜穗数就要搁田。这就是所说的"苗到不等时"，这类苗要适当重搁。②如果稻田群体发得不足，迟迟不能够苗，可适当推迟搁田。但到了($N-n+1$)叶龄期，无论如何都要搁田，即“时到不等苗”，这类苗要适当轻搁。搁田都要求在倒3叶末期结束，进入倒2叶期，田间必须复水。

(3)搁田产生的分蘖效应　从搁田开始到土壤水分亏缺产生控蘖效应需要一个叶龄期(6～7 d)，在被控分蘖发生前一个叶龄期产生控蘖效应，才能抑制分蘖的发生。因而控制每一个无效分蘖叶位($N-n+1$)发生分蘖，必须在$N-n$叶龄期发生控蘖效应，在$N-n-1$叶龄期开始搁田。实践证明，以往在够苗时搁田对控制无效分蘖，提高成穗率作用小。在群体茎蘖苗数达到70%～90%适宜穗数时，早搁田既能保证穗数，又能控制无效分蘖。

(4)排水搁田的适宜标准和方法　从开始脱水到拔节期，高产群体质量栽培以土壤出现3～5 mm细裂缝为复水标准。搁田使水稻无效分蘖显著减缓，植株形态上表现叶色褪淡落黄，叶片挺立，土壤达到沉实，田面露白根。在复水后，入田不陷脚，全田均匀一致，为达到这一要求，要及早地开好围沟。通常地势高爽的稻田要轻搁，而黏土、地势低洼的稻田可重搁。

4. 倒3叶期至抽穗期

水稻由倒3叶期到抽穗期是碳氮代谢并重的时期，也是在形成穗数的基础上，决定每穗颖花量的时期，也是结实率和千粒重的奠基期。这一时期是水稻需肥、需水量最大的时期，还是植株长穗、长最后3片功能叶、根系生长和吸收高峰期，也是群体最大的时期。因此，在搁好田的基础上促进上层根的发生，增强根系活力以保障养分吸收，增加光合生产量，促进枝梗和颖花的分化量和防止分化颖花的退化。但是拔节后根系向稻体的供氧距离加大，中上部的节间和叶鞘又缺乏通气组织，此时，一方面，植株体生长要求根系活力很强，另一方面，根系活力又直接受供氧状况的影响。因此，解决好这个问题是一切措施的关键。

生产上主要通过水层管理解决这个问题，具体灌水原则是“间歇灌溉”，即田间上一次水保持 2～3 d 后自然落干，不立即上第 2 次水，让稻田土壤露出表面透气，2～3 d 后再上水。这种“间歇灌溉”既满足了水稻正常代谢的需要，又能更新土壤环境，满足根系正常生长的要求，使根系发挥最大的吸水、吸肥的能力。但在剑叶露出以后，正是花粉母细胞减数分裂后期，需水、需肥量大，此时应建立水层，保持到抽穗前 2～3 d 再排水，轻搁田，促使破口期再现一次“落黄”，以增加稻体的淀粉积累，促使抽穗整齐并为提高结实率奠定基础。

5. 抽穗期至成熟期

在水稻抽穗期，植株茎叶的生长结束。其主要生理活动是生产、运输和积累光合产物。在此时，一般要浅水灌溉。水稻的生理需水量并不次于分蘖期。除直接满足生理需水外，水层的存在主要是调节土壤温度，提高空气湿度。水分的亏缺会削弱光合作用，降低植株内碳水化合物的含量。群众的经验是：“稻莠连阴雨”。如果水稻抽穗期遇到高温长期不雨，必然空秕粒多。因此，在这一时期千万不可断水。水稻抽穗后 20～25 d 进入黄熟期（穗稍黄色下沉）采用湿润灌溉法，以利于高产。

第三节　玉米高产栽培技术

一、品种选择和种子处理

1. 品种的选择

（1）玉米的类型　生产上推广的杂交玉米主要有 2 种类型：第 1 类为中早熟紧凑型玉米。其特点是穗上叶片上挺，与主茎夹角较小，株型紧凑，适合密植，结实性好，出籽率高，生产期较短，95～105 d，代表品种有郑单 958、浚单 20、浚单 18 等；第 2 类为中晚熟大棒型玉米。其特点是株型高大，叶片平展或上挺、宽厚，叶色深绿，生育期较长，一般生育期 105～120 d，代表品种有豫玉 22、先玉 335 等。

(2)玉米品种选择的适应性　首先，选择玉米品种要考虑其适应性。要根据当地茬口和气候条件，选择适宜生育期的夏玉米品种，生育期太长，遇到低温多雨年份不能正常成熟，可能造成大幅减产，生产风险较大；生育期太短，不能充分利用当地的光热资源，不利于高产稳产。其次，还要考虑所选品种的丰产性、抗逆性等。所选品种必须经过正式审定，并在其适生区域以内。

(3)玉米的具体品种　近年来，沿淮地区综合性状表现较好的品种有：蠡玉 16、中科 4 号、济单 7 号、登海 11、浚单 20、鲁单 981、农大 108 和郑单 958、隆平 206、先玉 335、弘大 8 号、登海 602 等。

2. 种子的处理

使用包衣剂包衣可以有效控制玉米丝黑穗病和地下害虫等病虫害。种子包衣处理应在播种前 3～5 d 进行，待种子外层药膜(种衣膜)固化变硬后再进行播种。

二、适期播种和合理密植

提高播种质量，保证苗全、苗齐、苗匀是夏玉米高产的基础。播种期越早越好，沿淮地区要在 6 月 15 日前完成播种。为了抢时间早播种，可在小麦收割后采取免耕直播方式，直接播种玉米。在干旱年份，可以先播种，后浇水。注意在播种后要进行适当镇压，将播种沟上土块整碎、整平，以利于达到苗全、苗齐。

1. 适期播种的具体方法

水肥条件较好地区采取先浇水后播种；水肥资源紧张地区可以采用先播种，后浇水的方法，这样能够争取 3～4 d。

2. 合理密植的具体方法

采用免耕播种机进行播种在播前要认真调整播种机的下籽量

和落粒均匀度，控制好开沟器的播种深度，做到播深一致，落粒均匀，防止因排种装置堵塞而出现的缺苗断垄现象。

夏播玉米留苗密度因品种不同而异。小穗型、耐密品种采用行距为 60 cm，株距为 27～28 cm，留苗 4 000～4 500 株/亩；大穗型品种叶片平展，不可种植过密，否则空株率较高，易发生倒伏，采用行距为 60 cm，株距为 30 cm 左右，留苗 3 500～3 800 株/亩。肥水条件较好的高产田块可适当增加密度。

三、加强田间管理

1. 及时查苗、补苗、间苗、定苗

玉米由于种子粒形较大，加之现在没有理想的播种机械，很难做到一播全苗，缺苗、断垄现象时有发生。玉米出苗后要及时查苗补苗，补苗可采取补种式带土移栽。间苗时间为 3～4 叶期，定苗时间为 5～6 叶期。为了节约时间，可在 5～6 叶期拔除小株、弱株、病株、混杂株，留下健壮植株，一次完成间苗、定苗。定苗时间根据不同品种特性确定留苗密度，个别缺苗的地方可留双株进行补偿，必须保证留下的苗均匀一致，以降低后期的空株率。

2. 中耕

适时中耕围土不仅可以疏松土壤，增加土壤通透性和供肥能力，还会切断玉米部分浅层根系，促进行玉米根系下扎，以防止后期倒伏。

玉米可进行 1～2 次中耕：第 1 次在出苗后定苗前，这时苗小，在靠近玉米苗的地方要浅中耕，行间可深中耕；第 2 次中耕在定苗后拔节前进行，要结合中耕进行施肥、围土。

3. 加强肥水管理

玉米是高产作物，生物产量高，生长速度快，加之生长季节的气温高，田间蒸发量大，在降雨不足时要及时进行浇水。为便于田间管理，玉米在播种后要进行开沟，苗期预防渍害，干旱时顺沟浇水。玉米在抽雄前 10 d、后 20 d，玉米田间土壤的持水量低于 75%，就会影响玉米正常授粉，这时应及时进行浇水。

4. 化控防倒

当每亩留苗密度大于 4 500 株时，须在可见叶 6～9 叶时（拔节期前）喷药化控，缩短基部节间长度，增强基部节的韧性，促进根系生长，防止玉米倒伏。

四、配方施肥

1. 配方施肥的标准

按每千克玉米籽粒施纯氮 3 kg、五氧化磷 1 kg、氧化钾 2 kg 计标施肥量，亩产 600 kg 需施氮 18 kg，折合尿素 40 kg；施磷 6 kg，折合过磷酸钙 50 kg；施钾 12 kg，折合硫酸钾 24 kg；复合肥料按氮磷钾折算。玉米属喜硫作物，应选用硫酸钾复合肥，每亩再加施硫酸锌 1 kg。磷肥、钾肥和锌肥全部用作基施。

2. 施肥的方法

氮肥总量的 40%作基肥（秸秆还田的应增加基肥中氮肥使用量）；50%作穗肥，在大喇叭口期（10～12 片叶展开）施用；10%做粒肥，在抽雄期追施。大田种植可施 18-12-15 的玉米配方肥 50 kg/亩，或 45%的硫酸钾复合肥 40～50 kg/亩，加硫酸锌 1 kg，后分 2 期追施尿素 15～20 kg/亩。

沿淮地区夏玉米前茬多为小麦，秸秆残留量大，应注意加以利用。还田后的小麦秸秆能增加土壤有机质，改良出壤性状，提高土壤肥料和玉米生产水平。

五、化学除草

在玉米播种后，出苗前，用 40%乙・阿合剂 150～250 mL/亩，或 90%乙草胺 100～150 mL/亩，兑水 50 kg 进行土壤封闭处理；玉米 2～5 叶期可选用烟嘧磺隆・莠去津或硝磺草酮・莠去津进行茎叶处理除草。

六、病虫害防治

1. 苗期每亩病虫害防治的标准

在苗期，用 2.5％高效氯氟氰菊酯乳油 50～100 mL/亩，加 10％吡蚜酮可湿性粉剂 20 g/亩，兑水 30～50 kg/亩，全田喷雾，可有效防治地老虎、灰飞虱等。

2. 喇叭口期的病虫害防治

在喇叭口期，用 3％呋喃丹颗粒剂 2 kg/亩丢入心叶内，或用氯虫苯甲酰胺喷施，可有效防治玉米螟等害虫。

3. 大、小斑病的防治

防治大、小斑病可用 70％甲基托布津可湿性粉剂 100 g/亩，兑水 30 kg 叶面喷洒。

4. 锈病的防治

防治锈病可用 430 g/L 戊唑醇 20 g，或 20％三唑酮 50～75 mL，兑水 30 kg 喷施。

5. 热雾机综合防治病虫害

在玉米授粉结束后，可选用热雾机综合防治病虫害，提高防治工效和防治效果，增加粒重，提高产量。

七、适期晚收

玉米适当晚收是一项不须增加成本的增产措施。一般在玉米苞叶干枯变白，籽粒变硬，玉米完熟即籽粒乳线基本消失，黑层出现时收获。玉米完熟用联合收割机收获可有效降低破粒率，收获后及时晾晒。

第四节　甘薯高产栽培技术

甘薯又名红薯、红芋、山芋等。作为粮食、工业原料和饲料，其用途广泛，加之近年市场看好，生产种植也越来越受到人们的重视。

甘薯属无性繁殖生长，收获产品是营养器官块根，无明显成熟期。由于生长条件要求不高，抗逆性强、适应性广，栽培季节拉得长，栽培类型、栽培方式多种多样。栽培技术和物资投入也有很大差异，种植甘薯单产高低悬殊较大。因此，推广应用高产配套技术，实施良种良法栽培，才能夺取较高的产量和较好的效益。

一、选用良种

1. 用作淀粉、粉丝加工的品种

作淀粉、粉丝加工用的品种要选用鲜薯和淀粉产量高，薯肉为白色或淡黄色的品种，这类品种有商薯 19、秦薯 4 号、徐薯 22、皖薯 3 号、阜薯 20、皖薯 7 号、皖苏 31 号等品种。

2. 用作食用加工的品种

作食用或食品加工用的品种要选用鲜薯产量高，淀粉率较低、薯肉红色或黄色的品种，这类品种有苏薯 8 号、皖薯 5 号、皖薯 8 号、宁薯 192 等。

3. 用作速冻产品加工的品种

加工出口速冻产品常用：胜利百号、红东、高系 14 等。

4. 用作保健品加工的品种

特色紫心型甘薯品种因保健功能强、种植效益高而受到人们的青睐，这类品种主要有宁紫薯 1 号、济薯 18、山川紫等品种。

综上所述，根据用途，选择合适的高产、优质、抗病品种，同时还要兼顾品种抗病较强。

二、选田做垄

要选择土质肥沃，富钾、通透性好、土壤疏松、耕层深厚、保水保肥力强的地块。有条件的二三年轮作换茬1次，土壤黏性过大或沙性过大的地块要通过增施有机肥等办法改土培肥。甘薯生长前期要求最适宜土壤水分为田间最大持水量为70%左右，中期茎叶生长旺盛，田间保持最大持水量为75%～80%，后期以60%～70%为宜。

为了满足高产栽培甘薯各期对水分的要求和改善土壤通气条件，以水调肥，高产田块要健全排灌设施，能排能灌，保证旱时土壤水分供应和雨涝期间及时降渍。并做成深沟高垄，这样保水保肥力强。深沟高垄还增大单位面积土壤与空间接触面，绿色面积也相应增加，有利于田间通风透光，后期温差大，小气候状况好，能适应和抗避旱、涝、高温等多变环境。一般垄宽可做成80～100 cm，高30～40 cm，垄顶宽30～40 cm，上栽一行甘薯，也可栽2行，栽2行的垄可取耙齿行栽插。

三、配方施肥

甘薯芋根系深而广，茎蔓能着地生根，吸肥能力很强。在贫瘠的土壤上也能得到一定产量，但这并不意味着甘薯不需要施肥。实践证明，甘薯是需肥性很强的作物。

1. 甘薯施肥的作用

①适量的氮可促进茎叶生长，使干物质向地下块根运送。过量氮肥造成茎叶疯长，地下块根数和营养积累量明显下降；②磷促进碳水化合物合成及块根和茎叶生长。甘薯干物质积累随着磷素增加而增加，并有向根部增加分配量的趋势；③钾素在甘薯增产中起着重要的作用，可促进碳水化合物的形成、生物产量提高并较多向薯块分配。块根数量、积累重量在一定范围内有随钾素量多少而增加趋势。

据试验资料，生产 1 000 kg 鲜甘薯吸收氮 3.5 kg、磷 1.75 kg、钾 5.5 kg；栽培中要满足各元素需要，施用氮、磷、钾的比例以(1∶0.8)～(1∶2)为宜。

2. 甘薯肥料运用的原则

肥料运用上要控氮、稳磷、增施钾肥。掌握前促、中控、后稳的原则。①要选用中等肥力以上的地块作为甘薯高产栽培田。土壤肥力基础是有机质 1%以上、全氮 0.1%、全磷(P_2O_5)0.8%、全钾(K_2O)1.8%；②碱解氮 90 mg/kg、速效磷(P_2O_5)25 mg/kg、速效钾(K_2O)120 mg/kg 为好；③可施纯氮 5～6 kg/亩、五氧化二磷 4～5 kg/亩、氧化钾 8～10 kg/亩。④施肥以基肥为主，肥料以土杂肥、配方专用肥、复合肥为主，施量以前期为重。⑤甘薯是忌氯作物，要少施或不施含氯的化肥。⑥前茬在收后普施 3 000 kg/亩有机肥，氮、磷、钾化肥可结合作垄集中施用。

各地要因地因时灵活掌握。推荐配方肥比例为 36%(10∶10∶16)(硫酸钾型)(40～50 kg/亩)、40%(10∶10∶20)(氯化钾与硫酸钾各半)(40～50 kg/亩)。

四、培育壮苗

壮苗的标准是：苗龄为 35 d 左右，叶片舒展肥厚，大小适中，色泽浓绿，100 株苗重为 700～1 000 g，苗长为 20～25 cm，茎粗约为 5 mm，苗茎上没有气生根，没有病斑，苗株挺拔结实，乳汁多。

1. 育苗时间

育成薯苗的时间要与大田栽插时间相衔接，过早过晚都不好。排种过早，因天气寒冷，保温困难，育苗期拖长，浪费人力、物力，而且薯苗育成后，因气温低不能栽到田间，形成“苗等地”现象，不仅延长苗龄，还会降低薯苗质量。由于已育成的苗不能及时采，必然影响下茬苗的生长。如果排种过晚，出苗迟，育成的苗赶不上适时栽插的需要，会造成“地等苗”的局面，最终导致晚栽减产。用火炕或温床育苗，掌握在当地栽插适期前 25～30 d 排种。薄膜覆盖育苗提前到 35～40 d。例如，栽春薯的时间多从 4 月 20 日前后开始，排种育苗则在 3 月中旬前后为宜。

2. 育苗方式

火炕、大棚、电热苗床、酿热物薄膜、薄膜覆盖、地膜覆盖、露地育苗。各地目前多用薄膜加地膜覆盖借光育苗。

选择背风向阳、地势高燥、排水良好和管理方便的地块做苗床。

3. 育苗和管理

育足壮苗，能适时早栽，使甘薯有较长时间的生长是增产重要一环。

第一，提前做好苗床。酿热温床要选择避风向阳，地势偏高处做床。酿热物要用新鲜马牛粪和秸秆或碎草晒干备用，加入适量粪尿拌和入床，在稍通透气条件下腐烂生热。火炕育苗在建床时注意火道由低到高，以利于烧火，布火道要合理有利于生热均匀。薄膜借光阳畦育苗一定选择避风和有利于采光、增温的地方，并用地膜和弓棚双膜或三膜保温。苗床宽窄、长短按照需苗量和管理、覆盖方便而定。

第二，育苗种薯选用薯重 150 g 左右的夏薯薯种为宜，可用 50%多菌灵液 1 000 倍浸种 10 min 下床，排种 25 kg/m^2 左右，浇透适温水后用混有有机肥的细土盖薯，覆膜防风保湿。下种前苗床要有一定温度。酿热温床要先来热，后下种，以利于薯块萌芽和防止烧芽。

第三，苗床管理重点是温度管理。充分利用地膜、农膜、酿热物、烧火等收集太阳热能和生物热能增温；利用农膜、草帘保温；利用气孔和揭膜调温。做到高温催芽、适温育苗、常温炼苗。前期床温掌握在 32～35℃，注意最高床温不要超过 37℃，催芽温高多出芽、早出芽。出苗后温度可降低至 25～28℃时，育苗。低温苗壮，高温苗生长快。栽苗前两三天要降温至 20～22℃时，炼苗，以适应外界环境。

采苗后再提高温度和轻施水肥提苗。出苗前苗床一般不浇水。火炕育苗、晚育苗的保湿条件不好的可适当补水，苗床湿度保持土壤最大持水量为 80％左右较好，并注意苗床通风和光照。

4. 采苗圃繁苗技术

采苗圃是专门以繁殖大量薯苗供夏薯栽插的育苗方式，便于集中水肥管理多出苗、出壮苗，可减少栽春甘薯面积。采苗圃选择土质肥沃，便于管理地块，4 月中、下旬提前用地膜和小拱棚每亩栽 1 万～2 万株苗，做畦或做垄栽，大水肥管理，夏栽甘薯时可繁殖 15～30 倍。

五、科学栽插

1. 早栽精栽

实践证明，甘薯适当早栽，有利于其自身生长发育需要的光温水条件与自然气候资源吻合，地上地下发育正常易夺高产。尤其是夏甘薯夺取高产一定要在 6 月 20 前后栽完，在高温、旱象、多雨气候常出现的季节来到之前，高产田块甘薯有一定营养面积．使营养生长和营养积累的矛盾容易协调，搭好丰产架子。

甘薯在 10 cm 地温通过 15℃以上即可以栽插，地温为 17～18℃时扎根返苗快。露地一般在 4 月 20 日可以开始栽。夏甘薯应尽量早栽。甘薯扦插要求晴天带水、肥或雨后土稍干时栽插。这样有利土壤通气、早生根、早返苗。要规范栽植，在保证成活率的情况下尽量浅栽，以利于结薯。栽时选用壮苗，夏薯用中上部秧苗剪插。大苗、小苗、秧头苗分栽，防止大苗欺小苗，而后期有苗无薯，达不到均衡增产目的。

2. 合理密度

甘薯生产主要利用地下块根产量。构成产量多少是决定单位面积栽插株数、单株结薯和薯重。要根据高产栽培中选用的不同品种、水肥基础、栽培季节、管理方式和管理水平、主攻单产目标等设计合理产量结构，协调各因素关系。实践证明，适当的亩株数是保证高产的关键。

亩薯数量对产量的影响大于薯重。①高产春甘薯株数应以3 000～3 500株/亩为宜，高产夏甘薯株数应以3 500～4 000株/亩为宜，保证平均单株结薯3～4个。②单薯重200～350 g，单株重800～1 200 g，春薯产量可达4 000 kg/亩左右，夏薯产量可达2 500～3 000 kg/亩。

高产田块还要配置合理行株距、适当宽行有利于通风透光，均衡发育。一般行距以80～100 cm较宜，可栽单行或双行。行距过大过小都影响株距配置和单株发育，否则，不利防旱防涝、不利于均衡增产。

3. 推广地膜覆盖栽培技术

早春地膜覆盖可有效提高地温和保墒，创造早栽、早发、早结薯的条件。壮苗地膜覆盖栽培明显增加了生长时间，容易高产。地膜覆盖春栽甘薯可在4月上、中旬，较露地栽苗提前10～15 d栽下地，先浇水，在栽苗后全面覆盖。掌握适机破孔放苗，也可以先覆膜后破孔栽苗，先栽后栽都要用土盖好苗孔。夏栽甘薯也可因地制宜，为保墒保肥采取垄顶部分覆膜方法栽培。

六、大田管理

1. 掌握生长规律

一般栽培把甘薯在田间生长分为扎根返苗期、分枝封垄期、封垄薯蔓同长到茎叶生长高峰期和茎叶衰退薯块膨大期几个阶段。

(1)扎根返苗期　在扎根返苗期，春甘薯要求栽后3～5 d扎根，8～10 d返苗并开始展叶，30 d开始分枝；夏栽甘薯要求1～2 d发根，3～5 d活棵返苗，新叶开始生长，20 d开始出现分枝。

这期间以营养生长为主，大部分根系形成，不定根生长量占总量的60%以上。

（2）分枝封垄期 在分枝封垄期，即春栽甘薯栽后的30～35 d，夏栽甘薯在栽后20～25 d时，主蔓出现分枝，地下块根形成到定数，块根开始分化结薯。春栽经过35 d、夏栽经过25 d地上茎叶封垄。在这一阶段，生长中心从营养生长转到营养生长和营养积累并进，茎叶光合能力增强、同化物增多，是搭好丰产架子的关键时期。

（3）封垄薯夏膨胀到茎叶生长高峰期 春栽甘薯在栽后的70～75 d起，夏栽甘薯在栽后40～45 d开始，田间由封垄到茎叶生长达最大值。块根也相应膨大，新老叶更换。此期易造成地上部和地下部养分分配矛盾。要注意调控。

（4）茎叶衰退薯块膨大期 经过1个月左右，甘薯芋生长进入茎叶衰退和块根膨大盛期。此时从8月中、下旬开始，到收获前60 d左右时间，期前开始的薯蔓并长到蔓块盛长，以后的茎叶停止生长到长势平稳下降，养分全部转向地下薯块积累，块根增重达最大值。

甘薯田间各期生长发育要求有一定绿叶面积和合理的地上、地下生物产量比例。根据各生育期生长发育需求合理施管，才能获得理想的产量。实践证明，早管巧管争取主动，促成早发能打下高产基础，也增加甘薯生长期间对不利条件的抗避能力。

2. 多措并举，合理促控

（1）扎根返苗期 扎根返苗期主要是营养生长，要早管早发，及时查苗、补苗，保证全苗，松土保墒通气，必要时轻施苗肥。

（2）分枝封垄期 分枝封垄期叶面积系数要逐渐达到2.7～3，保持土壤湿度，防旱防涝。封垄前中耕培土。注意防虫除草。适当追施肥料，促茎叶稳健生长。

（3）茎叶封垄到生长高峰期 从茎叶封垄到生长最高峰期，叶面积系数要控制在3～4.5，此时是高温盛夏，气温高、湿度大、阴雨多光照不足或干旱无雨都影响生长和养分分配，容易造成旺长或营养体不足，难以高产。要做好防旱、排涝。当湿度大时，提蔓散湿，采用水肥和化学调节药剂合理调控，前期促稳健生长，后期提前看苗调控。生长势差的亩可以补施速效化肥。化控可在8月上旬开始对旺苗进行，一般用15％多效唑40～50 g/亩加水50 kg或缩节胺、矮壮素等抑制茎叶生长。

3. 注重后期管理

（1）喷肥保叶防衰，增加薯重　甘薯在茎叶生长达最大值、叶面系数4～4.5后长势要平稳下降，才能有较多的叶面制造养分向根部输送，增加薯重。如果在下降后期忽视管理，功能叶过早衰老将严重影响结薯，所以后期保叶防衰十分重要，生长过旺的要继续化控。一般薯田要看苗喷施0.5％尿素液或0.2％磷酸二氢钾液，或美洲星、喷施宝等，也可喷施膨大素、助壮素等。根据苗情和结薯情况喷施2～3次，保证绿叶面积系数维持在3以上。

（2）注重收前管理　甘薯收获产品是地下块根，块根是营养体之一，没有的明显的成熟时期，只要温度和湿度、光照适宜都能继续生长增重。试验证明，甘薯生长后期在地温为18℃以上，气温和水分适宜，日增重鲜薯达40 kg/亩左右。

因此，重视收获前的田间管理，充分利用收前的光、热资源，增加薯重，夺取高产。要考虑加工需要、季节、后茬作物，当时的气象趋势等综合因素。在后期有效地增产因子是土壤湿度、地温和延长生长时间，因时、因地、因苗，做好防旱、防渍、防衰等工作。

据试验报道，甘薯块根在地温为18℃以下时很少增重，在地温为15℃时停止增重，如长时间处在9℃以下将会受冷害，所以也要掌握温度变化，适时收获。其可在霜降前后当气温为10℃，地温为18℃时开始收起，枯霜前一定收完入窖。收获要掌握晴天适墒、轻起轻运，上午起收，下午入窖。

七、综合防病治虫除草

甘薯整个生育期间要采取有效措施，保证茎叶生长和保证一定叶面积制造养料。病、虫害造成叶面积损失最大，失去叶片功能作用，要注意防病治虫。

1. 杜绝乱引种，减少茎线虫病

甘薯病虫害要以防为主，杜绝乱引种，减少茎线虫病等检疫虫害引入本地。

2. 黑斑病的防治

对于黑斑病的防治，种薯可用50%多菌灵可湿性剂800～1 000倍液浸种8～10 min或1 000～1 500倍液蘸苗基部10 min，在栽苗时采用2次高剪苗。

3. 甘薯芋根腐病的防治

甘薯芋根腐病在局部地区发生，即开花烂根病，俗称“火龙”。其主要是选用商薯19、徐薯27、徐薯22、皖薯3号、皖薯7号、皖苏31等抗病品种，清除病株，建立留种田等预防为主。

4. 甘薯虫害的防治

虫害主要有甘薯麦蛾、甘薯斜纹夜蛾和甘薯芋天蛾等，做好虫情测报发生时早治，治小，可用辛硫磷、阿维菌素、毒死蜱等农药在三龄前喷杀。田间杂草结合中耕清除，可用5%精喹禾灵乳油50～70 mL兑水50 kg防除甘薯田间禾本科杂草。

八、安全贮藏

甘薯安全贮藏的要点是：把好入窖关，杜绝坏烂、虫、病薯块进窖。薯窖要能保温、散湿、通风，又便于检查温湿度。在入窖时，薯块用多菌灵液或保鲜粉液浸薯块。①入窖1个月内注意降温、排湿，温度控制在15℃以下；②中期注意保温，窖温在11～14℃较好，及时拣出个别坏烂薯块；③开春气温回升，要稳定窖温在11～

13℃直到出窖,选晴天开启通风窗,散湿减少坏烂,丰产丰收。

第五节 花生高产栽培技术

一、选用优良品种

选用高产、优质、抗逆性强、适应当地气候条件的优良品种,种子质量符合 GB 4407.2—1996 的规定。

二、进行种子处理

1. 带壳晒种

剥壳前将种果在土质地面上摊厚为 5～7 cm,勤翻动,晒种 2～3 d,以提高种子活力和消灭部分病菌。

2. 粒选分级

剥壳不宜过早,在不影响播种的前提下,尽量推迟剥壳时间。剥壳后剔除秕瘦、破伤、霉变籽仁,再将种仁按大、中、小分为 3 级,用 1 级种,淘汰 3 级种,分级播种。

3. 药剂拌种

防治根腐病、茎腐病应在播种前用 50%多菌灵可湿性粉剂按种子量的 0.3%～0.5%,或 12.5%咯菌腈乳油(适乐时)按种子量的 0.1%拌种,水分晾干后即可播种;防治地下害虫和鼠害用 50%辛硫磷乳油 75 mL,加水 1～2 kg,拌种 40～50 kg。

三、精细播种

1. 适期播种

要根据地温、墒情、品种特性、栽培方法等综合考虑。小麦产量为 300 kg 以下地块的适播期为 5 月 5 日—5 月 15 日;小麦产量为 300～400 kg 以下地块的适播期为 5 月 10 日—5 月 20 日;小麦产量为 400 kg 以上地块的适播期为 5 月 15 日—5 月 25 日。

2. 适墒下种

结合麦田后期灌水给花生播种营造良好的底墒，以播种层土壤的含水量以田间最大持水量 60%～70%为宜，即抓土成团，轻点即散，低于 40%容易造成缺苗，高于 80%易引起烂种、烂芽。

3. 播种方式

采用人工点种或播种耧播种，播种深度 5 cm 左右，深浅一致。

4. 播种密度

用种 20～25 kg/亩。根据小麦行距，调整好花生株行距，一般行距为 30～40 cm，穴距为 15～20 cm，高肥力地块种植 10 000～10 500 穴/亩，中肥力地块种植 10 500～11 000 穴/亩，低肥力地块种植 11 000～12 000 穴/亩，2 粒/穴。

四、配方施肥

1. 施肥量

高产麦套花生每生产 100 kg 荚果需吸收纯氮 6.4 kg、纯磷 1.3 kg、纯钾 3.2 kg，根据我县的测土结果和实践经验，参考施肥量如下。

(1)高产田(350 kg 以上)　施优质有机肥 2 000 kg/亩，尿素 20 kg/亩，磷酸二铵 22.5 kg/亩，氯化钾 15 kg/亩。

(2)中产田(250～350 kg)　施优质有机肥 1 000 kg/亩，尿素 20 kg/亩，磷酸二铵 17.5 kg/亩，氯化钾 10 kg/亩。

(3)低产田(250 kg 以下)　施优质有机肥 1 000 kg/亩，尿素 15 kg/亩，磷酸二铵 15 kg/亩，氯化钾 7.5 kg/亩。

2. 施肥技术

施肥技术可归纳为“两追一喷四补”：①“两追”即提倡花生 2 次追肥。第 1 次追肥为小麦收获后及早追肥，有机肥、氮肥的 1/2、磷肥、钾肥一次性施入，第 2 次追肥为幼果开始膨大期追施氮肥的

1/2；②“一喷”即在生育后期，用尿素 1 kg/亩加磷酸二氢钾 200 g/亩兑水 50 kg 叶面喷施 2～3 次/亩，防止早衰；③“四补”即补施钙肥、钼肥、铁肥和硼肥，钙肥用磷石膏，在花生封行前，用 50 kg/亩磷石膏浅施于结荚层，钼肥用钼酸铵；在苗期用浓度为 0.05%的钼酸铵溶液喷施 2 次/亩，铁肥用硫酸亚铁，雨后或灌水后用浓度为 0.2%的硫酸亚铁溶液连喷 2～3 次/亩，硼肥用硼酸，用浓度为 0.1%的硼酸溶液在始花—盛花期喷施 2 次/亩。

五、综合防治病虫害

①贯彻“预防为主，综合防治”的植保方针，综合应用农业防治、生物防治、物理防治和化学防治等措施，控制有害生物的发生和危害。

②使用的农药必须具备国家规定的“三证”，农药登记证、生产许可证或生产批准证、执行标准号的要求。农药的使用要按 GB 8321 执行，禁止使用国家禁用的高毒、高残或具有“三致”（致癌、致畸、致突变）作用的农药，推广使用高效、低毒、低残留农药，提倡使用生物农药。

③合理混用、轮换交替使用不同作用的或具有负交互抗性的药剂，克服和推迟病虫害抗药性的产生和发展。改进施药器械和施药方式，减少施药过程中漏药对环境的污染和残留，适时用药，保护天敌。

4. 主要病虫害化学防治技术

(1)叶斑病　当病叶率达 10%～15%时，用 50%多菌灵可湿性粉剂 100 g/亩或 70%甲基托布津可湿性粉剂 100 g/亩兑水 30 kg 喷雾，防治 2～3 次，7～10 d/次。

(2)茎腐病、根腐病　拌种见 2.3 药剂拌种；花生齐苗后及时用 50%多菌灵可湿性粉剂 100 g 或 70%甲基托布津可湿性粉剂 100 g 加尿素 500 g 和磷酸二氢钾 150 g 兑水 30 kg 喷雾。

(3)蚜虫　当有蚜穴率达 20%～30%,百穴蚜量为 1 000 头时,应及时喷药防治。用 10%吡虫啉可湿性粉剂 20 g/亩或 3%啶虫脒可湿性粉剂 50 g/亩兑水 30 kg 喷雾。

(4)红蜘蛛　当有螨植株在 5%时,用 25%哒螨灵可湿性粉剂 20 g/亩或 1%甲维盐乳油 30 mL/亩或 2%阿维菌素乳油 50 mL/亩兑水 30 kg 喷雾。

(5)棉铃虫和斜纹夜蛾　当百穴有幼虫或卵 40 头时,亩用 1%甲维盐乳油 30 mL/亩或 2%阿维菌素乳油 50 mL/亩或 4.5%高效氯氰菊酯乳油 60 mL/亩加 50%辛硫磷乳油 50 mL/亩或苏云金杆菌(BT)乳剂 200 mL/亩在卵孵化盛期兑水 30 kg 喷雾,5 d 后再喷 1 次。

(6)蛴螬　成虫防治在发生盛期(6 月下旬至 7 月上旬)用 48%毒死蜱乳油 250 mL/亩或 50%辛硫磷乳油 500 mL/亩,拌 20～25 kg 干细土撒施,并浅锄入土,施药后立即浇水。在孵化盛期和低龄幼虫期(7 月中旬至 8 月初),用毒土开沟条施,或用 48%毒死蜱乳油或 50%辛硫磷乳油加水稀释 800 倍液装入去掉喷头的手动喷雾器内对花生根部喷淋灌根,施药后立即浇水;用 50%辛硫磷乳油 1 000 mL/亩或 48%毒死蜱乳油 500 mL/亩随水冲施也是一种简便有效的防治办法。

(7)新黑地蛛蚧　于卵孵化盛期至 1 日龄幼虫期(6 月中、下旬至 7 月初),每亩用 50%辛硫磷乳油或 5%锐劲特悬浮剂或 48%毒死蜱乳油等农药,加水稀释 800 倍液装入去掉喷头的手动喷雾器内,逐穴喷淋花生根部。雨前喷淋或喷淋后立即浇水。

六、鼠害防治技术

在播种时,用药剂拌种是防治鼠害经济有效的办法;在生长后期,利用害鼠昼伏夜出的习性,在早晨 8:00 左右查鼠洞,掏出洞口干土,将磷化钙或磷化铝投入鼠洞中,将洞口封严踏实,放出磷化氢气体熏死害鼠。

七、杂草防除技术

在花生苗期至封行前，防除禾本科杂草在杂草 2～4 叶期用 10.8％吡氟禾草灵(盖草能)乳油 30～40 mL/亩或 10.8％精喹禾灵乳油 40～50 mL/亩兑水 30 kg 喷洒；防除阔叶杂草亩用 24％乳氟禾草灵乳油(克阔乐)3～5 mL/亩或 10％乙羧氟草醚乳油 20 mL/亩兑水 30 kg 喷洒。禾本科杂草和阔叶杂草混生田块可用防除禾本科杂草除草剂和防除阔叶杂草除草剂混合使用。防除阔叶杂草除草剂对花生均有不同程度的药害，使用后可根据药害程度采取相应措施。

八、化控技术

当花生植株 35～40 cm 时，用 15％多效唑可湿性粉剂或 5％烯效唑可湿性粉剂 50～100 g/亩兑水 30 kg 进行喷洒，控制旺长。

九、田间管理

1. 中耕

花生中耕 2～3 次：第 1 次在麦收后及早中耕灭茬；第 2 次中耕在第 1 次中耕后 10～15 d 进行；第 3 次在初花期至盛花期前进行，并结合中耕进行培土迎针。

2. 灌溉与排水

在花生播种前，如遇干旱，可结合小麦浇水造好底墒。苗期结合追肥进行浇水。花生开花下针至结荚期需水量最大，遇旱及时浇水。如果花生生长中后期雨水较多，排水不良，能引起根系腐烂、茎枝枯衰、烂果，要及时疏通沟渠，排除积水。

3. 收获和贮藏

麦套花生生育期短，荚果充实饱满度差，不能过早收获，否则会降低产量和品质。应根据天气变化和荚果的成熟饱满度适时收获，应保证生育期不低于 115 d，当花生饱果率达 65%～70%时应及时收获。收获后晒至荚果含水量低于 10%，花生仁的含水量低于 8%（手拿花生果摇晃，响声清脆，用手搓花生仁，种皮易脱落）时在清洁、干燥、通风、无虫害和鼠害的地方贮藏。

4. 控制黄曲霉素污染

黄曲霉毒素污染不仅影响花生的品质和外贸出口，而且直接危害人的健康。控制办法：注意防治与黄曲霉毒素污染有关的地下害虫，如螨虫、蛴螬等；收获前 3～5 周遇旱应及时适量浇水，保证花生后期对水分的需求；中耕培土和花生收获时不要损伤荚果，减少机械损伤；适时收获晾晒，花生果水分应控制在 10%以下，及时入库，安全贮藏、包装。

第二章　设施蔬菜栽培技术

第一节　黄瓜栽培技术

一、主要茬口

北方地区黄瓜设施栽培以日光温室栽培和塑料棚栽培为主，早春小拱棚栽培也比较普遍。因不同地区气候差异较大，不同地区、不同茬口的播种期又有差异，同一茬口的播种期也有一定的差异，播种期的确定应根据当地的气候条件、设施的保温性能以及市场供求情况而定。现以河南中部地区为例介绍茬口安排，其他地区可根据当地气候条件合理安排。

（一）日光温室的茬口类型

1. 秋冬茬

栽培的目的在于延长供应期，解决冬季黄瓜供应问题。日光温室秋冬茬比大棚秋延后黄瓜供应期 30～45 d。一般 8 月下旬至 9 月上旬播种，9 月下旬定植，10 月中旬始收，新年前后拉秧。

2. 冬春茬

栽培的目的是进行反季节栽培，以解决深秋季节供应问题，河南多于 9 月下旬至 10 月上旬播种，嫁接育苗，11 月初定植，12 月上、中旬开始采收，6 月末至 7 月初采收结束，生育期由秋末开始，采收期跨越冬、春、夏三个季节，收获期长达 150～200 d，整个生育期长达 8 个月以上，这是“三北”地区栽培面积较大、技术难度最大、效益最高的茬口。

3. 早春茬

栽培的目的是春季提早上市，以解决 3—4 月淡季问题。日光温室早春茬比大棚春早茬黄瓜提前 30 d 左右。12 月中旬至翌年 1 月下旬在温室内地热线加营养钵育苗，一般不嫁接，2 月上、中旬定植，3 月上、中旬开始采收，7 月上旬拔秧。

(二)塑料棚栽培的茬口类型

1. 春提早栽培

在河南地区一般在 1 月下旬至 2 月上旬，于温室地热线播种，营养钵育苗，3 月中旬定植，4 月中旬至 7 月中、下旬供应市场。供应期可比露地提早 30 d 左右。

2. 秋延后栽培

一般河南地区在 7 月上、中旬至 8 月上旬直播或育苗，7 月下旬至 8 月下旬定植，9 月上旬至 10 月下旬供应市场。供应期可比露地延后 30 d 左右。

(三)小拱棚早熟栽培

小拱棚早熟栽培属于短期覆盖，一般在春季进行，可比露地黄瓜提早 15 d 左右定植。缓苗后开始通风，覆盖约 1 个月以后，通过加大放风锻炼，逐步适应外部环境，然后撤棚插架，有时在未撤棚前即可开始采收，早熟效果超过地膜覆盖栽培。近年来，采用地膜加小拱棚的双膜覆盖，或者地膜加小拱棚，再加草苫，早熟效果更好。

(四)北方保护地黄瓜生产周年茬口安排

保护地黄瓜生产周年茬口安排见表 2-1。

二、塑料大棚春早熟栽培技术要点

塑料大棚春黄瓜可比露地春黄瓜提早定植 1 个月左右，比日光温室黄瓜早春栽培晚定植 1～2 个月。

表 2-1 黄瓜生产周年茬口安排表

茬次	播种期/(旬/月)	采收期/d	苗龄/d	定植期/(旬/月)
大棚秋茬	中下/7	9～10	25	中/8
日光温室秋冬茬	上/10	8～9	30	上/11
日光温室冬茬	下/9—初/10(嫁接)	2～10	30	上/10
日光温室早春茬	中/1	3～7	35	中/2
大棚春茬	下/2	4～7	30	下/3

（一）品种选择

选用耐寒性强，早熟性号、抗病、高产、优质的品种。据各地生产实践，可选用津春 2 号、津优 30 号等品种。

（二）培育适龄壮苗

播种期早，为防治育苗期间发生冷害，一般应在日光温室内或采用电热温床进行育苗。其育苗方法与日光温室早春茬黄瓜育苗相同，苗龄宜大些，4～5 片真叶时定植。大棚没有保温设备，温度变化幅度大，应提高幼苗适应逆境的能力。

（三）整地定植

提高地温，可在黄瓜定植前 1 个月扣棚暖地。棚内土壤化冻后可进行深翻、整地、施基肥。结合整地施优质农家肥 5 000 kg/亩，2/3 翻地前撒施，使土壤和肥料充分混匀。1/3 做畦后沟施，并增施三元复合肥 25 kg/亩。整地方式有两种。

1. 畦作

大棚水道在中间，水道两侧做成 1 m 宽的畦，畦上覆膜。每畦栽单行者在畦中央按株距 17 cm 栽苗，保苗 3 900 株/亩或者隔畦栽双行，行距 45 cm，株距 30 cm，保苗 3 500 株/亩左右。空畦套种耐寒速生菜或为茄果类蔬菜早熟栽培育苗，以提高设施和土地利用率，增加前期产量和花色品种。

2. 垄作

按 60 cm 行距开沟施基肥后，南北向起大垄。垄上按 25 cm 株距定植，栽苗 4 000 株/亩。按照不同的栽培方式整地后覆地膜。选择晴天上午定植，定植时按株距在地膜上开穴，定植深度以苗坨面与畦面相平为宜，浇水定植，水量不宜过多，以免降低土壤温度。

（四）定植

塑料大棚在定植前 20～30 d 应及早覆盖薄膜，密闭烤棚，以提高气温和地温。塑料大棚春黄瓜定植密度大，产量高，应重施底肥。为提高地温，加深耕层，一般采用垄栽，并覆盖地膜。定植期因各地区的气候条件，扣棚早晚、品种、覆盖物的层次数等条件的差异而不同。当棚内 10 cm 处的土壤温度稳定在 10℃以上、夜间最低气温稳定在 8～10℃即可定植。采用单层覆盖，东北北部及内蒙古地区在 4 月中、上旬定植；东北南部、华北及西北地区在 3 月中、下旬定植；华北、华中地区在 3 月上、中旬定植。采用双层覆盖的定植期可提早 6～7 d；多层覆盖可提早 15～20 d；有临时加温设施，定植期还可提前。

（五）定植后的管理

大棚春黄瓜定植后的管理可参照日光温室早春茬黄瓜技术措措施，根据黄瓜的具体要求来调整。

1. 调控大棚温、湿度

通过放风大小来调控大棚温、湿度，遇到寒潮可在棚内挂二层幕或在棚外围底脚草毡保温。白天温度超过 30℃放风，午后气温降到 25℃以下闭风，夜间温度保持为 10～13℃。中后期外温较高，外温不低于 15℃时昼夜通风。

2. 调控营养生长与生殖生长关系

通过合理肥水、植株调整、果实采收等手段调控营养生长与生殖生长关系，为了促进根系和瓜秧生长，12 节以下的侧枝尽早打掉。12 节以上的侧枝，叶腋有主蔓瓜的侧枝应打掉，叶腋无主蔓瓜的侧枝保留，结 1～2 条瓜，瓜前留 2 片叶摘心。植株长到 25～30 片叶时摘心，促进回头瓜、侧枝瓜的生长。采收初期的植株较矮，瓜数也少，通风量小，5～7 d 浇 1 次水，水量应稍小些。此期因外界温度低，浇水应在上午 9:00 以前完成，随即闭棚升温，温度超过 35℃防风排湿。进入结瓜盛期的植株蒸腾量较大，结瓜数多，一般 3～d 浇 1 次水，浇水量也应增加，并要隔 1 水追 1 次肥，复合肥与发酵饼肥交替使用。浇水应在傍晚进行，以降低夜温，加大昼夜温差。盛果期每 7～10 d 喷 1 次浓度为 0.2%的磷酸二氢钾。

3. 防治病害

通过增施二氧化碳提高光合能力，提高植株自身抗性。采用生态防治配合药剂防治控制黄瓜病害，尤其是霜霉病的发生，争取优质高产。

三、塑料大棚秋延后栽培要点

(一)品种选择

选择适应性强、抗病的品种既耐高温又耐低温，抗病品种。近年来选育的适宜品种有津春 5 号、中农 2 号和 4 号等品种。

(二)适期播种

秋末气温下降快，为争取较长的适宜生长期，大棚秋黄瓜应尽早播种。但播种过早又会因前期温度高、光照强而造成病虫害发生严重。在考虑播种期时一般应保证黄瓜田间适宜生长期达 90～100 d。华北大部分地区播种期在 7 月末至 8 月初，9 月下旬开始采收，采收期可持续到 11 月上旬。

北方塑料大棚秋延后栽培黄瓜多进行直播，播种出苗后要及时中耕、间苗、补苗，2 片真叶展开时按株行距选留生长健壮、无病虫危害壮苗定苗，淘汰病、弱苗。定苗密度为 6 000 株/亩，株行距 (20～25)cm×(55～60)cm，也可采取育苗移植的方法。但苗龄要求不宜过大,当幼苗2～3片真叶展开时应及时定植。苗龄要求较小,一般以穴盘育苗为好。育苗床上面应搭遮阴防雨棚。

秋延后栽培的苗期环境条件不利于雌花形成,植株第一雌花节位高、雌花节比例低,可在定植或定苗前后用100～150 μL/L乙烯利溶液连续处理2次,这样既可促进雌花形成,又可防止徒长。

(三)播种或定植后的管理

1. 温度管理

大棚秋延后黄瓜生长前期正值高温、多雨、强光季节,故播种或定植后,大棚应及时覆盖薄膜,防止雨水冲刷,同时棚膜还可起到一定的遮荫降温作用。生长初期大棚应注意加强通风。除降雨天气外,大棚底风口和腰风口可昼夜通风。当夜间气温逐渐下降到13～15℃时,大棚转入以防寒、保温为主的管理阶段,白天尽量延长25～30℃的持续时间,下午当温度降至20℃,要及时关闭风口,尽量使棚内夜间温度保持在15℃左右。

2. 肥水管理

播种后至出苗前的土壤和空气温度均较高、光照强,土壤水分蒸发量大,土壤易干燥板结,为保证出苗率应小水勤浇。出苗后适当控水、蹲苗,防止高温、高湿条件下幼苗徒长。根瓜坐住前后及时浇催瓜水,并随水冲施氮磷钾复合肥15 kg/亩左右。生长中期再追施复合肥1～2次。生长后期温度下降,水分消耗少,要减少浇水,可有效降低空气湿度,防止病害的发生。

(四)植株调整

根瓜坐住前摘掉植株下侧枝,进入结瓜期随着温度下降和光强减弱,一般不再形成侧枝。当主蔓生长到接近棚顶时要及时摘心,促进回头瓜的产生。

(五)采收

结果前期温度高,瓜条生长快,应勤采收;结瓜后期,市场黄瓜供应量较少，销售价格逐渐升高，在不影响商品质量的前提下，可适当延迟采收，提高经济效益。

四、日光温室越冬茬栽培

日光温室黄瓜冬春一大茬生产是近些年发展起来的一种种植制度，这种种植制度首先要求温室有良好的风光和保温能力，同时也要有配套的技术。目前，我国北方高效节能型日光温室以冬春一大茬生产为主。

（一）品种选择

日光温室冬春茬黄瓜栽培，使设施黄瓜生产中栽培难度较大，经济效益较高的栽培型式。幼苗期在初冬度过，抽蔓期处于严寒冬季，1月开始采收，采收期跨越冬、春、夏三季，整个生育期达8个月以上。

冬春茬期内将经历较长时间的低温弱光环境，生育期需要经历较长时期的低温弱光阶段，因此，必须选用耐低温、耐弱光、雌花节位低、节成性好、抗病性强、品质好、产量高的品种。目前生产中北方地区仍以华北型密刺类品种为主，如津优2号、津优3号、津绿3号、津春3号、中农12号等。近年来北欧型黄瓜如以色列的萨瑞格（HA-454）、荷兰的戴多星、美佳，我国研制的农大春光1号、中农19号等在温室黄瓜冬春茬生产中的面积也不断扩大。

（二）育苗

黄瓜设施栽培由于土壤常年连作，枯萎病、疫病等土传病害逐年加重，严重影响产量和效益，嫁接育苗是冬春茬高产栽培的主要技术措施之一。

嫁接育苗是防止土传病害，克服设施土壤连作障碍的最有效措施。此外，嫁接苗与自根苗相比，其耐寒性和抗逆性增强，生长旺盛，产量增加，尤其是在日光温室冬春茬黄瓜栽培种低温较低的情况下，增产效果突出。因此，在黄瓜的设施栽培中，广泛采用嫁接育苗。嫁接砧木应选择嫁接亲和力、共生亲和力、耐低温能力都较强。当前生产中多采用黑籽南瓜作砧木,多采用靠接法和插接法。冬春茬黄瓜嫁接苗苗龄不宜太大,以 3～4 片叶、13～14 cm 高、苗龄 30～40 d 即可定植。

(三)整地定植

黄瓜不应与瓜类作物重茬,以防止枯萎病等土传病害发生。冬春茬黄瓜生育期较长,施足基肥是黄瓜高产的基础。

1. 整地

定植前 10～15 d 进行田间清理,重施有机肥。在土壤肥力水平一般的条件下,撒施优质腐熟农家肥 5 000 kg/亩,其中 2/3 用于普施,而后深翻 40 cm,耙平后按行距开沟,沟内再集中施用剩余 1/3 基肥。增施有机肥可提高地温,促进根系生长,加强土壤养分供应,保证黄瓜在低温季节生长发育正常。日光温室冬春茬黄瓜宜采用南北行向、大小行地膜覆盖栽培。整地前南大行距为 80 cm,小行距为 50 cm 开施肥沟,逐沟灌水造底墒,水渗下后在大行间开沟,做成宽为 80 cm,高为 10～13 cm 的小高畦,畦间沟宽为 50 cm,可作为定植后生产管理的作业道。

2. 定植

选择具有充足阳光的晴天上午定植,以利于缓苗。定植时在小高畦上,按行距 50 cm 开 2 条定植沟,选整齐一致的秧苗,按平均株距 35 cm 将苗托摆入沟中(南侧株距适当缩小,北侧株距适当加大),3 000～3 500 株/亩。秧苗在沟中摆成一条线,高矮一致,株间点施磷酸二铵,用量 25 kg/亩,与土混拌均匀。苗摆好后,向沟内浇足定植水,水渗下后合垄。黄瓜栽苗深度以合垄后苗坨表面与地表面平齐为宜,栽苗过深,根系透气性差,地温低,黄瓜发根慢,不利于定植。尤其是嫁接苗定植时切不可埋过接口处,否则土壤内病菌易通过侵染接穗,并引起发病使嫁接失去应有的效果。

定植完毕后,在 2 行苗中间开个浅沟,用小木板把垄台、垄帮刮平，中间浅沟、深沟宽窄一致，以利于膜下灌水。定植后均采取地膜覆盖增温保墒，以降低温室内空气湿度，减轻霜霉病、灰霉病的为害。定植后可在行距为 50 cm 的 2 小行上，覆地膜，在每株秧苗出开纵口，把秧苗引出膜外。

（四）定植后管理

1. 温度管理

（1）定植后的温度管理　定植后应密闭保温，尽量提高室内温湿度，以利于缓苗，以日温 25～28℃，夜温 13～15℃为宜，地温要尽量保持在 15℃以上。进入抽蔓期以后，应根据黄瓜一天中光合作用和生长重心的变化进行温度管理。

黄瓜上午光合作用比较旺盛，光合量占全天的 60%～70%，下午光合作用减弱，占全天的 30%～40%。光合产物从午后 3:00～4:00 开始向其他器官运输，养分运输的适温是 16～20℃，当温度为 15℃以下停滞，所以前半夜温度不能过低，后半夜到揭草苫前应降低温度，抑制呼吸消耗，在 10～20℃范围内，温度越低，呼吸消耗越小。因此，为了促进光合产物的运输，抑制养分消耗，增加产量，在温度管理上应适当加大昼夜温差，实行 4 段变温管理，即上午为 26～28℃；下午逐渐降到 20～22℃；前半夜在降低至 15～17℃；后半夜降至 10～12℃。白天超过 30℃从顶部放风，下午逐渐降到 20℃闭风，天气不好时可提早闭风，一般室温降到 15℃时放草苫，遇到寒流可在 17～18℃时放草苫。这样的管理有利于黄瓜雌花的形成，提高节成性。

（2）结瓜期的温度管理　从 12 月下旬到 1 月上旬进入结瓜期，温室内应保持较高温度，白天温度超过 32℃才开始放风，并较长时间保持在 30℃左右。白天温度高，室内贮存热量多，有利于夜间保持较高温度，夜间温度应保持在 10℃以上，最低不低于 8℃。

2 月下旬至 3 月初以后，外界气温逐渐回升，根据室内气温的变化，放风量应逐渐加大，晴天白天的气温保持在27～30℃，夜间气温保持在12～14℃。高温时放腰风，后期放底脚风。

(3)盛果期的温度管理　进入盛果期后仍实行变温管理，由于这一时期(3月以后)日照时数增加，光照由弱转强，室温可适当提高，上午保持在28～30℃，下午保持在22～24℃，前半夜保持在17～19℃，后半夜保持在12～14℃。在生育后期应加强通风，避免室温过高。5月中旬以后，当夜间最低气温达到15℃以上时，应把温室前底脚薄膜打开，要昼夜通风。

冬季遇到长期阴天低温，昼夜温差很小，这种状况对黄瓜生长不利。当遇到长时间阴天低温时，如白天气温低，昼夜温差小，应在白天临时升温至最低为15～16℃，夜间最低温度应保持在8～9℃，这样可以保持黄瓜缓慢生长。当白天温度高时，更应该加大昼夜温差，以减少养分消耗，增加养分积累。当阴雨低温时，除临时加温外，应把大部分瓜摘掉，疏去部分雌花，抑制生殖生长，节约养分，维持最低营养生长能力。阴天转晴后，突然见光升温，会使叶片蒸发过大。而根部因受冻损伤，吸水能力下降，会使植株萎蔫死棵，应适当间隔揭苫，2～3 d后进入正常管理。

2. 光照调节

日光温室冬春茬黄瓜定植前期和结果初期正处于外界温度较低，光照较弱的时期，低温和弱光是黄瓜正常生长的限制因子。冬春茬黄瓜光照调节的核心是增光补光，尽量延长光照时间，增加光照强度，以提高室内温度，促进植株的光合作用，使植株旺盛生长、结果，达到增产增收的目的。室内冬季光照条件的主要措施：选用长寿无滴、防雾功能膜，并经常清扫表面灰尘；在保证室内温度前提下尽量早揭、晚盖草苫；在北墙和两个山墙张挂镀铝反光膜，增强室内光强，改善光分布；栽培上采用地膜覆盖和膜下灌水技术，降低温室内湿度；采用宽窄行定植，及时去掉侧枝、病叶和老叶，改善行间和下部通风透光。

3. 肥水管理

定植 3～5 d 后，发现水分不足应在膜下沟内灌一次缓苗水，水量要充足，并且要在晴天上午进行，避免严寒季节频繁浇水，降低地温。抽蔓期以保水保温，控秧促根为主要目标。如果定植水和缓苗水浇透，土壤不严重缺水，在根瓜形成前不追肥灌水，采用蹲苗的方式以促进根系发育。

冬春茬黄瓜的追肥灌水主要在结果期进行。当黄瓜大部分植株根瓜长到 15 cm 左右时，进行第 1 次浇水追肥 。应采用膜下沟灌或滴灌，以提高地温，降低空气湿度。结合浇水施三元复合肥以 15 kg/亩为宜。将肥料溶于水中，然后随水灌入小行垄沟中，灌水后把地膜盖严。从采收初期至结果盛期一般 10～20 d 灌 1 次水，隔 1 水追 1 次肥，磷酸二铵、硫酸钾和三元复合肥、饼肥、鸡粪等交替使用。进入结果盛期后，外温高，放风量大，土壤水分蒸发快，需 5～10 d 灌 1 次水，10～15 d 追 1 次肥。盛果期开始在明沟追肥，可先松土，然后灌水追肥，并与暗沟交替进行。叶面喷肥从定植至生产结束可每 15 d 喷施 1 次，肥料可选用磷酸二氢钾及多种商品叶面肥。

4. 植株调整

植株调整目的是平衡营养生长和生殖生长的关系，改善生长条件，充分合理地利用阳光、水分和营养条件，提高蔬菜的产量和品质。

黄瓜在定植后生长迅速，需用尼龙绳吊蔓缠蔓，还要及时摘除侧枝、雄花、卷须和砧木发出的萌蘖。在其生长中后期，摘除植株底部的病叶、老叶既能减少养分消耗，又有利于通风透光，还能减少病害发生和传播。日光温室冬春茬黄瓜以主蔓结瓜为主，整个生育期一般不摘心，主蔓可高达 5 m 以上。在生长过程中，为改善室内的光照条件，可随下部果实的采收，随时落蔓，使植株高度始终保持在 1.6 m 左右。主要包括以下措施。

(1)吊蔓　黄瓜日光温室栽培大多采用吊蔓的方式。通常在黄瓜顶部的拱架上南北向拉一道铁丝，将塑料绳的一端系在铁丝上，另一端系在黄瓜的下胚轴上。当黄瓜 6 片叶左右不能直立生长时，缠绕在吊绳上，缠绕工作应经常进行，不使茎蔓下垂。为了受光均匀，在缠蔓时应使龙头处在南低北高的一条斜线上，个别生长势强的植株应弯曲缠在吊绳上。

(2)落蔓和盘蔓　冬春茬黄瓜生长期为 9～10 个月。茎蔓可长达 6～7 m 以上，一般在生长过程中需要进行多次落蔓。落蔓前应摘除植株下部的老叶和病叶，以减少营养消耗和病害传播。在落蔓时，将功能叶保持在日光温室的最佳空间位置，以利于光合作用。在落蔓过程中要小心，不要折断茎蔓，落下的蔓盘卧在地膜上，注意避免与土壤接触。其具体的方法是把拴在铁丝上的尼龙吊蔓解开，使黄瓜龙头下落至一定的高度，再重新拴住，把落下的蔓一圈圈盘卧在地膜上。引蔓、落蔓、盘蔓宜在晴天午后进行比较合适：一是瓜蔓比较柔软，防止折断茎蔓；二是下午光合作用比上午弱些。

(3)打老叶、摘卷须和雄花　在缠蔓时，应摘除卷须、雄花以及砧木的萌蘖，同时，黄瓜植株上萌发的侧枝也应及时摘除，以减少养分消耗。打老叶和摘除侧枝、卷须应在晴天上午进行，这样有利于伤口快速愈合，减少病菌侵染。

5. 二氧化碳施肥

日光温室冬春茬黄瓜栽培中通风量较小，室内光照强时(冬春季节上午 11:00 至下午 15:00)二氧化碳严重亏缺，结果期施用二氧化碳气肥，温室内的二氧化碳浓度达 1 000 mL/m^3，即可达到增产效果。结果期增施二氧化碳不仅可增产 20%～25%，还可提高黄瓜品质，增强植株的抗病性。通常在日出后 30 min 至换气前 2～3 h 内施二氧化碳气肥，晴天的浓度为 1 000～1 500 μL/m^3，阴天的浓度为 500～1 000 μL/m^3。在施气体条件下，昼温、夜温、湿度等都要求正常管理，要防止低温、长期不通风、湿度过大、施肥过多等情况造成生长过旺。

6. 采收

根瓜应及早采收，特别是长势较弱的植株更应早采，以防坠秧。应根据植株生育和节瓜数量决定采收时期，如果植株生长旺盛，结果量较少，应适当延迟采收。采收最好在早晨进行，严格掌握采收标准。采下的黄瓜要整齐地摆放在纸箱内，遮光、保湿。

（五）黄瓜常见生理病害

1. 化瓜

刚坐住的瓜纽和正在发育中的瓜条，生长停滞，由瓜尖至全瓜逐渐变黄、干枯。黄瓜化瓜的根本原因是小瓜在生长过程中没有得到足够的营养物质而停止发育。例如，植株营养生长过旺，养分就会大量向茎叶分配，造成瓜秧徒长而导致化瓜；黄瓜生长期地温过低，根系发育不良，吸收能力降低，瓜条营养供应不足也易化瓜；连续阴天，低温寡照，光合产物少易化瓜；下面不及时采收，造成果实间的养分争夺，使上部的小瓜化掉。此外，花期喷药不当或有毒气体危害等原因，都会引起化瓜。防止化瓜的根本措施就是创造适宜黄瓜植株生长的环境，加强水肥管理，适时采收和疏花疏果，以减少小瓜同茎或其他果实间的养分竞争。

2. 花打顶

黄瓜植株生长点不再想上生长，顶端出现雌雄花相间的花簇，不再有新枝和新梢长出，形成“自封顶”。首先，黄瓜“花打顶”主要是由昼夜温差过大造成的。低夜温短日照雌花形过多，消耗大量营养物质，对营养生长产生抑制，出现“花打顶”现象。其次，地温偏低，土壤过干或过湿以及施肥过多引起烧根等原因造成黄瓜根系发育差，吸收能力弱，也易形成花打顶。防止“花打顶”首先应避免夜温过低，保证花芽分化阶段夜温不低于13℃，同时加强水肥管理，及时中耕松土，促进根系发育。已出现花打顶的植株要及时采收商品瓜，并疏除一部分雌花。一般健壮植株每株留1～

2个瓜,弱株上的瓜全部摘掉以抑制生殖生长,迫使养分向茎叶运输。

3. 畸形瓜

黄瓜的畸形瓜包括弯瓜、尖头瓜、大肚瓜、蜂腰瓜等非正常形状的瓜。形成畸形瓜的原因包括两方面:一是授粉不良,导致果实发育不均衡;二是植株中营养物质供应不足,干物质积累少,养分分配不均匀。在生产中,可通过花期人工授粉、放蜂授粉;在结果期,加大水肥供应等措施来减少畸形瓜的产生。

4. 苦味瓜

在黄瓜设施栽培中,经常出现苦味瓜,苦味轻者食用略感发苦,重者失去食用价值。尤其食根瓜更易出现苦味瓜,瓜条苦味的直接原因是苦瓜素在瓜条中积累过多。如果在生产中偏施氮肥,就会造成土壤干旱、地温低、根系发育不良、设施内温度过高、植株营养失调以及品种的遗传特性等。在生产中,可通过选用不易产生苦瓜素的品种,配方施肥,及时灌水,勤中耕,合理通风降温等措施来减少苦味瓜的产生。

五、日光温室水果黄瓜周年栽培

水果黄瓜又称迷你黄瓜、无刺黄瓜。与普通黄瓜相比,水果黄瓜的瓜条短小,瓜码密,结瓜多,无刺易清洗,口感清香脆嫩,风味独特,适于整条生食,具有清热利尿解毒之功效。所含有的丙二酸在人体中可抑制糖类物质变为脂肪。其对身体过重或有肥胖倾向的人,有减肥和预防冠心病的功效。一般其产量为5 000 kg/亩以上,高产者达10 000 kg/亩。

(一)品种选择

1. 以色列萨瑞格(HA-454)

适宜春、夏及早秋在大棚和温室里种植。植株生长中等易于采摘和修剪。早熟、高产,采果期集中。果实表面轻度波纹,暗绿色，中等坚实。果长约 15 cm，圆柱形，轻微颈内缩整齐。抗白粉病。

2. 荷兰戴多星

适于冬春季在温室里种植。生长期长，开展度大，果实墨绿色，有棱，长为 16～18 cm，果实味道好。抗黄瓜花叶病毒病和白粉病。

（二）茬口安排

以秋冬、冬春二茬种植为主。其中以春大棚产量最高，以日光温室秋冬茬，供应元旦、春节装礼品箱的效益最好。

（三）栽培技术要点

1. 播种育苗

用 55℃ 温水浸种 25 min（有包衣剂的种子，采用干籽直播的方法），用 10 cm×10 cm 的营养钵育苗，每钵播 1 粒种子，每亩用种量 80 g。育苗床要全封闭张挂防虫网、遮阳网，顶部覆盖防雨膜，以利防虫、防病、遮阳、降温、防暴雨。苗龄 25～30 d 后定植。

2. 整地施基肥

定植前深翻 30～40 cm，耙平，使土壤细碎，疏松。基肥以有机肥为主，施腐畜禽肥 5 000～8 000 kg/亩，磷酸二铵 30～40 kg/亩，硝酸钾 30 kg/亩或草木灰 50～100 kg/亩。

3. 做畦覆膜

畦面宽为 70～80 cm，畦高为 15～20 cm，畦沟宽为 50 cm。有滴灌条件的，畦面铺二条滴灌管，没有滴灌的，畦中间开一条小沟，形成马鞍形，以便膜下暗灌。畦面上覆盖 1 m 宽的地膜。

4. 定植

幼苗 2～3 片真叶时定植。双行定植，株距为 35～40 cm，密度为 2 500～3 000 株/亩。

5. 温湿度管理

一般采用 4 段变温管理：①缓苗期，即白天温度为 25～28℃，夜间温度为13～15℃；②结瓜期，即白天上午温度为25～30℃，最高温度不超过33℃，湿度应保持在75%，下午温度为20℃，湿度保持在70%左右；③夜间温度，前半夜温度为15～18℃；④后半夜温度为10℃左右，夜间湿度为80%～90%。

6. 水肥管理

肥水用量按1亩计算，从定植到开花结果，为防止徒长，一般要控制浇水量，约每7 d浇水1次，浇水量为3～5 m^3。在果实收获期间，每5～7 d浇1次，浇水量为5～8 m^3。在温度较低的季节浇水次数和浇水量要相应减少，7～10 d浇水1次，浇水量为5 m^3左右。采用灌沟浇水施肥时，坐果初期浇水1次，浇水量为3～5 m^3，随水冲施硝酸钾5 kg、磷酸二铵5～8 kg。采收期间每7～10 d浇水冲肥1次，浇水量为5 000～8 000 kg/次，随水冲施硝酸铵6 kg、磷酸二铵3 kg、硝酸钾8 kg，详见表2-2。

表2-2 黄瓜滴灌推荐施肥方案 10 t/亩

生长期	$N:P_2O_5:K_2O$ 养分需要比例	$N:P_2O_5:K_2O$ 养分需求量/(g/d)	钾宝 推荐用肥/(g/d)	磷酸一铵	硝酸铵
定植后	1:1:1	67:67:67	147	107	100
营养生长—开花	2:1:2	133:67:133	300	107	240
开花—坐果	5:2:7	167:67:233	500	107	260
坐果—收获	7:2:9	23:67:300	667	107	440

7. 植株调整

(1)吊蔓　在黄瓜开始伸蔓时，应及时吊蔓绕秧苗。吊线每株一根。上端固定在铁丝上，下端固定在滴灌管上或固定在地上横拉的线上。尽量避免拴在黄瓜的茎上，防止伤根茎。

(2)整枝打杈　无刺黄瓜的结果习性非常好。主蔓每节都可以结2个左右的瓜，每节还可以伸出2个左右的侧蔓，其上也可结1～2个瓜。为减少郁闭和保证瓜果周正，每节不能留瓜很多，多余的瓜要及早摘除，只留 1～2 个商品性好的瓜。

(3)留瓜　为使根充分生长发育，开始 2～3 节不留瓜，提前摘除幼瓜。尤其冬季种植无刺黄瓜，如果栽培条件好，长势强的植株可隔 1～2 个节位留 2 个瓜，长势弱的植株应少留瓜。

(四)采收

在无刺黄瓜长到 15～18 cm 时，应及早采摘，以防坠秧。果实经擦洗后，装成透明的小盒包装，供应宾馆、超市或装礼品箱。

第二节　番茄栽培技术

番茄起源于南美洲的秘鲁、厄瓜多尔和玻利维亚等地，属茄科番茄属。它是以成熟的浆果为产品的草本植物。番茄营养丰富，在我国设施栽培面积很大，具体茬次见表 2-3。

一、主要茬口

表 2-3　北方地区设施番茄栽培茬次

茬次	播种期/(旬/月)	定植期/(旬/月)	采收期/(旬/月)	备注
小拱棚春早熟	下/12～上/1	下/2～中/3	下/4	温室内双膜覆盖育苗
塑料大棚春早熟	中下/1	上中/3	上/5	早春温室育苗
塑料大棚秋延后	中/7	上/8	上/10	遮阴育苗
日光温室秋冬茬	上/8	中/9	上中/12	
日光温室冬春茬	上/9～上/10	上/11～上/12	上/1～6	温室育苗
日光温室早春茬	上/12	上/2～上/3	上/4～上/7	双膜覆盖育苗

注：栽培季节的确定根据各地的气候不同有适当变化。

二、早春小拱棚栽培

(一)选择适宜品种

小拱棚空间小,保温性能有限,温度变化幅度大。北方早春气温不稳定,天气多变,地温较低。针对这些特点,小拱棚早春番茄栽培品种应多选用早熟、耐寒、丰产、品质较好的有限生长类型品种,目前使用比较多的有鲁粉 2 号、鲁番茄 4 号、早丰 3 号、苏粉 1 号、西粉 3 号等。

1. 鲁粉 2 号

这是山东省农科院蔬菜研究所新近培育的番茄一代杂种,属有限生长类型。株型紧凑,株高为 50～60 cm。生长势中等偏弱,保护地栽培时生长势稍强。果实圆形,粉红色,果面光滑,果肉较厚,酸甜适中,品质好。平均单果重为 125 g 左右。鲁粉 2 号较抗叶霉病、早疫病、病毒病等病害,比较耐低温和弱光照。

2. 鲁番茄 4 号

这是山东省农科院蔬菜研究所新近育成的早熟番茄一代杂种,属有限生长类型。株型较紧凑,株高为 60～70 cm,生长势中等。果实高圆形,粉红色,平均单果重为 130 g 左右,果肉厚,果味酸甜适中,品质优良。该品种较抗叶霉病、早疫病、病毒病等病害,较早熟。

3. 早丰 3 号

这是西安市蔬菜研究所育成的番茄一代杂种,属有限生长类型。植株生长势较强,株高为 60～70 cm。果实圆形、红色,单果重为 125 g 左右。该品种较耐寒,抗病毒病,不易裂果,早熟丰产。

4. 苏粉 1 号

这是江苏省农科院蔬菜研究所育成的番茄一代杂种,属有限生长类型。植株生长势较强,株高为 70～80 cm,主茎 2～3 穗果封顶。果实圆形,粉红色,果面光滑,果肉较厚,单果重为 125 g 以上，品质比较好。该品种耐寒，抗病毒病，早期产量高，商品性好。

5. 西粉3号

这是西安市蔬菜研究所育成的一代杂种，属有限生长类型。植株生长势中等，株高50～60 cm。果实较大，圆整，粉红色，品质好。该品种抗病，早熟、丰产。

（二）培育适龄壮苗

培育适龄壮苗是番茄早熟、丰产的重要基础。一般在12月下旬至翌年1月上旬进行播种，以60～70 d的育苗天数为宜。番茄的壮苗标准：苗高为15～20 cm，具6～8片真叶，叶片大而厚，叶色浓绿，茎粗壮，节间短，无病虫和机械损伤，第一花序普遍现蕾，根系发达，须根多，呈白色。

1. 种子处理

播种前把晾晒过的种子用温汤浸种的方法进行处理。浸泡8～10 h后，把种子捞出，用清水淘洗1～2次，用纱布或毛巾包好，放在25～30℃下催芽，每天用清水冲洗1次，经过3～5 d即可出齐播种。

2. 播种

育苗采用日光温室或大棚内套小拱棚进行。播种床用种15～20 g/m²。播种前，在床面洒水，水渗下后在床土上撒一薄层细土，将种子均匀地撒在床面上，然后盖过筛细土1～1.2 cm。播后覆盖薄膜保湿，小棚盖严薄膜，夜间覆盖草帘保温防寒。

3. 播后管理

种子出苗期间应保持适宜的温度，白天温度为26～28℃，夜间温度为20℃以上。幼苗出土后就要给以充足的光照，并适当降低温度，特别是夜间温度，以免形成“高脚苗”，此时白天温度保持为22～26℃，夜间温度保持为13～14℃。

4. 齐苗至分苗前的管理

从齐苗到幼苗长有2片真叶的白天温度超过25℃时，应当通风。当幼苗具有2片真叶就应分苗，分苗前要进行炼苗，白天温度可降至20～22℃，夜间温度降至10℃左右。3～4 d后，就可选晴天分苗了。

5. 分苗至定植前的管理

分苗可以采用营养钵或营养土方的方法。分苗后应提高床温，白天温度为25～28℃，夜间温度为13～15℃，少放风，促进发根缓苗。在缓苗后到幼苗长有5～6片的叶这一期间，白天温度为20～25℃，夜间温度为10～12℃，要适量通风，使幼苗健壮生长。土壤发干时要适量喷水，此期应保持土壤水分供应，防止缺水。定植前7 d左右，开始炼苗。

（三）定植

当棚内10 cm地温稳定在8℃以上时定植。定植时应选择无风晴朗天气进行，行距为50～60 cm，株距为20～23 cm，每亩栽4 500～5 000株。定植深度以地面与子叶相平为宜，定植后立即插好拱架，盖上棚膜。

（四）田间管理

1. 温度管理

定植后为促进缓苗，应密闭小棚，提高棚温和地温，使白天温度达到32℃，夜间温度达到15℃。缓苗后，适当降低棚温，白天温度保持在25～28℃，温度不宜超过30℃，午后要早闭棚保温。当白天气温达到20℃以上时，可以揭开棚膜，秧苗充分见光，接触外界的环境。当夜温高于10～12℃时，可以不再盖膜，直至晚霜结束后，当日平均温度稳定到18℃以上，则可以撤除棚膜，转入露地生长。

2. 肥水管理

番茄植株大，结果多，根系吸收能力强，需水较多。缓苗后7～10 d结合浇水追施1次催苗肥，追施稀粪500 kg/亩，并进行蹲苗。当第一穗果开始膨大时，结合浇水追施尿素15～20 kg/亩。当第一穗果发白转红，第二穗果膨大时，施第2次肥，追施尿素

10 kg/亩，以后每隔 5～7 d 浇 1 次水，采收 2～3 次，可追 1 次肥，追肥灌水要均匀，否则，易出现空洞果或脐腐病。在盛果期，还可进行叶面喷施 0.2%～0.3%磷酸二氢钾或 1%的尿素，防止早衰。

3. 植株调整

当蹲苗结束后，应及时插架，采取"人"字架，插后及时绑蔓，松紧要适度。番茄分枝力强，几乎叶叶有杈，应及时整枝打小杈，当第三穗花开时，应在上面留 2～3 片叶，早摘心减少养分消耗，促果实膨大早熟。在第一、二穗果采收后，应把下部老化黄叶打掉。为了防止落花，除加强管理外，可在每天上午 8:00～9:00，对要开的花和刚开的花用 15～20 mg/kg 的 2,4-D 蘸花，或用 30～40 mg/kg 的番茄灵喷花。在使用时，要严格掌握浓度和方法。为了提早上市，增加收入，可在果实由绿变白时，用 1 000 mg/kg 乙烯利涂果，促果早红。

（五）防治病虫害

如在番茄苗期的湿度较大，地温较低，就易发生猝倒病，所以在苗期要加强光照，提高地温并适当放风，一旦发病可用 75%百菌清 1 000 倍液防治。

三、塑料大棚春早熟栽培

（一）品种选择

宜选择耐低温、抗病、高产优质的品种，如合作 903、佳粉 10 号、毛粉 802、中杂 4 号、中杂 9 号、粉王、嘉美、粉秀 1516、邢冠 1 号等品种。

1. 合作 903

合作 903 番茄是由上海市农业科技人员育成的中早熟杂交一代新品种。它属有限生长类型，植株长势旺盛。成熟果大红，高圆球形，果肉厚，果皮坚韧、光滑，不易裂果，耐贮藏、耐运输，口感好，商品性极强。该品种适应性强，耐高温、干旱，抗病毒病，春秋两季均可栽培。

2. 毛粉 802

西安市蔬菜研究所育成的一代杂种。它属无限生长类型，生长势强，50％的植株有长而密的白色茸毛，50％为普通植株。第一花序着生于 9～10 节。结果集中，果实大而圆，粉红色，有绿色果肩，脐小，皮厚，不易裂果，晚熟，维生素 C 的含量高，品质佳，风味好，丰产潜力大。它抗烟草花叶病毒病，耐黄瓜花叶病毒病和早疫病。

3. 中杂 9 号

由中国农业科学院蔬菜花卉研究所育成。它属无限生长类型。生长势强，叶量较小，每序坐果 4～6 个。果实有绿果肩，果形圆正，畸形果、裂果少，果色粉红，单果重为 160～200 g。中早熟，抗病毒病和叶霉病。我国大部分地区均可种植，适于露地种植，也可在春大棚种植。

4. 邢冠 1号

一代杂交种，早熟、丰产、抗病、适应性广、耐贮运。果实高圆形，果色粉红，果型大，果皮厚，肉质密，无绿肩，高抗番茄花叶病毒，中抗黄瓜花叶病毒，高抗叶霉病、灰霉病，早晚疫病发病率低，耐热，耐湿，耐低温性强。它适合日光温室、大中棚春提早、秋延后栽培和春露地栽培。

（二）培育壮苗

播前用温汤浸种的方法对种子进行处理，在病毒病发病严重的地区还可以用 10％磷酸三钠浸种 15～20 min，捞出洗净后继续用温水浸种 4～6 h，将种子捞出，用清水反复搓洗几次，直到种皮上茸毛全部搓掉为止，然后将种子用纱布包裹放在 28～30℃下催芽，经 3～5 d，胚根露出即可播种。采用多层覆盖，1 月中、下旬播种，播种方法和播后管理参考早春小拱棚栽培。

（三）定植

定植前 1 个月扣棚或秋季扣棚。翻地晒土后，施用优质腐熟的有机肥 5 000 kg/亩，豆饼 100 kg/亩，过磷酸钙 25 kg/亩，氯化钾 15 kg/亩。当土肥混匀后，翻耕做高畦，采用双行栽培，及时铺上地膜。当大棚内 10 cm 地温稳定在 10℃左右，夜间棚内最低气温不低于 5℃时才可定植。华北地区定植在 3 月上、中旬，东北地区定植在 4 月上、中旬。定植过早，地温较低，幼苗生长缓慢，影响早熟。在定植时，选冷尾暖头晴天定植，最好用稀粪水定植，每亩栽 3 500 株左右，定植深度以子叶平地为宜。

（四）定植后的管理

1. 缓苗期

缓苗期的白天温度为 28～30℃，夜间温度为 12℃以上；生长期的白天温度为 25～28℃，夜间温度为 10℃左右。缓苗期要保湿，以后要通风，降低棚内湿度。

2. 缓苗后

缓苗后要控制浇水，防徒长，第 1 花序坐稳果后浇 1 次水，以后每 5～7 d 浇 1 次水，浇水应选择晴天上午，浇后闭棚提温，次日上午和中午要及时通风排湿。

3. 第一穗果膨大期

第一穗果膨大期结合施肥灌 1 次透水，以后按情况而定。对温湿度的调控可通过不透明覆盖物的揭盖和通风口大、小来掌握。勤中耕，多培土，早施提苗肥，每亩施稀人粪尿 500 kg，吊蔓或插架前浇粪肥 1 500 kg，每一穗果开始膨大时，追施尿素 15 kg，以后根据长势，隔 10～15 d 追肥 1 次。番茄苗高 30 cm 以上就要吊蔓、绑蔓，以后每隔 3～4 片叶绑蔓 1 次，采用单干整枝，每株留 4～5 穗果掐尖，每穗留 2～4 个果。

4. 番茄生长中后期

在生长中后期，摘除植株基部老叶、黄叶、病叶，以利于通风透光，防止病害流行。花期用 15～20 mg/kg 的 2,4-D 点花或 30～40 mg/kg 防落素喷花，防止落花，果实坐稳后还要适当疏花疏果。

四、塑料大棚秋延后栽培

塑料大棚秋延后栽培番茄。在生育前期，高温多雨，病毒病等病害较重；在生育后期，温度逐渐下降，光照减弱，果实发育缓慢，部分绿熟果实不能充分成熟，必须经过贮藏，否则容易受到低温霜冻的危害，因此，需要防寒保温，防止冻害。

（一）选择适宜品种

大棚秋番茄是夏播秋收栽培，应选择适应性较强、抗病、丰产，耐贮藏的品种。目前生产上的常用品种有合作 906、特罗皮克、佛罗雷德、佳粉 1 号、佳红、强丰、毛粉 802、郑州 853、河南 5 号、双抗 2 号、中蔬 5 号等。

（二）播种育苗

种子处理同春早熟栽培。大棚秋番茄的适宜播期应根据当地早霜来临时间确定，一般以霜前 110 d 为播种适期。东北以 6 月中、下旬为宜，北京地区以 7 月上旬为宜，河南、山东等地以 7 月中、下旬为宜。苗床应设在地势较高且干燥的地方，四周搭起 1 m 高的小棚架，上覆塑料薄膜和遮阳网，起到避雨、遮光、降温作用。苗床周围要求通风良好，防止夜温过高，引起幼苗徒长。育苗需采用营养钵护根育苗。苗期水分管理始终保持见干见湿，满足幼苗对水分的要求，不要过分控水，否则易引起病毒病发生。为防止徒长，可在幼苗 2～3 片真叶展开时，喷施 1 000 mg/kg 的矮壮素 1～2 次。秋番茄日历苗龄为 20～25 d，具 4 片叶，株高为 15～20 cm 时即可定植。

（三）定植

大棚秋延后番茄定植时仍处于高温、强光、多雨季节，故要做好遮荫防雨准备。在定植前，清除残株杂草，施腐熟的有机肥 5 000 kg/m^2，沟施过磷酸钙 30 kg，深翻细耙。定植密度比春早熟栽培略大，为 4 000 株/m^2 左右。定植最好选阴天或傍晚进行，并及时浇水，以利于缓苗。

（四）定植后的管理

1. 温度调节

定植后要加强通风，降温。雨天盖严棚膜，防雨淋。随着外界温度降低，应逐渐减少通风量和通风时间。当外界最低气温降到15℃以下时，白天放风，晚上闭棚；当外界气温降至10℃以下时，关闭风口，注意保温。

2. 水肥管理

定植水浇足后，及时中耕松土，不旱不浇水，进行蹲苗。第一穗果达核桃大小时，随水冲施磷酸二铵15 kg/亩，硫酸钾10 kg/亩，同时叶面喷施0.3%磷酸二氢钾，以后每隔7～10 d浇1次水，15 d左右追1次肥。前期浇水可在傍晚时进行，这样有利于加大昼夜温差，防止植株徒长。

3. 植株调整

在秋延后，番茄前期生长速度快，须及时吊蔓、绑蔓。当发现植株有徒长现象时，可喷施1 000 mg/kg的矮壮素，7 d左右喷1次，可有效地控制茎叶徒长。在秋延后，番茄采用单干整枝方式，留3穗果后摘心，同春番茄一样需要保花、保果。在生长过程中发现病毒病、晚疫病植株应及时拔除，并用肥皂洗手后，再进行整枝、打杈等田间作业。

（五）果实的采收和贮藏

在秋延后，番茄果实转色以后要陆续采收上市。当棚内温度下降到2℃时，要全部采收，进行贮藏。未熟果用纸箱装起来，置于温度为10～13℃，空气相对湿度为70%～80%的条件下贮藏，每周翻动1次，并挑选红果上市。

（六）病虫害防治

前期病毒病较重，后期叶霉病、早疫病、晚疫病等病害较重，以预防为主，于发病前或发病初期施用20%病毒A 500倍液、20%

抗枯宁800倍液、50%多菌灵500～700倍液、70%甲基托布津800～1 000倍液、70%代森锰锌500～600倍液、30% DT 500～600倍液、75%百菌清500～600倍液防治，每隔7～10 d用药1次，可选择2～3种药对症交替施用。虫害主要是蚜虫，用10%散装吡虫啉可湿性粉剂，防治有特效。

五、日光温室越冬茬栽培

8月上、中旬播种，9月上中旬定植，12月中、下旬开始采收至翌年7月上旬。

（一）品种选择

选用无限生长类型，耐寒性强、生长势强、耐贮运、高抗晚疫病、灰霉病、病毒病，并具有丰产潜力的中、晚熟品种，如佳粉15号，毛粉802、中杂7号、苏抗3号、L-402、中杂9号、中杂101号、以色列R-144、保冠1号等。

（二）培育壮苗

1. 种子处理

用种30 g/亩左右。先进行温汤浸种，然后用10%磷酸钠（Na_4PO_4）溶液浸种10～20 min或1%的锰酸钾（$K_2M_nO_4$）溶液浸种10～15 min或200倍稀氯化氢（HCl）溶液中浸泡3 h，可以防病毒病，也可用1%甲醛溶液浸种15～20 min捞出后用湿布包好，放在密闭容器中闷2～3 h，防早疫病。用清水淘洗干净后，置于温度为25～28℃的条件下催芽。在催芽期间用清水淘洗1～2次/d，防种皮发黏，露白时即可播种。

2. 播种

播种前选用保水、保肥能力强，通气性好，肥沃无病虫的土作苗床土。园土和腐熟有机肥按7∶3或6∶4混合，过筛后使用，然后用营养土加磷酸钙1～2 kg/m^3，硫酸钾1.5 kg/m^3，或草木灰10 kg/m^3，氮、磷、钾复合肥2 kg/m^3，多菌灵300 g/m^3，或者五代合剂，土与肥充分混合，做成播种床。播种前浇透水，待水渗下后，撒薄薄一层干土(2 mm左右)，将种子均匀地撒播于苗床中，每平方米苗床播种量5 g左右，然后盖土1.2～1.5 cm。播后盖地膜，保湿。

3. 苗期管理

播种后3～4 d可出苗，出苗时高温天气要遮阴，白天保持28～30℃，夜间20～25℃；出苗后白天20～25℃，夜间12～17℃，出苗后及时揭掉地膜。为防止幼苗徒长，2片真叶期喷1次1 000 mg/kg矮壮素或15%多效唑2 000倍液；苗期可喷1～2次200～250倍波尔多液预防病害。当幼苗具2～3片真叶时分苗，可采用营养钵移植或苗床移植，苗距7～8 cm。

分苗后提高温度促进缓苗，白天温度为25～28℃，夜间温度为18～20℃。缓苗后通风降温，防止徒长，白天温度为22～25℃，夜间温度为13～15℃。水分管理按照见干见湿的原则，不宜过分控制。

整个苗期都应注意增强光照，当幼苗长至4～5片叶时，应及时将营养钵分散摆放，扩大光合面积，防止相互遮阴。定植前1周加大通风，白天温度降至18～20℃，夜间温度降至10℃左右，进行秧苗锻炼。通常当番茄幼苗日历苗龄达50～60 d，株高20 cm左右，具6～8片真叶，第一花序现大蕾时，即可定植。

(三)定植

定植前半个月翻地施基肥，撒施优质有机肥6 000～8 000 kg/亩，发酵后的黄豆100 kg/亩，磷酸二铵40 kg/亩，硫酸钾30 kg/亩，深翻40 cm，使粪土混合均匀，耙平。南北向起垄铺膜，垄宽60～70 cm，高15 cm，浇透水。定植前将温室塑料薄膜盖好、扣严，并关闭门窗，选择晴天连续闷棚6～7 d，使室内温度达到50～60℃。定植前3天通风。起苗前1～2 d浇1次小水，起苗时要带土坨，尽量少伤根，株距33 cm，打好定植孔，采用水稳苗法定植，定植3 500株/亩左右。

(四)定植后的管理

1. 温光管理

定植后闭棚升温,高温高湿条件下促进缓苗,白天温度控制在28～30℃,夜间温度控制在15℃左右。10月下旬以后凡有早霜的天气应关闭风口,保持白天温度为26～28℃,夜间温度为14～10℃。在结果以后,白天温度为20～25℃,前半夜温度为15～13℃,后半夜温度为10～7℃;在12月下旬到翌年1月底,要设法增温、保湿,防御灾害性天气,将日光温室四周封严,达到不放风时不漏气,前坡加盖双层草苫或纸被;2月中旬以后,气温逐渐回升,要注意通风,严防高温引起植株衰老和病毒病。

冬、春茬番茄生育期要经过较长时间的严寒冬季,日照时间短,光照弱是植株生长和果实发育的主要限制因子,管理上可通过早揭晚盖草苫、经常清洁薄膜、在温室后墙张挂反光幕、选择透光率高的棚膜等措施来增加光照度和延长光照时间。进入结果期后,随着果实的采收,应及时整枝打杈,摘叶落蔓,改善植株下部的通风透光条件,减轻病害的发生。

2. 肥水管理

灌水会造成地温下降,空气湿度增大,易诱发病害。越冬期间控制浇水,采用滴灌或膜下暗灌,2—3月中旬,选择晴天上午,15 d左右浇1次水,3月中旬之后,7～10 d浇1次水,浇2次水须追肥1次。第一穗果开始膨大,也即第三穗花开花时结合浇水,追施复合肥30 kg/亩,尿素5 kg/亩,硫酸钾5 kg/亩,先将化肥在盆内溶解,随水流入沟内。随着气温升高,光照加强,放风量增大,逐渐加大灌水量,1周左右灌1次水,并且要明暗沟交替进行。在生长后期,植株开始衰老,每隔5～7 d叶面喷施0.3%磷酸二氢钾和0.3%尿素混合液,保证后期产量。

3. 植株调整

当植株高达25 cm时,及时吊蔓。随着植株生长,及时绑蔓。当侧枝长至5～10 cm时,开始整枝打杈,采用单干整枝,第8穗花上方留 2 片叶摘心，并及时摘除多余的分枝和老、黄、病叶。开花期用 15～20 mg/kg 的 2,4-D 或 30～50 mg/kg 的番茄灵等激素蘸花或喷花，并加入红色标志，以防重蘸、漏蘸。温度较低时浓度高些，温度较高时浓度低些。

蘸花工作要从第 1 穗花序坚持到最后 1 穗花。在果实迅速膨大期进行 1 次疏果，每穗最多留 4 个果，疏除其余花蕾及畸形果，当第二穗果采完后，进行落蔓。落蔓应在下午进行，动作要缓、轻、逐渐下盘，打平滑圈。落蔓后植株高度宜为 1.5～1.8 m，勿让叶或果实着地；及时清理落蔓上的侧枝。

4. 补充二氧化碳

冬季由于温室的通风量小，通风时间短，造成二氧化碳长时间亏缺。应在晴天日出后 30 min 开始施用二氧化碳，使浓度升至 900～1 500 mg/kg，到放风前 30 min 停用。

5. 特殊天气的管理

当连续阴天，室内温度若低于 20℃时，要采取生火炉、加空气电热线、装电灯等措施来加温、增光，但夜间温度一定要低，最低应为 5～7℃，一定要控制浇水。果实要适当重采，以减少养分向果实的输送量，从而保证植株消耗的需求，增加植株的抵抗力。下雪天要及时清扫苫上的积雪，连续降雪也要揭苫，膜上的积雪要及时清除，以利于进光。当遇到久阴骤晴天气时，早晨揭苫时间要适当早些。当发现植株叶片有萎蔫时，马上把草苫再盖上，或隔 1 块盖 1 块，叶片不蔫时再揭掉，反复几次，直到叶片不蔫时全部去掉草苫。

6. 病虫害防治

病毒病可喷洒植病灵 1 000 倍液，或喷洒锰酸钾 1 000 倍液，或喷洒铜铵剂 400 倍液 3～4 次。

(1)防治叶霉病　防治叶霉病，可用 10%百菌清烟雾剂 200～300 g/亩烟熏，或喷洒 50%扑海因 1 500 倍液，60%防雾宝超微粉 600 倍液，75%甲基托布津 1 000 倍液等，几种药交替使用，每 7～

10 d喷1次。

(2)防治灰霉病　防灰霉病应减少浇水，加强通风透光，如发现病株，可用50%速克灵1 000倍液、70%甲基托布津1 000倍液、75%百菌清500倍液喷洒，三种药混合在一起同时使用效果更佳。防治蚜虫、白粉虱可在棚内设置黄板诱杀，或用2.5%功夫乳油2 500倍液。

(五)采收

番茄是以成熟果实为产品的蔬菜，果实成熟分为绿熟期、转色期、成熟期和完熟期4个时期，采收后需长途运输1～2 d的番茄，可在转色期采收。此期果实大部分呈白绿色，顶部变红，果实坚硬，耐运输，品质较好。采收后就近销售的番茄可在成熟期采收，此期果实1/3变红，果实未软化，营养价值较高，生食最佳，但不耐贮运。采收时注意轻拿轻放。

第三节　茄子栽培技术

茄子原产印度，为茄科茄属植物。茄子适应性强，产量高，供应期长，在我国各地普遍栽培，具体茬次见表2-4。

一、主要茬口

表2-4　北方地区设施茄子栽培茬次

茬次	播种期/(旬/月)	定植期/(旬/月)	采收期/(旬/月)	备注
小拱棚春早熟	中/12～中/1	中/3～中/4		温室育苗
塑料大棚春早熟	下/10～上中/12	下/1～上/3	中/4	温室育苗
塑料大棚秋延后	中下/5～下/6	下/6～上/8	下/8	

续表

茬次	播种期/（旬/月）	定植期/（旬/月）	采收期/（旬/月）	备注
日光温室嫁接越冬栽培	下/7 播种砧木，中/8 播种接穗，下/9～上/10 嫁接	下/10	中下/1 始收	遮阴育苗
日光温室秋冬茬	中下/7	上/9	中下/11	
日光温室冬春茬	中/9	中/12	上中/2	温室育苗

注：栽培季节的确定根据各地的气候不同有适当变化。

二、早春小拱棚栽培

（一）品种选择

茄子早春栽培应选择开花节位低、耐低温、耐弱光、易坐果、果实生长速度快、果皮和果肉颜色以及果形等符合当地消费习惯的品种。如北京五叶茄、七叶茄、济南早小长茄、鲁茄 1 号、天津五星茄等。

（二）培育壮苗

茄子早春小拱棚栽培于 12 月中、下旬至 1 月中旬进行温室育苗，苗龄 90 d。茄子壮苗的标准：株高为 15 cm 左右，具有 7～8 片真叶，叶片肥厚且舒展，叶色深绿带紫色，茎粗壮，直径 0.6～1 cm，节间短，第一花蕾显现，根系发达，无病虫症状。

1. 种子处理

茄子种皮较厚，通透性较差，浸种时先进行温汤浸种，然后采取在 30℃条件下 16 h 和在 20℃条件下 8 h 的变温处理，进行催芽，可使种子发芽整齐，提高发芽率，也可以采取热水烫种的方法，再用常温催芽。每次淘洗种子之后一定要将种子晾干，有利于种子出芽。待大部分种子破嘴露白时即可播种。

2. 适期播种

于 12 月中、下旬在已备好的酿热温床或电热温床上播种。选择冷尾暖头、晴朗无风的天气上午播种。播种方法同番茄。

3. 苗期管理

早熟茄子苗期正逢外界低温，育苗期间主要是提温保温。幼苗出土前，要求温度达 28～30℃，5～7 d 可出齐苗。齐苗后白天温度保持在 25～28℃，夜间温度保持在 15～18℃。一般情况下不喷水。茄子易出现“带帽出土”现象，可于傍晚用喷雾器将种壳喷湿，让其夜间脱帽。待幼苗长至 3～4 片真叶时，可加大通风，使幼苗经受锻炼，达到茎粗壮、叶片肥厚、色深坚实、覆盖物撤掉叶片也不凋萎，此时进行分苗。茄子分苗要在晴天中午、外界气温 10℃以上时进行。分苗前 2 天苗床浇 1 次透水，利于起苗。

分苗后的管理与分苗前基本相同。整个育苗期间气温白天以 25℃为宜，昼夜温差 10℃左右。育苗后期温度升高，要逐渐加大通风。定植前 10～15 d 浇透水，然后切块蹲苗，并通风锻炼，准备定植。

(三)定植、支小拱棚

土壤化冻后即可整地。茄子忌连作，要选 5 年内未种过茄子的地块，在前茬作物收获后要进行深翻晒垡，定植前 15 d 左右再浅耕细耙，精细整地，施优质有机肥 5 000 kg/亩，过磷酸钙 80 kg/亩，饼肥 50 kg/亩，复合肥 40 kg/亩。然后开定植沟，要求沟距 1 m，沟宽 30 cm，沟深 20 cm。在 3 月中下旬选择晴天定植，先随沟灌水，按株距 30 cm 贴沟边交错定植 2 行。随即扣小拱棚防寒。支架可采用竹皮、柳条或钢丝等。

(四)田间管理

1. 温度

定植后 1 周内不放风，以提高温度，促进缓苗。随着外界气温升高，及时通风换气，风量由小到大，棚温保持在 25℃左右。到 5

月上、中旬,结合培土起垄,将棚膜落下,破膜掏苗。这样原来的定植沟变成小高垄,地膜由“盖天”变为“盖地”,以后成为地面覆盖栽培。

2. 肥水管理

从定植缓苗后至门茄坐住前一般不进行浇水施肥。当门茄长到核桃大时,开始浇水追肥,施复合肥 30 kg/亩,尿素 5 kg/亩。待大部分门茄进入瞪眼期后,浇 1 次膨果水。进入采收期后,每 5～7 d 浇 1 水,并随水冲施尿素 5 kg/亩。

3. 蘸花

小拱棚茄子门茄开花时气温较低,影响授粉受精和果实发育,可用 20～30 mg/kg 的 2,4-D 蘸花。这样不仅可使门茄早熟,而且果实个大。随温度升高,茄子可自然授粉结果。

4. 摘叶、整枝

打掉门茄以下的侧枝,以免通风不良。当门茄采收后,可摘去门茄以下的老叶以增加植株的通风透光性,减少病害发生。“四门斗”茄坐住后要及时打顶,集中养分,促进早熟,同时对畸形茄要尽早摘除。

5. 病虫害防治

茄子主要的病害有黄萎病、褐纹病和绵疫病。①选用抗病品种,实行 3～5 年轮作可有效控制黄萎病;②在高温多雨季节,用 70%代森锰锌可湿性粉剂 500 倍液或 64%杀毒矾 500 倍液或 75%百菌清 600 倍液喷雾,可防治褐纹病和绵疫病。③茄子的主要虫害有红蜘蛛和茶黄螨,可用 73%克螨特 3 000 倍液喷雾防治。

(五)采收

门茄易坠秧,应及时采收。一般当茄子萼片与果实相连处浅色环带变窄或不明显时,表示果实已生长缓慢,此时即可采收上市。

三、塑料大棚春早熟栽培

(一)品种选择

宜选用较耐弱光、耐低温、门茄节位低、易坐果、优质、抗病的早熟品种,如茄杂 6 号、辽茄 7 号、济南早小长茄、京茄 2 号、豫茄 1 号、豫茄 2 号、并杂圆茄 1 号、94-1 等。

(二)培育壮苗

育苗方法参考早春小拱棚栽培。播种期可根据当地气候、定植时间和日历苗龄确定,可于 10 月下旬至 12 月上、中旬播种,1 月下旬至 3 月上旬定植。要求定植时达到壮苗标准。

(三)定植

茄子喜肥耐肥,生长期长,需深耕重施基肥,促进产量提高,防止早衰。施有机肥 5 000～7 000 kg/亩,过磷酸钙 100 kg/亩,饼肥 50 kg/亩。然后起垄作畦,定植宜在晴天上午完成,及时浇定根水,如下午定植较晚,为防止地温降低,可在第 2 天上午浇水。春早熟栽培的定植密度以栽 3 500 株/亩为宜。

(四)田间管理

茄子定植后至开花前主要是促进植株健壮生长,为开花结果打好基础。茄子定植后 4～5 d 秧苗恢复生长,即可追施粪肥或化肥提苗,一般结合浅中耕进行。开花后至坐果前应加强通风换气,适当控制肥水供应,以利于开花坐果。根茄坐稳后开始浇水施肥,施复合肥 10～15 kg/亩,尿素 5～8 kg/亩,或腐熟人粪尿 800～1 000 kg/亩,并及时除去“门茄”以下的侧枝,并对上部进行植株调整,将弱枝和基部老叶全部打掉,以协调秧果关系。开花前期采用 2,4-D 点花,中后期采用防落素喷花。

(五)采收

门茄适当早收,以免影响植株生长。采收时注意保护枝条,提高品质。在 6—7 月温度较高时,宜在早晨或傍晚采收。

(六)病虫害防治

其主要防治早疫病、灰霉病、黄萎病和褐纹病以及蚜虫,红蜘蛛等。黄萎病和褐纹病可用50%多菌灵600倍液浸种60 min或用种子重量的0.3%的药剂拌种预防。在发病初期防治黄萎病可用50%多菌灵1 000倍液,50% DT 500倍液灌根防治;防治褐纹病则可用70%甲基托布津600倍液或50%多菌灵500倍液喷雾防治。每隔7 d喷1次,连喷2次。

四、塑料大棚秋延后栽培

(一)品种选择

选择耐热、优质、高产、抗病的中晚熟品种。如北京九叶茄、晚茄1号、京茄2号、豫茄2号、茄杂6号、天津大敏茄、安阳紫圆茄、秋茄9149等。

(二)培育壮苗

根据前茬收获期,可在5月中、下旬至6月下旬播种。茄子苗龄达35~40 d时定植。采用遮阴设施培育壮苗。当出苗达60%~80%时,早晨或傍晚揭去地膜,对幼苗喷施百菌清或病毒A等药剂,每3~5 d喷1次,并根据苗床墒情适当补水、补肥。

(三)定植

秋茄子可于6月下旬至8月上旬定植,采用双行定植。选晴天下午或阴天定植。栽苗应尽量带土团护根。在栽苗后及时浇定植水,并遮阴保湿,以利于幼苗成活。

(四)定植后管理

为促进缓苗,定植后3~4 d要浇1次缓苗水。此后根据茄苗生长需要,及时灌水,开花前要浇1~2次开花水,结果期需要大量的水分,此时气温较高,蒸发量也大,每隔3~5 d浇1次水,并适时追肥。前期施复合肥15~20 kg/亩,盛花期以后追尿素10~

15 kg/亩，每 5～7 d 施 1 次，连施 2～3 次。在追肥同时进行培土，这样能增强抵抗力，防止植株倒伏。随着植株生长，要及时整枝摘叶，避免由于茄子枝叶繁茂造成荫蔽而落花落果。

茄子的整枝方式采用二杈式整枝。9 月中旬以后外界气温逐渐下降，要加强保温。当外界夜间最低气温达到 13℃以下时，要关闭棚膜。适时采收茄子，避免影响植株的生长，影响茄子的整体产量。

(五)病虫害防治

结合整枝抹杈去除下部老叶或病残叶，带出棚外，集中销毁，以减少病虫害再侵染。喷药防治病虫可参考大棚早熟栽培。

五、日光温室越冬茬栽培

越冬茬茄子栽培对温室条件要求较高，生产难度大。因为茄子在整个生育期间夜温不能低于 15℃，否则果实生长缓慢，易形成畸形果。

(一)品种选择

选择耐低温、耐弱光、抗病性强的品种，如西安绿茄、苏崎茄、鲁茄 1 号、辽茄 7 号、豫茄子 2 号、尼罗、布利塔等。越冬栽培常采用嫁接育苗的方法可防治黄萎病等土传病害，使连作成为现实，而且植株生长旺盛，具有提高产量、品质，延长采收期的作用。接穗品种选用天津圆茄或丰研 2 号。砧木选用托鲁巴姆或刺茄。

(二)播种育苗

砧木 7 月下旬播种，接穗 8 月中旬播种，9 月下旬至 10 月上旬嫁接，10 月下旬定植，翌年 1 月中、下旬始收，直到 6 月份。

1. 播种

由于托鲁巴姆不易发芽，将砧木种子先用温汤浸种，再用 150～200 mg/kg 的赤霉素溶液浸种 48 h 后置于日温 35℃、夜温

15℃的条件下催芽，经 8～10 d 即可发芽。接穗用 1%的高锰酸钾溶液浸种 30 min，捞出淘干净，再进行温汤浸种，然后变温催芽。快圆茄用种 40 g/亩，托鲁巴姆用种 10 g/亩。播种时由于砧木种子拱土能力差，覆盖 2～3 mm 厚的药土即可，二叶一心时移入营养钵中。当砧木苗子叶展平，真叶显露时播接穗。

2. 嫁接

砧木具 5～6 片真叶，接穗具 3～4 片真叶，茎秆半木质化，茎粗达 0.3 cm 时开始嫁接，前一天下午给茄苗消毒。

生产中多采用劈接法，即用刀片在砧木 2 片真叶以上平切，去掉上部，然后在砧木茎中间垂直切入 1～1.2 cm 深。然后迅速将接穗苗拔起，在接穗半木质化处（幼苗上 2 cm 左右的变色带），两侧以 30°向下斜切，形成长 1 cm 的楔形，将削好的接穗插入切口中，用嫁接夹固定好。

3. 嫁接后管理

利用小拱棚保温、保湿并遮光，前 3 天白天温度保持在 28～30℃，夜间温度为 18～20℃；3 d 后逐渐见光并降低温度，白天温度保持在 25～27℃，夜间温度保持在 17～20℃；6 d 后可把小拱棚的薄膜掀开一部分，逐渐扩大；8 d 后去掉小拱棚。嫁接 10～12 d 后愈合，伤口愈合后逐渐通风炼苗。茄苗现大蕾时定植。

（三）定植

日光温室越冬茬茄子采收期长，需施入大量有机肥作底肥以保证高产，可施入有机肥 15 000 kg/亩，磷酸二铵 100 g/亩，硫酸钾 100 g/亩，精细整地，按大行距为 70 cm，小行距为 60 cm 起垄，定植时垄上开沟，按 30～40 cm 株距摆苗，覆少量土，浇透水后合垄。栽时掌握好深度，以土坨上表面低于垄面 2 cm 为宜。定植后覆地膜并引苗出膜外。定植 7 d 后浇缓苗水，15 d 后盖地膜，开口引苗出膜，2 500 株/亩。

（五）定植后管理

定植后正值外界严寒天气，管理上要以保温、增光为主，配合肥水管理、植株调整争取提早采收，增加前期产量。

1. 温光管理

定植1～2 d内中午要放苫遮阴，促进缓苗。

（1）缓苗期的温光管理　缓苗期白天温度为30℃，夜间温度为18～20℃。缓苗后白天温度为28～30℃，夜间温度为15～18℃。

（2）开花结果期的温光管理　开花结果期采用4段变温管理，即上午温度为25～28℃，下午温度为20～24℃，前半夜温度不低于16℃，后半夜温度控制在10～15℃。10月下旬盖草苫，11月下旬盖纸被，翌年3月份以后要加大放风量排湿。

茄子喜光，定植时正是光照最弱的季节，应采取各种措施增光补光。如在温室后墙张挂反光幕，清扫薄膜等增加光照强度，提高地温和气温。张挂反光幕后，温室后部温度升高，光照加强，靠近反光幕的秧苗易出现萎蔫现象，要及时补充水分。

2. 肥水管理

定植7 d后浇1次缓苗水，直到门茄谢花前控制浇水追肥。当门茄长到3～4 cm大时，采用膜下暗灌浇水，1月份尽可能不浇水，2月至3月中旬要浇小水，地温到18℃时浇1次大水，3月下旬以后每5～6 d浇1水。

当门茄膨大时，开始追肥，施三元复合肥25 kg/亩，溶解后随水冲施。对茄采收后，再追施磷酸二铵15 kg/亩，硫酸钾10 kg/亩。整个生育期间可每周喷施1次磷酸二氢钾叶面肥。越冬茬茄子生产中施用二氧化碳气肥，有明显的增产效果。

3. 保花保果

日光温室茄子冬春季生产，室内温度低，光照弱，果实不易坐住。提高坐果率的根本措施是加强管理，创造适宜植株生长的环境条件。此外,可采用生长调节剂处理,开花期选用 30～40 mg/kg 的番茄灵喷花或涂抹花萼和花瓣。生长调节剂处理后的花不易脱落,对果实着色有影响,且容易从花瓣处感染灰霉病,应在果实膨大后摘除。

4. 植株调整

越冬茬茄子生产的障碍是湿度大,地温低,植株高大,互相遮光。及时整枝不但可以降低湿度,提高地温,同时也是调整秧果关系的重要措施。

整枝方式常见的有两种:一种是单干整枝即门茄坐果后,将萌发的第一侧枝和下部老叶去掉,以利于通风透光。当对茄长至半大时,保留主干,副侧枝在果实上部留 3 片叶摘心。以后仍保留主干,对侧枝摘心。一直保持单干,适于大果型品种密植栽培。另一种是双干整枝,即门茄坐果后,摘掉近地面的老叶,保留第一侧枝形成双干,以后每条干上的整枝方式同上,一直保留 2 个主干。日光温室越冬茬茄子多采用双干整枝。

5. 采收

采收的标准是看茄子萼片与果实相连接处白色或淡绿色环状带,当环状带已趋不明显或正在消失,则表示果实已停止生长,即可采收。采收时要用剪刀剪下果实,防止撕裂枝条。

日光温室越冬茬茄子上市期。由于气候寒冷,为保持产品鲜嫩,最好每个茄子都用纸包起来,装在筐中或箱中,四周衬上薄膜,运输时注意保温。

第四节 辣椒栽培技术

辣椒原产于南美洲热带地区,在我国各地普遍栽培。辣椒营养丰富,除鲜食外,还可加工成各种调味品,具体茬次见表 2-5。

一、主要茬口

表 2-5　北方地区设施辣、甜椒栽培茬次

茬次	播种期/（旬/月）	定植期/（旬/月）	采收期/（旬/月）	备注
小拱棚早春	中/1	下/3	上/5	温室育苗
大棚春早熟	下/11	上中/2	下/3	温室育苗
大棚秋延后	上中/7	上中/8	上/10	遮阴育苗
日光温室秋冬茬	下/7	上/9	下/10	遮阴育苗
日光温室冬春茬	下/8～上/9	上中/11	中/1	温室育苗
日光温室早春茬	下/10～上/11	中下/1	中下/3	温室育苗

注：栽培季节的确定根据各地的气候不同有适当变化。

二、早春小拱棚栽培

辣甜椒生活习性、需温特性与番茄、茄子有所不同，它的需温特性介于番茄与茄子之间，发芽适温低于茄子却显著高于番茄。

(一)幼苗期的温度管理

幼苗期要求较高的温度。当温度低时，其生长缓慢。随着植株生长，其对温度适应能力增强。

(二)开花结果期的温度管理

开花结果初期白天适温为 20～25℃，夜间适温为 15～20℃，但进入盛果期以后，适当降低夜温有利于结果，即使降到 8～10℃，也能很好生长发育。

小拱棚辣甜椒早熟栽培，克服了早期低温，结果盛期还没有到高温季节，不仅有利于结果而且延长了结果期。结果期撤掉全部保护设施后，田间已封垄，有利于创造夜间较低温度，符合辣甜椒的需温特性，有利于果实生长，早春小拱棚栽培技术参考番茄和茄子。

三、塑料大棚春早熟栽培

(一)品种选择

要选用较耐低温、耐弱光、株形紧凑的早熟、优质、抗病品种。如甜椒类:洛椒 1 号、朝研 7 号、双丰、甜杂 2 号、3 号、丰椒六号、豫椒 2 号等;长角椒类:豫艺农研 13 号、301、农研 12、中椒 10 号等。

(二)播种育苗

12 月上旬育苗,苗期注意保温增温,提高温度,降低成本。

1. 播种

辣椒种壳厚,播前要用冷水浸泡 5～7 h,取出后用硫酸铜 100 倍液浸种 5 min 或用高锰酸钾 500 倍液浸种 10 min 后取出,用清水冲洗干净,再用 50～55℃温水浸泡 8～10 h,捞出水滤干,用布包好,放在 25～30℃恒温处催芽,经 3～5 d 种子出芽即可播种。选晴暖天气的上午播种。播后覆 0.5～1 cm 的细土,盖好地膜,以利保墒。

2. 苗期管理

辣椒种子发芽生长温度为 25～30℃,出苗后室温可降至 20～25℃,二叶一心时进行通风炼苗,幼苗长出 3～4 片真叶时分苗。分苗前按土、肥比 6∶4 的比例准备好苗床土,消毒后装钵或做成苗床,分苗密度为 10 cm×10 cm。分苗前 1 d 要向苗床喷水,以利于起苗。可选晴天上午分苗,分苗后提高温度促进缓苗,1 周后注意通风降温,以防幼苗徒长。苗期一般不追肥。

(三)定植

辣甜椒忌连作。在栽培时,选地势高、土壤干燥且土层深厚肥沃的沙壤土。整地施肥参考露地甜辣椒栽培技术。定植前 7～10 d 扣上棚膜,畦面盖地膜,提高棚温和地温。当幼苗有 5～7 片真叶时,选茎粗叶大的壮苗定植,淘汰病弱苗。一般采用宽窄行定植，便于管理。宽行距为60～70 cm，窄行距为30～35 cm，穴距为30 cm，5 000株/亩左右。栽后浇足水，覆土后立即扣严塑膜。

（四）大棚管理

1. 温度管理

定植后5～6 d密闭大棚，提高温度加速缓苗，使棚内日温达30～35℃，夜温13℃以上。缓苗后适当通风降温，棚内白天温度为28～30℃，夜间棚外温度15℃以下时，加盖草帘保温。气温回升后，当夜晚棚外高于16℃时，昼夜通风。以后随着气温的回升，要逐步撤除地膜、裙膜，仅保留顶膜，大棚四周日夜大通风。保留顶棚膜可防雨，降低温度，大大地减轻了发病。

2. 肥水管理

为提高地温，前期应少浇水，避免棚内低温高湿。结果期要充分供水。辣甜椒在坐果之前，轻施1次提苗肥，以后从门椒收获起，增加追肥浇水，施硫酸铵14～16 kg/亩，过磷酸钙8～22 kg/亩，草木灰80 kg/亩。还可叶面喷施1%磷酸二氢钾或钾宝2～3次/亩，促进果实膨大。有条件的施用固体颗粒二氧化碳生物肥，可增产20%。

3. 植株调整

门椒以下侧枝应及时抹掉，并摘除植株下部的老叶、病叶。生长中后期摘除植株内侧过密的细弱枝。为了提高坐果率，可于上午10:00前用2,4-D点花或防落素喷花。

（五）病虫害防治

1. 病虫害的种类

大棚的主要病害有灰霉病、病毒病、菌核病、疫病、软腐病。虫害主要有蚜虫、茶黄螨等。

2. 防治措施

①进行种子及土壤消毒，用25%多菌灵可湿性粉剂20 g/m^{2}加干细土1 kg拌匀撒于大棚畦面，也可以用0.5 kg/m^{2}硫酸铜兑

水 100～150 kg 浇灌土壤；②实行配方施肥，增施磷钾；③注意大棚通风排湿；④加盖地膜，盖地膜能减轻菌核病等多种病菌的危害；⑤尽早并彻底灭蚜，可显著减少病毒病危害。⑥一旦发现病株及时拔除销毁，并喷洒药剂。

（六）采收

门椒和对椒要适时早收获，以利于多结果，否则，会影响后期产量。采收时用剪刀，以免损伤茎叶。

四、塑料大棚秋延后栽培

塑料大棚秋延后栽培甜辣椒，对解决秋淡季蔬菜供应起到了一定的作用。栽培方法可以参考茄子秋延后栽培。辣椒采收期长，只要管理得当，早熟栽培可延迟采收到晚秋及初冬，所以炎夏过后，可对植株进行修剪、更新、复壮。

（一）品种选择

进行再生的辣椒要选用生长势强的品种，并且定植前重施有机肥，辣椒再生后因不经过苗期，发出的侧枝量大且带有花蕾，直接开花结果，比大椒苗结果要早。修剪的方法是把第 3 层果以上的枝条及弱、病枝叶，留 2 个节后全部剪除，剪口斜向外。修剪时间宜选择在晴天上午 8:00～9:00，以保证伤口能在当天愈合，减少病菌入侵。

（二）温光管理

初扣棚时，切忌把全棚扣严，应加强通风，逐步扣棚。先扣棚顶，随着气温的下降，四周的薄膜在夜间也扣上；白天揭开，当外界最低气温下降到 15℃以下时，夜间要将全棚扣严；当白天中午气温高时，进行短暂的通风，以降低棚内的湿度，利于开花授粉。再生椒在 9 月中旬左右开始坐果，10 月份进入盛果期。当外界气温急剧下降，棚内最低气温为 15℃以下时，要在大棚四周加盖草苫，防寒保温，防止冻害，促进果实成熟。

(三)肥水管理

剪枝后的半个月是新枝、新叶和花蕾生长发育的关键时期，而且白天温度应控制在28℃以上，夜间应控制在12℃以上，并加强水肥管理，促进新枝的发育，使开花坐果，力争在扣棚前果实都坐住，施人粪尿3 000～4 000 kg/亩、过磷酸钙50 kg/亩、尿素15 kg/亩、硫酸钾10 kg/亩。如遇干旱，应及时浇水，并培土护根。在修剪后1周内喷施植物健生素1次，以促进新枝迅速生长。在修剪后，肥料充足，新枝又生出很多，要适时再进行修剪。入秋后，随着气温下降，覆盖塑料薄膜，进行秋延后栽培。

在扣棚后的果实膨大期，可选晴天追1次肥，以复合速效性化肥为好。随着采收次数的增加也要增加，浇水追肥的次数。气温低，放风量也少，避免棚内湿度大，只要土壤不过分干旱，原则上不再浇水。在再生椒修剪后，由于伤口较多，容易侵染病毒病，可用病毒A 500倍液或植病灵加光合微肥喷施，每隔7 d喷施1次。

当外界气温过低，大棚内辣椒不能继续生长时，要及时采收，以免果实受冻。采收的果实经贮藏可在元旦或春节时供应市场。

五、日光温室越冬茬栽培

(一)品种选择

日光温室栽培品种要选择低温生长好，早熟性好，抗病性强，果肉厚，丰产优质的品种。如农大绿华系列、甜杂3号、保加利亚尖椒、津椒3号、陇椒2号、郑椒4号、郑椒7号、青岛巨星甜椒、考曼奇、萨维塔、红英达、红罗丹等。

(二)育苗

播种期为8月上旬至10月下旬。育苗也可采用嫁接育苗，育苗方法参考茄子嫁接。在播种前，用温水浸泡4～5 h，然后用1%硫酸铜液浸5 min，再放在55℃的热水中，搅拌浸泡15 min，或者用10%的磷酸三钠浸种20 min，然后搓洗，清水冲净后，晾开待播。进口种子直接播种即可。在多雨季节育苗，苗床要选择地势较高、排水良好、未种过茄科作物的肥沃地块（甜椒苗期的根系较发达，可在营养钵内直接播种）。施入腐熟的有机肥和磷钾肥经消毒后做成 15～20 cm 的高畦。浇足底水，播种，覆土厚度为 1 cm，也可分 3 次覆土，第 1 次先覆土 0.5 cm，待种子拱土后覆 0.5 cm，齐苗后再覆 0.2～0.3 cm。在育苗期间要使用防虫网、诱蚜板等控制伏蚜、白粉虱和茶黄螨为害。

（三）定植

在定植前，精细整地，重施有机肥，其方法参考茄子越冬栽培。11 月上、中旬定植，定植的密度不能太大，采用一垄双行定植，垄宽为 1 m 左右，株距为 35 cm，定植后及时浇透定植水。

（四）田间管理

1. 温光管理

在定植后，为促进缓苗，密闭温室升温保温，温度不超过 35℃，不放风。为提高夜间温度，草苫可适当早盖。缓苗后，适当降低温度，白天温度为 25～28℃，上半夜温度为 22～18℃，下半夜温度为 18～15℃。进入冬季后，要尽量保温增温、增加光照，经常清扫棚膜上的尘土，适当早放苫保持夜间温度，尽量增加草苫数量提高夜温。入春后室内升温较快，外界最低气温达 15℃以上时注意通风。

2. 肥水管理

定植成活后，浇 1 次缓苗水或者稀粪，此时以促为主，适当蹲苗。当门椒长到 2～3 cm 时后，植株进入营养生长和生殖生长并进的时期，就结束蹲苗，追肥浇水，追尿素 15 kg/亩、硫酸钾 10 kg/亩。在结果前期，10～15 d 浇 1 次水，每摘 2 次果追 1 次肥，追尿素 15 kg/亩、磷酸二铵 20 kg/亩、钾肥 10 kg/亩；在结果后期，每 7～10 d 进行 1 次叶面追肥，喷亚硫酸氢钠或光合微肥。

3. 植株调整

越冬栽培无限生长类型的品种因栽培时间长，分枝数多，植株高大，要插架护秧。这样可使枝条生长分布均匀，植株通风透光条件好，并且能防止倒伏，调节各枝之间的生长势。在第1次分枝后，分枝之下主茎各节的叶腋间易萌生腋芽，应及时抹去，采用3干整枝，及早摘除门椒，然后任其生长(前期不可过分控制生长)，待四门斗采收完毕后，去掉1个弱干，留3个主干，每主干再分枝。主干椒保留，侧枝再保留1个椒后留2～3片叶掐尖，依此类推。

需注意的是，整枝要在晴天露水干后进行，以防病害蔓延。在生育中、后期，要对植株下部的病残叶、黄叶、衰老叶及时摘除，同时随时去掉内膛无效枝。在其生长中、后期分枝和花果较多时，应有计划地疏理。

4. 病虫害防治

以预防为主，采用抗病品种，对苗床和温室进行消毒，一旦发现病虫害及时防治。

(1)茶黄螨的防治　茶黄螨可用5%卡死克水悬剂2 500～3 000倍喷雾或1.8%虫螨光乳油2 000～3 000倍喷雾。喷雾时以叶背面为主，注意喷头朝下喷生长点的为害部位，5～7 d喷1次，连喷3次。

(2)蚜虫的防治　蚜虫可选用50%抗蚜威可湿性粉剂2 000倍液或20%速灭杀丁2 000～3 000倍液等喷雾防治。

(3)病毒病的防治　病毒病用病毒A粉剂500倍液、20%病毒灵500倍液，或20%病毒克星500倍液等喷雾防治，5～7 d喷1次，连喷2次。

(4)炭疽病的防治　在炭疽病发病初期，叶面喷洒70%甲基托布津800倍液或75%百菌清600倍液、50%多菌灵500倍液、80%炭疽福美可湿性粉剂800倍液防治，7～10 d施1次，连喷2～3次。

在盛花期和盛果期分别根施 1 次 4%疫病灵颗粒剂进行早期预防;当发现病株后,不能立即浇水,否则会加速病害的发展;可用77%可杀得可湿性粉剂 400～500 倍或用 72.2%普力克水剂 600～800 倍进行喷雾及灌根处理; 阴雨天用 45%百菌清烟雾剂或 5%百菌清粉尘剂,可降低棚内湿度,减少病害的进一步传播侵染。

(六)采收

门椒、对椒适当早采收,以免因其坠秧而影响植株生长和后期产量。食用鲜食的甜辣椒应在果实充分膨大、符合本品种的特征、质地脆嫩、果色变深有光泽、味纯正清香时采收。青椒在开花后25～35 d,即可收获果实。采收时注意不能损伤茎叶,最好用剪刀采收。

第五节 菜豆栽培技术

菜豆又叫四季豆、芸豆等。原产墨西哥和中南美洲,是豆科菜豆属,一年生草本植物,以嫩荚和干豆粒为食。由于它适应性强,在全国各地均有栽培。其主要茬口见表 2-6。

一、主要茬口

表 2-6 北方地区设施菜豆栽培茬次

茬次	播种期/(旬/月)	定植期/(旬/月)	采收期/(旬/月)	备注
小拱棚早春	上中/2	上中/3	中/4	温室育苗
大棚春早熟	下/12～下/1	下/1～下/2	下/2	温室育苗
大棚秋延后	下/7～上/8	中下/8	上/10	遮阴育苗
日光温室秋冬	下/8	下/9	上/11	
日光温室冬春	中/11	中/12	下/1	双膜覆盖育苗

注:栽培季节的确定根据各地的气候不同有适当变化。

二、早春小拱棚栽培

(一)选用优良品种

选择具有抗病性、抗逆性强,早熟,高产,品质优良的品种,常用的有以下几种。

1. 供给者菜豆

这是近年从美国引入的矮生菜豆品种。供给者菜豆长势强,成株高为 40 cm 左右,有 3～5 个分枝。花浅紫色。嫩荚圆棍形,荚长为 14 cm 左右,横径为 1 cm,纤维少,品质好。种子紫红色,百粒重 30 g 左右。早熟丰产。

2. 法国地芸豆

又名嫩荚菜豆是由国外引入多年的矮生菜豆品种。法国地芸豆长势中等,成株高为 33～40 cm,分枝较多。花浅紫色。嫩荚浅绿色,先端稍弯,圆棍形,长为 16 cm 左右,肉厚,纤维少,品质好。种子粒大,米白色后转米黄色,并有不规则的淡褐色细纹。早熟、抗病,丰产。除适用于早熟栽培,还用于秋延迟栽培。

3. 优胜者菜豆

这是新近从美国引入的矮生菜豆品种。优胜者菜豆长势中等,成株高为 38 cm 左右,主枝 5～6 节封顶。花浅紫色。嫩荚圆棍形,多数荚先端弯曲,荚长为 14 cm 左右,横径为 1 cm,肉厚,纤维少,品质好。抗病、早熟、丰产。

4. 矮黄金

早熟、优质、抗病、高产矮生菜豆新品种。株高为 45～50 cm,茎秆粗壮,抗倒伏,不用搭架。嫩荚圆棍形,光滑笔直,荚金黄色,荚长为 15～18 cm,结荚多而密集,单株结荚 60～80 个,密不见秆。嫩荚肉厚,无筋,无纤维,不易变老,食味佳,商品性好。抗寒、耐热,适合春秋露地和保护地栽培。

5. 沙克沙

从保加利亚引进的矮生极早熟种，株高为 30～40 cm，分枝 6～8 个。花白色，嫩荚黄绿色，棒状较直或中部微弯，荚长为 12～14 cm，宽为 1 cm，厚为 0.8 cm，肉厚质嫩，纤维少，种子黄褐色。

（二）培育壮苗

1. 种子处理

播前将种子晾晒 12～24 h，用温水浸泡 3～4 h，再放在 25～28℃处催芽，经 1～2 d 即可播种，也可以进行种子消毒，用种子重量 0.3%的 1%甲醛液浸泡 20～30 min，可预防炭疽病；用根瘤菌拌种，可用 0.5%的硫酸铜浸种 10 min，可促进根瘤菌生长发育。

2. 播种

2 月上、中旬采用营养钵在温室内育苗。育苗用的营养土选用大田土，经消毒后使用。将营养体在苗床摆好，每钵播种 3～4 粒，覆土 1.5～2 cm，浇水湿透营养钵后，再撒 0.5 cm 细土，严密盖膜保温保湿。在播种后，温度提高，白天温度保持在 25～30℃，夜间温度不低于 15℃，必要时夜间加盖草帘。幼苗出土后，白天温度保持为 20～25℃ ，夜间温度保持在 13～15℃，中午适当通风。定植前 5～7 d 适当降温炼苗，白天温度在 15℃以上，夜间温度不低于 11℃。

3. 整地

选择 3 年没种过菜豆的地块在播种前施有机肥 3 000 kg/亩、磷酸二铵 10～15 kg/亩、尿素 10 kg/亩、钾肥 1 kg/亩，然后深翻整地，做成宽为 90 cm、高为 10～15 cm 的高畦，也可做成宽为 50 cm 的小垄，浇透水，盖膜提温。

4. 定植

在 3 月上、中旬，幼苗第 1 对真叶展开后，抽生出复叶时，选晴暖天气定植。定植时必须带完整土坨，否则，幼苗难于成活，将营养钵运到定植畦，倒出带土坨幼苗打孔定植。单行栽植，株距为

25 cm，双行栽植，株距为 30 cm。定植后扎拱覆盖棚膜。在缓苗前，苗床温度白天保持在 25℃左右，夜间温度保持在 15℃以上。缓苗后注意通风。

5. 定植后的管理

随着外界气温的回升，要加强通风。白天温度仍须为 20～25℃，夜间温度为 13～15℃，并适时撤掉草帘。

定植后小浇 1 次稀粪水，菜豆浇荚不浇花，第 1 花序开花期不浇水，嫩荚坐住后结合浇水，追复合肥 10 kg/亩，或 15～20 d 叶面喷 1 次施丰乐高效强力肥，或随水冲施腐熟粪水，增产显著。此后增加浇水次数，每收 1 次浇 1 次水，保持土壤湿润，追 1 次肥浇 2 次水，促使幼荚生长。

同时注意病虫害的防治，蚜虫可用 40%氧化乐果 1 000 倍液喷雾防治；豆荜螟于现蕾初花期开始喷洒 90%晶体敌百虫 1 000 倍液或杀灭菊酯乳油 3 000～6 000 倍液或 50%辛硫磷 1 000 倍液或 40%氰戊菊酯 6 000 倍液，每隔 7～10 d 喷 1 次，共喷 2～3 次；锈病可用粉必清，每袋兑水 30 kg 喷雾防治。

6. 采收

矮生菜豆极易老化，在开花后 10～15 d，嫩荚充分长大而种子刚刚开始膨大时为采收时期，注意不要漏摘，不要伤茎叶。

7. 剪枝再生

头茬荚在采收后用剪刀从茎部分枝处留 4～5 cm，剪去以上部分。剪枝后加强水肥管理，结合浇水追氮肥 10～15 kg/亩，促其早发新生枝叶，形成第 2 次结荚高峰，提高后期产量。

三、塑料大棚春早熟栽培

（一）品种优良选择

选用生长健壮、抗性强、丰产、早熟、品质优育的品种。

1. 银满架

株高为 250 cm，荚长为 23～26 cm，荚白色，扁圆形，豆荚肉质厚，结荚早，结荚部位低，成荚率高，极早熟。

2. 碧丰

植株蔓生生长势强，侧枝多。花白色，每花序结荚 3～5 个，单株结荚 20 个左右。

3. 荚绿色

宽扁条形，长为 21～23 cm、宽为 1.6～1.8 cm，含种粒部分荚面稍突出，纤维少，质脆、嫩、甜，较早熟。另外还有新选 8 寸、世纪星架芸豆、白丰、蔓生菜豆、巨龙架豆等。

（二）播种育苗

菜豆早春大棚栽培可直播，也可以育苗移栽。直播于 12 月下旬至翌年 1 月下旬播种，育苗移栽可适当提前。播种时可直接播在营养钵内，减少移栽时的伤根，每钵播种 3 粒，覆土。这种方式便于管理，育苗方法同早春小拱棚。菜豆从播种后到小苗定植前，要严格控制浇水，做到不干不浇，使苗株矮壮，叶色深，茎节粗短。幼苗定植前 2 d 可浇透营养钵，以利于起苗。

（三）定植

定植前精细整地、深施基肥。施完全腐熟的有机肥 3 000 kg/亩，三元复合肥或磷酸二铵 25～35 kg/亩。蔓生菜豆每畦定植 2 行，以便于插架。行距 50～60 cm，穴距 20～30 cm，定植 2 株/穴。矮生的菜豆行穴距为 30 cm 见方，2 株/穴。定植后，浇定根水。

（四）定植后的管理

定植以后棚内温度提高能促进缓苗，白天温度保持在 20～28℃。在缓苗后，大棚应通风，白天温度保持在 20～25℃，夜间温度保持在 15～18℃为宜，温度过高或过低都对开花结荚不利。

1. 定植后的温湿管理

在定植后的 2～3 d 内，应中耕培土，土壤疏松，有利于提高地温。当菜豆有一定的耐旱能力，土壤湿度大时，植株易徒长，会减少开花结荚，菜豆从定植成活后至开花前少浇水、不追肥。

2. 初期花结荚后的肥水管理

在初期花结荚后，结合浇水追 1 次稀粪水或冲施尿素 10 kg，以促进豆类和植株的生长。浇水后大棚要加大放风量以排除棚内湿气，以后每结 1 次荚追 1 次肥，追肥要稀粪和化肥交替进行。

3. 定植后的插架管理

当蔓生菜豆蔓长至 30 cm 左右时，应及时插架。双行栽植插人字架，单行密植时插立架，架高 2 m，架材多用竹竿。大棚无风，也可以用吊绳，引蔓于绳上或架上，使蔓能均匀分布地缠绕向上生长，以合理利用架上的空间和改善通风透光。棚内气温较高，生长速度快，容易出现株型徒长结荚少的现象。为了提高大棚菜豆的产量，可从第 3 组叶片现形后开始掐尖，以控制主蔓的徒长，促进下部侧枝的萌发，侧枝出现后不必掐尖。

（五）病虫害防治

1. 灰霉病的防治

灰霉病危害菜豆的叶、花、果、蔓，病表面产生灰色毛层。其防治方法：用速克灵、扑海因、农利灵 1 000～1 500 倍喷雾，同时摘除病叶、病果，带出棚外销毁。

2. 锈病的防治

锈病主要危害叶片。其防治方法：初期用 200～300 倍硫黄悬浮液或多硫悬浮剂喷雾，粉必清每袋对水 30～40 kg 喷雾。

3. 细菌性疫病的防治

细菌性疫病用 50%敌克松按种子量的 0.3%药剂拌种，发病初喷 1 000～2 000 倍 72%农用硫酸链霉素或新植霉素，300 倍的络氨铜灌根，7～10 d 灌 1 次，连续 2～3 次。

4. 茶黄螨的防治

茶黄螨及时喷洒扫螨净 2000 倍液 1～2 遍。

(六)采收

蔓生种播后 60～70 d 开始采收,可连续采收 30～60 d 或更长;矮生种播后 50～60 d 开始采收,可连续采收 25～30 d。采收过早影响产量,过晚影响品质,一般落花后 10～15 d 为采收适宜期,盛荚期 2～3 d 采收 1 次。

四、日光温室越冬茬菜豆栽培技术

(一)品种选择

可选用耐低温、弱光,抗病强、品质好、产量高的中晚熟蔓生品种,如芸丰、架豆王、双季豆、老来少、绿龙、晋菜豆 1 号、特嫩 1 号、超长四季豆、春丰 2 号和 4 号等。在温室前屋面低矮处可种植早熟耐寒的矮生种,如优胜者、供给者、推广者、新西兰 3 号、嫩荚菜豆、农友早生、日本极早生等。

(二)播种育苗

8 月中旬至 11 月中、下旬在温室中套小拱棚育苗。

1. 种子处理

在精选种子时,保留籽粒饱满,具有品种特性、光泽的种子,剔除已发芽、有病斑、虫害、霉烂和有机械损伤、混杂的种子,并晒 1～2 d 用温汤浸种,也可用种子重量 0.2%的 50%多菌灵可湿性粉剂拌种或用 1%的福尔马林按 0.3%的比例浸泡 20 min 消毒,捞出后用清水冲洗干净,再用温水浸泡 1～2 h。将种子沥干水分,放在 25～28℃温度下催芽,2 d 左右即可发芽。

2. 播种育苗

育苗土最好选用疏松、肥沃的土,经过筛后消毒,不施任何肥料,装营养钵,每钵播种 3 粒,覆土厚度 2 cm,整齐地摆放在温室中。浇水后覆盖薄膜,保温保湿,使苗床温度达 20～25℃,夜间温度为 13℃；幼苗出土后到将薄膜去掉，适当降低温度，白天温度保持在 15～20℃，夜间温度不低于 10℃；第 1 片真叶展平后，白天温度保持在 18～20℃，夜间温度保持在 13℃，并采取早揭苫、晚盖苫，倒营养钵的措施，使幼苗长势均衡。定植前 5～7 d 降温炼苗，白天温度保持在 15～18℃，夜间温度保持在 8℃，当苗长到二叶一心时，日历苗龄达到 25～30 d 时即可定植。整个苗期不供水不追肥，所以，必须浇足底墒水，若苗叶色发黄可用 0.2%～0.3%磷酸二氢钾溶液或 0.2 尿素溶液进行叶面喷雾。

(三)定植

施优质有机肥 10 000 kg/亩、饼肥 200 kg/亩、磷酸二铵 40 kg/亩、三元复合肥 50 kg/亩，或尿素 10～15 kg/亩、50%多菌灵 2 kg/亩，撒匀后深翻整细，然后按大行距为 60～70 cm，小行距为 40～50 cm 起垄，垄高 20 cm 做畦。采用暗水定植，株距为 30 cm，定植 2 株/穴。

(四)定植后的管理

1. 温度管理

定植到缓苗温度可适当高些，白天温度保持在 25℃左右，夜间温度保持在 15℃左右，促缓苗。缓苗后，白天温度保持在 20℃左右，夜间温度保持在 15～20℃。有利于花芽分化及开花结荚。果荚膨大及采收期，白天温度为 22～28℃，夜间温度为 15～18℃。冬季温度低时及时加盖草帘或纸被。

2. 肥水管理

追肥浇水掌握“苗期少、抽蔓期控、结荚期促”的原则。在浇足底墒水的基础上，前期基本不必浇水，以控水蹲苗为主。当幼苗长到 3～4 片真叶蔓生品种抽蔓时，浇 1 次抽蔓水，并追施磷二铵 10～15 kg/亩，促进抽蔓，扩大营养面积，以后一直到开花为蹲苗期，要控制浇水，促进菜豆由营养生长向生殖生长发展。如果水肥过多，容易导致茎蔓徒长，落花落荚。一般第一花序的嫩荚长到 3 cm 时，结合浇水追施 1 次催荚肥，追施尿素 15～20 kg/亩，随后需水量逐渐加大，每采收一两次就浇水1次，但要尽量避过盛花期。每浇2次水追施1次磷酸二铵或复合肥15～20 kg。浇水后应加强通风排湿，防止病害发生。在浇水时，要选择冷尾暖头天气。有条件时结荚期晴天上午增施二氧化碳气肥，增产效果显著。

3. 中耕松土

幼苗出土或定植缓苗后的管理主要是中耕。幼苗出土后进行浅中耕，以提高土壤的透气性，增加地温；蔓生菜豆抽蔓期浇水后结合培土除草进行第2次中耕。

4. 植株调整

当菜豆主蔓长至30 cm时，须及时吊绳引蔓。在现蕾开花之前，将第1花序以下的侧枝打掉，当中部侧枝长到30～50 cm时，摘心。主蔓接近棚顶时落蔓。在结荚后期，及时剪除老蔓和病叶，以改善通风透光条件，促进侧枝再生和潜伏芽开花结荚。

5. 保花保荚

菜豆的花芽量很大，但正常开放的花仅占20%～30%，能结荚的花又仅占开放花的20%～30%，结荚率极低。

其主要原因是在开花结荚期由外界环境条件的不适造成的。如温度过高或过低、初花期浇水过早、湿度过大或过小、早期偏施氮肥、栽植密度过大光照不足、水肥供应不足、采收不及时等，都能造成授粉不良而落花。在生产中，可通过加强管理，合理密植，适时采收等措施防止落花落荚。如落荚较重，可用5～25 mg/kg的萘乙酸、800倍美荚露或3 000倍天丰素喷花序，保花保荚。

6. 采收

适时采摘嫩荚既可保证良好的商品价值，又可调整植株的生长势，延长结荚期，提高产量。菜豆开花后10～15 d可达到食用成熟度。采收标准为豆荚由细变粗，荚大而嫩，豆粒略显。在结荚盛期，每2～3 d可采收1次。采收时要注意保护花序和幼荚。

7. 病虫害防治

(1)蚜虫的防治　蚜虫可选用30%避蚜雾2 000～3 000倍

液，或5%来福灵乳油2 000～4 000倍液，或25%功夫乳油4 000倍液或吡虫啉喷雾。

(2)根腐病的防治　根腐病用70%甲基托布津可湿性粉剂800倍液灌根，每株灌250 mL，7～10 d后灌第2次，也可用甲基托布津500倍液或50%多菌灵600倍液喷洒。

(3)细菌性疫病的防治　细菌性疫病用72%农用链霉素或新植霉素4 000倍液防治。灰霉病用50%速克灵或50%扑海因1 000倍液防治。

(4)锈病的防治　锈病用25%粉锈宁可湿性粉剂2 000倍液70%代森锰锌可湿性粉剂1 000倍液喷雾防治。

以上药剂每隔7～10 d喷洒1次，连喷2～3次。从初花期开始，每15 d喷1次病毒A加硫酸锌300倍液加高锰酸钾1 000倍液，连喷2～3次。

第六节　豇豆栽培技术

豇豆也叫长豆角，原产亚洲东南部热带地区。豇豆较耐旱，耐热，我国南北各地普遍栽培。以嫩荚和豆粒为食，营养丰富，具体茬次，见表2-7。

一、茬口安排

表2-7　北方地区设施豇豆栽培茬次

茬次	播种期/(旬/月)	定植期/(旬/月)	采收期/(旬/月)	备注
小拱棚早春	中/2～上/3	上/3～下/3	中/4	温室育苗
大棚春早熟	下/1～中/2	中/2～上/3	下/3	温室育苗

续表

茬次	播种期/（旬/月）	定植期/（旬/月）	采收期/（旬/月）	备注
大棚秋延后	下/7～初/8	中下/8	上/10	遮阴育苗
日光温室秋冬	中/8～上/9	中下/9	下/10	
日光温室冬春	中/12～中/1	上/1～上/2	上/3	双膜覆盖育苗

注:栽培季节的确定根据各地的气候不同有适当变化。

二、早春小拱棚栽培

豇豆早春小拱棚栽培在 2 月中旬育苗,3 月初定植,4 月中旬采收。

（一）品种选择

小拱棚栽培面积小,高度有限,应选用矮生豇豆,品种主要有挑秆豇豆、黄花青、五月鲜、浙翠无架、四季红无架豇豆、之豇矮蔓 1 号、美国无架豇品种。

1. 挑秆豇豆

济南市农家品种,矮生类型,株型较直立,适于密植。花紫红色,豆荚绿色,长为 30～40 cm。

2. 黄花青

北京市农家品种、矮生型,生长势强,茎蔓较短,匍匐于地面。叶深绿色,有光泽。嫩荚长为 25～30 cm。比较早熟,播种后 60 d 收获。

3. 五月鲜豇豆

河南地方品种,生长势弱,分枝少。叶片狭长。花紫红色,嫩荚绿色,有的荚两边有 2 条紫红色条纹,荚长 20～26 cm。极早熟,从播种到收获 45 d。

4. 浙翠无架

抗病性强、极早熟、产量高，荚长可达 40 cm，肉质厚，口感糯，外观匀称美观，商品性更佳。采收期可长达 50 d 以上，适合长季节栽培。

5. 四季红无架豇豆

该品种是早熟无架红豆角。生长势强，抗病、耐老化、着色好，株高 45 cm 左右，节间短，分枝力强，结荚粗，耐寒、抗旱、耐热、抗倒伏，对土壤要求不严格，适应性广。荚长 40 cm 左右，豆荚浅红色，豆荚肥厚饱满，纤维少，品质优，小拱棚栽培抢早上市的高效益品种。

6. 之豇矮蔓 1 号

早熟、抗病，株型紧凑，叶片较小，叶色深绿。植株矮生，有效主蔓高约为 40 cm，主蔓抽生细弱且无效。植株直立性好，无需搭架。分枝力强，主、侧蔓均能结荚，荚长约为 35 cm，嫩绿色，品质佳。

（二）播种育苗

2 月上、中旬在温室内用营养钵育苗。种子经处理后每钵播种 3 粒，并及时覆盖薄膜，提温保湿，促进出苗。白天苗床温度保持在 28～30℃，夜间温度不低于 16℃。出苗以后，苗床温度白天保持在 23～28℃，夜间温度保持在 15～18℃。定植前可适当降温锻炼幼苗，白天苗床温度保持在 20～23℃，夜间温度保持在 13～15℃。

（三）定植及定植后的管理

1. 定植

定植前 7～10 d 施肥整地，每 667 m^2 施优质腐熟肥 3 000 kg、过磷酸钙 50 kg 左右。施肥后深翻整平，做成小高畦覆盖地膜，选择冷尾暖头晴朗无风天上午定植。定植时必须带完整土坨，保护好根系。每个高畦播种 2 行，行株距为 60 cm×25 cm，每穴两株，先栽苗后浇水，然后盖膜保温。

2. 定植后的管理

在白天温度高时，可从棚的两侧掀开棚膜，开小口放风。随着天气变暖，在晴天棚内温度高时，可从棚的两侧加大放风口，逐渐加大放风量防止幼苗徒长。适当放风不仅可调节温度，还可降低棚内湿度，减少苗期病害发生。当外界白天气温超过20℃时，可揭开薄膜令植株见自然光，傍晚依旧盖膜保持夜温，以后逐渐撤掉塑料膜、小拱棚。在撤棚后，及时中耕除草。豇豆结荚后（荚长3～5 cm），追肥并浇水。结荚期保持地皮见湿见干，视天气情况5～6 d浇1次水，可在每次采收后浇水，1次清水1次肥，追施尿素15 kg/亩，或随水浇施粪稀，后期叶面喷施磷酸二氢钾，提高后期产量。

（四）采收

当嫩荚达到品种特性所具的长度，豆粒刚开始膨大时为采收适期，应及时采收。注意采收时不要碰伤结荚枝，以保护小花蕾继续开花结荚。

（五）病虫害防治

1. 豇豆锈病的防治

豇豆锈病是毁灭性病害，可用粉锈宁、百菌清、托布津、多菌灵可湿性粉剂500～800倍液喷洒，交替用药防治。

2. 烟煤病的防治

豇豆烟煤病自豇豆出现真叶后就开始发生，收获前发病最重、在防治上，要避免播种过密，田间通风透光；及时清除田间染病落叶，减少再传染菌源；发病初期采用药剂喷雾，药剂可选用75％百菌清可湿性粉剂600倍液，或40％多菌灵胶悬剂800倍液等。

3. 枯萎病的防治

枯萎病可用枯萎立克喷雾防治。如发生根腐病，应及早用800倍敌克松灌根。虫害主要有豆荚螟、蚜虫等，可用避蚜雾、吡虫啉等防治。

三、塑料大棚春早熟栽培

(一)品种选择

大棚栽培应选早熟、高产、抗病、豆荚长、商品性好的蔓生品种。如之豇28-2、宁豇1号、宁豇3号、丰产3号、之豇特早30、之头特长80、特早王豇豆等。

1. 之豇特早30

浙江省农科院蔬菜研究所育成的长豇豆新品种。该品种耐低温、弱光性强,植株分枝少,适合密植,早熟性突出,春植播种至始收50 d左右,商品性好、品质优,抗豇豆花叶病毒病,产量高,适应性广,可在全国各地种植。

2. 宁豇3号

由南京市蔬菜种子站以之豇28-2和白豇2号经杂交系统选育而成。其植株蔓生,分枝4～5个,叶片中等大小,生长势强,主侧蔓可同时结荚。始花节位主蔓2～3节,侧蔓第1节,属极早熟品种。序成性好,着荚率高。单株16节以下可着生8～10个花序,每序有2～3荚。嫩荚绿白色,顶端红色,荚面平整,荚长70～80 cm,条荚均匀,单荚重30 g左右,肉质脆嫩耐老化,商品性极佳。该品种比之豇28-2早熟4～7 d,增产25%左右。适应性强,抗病,既耐低温又耐高温,对光照不敏感。该品种适宜春秋保护地及春、夏、秋露地栽培,也可冬季日光温室栽培。

3. 之头特长80

丰产、抗病、品质优良。分枝较少,叶片较大,始花节位低,豆荚商品性佳。荚色嫩绿,平均荚长为70 cm,比之豇28-2长5～10 cm,较粗壮,品质优。其可作露地春季早熟栽培、夏秋栽培、延秋栽培,早春保护地极早熟栽培、冬季大棚、日光、温室栽培。

4. 特早王豇豆

该品种是目前豆类中高产、抗病和商品性都佳的豇豆品种。其分枝少，叶片小，主蔓结荚为主，抗病毒病，最适春播。初花节位低，平均 3 节即可普遍结荚。初花和初收期比之豇 28-2 提前 2～5 d，早期产量增加 152.6%，经济效益相当可观，荚色嫩绿，匀称，长为 65～70 cm，商品性好。适应全国各地大棚或露地栽培。

（二）播种育苗

1. 育苗

棚内 10 cm 的地温稳定在 12℃以上可在大棚内直播，也可在温室内利用营养钵进行护根育苗。采用育苗移栽的方法不仅可适当抑制营养生长，促进生殖生长，而且还可提早播种、提早收获，并延长采收时间。其播种时间在 1 月下旬至 2 月中旬。

2. 播种

播种前将不施化肥的营养土消毒后，装入营养钵中，并将钵整齐摆放在整平的苗床里。播种前将营养钵浇透水，待水渗下后，每钵点播种子 3 粒，覆土 2 cm，并及时覆膜。播后白天保持 30℃左右，夜间 25℃左右，子叶展开后，适当降低温度，白天 25～28℃，夜温 14～16℃。定植前 7 d 进行低温炼苗，增强幼苗的抗逆性。苗龄 20～25 d，幼苗具 3～4 片真叶时可以定植。

（三）整地定植

定植前 1 个月或在第 1 年秋季扣越冬棚，提高地温。春早熟豇豆产量高，结荚期长，需肥量较大，应施足基肥。整地时结合深翻，施入充分腐熟有机肥 8 000 kg/亩、过磷酸钙 25 kg/亩、草木灰 150 kg/亩，或硫酸钾 20 kg/亩作基肥。做成宽 1.2 m 的畦或宽 0.6 m 的垄，覆盖地膜。待棚内 10 cm 的地温稳定在 15℃以上时，即可定植。在定植时，按株距为 30 cm，打好定植孔，2 株/穴。当温度低时，可加小拱棚提温。定植后浇定植水，填好定植孔。

(四)定植后的管理

1. 温度管理

在定植后,闭棚升温,促进缓苗。在缓苗后,棚内白天温度保持在25～30℃,夜间温度不低于15℃。随着外界气温的回升,适当通风排湿。当外界气温稳定在20℃时,撤除棚膜,转入露地生产。

2. 肥水管理

豇豆肥水管理总原则是前期防止茎叶徒长,后期防止早衰。苗期不浇水追肥,防止徒长和落荚。抽蔓后开始浇水,浇水掌握“浇荚不浇花,干花湿荚”的原则。

整个开花结荚期保持土壤湿润,初花期不浇水,以控制营养生长。当第1花序结荚后,开始追肥浇水。①植株下部花序开花结荚期间,10～15 d浇1次水,并随水追施稀粪或磷酸二铵7.5 kg/亩;②中部花序开花结荚期,每10 d左右浇1次水,追施三元复合肥10 kg/亩和充分腐熟的人粪尿;③上部的花序开花结荚时,视墒情10 d左右浇1次水,每次追施复合肥、尿素和硫酸钾各7.5 kg/亩;④苗期和盛花期各用0.2%硼砂和磷酸二氢钾进行叶面喷施1次。

3. 植株调整

当蔓性豇豆在主蔓长30 cm左右时,及时吊绳引蔓,使茎蔓均匀分布。主蔓第1花序出现后应及时抹去以下的侧芽,使养分集中,保证主蔓健壮生长,开花坐荚多,豇豆侧枝易开花坐荚。当主蔓长至1.5～2 m时打顶摘心,控制生长,促进主蔓中上部侧枝上的花芽开花结荚。

主蔓上发生的侧枝都要摘心,促进侧枝第1个花序的形成,利用侧枝上发出的结果枝结荚,提高产量。但不同部位发生的侧枝保留节位不同。下部发生较早的侧枝保留10节左右;中部发生的侧枝留5～7节;上部发生的侧枝留2～3节。为加强通风,及时疏去植株下部的老叶、病叶等。

（五）采收

豇豆在开花后10～15 d，豆荚充分长成。当豆粒略显时，达到商品成熟期，应及时采收。在初期，4～5 d采收1次；在盛收期，1～2 d采收1次。在采收时，要特别注意，不要损伤其他花芽及嫩荚，最好在嫩荚基部1 cm处掐断收获。适时收获，对防止植株衰老有很大作用。

（六）病虫害防治

与小棚早春栽培相同。

四、日光温室越冬茬栽培

（一）品种选择

选择生长前期耐高温，生长后期耐低温、耐弱光、抗病性强、优质、丰产的品种。如之豇28-2、中华豇豆王、早翠、张塘、三尺绿、之头特长80、宁豇豆3号、早豇系列等。

（二）播种育苗

1. 种子处理

为提高种子的发芽势和发芽率，保证发芽整齐、快速，播种前进行选种和晒种，选择有光泽、无虫伤、无霉烂、饱满的种子，晴天晒种1～2 d。将选好的种子用温水浸泡12 h，后用500倍多菌灵药液浸泡10 min，也可用适乐时拌种，用清水冲洗干净后放在25～30℃温度下进行催芽，当芽长为1 cm左右时，播种。

2. 播种育苗

（1）播种　播种前按技术要求配制营养土并进行床土消毒。将营养土装入营养钵，浇透水造足底墒。每钵播种子3粒，在播后覆细土2 cm，整齐摆放在苗床中，盖薄膜保温保湿。在播后，白天温度保持在30℃左右，夜间温度保持在20℃左右，以促进幼苗出土。10 d左右出齐苗，要适当降温，保持白天温度为20～25℃，夜间温度为14～16℃。定植前7 d左右开始低温炼苗，25 d左右即可定植。

(2)育苗 豇豆壮苗的标准是：日历苗龄20～25 d，其生理苗龄为苗高20 cm左右，开展度为25 cm左右，茎粗为0.3 cm以下，真叶3～4片，根系发达，无病虫害。

(三)定植

定植前施足基肥，施有机肥8 000～10 000 kg/亩、饼肥200 kg/亩、过磷酸钙100 kg/亩、碳酸氢铵50 kg/亩。将肥料撒匀，深翻30 cm，整平后做成1.2 m宽的平畦或垄，垄高为15 cm左右，浇透水，覆膜。当10 cm的地温稳定通过15℃，气温稳定在12℃以上时定植。前10 d左右扣棚烤地。选晴天进行定植。在每垄栽2行，按株距30 cm打定植孔，栽2株/穴，然后浇水，水渗下后覆土封严定植孔。

(四)定植后的管理

1. 温度管理

定植后的3～5 d通风，闭棚升温，促进缓苗。白天温度保持在25～30℃，夜间温度保持在16～20℃。在缓苗后，室内的温度白天保持在25～28℃，夜间保持在14～18℃。冬季天气寒冷，尽量少通风，以利于保温。秋冬茬在进入冬季后要采取有效措施加强保温，尽量延长采收期。冬春茬栽培在春季外界温度稳定通过20℃时，再撤除棚膜，转入露地生产。

2. 肥水管理

浇缓苗水后，进行中耕蹲苗。此后控制浇水，直至结荚以后方可浇水，并随水冲追人粪尿1 000 kg、过磷酸钙30～50 kg。待植株下部的果荚伸长，中上部的花序出现时，再浇1次水，以后掌握浇荚不浇花，见湿见干的原则，大量开花后开始每隔10～12 d浇1次水。每采收2次，随水追施1次速效肥或人粪尿。冬季由于通风少，温室内二氧化碳浓度较低，可追施二氧化碳颗粒肥或气肥，于开花后，晴天每天上午8:00～10:00追施，施后2 h适当通风。豇豆生长后期植株衰老，根系老化。为延长结荚，可用0.2%

的磷酸二氢钾进行叶面喷施。

3. 植株调整

当植株长至30～35 cm、5～6片叶时，应及时引蔓。在引蔓时，不要折断茎部，否则下部侧蔓丛生，上部枝蔓少，通风不良，造成落花落荚。主蔓第1花序下部侧芽及早摘除。当主蔓长至1.5～1.8 m时，要及时摘心，促进侧蔓发育，侧枝发出后留花序摘心，促进2次结荚。在盛收期，注意摘除植株下部的老叶，利于通风透光，减少营养消耗，促进养分向上部秧蔓、豆荚供应。

4. 适期采收

豇豆是以嫩荚食用、陆续采收的蔬菜，应注意及时采收。当荚条长成粗细均匀、荚面豆粒处不鼓起，种子已经开始生长时，这个时期为商品嫩荚收获的最佳时期。采收时严格掌握标准，使采收下来的豆角尽量整齐一致，并注意不要伤及花序枝。采收宜在傍晚进行，采收中要仔细查找，避免遗漏。

5. 病虫害防治

豇豆的病害主要有锈病、灰霉病、煤霉病、丛枝病、根腐病；虫害有蚜虫、豆荚螟。

(1)病害的防治　豇豆锈病在发育初期用15%粉锈宁可湿性粉剂2 000倍液或20%粉锈宁乳油2 000倍液，每15 d喷1次；也可用50%萎锈灵乳油800～1 000倍液喷雾防治，7～10 d喷1次，连喷2～3次；在煤霉病发病初期，用50%多菌灵可湿性粉剂500倍液或40%多菌灵胶悬剂800倍液或50%甲基托布津可湿性粉剂600倍液，喷雾防治，每10 d左右1次，连喷2～3次。

(2)虫害的防治　豆荚螟可用25%的灭扫利800倍液或其他胃毒剂、触杀剂喷雾防治，从发现起每10 d左右喷1次。

第七节　西葫芦栽培技术

一、主要茬口

西葫芦设施栽培茬口与黄瓜相似，但生产上主要以早熟栽培和越冬栽培面积最大。西葫芦适于各种形式的设施栽培，以春夏早熟栽培为主。日光温室栽培西葫芦主要有 2 种茬口：一种是冬春茬栽培，另一种是早春茬栽培。其中日光温室冬春生产生长期长，产量高，效益好，已在北方大面积推广；塑料大棚西葫芦以提早茬为主；小拱棚栽培面积也在扩大。北方设施西葫芦栽培茬口主要如下。

（一）大棚春季早熟栽培

以豫北为例，1 月中、下旬于温室或阳畦播种育苗，3 月上旬定植，4 月上旬至 6 月中旬采收，采收期 80～100 d。

（二）日光温室早春茬栽培

12 月中、下旬至 1 月下旬于日光温室内电热温床育苗，2 月初定植，3 月上、中旬至 5 月下旬采收，采收期 90 d 左右。

（三）日光温室早春茬栽培

9 月下旬至 10 月初于日光温室播种，嫁接育苗，10 月末至 11 月初定植，11 月下旬至 5 月中、下旬采收，采收期 210 d 左右。河南、山东农民在实践生产中为了延长日光温室的生产时间，提高效益，弥补西葫芦怕热罢园早的不足，其西葫芦越冬栽培多于苦瓜间作，即西葫芦与苦瓜同时播种，同时定植，分期上市。定植时每 7 行西葫芦栽 1 行苦瓜。冬季、春季以西葫芦生产为主，夏季以苦瓜为主。它是一个高产、高效、立体种植的技术。

（四）小拱棚早春栽培

河南各地多于 2 月中下旬日光温室内电热温床加营养钵育苗，3 月下旬定植，4 月中旬至 6 月初采收。

二、塑料大棚春早熟栽培

(一)品种选择

西葫芦早熟栽培的苗期和生育前期在寒冷季节,故应选择耐寒性强、早熟、丰产、品种好的品种。目前生产上常用的品种有:早青、潍早1号、纤手等,作为特菜栽培的香蕉西葫芦也有一定栽培面积。

(二)培育壮苗

西葫芦多于温室或阳畦内、电热温床营养钵育苗,白天温度为20～25℃,夜间温度为10～15℃,地温为15～20℃,苗龄为30～40 d,苗高为8～10 cm,具3～4片真叶即可定植。每亩用种量为250～300 g。

(三)定植

定植前15～20 d将大棚覆盖好,扣严薄膜,尽量提高棚内地温。定植前结合深翻,施入腐熟的有机肥料3 000～5 000 kg/亩,同时混入40～50 kg/亩过磷酸钙,或20 kg/亩复合肥料。翻后整平耙细,做成平畦。当设施内的地温稳定在8～10℃,夜间最低气温不低于8℃时,即可定植,可用单行定植,亦可用宽窄行定植,株行距为(45～50)cm×(80～100)cm,1 500～2 000株/亩为宜。

(四)定植后的管理

1. 温度

西葫芦是喜温蔬菜,不耐霜冻,早熟栽培初期外界气温较低,故管理的重点是防寒保温,避免0℃的低温出现,保持适温以利于生长发育。缓苗期不通风,白天温度保持在25～30℃,夜间温度保持在15～20℃。缓苗后逐渐通风降低温度,白天温度保持在20～25℃,夜间温度保持在15℃以上。

在进入结果期后,适当提高温度,白天温度保为25～28℃,夜间温度为15～18℃。当外界白天气温达20℃以上时,白天全天通风,只进行夜间覆盖。当夜间最低气温稳定在13℃以上时,可撤掉所有保护设施。

2. 肥水管理

定植时浇透定植水，缓苗水中耕松土进行蹲苗。此期温度较低，应多次进行中耕，中耕可由浅而深，每 5～7 d 1 次，在根瓜采收时，中耕 4～5 次。蹲苗后结合浇第 1 水，可随水冲施稀粪尿，300～500 kg/亩，以促进植株生长和根瓜膨大。

根瓜膨大期和开花结瓜期应加大浇水量和增加浇水次数，保持土壤见干见湿，2～5 d 浇 1 次水，待撤去覆盖物处于露地条件后，应增加浇水次数。早熟栽培西葫芦每 10～15 d 追 1 次肥，共追 3～4 次，每次施用复合肥 15～20 kg/亩，结果盛期每 7～10 d 可根外追施 0.1%～0.2%的磷酸二氢钾液。

3. 植株调整

早熟栽培西葫芦有些品种，基部易产生侧枝，应及时摘除，生长过程中多余的雄花、畸形瓜及枯老病叶也应及早摘除。

4. 保花保果

(1)人工授粉　西葫芦不具单性结实特性，开花期必须经授粉受精或激素处理后才能坐瓜。早熟栽培早期外界气温尚低，昆虫很少，加上设施密闭，不易接受昆虫传粉。因此，雌花开花后必须每天进行人工授粉，授粉应在早晨揭苫后进行。其方法是摘下雄花，去掉花瓣，用雄蕊花药涂抹雌蕊柱头，这样 1 朵雄花可为 3 朵雌花授粉。

(2)激素处理　利用激素处理也是保花保果的有效措施。目前生产上多采用 2,4-D 处理技术。处理时间在早晨 8:00～9:00，2,4-D 使用浓度应根据栽培季节的不同有所区别。据实验，冬季低温季节浓度为 80～100 mL/L，春季浓度为 25～40 mL/L。处理方法是每天早晨揭苫后，用毛笔醮上配好的 2,4-D 溶液，涂抹在刚开放的雌花花柱和花瓣基部。为了防止重复处理，在 2,4-D 溶液液中加入红色。实践证明，单纯用激素处理不如授粉又用激素处理效果好。

(五)采收

西葫芦主要以嫩瓜供食,应适时早采,以促进后续坐瓜和果实生长。根瓜重为 0.25～0.5 kg 即应采摘。当结果中后期单瓜重 0.5～1 kg 时,采摘;当后期食用老瓜重为 1～2 kg 时,采摘。

三、日光温室越冬茬栽培

(一)品种选择

目前西葫芦设施栽培普遍采用早青一代,此外,佳米兰、太阳 9795、玉葫等国外引进的新品种应用较多。金皮西葫芦、飞碟瓜、蔓生型的金丝瓜等变种作为特种蔬菜在设施内种植也较多。

(二)育苗

日光温室冬春茬西葫芦可于 10 月上、中旬在温室或小拱棚内育苗,种子催芽后,种子催芽后直接播于营养钵内,每钵 1 粒。苗期注意控制浇水,防止夜温过高,避免幼苗徒长。当苗龄达 30～35 d,幼苗三叶一心时即可定植。为提高植株的抗逆性,增加产量,西葫芦设施栽培也可采用嫁接育苗,以黑籽南瓜为砧木,嫁接方法可参照黄瓜嫁接育苗。

(三)整地定植

1. 选择 3 年内未种过瓜类的温室

在定植前,对温室土壤和空间进行熏蒸消毒。结合整地,土地施入优质农家肥 5 000 kg/亩、过磷酸钙 30 kg/亩,耙细搂平,按大行距为 80 cm,小行距为 50 起垄,垄高为 10～15 cm。

2. 日光温室冬春茬西葫芦定植

定植时已进入初冬,气温变化异常,定植要选择晴天的上午,在垄上开沟,按株距为 45 cm 摆苗,培少量土。株间点施磷酸二铵,用量为 25 kg/亩,肥土混拌后浇定植水。水要浇足,等水渗透后合垄,并用小木板把垄台刮平,再覆地膜,2 000 株/亩左右。

（四）定植后管理

1. 促进缓苗、早成雌花为主

缓苗前，白天气温为25～30℃，夜间气温为17～18℃，缓苗后白天气温为20～25℃，夜间气温为10～12℃。

2. 多通风，降低温湿度

缓苗后，日温应控制在20℃左右，最高不超过25℃；夜间温度前半夜为13～15℃，后半夜温度为10～11℃，最低温度为8℃，以促进根系发育，控制地上部徒长。温度高，特别是高夜温，浇水过早过多是西葫芦前期徒长的、结果晚的主要原因，定植后合理调控温度是早期丰产的基础，也是壮秧丰产的前提，必须严格温度管理规程，根据长势调节温度。温度表现的形态指标：温度适宜时，展开叶的叶柄与地面之间的夹角为45°～60°；当温度过高时，叶片上冲，基部叶柄与地面夹角大于60°；温度低时夹角小于30°，夜温过低。

3. 及时去掉雄花和侧枝

进入结瓜期后，为促进果实生长，日温应提高到25～28℃，夜温为15～18℃。冬季低温弱光期间，采用低温管理，日温保持在23～25℃，夜温保持在10～12℃，以提高弱光下的净光合率。严冬过后，光照强度增加，可把温室恢复到正常管理状态。当外界最低温度稳定在12℃以上时，应昼夜通风，以加大昼夜温差，减少呼吸消耗，增加养分的积累。

4. 光照管理

冬春茬西葫芦定植后，正处在光照最弱的季节，光合作用强度较低，影响物质积累，因此，光照调节原则是增光补光。其具体措施可参照黄瓜冬春茬栽培，此外，还可以通过适当稀植、吊蔓等方法减少植株间相互遮阴，改善光照条件。

5. 及时吊蔓

西葫芦节间极短，随着叶片数的增多，植株不能直立而匍匐于地面生长，影响通风透光。在植株长到8～9片叶时可开始吊蔓。

其方法是:将尼龙绳上端固定在拱架上,下端拴小木棍插入土中,将西葫芦的茎缠绕在线绳上,使其直立生长。

吊蔓可以改善通风条件,防病效果好,要及时上蔓,上蔓要坚持头正、蔓直叶舒展的原则。在缠蔓时,不能将线绳缠绕在小瓜上,同时随着缠蔓,调整植株叶柄的方向,使每个植株的每张叶片都能充分接受阳光。

6. 保花保果

西葫芦无单性结实能力,日光温室冬春茬栽培温度低,雄花少,花粉少,又缺乏昆虫传粉,如不采取人工授粉或生长调节剂处理,会造成大量化瓜,影响产量。人工授粉宜在上午 8:00～10:00 进行,此时温湿度适宜,花粉成熟,授粉受精效果好。

摘取开放的雄花集中在一起,去掉花瓣,将人工授粉不能满足的地方,可使用 20～30 mg/L 的防落素蘸花或涂抹花柱基部。为防止重复处理,应在生长调节剂中加些染料作为标记,如再加入 0.1%的 50%速克灵可湿性粉剂,保果的同时还能预防灰霉病。

7. 肥水管理

(1)定植初期　在西葫芦定植初期,其需水量不多,在浇足定植水的基础上,缓苗期间一般不浇水。但如果定植期较早,外界环境条件较好时,可浇 1 次缓苗水。以后直到根瓜坐住前不再浇水。此时主要是促根控秧,使根系向土壤深层扎,以抵抗不良环境条件。

(2)膨大期　当根瓜长至 10 cm,开始膨大时,浇 1 次水,并随水追施硫酸铵 15 kg。浇水时间要选择在晴天的上午。此时,植株的营养体较小,外温较低,温室的通风量小,所以在始瓜期浇水不宜过勤,每 10～15 d 浇 1 次,且每次浇水都要进行膜下暗灌。

(3)盛果期　进入盛果期后,叶片的蒸腾量加大,植株和瓜条生长速度较快,此时随着外温的升高,透风量加大,要加强水肥管理,每 5～7 d 浇 1 次水,隔 1 水追 1 次肥,有机肥和化肥交替使用,每次施入硫酸铵 10 kg/亩,硫酸钾 10 kg/亩,或腐熟饼肥

50 kg/亩。每次采收前 2～3 d 浇水，采收后 3～4 d 内不浇水，有利于控秧促瓜。

(4)施肥形态指标 西葫芦施肥灌水形态指标：施肥和灌水可以依据叶柄长度与叶片最大长度之比来确定。①当叶柄长∶叶片长约等于 1∶1.2 时，肥水管理正常；②如果叶柄长∶叶片长大于 1∶1.2 时，肥水过小，需要加大肥水数量；③叶柄长∶叶片长小于 1∶1.2，叶柄长度大于叶片长度时，肥水过大，应当控肥控水。

西葫芦后期易早衰，中后期以防脱肥，防早衰、防病为主，打掉病叶，适当加大肥水，可以视具体情况多施叶面肥和营养剂。

(五)采收

西葫芦以嫩瓜为产品，宜早采。当雌花开放后 10～15 d，单果质量达 250～300 g 时，即可采收，尤其是金皮西葫芦，延迟采收会影响果实的商品性。采收最好在早晨进行，此时温度低，空气湿度大，果实中含水量高，容易保持鲜嫩。采收后逐个用软纸包好装箱，短期存放 1～2 d 也不影响质量。

第八节 瓠子栽培技术

瓠子是葫芦科瓠瓜属葫芦栽培种的一个变种，果实圆柱形。我国普遍栽培，品种较多。按果实长短分为长圆柱和短圆柱两个类型。长圆柱形果实长为 42～66 cm，最长达 1 m，横径为 7～13 cm。短圆柱形果实长为 20～30 cm，横径为 13 cm 左右。其大棚早熟栽培技术主要包括以下几个方面。

1. 品种选择

应选用抗病、抗逆性强、商品性状好、质优、产量高的早熟品种。如杭州长瓜、浙杂 5 号、孝感瓠子等。

2. 播种育苗

1 月中、下旬用营养钵播种，播种前先进行种子处理。可采用地膜、小拱棚、大棚的覆盖方式来保温。当温度过低时，在小拱棚上加盖草帘，防止冻苗，必要时采用电热温床育苗。加强苗期管理，培育健壮无病虫害、节间短粗、叶片浓绿、根系发达的幼苗。

3. 整地作畦施基肥

瓠子的根系较浅不耐贫瘠，宜选择保水力较强，富含有机质的土壤，前茬应为非葫芦科作物。基肥以优质有机肥、常用化肥、复混肥为主。每亩施用腐熟畜禽粪 750～1 000 kg 和过磷酸钙 20～30 kg 作基肥，各地根据具体情况适当施用其他肥料。按 1.5 m（包沟）做畦，铺好地膜后按每畦 2 行（行株距为 80 cm×60 cm）打穴。

4. 定植

棚室栽培的夜间最低温度应在 12℃以上，在 2 月下旬至 3 月上旬幼苗具有 3～5 片真叶时进行定植。宜采用搭架栽培，每畦（宽 1.5 m）栽 2 行，株距为 60 cm，行距为 80 cm。定植宜采用在地膜上打洞移栽的方法，注意带土移栽，减少伤根，并淘汰劣苗、病苗，栽后及时浇足定根水，并用细土封严，再插上小拱棚架，并盖好小拱棚膜，进行双膜覆盖。

5. 定植后管理

（1）植株调整　在抽蔓开始时搭人字形架，并在人字形架上用小竹竿或粗草绳设横架 2～3 道，便于侧蔓攀缘，随着植株生长需进行人工分层绑蔓。瓠子靠侧蔓结果，在主蔓具有 6 片真叶时进行第 1 次摘心；当子蔓结果后再行第 2 次摘心，促使抽生孙蔓。此后任其自然生长。瓠子雌雄同株异花，主蔓先开雄花，后开雌花，侧蔓则先开雌花。为提早开雌花，增加雌花数量，在定植缓苗后，具有 4～6 片真叶时，用适宜浓度的乙烯利叶面喷洒 2 次，用药 35～40 kg/亩，可使主蔓 10～25 节连续发生大量雌花，改变结果习性，提早结果，增加产量产值。

（2）肥水管理　瓠子生长势较其他瓜类弱，生长期短，结果集中，除施基肥外，还要追肥灌水，追肥宜薄施勤施。在定植成活和摘心后、果实膨大期分别施1次肥。在开始采收后，分期追肥1～2次，促使后期瓜生长。瓠子需水较多，应及时浇水。在结果期间，天旱可1～2 d浇1次水，雨水多时，应及时排水防涝。

（3）辅助授粉　每天傍晚将当天盛开的雄花摘下，与雌花柱头对涂，一朵雄花可对涂2～3朵雌花。授过粉的雌花应做上标记，以免重复授粉。

（4）病虫害防治　大棚瓠子病虫害发生较轻。①主要虫害有蚜虫、黄守瓜，可选用蚜虱净、高效氯氰菊酯等药剂防治。②霜霉病、炭疽病，可选用75%百菌清、托布津、波尔多液等药剂防治，间隔7～10 d喷1次，连续喷3次。③白粉病可用25%粉锈宁可湿性粉剂8～13 g药粉兑水50 kg喷雾，或50%多硫胶悬剂300～400倍液，或农用抗毒菌素120倍液等喷雾防治。

6. 采收

瓠子必须及时采收嫩果，否则质量降低。采收嫩果以花后10～15 d为宜。早熟栽培气温低，早期坐果的果实，发育较慢，须花后15～20 d才能采收。

第九节　西瓜栽培技术

一、主要茬口

塑料日光温室在我国的西瓜保护地栽培中是条件较好设施，日光温室栽培西瓜可以搞秋冬茬，也可以搞冬春茬，从市场需求、经济效益和管理难易程度来看，目前一般多是发展冬春茬生产，以冬春茬为主。冬春茬栽培时，由于各地的气候条件不同，所用温室的性不同，所以，定植的时间不可能一样。

我国北方的定植日期是在2月份，育苗可从12月中、下旬到翌年1月上、中旬，此间育苗定植的西瓜在4月中、下旬到5月初开始上市。河南山东塑料大棚早春西瓜2月上、中旬温室育苗，3月中、下旬定植，6月初上市。

二、塑料大棚春早熟西瓜栽培

（一）品种选择

春早熟西瓜宜选用早熟品种为主，雌花开放到果实成熟28 d左右，品质要好，抗病、丰产。

（二）育苗

塑料大棚早春西瓜育苗期根据大棚的性能及当地气候条件确定，河南山东塑料大棚在3月下旬就可达到西瓜幼苗生长的地温、气温。在此之前提前30～35 d育苗，2月中、下旬可在日光温室内用营养钵播种。如嫁接育苗则提前45～50 d播种，选用葫芦苗做砧木，育苗采用“十字花”嫁接育苗。其具体步骤如下。

1. 床土配制

床土应选用无病肥沃田块的土晾晒后过筛，然后按10∶1加入腐熟好的鸡粪（马粪、牛粪），按100∶1加入硫酸钾复合肥和适量杀菌剂（甲基托布津或多菌灵）。混匀后喷少量水装营养钵备播。

2. 种子处理

（1）温汤浸种　先用55℃温水浸种，并按顺时针方向搅拌，15 min后水温降到30℃，再浸泡24～72 h，然后捞出沥干水分，用麻布片搓种清洁，后置于30℃恒温下催芽，到葫芦种嘴尖露白后即可播种。西瓜种应在1周后，葫芦苗大部分出齐后，真叶如玉米粒大小时，视出苗数量开始种子处理，把西瓜种放入55～60℃水中，不断搅拌至30℃，继续浸泡8～12 h，用手搓去种皮上的黏膜，捞出用干净布擦干种皮，无籽西瓜要嗑口，放入30℃恒温下催芽。

（2）药剂浸泡　用药剂浸种方法较多，常用的有50%的福尔马林 100 倍溶液浸 30 min，或 50%的代森铵 500 倍溶液浸 30～60 min，或 50%的多菌灵 500 倍溶液浸 60 min，对预防炭疽病和立枯病有一定效果。

3. 播种

葫芦种子处理好后，将装好营养土的营养钵整齐地排列于苗床内浇透水，然后将葫芦种子平放播下，上面覆土盖严。覆土厚度为 1～1.5 cm。出苗温度控制在 30℃左右。待葫芦种出齐苗后，即把温度控制在 18～20℃，等待西瓜出苗。西瓜种催齐芽后，在 30℃温度下出苗。待瓜苗第 1 片真叶出现时，即可嫁接。

4. 嫁接

嫁接采用“十字花”嫁接法。在嫁接前，砧木苗要浇足水，并根据西瓜苗粗度备好大、中、小 3 个粗度的竹片和小刀片。嫁接时两人配合，一人取出西瓜苗自子叶下 1～1.5 cm 处斜面切下，另一人用竹签将葫芦苗真叶刈除后，自真叶位置斜插，以竹签不刺破手指为度，然后抽出竹签迅速将西瓜苗对应切面插入即可。

(三)定植

在西瓜嫁接 35～40 d 后，三叶一心时可定植。单沟起垄栽培。在定植后 4～5 d 内，要多进行检查，将病、弱苗剔除，换栽上健壮苗，保证定植成活率。其密度为 700～800 株/亩。中、小棚密度比大棚密度相对高一些，其密度为 800 株/亩。株行距为 60 cm ×150 cm。

(四)定植后的管理

1. 塑料大棚温度存在明显的季节变化和日变化

昼夜温差受季节和天气阴晴的影响，低温季节温差大，温暖季节温差缩小；晴天昼夜温差较大，而阴天温差则较小。在 1 d 中，日出前出现最低温度，日出后 1～2 h，棚温迅速升高，上午 9:00～10:00 温度回升很快，在不通风条件下平均每小时增温 5～8℃；中午 12:00～13:00 出现最高温，晴天最高可达 40～50℃，下午

14:00～15:00后棚温度逐渐下降，平均每小时下降5℃，棚内最低温度一般仅较露地增加3～6℃。棚温的管理应根据这一变化规律合理掌握通风时间及通风量。

2. 棚温管理以保温促进生长为原则

（1）棚温管理　定植后5 d内，密闭不通风，以提高气温和土温，促进缓苗。定植前期土壤湿润，空气湿度高，即使高温也不致引起烤苗。以后外界气温逐渐升高，开始逐渐通风，实行30～35℃高温管理，夜间温度保持在15℃以上，不低于12℃。当温度低于12℃时，大棚内扣小棚，白天时揭开小棚，夜间扣好，如温度过低，小棚上加盖草帘。

（2）放风方法　前期从中央顶部放风，如顶部没有放风口，可采用两头放风；中后期的温度较高，两头放风量不够，可在大棚两侧放风，降低温度。当外界温度稳定在15℃以上，当蔓生长至45 cm左右时，全部揭开。

3. 及时整枝，合理布蔓

大棚栽培种植密度较高，空间小。在覆盖期间应注意及时整枝，合理布蔓，更好地利用空间和改善透光条件。特别是中间覆盖时间比较长，直到坐果后才撤掉棚膜，更需要早整枝。整枝方法采用三蔓整枝，也可以采用双行定植，对头爬蔓，增加空间，也可采用顺方向爬蔓。

4. 提早留果，人工授粉

大棚栽培的可在主蔓第2个雌花留果。由于授粉时昆虫比较少，特别是当中棚坐果时，棚膜未揭，昆虫更少，一定采用人工补助授粉，提高坐果率。

5. 吊瓜

当瓜长到拳头大小时，用细网兜兜起，吊挂于铁丝上，防止坠秧。据实验，在瓜上2～3节的瓜蔓上绑吊而不直接兜瓜效果也不错。另外，还可在瓜长到拳头大小后落蔓，把幼瓜放到地面而不吊瓜。

6. 收获

最好选择晴天的下午采收，要轻拿轻放。

三、日光温室冬春茬西瓜栽培

(一)品种选择

温室早熟栽培的西瓜品种应具备以下性状：①雌花出现节位低，雌花率高，雌花开放到果实成熟 30 d 左右；②较耐低温和弱光，在较低温度和较弱光照下生长发育比较正常；③生长稳健，主蔓结瓜能力强；④对采收成熟度要求不太严格，在未充分成熟时对品质的影响比较小。

温室早熟栽培应选择这样的一些品种，如郑杂 5 号、京欣 1 号、P2、金钟冠龙等。如果考感到长途运输，当以金钟冠龙为主。

(二)育苗

1. 温室西瓜嫁接育苗

育苗技术日光温室栽培的西瓜可以采用常规育苗的自根苗，也可以采嫁接育苗。

西瓜嫁接换根苗的好处很多，即增强了西瓜抗枯萎病的能力，连茬种植成为可能；提高了植株的耐寒性，西瓜能在早期较低的温度下正常长，这就为温室早定植、早长、早发、早熟打下了基础；嫁接苗比直播苗的根重增加 61.2%，比育苗移栽的自根根重增加 42.3%，而且根深叶茂。嫁接苗的单株茎蔓总数、茎都比自根苗明显增加，产量大幅度提高，特别是在重茬地上，增更加明显；根系发达，早期吸收能力强，生育前期节约肥料 30%左右。

2. 砧木选择

(1)砧木的选择　选用砧木一般需要注意 4 点：①与接穗品种的亲和力和共生亲和力都比较强。②不影响西瓜的品质和风味。③根系发达，抗病、耐低温和耐高湿的能力较强。④嫁接操作方便。

(2)不同的砧木具有不同的性质和使用效果　①从低温伸长性来看,依次为南瓜、瓠瓜、西瓜和冬瓜;②从抗病性来看,依次是瓠瓜、南瓜、冬瓜和西瓜共砧;从生长最初 1 个月的吸肥性来看,南瓜砧好于瓠瓜砧;③从苗龄上来看,南瓜砧的苗龄不宜超过 30 d,而瓠瓜砧的苗龄可以达到 40～45 d。

目前温室早熟栽培多选用瓠瓜作砧木,其亲和力强,成活率高,共生期很少出现生育不良的植株。至今还没有发现与西瓜不亲和的瓠瓜品种。瓠瓜抗枯萎病,而且对为害根部的根瘤、线虫、黄守瓜等有一定的耐性。另外,雌花出现早,成熟也较早,对西瓜的品质风味无不良影响,是目前比较理想的砧木。农家栽培的菜用长葫芦或圆葫芦和沈阳市农科所选育的"西砧 1 号",大连市农科所选育的"瓠砧 1 号"等都可以选用。

3. 播种期

西瓜嫁接育苗的播种期要比自根苗提早 7～10 d,以抵消嫁接愈合所造成的非生长期。砧木和接穗的各自适宜播期需根据所用砧木、不同的嫁接方法来进行调整。

在采用瓠瓜作砧木时,如果采用插接法或劈接法,砧木苗宜大些,瓠瓜宜比西瓜早播 10 d 左右,即当瓠瓜苗出土时再播种西瓜;如果采用靠接法,则应使砧木苗和接穗苗大小更接近一些。

西瓜的出苗和生长都比瓠瓜慢,所以西瓜应比瓠瓜提早 5～10 d 播种,即当西瓜苗出土时再播种瓠瓜。确定预定的定植期,再根据预定的定植期确定育苗期和砧木及接穗的播种日期。

4. 嫁接方法

西瓜的嫁接分子由叶苗嫁接和成苗嫁接,多以子叶苗嫁接为主。嫁接方法有顶插接、劈接和靠插接,多用顶插接的方法。

5. 嫁接苗的温度管理

刚嫁接的苗子,白天温度保持在 26～28℃。当温度高时,要遮阴,不要使温度过高。夜间要加温,并覆盖保温,使温度保持在

24～25℃。随着嫁接苗的愈合成活，3～4 d 后要逐渐增加通风，降低温度。1 周后，白天温度为 23～24℃，夜间温度为 18～20℃，地温为 24℃左右。定植前 1 周把夜温降低到 13～15℃。

（三）定植

1. 栽培形式

（1）地面栽培　为扣盖塑料小棚方便，采取大小行种植双行，小行距为 60 cm，大行距为 240 cm，地膜覆盖。

（2）搭架栽培　搭架栽培采取平均为 1 m 的行距，或等行距，或 120 cm×80 cm 的大小行。按此规格，在地面普施肥的基础上，再开沟集中施肥，扶起栽培垄，并在行间培起供作业行走的垄（大小行的只在大行间扶走道的垄），在栽植垄上覆盖地膜。

2. 适时定植

棚内膜下地温稳定在 15℃以上即可定植。从苗龄来看，嫁接后 25～30 d，西瓜长有 3～4 片真叶即可定植。如果将来进行四蔓整枝，在西瓜嫁接后的 35～40 d，当西瓜苗长有 5～6 片真叶时摘心，摘心后 5 d 左右即可定植。

在西瓜嫁接苗的定植期，一要看温室的温度状况，地温是否达到定植要求的最低界限；二要看苗子的生长情况，是否达到定植要求的生理苗龄；三要看所用砧木的耐低温能力，比如用南瓜砧的要比用瓠瓜砧的早，一般嫁接苗都比自根苗可以早定植 7～10 d；四要看天气情况，赶在晴天的上午定植，最好定植后有 3～5 d 晴天。

3. 定植密度和定植方法

（1）地面栽培　地面栽培时的栽植密度一般较稀。当然，要看所用品种的熟型、单株留蔓数、栽植方法、土壤肥力和施肥水平等。需要注意的是，嫁接苗本身的生长势强，地膜覆盖后长势更旺，种植不宜密，一定要比自根苗和不盖地膜的西瓜栽得更稀些。当栽培早熟品种实行双蔓整枝栽培时，一般为 800 株/亩左右（上述行株距配置时，株距为 60 cm）；采取四蔓整枝留双瓜的管理方法时，亩栽600株左右(与上述行距配置,株距为80 cm)为宜。

(2)搭架栽培　搭架栽培所结西瓜的个头较小,所以,要靠群体争取产量,栽密度比地面栽培的要大。引蔓上架,充分利用了空间,通透条件比较好,也为密植创造了条件。在栽植垄上按30～35 cm的株距定植,亩栽2 000株左右。定植要选择晴天的上午进行,并力争在下午2:00前完成。栽时先在膜上打个半圆形洞,将土掏出,把苗从营养钵里扣出,进一步摘除砧木生长点两侧发生的侧枝,把苗放入栽植穴里,使苗坨与地面持平。

如果用嫁接苗,接口必须露到地膜外边,接着填土围坑,穴浇透水。水渗后用土把膜上开口封严。在定植时,相邻的苗要错开栽。在地面栽培时,要使苗向大行间倾斜,以便将来引蔓。

(四)定植后的管理

1. 温度管理

定植后1周是缓苗的关键时期,而缓苗的决定条件是温度。为此,要密闭温室,不通风,晴天的白天温度保持在25～30℃或更高些,夜间的温度保持在18～20℃。要特别注意夜间和阴天时的保温。小拱棚里的地温要保证在15℃以上,决不能低于13℃。气温也必须保证在10℃以上,保证气温就是为了保持地温。低地温引起的根系受害可能一时从植株的表面上看不出来,但对以后的生长却有极为不利的影响。

当小拱棚里的气温超过30℃时,可掀开两头的膜放风,防止高温烤苗。缓苗以后可以适当降低棚内温度,晴天的白天的温度为25～28℃,夜间的温度为16～18℃;阴天的白天温度为23～25℃,夜间的温度为14～16℃。温室里白天的气温稳定在25℃左右时,可以撤除小拱棚,以增加植株的光照。当温室里白天温度超过30℃时,要注意放风,防止高温灼苗。

2. 肥水管理

(1)追肥　定植到开花是促秧的时期,需要适当追施速效化肥，促进茎叶适中生长。特别是在团棵后，要根据植株的叶色决定是否追肥和追施多少，以使植株尽快发展到适宜的叶面积。嫁接苗根系发达，吸收能力强，应比自根苗适当少追些速效氮肥，以防茎叶徒长，造成开花结瓜推迟。在坐瓜以后，嫁接苗的根系生长减慢，和自根苗的根系差别越来越小。

果实膨大，需要越来越多的水分和养分，所以要搞 1 次重追肥，追肥掌握在雌花授粉受精后 4～6 d。当幼瓜长有鸡蛋大小，表面的茸毛逐渐脱落，瓜面呈现明显的光泽时，西瓜已经坐住，不会再发生落果现象。脱毛还表明西瓜开始进入果实迅速膨大期。此时要随水冲入化肥，亩用复合肥 40～50 kg。

后期多采用根外追肥的方法，可用 0.3%尿素加 0.2%磷酸二氢钾的混合液进行叶面喷施，也可同时加入西瓜专用的生长调节剂和防治病虫的药剂。

(2)浇水　在定植穴浇水的基础上，缓苗后要顺沟浇 1 次大水，以后注意锄划保墒。团棵期结合追肥在栽培畦的沟里适量浇水，以促棵快长。如果植株生长旺盛，不缺水，就可以不浇，但判断是否缺水不能只看土壤表面(地表湿润往往只是一种假象)，而要从植株的长相和长势上去看。果实膨大期需水量增加，要浇 2～3 次水。这时浇水要栽植畦和爬蔓畦同时进行。结果后期停止浇水，以防积累的糖分少，影响西瓜的品质。

3. 整枝压蔓

(1)地面栽培的西瓜整枝分双蔓、三蔓和四蔓整枝　不同整枝方式的坐果性和果实大小差别较大，要根据种植密度和植株长势来选用。

①双蔓整枝：在定植后 25～30 d，蔓长为 30～50 cm 时，除留主蔓之外，在主蔓的基部选留 1 个健壮的侧枝，其余的子蔓、孙蔓全部摘除，始终保持一主一侧 2 条蔓。本法适于早熟和中熟品种的优点是坐果机会多，空秧可能性少，叶面积较大，有利于增加单果重。

②三蔓整枝：除留主蔓外，还选留 2 个侧蔓，其余全部摘除。其优点是单株叶面积大，养分分布均匀，不易徒长，坐果余地大，单果重量大。其缺点是种植株数少，适于大果型的晚熟品种。日光温室一般不采用这一方法。

③四蔓整枝：在苗床嫁接苗长有 5～6 片真叶时进行摘心，促子蔓早发。在整枝时，将 1 节（长得弱）和 6 节（长得过旺）的侧枝摘除，选留 2、3、4、5 节上的子蔓，其余全部摘除。这 4 条蔓长势相近，可同时开花。留 2 个瓜，结果整齐。在压蔓时，将 4 条蔓按 15 cm 的间距摆开。

压蔓是为了防止风吹滚秧损坏茎叶、果实和使叶子均匀分布在畦面，同时兼有控制徒长和促进结果等作用。露地栽培多是把一部分茎开沟埋入土中，由于发生不定根很容易发生枯萎病。温室栽培一般都是采取地上压蔓的办法，即用树杈或棉柴剪截成“卜”字形，把它插入土中压住蔓。当留下的蔓在长到 30 cm 左右时，将其拉回，横置植株根部的两侧，尔后，压一把，引导其向爬蔓畦直爬，在 6～7 cm 处压一把，但其中有一把要压到着果节位之前。

（2）搭架栽培　当西瓜伸蔓时，应在离植株 10 cm 的一侧插架，1 株 1 竿，做成单篱壁架。在引蔓上架以前，最好在地面倒秧压土，当蔓长为 30 cm 左右时，在地面盘条。盘条的蔓可采用地上压蔓法，即用棉柴或树杈、土块压住。对于嫁接的西瓜来说，地面茎蔓应避免产生不定根。搭架栽培的西瓜多采取双蔓整枝的方法，即第 1 个瓜定个之后，再考虑酌情选留第 2 个瓜。搭架栽培的西瓜都要进行吊瓜，吊瓜可采取吊葫芦或架瓜的方法。

4. 人工授粉

日光温室栽培西瓜必须进行人工授粉，人工授粉后的坐果率是不授粉植株坐果率的 1.7～1.9 倍。

（1）开花的时期　西瓜开花直接受夜温的影响。当白天气温为 27～30℃，夜温为 18℃时，多在早晨 6:00 开花；当夜温为 15℃

时，则在上午 8:00 开花；温度再低还要向后推迟。一般天气条件下，人工授粉应在上午 9:00 前完成，特殊天气也要在上午 10:00 前完成。

(2)人工授粉的方法 采取开放的雄花，翻转花瓣，露出雄蕊，涂抹雌花柱头，涂抹要轻，同时要使花粉分布均匀，一朵雄花可涂抹 3～5 朵雌花。当用毛笔蘸着花粉涂抹时，笔头容易沾露水，需要多次更换。用报纸卷成紧的卷在新砖上把头蹭毛，用来授粉，沾湿后剪掉再作处理。这种方法既省事，又方便。阴天花粉开裂困难时，可在头天傍晚收集微开的雄花，放在灯泡下（25～3e 笔）增温促使开裂，次日拿去授粉。在 20～25℃的条件下，授粉的效果最好，当温度超过 30℃或空气湿度低时，不利于坐果，同时要把同一天授粉的植株做上同一标记。

5. 促进坐瓜和控制坐瓜部位

(1)看秧掌握坐瓜情况 嫁接西瓜定植后 35～40 d 是开花授粉的始期，此期植株的长势强弱与雌花位置有很大关系。在开花授粉期，瓜秧前端抬起与地面成 20°～30°角，生长点距开放雌花节距离在 30～40 cm 时，表明植株生长正常，开花授粉最适于坐瓜；如果蔓尖与地面夹角大于 30°，生长点与开放雌花节的距离大于 50 cm，茎粗，叶大，节间长，说明植株旺长，一般很难坐住瓜。

当遇有这种情况，在搞人工授粉的同时，对瓜蔓在 2 处进行扭伤：一处在生长点后的 5～7 cm，另一处在生长点后的 30～35 cm。通常栽培都是留第 2 个瓜，如果用此法，第 2 个瓜没有坐住，在第 3 个瓜上也要采取这一做法。与此相反的植株生长弱，茎细，雌花距蔓尖小于 20 cm，这种情况比较容易坐住瓜，但植株生长会变得更慢，必须及时追肥浇水，必要时可以摘除瓜纽，先下决心把秧子撑起来，再安排结瓜。

(2)掌握在适当节位坐瓜 不选留主蔓上第 1 个瓜，因为其叶面积小，营养不足，第 1 个瓜常个小、皮厚、空心而畸形。第 4 个及以后的瓜由于水分、养分供应不上，也长不成大个。第 2 个瓜早，第 3 个瓜个头大。温室早熟栽培都选留第 2 个瓜，第 2 个瓜拿不住时，才考虑拿第 3 个瓜或在侧蔓上留第 1 或第 2 个雌花成的瓜。当四蔓整枝时，在第 2 个雌花中选留 2 个花期和子房大小相近、形状圆正的雌花授粉坐瓜，一株留 2 个瓜。

6. 吊瓜

参考塑料大棚春早熟西瓜。

(五)采收

判断西瓜是否成熟，可依靠经验从瓜皮的颜色、光洁度、蜡粉、瓜蒂的形状，茸毛的脱落程度卷须的干枯节位拍打或弹敲的声音及颤动情况综合分析。比较科学的方法是用有效积温法，即将日平均温度在 15℃及 15℃以上逐日平均气温累计起来，早熟品种的有效积温达到 700℃左右(需 25～28 d)即可成熟。此时，将达到有效积温的同一批瓜采摘 1～2 个进行剖视和品尝，若已达到采收标准，即可把同一批瓜采收。

第十节　甜瓜栽培技术

一、主要茬口

我国北方甜瓜设施栽培以日光温室早春茬产量最高，效益最好。其次，塑料大棚洋香瓜春早熟栽培。无论日光温室，还是塑料大棚，秋冬茬生产在苗期易受高温病毒病影响，后期坐瓜期遇低温影响瓜的膨大，瓜个小。另其价格由于受南方瓜的冲击也不高，不提倡种秋冬茬瓜，冬季温光条件更差，生产更难，也不提倡冬季种植。

二、塑料大棚洋香瓜春早熟栽培

洋香瓜即厚皮甜瓜，味香汁甜，丰产，耐贮运。按瓜皮光滑程度可分为光皮和网纹两种。按瓜皮颜色可分为白皮、黄皮、绿皮等类型。洋香瓜含有人类营养所必需的各种养分，尤其是抗坏血酸的含量超过牛奶等动物食品几十倍，是目前宾馆、酒店宴席上使用的高档水果。目前登封市的卢店镇和扶沟县的包屯镇都已形成一定规模的生产基地。

(一)品种选择

1. 丰甜 3 号

中早熟品种。果实成熟期为 38～40 d，果实圆形，深青底色，完全成熟后变淡黄色。果面密被网纹，果肉绿色，厚为 4.0～4.5 cm，肉质细软，汁多味甜，完熟后香味浓。中心糖 14～17 度。皮硬而厚，耐贮运。单瓜重 1.5～2 kg。

2. 满田 850

国外引进的网纹品种。植株长势旺，易坐果，抗病性强，易上网纹，外观美丽。果实圆形，果皮绿灰色带网纹，果肉绿色。单瓜重 1.5～1.7 kg，中心糖 15～17 度，适口性好。开花后 50～55 d 成熟。

3. 金田

国外引进的黄皮品种。植株长势强，易坐果，耐病，耐贮运。果实高圆形，果皮光滑，橙黄色，果肉奶白色。单瓜重 1.5～3.0 kg，糖 15～17 度，花后 35～38 d 成熟。

4. 状元

黄皮杂交一代种。早熟，开花后 40 d 左右成熟，成熟果面呈金黄色，稍粗糙，果肉白色，靠腔部淡黄色。果实橄榄形，单果重 1.5 kg，大者可达 3 kg。糖 14～16 度，肉质细嫩，果皮坚硬，不易裂果，耐贮运。

5. 台农 2 号

白皮杂交一代种。果实椭圆形，平均单果重 2～3 kg，成熟时果皮为乳白色，果面光滑或稍有网纹，开花后 40～45 d 成熟。果肉为淡橙色，肉质脆甜多汁，香味浓，不易裂果，耐贮运。

6. 西薄洛托

从日本引进的白皮白肉杂交一代种。开花后 40 d 成熟，单果重 1～1.5 kg。皮肉透明感很强，香味很浓，糖 16～18 度，是白皮种类中的极品。

7. 瑞伟高(C-8)

从以色列引进的网纹杂交一代种。定植后的的成熟期为 80～85 d，果实圆形，单果重 1.0 kg。果皮黄色，果肉绿色，网纹好，含糖量高。

8. 阿路丝

从日本引进的网纹杂交 1 代种。有秋冬型和春型两类。果实圆整，香味浓，单果重 1.5 kg，果皮灰绿色，密布浅白色粗细相间细纹。

（二）栽培技术

1. 播种育苗

11 月上旬至 12 月中旬采用 10 cm×10 cm 的营养钵育苗。用种量 100 g/亩左右。温室内的育苗床要配备地热线或火道加温。浸种催芽每钵播一粒种子，有包衣剂的可干籽直播。

2. 整地施基肥

施优质有机肥 5 000～8 000 kg/亩，氮磷钾复合肥 50 kg/亩，饼肥 150 kg/亩，增施少量钙、硼、镁肥。

3. 做畦覆膜

可采用宽行为 70～80 cm，窄行为 50 cm，栽 2 行/畦，也可采用 1 m 宽的等行距，1 行/畦，株距为 30～40 cm，栽苗 2 200～2 600 棵/亩。在覆盖地膜时，最好采用畦沟全覆盖，或畦上盖地膜，沟间覆麦秸或草木灰，可提高地温，降低湿度。当滴灌时，在畦中间铺设 1～2 根滴灌管；没滴灌时，在畦的中间挑 1 条小沟，形成马鞍形，以便膜下暗灌。

4. 定植

当秧苗为三叶一心，日历苗龄为 30～35 d 时，即可选晴天上午定植。栽苗封土后，浇定植水，插好小拱棚，扣上农膜，并在夜间加盖草苫保温，以利于缓苗。

5. 温度管理

(1)定植缓苗期　白天温度不超过 32℃，不揭小拱棚，不放风。

(2)伸蔓期　温度控制在白天为 28～32℃，夜间为 15～20℃。

(3)开花期　白天温度为 30℃左右，夜间温度不能低于 15℃，否则不能用人工授粉的办法，可改用强力坐果灵浸幼果。

(4)膨瓜期　白天温度可达 35～40℃，夜间温度控制在 16～20℃。此时期的夜温不能过低，否者会影响果实的膨大。

(5)成熟期　白天温度为 28～32℃，夜间温度为 15～18℃。此期如果白天温度过高，会逼瓜早熟，不但颜色不正，而且会造成水分减少，糖转化受阻，出现苦瓜或叶片早衰现象。

6. 肥水管理

定植时浇缓苗水后，在伸蔓初期、果实膨大初期(幼果如鸡蛋大小)、网纹形成期浇水追肥 3 次。每次追施氮、磷、钾复合肥 20～30 kg。伸蔓期和果实膨大期还可叶面喷施叶面肥。果实成熟采收前 1 周应控制浇水，以促进早熟，提高品质。

7. 植株调整

多采用单蔓整枝法，当蔓长达到 30～40 cm 时吊蔓，在 14～16 节处留 2～3 个幼瓜，并人工授粉。当挂果后 5～10 d，幼瓜如鸡蛋大小时，须选择果个较大，果型周正，两端稍长的幼瓜留下，其余瓜摘除。当瓜长到 250～300 g 时，应及时吊瓜。

8. 收获

当瓜的色泽、网纹、香味、甜度呈现成熟的特征时，即可采收，要将瓜柄剪成“T”字(侧枝结瓜)形。在商品瓜用网袋套袋后，装箱出售。洋香瓜经过几天的后熟后食用，香味更浓，甜味更好。

三、日光温室网纹甜瓜早春栽培

日光温室冬春茬网纹甜瓜在河南、山东在11—12月份播种，日光温室或加温温室内地热线营养钵护根育苗，第二年2月上旬定植，收获期为4月下旬至5月上旬。

1. 品种选择

应选用耐低温弱光、生育快、早熟、株型紧凑的品种。生产上应用较多的网纹甜瓜品种是由日本引进的，近几年国内优良品种不断出现，形势大好。

(1)娜依鲁　国外引进，杂交1代品种。植株生长势强，抗病性强，裂果极少，产量稳定，品质好，果实高圆形。单瓜重1.3～1.5 kg。果肉厚，绿色，糖13～15度。从开花到果实成熟53 d左右，生育期120 d左右。

(2)中蜜系列　①中蜜1号：单果重0.8～1.5 kg，果皮呈浅青色，糖度在15%以上，产量达到2 000～2 500 kg/亩。②中蜜2号：产量比较高，能达到2 500～3 000 kg/亩。植株生长健壮，对白粉病有较强的抵抗能力。③中密4号：生长周期短，植株健壮，易坐果，单果重0.8～2 kg，产量相对偏低，可以达到1 600～2 500 kg/亩。

以上中蜜系列4个品种的网纹甜瓜适应性比较强，可以在全国大部分地区保护地栽培。

2. 育苗

冬春茬甜瓜苗期正值低温弱光季节，可在温室内利用电热温床和小拱棚等设施育苗。目前甜瓜生产中可采用自根苗，利用营养钵护根育苗，苗龄为30～40 d，幼苗具3～4片真叶时定植。为提高植株的抗寒能力和克服连作障碍，也可采用嫁接育苗，但甜瓜嫁接易发生不亲和现象，故对砧木要求严格。

目前普通甜瓜嫁接以日本南瓜“白菊座”“金刚”或西葫芦“锦甘露”等为砧木，网纹甜瓜嫁接根据栽培季节和环境选用杂种南瓜，如“新土佐”“早生新土佐”“超级新土佐”等土佐系列或甜瓜共砧。

3. 定植前的准备

定植前 15 天清除温室内前茬作物的病残体和杂草，对温室空间和土壤进行彻底消毒，减少病源、虫源。将土壤深翻 2 遍，施入优质农家肥 5 000 kg/亩、过磷酸钙 50 kg/亩、硫酸钾 20 kg/亩做基肥。结合施基肥，施入镁肥 3～5 kg/亩、硼锌等微肥 2～3 kg/亩，可改善果实品质，预防缺素症。温室内栽培甜瓜可按 1.3 m 行距开深沟施肥，然后按大行距为 80 cm，小行距为 50 cm 起垄覆膜。其具体做法可参照日光温室早春茬西瓜栽培技术。

4. 定植

定植株距约为 50 cm，在垄台上交错开定植穴，摆苗，穴内浇足定植水，尽量保持苗坨不散，待水渗下后封掩。保苗 1 800～2 000 株/亩。定植后将垄台用小木板刮平，覆地膜。

5. 定植后的管理

(1)温光调节　甜瓜喜温喜光，冬春茬栽培正处于温室内温度最低、光照最弱的时期，所以在管理过程中，应以保温、增光为重点。

①定植初期的日温保持在 26～30℃，前半夜温度保持在 18～20℃，早晨揭苫时温度不低于 10℃，地温应稳定在 15℃以上。可通过定植后加设小拱棚、小拱棚夜间覆盖纸被等措施来提高植株周围的温、湿度。缓苗后适当降温蹲苗，日温保持在 25～28℃，夜温保持在 15～18℃，防止夜温过高引起幼苗徒长。

②缓苗后可在栽培畦后部张挂反光幕，提高后部的光照度，加大后部的昼夜温差。

③结果期甜瓜对温度和光照的要求极为严格，即需要较高的

温度和较大的昼夜温差,又要求较强的光照度。

④开花坐果期的最适温度为25℃,高于35℃和低于15℃都影响甜瓜的坐果率。初春季节,如遇低温寡照天气,要设法临时加温、补光,保证甜瓜做果的最适宜温光条件。

⑤果实膨大期白天温度要保持在27～35℃,不超过35℃不放风,前半夜温度16～20℃,早晨揭苫前温度要在12℃左右,地温最好保持在20℃以上。

总体平均温度较平时高2℃左右。草苫要早揭晚盖,每天清洁棚膜,争取多透入阳光。需要指出的是,网纹甜瓜与无网纹甜瓜相比,生长发育所要求的温度高,管理时可采取适宜温度上限。

(2)水肥管理　缓苗时如发现土壤水分不足,可浇1次缓苗水,水量不易过大。①缓苗后根系的吸肥、吸水能力增强,因此,植株开始生长时浇1次伸蔓水,随水施入磷酸二铵10 kg/亩,尿素5 kg/亩及硫酸钾5 kg/亩,促进植株迅速生长。②开花坐果期应避免浇水,使雌花充分饱满。③膨瓜期是水肥管理的关键时期,可每10 d浇1次小水,整个结瓜期共浇2～4次,结合浇膨瓜水,随水施磷酸二铵30 kg/亩,硫酸钾15 kg/亩,硫酸镁5 kg/亩。④果实接近成熟期时(采收前10 d),要节制水分,保持适当的干燥以利于糖分的积累。此时如果土壤含水分过高,则糖分降低,成熟期延后,果实易裂。在生长过程中,每15～20 d喷1次叶面肥。

值得注意的是,甜瓜为忌氯植物,禁止使用氯化钾、氯化铵等含氯离子的化肥。

(3)植株调整　日光温室厚皮甜瓜多采用直立栽培。定植缓苗后及时吊蔓引蔓。甜瓜整枝方式很多,应结合品种特点,栽培方法、土壤肥力、留瓜多少而定,直立栽培常用单蔓整枝和双蔓整枝。

①单蔓整枝当主蔓长至25～30节,摘心,基部子蔓长到4～5 cm,摘除,在第11～15节上留3条健壮子蔓作结果蔓,结果蔓在雌花前留2片叶摘心。如留2茬瓜,则可在主蔓的22～25节

再选留 2～3 条子蔓在 5 叶时摘心。作为 2 茬果结果蔓，两茬结果蔓之间的子蔓全部摘除，结果蔓上的叶芽（孙蔓）亦应摘除。

②双蔓整枝在幼苗 3～4 片叶摘心。当子蔓长到 15 cm 左右，选留 2 条健壮子蔓，分别引向 2 根吊绳，其余子蔓全部摘除。之后在每条子蔓中部 10～13 节处选留 3 条孙蔓作结果蔓，每条结果蔓于雌花开放前在花前留 2 片叶摘心。每个子蔓留 1 个瓜，子蔓 20～25 节摘心，每株保留功能叶片 20 片左右。

(4)人工授粉　甜瓜的雌花为两性花，能自交结实。最佳授粉时间在上午 8:00～10:00，适宜温度是 20～25℃。授粉时只要用干燥毛笔在雌花花器内轻轻搅动几下即可，也可在开花当日早晨采集刚刚开放的雄花，用雄蕊涂抹结实花柱头。授粉后挂上标牌，记录授粉时间，以便计算果实成熟期。

如果甜瓜的授粉期赶上阴天，或前半夜夜温低于 15℃，常常会造成授粉受精不良，子房因生长素缺乏而停止生长发育，出现化瓜现象。在低温情况下，可用 40 mg/L 的坐瓜灵对雌花和瓜胎进行喷雾处理，处理适宜温度应保持在 22～25℃。

(5)留瓜吊瓜　甜瓜冬春茬栽培每株可留 1～2 层瓜。小果型品种每层可留 2 个瓜，而大果型品种每层只留 1 个瓜。在生产上，多选留子蔓 2 节以后雌花或孙蔓上的雌花留瓜。为防止因授粉受精不良出现的畸形瓜和化瓜现象以及人为控制花期茎蔓徒长，要多留出 1～2 个雌花，授粉后任其膨大，之后再统一选留。为减轻茎蔓负荷，当幼瓜长至 200 g 左右开始吊瓜。用撕裂膜或小铁钩吊住果柄靠近果实部位，将瓜吊到架杆或温室骨架上，吊瓜的高度应尽量一致，以便于管理。

6. 成熟度鉴别和采收包装

(1)成熟度鉴别　成熟的甜瓜呈现出本品种特有的颜色，散发出浓郁的香味。瓜皮比较硬，指甲不易陷入，脐部较软，用手捏有弹性。此外，结瓜蔓上的叶片因缺镁而焦枯，这也是果实成熟的重要标志。根据授粉日期也可以判定成熟度，早熟品种从授粉到成熟需 35～45 d，晚熟品种需 45～55 d。甜瓜不同品种的果实成熟天数可参照品种说明书，在具体应用时，还要考虑果实成熟期的温度状况。阳光充足，温度高时可提前 2～3 d 成熟，阴雨低温则成熟延迟。

(2)采收包装　在甜瓜采收时，要根据不同的销售方式来确定采收期，就地销售时，应在完全成熟时收获；远途贩运，可在果实八九分成熟时采收。采收应在果实温度较低的早晨和傍晚进行，采收后将甜瓜置于阴凉处，避免重叠，待果温与呼吸作用下降后再包装装箱。厚皮甜瓜采收时将果柄剪成“T”字形，然后用软布将果面擦拭干净，在果面上统一贴上商标，套上泡沫网套，装入带通气孔的纸箱内。

(三)如何防止网纹不美观

网纹甜瓜作为厚皮甜瓜中的高档品种不仅具有普通厚皮甜瓜的糖度，还具有独特的口感、风味及优美的网状裂纹。在种植网纹甜瓜时，由于管理技术不当，常常导致果实表面形不成网纹，或形成的网纹不美观，影响了果实的商品性。

1. 坐瓜节位高

(1)坐瓜节位高　瓜的上位叶片少，造成植株后期生长势衰弱，不仅瓜个小，含糖量低，而且果实表面常常不能形成网纹或网纹稀少。

(2)防止对策　选择适宜的留瓜节位。中部节位坐的瓜不仅瓜个大，含糖量高，而且形成的网纹美观，留瓜节位要注意选择中部或接近中部的节位。生产实践及试验证明，温棚栽培的网纹甜瓜宜留瓜的节位为第 10～13 节，且瓜节位以上留 10～15 片叶。

2. 水分管理不当

(1)水分管理不当 如果网纹形成初期(网纹形成的前5～7 d)浇水太多,果面容易裂缝,形成较粗的网纹。在网纹完全形成以后,如果土壤过于干燥,则果面形成的网纹很细且不完全。

(2)防止对策 搞好水分管理。当网纹甜瓜授粉后7～10 d,坐位的幼瓜长到鸡蛋大小时,果实进入快速膨大期,植株需水量增大,应及时浇足膨瓜水。授粉后14～20 d进入果皮硬化期,果实表面易产生裂缝,形成较粗的网纹。在网纹完全形成以后,再逐渐增加水分,以促进果实肥大和网纹良好发育。

3. 植株缺钙

(1)植株缺钙 网纹甜瓜喜钙肥,如果植株生长期钙肥不足,则果实表面网纹粗糙、泛白。

(2)防止对策 科学合理施肥。在施肥时,既要从整个生育期来考虑,又要注意施肥的关键时期,不但要注意氮、磷、钾三元素的全面应用和合理配比,而且要适当增施钙、镁、硼、锌等中微量元素。定植前施足基肥,生长期间及时追肥。网纹甜瓜从开花授粉到果实停止膨大是追肥的关键时期。瓜膨大盛期还要叶面追施0.2%～0.3%的磷酸二氢钾,以促进网纹完美。

4. 强光直射果实

(1)强光直射 在网纹形成时期(指开始出现网纹到网纹完全形成这一时期),如果温度过高或果实受到强日光直射,果实容易形成不完全网纹。

(2)防止对策 避免强光直射果实。在网纹形成时期和网纹完全形成以后,应用报纸包住瓜或吊瓜时用叶片遮掩瓜,避免强光直射到果实上,以使果实着色均匀、网纹优美。

5. 病虫害严重

(1)病虫害 如果网纹形成时期病虫害严重,造成植株生长热衰弱,导致果实表面不形成网纹,或网纹稀少。

(2)防止对策　及时防治病虫害。网纹甜瓜的授粉期和网纹形成期是病虫害容易发生、流行的时期。应掌握好用药关键时期，做到及时防治病虫害，使植株健壮生长，形成优美网纹，提高果实商品质量。

四、大棚甜瓜栽培技术

(一)品种选择

甜瓜应选择熟性早、抗病性强、外观和内在品质佳、高产稳产、耐贮耐运的品种。商品瓜应具备“果形正圆、果个中小、白中带黄、品质超群”4 大特色，主栽品种如下。

1. 一品天下 108

采用最新生态育种技术育成的高糖型甜瓜王牌品种。植株长势强壮，叶片肥厚，抗病抗逆性强，耐重茬能力突出，生态适应性广；结实力超强，坐果繁多，增产潜力大；果实发育需 30～32 d，幼瓜膨大快、上糖早、转白快；商品瓜正球形，外观亮白细腻，略有黄晕，果肉特厚腔小，商品货价期长；含糖 19～20 度，香甜爽口，风味宜人，品质超群；单株留果 6～8 个，果重 600～800 g，产 5 000 kg/亩以上。

2. 新早蜜 1 号

利用优秀薄皮甜瓜资源与厚皮蜜瓜品种优系杂交培育的新一代甜瓜品种。其长势强壮，抗细菌性病害能力强，极易坐果，果实发育需 30 d，果实正球率高，转白极快，果面白而细腻美观，肉质较脆，充分成熟后稍软，上市早，含糖 16～18 度，品质佳，单株留果 5～6 个，果重 500～800 g，产 4 000 kg/亩，适宜在大棚抢早上市。

3. 千玉 1 号

超早熟、高品质，白皮红肉甜瓜育种的新突破。长势强壮，抗病性强，易坐果，开花后 28 d 上市，果形周正，果面白而透亮，肉桔红高雅，质地松脆，含糖 18～20 度，汁多甜美，具有哈密瓜风味，品质极佳；肉厚腔小，极耐贮运；双蔓 4 瓜，果重 700～800 g，亩产 5 000 kg 以上，市场前景极为广阔。

4. 西甜 208

超早熟厚皮甜瓜新品种。长势强壮，高抗霜霉病、炭疽病，抗重茬，特耐低温，子孙蔓同时生长，好留果，易于标准化管理；开花后 26～28 d 上市；果面亮白、细腻，果顶部转黄快，可抢早上市，含糖 18～19 度，蜜甜爽口，双蔓 4 果，果重 700～800 g，产 5 000 kg/亩以上。

5. 赛雪公主

极早熟、特高产厚皮甜瓜新品种。长势强壮，高抗霜霉病炭疽病，连续结果能力突出，生态适应性极广，开花后 26～28 d 上市，果实正圆率高，外现亮白细腻，花痕小，深受市场欢迎；含糖 17～18 度，脆甜爽口，耐贮耐运，二茬瓜多，增产潜力大，亩产可达 5 000 kg 以上。

（二）土地选择

甜瓜抗枯萎病能力较强。如果土壤根酸因微量元素缺乏等因素得不到解决，就会严重影响生长与结果。选择 2～3 年未种过瓜类的地块效果最好，甜瓜根系不耐涝、怕积水，应选择排水良好、土层深厚的沙质或轻质壤土。

（三）整地施肥

前茬作物收获后及时深翻晒地，增施有机肥，施腐熟的牛粪 1 m^3/亩，鸡粪 3 m^3/亩，这样可以促进土壤团粒结构的形成，改善土壤透气性，全面改善甜瓜根系生长环境。

1. 合理施肥

甜瓜需氮：磷：钾≈3：1：5，甜瓜对氮肥需要量大，钾为最多，磷最少，中微量元素钙、镁等需少量，亩产 1 500～2 000 kg 甜瓜，需纯氮 8～10 kg、五氧化二磷 4～5 kg、氧化钾 15～20 kg，氧化钙、镁各 1～2 kg，硼、锌各 0.5 kg。

2. 化学肥料深施，挥发少

铵态氮硝化作用慢，流失少，供肥稳，加上甜瓜根系生长有趋肥性，根系深扎，活力强，植株健壮，增产显著。起垄前，施过磷酸钙 50～60 kg/亩、尿素 25～30 kg/亩、硫酸钾 15 kg/亩、70%的敌克松原粉、辛硫磷颗粒剂各 2～3 kg/亩，不宜施用对甜瓜品质有严重影响的硝酸铵、硝酸钾、碳酸氢铵和含氯肥料及农药，施肥后深翻、耧耙、整地，按 1 m 的行距起龟背垄，以南北方向为最好，垄高 25 cm。

（四）种子处理

1. 晒种选种

选晴天中午将种子曝晒 2～3 h，有消除种子表面病菌的作用，并可提高种子活力，增强种子吸水能力，从而提高发芽整齐度。选种应结合晒种进行，除去秕子和畸形籽粒。在每次晒种后，应将种子用塑料袋防潮保管，冬季种子应晒 3～4 次，晒好的种子可干籽直播，也可催芽播种。

2. 种子消毒

甜瓜种子通常采用药剂消毒，将种子用清水搓洗干净后，用 500 倍的甲基托布津、0.1%高锰酸钾或 40%福尔马林溶液浸泡 30 min，可以使种子表面病菌灭活；杀灭病毒可用 10%的磷酸三钠溶液浸种 30 min，浸后用清水洗净种子上的残留药液；温汤浸种操作不当易使种子胚芽受到伤害，故不宜使用。

3. 浸种催芽

药剂处理过的种子要用清水充分清洗干净，浸种 4～5 h，将种子表面晾干，用湿纱布包好，放在 28～30℃温度下催芽，12 h 后用清水洗纱布 1 次，催芽 18～24 h，种子露白应停止催芽，进行播种。若不能及时播种，可将种子放在 10～15℃冷凉处，抑制胚根生长。

（五）育苗

1. 苗床准备

育苗在温室或加热温床中进行，栽培需要苗床面积为 11～13 m^2/亩，苗床长为 10 m，宽为 1.2 m，深为 0.2 m，采用营养钵育苗法，营养钵的直径为 10 cm。

2. 培养土配制

用 5～6 份肥沃的熟土与 4～5 份充分腐熟的圈肥混匀、过筛，加过磷酸钙 1.5 kg/亩、草木灰 15 kg/亩、“二伽一”腐植酸钾 2.5 kg/亩、20%的敌百虫粉 0.25 kg/亩，充分混匀，盖膜闷制 7～10 d，然后装入塑料钵或纸钵中。需要注意的是：①苗床施腐熟有机肥防烧苗及病虫滋生；②雷多米尔与代森锰锌等量混合物 6～7 g/m^2 加干细土 1 5 kg 拌匀，作覆盖土，预防猝倒病、立枯病。

3. 播种

播种时期在 1 月中旬为宜，播种要在连续晴天时进行，以保证播后能有几个晴天，有利于幼苗出土，应选用阴天傍晚、晴天早晨播种。在播种时，苗床温度应保持在 30～35℃。在播种前，苗床须浇足底水。这是保证种子发芽，促进幼苗正常出土和生长的关键。等苗床水渗下后，进行播种，每钵播 1 粒饱满的甜瓜种子，插后覆土 1.5 cm，然后再撒药土。药土配比：多菌灵 1 份，加 80 份细土混匀，覆盖地膜增温、保湿。

4. 苗床管理

采用“三高三低”法育苗，即，在浇足底水的情况下，床温的控制一要出苗前高，出苗后低；二要真叶露心后高，两叶一心后低；三要蹲苗前高，接近定植时低。

（1）育苗方法　一高是为了苗齐、苗全，一低是防止下胚轴快速伸长而形成高脚弱苗；二高是为了加速叶面积增大和促进根系生长，二低是为了控制幼苗徒长；三高是为了在育苗后期土壤湿度较低的情况下，再次促进根系生长，三低是为了使幼苗能适应定植后的环境条件。

(2)温度的具体掌握方法　当地温为16～22℃时,要就高不就低。气温应掌握好13～28℃的控制幅度。如"一高一低"就在13～28℃的基数上,提高3℃,即形成为16～31℃;出土后则在13～28℃基数上,下调3℃,即10～25℃。

其他阶段根据幼苗所需温度条件增加或降低2～5℃。通风要通顶风,不要通底风,以防冷风伤苗,白天温度25～28℃为好,夜间可降到12℃。生育需要6～8 d。第1片真叶显露到3～4叶期管理,真叶显露甜瓜苗上部生长量小,但瓜苗根系发育很快,床温白天升到23～25℃,夜间床温为12～1 5℃,当第2个真叶显露时,床温白天降到18～20℃,夜间的床温为10～12℃。

注意塑料钵育苗易出现缺水,可晴天上午浇小水。不要习惯洒水,洒水会造成空气湿度大,而根系缺水,纸钵育苗不需要补充水份,定植前5～7 d,为使瓜苗定植后能适应低温条件,逐渐降低苗床温度。苗床白天的温度为20℃,夜间的温度为10～12℃,进行幼苗低温锻炼,通风由小到大,生育需要25～30 d。

(3)移栽　当幼苗长至四叶一心时,穴盘苗三叶一心即可进行移栽,移栽时叶面喷施"大生M-45"预防病害,做到带药定植。

(六)定植

1. 定植时期

定植适期应根据大棚内的温度条件来确定。西安地区4膜覆盖,2月底定植,3膜覆盖3月上旬定植;定植时要求大棚内10 cm地温稳定在14℃以上。

2. 定植方法

选晴天上午进行,两垄为一组,在两垄的相邻一侧半坡挖窝,株距为40～45 cm,定植1 200株/亩,覆土整平垄面,使用1～1.2 m宽的地膜进行覆盖;定植后浇1次透水,插杆,搭好二棚骨架,夜间盖膜保温。

(七)定植后管理

1. 温度管理

定植后 3 d 内大棚不放风，当二棚透光率差时，应早揭晚盖，以利于提高地温，缓苗后注意通风降温排湿，伸蔓期白天保持棚内温度为 27～32℃，夜间的温度为不低于 16℃；开花坐果期应加强通风，白天温度为 25℃，夜间温度为 18℃以上，以利于花粉发育，促进坐果和幼瓜快速生长；在果实膨大期，保持棚内温度：白天为 28～32℃，夜间为 18℃；在果实定个后，夜温为 15℃左右；伸蔓期至幼果期昼夜温差 10℃左右，膨果期为 15℃以上。

阴雨天应加强通风排湿，不考虑温度，天晴后及时喷施农用链霉素、甲基托布津防病。

2. 整枝打杈

大棚爬地栽培甜瓜主蔓 4 片真叶时打顶，留 2 条强壮的子蔓向垄的另一侧生长，子蔓封垄时打顶，及时去掉子蔓上的幼瓜和第 1 个、第 2 个孙蔓，留第 3 个、第 4 个、第 5 个孙蔓结果，幼瓜前留 1～2 片叶子摘心，促进坐果；顺蔓整枝必须及时进行，应在晴天中午作业，早晨或阴雨天，茎叶脆嫩，容易伤害，伤口不易愈合，容易感染病害；坐果前严格整枝，使茎蔓合理摆布，瓜坐稳后整枝打杈不可太紧，可适当增加光合叶面积，防止叶系老化，促进果实膨大，达到高产目的；摘除的枝叶应及时运出田外，集中处理。

3. 水分管理

定植后及时浇透水，以利于保存热量和土壤活化，促使根系和瓜蔓生长。当蔓露心时，适当中耕增加土壤透气性，破坏一部分侧根，有利于主根系生长。当子蔓伸长至 5 cm 时，浇 1 次促蔓水，浇水后注意通风排湿，以防发生霜霉病。开花坐果期应保持土壤和空气湿润，延长授粉时间，以利于花粉萌发和幼果膨大，从而促进坐果；瓜坐稳后，甜瓜植株需水量大，不可一次浇水过大造成地温过低，宜小水勤浇，促进果实膨大；果实停止膨大后开始控制灌水量，采收前 7 d 停止灌水，以提升商品瓜品质和外观光洁度，避免裂瓜发生和运销期腐烂损失严重。

4. 施肥管理

追肥方案取决于土壤类型、肥力水平、气候条件、品种与栽培密度等。沙壤土保水肥性差，伸蔓期可随水追施少量尿素和硫酸钾；膨果期（幼瓜核桃大小时）追肥以硫酸钾为主，配以尿素和腐植酸钾，头茬瓜采收后及时冲施尿素和硫酸钾促使二茬瓜膨大。全生育期随水共冲施尿素和硫酸钾各 15 kg/亩、腐殖酸钾 8～10 kg/亩，应避免冲施含有碳酸氢铵、硝酸盐类易使甜瓜贪青徒长、推迟上市、降低品质、果实采后容易发病腐烂的肥料。

5. 开花坐果

甜瓜为自花授粉，大棚内温、湿度以及光照适宜时极易坐果，但人工授粉和蜜蜂传粉对促进坐果和增加产量有明显作用。当低温、阴雨天不利坐果时，在甜瓜雌花开放后大棚白天的温度控制在 25℃，雌花将要开放的前后 2 d，用坐瓜灵喷瓜胎可使坐果率达 98%左右，坐瓜灵喷瓜胎后 2 d 浇水。1 支坐瓜灵可兑水 3 kg，不能随意增加浓度，以免产生药害。在 6～8 d 后，甜瓜茎叶生长速率将减缓，瓜体生长速率加快。

6. 果实管理

瓜坐稳后（果实如核桃大小），应及时选瓜和定瓜，一般选留颜色鲜嫩、果形大而圆整、两头稍长的幼瓜，每株留果 4 个，多余的果去掉。随着幼瓜的生长，应尽量将果实摆顺，使之不要受到茎蔓等挤压而发育不良，或因地处低洼积水，造成果实腐烂。当幼瓜鸡蛋大时，瓜蔓不要再摘心以增大叶面积，这对增加单瓜重，提高含糖量有好处。

（八）采收

1. 判断成熟度

准确判断成熟度是甜瓜适时采收的技术关键。采收期是否适宜对品质和贮运影响很大，可根据品种熟性特征进行判断：①果皮色泽转变，显现出品种固有的色泽，且果面发亮；②开花后的天数，从开花之日起，早熟品种 30～35 d 成熟。充分成熟的果实品质最好，但货架期短，适于供应本地市场；接近成熟的果实适于贮藏或运销外地市场。

2. 采收的时间

甜瓜采收应在无雨阴天或晴天无露的早晨进行，雨天或带露采收容易招致病菌侵染，在运销期间其果实容易腐烂；晴天午后采收的甜瓜果实应进行预冷后装车运输。其预冷方法有：遮阴散放过夜冷却和深井水加漂白粉浸洗冷却。

3. 采收后的包装

采收的甜瓜应分级包装后发运，拣选、分级、包装应在干燥通风处进行，避免阳光直射。在纸箱包装运输时，其重量在 5 kg 左右为最好，若用发泡网或绵纸包裹装箱效果更好。

（九）病虫害防治

1. 生态防治

（1）降低病虫数量　轮作倒茬减少土壤病虫基数，使用 1 年以上的种子防止根腐病、病毒病，间作套种建立良好生态系统。

（2）改善生态环境　地膜全程覆盖、加强通风降低空气湿度防止霜霉病、白粉病、炭疽病及细菌性病害，高垄盖膜排水，顺瓜、垫瓜防止果实软腐病，半坡定植、整平垄面、破膜放苗不用土封口防止沤根死苗和蔓枯病、疫病发生。

（3）健体防病　增施有机肥、减少化肥用量，调节营养平衡、减少缺素影响，合理供水调温防止徒长旺长，应用叶面喷肥和生长调节剂，增强茎叶保护组织，提高抵抗侵害能力。

2. 综合防治

以生态防治为基础，根据各个时期病虫害发生发展和流行的规律，着重用增强作物抗病虫能力和创造限制病虫害发生发展的条件来控制其发生和蔓延。化学防治当立足于“防”，辅之以“治”。早发现，早防治，其具体方法如下。

①使用正规厂家经严格植物检疫的种子。

②选用抗病、耐病的优良品种在播前进行种子处理和土壤处理。

③及时用保护剂类药品对植株进行保护。

④合理运用化学防治技术：做好病虫测报工作，及时发现防治对象；对发病“中心植株”及时用药，减少传播与流行。

⑤认准病状，对症下药，提高防效。

⑥多用广谱性杀菌剂，同时防控多种病害，且交替使用不同药剂，避免产生抗药性。

3. 大棚甜瓜主要病害及其防治

(1)猝倒病　属真菌性土传病害，是苗期的主要病害。病菌生长适宜地温为15～16℃，发生在幼苗子叶养分基本用完、新根尚未扎实和茎干尚未木栓化之前，尤其遇有雨雪连阴天或寒流侵袭更易发生。其症状是：幼苗基部产生水渍状病斑，接着病部变黄褐色，缢缩成线状，发展十分迅速，子叶没有凋萎幼苗即猝倒，有时幼苗尚未出土已普遍腐烂。其防治措施如下。

①严格选择营养土，选用未种过瓜菜的新土，不用带菌的老苗床土、菜园土或庭院土。

②药土盖种可用雷多米尔可湿性粉剂或40％五氯硝基苯，苗床用药8～10 g/m^2，与苗床覆盖土混拌均匀使用，可起到较好的防治效果。

③加强苗床管理，采用快速育苗，严格控制灌水量，避免低温高湿的环境出现。

④药剂防治：发病初期，可用72.2％普力克水剂500倍液、64％杀毒矾M8可湿性粉剂500倍液、或50％福美双可湿性粉剂800倍液交替喷洒。

(2)霜霉病　该病主要为害叶片,其发生与流行与温、湿度关系最大,特别是湿度,发病的条件是叶面有水滴或水膜存在,大雨或大水漫灌后,病组织初期出现水渍状黄色小斑点,并迅速扩展,受叶脉限制病斑呈不规则多角形,连片使叶片呈黄褐色干枯,一般连作地、地势低洼、栽培密度过大、偏施氮肥、地面潮湿易发病,防治措施如下。

①选用抗病品种。

②选择地势高、排水方便田块,采用高垄地膜覆盖栽培、采用膜下灌水或滴灌,注意磷钾肥使用,结瓜后严禁大水漫灌。

③及时整枝打杈,加强通风管理降低空气湿度。

④药剂防治:发病前注意用大生 M-45、易宝等药剂保护,发病初期及时喷药防治,可用 25%甲霜灵或 25%瑞毒霉可湿性粉剂 800 倍液,40%乙磷铝可湿性粉剂 1 200～250 倍液,72%克露可湿性粉剂 700 倍液,72%普力克水剂 600 倍液等,隔 7 d 叶面喷洒 1 次。

(3)叶枯病　主要为害叶片,初期为褐色小点,后逐渐扩大,边缘稍隆起,病健部界限明显,边缘呈水渍状,几个病斑汇成大斑,致叶片干枯;果实染病与叶片相似,病菌侵入果肉,形成果腐。病菌黏附种皮越冬,借气流或雨水传播,直接侵入叶片,坐瓜后遇 25℃以上气温与高湿,易形成病害流行,特别浇水后或风雨过后,病害迅速扩展。其防治措施如下。

①轮作倒茬,注意不要与大棚黄瓜邻作。

②播种前,用 40%的甲醛(福尔马林)300 倍闷种 2 h,也可用 75%的百菌清可湿性粉剂或 50%的扑海因可湿性粉剂拌种。

③加强栽培管理,增施有机肥,提高植株抗病能力,防止大水漫灌,早期发现病叶及时摘除。

④开花后及时防治。开花后日均气温为 25℃以上,每隔 7～10 d 叶面喷施 75%的百菌清可湿性粉剂 600 倍液,或 58%的甲霜

灵·锰锌可湿性粉剂500倍液、40%大富丹可湿性粉剂400倍液，或50%扑海因可湿性粉剂1 500倍液、50%速克灵可湿性粉剂1 500倍液，连续3～4次，尤其注意雨后及时喷施。

(4)蔓枯病　主要为害茎干和瓜蔓，叶和果实也能受害。病斑开始在近地处和近节部发生，水浸状斑，稍凹隐，逐渐发展为椭圆形至梭形，病部龟裂、分泌黄褐色胶状物，干燥后褐色或黑色块状，后期干枯、凹陷，呈灰白色，散生黑色小点；叶片上病斑褐色，有不很明显同心轮纹；叶缘老病斑上有黑点，干枯呈星状破裂；果实上初期产生水浸状病斑、中央变褐色枯死斑，后期呈星状开裂，引起瓜腐烂。其防治措施如下。

①选择地势高、排水方便田块，采用高垄地膜覆盖栽培；采用先定植后覆膜、放苗的方式，放苗后不覆土，不使用移苗器打孔定植的方法；不要在高温时浇水，及时拔掉根部杂草。

②种植密度适宜，及时整枝打杈使茎蔓分布合理，不造成叶蔓茂密、通风小良；整枝打杈在晴天中午进行，作业后应立即给瓜蔓喷施50%的甲基托布津防病。

③增施有机肥，注意氮、磷、钾的合理搭配，提高植株抗病能力。

④药剂防治：在发病初期全面喷施50%的甲基托布津500倍液；70%的百菌清可湿性粉剂600倍液；茎基部涂抹：甲托加杀毒矾等量混合，或用50%速克灵可湿性粉剂加水50倍涂抹病部周围。

(5)炭疽病　甜瓜全生育期均可发病，以中后期发生较多。叶片发病，初为黄色水浸状圆形病斑，扩大后变褐色，有时出现同心轮纹，干燥时病斑易破碎；茎蔓或叶柄上的病斑椭圆形，稍凹陷，有许多黑色小斑点；果实病斑初为暗绿色水浸状小斑点，后扩大呈圆形、凹陷的暗褐色病斑，凹陷处常龟裂。其防治措施如下。

①种子消毒：可用55～60℃的热水浸种15 min，也可用福尔

马林 100 倍液浸种 30 min，用清水洗净后催芽或播种。

②施足基肥，增施磷、钾肥，提高植株抗性。

③药剂防治：发病初期可用 50%甲基托布津可湿性粉剂 700 倍液、50%多菌灵可湿性粉剂 500～700 倍液、80%炭疽福美可湿性粉剂 800 倍液、2%抗霉菌素（农抗 120）200 倍液等喷洒。

（6）疫病　又称死秧病，是甜瓜主要病害之一，侵害根茎、叶、果实，以茎蔓和嫩茎节发病较多，成林期受害最重。发病初期茎部呈暗绿色水浸状，病部渐渐缢缩软腐，呈暗褐色，患病部叶片萎焉，全株萎焉枯死，维管束不变色；叶片受害产生圆形或不规则形水渍状大病斑，扩展快，边缘不明显，干燥时呈青枯，叶脆易破裂；果实受害软腐，潮湿时长出白色霉状物。其防治措施如下。

①甜瓜疫病为土传病害，高湿是病害的决定因素，加强田间管理，采用龟背垄栽培、地膜全程覆盖，有效防止茎叶与土壤的接触。

②浇水或雨后湿度大时，选用 72%克露（双脲锰锌）可湿性粉剂 700 倍液，72.2%普力克水剂 600 倍液，25%甲霜灵可湿性粉剂 800 倍液叶面和根茎部喷雾。

③根茎部发病后可用 25%甲霜灵和 40%福美双可湿性粉剂 1∶1 混合化成糊状涂抹或 800 倍液灌根，7 d 1 次，连续 3～4 次。

（7）细菌性角斑病　全生育期都可发病，主要为害叶片，也可为害果实和茎蔓。病状最初呈现在子叶上，为圆形或不规则的浅黄褐色、半透明状病斑；在潮湿条件下叶片发生水渍状小点，病斑渐扩大，受叶脉限制，呈多角形或不规则形，有时叶背面病部溢出黄白色“菌脓”，后期病叶干枯，呈黄褐色，病斑脆弱，以开裂脱落；茎、果实上的病斑呈水浸状凹陷，带有大量细菌黏液，以溃烂裂口，向内扩展一直延伸至种腔。其防治措施如下。

①种子消毒：用 40%福尔马林 150 倍液浸种 1.5 h，或用 55～60℃的热水浸种 15 min，用清水洗净后催芽或播种。

②合理灌水，不大水漫灌，加强通风管理，降低空气湿度。

③药剂防治：可用72%农用链霉素粉剂或新植霉素4 000倍液，50%琥胶肥酸铜(DT)500倍液于发病初期开始，每隔7～10 d交替喷雾，连喷2～3次。

(8)细菌性叶斑病　甜瓜叶、果实及茎上均可发病。叶部病斑初为水浸状圆形斑点，然后发展为边缘黄色的褐色小斑点，扩大变褐色扩展到叶脉，沿叶脉往叶柄发病，最后多个病斑愈合成大型褐色病斑，子叶缘干枯；幼果及未成熟果多在高湿环境发病，果实阳面表皮出现绿色水浸状斑点，以后在成熟果实上发展为中央隆起的木栓化病斑，冷凉潮湿时易发生，防治措施方法同细菌性角斑病。

4. 大棚甜瓜主要虫害的防治

(1)蛴螬　幼虫体肥大弯曲近C形，大多白色，体壁较柔软，头大而圆，多为黄褐色，栖居在土中，喜食种子、幼根及幼苗等，造成缺苗断垄。

农业防治：冬前深翻土地；避免施用未腐熟的圈肥；减少成虫产卵的机会。

药剂防治：①用50%辛硫磷乳油200～250 g/亩，加水10倍，喷于25～30 kg细土上拌成毒土，顺垄条施，随即浅锄，或以同样用量的毒土撒于种沟或地面，随即耕翻，或混入农家肥中使用；②结合施肥施用3%呋喃丹或5%辛硫磷颗粒剂2.5～3 kg/亩处理土壤，能收到良好效果；③用2%对硫磷150～200 g/亩拌谷子等饵料5 kg/亩左右，定植前撒于沟内，兼治蝼蛄、金针虫等地下害虫。

(2)蚜虫　为害甜瓜的蚜虫属于棉蚜，又称腻虫。

防治措施：①减少蚜源：用敌敌畏熏蒸育苗温室；②蚜虫发生时可用10%吡虫啉(一遍净)可湿粉剂2 000倍液或20%康福多浓可溶剂4 000倍喷洒，7～10 d喷1次，连喷2～3次。

(3)红蜘蛛　二斑螨和朱砂叶螨俗称红蜘蛛是世界性分布的害虫，在叶背面脉两侧吸液汁，也在正面出现若干针眼般枯白小点，严重时整个叶片枯白，叶背面可以看到许多小红点就是叶螨虫体。

药剂防治：①1.8%爱福丁（又名齐螨素、阿维菌素）乳油2 000倍液；②10%浏阳霉素2 000倍液或73%的克螨特乳油2 000～2 500倍液，初期发现中心虫株要重点剿灭，并注意更换农药品种，防止产生抗药性。

(4)白粉虱　俗称小白蛾子，成虫和若虫在叶背吸食汁液，使叶片褪绿变黄，分泌大量蜜液污染叶片和果实，引起霉污病。

药剂防治：①用22%敌敌畏烟剂用0.5 kg/亩，夜间密闭大棚熏烟，杀灭成虫；②喷雾采用10%扑虱灵乳油（又名灭幼酮、优乐得）1 000倍液，对粉虱有特效；③25%灭满猛乳油（又名甲基克杀螨）1 000倍液或2.5%天王星乳油3 000倍液对粉虱成虫、卵和若虫皆有效或10%吡虫啉用有效成分2 g/亩。

(5)美洲斑潜叶蝇　成、幼虫均为害，雌成虫把叶片刺伤取食和产卵，幼虫潜入叶片和叶柄为害，表面产生不规则蛇形白色虫道，严重损伤叶片。

药剂防治：在虫害发生后，1.8%爱福丁（义名齐螨素、阿维菌素）乳油2 000倍液或40%的绿莱宝乳油1 000～1 500倍液或48%的乐斯本乳油800～1 000倍，20%康福多浓可溶剂4 000倍液等交替喷洒。

第三章　果树高效丰产栽培技术

第一节　优质无公害苹果生产技术

一、技术指标

①亩产量:2 000～2 500 kg。

②果实质量:红富士苹果平均单果重 200 g 以上,果形标准、端正,果形指数大于 0.85,果个均匀一致,果面平均着色面积大于 80%,色泽鲜红,果面光洁、细嫩,可溶性固形物含量在 14%以上;乔纳金和新红星苹果平均单果重在 200 g 以上,果形标准,乔纳金果形指数大于 0.95,果个均匀一致,果面平均着色面积大于 85%,色泽鲜红或浓红,果面蜡质厚,光洁度高,可溶性固形物在 12%以上。

③树势中庸健壮,新梢年平均生长量 25 cm,其中长枝占 15%～20%。

④亩枝量保持在 8 万～15 万条。

⑤覆盖率:果树投影覆盖率为 70%～80%。

⑥优质果率 80%以上,病虫果率 5%以下。

⑦秋后保叶率 90%以上。

二、技术规程

(一)整地改土,科学灌溉

1. 深翻扩穴

改良土壤瘠薄的丘陵山地果园应采取深翻扩穴的方法,使活土层达到 60～80 cm。

2. 兴修水利，适时灌水

加强果园水利设施建设，修建蓄水方塘，积极发展管灌、滴灌、微喷等先进的灌溉设施。根据果树的需水规律，适时进行灌水，关键在及时浇好花前水（萌芽至开花前）、膨果水（落花后 5～10 d）及封冻水等。

（二）增施有机肥，推行配方施肥

1. 大量增施有机肥

圈肥、羊粪、腐熟的鸡粪等要求每千克果施 2 kg 有机肥，一般施 4 000～5 000 kg/亩，有机肥应在采果后至封冻前施入，并掺入适量磷肥（过磷酸钙），亩施 150～200 kg。

2. 果树生长期根部追肥

按氮、磷、钾为 2∶1∶2 的比例施入化肥。施肥量按每生产 100 kg 苹果，需施纯氮 1.0 kg、磷 0.5 kg、钾 1.0 kg 计算。每年追施 2～3 次，分别是：①果树萌芽期（花前，4 月中旬），以氮肥为主。②花芽分化及果实膨大期（6 月上），氮、磷、钾配合施用。③果实生长后期（9 月），以磷钾为主，以利增色和增加营养贮备。

3. 根外追肥

结合喷药进行，全年 4～6 次，一般果树生长前期喷 0.3%尿素 2～3 次，后期（7—9 月）喷 0.3%磷酸二氢钾 2～3 次；或全年喷施其他叶面肥 4～6 次，主要有：农保赞 600 倍液，氨基酸复合微肥 600 倍液等。生长期苹果主干涂施氨基酸复合微肥原液 5～6 次，可代替根部追施化肥。

（三）调整结构，适度修剪，控制枝量

1. 调整结构

在冬剪时，注意及时调整结果树的树体结构，树形以改良纺锤形为主，要求树冠基部保留 3～4 个较大主枝，中上部培养成一个小纺锤形，树高控制为 3.5 m 左右，冠径为 3～4 m，中、上部的大型结果枝(小主枝)控制在 6～8 个。

2. 适度修剪

修剪首先要形成骨干枝的角度,主枝角度保持 70～80°,同时,疏除过密的大枝,打开光路;采取以疏为主,缓、疏、缩相结合的修剪主法,疏除过多的密生枝、徒长枝、细弱枝和多余的梢头枝,及时缩剪衰弱冗长的结果枝,控制背上枝,最终使大枝间距保持 1 m 左右,大枝组间距为 60 cm 左右,中枝组间距为 40 cm 左右,小枝组间距为 20 cm 左右。

3. 控制枝量

冬剪后,使亩枝量控制在 8 万条左右,使树冠枝枝见光,果果见光。在果树生长季及时进行复剪。为疏除直立旺枝、密生枝和剪锯口处的萌生枝,以增加树冠内通风透光度。

(四)花期授粉,疏花疏果

1. 花期授粉

苹果花期可以采取蜜蜂传粉和人工授粉等方法提高坐果率和果实整齐度。人工授粉应在铃铛花期采取花粉,在花开的当天进行人工点授,点授以中心花为主。在授粉时,应开 1 批花授 1 次粉,连续授粉 2～3 次。

2. 疏花

从花序伸出期开始,依据花量进行,间隔 15～20 cm,选留一个粗壮花序,然后把其他多余的花序全部疏除,坐果后再行定果,每个花序只留一个果。

3. 疏果

在落花后 10 d,开始疏果;在落花后 26 d,内结束。一般按枝距离为 20～25 cm 时留成单果,然后把多余的幼果全部疏除。疏果时应选留果形端正的中心果,多留中长果枝和果顶向下生长的果,少量侧向生长的果,及早疏除梢头果、病虫果、畸形果和向上生长的果。

（五）改善果形

红富士苹果盛花初期喷 1 次 500 倍的宝丰灵或高桩素，间隔 5～10 d 再喷 1 次 1 000 倍的宝丰灵或高桩素；新红星苹果盛花初期喷 1 次 500 倍的宝丰灵或高桩素。喷药时间应掌握在早上 8:00 以前或下午 4:00 以后，在无风或微风气候条件下喷施，喷施部位是盛开的苹果花。

（六）适时套袋和除袋

1. 套袋

红富士苹果套袋应选用质量较好的双层果袋，一般外袋外面为灰褐色，里面为黑色，内袋为半透明红色的石蜡纸，并经药物处理，以选用日本产的小林袋的效果最好。红富士、乔纳金苹果落花后 35～40 d 套袋。套袋前 2～3 d，果实应喷 1 次杀菌剂，可以为 600 倍液多菌灵或 800 倍液的 70%甲基托布津。套袋时使纸袋呈膨胀状态以防止袋纸贴近果皮产生日烧，最后扎紧袋口，套袋应尽可能抓紧在短时间内套完。

2. 除袋

红富士果实在袋内的生长日期为 90 d 以上，除袋后的着色期是 30 d 左右，新红星和乔纳金在袋内生长日期为 80 d 左右，在辽宁省绥中县红富士适宜除袋期为 9 月下旬。除袋时，双层袋将底撕开后先除外袋，隔 3～5 个晴天后再除内袋。除袋宜在上午 10:00 至下午 4:00 前进行，以防果实灼伤。外围果于晴天上午 10:00 至下午 2:00 去袋，内膛果则在晴天下午 4:00 后或阴天时去袋效果较好。

（七）地下铺设反光膜

于果实着色期（9 月中、下旬，套袋树应在除袋后）在树冠下铺设反光膜，促进果实着色。一般每行树冠下离主干 0.5 m 处南北向每边各铺一幅宽 1 m 的反光膜，株间一幅用剪刀裁开铺放中间，两边各 1 幅，行间留 1～2 m 作业道，而后将反光膜边缘用石块、瓦片压实。采果前将反光膜回收洗净晾干备明年用,一般可连用 3 年以上。

(八)疏枝、摘叶及转果

苹果采前 20～30 d 开始进行疏枝,摘叶及转果,以增加果实的浴光量,增加着色。

1. 疏枝

疏除树冠外围和果实附近的密生新梢,重点去除背上直立徒长枝、密生枝和树冠外围多余的梢头枝。

2. 摘叶

分 2 次进行:第 1 次在 9 月底,摘除贴果叶片和果台枝基部叶片,适当摘除果实周围 5～10 cm 范围内枝梢基部的遮光叶片;第 2 次在采前 7～10 d,摘除部分中长枝下部叶片。摘叶量一般控制在总叶量的 30%左右。

3. 转果

在除袋 1 周(7～10 d)后进行,果实的向阳面充分着色后把果实背阴面转向阳面,有条件的可用透明胶带固定,促使果实背阴面着色,采前转果 3 次。

(九)喷果实增色剂

红富士苹果(不套袋栽培)采前 40 d 和 20 d 各喷 1 次 2 000 倍的苹果增红剂 1 号、0.3%磷酸二氢钾或喷 2 000 倍苹果增红剂 1 号加 0.3%磷酸二氢钾混合药液,作为一种辅助增色技术,对果实着色有明显改善效果。

(十)果园病虫害综合防治

针对生产上存在的主要病虫害问题,全面贯彻“预防为主、综合防治”的植保方针,采取农业、生物、物理、化学等多种防治措施相结合,达到经济、安全、有效的目的。其主要防治对象:苹果叶螨、金纹细蛾、蚜虫,苹果轮纹病,早期落叶病(斑点落叶病为主)等。

①加强病虫害的预测预报工作。借助果树物候期，昆虫性外激素诱捕器等方法，预测各种病虫害的消长动态，根据病虫害的发生规律，有的放矢地进行防治，全年喷药次数控制在 8 次左右。

②萌芽前，全面清扫果园，彻底刮除枝干上的轮纹病斑（瘤），涂 50％多菌灵可湿性粉剂 50～100 倍液加助剂（渗透剂），然后全树喷 50％多菌灵 100 倍液加助剂（渗透剂），最后全树喷 50％多菌灵 100 倍液或腐烂敌 100 倍液。

③萌芽至花序露出前（展叶期），全树喷 40％氧化乐果乳油 1 000 倍液或 20％速灭杀丁乳油 3 000 倍液，防治苹果瘤芽、黄蚜、小卷叶蛾等。

④落花后 10～15 d，喷 50％多菌灵可湿性粉剂 600 倍液或甲基托布津 800 倍液加 20％螨死净 2 000 倍液。

⑤落花后 25～30 d（6 月上旬）喷 50％多菌灵 600 倍液加 25％灭幼脲 3 号 2 000 倍液；套袋前 2～3 d 喷 1 次 50％多菌灵 600 倍液或甲基托布津 800 倍液。

⑥套袋后喷施 1∶2 的 200 倍波尔多液或 600 倍铜高尚 2～3 次或 80％代森锰锌可湿性粉剂或大生 M-45 600～800 倍液。

⑦采果后至越冬前，清除落叶、杂草，深埋或烧掉，轮纹病严重的树，全树喷 50％多菌灵可湿性粉剂 100 倍液。

（十一）适期采收和精细采摘

为保证果实全面着色和提高果实含糖量，在绥中县红富士苹果的适宜采收期在 10 月下旬。采摘时，尽量轻采、轻放，避免碰伤和指甲刺伤果实，果实随剪除果柄。采收用的篮、筐均须内衬蒲包、旧布等柔软铺垫物，从篮到筐，从筐到果到果堆、果箱等都要逐个拾、拿，禁止倾倒。

第二节　梨树丰产栽培技术

梨属于蔷薇科梨属，落叶乔木，具枝刺。芽多圆锥形，先端尖，芽鳞多数覆瓦状排列。先叶开花或花叶同放，伞形总状，白色、稀粉红色。梨果具显著皮孔，果肉多汁，富石细胞，内果皮软骨质。种子为黑色或黑褐色。梨约为 25 种，分布于亚洲、欧洲、北非等地，原产我国有 14 种。梨果营养丰富，美味可口；春花雪白，秋叶红艳，供观赏；木材坚硬细致，材质优良，是我国主要果树之一。除生食外，还可加工罐头、梨酒、梨干、梨脯等，深受群众欢迎。梨树结果早，2～3 年开始投产，6～7 年就能进入盛果期；适应性强，栽培容易，无论山地、田块、滩涂均可种植；丰产性好，基本无大小年现象，盛果期可稳定在 2 300 kg/亩以上；寿命长，可达 20～30 年，最长达 80～100 年。

一、梨树栽培

(一)梨园建立

梨树从苗木落叶后至发芽前都可栽种，根据不同地形、地块确定种植密度，为了早期高产，最好采取计划密植，目前推广的株行距为 2 m×3 m，或 2.5 m×4 m。

(二)种植技术

①按株行距定点挖穴，一般砂质土，穴宽 80 cm，深 50～60 cm。先放入 30～40 cm 的稻草、枝条或绿肥枝、杆等，并将表土加入踏紧，再施有机肥(猪、牛粪)50～80 kg，或鸡粪 20 kg，并加钙镁磷肥 1～2 kg(碱性土壤可用过磷酸钙)与土混合填入，做成馒头形。

②种植前需将梨苗粗根剪栽 2～3 cm，促进新根发生，嫁接处薄膜需解除，以免影响主干生长。

③种植时嫁接口需露地面 5～10 cm，踏实根际土壤，立即浇足水。风口地带，需设立支柱，防范倒伏。

（三）改土施肥

1. 土壤深翻

土壤深翻熟化是梨树增产技术中的基本措施，要想果树增产、丰产、优质，必须从改良土壤着手。深翻改土在秋季果实采收后，到冬季落叶前进行，其方法有扩穴、全园深翻、隔行或间株深翻。深翻深度以 30～40 cm 为宜，有条件的地方可采取隔年轮翻，第 1 年、第 3 年、第 5 年在原穴的两侧开深 80 cm，宽 50 cm 左右的深沟，第 2 年、第 4 年、第 6 年在另两侧开深沟，结合施入基肥。

2. 施入基肥

施入基肥标准，一般是 100 kg 梨果最少需有机肥（猪、羊厩肥）100 kg，再混入 2.25 kg 磷肥，有利于产量和品质提高。

3. 追肥

除基肥外，在生长期还应适时追肥，要求施 3 次追肥。第 1 次花后肥，时间是 4 月中下旬，促进枝叶生长，花芽分化和果实膨大；第 2 次果实膨大肥，时间 5 月中旬至 6 月上旬；第 3 次采后肥，时间 8 月下旬至 9 月中旬，增加叶色，延长叶片寿命，恢复树势。根外追肥可结合喷药施入适量氮、磷、钾等肥，常用浓度：尿素 0.3%～0.5%（高温 0.2%～0.3%），过磷酸钙 0.5%，硫酸钾 0.3%～1%，磷酸二氢钾 0.2%～0.3%，此外腐熟人尿 5%～10%，草木灰浸出液 3%～10%（不能与农药混用）。

（四）配备授粉树

梨为异花授粉树种，多数品种白花不结实，所以必须栽花期基本相遇的授粉品种，主栽与授粉品种配置的比例最好是 2∶1 或 1∶1，最少也需 3∶1 或 4∶1，才能达到丰产稳产。

(五)三疏技术

1. 疏花芽

结合冬季修剪时疏去过多的花芽。冬季疏花芽,应按比例,原则上是花芽与叶芽的比例为 1∶1,大约疏除全树花量的 1/2,但应注意梨树当年花芽形成多少,生产实际中,骨干枝以每 17～20 cm 距离留 1 个花芽的密度为宜。注意只疏花芽,保留叶芽。

2. 疏花蕾

冬季修剪时若疏花芽工作未进行,可在开花前,疏花蕾进行补救,疏蕾标准按 20 cm 左右保留 1 个花蕾。疏蕾原则:疏弱留强,疏小留大,疏密留疏,疏腋花芽留顶花芽,疏下留上,疏除萌动过迟的花蕾,疏除副花蕾,决定疏除多少,还需随时了解气象预报。

3. 疏果

应根据品种、树势、花期、气候而定。花量多,树势弱,坐果率高的应早疏,花量少的幼树、旺树应迟疏或少疏。天气正常年份宜早疏,反之宜迟疏。其原则为每个果实应具备 25～30 张叶片,正常年份 1 个果台可留 1 个果,果形中等大的品种 1 个果台可留 1～2 个果。

(六)整形修剪

梨树的整形,根据品种的不同,立地条件的不同,主要利于结果可采取多种树形,一般有疏散分层形、多主干开心形、多主枝圆头形等。

对梨幼树的修剪应少疏枝,多放枝,对初结果树要注意培养结果枝组,主侧枝的延长枝剪留长度逐年缩短。梨树大量结果后,骨干枝易下垂,应抬高延长枝角度,如内膛过密,需将过密的辅养枝疏除或短截;如挂果过多,枝条下垂,可采用在树冠中间竖竹杆,把下垂枝均匀地向四周吊起来。

二、病虫害防治

一年之计在于春,开展春季梨树病虫害综合防治,可有效减轻全年病虫害发生,改善梨果的品质,增加农民经济效益。当前,梨树主要病虫害有:梨大食心虫、蚜虫、红蜘蛛、梨木虱、蟾象、潜叶壁虱、黑星病等。防治时间和防治措施分别如下。

(一)早春至花芽膨大前

在树下铺塑料布,然后将主干和大枝上的翘皮、粗皮刮下,但不可伤及新生的表皮。对枝丫处的粗纵皮要细刮。将刮下的树皮及幼虫、虫卵等集中深埋或烧毁。打落树上枯叶和残留干果,并将树下枯枝落叶清理出果园销毁,最后全树喷 3～5 度石硫合剂 1 次。开花前半个月,灌水 1 次。

(二)花芽膨大至开花前

全树喷 800 倍氧化乐果与 1 500 倍敌杀死混合药液 1 次,喷雾要均匀,喷至树枝如小雨淋湿。

开花前在树盘内撒施土壤菌虫丹 100 g,施药后浅耧 1 遍,使农药与土壤充分掺匀。

(三)花期

始花期,全树喷 1 000 倍主效氯氰菊酯 1 次,预防金龟子危害梨花(无人工授粉条件的果园不能喷这次农药)。

盛花期,全树全花喷 0.3%硼砂和 0.3%尿素及 0.5%白砂糖混合液,可有效促进花朵坐果率。

(四)落花后

落花 10～15 d 后,全树喷 800 倍多菌灵与 1 000 倍高效氯氰菊酯混合药液 2 次,间隔 7 d。主要预防黑星病、霉心及金龟子、蟾象等。如加喷 1 500 倍吡虫啉,可兼治潜叶壁虱、木虱和蚜虫。如有天幕毛虫和舞毒蛾,因药液中有菊酯类药,亦有预防作用。

（五）梨树周围忌栽树种

1. 忌栽柏树

柏树和梨树不能同地共处，因为梨树的主要病害梨锈病（赤星病）危害梨树的新梢、叶柄、叶片、果柄和幼果，导致果枝萎缩，果实变形、腐烂和落果；而柏树，尤其是龙柏和桧柏，则是梨锈病菌的越冬场所。到了春暖季节，越冬病菌会随风吹回到梨树上继续繁衍和危害梨树。

2. 忌栽松树

因为松树的孢子在春、夏季随风飘到果园会严重危害果树，尤其是梨树受害最严重。松孢子可导致梨树叶、果发生黄斑和刺毛丛生，并使果实变畸形，严重降低坐果率，降低产量和品质。因此，在栽有梨树的果园周围忌栽各种松树。

3. 忌栽刺槐(洋槐)

一是刺槐极易招引蝽象（臭屁虫）危害桃、李、梨、苹果等果树。蝽象吸食果树嫩枝、叶柄、叶片、花和果实中的汁液维持生命，常导致叶片干枯凋落，果实变形，不能食用；二是刺槐分泌出的鞣酸类物质对多种果树的生长有较大的抑制作用，尤其以梨、苹果受抑制较为严重，可导致果树大幅度减产或根本不结果；三是刺槐上的落叶性炭疽病菌也能感染梨、苹果等果树，造成大量落叶。

4. 忌栽泡桐

因为许多果树无论是幼苗、幼树或成年果树，均易患紫纹羽病。果树患病后，导致叶片黄化、干枯，甚至整株死亡。而泡桐则是紫纹羽病菌的越冬场所。

三、结果期管理

（一）促进梨树提早结果

运用修剪技术促进梨树提早结果的原则，是先促后缓，促缓结合。

1. 先促后缓

先促后缓，就是根据一两年幼龄梨树，萌芽率普遍较高，但成枝力普遍偏低的特点，对幼龄梨树多短截一些枝条，先增加全树的总枝量。以后再根据情况，有的轻剪，有的缓放。准备培养为骨干枝的枝条可适当轻剪，而其余的枝条则要尽可能多留一些，经缓放后，促其分生中、短枝，增加全树的枝叶量，这是幼龄梨树提早开花结果的物质基础。据河北省果树研究所调查，在 4 年生鸭梨幼树上缓放长枝，当年的成花比例，可达 60％以上；中枝缓放以后，有些品种，如莱阳在梨、栖霞大香水梨和鸭梨等，可由顶芽继续抽生与母枝长势相似的中枝，下部的侧芽，则可发生较多的短枝；另有一些品种，如莱阳香水梨和部分日本梨品种，顶芽枝和下部的侧芽枝，都可成为短枝。这些短枝，都有利于形成花芽。所以，缓放初结果的树和长势较旺的树上的长枝或中枝，有明显的促进花芽形成和提早结果的作用。

2. 促缓结合

如果对长、中枝条，连续数年缓放不剪，往往会出现枝条紊乱、枝组细长和结果部位外移等不良现象，所以，长枝缓放一两年后，要及时采取短截或缩剪等方法加以调整。还应注意利用辅养枝和控制顶端优势。幼龄梨树上强时，可将中干拉倒当作主枝，再利用下面萌发的弱枝。作为中干延长枝，或者重截中干延长枝，剪口下留弱芽，在重新抽生弱枝后，作为新的中干延长枝在采用上述措施，控制顶端优势的同时，对辅养枝可采取开张角度等办法，促其成花结果。只要有生长空间，就要多保留一些辅养枝，用于长树、开花和结果。但这些缓放的辅养枝要采取压低角度、多留果和疏剪侧生小枝等措施，控制其过快增粗，以免影响树形和骨干枝的生长。

（二）采用套袋技术

根据观察，套袋与不套袋果实区别较大，特别是绿色果面有果锈的品种套袋效果更加显著。套袋后的果实颜色发黄、光洁度好，没有果锈、无明显果点。果实套袋不仅可使果皮少锈无腐，色斑缩少，光亮洁净，而且还能减少病虫危害，增加经济效益。套袋时间以盛花后 30～40 d(果实横径 20 mm 以内，果点尚未发生或很少发生)为宜，套袋前要细致周密地喷 1 次杀菌、杀虫剂。

四、适时采收

适时采收是提高梨果品质量的重要一环。黄皮梨应掌握果皮由暗褐色变为浅黄褐色，青皮梨果皮由暗绿转为浅绿或浅黄色，肉质由粗硬变细脆，由酸转为甜味，种子由白转为浅褐色，可作为开始采收的标准。采收要做到分期分批，先采大果，待 7～10 d，小果会逐渐增大，再行采收；采收时要做到轻采、轻放，切勿硬拉、硬折，失去商品性，同时要做好保叶、保枝工作。

另外，果实的贮藏性与采收期有着密切的关系，如翠冠梨延迟采收则果肉发绵，并易发生黑皮病，贮藏性差；早熟品种贮藏性差，中熟品种贮藏性相对好于早熟品种。

所以，梨果贮藏时不但要注意贮藏方法，而且还应注意不同品种在不同时期采收才有利于贮藏。

第三节　桃树纺锤形密植丰产栽培技术

桃纺锤形树体结构简单，均衡协调，修剪量轻，管理方便，省工省时，更新快捷，适于密植栽培。桃树采用纺锤形密植丰产栽培技术，可以实现第 2 年产量达 630 kg/亩，第 3～4 年产达 2 600 kg/亩，达到了果树栽培“效益短平快”的效果。

一、建园

(一)品种选择

品种选择市场行情好，容易形成花芽，自花结实率高，丰产，果实个大，色泽好，品质优良，抗病能力强的中晚熟品种映霜红、金秋红蜜、永莲蜜桃等。选取定植半成品苗，即一砧一芽苗建园。栽植时注意品种搭配。桃树多数品种自花结实，但异花授粉效果更好。为保证授粉效果，1个主栽品种可配置花期一致的授粉品种1～2个。

（二）起垄栽培技术

为了防涝、控制树体旺长和早期促花丰产，采用起垄栽培技术。定植前按设计好的行距，挖宽为1 m、深为0.4～0.6 m的定植沟，施有机肥4 000～5 000 kg/亩、生物菌肥50 kg/亩、硫酸钾型复合肥20 kg/亩，将土肥充分混合均匀，回填满沟，然后浇大水沉实或将有机肥等撒施，以设计的行距为中轴，用拖拉机犁向中间翻耕扶起栽植垄，垄高为30～40 cm、宽为40～50 cm，起垄后将桃苗直接定植在垄上，株行距为2 m×4 m，垄面呈“M”形，中间留小水沟，便于浇水。春季3月中、下旬或冬季（11月份）定植。将苗木根系向四周舒展，均匀分布，扶直，填土踩实，注意栽植不要过深，深度以起苗的痕迹为宜。栽植后浇1次透水，水渗下后覆一层土，1周后再浇水1次，再覆土，形成一条垄台，最后覆地膜。

二、建园后当年的管理

1. 定植的肥水管理

定植后随即定干，芽苗在接芽上1.5 cm处剪砧，成苗在50～60 cm饱满芽处定干。肥水管理要求“前促后控”，即前期促长，7月15日以前一切管理措施均以促进营养生长、迅速扩大树冠为目的，7月15日以后一切管理措施均以控制树势、促进花芽分化为目的。

2. 定植后的追肥管理

定植后加大肥水管理，地下追肥和叶面喷肥交替进行，自4月底始，每隔15 d左右追1次速效肥，株施10～20 g尿素，追肥后及时浇水，促进成活和新梢旺长。地皮稍干及时松土除草。6—7月上旬，追施 15-10-20 硫酸钾高钾复合肥 30～50 g/株。每隔 10 d 左右结合喷药喷布 1 次 0.3%尿素和 0.4%～0.5%磷酸二氢钾，连续 3～4 次。7 月中旬以后，停止地下追肥，每 10 d 喷 1 次 0.3%磷酸二氢钾加 800 倍果树型天达－2116，连续 3～4 次。如土壤墒情好，不浇水，雨季注意排水。7 月中下旬至 8 月上旬，隔 10～15 d 喷 1 次 15%多效唑 150～200 倍液或 300 倍果树促控剂(PBO)，连喷 3 次，喷雾要均匀，尤其是新梢生长点一定要喷到，能有效地抑制新梢旺长，促进花芽分化。

三、整形修剪

1. 树体结构

纺锤形树形 2 年开始结果，3 年成形丰产。全树 8～12 个小主枝，呈下层大(长)，上层小(短)，均匀疏散排列在中央领导枝上。主枝上不留侧枝和大的枝组，主枝角度 80°～90°，单轴延伸。结果枝组和结果枝直接着生在主枝上，枝组小，分布均匀，两侧多留，背后少留，背上不留，互不干扰。桃树纺锤形适宜的冠高为行距的 0.7 倍，成形后，株与株之间形成 2 m 左右厚的树墙，行与行之间留有 1 m 左右的作业道，果园整体通风透光良好。

2. 整形修剪技术

为使中干生长顺直健壮，每株树支 1 根竹竿。栽植成活发芽后，待主梢长到 15～20 cm 时，绑缚在竹竿上，培养主梢直立向上，强壮顺直生长，随时疏除主梢上的竞争性或强壮的副梢枝。在距地面 30～40 cm 的主干高度处培养 3 个发育健壮、生长势均衡的副梢作为第 1 层小主枝，尽量避开选对口枝和邻接枝，以防造成掐脖。小主枝以下副梢重摘心，留 30 cm 作为裙枝，控制生长。第 1 层小主枝着生角度为 80°左右，并借助拉枝方法使各小主枝方位角为 120°。以上副梢疏除密挤枝后，留 30 cm 重摘心，促发分枝，增加枝量，控制生长，促进中心枝的强旺生长。9 月把上部枝拉至

90～100°，结合多效唑、PBO 控旺，使二次枝多成花芽。

（1）第 1 年冬剪　疏除病虫枝、竞争枝及背上旺枝，对中心枝梢部 50～60 cm 处选饱满芽剪截（轻打头），以便在其上再培养 2～3 个主枝，促进向上生长。对夏剪时选出的第 1 层小主枝延长枝在饱满芽留 45～50 cm 剪截，促进萌发壮梢继续延伸，疏除或重截（留基部 2 芽）无花枝，对其余副梢果枝一律甩放不剪，留其结果，以果压梢。

（2）第 2 年夏剪　4 月下旬进行抹芽定梢，20 cm 左右 1 个。待主枝新梢长至 40～50 cm 时进行夏剪。首先在中心枝上，距第 1 层第 3 个小主枝 30 cm 以上，选留 2～3 个尽量不和下面主枝重叠的新梢作为第 2 层小主枝培养。以上每隔 15～20 cm 培养 1 个小主枝。及时疏除全树所有的竞争枝、徒长枝、背上旺枝和过密枝。全年利用副梢培养出小主枝 4～5 个，借助拉枝方法，使小主枝着生角度为 80～100°，要求生长势均衡。6 月，中干延长枝留 50 cm 左右摘心，主枝延长枝梢留 40 cm 摘心，达不到摘心长度的中干、主枝延长枝，待达到时摘心。其余副梢留 20～30 cm 重摘心，控制生长，促生分枝。8—9 月把主枝拉至 80～90°，其余枝拉至 90～120°，结合多效唑、PBO 控旺，促使分枝多成花芽。

（3）第 2 年冬剪　冬剪以疏为主，采用长枝修剪。从中干上再挑选 1～3 个小主枝。按照预计树冠高度，来确定是否对中心枝进行短截，留延长枝。对已经选留培养的主枝延长枝不再短截，一律甩放不剪。主枝上不留侧枝和大的枝组，让其单轴延伸。结果枝组和结果枝直接着生在主枝上，枝组间距控制在 20～25 cm，两侧多留，背后少留，背上不留，互不干扰。结果枝不超过 50 cm 一般长放不截，桃果实多结在果枝的中、前部，以果压梢，结果枝条下垂，背上会冒出壮梢，待冬剪时回缩更新，培养新的结果枝或结果枝组。

（4）第 3 年的夏剪　管理与第 2 年相同，共选留 3～5 个方向、角度较好、生长势均衡而健壮的新梢作为小主枝。

(5)3 年以后的整形修剪　主要是对结果枝组和结果枝的更新修剪。

四、花果管理

(一)疏花疏果

第 2 年疏花疏果时,第 1 层主枝上可不留果或少留果,促进生长,培养结果枝组,其余枝可适当多留果,为第 3 年丰产打基础。第 3 年后第 1 层 3 个小主枝的基部、中部可留果,其余枝梢要全部留果,以果压梢控冠。疏果要在花后半月内完成,疏去对生果、小果、畸形果、病虫果。长果枝留 3 个,中果枝 2 个,短果枝 1 个,桃树纺锤形密植丰产栽培技术外围长果枝可留 4 个,内膛长果枝可留 2 个。长果枝留中上部果,中、短果枝留顶端果。

(二)套袋

套袋可提高桃的商品性,并可防止中晚熟品种裂果,减轻病虫危害,套袋前全园喷布 1 次杀虫剂和杀菌剂,并补充钙肥,如氨钙宝、糖醇钙等。

五、结果树的肥水管理

(一)施肥的比例

桃树对氮磷钾的吸收比例为 1∶0.4∶1.6,以产 2 000 kg/亩鲜桃为例,分别需要纯氮 16 kg、五氧化二磷(纯磷)12 kg、纯钾 20 kg。2 年后,根据树体大小和花芽量进行合理施肥。

(二)施肥的方法

基肥以有机肥为主,9 月至 10 月初,结合土壤深翻施入充分腐熟的有机肥,如牛粪、农作物秸秆等,或施商品有机肥 300～400 kg/亩,生物菌肥 50 kg/亩。在施入有机肥的同时,适当掺施 15-10-20 硫酸钾高钾复合肥 50～60 kg/亩,中微量元素肥 20～40 kg/亩,或过磷酸钙 70 kg/亩、尿素 15 kg/亩、硫酸钾 30 kg/亩。

萌芽前，施尿素 30～40 kg/亩，落花后施尿素 30～50 kg/亩，硬核期施 15-10-20 硫酸钾高钾复合肥 40～60 kg/亩，果实膨大期施 15-10-20 硫酸钾高钾复合肥 50～60 kg/亩。落花后至采收前，结合打药喷叶面肥 3～6 次。花后半月喷 400 倍氨钙宝或糖醇钙，前期喷果树专业型天达－2116 等氨基酸水溶肥加 0.3%尿素，后期喷布 0.3%磷酸二氢钾等。追肥后及时浇水，入冬后浇透封冻水。夏季及早挖好、打通排涝沟，及时排出园内雨水。

六、病虫害防治

主要病害有流胶病、褐腐病、细菌性穿孔病、炭疽病、疮痂病等；主要虫害有蚜虫、红蜘蛛、桃小食心虫、蚧壳虫、天牛等。采取综合措施进行防治。春季萌芽前，细致喷 1 次 5 °Be 石硫合剂。芽萌动后、开花前喷1 次 70%艾美乐 5 000 倍液或 3 000 倍液 20%吡虫啉加 600 倍果树型天达－2116，防倒春寒，促进花芽开花、坐果，防治蚜虫、介壳虫等。落花后喷 70%安泰生 800 倍液加 3.2%阿维菌素 3 000 倍液、2 000 倍液 20%吡虫啉加氨钙宝。①5 月上旬喷 43%好立克 3 000 倍液加 1 500 倍液高效氯氟氰菊酯、48%毒死蜱乳油 1 500 倍液、600 倍果树型天达－2116。②5 月中旬喷 1 次大生 M-45 或 70%甲基托布津 600～800 倍液加 2 000 倍液 20%吡虫啉、1 500 倍桃小灵、3 000 倍液有机硅。5 月下旬喷 80%代森锰锌加 25%灭幼脲 3 号 1 500 倍液、3 000 倍液有机硅。③6 月上旬喷 70%安泰生 800 倍加 1 500 倍液高效氯氟氰菊酯、3 000 倍液有机硅。因此，以后每 10～15 d 喷 1 次杀菌剂，可选用 43%好立克 3 000 倍液或施保功 1 000 倍液或 70%甲基托布津或代森锰锌 600～800 倍液。根据虫害发生情况，可喷 1 500 倍液桃小灵或 3.2%阿维菌素 5 000 倍液或 25%灭幼脲 3 号或 20%杀蛉脲悬浮剂 2 000 倍液加 3 000 倍有机硅。秋、冬季，及时清除枯枝、落叶、僵果、杂草，集中烧掉、深埋，消灭越冬病虫源。

第四节　优质葡萄设施栽培技术

一、园地选择与栽培方式

设施栽培园地应选择地势平坦、背风向阳、三面没有高大遮荫物体的地点。土质以肥沃的沙壤土为好。栽培的主要类型有薄膜温室栽培和塑料大棚栽培两种。

二、品种、架式选择

提早成熟上市，选择极早熟、早熟和中熟葡萄品种；延后在晚秋或冬季成熟上市，选择极晚熟品种或易多次结果的品种。架式可选用篱架，包括单臂篱架、双臂篱架、宽顶篱架和小棚架等架式。

三、定植

(一)定植时期

1. 一年一栽制

一年一栽制：①在 4 月中旬到 5 月上旬进行定植。②对已经进行生产的温室，在 5 月下旬至 6 月中旬浆果全部采收后，立即拔除所有葡萄植株清园后进行定植。③4 月上旬至 5 月上旬预先栽植在大型营养袋中，生长健壮的苗木移栽到温室内进行定植，最迟不得晚于 6 月底。

2. 多年一栽制

多年一栽制在 4 月上旬至 5 月上旬进行定植。

(二)栽植密度

栽植密度依据品种、土壤、架式等。栽植行向篱架以南北为宜，小棚架以东西为宜。

1. 篱架株的密度

篱架株行距为(0.5～1)m×1.5 m(单臂)，444～889 株/亩；(0.5～1)m×(0.5～1)m×(2～2.5)m(双臂)，267～1 333 株/亩；(0.5×1.5)m～2 m(宽顶篱架)，667～889 株/亩。

2. 小棚架的密度

小棚架为(0.5～1)m×(4～5)m，133～333 株/亩。

(三)苗木栽植前处理

定植苗木应选用大苗、壮苗，有条件的可使用脱毒苗木。①先将苗茎剪留 2～3 个饱满芽，对底层的侧根进行适当修剪，对上层侧根进行短截，剪出新鲜茬口。②再将苗木根系浸水 24 h 左右，使其充分吸足水。③用 2 000 mg/L 的萘乙酸或 1 000 mg/L 吲哚丁酸 70%酒精溶液浸根 5～10 s，或将上述药剂与泥浆混合浸根后即可定植。

(四)整地定植

1. 整地

对黏重或沙性较强的土壤，通过掺沙或掺黏进行改良；对坚实、黏重的土壤，进行深翻，打破不透水层。同时施入足量有机肥，施优质腐熟厩肥 4 m^3/亩，或腐熟鸡粪 1.5～2.5 m^3/亩。挖栽植沟，沟宽为 0.6～1 m，深为 0.5～0.6 m，表土与底土分放。

2. 定植

在苗木栽植时，嫁接口与地面相平，将根系舒展向四周均匀分布，并将苗木扶直，左右对准，使其纵横成行。填土时先将表土和足量腐熟有机肥、适量过磷酸钙肥混匀填入并踩实，底土撒开做畦，灌透水，全园覆膜，1 周后再浇水 1 次。

四、扣棚与升温

(一)扣棚与升温原则

在满足葡萄自然休眠和设施内达到葡萄生长发育的环境条件

后，根据果实的计划上市日期和果实发育期，确定升温时期。

（二）升温时期

薄膜温室于秋季冬剪后覆盖薄膜、草帘，翌年外界日平均气温稳定在－7℃～－5.1℃时开始揭帘升温。升温前 15～20 d，用石灰氮 500 g 兑温水 2.5 kg 进行搅拌均匀，涂抹葡萄的结果母枝。一年生葡萄枝蔓从基部 40 cm 处开始向上涂抹。塑料大棚于外界日平均气温为 5℃时（2 月下旬至 3 月中旬），葡萄扣棚、出土、升温。

（三）环境调控

设施葡萄不同生育期温、湿度调控范围参考（表 3-1）。

表 3-1　设施内葡萄各生育期适宜温、湿度

生育期	温度/℃		相对湿度/%
	白天	夜间	
催芽期	20	6～10	80～90
花前新梢生长期	25～28	15	70～80
花期	28	16～18	60～70
果实膨大生长期	25～28	18～20	70～80
着色至成熟期	28～30	15	60～70

葡萄是喜光性植物，要通过选用无滴塑料薄膜、铺设反光膜等措施增加光照；通过加大放风、施用固体二氧化碳等方法补充室内二氧化碳的不足。

五、主要管理、技术措施

（一）土肥水管理

1. 土壤改良与耕作

在浆果采收后结合秋施基肥对土壤进行深翻熟化。深翻时沿栽植沟两侧，将表土放在一边，心土放在一边，深度与原栽植沟一致。沟底可填入秸秆，然后再回填表土，最后将心土和粪肥（其中拌入过磷酸钙等）混合，填入栽植沟表层。根据杂草发生和土壤板结情况，在整个生育周期中进行5～8次中耕松土和除草。中耕的深度为10～15 cm，多在雨后或灌水后进行。

2. 施肥

基肥以有机肥料为主，适当掺入一定数量的矿质元素，于秋季浆果采收后在根系周围挖施肥沟（穴）施入土壤和撒施于沟面。施充分腐熟有机肥5 000～8 000 kg/亩，过磷酸钙100 kg/亩。追肥于萌芽前、开花前，追施1次复合肥20 kg/亩，或尿素15～20 kg/亩；浆果膨大期、果实着色期，追施1次复合肥15 kg/亩和过磷酸钙15 kg/亩；叶面肥在果实着色前每隔10～15 d喷施1次0.3%尿素或以氮素为主的叶面肥，果实着色后每15 d喷施1次0.3%～0.5%磷酸二氢钾。

3. 灌水

萌芽前灌水1次，花序出现至开花前10 d灌水1次，浆果膨大期根据具体情况灌水3～5次，浆果着色初期灌透水1～2次，浆果采收后立即灌水1次，落叶后灌透水1次，利于根系正常越冬。提倡覆膜，采用膜下滴灌。

（二）整形修剪

1. 整形

（1）单龙干形　单龙干形，株距0.5～0.6 m，定植当年从萌发出的新梢中，选留1个生长健壮的新梢作主蔓培养。夏剪时主蔓不留副梢，直线延伸，直到主蔓长至整形长度后，进行摘心，控制延伸生长。如果主蔓生长较慢，北部地区8月中下旬还达不到整形长度，则此时也应及时摘心，促进新梢加粗生长和枝芽成熟。冬剪时，根据主蔓粗度和成熟度剪截，剪口下要求枝粗直径达到

0.8 cm以上，定植当年主蔓剪留长度不超过1.5 m，以防剪留过长中下部出现"瞎眼"。若主蔓粗度在0.8 cm以下，应留3～5芽平茬，第2年重新培养主蔓。

（2）双龙干形　双龙干形，株距1～1.4 m，从定植苗中选留2个生长势相近的新梢作主蔓培养。如果苗木只抽生1个新梢，则待该新梢生长5～6片叶时，摘心促发副梢，选其中2个生长强壮的副梢作主蔓培养，其他副梢贴根抹除。夏剪和冬剪技术与要求，与单龙干形主蔓培养方法相同。

2. 修剪

（1）生长期修剪

①抹芽和疏枝。新梢长到5～10 cm左右时，将过多的发育枝、主蔓靠近地面30～40 cm内的枝芽以及过密过弱的新梢抹去，同一芽眼中出现2～3个新梢，只保留1个健壮的新梢。新梢长到15～20 cm时，再进行1次疏枝。根据树势强弱和架面大小确定留枝量。单篱架新梢垂直引缚时每隔10～15 cm留1个新梢；棚架每平方米架面保留15～20个新梢。在抹芽和疏枝后，结果枝与发育枝比例以(1～2)∶(0.5～1)为宜。

②结果枝摘心。在开花前5～7 d至始花期，在花序以上留4～6片叶摘心。

③副梢处理。定植当年的葡萄苗木萌发后，其新梢做预备枝培养结果母枝时，在主梢摘心后，其上的副梢除顶端一个留1～2片叶反复摘心外，余者全部从基部抹除；作为延长生长用的梢可将其上副梢各留1～3片叶进行摘心，以后发出的副梢保留1片叶反复摘心。葡萄开始结果后，结果枝上的副梢处理方法有两种，一种是主梢在花序前4～6片叶摘心后，果穗以下的副梢从基部抹除，顶端1个副梢留3～4片叶反复摘心，其余副梢留1～2片叶反复摘心，使果枝上的叶片数最终达到12～15片；另一种是主梢摘心

后，只保留顶端一个副梢 4～6 叶摘心，以后始终只保留前端 1 个副梢 2～3 叶反复摘心。

④除卷须及新梢引缚。在生长季修剪中结合其他工作，随时对卷须加以摘除。当新梢长到 40 cm 左右时，即需引缚到架面上。篱架栽培可将部分新梢向外呈弓形引缚；棚架栽培可将 30％左右的新梢引缚，其余的使之直立生长，以利通风透光。

⑤采收后修剪。根据品种的生物学特性和枝条生长的具体情况，对部分枝梢进行适当回缩、短截和疏除。

(2)休眠期修剪　①一年一栽制葡萄在落叶后将充分成熟的主蔓剪留 2 m 左右，将上面着生的副梢从基部疏除。②多年一栽制葡萄对结果母枝的休眠期修剪有短梢修剪(2～4 芽)，中梢修剪(5～7 芽)和长梢修剪(8 芽以上)。中、长梢修剪时，采用双枝更新的修剪方法，即在中梢或长梢的下位留一个具有 2～3 个饱满芽的预备枝，当中、长梢完成结果后，在预备枝的上方剪除。预备枝上留下的 2 个新梢，靠上位的休眠期修剪时，仍按中、长梢进行剪截，下位的新梢剪留 2～3 个芽作为预备枝。短梢修剪时，采用单枝更新修剪法，即短梢结果母枝上发出 2～3 个新梢，在冬剪时回缩到最下位的一个枝，并剪留 2～3 个芽作为下一年的结果母枝。

(三)花果管理

1. 诱发二次果

利用冬芽副梢诱发二次果：在葡萄花前 7～10 d，在主梢花序以上留 4～7 片叶摘心，发育枝留 8～10 片叶摘心，并抹除所有夏芽副梢，激发冬芽萌发，待冬芽二次梢露出花序后，在其上留 2 片叶摘心。巨峰及巨峰系品种均可用此法获得二次果。

利用夏芽副梢诱发二次果：在主梢开花前 15～20 d，在花序以上夏芽尚未萌动的节上，对主梢进行摘心，同时，将下部已萌动的夏芽副梢全部抹除。如夏芽副梢上没有花序，待其展叶 4～5 片时，再留 2～3 片叶摘心，利用夏芽 3 次梢结果。无核 8611、京秀等品种应用此法效果很好。

2. 疏花序与花序整形

对果穗重 400 g 以上的大穗品种，壮枝留 1～2 个花序，中庸枝留 1 个花序，短弱枝不留花序；对小穗品种，壮枝留 2 个花序，中等枝留 1 个花序为主，个别空间较大处可留 2 个花序，短细枝不留花序。花序整形上，对于果穗圆柱形、紧圆锥形的品种，花序不用整形，部分花序过长的，于开花前 7～10 d 将花序顶端用手指掐去其全长的 1/4～1/5；果穗较大、副穗明显的品种，将过大的副穗剪除，过长的分枝和过长的穗尖掐去，使果穗紧凑、果粒大小整齐。

3. 疏穗和疏粒

疏穗在盛花后 20 d 左右，按 2 年生葡萄每株保留 4～6 个果穗，多年生葡萄架保留 5～8 个果穗/m^2 的原则，将多余的果穗疏除。疏粒于落花后 15～20 d 进行，果粒小、着生紧密的果穗以 250～350 g 为标准，果粒大、着生稍松散的果穗以 750～850 g 为标准，果粒中等、松紧适中的果穗以 450～550 g 为标准，疏除部分过密果、畸形果和小粒果。

4. 提高着色率

在浆果开始着色时，通过调整果穗位置，摘掉结果新梢基部的 3～4 片老叶和疏除部分遮盖果穗的无用新梢，架下铺设反光膜等措施，促进果穗着色。

5. 化学调控

无核化处理于盛花期和盛花后 11～14 d 进行，采用 30～50 mg/L 的赤霉素溶液浸蘸花序和果穗各 1 次。浆果膨大处理在有核葡萄于谢花后 15～20 d，无核葡萄于谢花后 5 d 和 20 d，采用 10 mg/L 的葡萄膨大剂溶液浸或喷果穗，或无核葡萄于谢花后 12～15 d，用 30～50 mg/L 的赤霉素浸或喷果穗。

六、病虫害防治

(一)农业防治

秋冬季和初春,及时清理果园设施中病僵果、病虫枝条、病叶等病组织,减少果园设施中初侵染菌源和虫源。采用滴灌、树下铺膜等技术。适当稀植,加强新梢管理,避免树冠郁蔽。

(二)药剂防治(表 3-2)

表 3-2 葡萄主要病虫害药剂防治使用方法

病虫害	通用名(商品名)	剂型	稀释倍数	用法
白腐病	波尔多液		1∶0.5∶200	喷雾
	福美双	50%可湿性粉剂	600～800	喷雾
	大生 M-45	80%可湿性粉剂	600	喷雾
	百菌清	75%可湿性粉剂	500～700	喷雾
	世高	10%水分散粒剂	1 500～2 000	喷雾
炭疽病	代森铵	45%水剂	800	喷雾
	世高	10%水分散粒剂	1 500～2 000	喷雾
	溴菌腈(炭特灵)	25%乳油	300～500	喷施
	施保功	50%可湿性粉剂	1 000～2 000	喷雾
	甲基托布津	70%可湿性粉剂	900	喷雾
房枯病	同白腐病、炭疽病	同白腐病、炭疽病	同白腐病、炭疽病	同上
霜霉病	波尔多液		1∶0.7∶200	喷雾
	克露(霜脲锰锌)	72%可湿性粉剂	600～800	喷雾
	灭克(氟吗啉锰锌)	60%可湿性粉剂	750～1 500	喷雾
	乙磷铝(疫霜灵)	40%可湿性粉剂	200～300	喷雾
	瑞毒霉	40%可湿性粉剂	800～1 000	喷雾
灰霉病	多菌灵	50%可湿性粉剂	600	喷雾
	农利灵	50%可湿性粉剂	1 000～1 500	喷雾
	甲基托布津	50%可湿性粉剂	500～600	喷雾

续表

病虫害	通用名(商品名)	剂型	稀释倍数	用法
穗轴褐枯病	克博	78%可湿性粉剂	500～600	喷雾
	炭疽福美	80%可湿性粉剂	500	喷雾
	戴措霉		2 000	喷雾
缺镁症	硫酸镁		25～30	喷雾
缺硼症	硼砂	34%～38%	150～200	喷雾
缺铁症	硫酸亚铁		200	喷雾
缺锰症	硫酸锰		200～300	喷雾
白粉虱	氧化乐果	40%乳油	100	喷雾
红蜘蛛	硫黄	胶悬剂	300～400	喷雾

第四章　畜禽养殖技术及疫病防治

第一节　肉猪的饲养管理及疫病防治

一、肉猪的饲养管理

肉猪是指 25～90 kg 这一阶段的育肥猪，其数量占总饲养量的 80%以上。饲养效果的好坏直接关系到整个养猪生产的效益。该阶段的中心任务，是用最少的劳动消耗，在尽可能短的时间内，生产数量多、质量好的猪肉。

(一)肉猪生长发育的一般规律

1. 肉猪的生长模式

猪的生长发育具有一定规律性，表现在体重、体组织以及化学成分的生长率不同，由此构成一定的生长模式。掌握猪的生长发育规律后，就可以在生长发育的不同阶段，调整营养水平和饲养方式，加速或抑制某些部位、组织、化学成分等的生长和发育程度，改变猪的产品结构，提高猪的生产性能，使其向人民需要的方向发展。

2. 生长速度与饲料利用效率的变化

猪的生长速度呈现先慢后快又慢的规律，由快到慢的转折点大致在 6 月龄上下，或成年体重的 40%左右。转折点出现的早晚受品种、饲养管理条件等的影响。一般大型晚熟品种，饲养管理条件优越，转折点出现较晚；相反则早，如长白猪在 100 kg 左右。生产上应抓住转折点前这一阶段，充分发挥其生长优势。

猪在肥育期每千克增重的饲料消耗，随其日龄和体重的增加而呈线性增长。2～3 月龄的猪，每千克增重耗料 2 kg 左右；5～6 月龄的猪，体重达 90 kg 左右时，上升到 4 kg 左右；以后随体重的增大上升，幅度更大，同时日增重开始降低，经济效益显著下降，因此，应注意适时出栏。

（二）猪体组织的生长

肉猪骨骼、肌肉、脂肪虽然在同时生长，但生长顺序和强度是不同的。骨骼是体组织的支架，优先发育，在幼龄阶段生长最快，其后稳定；肌肉居中，4～7 月龄生长最快，60～70 kg 时达到高峰；脂肪是晚熟组织，幼龄时期沉积很少，但随年龄的增长而增加，到 6 月龄、90～110 kg 以后增加更快。

（三）猪体化学成分的变化

猪体化学成分也随猪体重及猪体组织的增长呈现规律性的变化。猪体内水分、蛋白质和矿物质随年龄和体重的增长而相对减少，脂肪则相对增加。45 kg 以后，蛋白质和灰分含量相对稳定，脂肪迅速增长，水分明显下降，这也是饲料报酬随年龄和体重的增长而变差的一个重要原因。

二、肉猪的饲养技术

（一）饲料调制

1. 原料选择与搭配

生产上应根据所养肉猪的生长潜力、猪场的饲养管理条件、不同年龄猪的消化生理特性、当地饲料资源，选择价格低、营养价值高、适口性好的原料。选择原料后还要注意多样合理搭配，包括青料、粗料和精料的合理搭配，能量饲料、蛋白质饲料、矿物质和维生素饲料的合理搭配以及同类饲料不同品种间的合理搭配，以取长补短，完善营养，使猪既能吃饱，又能吃好，营养满足需要。

2. 饲料形态

饲料可加工调制成各种形态，包括全价颗粒料、湿拌料、稠粥料、干粉料和稀水料。饲喂效果以颗粒料为最好，其次是湿拌料和稠粥料，再次是干粉料。稀水料饲喂效果最差。但每种饲料形态都有其优缺点，生产上应根据具体情况，选择适宜的饲料形态。

(1)颗粒料　饲喂效果最好，并且便于投食，损耗少，不易霉坏，但设备投资大，制粒成本高。因此，目前仅用于仔猪。

(2)湿拌料　稀粥料的料水比为1∶(0.5～2)，稠粥料的料水比为1∶(2～3)，两者饲喂效果接近，该饲料形态的优点是适口性好，提前浸泡可软化饲料，有利于消化；缺点是稍费工，不适宜机械化饲养，剩料易结冻、腐败变质。母猪和非机械化猪场常采用湿拌料喂猪。

(3)干粉料　适宜机械化饲养，可极大提高劳动生产率，剩料不易霉坏变质，可保持舍内干燥，但适口性差，粉尘多。目前大规模猪场多采用此种饲料形态。

(4)稀水料　料水比1∶4以上。此种饲料形态喂猪，影响唾液分泌，冲淡胃液，降低饲料消化率，还会因为大量水分排出体外而增加生理负担，故生产上应杜绝稀水料喂猪。

3. 生喂与熟喂

熟料喂猪的优点是可提高饲料适口性，可以消灭有害微生物和寄生虫，对某些饲料可起到去毒作用。因此，部分饲料应熟喂，如大豆饼、棉籽饼、菜籽饼。而多数饲料如玉米、高粱、大麦、麸皮等经过煮熟反而降低饲喂效果，其原因是破坏了其中的许多营养素，而且浪费了大量燃料、劳力、设备等，因此，应提倡生料喂猪。

(二)饲喂方式

自由采食是根据猪的营养需要，配制营养平衡的日粮，任猪自由采食或分次喂饱。

1. 自由采食

自由采食的猪日增重高，饲料报酬略差，瘦肉率低。

2. 限量饲喂

限量饲喂是每日喂给自由采食量的 80%～90%饲料或降低营养浓度以达到限饲的目的。限量饲喂按阶段又分为前期限量、后期限量和全期限量。①前期限量效果最差，日增重低，饲料报酬差，瘦肉率低，一般不采用；②全期限量的猪日增重较前者更低，饲料报酬与瘦肉率优于前者，一般也不宜采用。

总体而言，前期自由采食，保证一定的日增重，后期限量饲喂，提高饲料报酬和瘦肉率，该种饲喂方式是值得提倡的一种饲喂方式。

(三)饲喂次数

1. 定时

定时就是每天喂猪的时间和次数要固定，这样可提高猪的食欲，促进消化腺定时活动，提高饲料的消化率。如果饲喂次数忽多忽少，饲喂时间忽早忽晚，就会打乱猪的生活规律、降低食欲和消化机能，并易引起胃肠病。生产上采用日喂两三次，饲喂的时间间隔应均衡。

2. 定量

定量即掌握好每天每次的喂量，以不剩料、不舔槽为宜，不可忽多忽少，以免引起猪消化不良、拉稀。一天的早、中、晚 3 次喂猪，以傍晚食欲最旺盛，午间最差，早晨居中，夏季更明显。料的给予量以早晨 35%、中午 25%、傍晚 40%为宜。

3. 定质

定质即饲料的品种和配合比例相对稳定，不可轻易变动，如需变换，新旧饲料必须逐步增减，让猪的消化机能有一个适应过程，突然变换易引起猪采食量下降或暴食，消化不良，生产性能下降。

三、肉猪的管理

(一)合理分群

1. 肉猪群饲的原则

一般生长肥育猪采用群饲。为避免猪合群时争斗,最好以同一窝为一群最好。如果需要混群并窝,应按来源、体重、体质、性情、吃食快慢等方面相近的猪进行合群饲养。为减少合群时的争斗,可采用“留弱不留强,拆多不拆少,夜并昼不并”的办法。分群后,宜保持猪群相对稳定,不任意变动。但因疾病或体重差别太大、体质过弱,不宜在群内饲养的猪,则应及时加以调整。

2. 猪群的大小

分群时,还应注意猪群的大小和圈养密度。猪群大小是指每一圈(或栏)所养猪的头数,它们直接影响猪舍的温度、湿度、有害气体等的变化和含量,也影响猪的采食、饮水、排便、活动、休息、争斗等行为,从而影响猪的健康与生产性能。

猪群过大,猪的争斗次数增多,休息睡眠时间缩短,降低猪的生产性能,所以,猪群不宜过大,以 10～20 头/群为宜。

3. 圈养的密度

圈养密度是指每头猪所占猪圈(或栏)的面积,圈养密度过大,猪体散热增多,不利于防暑;冬季适当增大圈养密度,有利于提高圈舍温度;春秋密度过大,会因散发水汽太多,易于有害微生物繁衍,使有害气体增多,环境恶化,从而降低猪的生产性能。因此,圈养密度也不宜过大,在 20～50 kg 阶段 0.6～1 m^2/头,50～100 kg 阶段 0.8～1.2 m^2/头。漏缝地板圈养密度可大一些,实体水泥地面圈养密度小一些。

(二)及时调教

圈舍卫生条件的好坏,直接影响猪的健康与增重。因此,除每天清圈打扫、定期消毒外,饲养员还应及时做好猪的调教工作。调教工作要做到一早三勤，即早调教、勤守候、勤驱赶、勤调教，使猪养成吃食、睡觉、排便三角定位的习惯，以减轻饲养员劳动强度，保持圈舍清洁干燥。

调教要根据猪的生活习性进行。猪喜欢躺卧在高处、平处、圈角黑暗处、垫草及木板上，冬天喜睡在温暖处，夏天喜睡在风凉处。猪排便也有一定规律，多在低处、湿处、有粪便处以及圈角、洞口、门口等处，并多在喂食前后和睡觉起来时排便，在新的环境或受惊吓时排便较勤。掌握好这些习性是调教的基础，抓得及时是调教的关键。

在猪刚调入新圈时要立即开始调教，可采用守候、勤赶、放猪粪引诱、加垫草等方法单独或交替使用。例如，在猪调入新圈前，要把圈舍打扫干净，在躺卧处铺上垫草，饲槽放入饲料，水槽加足饮水，并在指定排便地点堆放少量粪便，泼点水，然后把猪调入新圈。吃食、睡觉、排便三点的安排，应尽量考虑猪的生活习性。

猪入圈后要加强看守，驱赶猪到指定地点排便，把排在其他处的粪便及时清到指定排便地点，经过 3 d 左右猪就会养成吃食、睡觉、排便三角定位的习惯。

（三）去势与驱虫

猪的性别和去势与否，对生产性能和胴体品质影响很大，生产上必须根据具体情况，灵活掌握。

1. 去势

（1）我国国内的杂交猪　对我国地方品种猪或含我国地方品种血液较多的杂交猪，由于性成熟较早，去势后猪的性机能消失，神经兴奋性降低，日增重、饲料报酬、屠宰率、沉积脂肪能力均提高，公、母猪应去势肥育。

（2）国外引进的杂交猪　对于国外引进品种猪以及含引进品种血液较多的杂交猪，由于性成熟较晚，母猪可采用不去势肥育，瘦肉率和饲料报酬较高。在某些国家，公猪也采用不去势肥育，肥育效果最佳。小公猪在 7 日龄左右去势，操作方便，伤口愈合较快。小母猪在 30 日龄左右去势。

2. 驱虫

猪体内外寄生虫对猪危害很大，在相同饲养管理条件下，患蛔虫病的猪比健康猪增重低 30%，严重时生长停滞。生产上必须根据寄生虫的生物学和流行病学特性，有计划的定期驱虫，以提高猪的增重和饲料报酬。

整个肥育期最好驱虫 2 次，肥育前，进行第 1 次驱虫，体重达 50 kg 左右时，再驱虫 1 次。可使用左旋咪唑，按每千克体重 8 mg 拌入饲料喂服；也可用伊维菌素，每千克体重 0.3 mg 左右口服。

（四）建立管理制度

管理要制度化，按规定的时间与程序给料、给水、清扫粪便，及时观察猪群的食欲、精神、粪便有无异常，及时诊治不正常的猪。要建立一套周转、出售、称重、饲料消耗、治疗等的记录制度。

四、肉猪的肥育方法

我国猪的肥育，应立足国内，兼顾外销。我国目前常用的肥育方法有：阶段肥育法、一贯肥育法、淘汰种猪的肥育和中猪肥育四种。

（一）阶段肥育法

阶段肥育法即吊架子肥育法，是我国劳动人民根据猪的骨、肉、脂生长发育规律，从我国广大农村养猪以青粗饲料为主的实际出发，把猪的整个肥育期划分为几个阶段，分别以不同的营养水平，把精料重点用在小猪和催肥阶段，在中间阶段主要利用青粗饲料，尽量少用精料的肥育方法。

1. 肥育阶段的划分

由于各地猪种早熟性、肥育期长短以及体重要求不同，将整个肥育期大体划分 3 个阶段。

①小猪阶段。从断奶到体重 25 kg 左右，饲养期约为 2 个月。这个阶段小猪生长速度相对较快，要求营养较多，日粮中精料多些，以免小猪生长发育受阻。此阶段要求日增重达 200～250 g。

②架子猪阶段。体重 25～50 kg，饲养期为 4～5 个月，主要饲喂青粗饲料，要求骨骼和肌肉得到充分发育，长大架子。此阶段日增重较低，为 150～200 g。

③催肥阶段。体重 50 kg 左右到出栏。饲养期一般约 2 个月，是脂肪大量沉积阶段，日粮中精料比重要大，使之加快肥育。

2. 饲养管理技术

阶段肥育在饲养上采取“三阶段、两过渡”的方法，即在小猪和催肥阶段要集中使用精料，在架子猪阶段基本上以青粗饲料为主，搭配少量精料。为防止因突然增减精、粗饲料而引起食欲下降、消化道疾患及影响增重，故在小猪进入架子猪阶段和架子猪进入催肥阶段都要有一个较短时间的过渡期。

（二）一贯肥育法

一贯育肥法又叫一条龙育肥法或直线育肥法。从仔猪断奶到肉猪出栏，根据肉猪生长发育各阶段营养需要特点，供给充足营养，促进猪体各组织充分生长，以达到快速肥育的目的。一贯肥育要求肥育期短、日增重高、饲料利用率高，因此，必须重视肥育技术。

1. 饲喂方法必须以精料为主

采用自动料箱给料，让猪昼夜随意采食；或人工定时投料，以饱为度。在小猪阶段要适当增加饲喂次数，以充分利用小猪生长快、饲料利用率高的特点。

随着日龄的增长，可减少日喂次数。精料喂量应随体重增长而增加，并注意青绿饲料的供给。

2. 保证饮水

一贯肥育法，因日粮中精料多，较浓稠，特别是采用干粉料、颗粒料、生拌料饲喂，故应设置饮水器，让猪自由饮水。

3. 加强管理

肥育开始时，应做好防疫、防寒或防暑、驱虫等技术管理工作，并做好日常的清洁卫生和管理工作。

（三）淘汰种猪的肥育

淘汰种猪多年老体瘦，可利用价值差。利用淘汰的成年公母猪进行肥育的任务在于改善肉的品质，获得大量的脂肪，因此，所供给的营养物质，主要是含丰富碳水化合物的饲料。

在肥育前应进行去势，既能改善肉的品质，又有利于催肥。成年猪经去势后体质较弱，食欲又差，应加强饲养管理，供给容易消化的饲料。催肥阶段应减少大容积饲料的喂量，增加精饲料。

（四）中猪肥育

中猪是我国华南地区的食品用猪，经烧烤加工后是上等名菜。中猪是指 105～120 日龄、体重 25～35 kg 的幼猪。对中猪的要求是：头小、嘴短、皮薄、膘薄、瘦肉多、背腰直、腹小，以瘦肉型为好。经烤制后的中猪，要求皮薄、鲜红、松脆、皮与膘之间不分离。如果仔猪哺乳期至断奶若要达到要求体重，应采用强度饲养方式，日粮中能量和蛋白质水平要高，粗纤维的含量要低。

五、肥育猪适宜出栏体重

肉猪的适宜出栏体重是生产者必须考虑的问题，受许多因素的制约。

（一）增重与胴体瘦肉率

在一定的饲养管理条件下，肉猪达到一定体重时，才达增重高峰。增重高峰期的早晚、高峰期持续时间长短，因品种、经济类型、杂交组合不同而异。通常小型品种或含我国地方猪遗传基因较多的杂交猪，增重高峰期出现较早，增重高峰持续时间较短，适宜出栏体重相对较小。相反，瘦肉型品种，配套系杂交猪，含我国地方猪遗传基因较少的杂交猪，增重高峰期出现较迟，高峰期持续时间较长，出栏体重应相对较大。

此外，随着体重的增长，胴体瘦肉率降低。出栏体重越大，胴体越肥，生产成本也越高。因此，应在增重高峰过后及时出栏为宜。

（二）针对不同市场需求确定出栏体重

养猪生产是为满足各类市场需要的商品生产，不同市场要求各异。供给东南亚市场活大猪以体重 90 kg、瘦肉率 58%以上为宜，活中猪体重不应超过 40 kg；供日本及欧美市场，瘦肉率要求60%以上，体重 110～120 kg 为宜。国内市场情况较为复杂，在大中城市要求瘦肉率较高的胴体，且以本地猪为母本的二三元杂交猪为主，出栏体重 90～100 kg 为宜；农村市场则因广大农民劳动强度大，需要膘稍厚的胴体，出栏体重可更大些。

（三）以经济效益为核心确定出栏体重

养猪经济效益的高低主要受 3 个方面因素的制约，即猪种质量、生产成本和产品市场价格。出栏体重越小，单位增重耗料越少，饲养成本越低，但其他成本的分摊额度越高，且售价等级也越低，很不经济。出栏体重越大，单位产品的非饲养成本分摊额度越少，但在后期增重的成分主要是脂肪，而脂肪沉积的能量消耗量大。因此，生产者应综合诸因素，根据具体情况灵活确定适宜的出栏体重。

六、提高肥育猪胴体瘦肉率的措施

提高商品肉猪胴体瘦肉率，是当前养猪生产面临的重要课题。近年来，国内市场对瘦肉猪的需求增加，加之出口需要，发展瘦肉猪生产，不仅可以提高商品肉猪日增重，降低饲料消耗，而且可以改善肉的品质，减少脂肪含量，增强适口性，同时也是提高经济效益、改善养猪业经营状况的重要途径。

(一)选养瘦肉型猪种或开展杂种优势利用

1. 外向型猪场

外向型猪场以饲养外国引进的长白猪、大约克夏猪、杜洛克、汉普夏猪种进行三元杂交。其后代虽然对饲料条件要求较高,但日增重高,饲料利用率高,胴体瘦肉率达60%以上,产品出口可获得较高的价格和利润。

2. 内销商品

内销商品肉猪可根据各地实际进行瘦肉型新品种或品系的育种工作,培育瘦肉型品种或品系用于商品生产。这就应选择瘦肉率高、生长速度快、饲料利用率高和肉质好的外国良种瘦肉型公猪做父本,以分布广、适应性强、繁殖力高和肉质好的我国地方猪种或培育品种作母本,进行二元或三元杂交生产瘦肉型商品猪。这是一种投资少,见效快,适合我国国情的生产瘦肉型杂种商品猪的有效途径。

(二)提高育成猪活重和整齐度

在母猪窝仔数相同的条件下,同窝仔猪个体初生重越均匀越好,初生重均匀,断奶仔猪的均匀性好,则断奶窝重高,6月龄窝重高,可以提高出栏率,提高肉猪等级,提高经济效益。现代养猪要求原窝群饲,对于提高均匀度和经济效益十分有利。

(三)适宜的饲养水平

1. 饲养水平影响猪的增重和饲料利用率

饲养水平不仅影响猪的增重速度和饲料利用率,而且对胴体瘦肉率也有一定的影响。适宜的饲养水平包括合适的能量供应水平、合适的蛋白质和氨基酸水平以及合适的矿物质和维生素水平。

2. 饲养水平影响瘦肉率

饲养水平的高低是影响瘦肉率的重要环境因素。肉猪活重45 kg以前,增加日粮消化能,蛋白质、脂肪沉积量和日增重均呈直线增长;当肉猪活重为45～90 kg时,注意稳定消化能在32 MJ

水平。建议在满足消化能和氨基酸需要的条件下，体重 20～60 kg 瘦肉型肉猪，蛋白质水平维持在 16%～17%，体重 60～100 kg 瘦肉型肉猪，蛋白质水平维持在 14%～16%。

(四)环境温度

环境温度对脂肪沉积的影响大于对蛋白质沉积的影响，过高或过低的环境温度对脂肪和蛋白质的沉积都不利。据报道，适于蛋白质沉积的温度是 18～21℃；另有报道认为氮的沉积以 20～25℃时最高。据荷兰资料，在环境温度 10℃与 20℃条件下饲养的肥育猪，前者瘦肉率下降 10.6%，膘厚增加 3.4%。因此，为肥育猪创造适宜的环境温度可提高胴体的瘦肉率。同时合适的环境温度还可提高日增重，体重 40～100 kg 瘦肉型肉猪合适的环境温度为 18℃左右。

除环境温度外，其他因素，如光照、通风换气、饲养密度等都对肉猪日增重造成一定的影响。

(五)屠宰适期

肥育猪在不同体重屠宰，其胴体瘦肉率不同。控制适宜体重屠宰，可提高商品猪的胴体瘦肉率。屠宰率和瘦肉率的绝对重量，随体重的增大而提高，但瘦肉所占的百分数却下降，瘦肉和肥肉中的水分含量随体重的增大而减少。

肥育猪以多大体重屠宰为宜，既要考虑胴体瘦肉率，又要考虑综合经济效益。大型猪可在 100 kg 左右屠宰，中、小型猪可在 75～85 kg 屠宰。

总之，提高猪胴体瘦肉率是发展养猪生产和改善人民生活所必需的。生产瘦肉率高的肥育猪，必须采取综合措施，如选种、杂交、饲料配合、饲养技术、肥育方式、屠宰适期、环境因素、收购价格和收购标准等方面，应从全面考虑，综合分析，并协调一致方可见到明显的成效。

七、猪的疫病防治

(一)病毒性传染病

1. 猪瘟

猪瘟(HC)俗称烂肠瘟,美国称猪霍乱,英国称猪热病,是猪的一种急性、热性、败血性和高度接触性传染病。其特征为发病急,高热稽留,脾脏梗死和全身泛发性出血。猪瘟病已覆盖了我国98%以上的疆土,凡是有猪的地方,包括有野猪的地方都有猪瘟的存在。猪瘟是危害我国养猪业的重要传染病之一。国际兽医局将该病列入A类传染病。我国也将其列为一类传染病。

(1)病原体与流行特点　猪瘟是由黄病毒科、瘟疫病毒属、猪瘟病毒感染引起的。该病毒为单股RNA型,有囊膜,存在于病猪的各个器官、组织、分泌物及粪便中。目前认为猪瘟仍为一个血清型,但有强、中、弱之分。强毒株引起高死亡率的急性猪瘟,中毒株引起亚急性或慢性感染,弱毒株可引起轻微症状或亚临床症状,也就是非典型猪瘟,胚胎感染或初生仔猪感染可导致死亡。猪瘟病毒对环境的抵抗力不强,76℃经1 h可使病毒灭活。在干燥条件下,1～4周失去传染性。在腐败的动物尸体中3～4 d可失去活力。对碱性消毒药,如1%～2%的氢氧化钠、生石灰等敏感。

猪是该病唯一的自然宿主和传染源,主要经消化道、呼吸道、眼结膜及皮肤伤口传染。该病一年四季均可发生,以春、秋较为严重。近年来猪瘟流行发生了变化,出现非典型、温和型猪瘟,以散发性流行。发病特点是临床症状不明显,死亡率低,病理变化不典型,必须依靠实验室检验才能确诊。

(2)临床症状可分为以下几种类型

①急性型:发病急剧。其主要表现为突然发病,高热稽留,体温可达41℃以上,全身痉挛,四肢抽搐,皮肤和可视黏膜发绀,有出血点,卧地不起,很快死亡。其病程为1～5 d。

②亚急性，发病较急，主要表现为体温升高到 41～42℃，稽留不退，精神沉郁，行动缓慢，头尾下垂，嗜睡，发抖，行走时拱背，不食。结膜发炎，眼角有大量脓性分泌物，鼻镜干燥，公猪包皮积尿。初便秘，后腹泻，或便秘腹泻交替进行。耳、颈、腹部、四肢内侧皮肤上有出血点或出血斑，病程 1～2 周，不死亡者转为慢性型。

③慢性型：主要表现为消瘦、全身衰弱，体温时高时低，便秘腹泻交替，被毛干燥，行走无力，食欲不佳，贫血。常成为僵猪。

④繁殖障碍型（母猪带毒综合征）：孕猪感染后可不发病，但长期带毒，并能通过胎盘传给胎儿。孕猪流产、早产、产死胎、木乃伊胎，弱仔或新生仔猪先天性颤抖。存活的仔猪都可出现长期病毒血症，一般数天后死亡。

⑤温和型：症状较轻且不典型。耳朵、尾巴皮肤坏死，俗称"干耳""干尾巴"。病猪发育停滞，四肢瘫痪，共济失调，部分猪跗关节肿大。病程半月以上。有的经 2～3 个月后才能恢复。

⑥神经型，多见于幼猪。病猪表现为全身痉挛或不能站立，或盲目奔跑，或倒地痉挛，常在短期内死亡。

（3）剖检变化　其主要表现为典型的败血性病变，全身皮肤、浆膜和内脏实质器官有不同程度的出血变化。全身淋巴结肿大、多汁、充血和出血，呈红白相间的大理石状花纹。肾脏色泽变淡，呈土黄色，皮质部有针尖大到米粒大数量不等的出血点，少者数个，多者密布，呈"麻雀蛋样病变"。脾不肿大，色泽基本正常，边缘有出血性或贫血性梗死灶。输尿管、膀胱、会厌软骨、喉头心外膜等处有数量不等的出血点。胃肠和结肠的淋巴小结坏死、溃烂、形成纽扣状溃疡。

（4）防治措施

①免疫接种。这是当前防治猪瘟的主要手段。仔猪 25 日龄左右进行第 1 次免疫接种。猪瘟流行严重的猪场可进行超免，即在仔猪刚出生后未吃初乳前，接种猪瘟细胞苗 1～2 头份。注苗

1～2 h后，再自由哺乳，首免后33日龄二免，70日龄三免。种公猪每半年免疫1次，每次注射细胞苗8～10头份。后备母猪配种前15 d，经产母猪产后25 d免疫，每次注射8～10头份细胞苗。

②及时淘汰隐性感染带毒猪。

③引种时防止引入病猪。

④建立“全进全出”的管理制度。

⑤做好猪场的隔离、卫生、消毒工作。

⑥加强市场检疫。

⑦科学饲养管理，提高机体抵抗力。

如发现可疑的病猪，应立即上报疫情，采样送检，对疫区采取封锁、隔离、消毒、扑杀、销毁等综合措施，对受威胁区实施紧急免疫接种和疫情监测。解除封锁应在疫区最后一头病猪死亡或扑杀后的21 d，进行全面消毒后方可进行。

2. 口蹄疫

猪口蹄疫是一种偶蹄动物共患的急性、热性、高度接触性传染病。特征是以蹄部和唇边发生水疱为主，严重时蹄壳脱落，跛行，不能站立。国际兽疫局把口蹄疫列为A类疫病中第一位烈性传染病，我国也把口蹄疫列为一类传染病。

(1)病原体与流行特点　口蹄疫病毒，属于小核糖核酸病毒科、口蹄疫病毒属。具有多型性，目前已知有7个血清型，即O、A、C、南非1、2、3型及亚洲型。又有很多亚型，各型之间无交叉免疫保护作用，各亚型之间也只有部分交叉免疫性。

对口蹄疫病毒有杀死作用的药物有：2%～4%氢氧化钠，5%～8%福尔马林，0.5%～1%的过氧乙酸等。碘酊、酒精、碳酸、来苏儿、新洁尔灭对口蹄病无杀灭作用。

该病以直接接触或间接接触的方式传播。该病一年四季均可发生，但以冬、春季多发。即多在秋季开始、冬季加剧，春季减缓，夏季多平息，常呈地方流行性或大流行。

(2)临床症状　潜伏期为 18～20 h。病初体温升高到 41～42℃，精神不振，食欲减少或废绝，在蹄冠、蹄叉等出现局部红肿现象，不久出现水疱，破裂后形成出血型溃疡面，严重时蹄壳脱落、卧地不起。有的病猪的鼻端、乳房也可出现水泡，很快破裂形成烂斑。该病多为良性经过，大猪很少发生死亡，但初生仔猪常因发生严重心肌炎和胃肠炎而突然死亡。

(3)剖检变化　除蹄部、口腔、鼻端、乳房等处出现水泡、溃疡及烂斑外，咽喉、气管、支气管和胃黏膜也有烂斑和溃疡，小肠、大肠可见出血性溃疡。具有特征意义的病变为心脏有不规则的灰黄色至灰白色条纹和斑点，切面清晰可见，俗称“虎斑心”。

(4)防治措施　种公猪每年注苗 2 次，每次高效苗 2 mL/头，生产母猪分娩前 1.5 个月肌肉注射高效苗 2 mL/头，育肥猪出生后 40 日龄首免，高效苗 1 mL/头，高效苗 1 mL/头。后备种猪、仔猪二免后，每隔 6 个月免疫 1 次，每次高效苗 2 mL/头。

疫区和受威胁区可用疫苗注射。发生疑似口蹄疫时，应立即向当地动物防疫监督机构报告。对发病的猪场和村庄要实行封锁，猪圈、饲槽及用具、场地等，用 3%烧碱溶液喷酒消毒。粪便、垫草等运送到指定地点销毁。病猪和同群猪一律扑杀并进行无害化处理。疫点内最后一头病畜消灭之后，至少 14 d 不出现新病时才可以解除封锁。

3. 猪流行性感冒

简称“猪流感”，是猪的一种急性、热性、高度接触性传染病。特征是发病急、传播快、发病率高、死亡率低，病猪表现发热、肌肉或关节疼痛和呼吸道症状。

(1)病原体与流行特点　猪流感病毒属于正黏病毒属，是 A 型流感病毒的一个类型。该病毒对热和消毒药敏感，在 56℃经过 30 min 可灭活病毒，5%碳酸、碘酊有很好的杀灭作用。但对干燥和低温抵抗力强大，冻干或－70℃可保存数年。各年龄、各品种的猪都有易感性。主要通过呼吸道飞沫传播，有明显的季节性，秋末、寒冬、春初易发，呈地方流行性。

(2)临床症状　该病潜伏期 2～7 d，病初体温突然升高至 40～42℃，食欲减少或废绝，精神沉郁、呼吸急促、喷嚏、咳嗽、鼻流浆液或脓性鼻液，结膜潮红、流泪，肌肉、关节疼痛、躺卧，不愿行走，强迫行走站立时，发出疼痛的尖叫声及跛行。死亡率低，但继发其他疾病时死亡率增高。

(3)剖检变化　病变主要在呼吸系统。剖检可见咽喉、气管、支气管黏膜轻度充血、出血、肿胀，表面有黏液，气管内有大量泡沫样液体。肺脏病变常见于尖叶、心叶和中间叶，病变深紫色，膨胀不全，塌陷，其周围组织气肿、苍白，界限明显。颈和纵膈淋巴结充血、水肿。胃肠有血，脾轻度肿大，肾病变不明显。

(4)防治措施　应采取综合防治措施，加强饲养管理，保持猪舍的清洁干燥，防寒保暖，定期驱虫。尽量不在寒冷、多雨、气候骤变季节长途运猪；对症治疗，防止继发感染。可用解热镇疼药和抗菌素药物，如安乃近、安基比林、青霉素等。这些药对病毒无作用，主要是抗菌，防继发感染，促使病猪早日康复。

4. 猪繁殖和呼吸系统综合症

该病又称蓝耳病。其特征是厌食、发烧，妊娠母猪早产、流产，产死胎、木乃伊胎、弱仔，仔猪死亡率增高。各年龄猪呼吸道病增加是目前高热混感症的主要病因之一。

(1)病原体与流行特点　蓝耳病病毒属于披膜病毒科、动脉炎病毒属，为 RNA 病毒。其对氯仿、乙醚、温度较敏感，在 37℃经过 48 h 和 56℃经过 45 min 可使病毒丧失活性。在－70℃或 20℃保存数月病毒活性不变。

该病仅感染猪，各年龄、各品种的猪均可感染。主要通过空气传播和接触传播。

(2)临床症状　由于饲养管理条件，猪体健康状况有无继发感染等情况不同,临床症状也不同。主要表现为:发热、食欲不振、嗜睡和精神沉郁,幼猪呼吸困难和呼吸急促。妊娠母猪早产、流产、产死胎、木乃伊胎及弱仔,哺乳仔猪死亡率高。病猪耳朵、外阴、尾部、腹部和口部出现青紫、发绀。如果继发猪瘟、圆环病毒,附红细胞体等,则临床症状更加复杂化。

(3)剖检变化　单纯的蓝耳病剖检无肉眼可见变化。间质性肺炎是该病的常见变化,表现肺泡壁增厚,单核细胞浸润,肺泡间隙含有蛋白碎片及变性细胞。

(4)防治措施　①预防:种公猪每半年免疫 1 次,注射灭活苗 1～2 头份;经产母猪产后 20 d 和产前 30 d 各免疫 1 次,用灭活苗 1～2 头份;后备母猪配种前 20 d 免疫 1 次,用灭活苗 1 头份。仔猪断奶后免疫 1 次,用冻干弱毒活苗免疫 1 头份。②治疗:对症治疗防继发感染,可用退烧药如氨基比林,抗菌素如头孢类药。③疫情处理:发现病猪及可疑病猪必须立即隔离,发现疫情要立即向当地动物防疫机构报告;动物防疫机构要及时派人进行诊断,并采取有效的防制措施。隔离扑杀阳性母猪及阳性仔猪。

5. 猪伪狂犬病

伪狂犬病是由伪狂犬病毒引起的多种家畜和野生动物的一种急性传染病。该病对猪危害最大。其主要特征为发热及中枢神经系统障碍。成年猪呈现隐性感染,妊娠母猪可出现流产、死胎及木乃伊胎,新生仔猪除表现发热和神经症状外,还可见有消化系统症状及呼吸系统症状。

(1)病原体与流行特点　伪狂犬病病毒为疱疹病毒科,常存在于脑脊髓液中。该病毒对低温、干燥的抵抗力较强,2%的火碱液和 3%的来苏儿均能很快将其杀死。该病的发生没有明显的季节性。但以寒冷的冬季发病较多,哺乳仔猪日龄越小,死亡率越高。其主要通过呼吸道、消化道、损伤的皮肤感染,也可通过配种、哺乳、胎盘、昆虫叮咬传播。

(2)临床症状

①妊娠母猪:感染该病后常引起流产、产死胎、木乃伊胎、弱仔,以死胎为主。无论头胎母猪,还是经产母猪,均可发病。

②哺乳仔猪:感染后病情严重,体温升高、精神深郁、眼脸充血肿胀、瞳孔散大、眼球上翻、视力减退或丧失,呼吸困难,呈腹式呼吸。流涎、呕吐、腹泻。神经症状,不自主地前冲,后退或转圈运动,叫声嘶哑;四肢划动,呈游泳状,最后死亡。

③育肥猪及成猪:感染后体温升高,精神沉郁,有的病猪表现呕吐、咳嗽、腹泻,个别的有神经症状。成猪多表现隐性感染,增重缓慢、料肉比增高,公猪睾丸肿胀萎缩,种用率降低,母猪返情率高,屡配不孕。

(3)剖检变化　无肉眼病变,神经症状明显的猪可见脑膜充血、水肿,肺水肿充血、间质性肺炎。淋巴结水肿充血间质充血。肝、脾、肾有坏死灶。胃底部和大肠呈现斑块出血性炎症。

(4)防治措施　①疫苗注射:仔猪 33 日龄注射双基因缺失弱毒冻干苗 1 头份。后备母猪注射双基因缺失灭活苗 1 头份,间隔 20 d 加免 1 次。妊娠母猪产前 35 d,注射灭活苗 1 头份,经产母猪产后 20 d 注射 1 头份灭活苗。每半年注射 1 头份灭活苗。②坚持自繁自养,严防购入病猪。③灭鼠和杀虫。④加强卫生消毒。

另外,扑杀病猪消除传染源,对假定健康猪紧急疫苗注射。

6. 猪细小病毒病

猪细小病毒病是猪的一种繁殖障碍性传染病。其特征是胚胎和胎儿感染死亡,引起流产、产死胎、畸形胎、木乃伊胎和弱仔,而母猪本身无症状。

(1)病原体与流行特点　猪细小病毒属细小病毒科细小病毒属。核酸为单股 DNA。该病毒只有一个血清型。对环境的抵抗力极强,80℃经 5 min 才能使其灭活。5%漂白粉、2%氢氧化钠溶液等在数分钟内可杀死病毒。猪是唯一的易感动物。其主要通过接触及消化道传播，也可经配种传播。妊娠母猪可通过胎盘传给胎儿。呈地方流行性，多发生于产仔旺季。

(2)临床症状　猪感染该病后，临床症状不明显，主要表现为母猪的繁殖障碍。母猪流产、产死胎、畸形胎、木乃伊胎和弱仔，公猪感染后，对受精率和性欲没有影响。

(3)剖检变化　怀孕母猪感染后，肉眼病变不明显，可见轻度子宫内膜炎。受感染的胎儿可见不同程度的发育障碍和生长不良，胎儿充血、水肿、出血，胸腹腔有淡黄色或淡红色渗出液。

(4)防治措施　①预防：种公猪每半年注射1次灭活苗1头份，后备母猪6月龄免疫1次灭活苗1头份，配种前15 d免疫1次灭活苗，经产母猪配种前免疫1次灭活苗1头份。②疫情处理：扑杀发病母猪、仔猪，尸体无害化处理，圈舍、环境、用具等彻底消毒。

7. 猪流行性乙型脑炎

流行性乙型脑炎又称日本乙型脑炎，是一种人畜共患传染病。其特征是：母猪流产和产死胎，公猪发生睾丸炎，少数猪特别是仔猪呈现典型脑炎症状，如高热、狂暴、沉郁等。

(1)病原体与流行特点　猪乙脑病毒，属于黄病毒科黄病毒属，是一种RAN病毒。该病毒对外界抵抗力不强，在56℃经过30 min或100℃经过2 min可灭活，－70℃可存活数年。消毒药，如2%氢氧化钠，3%来苏儿等对乙脑病毒都有杀死作用。主要通过蚊子叮咬而传染，不同品种性别年龄的猪均可感染，但多为隐性感染。具有明显的季节性，在蚊子猖獗的夏秋季节发病严重。

(2)临床症状　猪常突然发病，体温升高达40～41℃，呈稽留热，精神不振，嗜眠喜卧，食欲减少或废绝，粪便干燥呈球形，结膜潮红，尿呈深黄色。个别病猪视力障碍，摆头、兴奋、乱冲乱撞、行走不稳，有的后肢关节肿胀疼痛而呈跛行。

怀孕母猪发病后主要症状是突然发生流产或早产，产木乃伊胎儿、死胎、弱仔等，死胎大小不等。流产后母猪症状很快减轻，体温和食欲逐渐恢复正常。也有个别母猪流产后，体温升高，胎衣滞留，影响下次发情和怀孕。公猪发病后，除呈现一般症状外，还发生睾丸肿胀，多呈一侧性。少数患猪睾丸缩小、变硬，丧失配种能力。

(3)剖检变化　病猪的肉眼变化主要在脑、脊髓、睾丸和子宫，脑室积液，呈现黄红色，软眼膜呈树枝状充血。心肌变性呈褐色，肺轻度水肿。肝色淡质脆变硬，切面有少量灰白色小点状坏死灶，肾稍肿大。流产母猪子宫内膜充血、水肿。流产或早产的胎儿常见脑水肿，胸腔积液。公猪睾丸肿胀，睾丸实质充血，切面有大小不等的坏死状。

(4)防治措施　①免疫接种：对 6 月龄后备种猪配种前或流行季节前 1 个月，用乙脑灭活苗免疫 2 次(间隔 15～20 d)，每次 1 头份。经产母猪及成年公猪每年注射 1 次乙脑灭活苗，每次 1 头份。在乙脑流行严重地区，为控制其流行对其他类型猪也应免疫接种。②治疗：对乙型脑炎病猪的治疗，目前还没有特殊的方法，主要是对症治疗。

8. 猪圆环病毒病

猪圆环病毒病是由猪圆环病毒引起猪的一种新传染病。主要感染断奶后 2～8 周龄的仔猪。其特征为体质下降，消瘦、腹泻、呼吸困难。

(1)病原体及流行特点　猪圆环病毒属于圆环病毒科，圆环病毒属，单股 RNA 病毒。该病毒主要传染断奶后 2～8 周龄的仔猪，主要通过消化道感染，也可通过胎盘垂直传染。猪圆环病毒分为一型和二型。引起猪发病的为二型病毒。

(2)临床症状

①传染性先天性震颤：表现为在仔猪出生后 1 周，严重的震颤不能吃食，存活 1 周的仔猪可以存活下来，多数在 3 周时间内恢

复。震颤为双侧，影响骨骼和肌肉，当卧或睡觉时震颤消失，外界刺激可以引发或加重震颤。

②断奶仔猪多系统衰竭症：表现为体重减轻，被毛粗糙，无光泽，消瘦。同时出现呼吸困难，约有20%出现黄疸。有的病猪表现为下痢，咳嗽和中枢神经系统紊乱。在临床病例中发病率低，但病死率高。在某些猪群中发病猪有50%的死亡。

(3)剖检变化　外观消瘦，被毛粗乱。剖检可见淋巴结肿大2～3倍，肺呈花斑状肉样外表，呈弥漫性间质性肺炎症状，胸腔有多量淡黄色液体，肝、肾有花斑样外表。脾肿大，边缘有丘状突起及出血性梗死灶。

(4)防制措施　目前尚无疫苗和特效药物。主要加强饲养管理和兽医卫生消毒措施，全进全出，防止疫病传入，控制并发和继发感染。猪场一旦感染该病，控制和净化该病是很困难的。发现可疑病猪应及时隔离，并加强消毒，切断传播途径，杜绝疫情传播。

(二)细菌性传染病

1. 猪链球菌病

猪链球菌病是由多种不同群的链球菌引起的表现不同临床症状的疾病总称。常见的症状有化脓性淋巴结炎、败血症、脑膜脑炎及关节炎。

(1)病原体及流行特点　链球菌属于链球菌属，革兰氏阳性菌，球形或卵圆形，有19个血清群。该病主要由E、D、C、L群链球菌引起。本菌在外界能存活数周，对热敏感，一般消毒药可在短时间内杀死本菌。各年龄、各品种猪均易感。主要经呼吸道感染，也可经消化道感染。伤口是该病的重要传播途径。该病无明显季节性。新疫区多呈暴发，表现急性败血性，老疫区多呈散发。

(2)临床症状　潜伏期1～3 d，在临床上可分为4个类型。

①败血症型：突然不食，体温升高41～42℃，呈稽留热。病猪嗜卧，步态不稳，精神沉郁，呼吸困难，流浆液鼻汁，腹下、四肢及耳

端呈紫红色，并有出血斑点。便秘或腹泻，粪便带血，尿黄或血尿，常在1～2 d内死亡。有的不见任何症状，即可死亡。

②脑膜脑炎型：病初体温升高至40.5～42.5℃，不食、便秘，流浆液性鼻液，继而病猪很快出现神经症状，转圈、空嚼、磨牙，后躯麻痹，侧卧于地，四肢做游泳状划动，甚至昏迷不醒。当有人触及躯体时，发出尖叫声。不久死亡。病程稍长者可痊愈。

③关节炎型：病猪食欲降低，常表现四肢关节炎症状，出现一肢或多肢的关节肿胀疼痛，跛行或卧地不起。

④淋巴结脓肿型：多见于颌下、咽部、耳下及颈部淋巴结发炎、肿胀，可为单侧或双侧。发炎淋巴结可成熟化脓，破溃流出脓汁，以后全身症状好转，形成疤痕愈合。

(3)剖检变化　总体病变多以出血性败血性浆膜炎和黏膜炎为主要病变。但不同病型的病变略有不同。败血症病例可见各器官充血、出血。心包液增多，脾肿大，色暗红。肾肿大、出血。脑膜脑炎型病变为脑膜充血、出血、严重者溢血。关节炎型病例可见关节周围肿胀、充血，滑液混浊，严重者关节软骨坏死、关节周围组织有多发性化脓灶。

(4)防治措施　①引进种猪时作好检疫和隔离观察、防止病猪进入猪场。②加强饲养管理工作，在断脐、去势时严格消毒。③泔水必须煮沸后才能喂猪。④发现病猪及时隔离治疗。⑤免疫接种使用猪链球菌弱毒冻干菌苗或猪链球菌蜂胶灭活苗免疫接种，按说明书规定使用。青霉素为治疗该病的首选药物，其次为磺胺类药物，按说明使用。

2. 猪丹毒

猪丹毒是由猪丹毒杆菌引起的一种急性、热性传染病。其特征是急性型呈败血症经过；亚急性型在皮肤上出现特异性紫红色疹块；慢性型常发生心内膜炎和关节炎。

(1)病原体及流行特点　猪丹毒杆菌，革兰氏阳性小杆菌。其血清型有29个以上。本菌对热敏感，在55℃经过15 min可杀死。消毒药1%～2%氢氧化钠，1%漂白粉，10%石灰乳，3%来苏儿，2%福尔马林等能很快将其杀死。本菌对青霉素敏感，对磺胺类药无效。各年龄猪均可感染，但中猪(3～6月龄)易感，仔猪(3月龄以下)和老龄猪(6月龄以上猪)发病率不高。该病的发生具有明显的季节性，一年四年均可发生，以7—9月多发。主要通过消化道感染，也可通过皮肤创伤感染，吸血昆虫也可传播该病。

(2)临床症状　潜伏期最短为1 d，最长为9 d，一般为3～5 d。其可分为3种类型。

①急性型又称败血型。有的猪不见任何症状，即可死亡。多数病猪体温升高到42～43℃，稽留热。食欲减少或废绝，有时呕吐，寒颤喜卧，不愿走动，眼结膜潮红。初期粪便干硬附有黏液，后期腹泻。呼吸和心跳加快。1～2 d或在死之前，皮肤上出现不规则的红斑凸出皮肤表面，指压褪色，放手后又复原，病程2～4 d。

②亚急性型又称疹块形，俗称“打火印”，以皮肤出现疹块为特征，病初精神沉郁，体温升高到41℃以上，不食，粪便干结，时有呕吐，不愿站立。体温升高2～3 d后，在背部、胸部、颈部和四肢外侧处的皮肤上出现大小和数量不等的疹块，界限清楚，多呈菱形和正方形。少数病例，小疹块可融合为大疹块，剥落后形成疤痕，经1～2周后康复。

③慢性型。其多由急性型和慢性型转变而来。常表现为心内膜炎、关节炎和皮肤坏死等，单独发生或并发。

(3)剖检变化

①急性型主要表现为急性败血症变化。病死猪脾脏充血，肿大而呈樱桃红色。肾脏混浊、肿胀，皮质部有针尖大小的出血点。肺充血、水肿，肺泡中有蛋白性渗出物。心肌炎，心肌营养不良和坏死，心外膜有点外出血。胃肠呈卡他性出血性袭症。肠系膜淋巴结和全身淋巴结肿大充血和出血，皮肤上有红斑，指压褪色。

②亚急性型。皮肤上有特异性疹块。肾脏肿大出血，呈花斑样。慢性型的特征为心内膜炎、关节炎和坏死性皮炎。在心脏瓣膜上可见到灰白色赘生物。关节肿大，关节囊内有多量浆液性、纤维素性渗出液，使关节粘连变型，关节强直。皮肤坏死主要见于耳肩、背、尾等处，呈黑色坏死痂以及脱落后遗留的斑痕。

(4)防治措施　作好免疫接种是预防该病的最有效方法，用猪丹毒、猪肺疫二联苗免疫，按说明注射。青霉素是治疗该病的首选药物，其次是土霉素和四环素。卡那霉素、新霉素、磺胺类药无效。

3. 猪肺疫

猪肺疫又称猪巴氏杆菌病，是由多杀性巴氏杆菌引起的一种常见的猪呼吸道传染病，其特征是：最急性型呈败血症和咽喉炎，急性型呈纤维素性胸膜肺炎，慢性型较少见，呈慢性肺炎症状，有时伴发关节炎。

(1)病原体及流行特点　多杀性巴氏杆菌属巴氏杆菌属，为革兰氏阴性菌。具有多型性。本菌对外界抵抗力低，在干燥情况下很快死亡。一般消毒药如1%氢氧化钠、3%来苏儿或1%漂白粉等都能将其杀死。该病发生无明显季节性，但在气候多变、多雨潮湿季节多发。主要经消化道和呼吸道感染，也可经昆虫叮咬和损伤的皮肤黏膜感染。各年龄猪均可发生，但仔猪和架子猪多发。

(2)临床症状　潜伏期1～5 d，临床上可分为最急性型、急性型和慢性型。

①最急性型：俗称“锁喉风”，突然发病。经常晚间吃料正常，次日清晨突然死亡，观察不到临床症状。病程稍长的有高热(41～42℃)，全身衰弱、食欲废绝、卧地不起、呼吸困难、心跳加快。咽部发热、红肿坚硬，重者局部肿胀可延及耳根、颈部。呼吸困难时，常表现犬坐姿势，口鼻流出泡沫样液体，可视黏膜充血、发绀，耳根、颈部、腹部内侧出现红斑。病死率高。

②急性型：它是主要和常见的病型。除表现败血症外，还有急

性胸膜肺炎症状。体温升高(40～41℃),初期发生痉挛性干咳,鼻流黏液,呼吸困难,而后变为湿咳,有啰音和摩擦音。随着病程发展,呼吸更加困难,呈犬坐姿势,可视黏膜发绀,有脓性结膜炎。先便秘后腹泻,皮肤淤血或有小出血点。卧地不起,有的死亡、有的变为慢性。

③慢性型:表现出慢性肺炎和胃肠炎症状。病猪精神沉郁、食欲不振,持续性咳嗽和呼吸困难,鼻常有黏液性和脓性分泌物,胸部听诊有啰音和摩擦音。常发生腹泻,发育不良、消瘦无力,有时关节肿胀,治疗不及时者,多经 2 周以衰竭致死。

(3)剖检变化

①最急性型:全身黏膜、浆膜及皮下组织出血性浆液浸润。颈部皮下可见大量淡黄色胶冻样水肿液,水肿可蔓延至前肢。肺急性水肿。全身淋巴结出血、脾出血但不肿大,心外膜有出血点。

②急性型:全身黏膜、浆膜、实质器官和淋巴结出血,特征病变是纤维素肺炎。肝有肝变、水肿和气肿。病程长的肝变区有坏死灶。

可见胸膜肺炎,一发生肺和胸膜粘连,不易剥离,胸腔淋巴结肿大,切面多汁,气管内有泡沫状液体渗出液。

③慢性型:尸体极度消瘦、贫血。肺肝变区扩大,坏死灶外有结缔组织包裹,内有干酪样物质。有的形成空洞。心包与胸腔积液、胸髓有纤维素性物质沉着,常与肺脏粘连。

(4)防治措施　①加强饲养管理,搞好兽医卫生,增强猪的自身抵抗力。②免疫接种,用猪丹毒,猪肺疫二联苗。免疫注射按说明使用。本菌对青霉素、链霉素、磺胺类及喹喏酮类药物均有效,可选择使用。

4. 猪传染性胸膜肺炎

猪传染性胸膜肺炎是由胸膜肺炎放线杆菌引起的一种重要的猪呼吸道传染病。其特征是:急性出血性纤维素性胸膜肺炎和慢性纤维素性坏死性胸膜肺炎，是国际公认的危害现代养猪业的重要传染病之一。

（1）病原体及流行特点　胸膜肺炎放线杆菌属于嗜血杆菌属，为革兰氏染色阴性。具有多形性，呈杆状或球杆状，有时呈丝状。本菌目前已发现12个血清型，不同血清型之间的毒力有差异。本菌抵抗力不强，一般消毒剂可在短时间内杀死。在60℃经过5～20 min可灭活。主要通过接触传染，特别是猪舍通风不良，拥挤或长途运输之后容易流行。各品种各年龄猪均可感染。

（2）临床症状　潜伏期为1～7 d或更久，可分为3种类型。

①最急性型：常见不到明显症状，而突然死亡。

②急性型：体温升高至42℃以上，精神沉郁，食欲废绝，呼吸困难，心跳加快、呈犬坐姿势，张口呼吸，咳嗽、耳鼻发绀，口鼻流出泡沫状血样液体。如不及时治疗，常于1～2 d内死亡。病死率高达80%～100%，不死者转为慢性。

③慢性型：多由急性转变而来。体温39.5～40℃，拒食，间歇性咳嗽，生长缓慢，出现一定程度的异常呼吸。饲料利用率低，有时跛行，关节肿大，症状逐渐消退，逐渐痊愈。

（3）防治措施　①预防：坚持自繁自养，严格消毒，加强饲养管理。免疫注射，用传染性胸膜肺炎灭活苗。种公种每半年注射1次，母猪产前1个月注射1次，所生仔猪5周龄注射1次，按说明使用。②治疗：土霉素、强力霉素、氟苯尼考、卡那霉素、磺胺类均有效。

5. 猪气喘病

猪气喘病，又称猪地方流行性肺炎或猪支原体肺炎。这是猪的一种高度接触性慢性呼吸道传染病，广泛分布于世界各地。主要症状是咳嗽和气喘，生长发育缓慢，病变特征是融合性支气管肺炎，肺尖叶、心叶、中间叶和膈叶前缘呈肉样或“虾肉样”病变。

(1)病原体及流行特点　病原为猪肺炎霉形体又称为支原体,是一类无细胞壁的多形态微生物,呈球状、两极形等。革兰氏染色阴性。该病原对外界抵抗力低,在外界环境中存活不超过 36 h。常用清毒药 1%苛性钠,20%草木灰等均可将其杀死。

该病仅猪和野猪易感,各品种年龄猪均可发病。主要通过呼吸道传播,该病的发生没有明显的季节性。但在寒冷、多雨、潮湿或气候骤变时发病较多。

(2)临床症状　潜伏期为 10～16 d,可分为急性型、慢性型及隐性型。

①急性型:多见于新感染的猪群。猪群突然发病,呼吸困难,张口喘气,犬坐姿势,口鼻流沫,并发出喘鸣声。一般咳嗽少而低沉,有时发生痉挛性咳嗽,精神沉郁,食欲下降,当有继发感染时,体温升高。病程 7～10 d。

②慢性型:多由急性转变而来。患猪表现长期咳嗽,尤以清晨夜间和驱赶运动及进食后明显。咳嗽时站立不动,弓背,伸颈,头下垂,直到呼吸道分泌物咳出咽下为止。以上症状,时而明显,时而缓和。病猪消瘦衰弱,病程可达 2～3 个月或更长。

③隐性型:基本不表现临床症状,偶有咳嗽和轻微喘气。

(3)剖检变化　其病变主要见于肺炎和肺部淋巴结。肺的心叶、尖叶和膈叶都可见到灰红色的肺炎病变区,界限明显,切面致密似肉状,俗称肺的肉变。随病程延长,病情加重。病变部呈淡紫色、深红色或灰白色、灰黄色,坚韧性增加,俗称“胰”或“虾肉变”,肺门淋巴结和纵膈淋巴结肿大,灰白色切面温润外翻。继发感染时病情严重,可见心包炎,胸膜炎,肺和胸粘连。其他脏器病变不明显。

(4)防治措施

①预防:坚持自繁自养,引种猪时,必须从非疫区引入。引入后隔离观察 3 个月,确认健康无病,方可混群。免疫接种使用猪喘

气病弱毒疫苗，15 日龄以上哺乳仔猪进行首免。留作种用的猪到 3～4 月龄时进行二免，育肥猪可不二免。种公、母猪每年春秋季各免疫一次。

②治疗：抗菌素对该病有治疗作用，临床常用药有卡那霉素、金霉素、林可霉素、泰乐菌素、泰妙菌素。治疗的同时要加强护理，改善卫生条件，注意防寒保暖，增喂青绿多汁饲料，定期驱虫，减少应激因素。

6. 猪副嗜血杆菌

猪副嗜血杆菌病，是由猪副嗜血杆菌引起猪的多发性浆膜炎和关节炎的细菌性传染病。主要引起肺的浆膜和心包，以及腹腔浆膜和四肢关节浆膜的纤维性炎为特征的呼吸道综合症。该病是免疫抑制病的影子，随着免疫抑制病的增加，该病也日趋流行，危害更加严重，应引起重视。

(1)病原体及流行特点　副嗜血杆菌为巴氏杆菌科嗜血杆菌属，革兰氏染色阴性。有 15 种血清型，其中 4 型、5 型和 13 型最常见。本菌对外界的抵抗力不强。干燥环境中易死亡，在 60℃经过 5～20 min 被杀死，4℃存活 7～10 d。常用消毒药可将其杀死。各年龄猪均可感染，仔猪易感，尤其断乳后 10 d 左右多易发病。主要通过空气直接接触感染，也可经消化道传染。无明显季节性，是条件性疾病，往往同蓝耳、圆环、支原体病等免疫抑制性疾病同时发生。

(2)临床症状　潜伏期为 2～5 d。猪发病后，体温升高 40℃以上，食欲不振，精神沉郁，有的四肢关节出现炎症，可见关节肿胀，疼痛，起立困难，跛行。驱赶时，疼痛尖叫，颤抖，共济失调。逐渐消瘦，被毛粗乱、咳嗽、心跳加快，呼吸困难，出现腹式呼吸或犬式喘气。可视黏膜发绀，耳尖、四肢末梢等部位发绀。如混合感染，情况更加复杂。

(3)剖检变化　全身淋巴结肿大,切面颜色一致为灰白色。胸膜、腹膜、心包膜以及关节的浆膜出现纤维素性炎。表现为单个或多个浆膜的浆液性或化脓性的纤维蛋白渗出物,外观淡黄色,蛋皮样的薄膜样的伪膜附着在肺胸膜、肋胸膜、心包膜、脾、肝与腹膜以及关节等器官表面,也有报道该病可发生筋膜炎及化脓炎鼻炎,脑膜病变发生不多。

(4)防治措施　①预院用副嗜血杆菌灭活苗进行注射,按说明使用。②冶疗:红霉素、林可霉素、土霉素、磺胺类药物有效。

7. 附红细胞体病

附红细胞体病是由猪附红细胞体寄生于猪的红细胞或血浆内引起的,一种人畜共患传染性疾病。其特征是:发热和急性溶血性黄疸、贫血,严重者导致死亡。

(1)病原体及流行特点　猪附红细胞体属立可次氏体。游离在血浆中的虫体常单个存在,可见其作伸展、收缩、转体等运动。附红细胞体对干燥和化学药剂抵抗力弱,一般消毒药均可将其杀死。各品种、性别、年龄的猪均可感染和发病,但以母猪和小猪易感。主要发生于温暖季节,通过接触性传播,也可通过胎盘传播。

(2)临床症状　猪附红细胞体病的潜伏期为2～45 d。发病后主要表现为:仔猪特别是断奶仔猪急性期表现为发热、高烧达42℃,食欲不振、精神沉郁、贫血、黏膜苍白、有时黄疸、背腰及四肢末梢淤血,耳廓边缘发绀。耳廓边缘的浅红至深红色为其特征性症状。母猪表现厌食,发热高达42℃,有时乳房或外阴水肿。母猪产奶量下降,缺乏母性或发情不正常。有时可能表现繁殖障碍。育肥猪感染时皮肤潮红,毛孔处有针尖大小的微细红斑,尤以耳部皮肤明显,体温高达40℃以上,精神沉郁,食欲不振。一旦有继发感染,损失更为严重。

(3)剖检变化　主要的病理变化可见皮下黏膜、浆膜苍白黄染，皮下组织弥漫性黄染，全身淋巴结肿大、潮红、黄染，喉头黏膜、肺浆膜、胸腔浆膜、胃肠浆膜黄染。肾肿大，质地脆弱、外观黄染，肝腰肿大、肝脂肪变性。脾被膜有结节，结构模糊。

(4)防治措施　预防该病要采取综合措施，做好针头、注射器的消毒工作。治疗时首选药物是强力毒素和914等。

8. 弓形体病

弓形体病是由弓形虫寄生于猫、猪、牛、羊、犬等多种动物内引起的，一种人畜共患传染病。其特征是：患病动物高热、呼吸困难、咳嗽及出现神经系统症状，妊娠动物流产、产死胎、胎儿畸形。该病传染性强，发病率和死亡率较高，对人畜危害严重。

(1)病原体及流行特点　龚地弓形虫为细胞内寄生虫，猪体内的弓形虫可由速殖子和组织包裹。经口吃入被卵囊或带虫动物肉、内脏、分泌物等污染的饲料和饮水是猪的主要感染途径。

(2)临床症状　在猪急性感染后，经3～7 d的潜伏期，呈现和猪瘟极相似的症状。体温升高至40～42℃，稽留热、精神沉郁、食欲减退或废绝，口渴喜饮水。粪干后拉稀。鼻干、毛粗乱，结膜潮红，有脓性分泌物，呼吸困难、咳嗽、喘气。后期病猪的耳、鼻、四肢内侧和腹部皮肤出现紫红色斑块或出血点，有的有神经症状。最后昏迷死亡，不死的转为慢性。怀孕母猪急性感染后，常引起流产、死胎、胎儿畸形或产出发育不全的仔猪。

(3)剖检变化　病猪体表尤其是耳、四肢、下腹部和尾部有紫红色斑点。全身各脏器有血斑点、淋巴结肿大。肺高度水肿、间质增宽、气管和支气管内有大量黏液性泡沫。肝脏灰红色，有灰白色小点状坏死灶。脾肿大棕红色，有白色坏死灶，后期萎缩。肾脏黄褐色，有针尖大出血点和坏死灶。肠黏膜肥厚、糜烂，有出血点。

(4)防治措施　①预防：采取综合性防治措施，猪舍应保持清洁,定期消毒,猪场禁止养猫,灭鼠,坚持定期消毒。②治疗:首选药物是磺胺类药物。

第二节　羊的饲养管理及疫病防治

一、羊的饲养管理

(一)羊放牧饲养的一般原则

①成年公羊和母羊应分群分地放牧,以避免滥配或因公羊之间角斗而影响采食。

②怀孕后期母羊和体弱有病的羊不宜随大群放牧。

③放牧地选择在草质良好、饮水方便,不会损害农作物的地方。夏季宜选在较凉爽的林间草地;冬季和早春宜选在向阳较暖和的草山。

④为防止放牧时饥不择食而误食毒草,最好在出牧前,饲喂少量干草。

⑤提倡有计划的轮牧,饲养员应熟悉周边各地长草情况,分为几块小牧区,轮回放牧。如果长期在一块草地上放牧,不仅草长不好,羊不喜欢吃,而且会因严重污染而易患寄生虫等疾病。

⑥不要在有露水或霜打雨淋的低湿草地上放牧,羊吃了露水草易生病。

⑦早春天冷,放牧应迟出早归。夏季炎热多蝇虻,宜早出晚归,中午不放牧,让羊群在阴凉处休息并给予清洁饮水,为减少蝇虻骚扰,放牧时可使羊群逆风而行。秋季草质好,有利抓膘,宜更换几个地方放牧,可遵循先放远后放近,先放差草地后放好草地的原则。冬季不宜放牧,饲喂贮备的干草或作物秸秆,有少量青草和常绿灌木竹叶的地方,仍可利用中午较暖和时间放牧,但归舍后必须补饲其他草料。

⑧对处在配种期、孕后期和哺乳期母羊及生长发育期羔羊，应按标准补饲配合料。

(二)舍饲的一般原则

舍饲是湖羊和纯种波尔山羊的基本饲养方式，应掌握以下要点。

1. 喂饱草料

这是养羊最基本的要求，补饲精料按饲养标准配制日粮或根据羊的膘情而定。

2. 注意饲料多样化

因为羊在生长发育和繁殖过程中需要各种营养物质(包括蛋白质、碳水化合物、脂肪、矿物质、维生素和水等)，所以对饲草应力求多样化。只有配给营养全面的日粮，才能养好羊，生产出量多质优的羊产品。

3. 定时定量

不要有草过量喂，无草饿一天，饥饱不匀会影响健康。每日喂草 2 次为宜，可安排在上午 7:00～8:00 和下午 4:00～6:00。

4. 注意食料清洁

羊爱清洁，有拒食脏料脏水的习性，所以不能喂腐烂、霉变、带泥夹沙的草和污泥浊水，否则易患疾病。

5. 强调栏外放草

切忌将草直接投放栏内，这是因为栏内之草一经粪尿沾污和羊群践踏，羊就不吃，造成草料浪费，羊又挨饿的不良现象。

栏外放草，可以在羊栏正面采用毛竹或木头制成的横条栏栅，横条之间距离以羊头能伸出又不致跑出为原则，4～5 根横条即可。草就放在栅外饲槽内，使羊头颈从栏栅伸出，自由采食，也可以采用草架放草，每次放草最好少给勤添。

对于仅养 2～3 头羊的家庭，可采用吊草法，即用具有弹性的胶绳把饲草捆成小把，然后吊在羊栏上面的木杆上，让羊撕拉着吃草。此法既清洁卫生又可提高饲草的利用率。

6. 对有些饲料要注意喂法和喂前处理

(1)注意喂法

①如水草或含水量较高的青草,需经摊晒晾干后再喂。

②甘薯藤需切成6～10 cm长,并且不能长期连续喂,应与其他饲草轮喂或混喂,以防胃内结成纤维球。

③喂紫云英不能过量,以免引起瘤胃膨胀。

④尿素喂羊效果好(0.5 kg尿素相当于3.5～4 kg豆饼所含的粗蛋白),但用法不当,会发生尿素中毒,为避免副作用,应先控制尿素的日喂量(为羊体重的0.02%),第1次喂量为日喂量的1/10,以后逐渐增加;而后,应与混合料拌匀后饲喂(不能和豆饼混饲,因豆饼有脲酶,对尿素分解很快,易引起中毒),切不可单独或溶于水中喂给;此外,尿素料喂后要过30 min以上方可饮水。

(2)喂前处理　作物秸秆喂前作氨化处理可提高其营养价值,秸秆氨化技术要点如下。

①氨源与用量:尿素按干秸秆重的5%或碳酸氢铵10%。

②场地:选择地势高燥,排水良好的地方,建成水泥窖,长2 m、宽1.5 m、深1.2 m,要求窖壁不漏气,窖底不漏水。

③秸秆预处理:将秸秆含水量调整到30%～40%,弃去不洁或霉变的秸秆。

④装窖:对玉米秆可成捆分层装放,按比例添加氨源,对干稻草可将氨源制成水溶液浇洒,每100 kg稻草用水20～30 kg,要求分层踏实,待秸秆高出窖面1 m时,放成馒头形,以免陷成坑而积水。

⑤封窖:用塑料薄膜,沿秸秆面向窖边铺,然后用泥压实封严。

⑥管理:氨化期间,一旦薄膜损坏,出现漏气,应及时修补以确保氨化秸秆质量。

⑦氨化时间:随气温而定,<5℃,4～8周;5～15℃,2～4周;

15～30℃，1～2 周；>30℃，1 周以下。

⑧开窖放氨：选择晴天天气开窖，取出氨化秸秆摊开，日晒风干，放净余氨，切忌雨水浇淋秸秆，最好经粉碎后置室内贮存。

⑨感观品评：良好的氨化秸秆，开窖时氨味强烈，放氨后呈糊香味，色泽浅黄或褐黄，质地柔软。若有糊烂味或秸秆发黏发黑应弃之。

⑩饲喂技术：初期喂羊采用由少到多，少给勤添或拌料等方法，使羊逐渐适应。另外，因秸秆养分不全，应补充适量青绿饲料，再在混合料中加少量饼粕类，以确保含氮物的有效利用。

7. 饲料变更

因注意不能突然，而应有逐渐改变的过渡时期。

8. 环境要求

对羊棚要求夏天通风良好，冬天防寒保暖，保持羊栏干燥。羊栏内应设置竹条栅或木条栅，条宽 2～3 cm，条间距 1 cm，离地高 40～60 cm。

9. 公羊和母羊的饲养要求

公羊和母羊分栏饲养，避免早配、滥配。

10. 喂水、喂盐

不同季节和饲料种类，喂水量有所差异，如吃水草和嫩青草时可以少喂，甚至不喂；在天气炎热和冬季喂干草时，应给予充足而清洁的饮水。食盐能增进食欲，有利消化，一般每头大羊喂盐 10 g/d、小羊 5 g/d。

（三）饲养技术关键

因不同性别、不同生长发育和不同繁殖阶段的羊其生理特点有较大的差异，故在饲养管理上应区别对待，为了提高“三率”（受胎率、产羔率、成活率），应着重把好以下 5 关。

1. 配种关

（1）配种适期　3～4 月龄的羔羊有性行为的表现，5～6 月龄达性成熟(能交配受胎),但第1次交配不能过早,因为过早会影响羊的生长发育,以8～10月龄为初配适期。

(2)加强种公羊配种期的饲养管理　公羊养得好坏关系到精液品质、配种能力及受胎率。一头好的公羊应体格健壮,性欲旺盛,精液品质优良,养的过肥过瘦都会降低配种能力。

①因为射精1 mL所需的养分相当于50 g可消化蛋白质,这时除喂给优质鲜草外,还必须补充0.5 kg以上的精料,对于配种任务较重的公羊除加喂1 kg精料外,每天应补2枚鸡蛋,上下午各喂1次。

②舍饲公羊应注意运动。

③控制配种次数:性欲很旺的公羊在短期内,能连续配种10多次,为防止性亏损,应控制2～3次/d,每隔1星期休息1 d。

④公羊配种方式,应提倡人为控制交配或人工授精,即在放牧前将公羊放入母羊群,当发情母羊被公羊交配后立即拉出,如发现第2只发情母羊又被公羊交配后,应将公羊拉出,让其休息。对受配母羊打上记号,作好登记,若母羊群大于30只,应提倡人工授精。

(3)实施母羊配前优饲(即配前加强营养)　据研究测定,配前优饲,喂给充足的青绿饲料,补饲混合料0.5 kg,达到中上等膘情,可增加排卵数,提高受胎率和胚胎存活率。放牧山羊,在配种前1～1.5个月就应把繁殖母羊放到最好的草山上饱食优质的牧草。对因草质不佳而过瘦的母羊,应在放牧归舍后补饲精料,待体况达中等膘情时再行配种。

2. 怀孕后期

怀孕后期,指配种受胎后的第4～5个月。母羊的营养水平对羔羊初生重和成活率及母羊产后的泌乳力均有较大影响,胎儿重的2/3是在后期增长的,怀孕后期的母羊纯蛋白质的蓄积量为整个怀孕期的80%,沉积钙3.8 g/d,磷1.5 g/d,因此,孕后期的营养水平应比前期增加50%的可消化蛋白质和1～2倍的钙和磷。

这个时期喂的饲料要求体积小而营养价值高，除优质牧草外，应补喂精饲料0.6 kg。

管理上的重点是防止流产，舍饲羊切忌拥挤，特别是不能和好斗的公羊在一起；放牧羊应注意减少放牧里程，放在较近的优质草地上，不要急赶，以防滑倒。

3. 分娩关

做好接生工作，可以避免有的母羊分娩时胎儿被闷死，难产母羊更需有人接生。当发现母羊出现阴户肿胀、潮红，排尿次数增加，起卧不安，前脚刨地，时时回顾腹部等现象，标志母羊快要分娩。

(1)顺产　顺产的羊，羊膜破后30 min内，羔羊头部和两前脚先露出，而后产下。接生者应先将刚出生的羔羊口鼻中的黏液除去，让母羊舐干净其身上的黏液；一般脐带会自断，也可以用手拉断脐带，挤净脐血，涂上碘酒，以防感染。

(2)假死　如遇羔羊假死(因一时被闷，不会呼吸而有心跳)现象，可将其在40～50℃温水中浸一下，做人工呼吸，向羊嘴吹气，大多能救活。

(3)难产　如遇母羊难产(胎儿过大，胎位不正，或母羊过瘦引起)则应进行助产：先将手指甲剪短，洗净消毒后，涂上少量菜油，轻轻伸入阴道至子宫内，仔细摸清胎儿的情况，如因胎位不正而难以产出时，可将胎儿推回子宫腔，矫正后即可顺利拉出来，如因胎儿过大，可在产道涂菜油后用消毒过绳索吊住胎儿头部，向后下方倾斜，趁母羊阵缩时用力拉出。

(4)胎衣不下　如遇胎衣不下(产后6～8 h仍不能自动排出胎衣者)，可皮下注射脑垂体后叶注射液2～3 mL，也可以用老酒2两，红糖半斤灌服。胎衣排出后，可用0.5%来苏儿液冲洗子宫。

羔羊出生后30 min内，能自动站立找母乳吃，但遇母性不好的母羊，或羔羊体弱，则应采取人工辅助措施，若羔羊不会吸乳，需挤奶，用注射器灌服1星期，让羔羊及时吃到初乳，以利胎粪排出和增强抗病力。

4. 哺乳关

羔羊出生后1个月内的营养主要从母乳中获得，母乳的量和质既依赖于哺乳母羊的饲养水平，又直接影响着羔羊的成活率和断奶重。

(1)产羔后1周内　母羊产羔后1星期内，因羔羊小，需乳量不大，故对膘情较好的母羊可以不增补精料，以免因乳汁过多过浓而导致母羊乳房炎和羔羊消化不良。

(2)哺乳半个月后　母羊哺乳15～20 d后，随着羔羊增大，需乳量增多(特别是哺多羔的母羊)，泌乳量开始供不应求，此时必须增喂营养较全面的混合精料，让小羊也能吃到少量的料。哺双羔母羊日粮中的粗蛋白质含量应比哺单羊羔多25%，日喂混合料0.7 kg。

(3)断乳前　在羔羊断乳前，母羊逐渐减少多汁料和精料，以利干乳。

对哺乳母羊的管理，应着重注意保持栏舍的清洁卫生，夏季防暑降温勤打扫，冬季防寒保暖勤垫栏。

5. 羔羊培育关

①训练吃料：尽早训练羔羊吃食草料，能促进其消化系统的发育，有利于提早断奶。对出生后半个月左右的羔羊就可开始训练啃食少量的鲜嫩青干草，在优质饲草充足的情况下，可在喂母羊的同时，让羔羊同食，最好设置羔羊补饲栏，以免母羊干扰。为了训练吃精料，可将麸皮、米糠调成粥状，涂入羔羊嘴巴上，让其舔食。30日龄后应由吃乳为主逐渐转向吃草料为主。

②适时断乳：生长发育良好的羔羊可提前断奶，弱羔可以适当延长哺乳时间。波尔山羊以3月龄断乳为宜，湖羊和其他品种山

羊可控制在2月龄左右断乳。

③对于刚断乳的羔羊需给予特殊照顾，喂的草料应讲究量少质优，营养全面并且容易消化。

④处在长肉长骨旺期的育成羊，生长速度越快，需要的营养物质也越多，因此，对草料除注意质量外，还应随羔羊体重的不断增长而逐渐增加喂量。

⑤对大、小相差悬殊的羊最好分栏饲养，以便区别对待。公羊和母羊应及时分开，以免早配、滥配，影响生长发育。

⑥放牧羊应根据月龄大小确定放牧里程，对幼小的弱羊应放在较近的优质草地上。

⑦对计划留作种用的育成公羊，应强调优质优饲，加强运动，培育成体格健壮、性欲旺盛、符合不胖不瘦和肚皮不大的种用体况，对于肉羊应及时去势(阉割)。

二、羊的主要疾病及其防治方法

(一)羊主要传染病及其防治方法

1. 口蹄疫

(1)病原体　它是由偶蹄兽感染口蹄疫病毒引起的一种急性、烈性传染病。

(2)流行体特点　该病侵害多种动物(羊、牛、猪、骆驼等)和人。传染源是病畜和带毒动物，经消化道和呼吸侵入，也可随空气流动传播，无季节性。

(3)临床症状　患羊发病后体温升高到40.5～41.5℃。精神不振，口腔黏膜，蹄部皮肤形成水疱，疱破后形成溃疡和糜烂。病羊表现疼痛，流涎，涎水呈泡沫状。常见的部位唇内面、齿龈、舌面及颊部黏膜，有的在蹄叉、蹄冠，有的在乳房，水疱破裂后形成痕。羔羊易发生心肌炎死亡。有时呈现出血性胃肠炎。

(4)临床与羊传染性脓疱病鉴别　羊传染性脓疱病发生于

1 周岁以下的幼龄羊，特征：口唇郏部水疱、脓疱及疣状痂，在齿龈，舌面、唇内也有脓、疣状厚痂的疱，但不流涎。初期体温变化不大。

(5)防治措施：①发病后要及时上报，划定疫区，由动物检疫部门扑杀销毁疫点内的同群易感家畜；被污染圈舍、用具，环境严格彻底消毒；封锁疫区防止易感畜及其产品运输，把病源消灭在疫区内。②对威胁区的易感家畜紧急接种疫苗防止疫病的扩散。③该病只能预防，无治疗药品，不准治疗。

2. 羊快疫

(1)病原体　该病病原为腐败梭菌引起的，多发生于绵羊的一种急性传染病。特征是羊突然发病和病程短，真胃出血，炎性损害。

(2)流行特点　腐败梭菌常以芽胞形式分布于低洼草地、耕地及沼泽之中。羊采食被污染的饲料和饮水，芽胞进入羊消化道，多数不发病。在气候骤变，阴雨连绵、秋、冬寒冷季节，引起羊感冒或机体抗病能力下降，腐败梭菌大量繁殖，产生外毒素引起发病死亡。

(3)临床症状　发病突然，不见症状在放牧或早晨死亡。急性病羊表现为不愿行走，运动失调，腹围膨大，腹痛，腹泻，磨牙，抽搐，最后衰弱昏迷，口流带血泡沫。多在数分钟至几小时死亡，病程极为短促。

(4)防治措施　①该病以预防为主。用羊三联苗搞预防注射。湿苗每年春、秋 2 次，干苗每年 1 次。②羊以舍饲为好，防止放牧时误食被病菌污染饲料和饮水。③注意舍内的保暖通风，饲料更换时要逐渐完成，不要突然改变。④治疗：可肌注青毒素每次 80 万～160 万单位，首次剂量加倍，3 次/d，连用 3～4 d，或内服磺胺脒 0.2 g/kg，第 2 天减半，连用 3～4 d。

3. 羊肠毒血症

(1)病原体　该病由魏氏梭菌,又称产所黄膜杆菌引起的一种急性毒血症。死后肾组织易于软化,又称软肾病。

(2)流行特点　魏氏梭菌为土壤常在菌,羊采食被芽胞污染的水和饲草进入消化道,当机体抵抗力下降时发病。多表现在春夏之交和秋季牧草结籽后呈散发性流行。

(3)临床症状　多数突然死亡。病程略长分两种类型:一类是抽搐为其特征,另一类是昏迷和静静死亡。前者倒前四肢强烈划动,肌肉颤搐,眼球转动,磨牙,口水过多,颈部抽搐 2～4 h 死亡,后者病程不急,早期步态不稳,卧倒,并有感觉过敏,流涎,上下颌"咯咯"作响,继昏迷后角膜反射消失;有的病羊发生腹泻,常 3～4 h 静静死去。

(4)防治措施　①预防参照羊快疫。②治疗:用抗生素或磺胺药结合强心,镇静等对症治疗。也可灌服石灰水,大羊 200 mL,小羊 50～80 mL。

4. 羊猝狙

(1)病原体　该病是由 C 型魏氏梭菌所引起的一种毒血症,以急性死亡,腹膜炎和溃疡性肠炎为特征。

(2)流行特点　与羊快疫和羊肠毒血症相同。

(3)临床症状　C 型魏氏梭菌随饲草和饮水进入消化道,在小肠的十二指肠和空肠内繁殖,产生毒素引起发病。病程短,未见症状突然死亡,有时病羊掉群,卧地、表现不安、衰弱成痉挛,数小时内死亡。

(4)防治措施　参照羊快疫。

5. 羊的传染性脓疱病

(1)病原体　该病又称口疮,它由传染性脓疱病毒(又称羊口疮病毒)引起,羔羊多群发,特征为口唇处皮肤和黏膜形成丘疹,脓疱、溃疡和结成疣状厚痂。

(2)流行特点　绵羊、山羊以3～6月龄羔羊发病最多,成年羊同样易感,人和猪也可感染,无季节性,以夏秋季多发。自然感染主要由购入病羊或带毒羊而转入健康羊群,引起群发,通过被污染的圈舍、牧场、用具而引起,病毒的抵抗力较强,所以该病在羊群中危害多年。

(3)临床症状　它分3种类型:唇型、蹄型、外阴型。

①唇型:口唇嘴角部鼻子部位形成丘疹、脓胞,溃后成黄色或棕色疣状硬痂,无继发感染1～2周痊愈,痂块脱落,皮肤新生肉芽不留瘢痕。严重的,颓面、眼睑、耳廓、唇内面、齿龈、郏部、舌及软腭黏膜也有灰白或浅黄色的脓疱和烂斑,这时体温升高,还可能在肺脏、肝脏和乳房发生转移性病灶,继发肺炎或败血病而死亡。

②蹄型:多数单蹄叉、蹄冠系部形成脓疮。

③外阴型的少见。

(4)与羊痘的鉴别　羊痘的痞疹多为全身性,而且病羊体温升高,全身反应严重。痘疹结节呈圆形突出于皮肤表面,界限明显,似脐状。

(5)防治措施　①该病菌流行时,病羊应隔离饲养,禁止放牧,圈舍每2天用百毒杀或其他药消毒1次,连用6～9 d,防止病原体传播。②可先用水杨酸软膏软化痂垢,除去痂垢后再用0.1%～0.2%高锰酸钾溶液冲洗创面,然后涂2%龙胆紫,碘甘油溶液或土霉素软膏或呋喃软膏1～2次/d。口腔脓疱用0.1%～0.2%高锰酸钾或生理盐水冲洗创面后,涂撒冰硼散,2次/d,连用7 d,痊愈为止。继发咽炎或肺炎者,肌注青毒素或磺胺嘧啶钠。

(二)常见寄生虫病

1. 肝片吸虫病

(1)病原体　该病是由肝片吸虫和大片吸虫寄生于羊肝脏,胆管所致。

(2)流行特点　肝片吸虫成虫在胆管内产生虫卵随胆汁进入

消化道，并与粪便排出体外。虫卵在适宜的条件下经 10～25 d 孵化出毛蚴，它遇到中间宿主椎实螺，则侵入其体内，经过几个发育阶段最后形成尾蚴。尾蚴自螺体逸出附着于水生植物上或水面上形成囊蚴，羊在吃草或饮水时吞食了囊蚴而感染该病。每年的夏末、秋初发病。

(3)临床症状　急性型病羊，初期发热，衰弱，离群落后，叩诊肝区半浊音界限扩大、压痛明显、贫血、黏膜苍白，严重者几天死亡。慢性型病羊主要表现消瘦、贫血、黏膜苍白、食欲不振、异嗜，被毛乱无光泽，眼睑、颌下、胸前、腹下出现水肿，便秘与下痢交替发生。

(4)剖检变化　急性死亡的可见到急性肝炎和贫血现象，慢性的可见增生性肝炎，胆管内可见虫体。

(5)防治措施　①定期驱虫：每年春秋 2 次进行驱虫。②药物：丙硫咪唑按每千克体重 5～15 mg，口服，或皮下注射碘硝酸 20%，每千克体重注射 0.5 mL。另外，驱虫散、四氯化碳、硝氯酸等也可。

2. 羊消化道绒虫病

(1)病原体　寄生于羊消化道线虫种类很多，如捻转血矛绒虫，奥斯特绒虫、马歇尔线虫，毛圆绒虫，细颈绒虫、古柏绒虫、仰口绒虫等。

(2)流行特点　有时是几种绒虫的混合感染，是每年春季造成羊死亡的重要原因，无中间宿主。各种绒虫的虫卵随粪便排出体外，羊在吃草或饮水时食入感染性虫或幼虫而发病。

(3)临床症状　主要表现为消化紊乱、胃肠道发炎、腹泻、消瘦、眼结膜苍白，贫血。严重病例下颌间隙水肿、羊体发育受阻。少数病例体温升高，呼吸脉搏频散、心音减弱，最后衰竭死亡。

(4)防治措施　定期驱虫可很好地控制该病的发生。①丙硫咪唑，按每千克体重 5～20 mg 口服。②左旋咪唑，按每千克体重

5～10 mg，混饲喂或皮下肌肉注射。也可用其他药物，如伊维菌素、精制敌百虫、硫酸铜，驱虫散、碘硝酚等。

3. 螨病

(1)病原体　羊螨病是由疥螨和痒螨寄生在体表而引起的慢性寄生性皮肤病。螨病又叫疥癣、疥虫病，短期内可在羊群中传播漫延，危害严重。

(2)流行特点　虫体肉眼不能见到，疥螨和痒螨一生都有在宿主体上度过。通过接触传播或通过被螨及其卵所污染的圈舍、用具所间接接触引起感染。主要发生于冬季、秋末和春初。

(3)临床症状　疥螨病寄生于皮肤柔软且毛短的部位，痒螨则发生于被毛稠密的部位。发生该病时，可见病羊不断在围墙、栏柱等外磨擦，由于磨擦和啃咬，患部皮肤出现丘疹、结节、水疱甚至脓疱以后，形成闸皮和龟裂。当绵羊患疥螨病时，因病变主要在头部，患部皮肤如干涸的石灰，故有"石灰头"之称。当羊患痒螨病时，可见患部有大片被毛脱落。

(4)防治措施　①可选用伊维菌素、碘硝酚等药物注射。②可用除癞灵，按说明涂擦患部。③定期药浴：适用于患畜量多。每年的 5～6 月份剪毛后，气候温暖时，对羊群适时药浴，会取得满意效果。

4. 羊鼻蝇蛆病

(1)病原体　羊鼻蝇蛆病是由羊鼻蝇幼虫寄生在羊的鼻腔及附近腔窦内所引起的疾病。

(2)流行特点　它的传播主要是通过雌性鼻蝇突然将幼虫产在羊鼻孔内或鼻孔周围，幼虫逐渐爬入额窦或鼻窦内，在其内生长，造成炎症而致病，发生于每年的 5—9 月。

(3)临床症状　患羊最初流多量鼻液，鼻液初为浆液性，后为黏液性和脓性，有时混有血液。当大量鼻漏干涸在鼻孔周围形成硬痂时，使羊发生呼吸困难，此时病羊表现不安，打喷嚏、时时摇头，摩鼻，眼睑浮肿、流泪，食欲减退，日渐消瘦。

(4)防治措施　应用伊维菌素、碘硝酚注射均会取得良好效果。

(三)羊的普通病

1. 前胃驰缓

前胃驰缓是以前胃的运动机能减弱，兴奋性和收缩力降低，消化机能紊乱的一种疾病，又称脾虚慢草。

(1)病原体　长期饲喂粗硬难消化的饲料，如玉米秸秆、豆秸等，发霉变质饲料和精料，对胃黏膜刺激不够所致。

(2)临床症状　初期精神沉郁、食欲减退或食欲异常，反刍减弱或停止，嗳气增多、瘤胃的蠕动次数减少，瘤胃呈间歇性臌气，体温、脉搏、呼吸无明显变化，慢性呈周期性的好转与恶化交替现象。病羊逐渐消瘦、全身无力，被毛粗乱，眼窝下陷，鼻镜皮肤干燥，慢性臌气，便秘腹泻交替发生。

(3)防治措施

①治疗。病初停食 1～2 d 后，给易消化、多汁、营养丰富饲料。

②药物。陈皮酊 10 mL，姜酊 5 mL、龙胆酊 10 mL 混合加水口服，1 次/d，连用 3～5 d，或用硫酸钠 30～50 g、石蜡油 100～200 mL、酒精 20 mL，加水 500 mL 内服，1 次/d，连用 3 d。病情严重者要请专业人员综合治疗。

2. 瘤胃积食

瘤胃内积滞大量的饲料，使其容积增大，胃壁扩张及其运动机能障碍的疾病。

(1)病原体　采食过多，由舍饲改为放牧，再者由于长期饲喂过细粉状饲料，饮水少所致。

(2)临床症状　发病快，反刍减少或停止，站立不安，摇尾背，四肢开张，后肢踢肚踏地，不断起卧，疼痛呻吟，左侧肷窝略平或稍凸出。触诊坚硬，瘤胃蠕动减弱或消失。

(3)防治措施

①治疗。发病后停食 1～2 d，多次少量饮水，对瘤胃按摩 25～20 min/次，2～3 h 1 次。

②泄下。用硫酸钠 100～300 g 配成 5%溶液 1 次内服，或用石蜡油 200～800 mL 内服。

③脱水。对重症出现脱水的应静脉补 5%糖盐水和复方氯化钠，按脱水的量选择 500～1 500 mL 之间。

④酸中毒。酸中毒的静脉注射 5%碳酸氢钠 100～500 mL。

3. 感冒

感冒是机体由于受风寒侵袭而引起的上呼吸道炎症为主的急性全身性疾病。以流清涕，羞明流泪，呼吸增快，皮湿不均为特征。一年四季均发，气候变换季节多发。

(1)病原体　健康羊的上呼吸道通常寄生一些能引起感冒的病毒和细菌，当羊由于营养不良、过劳、出汗和受寒等因素，使机体抵抗力下降时，微生物大量繁殖而发病。

(2)临床症状　体温升高 40℃左右，精神沉郁，低头嗜睡，耳尖鼻端和四肢末端发凉，眼结膜潮红。流泪、咳嗽、呼吸脉搏增快。鼻初流浆性鼻液，以后流黏性和脓性鼻液，出现鼻塞音，食欲减退，反刍减少或停止，鼻镜干燥。无并发感染。经 3～5 d 好转，7～10 d 痊愈。

(3)防治措施　原则是解热镇痛为主，为防止继发症，可用抗菌消炎药物。

①肌肉注射 30%安乃近 5.0～10 mL 或复方氨基比林 5～10 mL 或安痛定 10～20 mL。

②病重继发感染的，每千克体重配合 10%～20%磺胺嘧啶，首次 0.2 g，维持量 0.1 g，或用新诺明注射液，或用青霉素和链霉素混合应用 4 000 单位、20 mg，3 次/d，连续应用 3～7 d。

③还可配合清热解毒针 10～20 mL，静脉滴 5%～10%葡萄糖 300～1 000 mL，1 次/d。

4. 绵羊脱毛症

绵羊脱毛症是指非寄生虫性被毛脱落，或被毛发育不全的总称。

(1)病原体　多数学者认为与锌和铜的缺乏有关，饲料中硫的不足也是一种因素。

(2)临床症状　毛无光泽，灰眼裉色，营养不良，贫血，有的出现异食癖，互相啃食被毛，羔羊毛弯曲不够，松乱脆弱，大面积秃毛。其中锌的缺乏还表现皮肤角化，湿疹样皮炎，创伤愈合慢等特点。严重的出现腹泻，行走后躯摇摆，运动失调，多数背、颈、胸、臀部最易发生脱毛。

(3)防治措施　饲料中补碳酸锌或硫酸锌、氧化锌，按 0.02%添加含锌的生长素，补铜时加钴效果更好。

5. 羔羊白肌病

该病为营养不良症，伴有骨骼肌和心肌变性，是一种微量元素缺乏症。

(1)病原体　主要是饲喂含硒和维生素 E 低的饲料所致。

(2)临床症状　发育停滞，营养不良，贫血、拱背，四肢无力，心律不齐，呼吸困难，消化机能紊乱，体温稍低，肠音弱，腹泻，有的发生结膜炎，角膜浑浊，失明等。

(3)剖检变化　主要是骨骼肌色淡苍白，呈鱼肉样外观，间有灰白或黄色斑纹或条纹状坏死。沿心肌走向发生出血而呈现红紫色，故称“桑椹心”。

(4)防治措施　常用 0.1%亚硒酸溶液 1～4 mL，肌肉注射，每隔 15 d 注射 1 次，配合维生素 E100～150 mg 肌肉注射。饲料中添加含硒生长素，起预防作用。

第三节　鸡的饲养管理与疫病防治

一、鸡的饲养管理

(一)蛋鸡饲养管理技术

1. 蛋用鸡品种与性能指标

从适应性、成活率、高产稳产、饲料报酬和鸡蛋的食用习惯等几个方面考虑，以褐壳蛋鸡为主，选择海兰褐、海赛克斯、伊沙褐、迪卡、罗曼(新)等。

2. 褐壳蛋鸡的生产性能指标(表 4-1)

表 4-1　褐壳蛋鸡主要生产性能指标

品种	性能指标
0～20 周龄成活率/%	97～98
达 50%产蛋率时日龄/d	155～160
21～80 周龄产蛋数/枚	310～320
21～72 周龄存活率/%	91～95
72 周龄体重/kg	2.2～2.3
产蛋期料蛋比	(2.2～2.4)∶1

(二)育雏期的饲养管理

育雏前的准备工作，主要有如下几种。

①引种必须在正规种鸡场订购雏鸡，饲养 1 000 羽蛋鸡规模的养殖场需进雏鸡约 1 100 羽。不得从疫区购买雏鸡。

②建议采用网上育雏，条件好的用 3～4 层重叠式育雏笼育雏。检查维修育雏舍的门窗、电路、供暖设备等。如果采用煤炉或坑道保温，必须将煤烟排出鸡舍外并用管道将鸡舍外面的空气导入煤炉(即燃烧鸡舍外面的空气，以免因缺氧而影响雏鸡的生长发

育和体质——氧气是排在第1位的营养素)。

③在进雏前2周舍内必须进行清洗,待干后再用消毒药进行喷雾,最后按每立方米21 g高锰酸钾加42 mL 40%甲醛溶液对鸡舍进行密闭熏蒸消毒,24 h后,应通风换气。

④在进雏前1～2 d,对育雏舍进行预热,使舍温达32～34℃,相对湿度达65%～75%。

⑤按照雏鸡的营养需要准备好育雏料,料要新鲜,防止霉变。同时准备好药品和疫苗。

(三)初生雏的选择和运输

1. 初生雏的选择

选择绒毛光亮、整齐,大小一致、初生重符合品种要求且腹部柔软、卵黄吸收好,脐部愈合良好的健雏。养鸡的关键是育雏,育雏的第1步是"检雏",检雏要注意以下几个关键。

①掌握种蛋来源:应选择生长发育良好、品种特征性显著、生产性能优良、抗病能力强、精神饱满、新陈代谢旺盛的适龄种鸡提供的种蛋。

②了解出壳时间:在正常时间内出壳的雏鸡质量比较好,出壳过早或过迟的鸡是因为孵化温度不当或种蛋质量不好所致,比较难饲养。

③本批次的种蛋若受精率、出雏率高说明种蛋质量好,则雏鸡质量也好;反之,则说明种蛋质量差,雏鸡质量也差。

④雏鸡的精神状态:健雏活泼爱动、眼大有神、反应灵敏,抓在手中挣扎有力;弱雏、病雏则表现呆立、低头、闭眼、反应迟钝,抓在手中挣扎无力。

⑤腹部情况:健雏腹部大小适中,柔软,脐部吸收良好,无毛区小并被周围绒毛覆盖;弱雏和"助产"雏则出现脐部吸收不良,周围有血迹,无毛区大,腹部膨大、水肿,颜色不正常。

⑥肛门区:健雏肛门区干净,绒毛干燥而稠密;弱、病雏肛门区

沾有粪便，绒毛潮湿稀少。

⑦外形：残雏腿爪异常，跛行，眼睛有疾。

2. 雏鸡运输

雏鸡运输时间最多不应超过 48 h，长途运输时应防止雏鸡脱水，应补充水分。运输时鸡盒内温度应保持 18℃以上，并注意通风。

(四)雏鸡的饲养管理

1. 休息

雏鸡进入调试好温度的育雏室后，严禁大声喧哗，让其休息半小时左右，等到一部分雏鸡开始活动时即可“开水”。

2. 饮水

通常把雏鸡第 1 次饮水叫“开水”。这既有利于采食、消化、剩余卵黄的吸收和利用，同时又有利于防止雏鸡脱水，维持水的平衡，促进粪便排出和加强新陈代谢。在“开水”时要注意以下几个问题。

①第 1 周最好饮用与室温大致相同的温开水，并在饮水中添加 5%～10%的葡萄糖（蔗糖也可替代）、适宜的抗生素、复合维生素和电解质营养液，以保证雏鸡健康和促进生长。

②保证供水，每 100 只鸡应有 1 只饮水器，位置与喂料处不宜相距太远。10 日龄后，饮水器应调整高度，以防弄湿垫料。育雏期间饮水器中不能断水，断水时间过长会引起暴饮，影响鸡群健康。

③保持饮水器和饮用水的卫生，饮水器应清洗、消毒 1 次/d，饮水更换 2 次/d，确保饮用水的洁净。

3. 开食

(1)抓好开食工作　出壳后第 1 次喂料叫做“开食”，在雏鸡出壳后 16～24 h“开水”为宜，即先“开水”后“开食”。开食用的饲料应该使用品质优良的肉仔鸡前期料，不提倡用食口性好的小米或其他饲料,可在开食的饲料中适当增加复合维生素和微量元素。

(2)合理饲喂　为了训练雏鸡吃食,开食时和开食后应坚持勤添少喂的原则,以减少饲料的浪费。第 1 周每 3 h 喂 1 次,以后可不间断地供料。

(3)防止饲料污染　平养式育雏是将塑料布铺于垫料上,将饲料撒在塑料布上开食。由于粪便容易污染饲料而造成饲料浪费,且易诱发球虫及其他疾病,所以要少喂勤添,每次喂料应更换塑料布,用过的塑料布洗净晒干后可重复使用。

(4)及时检查“开食”效果,做到心中有数　每次喂料以后,饲养员应轻轻随机捉十多只小鸡用拇指和食指触摸一下嗉囊部,检查雏鸡开食的比例和吃料情况,及时发现问题,调整饲养方式。

4. 雏舍

根据雏鸡不同日龄适时调整育雏舍的温度、湿度、通风换气量、雏鸡密度、光照制度,同时注意鸡舍既要保证温度,又要保证空气新鲜。

(1)温度　育雏的温度是育雏成功的关键,直接影响雏鸡体温调节、运动、采食、饮水和健康,关系到今后的生长发育、饲料转化和成活率。育雏温度包括室温和离地面 20 cm 高区域内小气候的温度两个方面。不同周龄对温度要求不同。

育雏前期,由于雏鸡体温调节机能不完善,体温随着环境温度变化而改变,因此,温度偏高,会出现饮水量增加、采食量减少、生长速度降低 、羽毛生长不良等现象,严重时雏鸡受热出“汗”形成僵鸡或羽毛脱落成为“光背”没毛鸡。温度偏低对小鸡危险性更大,不仅吃料饮水减少、新陈代谢下降、生长速度降低,还会诱发“白痢”和呼吸道疾病,造成死亡率明显上升。怎样才能掌握好育雏温度呢?应该做到“看雏给温”。

根据季节和气候变化调整好室温,仔细观察雏鸡的吃食,饮水和休息的行为。如果鸡群吃饱后一个挨着一个整齐平静地躺着,头颈向前伸，自然的歪向一侧，两翅微微张开，呼吸平稳呈悠闲自在的样子，说明温度最为适宜；如果雏鸡远离热源而“打堆”，尖叫，说明温度太高；如果雏鸡都挤向热源打堆尖叫，说明温度太低，应当尽快调整。必需注意，在短时间内温度变化幅度不宜过大，应该是逐渐平稳地改变为最好。

(2)光照　光照的目的主要是便于鸡群采食、饮水和工作人员的日常工作。第 1 周为 24 h 光照，以后每天光照 20 h 左右，使鸡有充分时间采食。对于光照用灯具，为了节约用电，可以使用节能灯。试验表明，采用节能灯不影响仔鸡的生长发育，且可节约大量电费，降低成本。

(3)相对湿度　鸡对相对湿度适应范围比较广，但第 1 周在 70%左右为宜，以后维持在 60%即可。然而在实际生产中，前期因温度高、蒸发量大、小鸡通过呼吸与排泄排出的水分少而易出现干燥；后期随着温度下降、仔鸡生长速度加快、饮水量增加、通过呼吸和排泄排出的水分增加而出现湿度增大。因此，前期因相对湿度小，易诱发呼吸道疾病和鸡群脱水；后期因相对湿度大、温度较高、易诱发球虫病和霉菌中毒，所以要做好通风换气、调节湿度工作。

(4)换气　育雏期鸡舍相对比较密闭，温度高、湿度大、饲养密度大、生长速度快、呼出的二氧化碳多、耗氧量大，再加上排粪多所产生的大量氨气和硫化氢等有害气体，易导致疾病 的发生；并对眼结膜、呼吸道有强烈的刺激作用，增加发病率、降低饲料报酬和生长速度，因此，要适时通风换气，保持空气的新鲜和洁净。

在育雏阶段通风和保温是一对矛盾。第 1 周以保温为主，以后在保温的前提下适当通风换气，可在中午气温较高时增加通风次数，缩短通风时间，同时严防“贼风”直接吹入鸡舍，引起雏鸡感冒。以后随着雏鸡长大，抵抗力增强，育雏温度下降，可适当增加通风量，延长通风时间，但也应减少空气直接对流。一般来讲，当鸡舍内二氧化碳超过 0.5%，氨气含量高达 0.2 mL/m^3 以上，即人进入鸡舍有明显刺鼻、刺眼等不适感觉时，应及时通风换气。

(5)防疫保健　加强观察与管理，如果发现粪便异常或鸡精神状态不好，要及时查明原因并采取措施。询问饲料厂家饲料中是否添加抗球虫药物，如果没有添加抗球虫药物，必须在饲料或饮水中添加抗球虫药物进行预防，而不能等到发生球虫后才投药治疗；对鸡体、用具、鸡舍及周围环境进行消毒，平时每周一次，周边有疫情时每天一次；每隔 2 周用络合碘（聚维酮碘）饮水对雏鸡肠道进行杀菌消毒，20%含量按 1∶(1 500～2 000)比例添加，连饮 1 d；1 周龄时预防慢性呼吸道疾病，在饲料中添加泰妙菌素，按 80%含量计算添加 100～120 g/t，连用 4～5 d 或用支原净（按说明使用）；1 月龄时用氧氟沙星或环丙沙星对雏鸡输卵管进行消炎保健（按纯品计算，饲料添加 80～100 g/t，连用 3 d）；按免疫程序（附后）及时对鸡群进行免疫接种。

(6)及时选出弱雏　单独饲养。

(7)断喙　断喙不仅可以防止啄癖，还可以节约饲料。试验证明，断喙育成的成年鸡，饲料消耗可以降低 6%～8%，产蛋期非疾病死亡率降低 1/2。断喙应在 7～15 日龄进行，采用断喙器断喙。上喙断去 1/2，下喙断去 1/3，在断喙的创面应烧烙 2 s，断喙前后 2 d 可在饲料中添加每千克 2 mg 的维生素 K，防止失血过多。

(五)雏鸡日常饲养管理细则

①进育雏室时应换工作服和鞋帽、消毒，并注意检查门口消毒池内消毒液是否有效，做到及时添加或更换。

②观察鸡群活动情况，查看室内温度是否正常并做好记录。

③观察鸡群精神状态，查看是否有“白痢”和血便等，发现异常，应及时查明原因，采取相应措施。

④检查饮水器或水槽是否有水及清洁与否。

⑤检查垫料是否潮湿结块、霉变等，及时添加或更换。

⑥室内空气是否新鲜，有无刺鼻气味，是否需要开窗换气。

⑦检查料桶是否有饲料及有无浪费现象，及时添加和投料。

⑧笼养鸡是否有跑鸡、啄肛及卡脖现象，及时采取针对性措施。

⑨根据鸡龄与室外气温，确定脱温时间。

⑩加强夜间值班工作，注意倾听有无异常呼吸声，观察鸡群是否安静，防止意外事故发生。

(六)育雏鸡质量的衡量指标

6 周龄时成活率不低于 98.5%，体重接近本品种的体重标准，均匀度应达到 80%的个体在平均体重±10%范围内。

(七)育成期的饲养管理

1. 育成鸡的选择

在育成过程中应观察、称重，不符合品种标准的鸡应尽早淘汰。第 1 次初选在 6～8 周龄，选择体重适中，健康无病的鸡。第 2 次在 18～20 周龄，可结合转群或接种疫苗进行，在平均体重 10%以下的个体应予淘汰处理。

2. 育成鸡的饲养

①育成鸡的饲养方式采用 3 层育成笼或网上平养方式饲养。

②为控制鸡的生长、抑制性早熟、节约饲料，应按品种标准和增重速度进行限饲。

③选用育成期饲料配方或商品育成料，饲粮中补喂砂砾，从 7 周龄开始，每周 100 只鸡给予砂粒 500 g。

④预防保健：在 60 和 90 日龄及开产前，应对蛋鸡的输卵管进行消炎，可在饲料中添加氧氟沙星，或环丙沙星，按纯品计算每千克饲料中添加 80～100 g，连用 3 d；每隔 25～30 d 对蛋鸡的胃肠道进行杀菌消炎 1 次：饮水中添加络合碘(聚维酮碘)，20%含量按 1∶(1 500～2 000)比例添加，连饮 1 d；如果发现蛋鸡拉棕黄色或黄褐色的稀糊状粪便(肠炎症状)或有疫病流行时，应及时在饮水

中添加络合碘(方法同上),连饮 1～2 d,对疾病有很好的控制和辅助治疗效果;注意慢呼的预防与控制(可每隔一个半月进行 1 次药物预防,方法同雏鸡);按免疫程序(附后)及时对鸡群进行免疫接种。

(八)转群

转群时间为雏鸡 6～7 周龄时,转入育成鸡舍,到 17～18 周龄,最迟不能超过 20 周龄转到产蛋鸡舍。转群最好夜间进行,转群前 6 h 应停料,前 2～3 d 和入舍后 3 d,饲料内添加多种维生素 100～200 g/t。转群当天应连续 24 h 光照。转群时不要忘记断喙(修剪)、做预防注射等,可结合进行淘汰选择。

(九)育成鸡质量的衡量指标

20 周龄时总成活率不低于 96%,6～20 周龄阶段的成活率不低于 98%,体重符合本品种的体重标准,均匀度应达到 85%的个体在平均体重±10%范围内。

(十)产蛋鸡的饲养管理

1. 饲养方式

采用 3 层阶梯式笼养,自由饮水,人工给料的方式。

2. 进鸡前的准备

设备要维修、调试完好,用具齐全。进鸡前 3 d 对鸡舍、设备及用具进行消毒。在进鸡前加料加水。

3. 开产前后的饲养管理

①检测鸡群体重并与本品种体标准对照。如 18 周龄时达不到体重标准,对原为限制饲养的转为自由采食,提高饲粮代谢能水平(蛋白水平不用再提高),推迟 1 周延长光照时间。

②开产前增加光照时间。1 周后或达 5%产蛋率将生长饲粮改换为产蛋饲粮。改换饲粮前为给开产前的鸡补钙,可在生长饲粮中加一些贝壳粉或石粉,任其自由采食。

③根据新开产母鸡的生理特点,在鸡群开始产蛋之时起逐步

过渡到产蛋鸡日粮:用预混料配制蛋鸡料应逐步提高豆粕和石粒(含钙36%~38%)的配比,石粒配比:5%~10%产蛋率时加到3%,以后产蛋率每提高8%~10%增加1%石粒,直至使石粒总配比保持在8.0%~8.5%水平;如果是使用商品全价料或浓缩料,应采取逐步减少青年鸡料和逐步增加蛋鸡料的方式进行。如果在产蛋率上升到20%~50%阶段时发现有个别产蛋鸡站不起来(一般发生在早上,鸡的外表和精神状态都正常),这是缺钙所致,可以在下午喂过饲料半小时后,按每千羽蛋鸡额外添加3~4 kg石粒到饲料槽中,让那些缺钙的产蛋鸡自由采食(蛋鸡有根据需要选择性采食饲料的习性)。

特别提示:不能提前过度增加饲料的含钙水平,否则,会导致那些还没有开产的蛋鸡发生通风(这是因为对还没有开产的蛋鸡来说蛋鸡饲料中的蛋白质和钙绝大部分都是多余的,体内多余的钙和蛋白质的代谢产物——尿酸结合形成尿酸钙,尿酸钙在关节处沉积就会引起通风。)

④自由采食,并直至产蛋高峰过后2周为止。

4. 产蛋期的饲养管理

①根据不同产蛋期的蛋白质需要量采取3段饲养法,在产蛋率92%以上、88%~92%、88%以下3个不同时期分别饲喂不同蛋白水平的饲粮(商品料应选择相应的料号)。

②经常观察鸡群精神状态和粪便情况,倾听鸡只呼吸有无异常音;检查设备;及时观察淘汰不合格蛋鸡。

③减少应激因素,保持良好而稳定的环境。严格执行科学的鸡舍管理程序,减少突发事故。

④注意保持舍内环境卫生,要经常洗刷饲喂用具,并定期消毒。

⑤产蛋鸡喂料2~3次/d,每次添加量要适当,尽量保持饲料新鲜,防止饲料浪费。玉米豆粕型日粮每只喂料量控制在100~

120 g/d。

⑥全天供应干净、清洁饮水。饮水系统不能漏水，每天清洗水槽。

⑦鸡蛋收集及包装运输：每天收蛋 3 次，盛放鸡蛋的蛋箱或蛋托应经过消毒，集蛋人员集蛋前要洗手消毒。集蛋时将破蛋、砂皮蛋、软蛋、特大蛋、特小蛋、畸形蛋单独存放，不作为鲜蛋销售。纸蛋托盛放鸡蛋应用纸箱包装，10～12 盘/箱，纸箱可重复使用，使用前要用福尔马林熏蒸消毒。运送鸡蛋的车辆应使用封闭货车或集装箱，不得让鸡蛋直接暴露在空气中进行运输，车辆事先要彻底消毒。

⑧定期对蛋鸡的输卵管进行消炎，每隔 25～30 d 可在饲料中添加氧氟沙星，或环丙沙星，按纯品计算每千克饲料中添加 80～100 g，连用 3 d；如果发现有蛋壳颜色发白、沙皮蛋、血斑蛋、软皮蛋等异常蛋，应及时对蛋鸡输卵管进行消炎，连用 5 d。

每隔 25～30 d 对蛋鸡的胃肠道进行消炎 1 次：饮水中添加络合碘，20％含量按 1∶(1 500～2 000)比例添加，连饮 1 d。如果发现蛋鸡拉棕黄色或黄褐色的稀糊状粪便(病毒性肠炎症状)或有疫病流行时，应及时在饮水中添加络合碘(方法同上)，连用 2 d，对疾病有很好的控制和辅助治疗效果。

⑨定期清粪。刮粪机清粪 1 次/d。如果是人工清粪，每隔 5～7 d 清粪 1 次，清粪时应打开门窗加强通风，以免因鸡舍内氨气浓度突然增加而诱发啄癖等应激反应。

⑩灭鼠杀虫。定时、定点投放灭鼠药，控制啮齿类动物，及时收集死鼠和残余鼠药并做无害化处理。防止昆虫传播传染病，常用高效低毒化学药物杀虫，喷洒时避免喷洒到鸡蛋表面、饲料和鸡体上。

⑪做好记录和统计分析，绘制本场产蛋鸡群的生产标准与产蛋曲线，并与其品种标准曲线相对照，发现问题及时查找原因并予

以纠正。

（十一）蛋鸡的疫病防治

1. 疫病防治的原则

预防为主，综合防疫。加强饲养管理，实行“全进全出”饲养制。重视场址选择，合理设计及布局。严格执行经常性的防疫卫生规章制度，具体措施如下。

①消毒剂要选择对人和鸡安全、对设备没有腐蚀性、没有残留毒性且消毒剂的任一成分都不会在肉或蛋里产生有害积累的消毒药。

②环境消毒：鸡舍周围环境每2～3周消毒1次；鸡场周围及场内污水池、排粪坑、下水道出口每1～2月消毒1次；场门口或生产区入口处的消毒池内消毒液须及时更换，并保持一定深度和浓度。冬季可加盐防止结冰。车辆进场时需经消毒池，并对车身进行喷雾消毒。

③保持鸡舍的清洁卫生，地面保持清洁、干燥，定期进行消毒。鸡舍保持空气新鲜，光照、通风、温度、湿度应符合规定要求。

④雏鸡转群、成鸡出售的鸡舍及用具要尽快进行清扫、冲洗及消毒，并空闲10～14 d。空出的鸡舍在进鸡前可按下列顺序进行清洗和消毒：鸡舍放空——清除粪便——高压水枪冲洗——2%～3%烧碱消毒——3～6 h后彻底水洗——通风干燥数日——福尔马林熏蒸消毒——通风——喷雾消毒——放干——进鸡。

⑤正常情况下，每周进行1次带鸡消毒。

⑥保持场内清洁卫生。

⑦各鸡舍用具和设备必须固定使用，不得串栋使用。

2. 疫病防治方法

①有计划地科学免疫接种。有条件者，要坚持定期监测免疫抗体水平，根据抗体水平科学实施免疫。建立并保存免疫记录，包括疫苗种类、使用方法、剂量、批号、生产单位等。具体免疫程序应

结合本场疫情而定，建议程序如表 4-2 所示。

表 4-2　免疫接种程序

日龄	免疫接种	免疫方法及剂量
1	马立克	皮下注射(由种鸡场实施)
3	肾型传支/羽份	点眼、滴鼻，2
7	新城疫＋传支 H120 二联苗/羽份	点眼、滴鼻，2
14	法氏囊炎/羽份	点眼、滴鼻，2
19	新城疫＋传支二联油苗/mL	皮下注射，0.3
22	禽流感二价苗/mL	肌肉注射，0.3
28	法氏囊炎/羽份	点眼、滴鼻，2
35	鸡痘/羽份	刺种，1
40	传染性喉气管炎/羽份	点眼，1
45	传染性鼻炎＋慢呼二联油苗/mL	肌肉注射，0.3
60	传支 H52、新城疫Ⅰ系苗/羽份	饮水 2、肌肉注射 1
98	传染性喉气管炎/羽份	点眼，1
105	传染性鼻炎＋慢呼二联油苗/mL	肌肉注射，0.5
119	禽流感二价苗/mL	肌肉注射，0.5
126	新城疫＋减蛋综合症＋传支三联油苗/mL	肌肉注射，0.5

以后每隔 50～60 d 用新城疫Ⅳ系苗(4 羽份饮水)加强免疫；每隔 6 个月进行禽流感二价苗(肌注 0.5 mL)加强免疫。

特别提示：在进行疫苗饮水免疫时，应控制好停水时间(夏天 2～3 h，平时 4 h)和稀释疫苗的用水量(以在 1 h 内饮完为宜—水太少，不能让所有的鸡都饮到足够剂量的疫苗；水太多，疫苗在稀释后的活性逐步降低，鸡也不能在有效时间内饮到足够剂量的疫苗。)，并建议将疫苗分 2 次稀释饲喂，中间间隔 1.5 h。

②在转笼前后应加喂驱虫药物 1～2 次，以清除鸡体内外寄生虫。

二、鸡的疫病防治

(一)鸡新城疫

1. 病原体及流行特点

鸡新城疫是由副黏病毒引起的高度接触性传染病,主要侵害鸡、火鸡,其他禽类也可感染,如鸽、鹌鹑、孔雀等。

该病是鸡病中危害最严重的一种传染病,死亡率可达90%以上,造成的经济损失很大。家禽(不论品种)对该病最易感染,雏鸡比成年鸡的易感性更高,成年鸡一般表现非典型症状,哺乳动物对该病有强大的抵抗力。

该病在任何季节都可发生,但以春秋两季较多。主要通过健康鸡和病鸡接触而传染。病鸡的分泌物、血液、肉、内脏、鸡毛、消化道内容物等是主要的传染源。在流行停止后的病愈鸡或带毒鸡,常呈慢性经过,精神不好,有咳嗽和轻度的神经症状,保留这种慢性鸡,是造成该病继续流行的原因。该病的传播途径主要是消化道和呼吸道,蛋也可带毒而传播该病。

2. 临床症状

该病潜伏期为2～7 d,急性暴发时可在3～4 d内使全部鸡或几乎全部鸡死亡。死亡率因病型不同而有差异,最高可达90%以上,最低的只有1%左右。病程持续1～3周。最急性型新城疫往往看不到症状而死亡,或者表现为呼吸加快,虚弱衰竭,排绿色稀粪,4～8 d内死亡。急性病例体温升高,不食或少食,精神萎顿,羽毛松乱,呼吸困难,排绿色稀粪,以后衰竭死亡。不死的鸡可出现歪头、转圈等脑炎症状。

亚急性和慢性型常出现在上述2型的后期,表现为喘气、卧地不起,头像啄食样有节奏的振动,排绿色稀粪,或出现观星状。产蛋鸡的产蛋率显著下降。

3. 剖检变化

口腔黏膜有灰白色芝麻籽样坏死灶，喉头和气管黏膜出血，腺胃乳头环状或点状出血，肠道黏膜出血，病程长者十二指肠有局限性枣核状溃疡，盲肠扁桃体肿胀、出血和坏死。

4. 防治措施

由于各鸡场的免疫实际情况不同，鸡群的免疫状况不同，因此，必须根据免疫监测的结果制定出适合实际情况的免疫程序。

当发生新城疫或疑似新城疫时，应立即对全场所有鸡进行紧急免疫接种，首先接种假定健康鸡群，然后接种刚发病鸡群体，最后接种发病鸡群。认真处理病、死鸡，全场彻底消毒。

（二）禽流感

1. 病原体及流行特点

禽流感是由正黏病毒科 A 型流感病毒引起的多种家禽及野鸟的一种高度接触性传染病。该病的主要传染源是发病禽和带毒禽。主要经呼吸道消化道感染，亦有可能垂直传播。飞鸟在病毒的远距离传播中起着重要作用。该病一年四季均可发生，以冬春季多见，临床上常见与新城疫等其他呼吸道疾病混合感染。

2. 临床症状

发热、昏睡、咳嗽、打喷嚏、张口喘气，鼻窦肿胀，流泪流涕，冠髯发绀、出血，头颈部肿大，嗉囊积液。部分病例出现共济失调，下痢，产蛋率明显下降。高致病性禽流感病例死亡率可达 60%～100%，低致病性禽流感病例呈零星死亡。

3. 剖检变化

眼角膜混浊，眼结膜出血，脚胫鳞片出血、水肿；皮下水肿或呈胶胨样浸润；肺脏出血水肿，脾脏有灰白色斑点样坏死，胰脏有褐色斑点样出血、变性、坏死；法氏囊出血，从口腔至泄殖腔整个消化道黏膜出血、溃疡或有灰白色斑点、条纹样膜状物（坏死性伪膜）；其他组织器官也有出血，并常可见有明显的纤维素性腹膜炎，产蛋鸡发生卵黄性腹膜炎，输卵管内有炎性渗出物。

4. 防治措施

积极做好综合性防治措施，注意防止病原传入鸡群。当发生高致病性禽流感时，应立即封锁疫点疫区，上报疫情，并将病禽作无害化处理。发生低致病性禽流感的地区，应采取免疫、对症治疗、消毒等其他一些综合性措施控制该病。

（三）传染性法氏囊病

1. 病原体及流行特点

鸡传染性法氏囊病是由传染性法氏囊病病毒引起的一种急性接触性传染病。2～8 周龄的鸡均可发生，但主要侵害 3～6 周龄雏鸡。该病的特点是发病急，传播迅速，呈尖峰式死亡曲线，康复快。由于法氏囊被破坏，产生免疫抑制现象，对疫病的抵抗力下降而易患其他传染病。

2. 临床症状

病鸡厌食，无神，羽毛松乱、无光泽，腹泻、排出白色或黄色水样粪便，饮水量增加。死亡常发生于感染后第 3 d，迅速升高，5～7 日下降。死亡率常在 2%～8%。

3. 剖检变化

胸、腿、翅部肌肉严重脱水并出血。腺胃与肌胃交界处有出血条纹；肝脏肿胀，表面红白相间；肾脏肿大、苍白，尿酸盐沉积；法氏囊出血、水肿和坏死。发病后期法氏囊萎缩，囊腔内有黄白色干酪样坏死物。

4. 防治措施

（1）预防　12～15 日龄（母源抗体消失后）用法氏囊弱毒疫苗进行首免，间隔 1 周后用中毒疫苗二免，或用法氏囊灭活疫苗在 10 日龄以前进行皮下注射。

（2）治疗　发病后，立即注射高免血清或高免卵黄液，同时服用抗菌素和抗病毒药物防治继发感染，饮水中添加口服补液盐、维生素 C、维生素 K。注意保温、防暑，减少拥挤，减少应激等。

(四)传染性支气管炎

1. 病原体及流行特点

传染性支气管炎是由冠状病毒引起的，是侵害鸡的一种急性、高度接触性传染病。自然感染的潜伏期 2～5 d，传播迅速，短期内可全群发病，病程 1～3 周。雏鸡的死亡率可达 25%以上，如果发生肾型病变，则死亡率更高。

2. 临床症状

雏鸡发病时突出的症状是咳嗽、喘气、流鼻涕和气管罗音，畏寒、精神萎顿、食欲减退，饮水量增加，腹泻。发生肾型病变的雏鸡则排出白色或水样稀粪。产蛋鸡发病后，出现不太明显的咳嗽、气喘，产蛋率明显下降，蛋壳变薄、变脆、畸形，或产软壳蛋，破蛋率升高，蛋清变得稀薄如水，持续 3 周左右。

3. 剖检变化

传染性支气管炎的剖检变化不明显，有特征性的是鼻腔、鼻窦和气管黏膜有渗出物气囊混浊或有干酪样渗出物。肾脏肿大、苍白，由于肾小管充满尿酸盐，外观呈灰白色花斑状。输尿管长度变短。

4. 防治措施

该病目前尚无药物治疗，只能通过加强饲养管理和卫生管理，提高育雏室温度，降低饲养密度，添加抗菌药物防止并发症和继发病，可减少死亡。对肾型病变，在饮水中添加多种维生素、4%的红糖等可降低死亡率。

为防止该病的发生，应对鸡进行免疫接种，H120 适用于初生雏鸡和各种日龄的鸡，H52 适用于 21 日龄以上的鸡。另外还有鸡传染性支气管炎灭活疫苗，皮下或肌肉注射可使鸡获得较长的免疫期。

(五)传染性喉气管炎

1. 病原体及流行特点

传染性喉气管炎是由疱疹病毒引起的一种以呼吸道症状为特征的传染病。病程 7～15 d,有时可达 1 个月,发病 90%～100%,死亡率 5%～70%。

2. 临床症状

(1)重症型 重症型发病快,症状明显,死亡率高。主要表现为严重的呼吸困难,病鸡伸颈张口喘气,同时发出响亮的湿性啰音、咳嗽、甩头,常甩出带血的黏液。此外,眼结膜潮红、肿胀、流泪,鼻孔流出浆液或黏液性分泌物。冠和肉髯暗红发紫,有时排出绿色稀粪,多窒息死亡,有的长期不食不饮衰竭而死。产蛋鸡发病后产蛋率明显下降,1 个月左右逐渐恢复。

(2)轻症型 轻症型主要表现结膜炎和上呼吸道炎症。患鸡结膜潮红、流泪,鼻孔有浆液性分泌物,有时出现咳嗽、张口喘气和甩头,发病率 5%左右。

3. 剖检变化

最突出而明显的变化是喉头黏膜潮红、肿胀、出血和糜烂,喉腔内有黏液,其中混有血丝或血块。气管黏膜出血,管腔内也有黏液和血块。其他脏器无明显病变。

4. 防治措施

目前尚无有效治疗药物,有些药物可以缓解症状,推迟死亡,争取抗体产生的时间。在发病疫区可以按免疫程序对鸡进行弱毒疫苗的免疫。接种方法是点眼。

(六)马立克氏病

1. 病原体及流行特点

鸡马立克氏病是由 B 群疱疹病毒引起的鸡淋巴组织增生性疾病。主要特征是外周神经以及内脏器官的淋巴样细胞浸润,引起肢体麻痹和淋巴细胞性肿瘤形成。该病主要发生在 2～5 个月龄的鸡，成年鸡也可发病，但死亡减少或不死。自然感染时潜伏期较长，1 日龄感染时 2 周龄开始排毒，3～4 周龄可出现症状和肉眼病变。死亡多发生在 2～5 个月或以上，因此，该病是在幼雏期感染，到育成期才大量发病。

2. 临床症状和剖检变化

根据症状和病理变化，常将该病分为 4 个类型：

(1)急性(内脏)型　病鸡精神萎顿，食欲减退，羽毛松乱，排黄白色或绿色稀粪，迅速消瘦，衰竭死亡。剖检时多见内脏器官中有大小不等的灰白色肿瘤结节或内脏器官弥漫性肿大，色泽变淡。

(2)神经(慢性、古典)型　可见病鸡发生肢体麻痹，一腿或一翅麻痹，不能站立或一翅下垂，或头颈歪斜，严重时发生一腿向前一腿向后的劈叉姿势，有时表现为嗉囊下垂膨大。剖检时，轻微病变不易肉眼观察。严重时可以看到麻痹部位的神经呈局灶性或弥漫性肿胀、增粗、发暗，失去原有的光泽和横纹。

(3)眼型　本型是由于病鸡的虹膜受到肿瘤细胞的侵蚀，使虹膜退色，失去正常的橘红色而呈蓝灰色，瞳孔缩小，边沿不整，视力减退或失明。

(4)皮肤型　在皮肤上形成大小不等的肿瘤结节，特别是羽毛囊显著肿大。

3. 防治措施

(1)疫苗接种　目前该病尚无治疗药物，也不能用被动抗体治疗。必须进行综合性防治，才能降低发病率，减少经济损失。疫苗接种是减少发病和死亡的最有效方法。但疫苗接种后有些鸡群仍然感染发病死亡，分析可能有以下几种原因：①免疫空白期感染；②疫苗运输、保存和使用中由于某些原因造成免疫失效；③环境中有超强毒存在；④疫苗本身的质量的保护率的影响。

(2)疫苗接种后的管理　为了保证免疫成功：①严格执行疫苗接种的规定，不用过期和失效疫苗；②加强孵化室和育雏室的卫生管理，防治幼雏期感染；③每一鸡场只饲养同一日龄的鸡；④实行全进全出制度，鸡舍休闲期应彻底清洗消毒。

(七)淋巴细胞性白血病

1. 病原体及流行特点

鸡白血病是一种病型很复杂的慢性传染病，它是由禽C型病毒群的致瘤病毒引起的。特征是造血组织发生恶性、无限制的肿瘤性增生，在全身组织器官中形成肿瘤性病灶，死亡率高，危害严重。该病自然情况下只感染鸡，直接或间接接触以及经蛋传递感染。

2. 临床症状

自然感染的潜伏期14～30周，性成熟期发病率最高，14周龄以下的鸡很少发病。发病后表现为精神不振，食欲减退，冠髯苍白、萎缩，进行性消瘦，体重减轻，拉稀，停止产蛋，腹部膨大，呈鸭行步态，最后衰竭死亡。

3. 剖检变化

剖检可见尸体极度消瘦，肝脏极度肿大，几乎占据整个腹腔。肝脏中有大小不等、灰白色、质地细腻的肿瘤结节。有时不见肿瘤结节，但肝脏色淡，呈弥漫性肿大，脾脏肿大也可见和肝脏性质相同的肿瘤结节，法氏囊中也有肿瘤形成。其他组织器官也可形成肿瘤结节，但不多见。

4. 防治措施

淋巴细胞性白血病无法治疗，也无治疗价值。只能靠预防来控制。消灭种鸡群中的病原体，消灭蛋内和蛋壳上的病原体，防止孵化过程中污染，建立无蛋传递疾病的健康鸡群。

(八)产蛋下降综合征

1. 病原体及流行特点

鸡产蛋下降综合征是由腺病毒引起的青年母鸡的一种传染病。它的特征是鸡群不能如期达到应有的产蛋高峰或产蛋量突然下降并伴有蛋壳质量的变化。该病主要经蛋传递或接种被病毒污染的疫苗。

2. 临床症状

患鸡无明显症状，仅表现为产蛋率下降，蛋壳畸形、退色、变薄，饲料消耗量增加。刚开产的青年鸡不能在2～3周内达到产蛋高峰，产蛋量不呈直线上升，而呈双峰式曲线。成年产蛋鸡群产蛋量突然下降，下降幅度可达5%～8%，严重时下降30%～50%，蛋壳变薄、变软。

3. 防治措施

该病无治疗方法，关键是预防，一是控制蛋传递性疾病，二是用灭活油佐剂疫苗进行预防。

（九）鸡痘

1. 病原体及流行特点

鸡痘是由禽痘病毒引起的传染病。由于病毒在上皮细胞内大量复制，引起上皮细胞发生水泡变性，从而形成肉眼可见的痘疹。鸡痘一年四季均发生，潜伏期4～10 d，病程3～5周，发病率高，死亡率低。

2. 临床症状和剖检变化

根据痘疹发生的部位，鸡痘可分为皮肤型、黏膜型、混合型，偶尔也可发生败血型。

（1）皮肤型　多在鸡的头部皮肤、冠、肉髯和翅下、胸腹部无毛的皮肤上发生。由细小的灰白色麸皮样物到形成灰白色小米至豌豆大，表面干燥坚硬的结节，再后痘疹破溃形成痂皮。小鸡在发痘期间食欲减退，母鸡产蛋减少。

（2）黏膜型　主要在口腔黏膜、鼻腔黏膜、眼结膜等处发生痘疹，并引起化脓性或纤维素性炎症。鼻黏膜受害时，表现为鼻炎症状；眼结膜受害时，呈结膜炎症状；口腔、咽喉黏膜受害时，表现为口腔、咽喉黏膜的溃疡和形成很厚的纤维素样痂膜，又称鸡白喉。

(3)混合型　皮肤和黏膜均受害。

3. 防治措施

皮肤型鸡痘无须治疗。黏膜型鸡痘可进行对症治疗。除去口腔或喉头部的痂膜,然后涂擦碘甘油。

预防该病应进行疫苗接种,20 日龄以上的鸡均可接种。同时加强卫生管理,做好防蚊灭蝇工作。

(十)传染性鼻炎

1. 病原体及流行特点

鸡传染性鼻炎是由鸡副嗜血杆菌引起的一种急性呼吸道传染病,特征是鼻腔、鼻窦黏膜发炎,打喷嚏,流鼻涕,流泪和脸部肿胀。主要传染源是病鸡和带菌鸡,经呼吸道飞沫传播。该病一年四季均可发生,4～12 周龄的青年鸡容易感染,初产母鸡也可发生。鸡群中一旦感染,可在 1～2 周内迅速波及全群。

2. 临床症状和剖检变化

发病后突出的特点是流浆液或黏液性鼻液,病鸡不断甩头,鼻窦、眼睑肿胀,流泪,打喷嚏鼻腔分泌物脓样恶臭,结膜发炎,眼部肿胀突出,公鸡肉髯肿胀。病鸡食欲减退或废绝,羽毛松乱,有时下痢。雏鸡生长停滞,母鸡产蛋减少,体重减轻。该病常合并或继发霉形体病和大肠杆菌病。

3. 防治措施

该病的治疗尚无理想药物,磺胺类药物治疗有效。目前国内已研制出该病的灭活菌苗免疫期达 6 个月。

(十一)鸡白痢

1. 病原体及流行特点

鸡白痢是由沙门氏菌引起的危害雏鸡的传染病,由于白色下痢、脱水和败血症使雏鸡大批死亡。成年鸡患白痢时呈慢性或隐性经过很少引起死亡。鸡白痢的传播途径有 2 种,垂直传播和水平传播。

2. 临床症状

(1)雏鸡白痢　蛋内感染的雏鸡多于出生后 1～2 d 内以急性败血症形式死亡,缺乏白痢和其他症状。出生后感染的幼雏,多在出壳后 5～6 d 开始发病死亡,10～14 d 发病和死亡最多,急性者病程仅 1 d,一般为 4～7 d。20 d 以上的鸡发生感染时病程较长,死亡率也低。耐过的雏鸡发育不良,成为慢性病鸡或带菌鸡。病鸡表现为精神不好,羽毛松乱,怕冷,闭目嗜睡。发生肺炎时则伴有呼吸困难。拉白色糊状稀粪,有时呈黄白色或黄绿色。肛门部绒毛常被粘集在一起,甚至堵塞肛门,患鸡不能排粪,引起肛门发炎。

(2)成年鸡白痢　可能是幼雏阶段耐过的病鸡,也可能是育成期感染所致。表现为产蛋率、受精率、孵化率降低,发病率、死亡率升高。病鸡精神不振,鸡冠萎缩,贫血、食欲不佳或不食,拉白色稀粪,停止产蛋。1 周左右死亡。

3. 剖检变化

雏鸡可见卵黄吸收不良,在心肌、肺、肝等器官可见灰白色坏死病灶或结节,肾脏充血或贫血,肝脏肿大呈灰黄或土黄色,盲肠中有干酪样物堵塞肠腔,有时混有血液,肠壁增厚,常有腹膜炎。

成年鸡主要病变在卵巢和睾丸,卵泡变性坏死或卵黄破裂。公鸡睾丸极度肿胀,常伴发心包炎。急性发病死亡的成年鸡剖检可见心脏增大而变形,心肌中有灰白色结节。肝脏肿大呈黄绿色,脾脏肿大质脆,肾脏肿大变性。

4. 防治措施

多种药物对鸡白痢都有一定疗效,但只能减轻或缓解症状,减少死亡,而不能完全消灭体内的细菌。对鸡白痢防治的最好办法是雏鸡开始饮水和进食时即投药物预防。另外把好进雏关,温度、饲养密度要适当，饲料营养成分要齐全。

（十二）禽霍乱

1. 病原体及流行特点

禽霍乱是由多杀性巴氏杆菌引起的一种接触传播的烈性传染病，鸡、鸭、鹅和野禽与野鸟都可以感染，对成年鸡所造成的危害仅次于新城疫。该病一年四季都可流行。急性发病时，可引起很高的死亡率，慢性发病则死亡率很低，产蛋高峰期的鸡较易感。

2. 临床症状

（1）急性　发病急，死亡快，往往看不到症状即死亡。有的在死前数小时才出现临床症状。病鸡无神，缩颈闭眼，羽毛松乱，发热厌食，口腔内有粘液流出，腹泻，排出黄白或绿色粪便，死前鸡冠或肉髯变青紫色，肉髯常肿胀。

（2）慢性　多表现为局部感染，常见于肉髯、翅或腿关节肿胀。呼吸道感染则鼻流黏液，呼吸困难。

3. 剖检变化

心包积液，心冠或心外膜有出血点或块状出血。肝肿大，有灰白色或黄白色小坏死点。十二指肠有出血点和淤血，肠内容物有血液肺充血、出血。

4. 防治措施

（1）预防　①保持鸡群优良体质，加强饲养管理。据观察，鸡群日粮中蛋白质水平直接关系到禽霍乱的发病和流行，蛋白质含量不足时，禽霍乱的发病率明显增高，所以要使鸡群日粮营养常年保持中、上等水平。另外，要合理安排鸡群的饲养密度，密度越大，越易发病。②疫苗预防，开产前注射禽霍乱油乳剂菌苗，免疫期3个月至半年，但由于该病的获得性免疫机制及菌株的型类不同，疫苗的保护率不高。③彻底消除环境污染。

（2）治疗　选择药物应考虑以下因素：①疗效好、作用快，以降低死亡率。②毒性低、副作用小。③价格便宜、来源广，易获得。

④投药操作简单，对鸡群惊扰小。常用药物：青霉素类制剂、土霉素、磺胺类药物、喹诺酮类药物等。

（十三）鸡球虫病

1. 病原体及流行特点

鸡球虫病是由一种单细胞的原生动物——球虫。引起鸡发病的主要是艾美尔属的球虫。鸡球虫病对雏鸡的危害很严重，常造成大批死亡和生长迟缓，是养鸡业的重大障碍。

不同年龄的鸡均可感染该病，但危害最大的是 4～6 周龄的雏鸡，成年鸡多为隐性感染或处于带虫免疫状态。主要经饲料、饮水传播。笼养鸡较少发生，地面平养、鸡舍潮湿、卫生不良、拥挤、营养不良容易发病。

2. 临床症状

（1）急性　多见于雏鸡，表现为精神沉郁，站立不稳，羽毛松乱。翅下垂，食欲废绝，贫血。拉血样粪便，在拉血后 1～2 d 死亡，病程 2 周左右。雏鸡发病后死亡率可达 50%，严重时可达 100%。

（2）慢性　多见于 2 个月以上的成年鸡，主要表现为生长缓慢，逐渐消瘦，间歇性下痢，无明显便血，成年鸡产蛋量下降，死亡率虽低，但恢复缓慢。

3. 剖检变化

（1）急性型　盲肠球虫病变主要在盲肠，可见双侧盲肠高度肿胀，呈暗红或黑红色，切开后盲肠内有大量鲜红或暗红色血液、血凝块，后期则见灰白色干酪样物质，其中混有血块。肠黏膜坏死脱落。小肠球虫主要在小肠浆膜有出血点和灰白色斑块。黏膜有出血斑点和坏死灶，肠腔内有干酪样物质和血液、血凝块，但无盲肠球虫时出血量大。

（2）慢性型　主要病变在小肠前段和中段、十二指肠和小肠前段出现大量淡黄色斑点，小肠中段肠管变粗，肠壁增厚，内容物粘稠，淡灰或淡褐色。

4. 防治措施

(1)预防　球虫病的预防应从 2 方面进行：一方面是加强卫生管理和饲养管理，消除环境中可能存在的球虫卵囊，提高鸡的抗病力。另一方面是药物预防，如克球粉、盐霉素、马杜拉霉素等。

(2)治疗　治疗球虫的药物很多，治疗效果好坏的关键是及时用药，早 1 min 用药就可能减少一份损失。常用的药物有三字球虫粉、磺胺类药物、鸡宝—20、球克等。

(十四)组织滴虫病

1. 病原体及流行特点

组织滴虫病是由火鸡组织滴虫引起的鸡和火鸡的一种原虫病。由于病理变化主要表现为盲肠炎和肝脏坏死性炎症，故又称盲肠肝炎。又由于患病鸡血液循环障碍冠髯暗红，故俗称“黑头病”。

鸡的易感年龄主要是 2 周到 3 月龄之间，成年鸡多带虫而不显症状，地面平养鸡多发。

2. 临床症状

潜伏期 8～21 d 或更长。病鸡精神不振，减食或不食，羽毛松乱，翅下垂，怕冷。拉淡黄色或淡绿色稀粪，严重时发生血便。消瘦、贫血、冠髯暗红，零星死亡。

3. 剖检变化

剖检时特征性病变在肝脏和盲肠。肝脏稍肿大，表面有圆形或不规则的坏死灶，坏死灶中央稍凹陷，周边稍隆起，淡黄或灰黄色等有进互相融合成大片坏死。盲肠肿大、增粗，肠腔内充满干酪样坏死物，肠黏膜发生坏死性肠炎。

4. 防治措施

应加强卫生管理，尽可能笼养，对鸡粪要做堆积发酵处理。常用药物有二甲硝咪唑、新砷凡纳明等。

(十五)鸡绦虫病

1. 病原体

鸡绦虫病是由多种绦虫引起的肠道寄生虫病。由于虫体寄生在小肠中,它一方面夺取营养,造成肠黏膜的炎症和损伤,引起消化机能障碍,同时还产生毒素引起机体中毒,严重时大量绦虫缠绕在一起阻塞肠管。

2. 流行特点

鸡绦虫病是一种常见的危害严重的寄生虫病,主要侵害雏鸡和青年鸡,在卫生状况不良的条件下更易发生。特别是地面平养的鸡更易感染,造成严重损失。

3. 临床症状

鸡感染绦虫病时精神不振、消瘦、贫血、下痢,粪便中带血,有时可以看到灰白色的节片或大米粒样的节片。

4. 防治措施

①经常清除鸡粪、堆积发酵、杀死虫卵。②有计划的进行预防性驱虫。③及时治疗,可用 灭绦灵、吡喹酮、丙硫咪唑等。

(十六)矿物质缺乏症

1. 硒缺乏

(1)病原体 硒是一种具有重要生物活性的元素,它在体内和维生素 E 协同作用,防止某些代谢产物对细胞膜的氧化作用使细胞免受损害。硒和维生素 E 两者有协同作用、互补作用,但又有不同的作用。在临床上往往是两者同时缺乏,单一缺乏者少见。

(2)流行特点 硒缺乏症多发生于 3～6 周龄的雏鸡,缺乏时的表现与缺乏维生素 E 相似,即发生渗出素质症、白肌病和脑软化症。

(3)临床症状 初期症状不明显,少数雏鸡突然死亡,多数雏鸡精神萎顿,站立不稳,有的以附关节着地,鸡冠苍白,胸、腹部皮下水肿,皮肤呈蓝紫色。

(4)剖检变化　剖检特征性病变是胸、腹部皮下组织呈淡蓝色或灰黄色水肿或胶胨样浸润。胸肌中有灰白色条纹，心包积液，心肌中有灰白色坏死灶。脑膜有小出血点，脑组织中有黄绿色不透明的坏死灶。

(5)防治措施　饲料中添加0.1 mg/kg的硒，即可防治该病。发病时可用含有1 mg/kg硒(2.2 mg/kg亚硒酸钠)的饲料或饮水供给雏鸡采食或饮用，或用0.005%的亚硒酸钠注射液，每只鸡2 mL皮下或肌肉注射。

2. 锰缺乏症

(1)病原和流行特点　锰是家禽生长、繁殖所必须的元素，对胚胎和骨骼的发育、蛋壳形成、维持内分泌腺的正常活动和能量代谢都起重要作用。锰缺乏时，雏鸡出现骨短粗症，运动失调和神经症状。成年鸡则发生产蛋减少，蛋壳薄而脆，孵化后期大批死亡。

(2)防治措施　每吨饲料加入242 g硫酸锰。发病后用硫酸锰10 g、氯化胆碱50 g、多种维生素20 g共混于50 kg饲料中，并给予青饲料，补充生物素。

3. 铜缺乏症

(1)病原体　铜的主要作用是催化血红蛋白的形成，缺铜时发生贫血、羽毛褪色，骨骼变形。缺铜时还能影响铁的吸收利用，使铁沉积在肝脏和其他组织中，不能参与造血。

(2)防治措施　除玉米外其他饲料中都含有足够的铜，为防止缺乏常在饲料中添加硫酸铜。

4. 锌缺乏症

(1)病原体　锌参与许多酶的组成，对维持皮肤黏膜的正常结构、功能，对蛋白质的合成和利用以及羽毛的生长都起着重要的作用。

(2)流行特点　缺锌时雏鸡体质衰弱，生长缓慢，羽毛发育不良，食欲不振，贫血、消瘦。2月龄以内的雏鸡呈现胫骨短粗，关节肿大、跛行。成年鸡缺锌时，羽毛缺损，蛋壳薄，出雏率低，弱雏多，胫部皮肤呈鳞片状脱落。

(3)防治措施　治疗可用硫酸锌或硫酸锌添加到饲料中。一般每千克饲料 15～20 mg。锌过多会产生不良影响，对蛋白质代谢和钙、锰、铜的吸收有不利影响。

(十七)鸡痛风病

1. 病原体

痛风是由于蛋白质代谢障碍和肾脏受损害而引起尿酸和尿酸盐在体内蓄积的代谢病。它与某些传染病，如传染性支气管炎、新城疫、传染性法氏囊病时，肾脏的尿酸和尿酸盐沉积不同，后者是这些传染病的病理变化，而不是独立的疾病。痛风发生的主要原因是饲喂高蛋白质饲料，饲养密度过大，鸡舍阴暗潮湿，运动和光照不足，维生素 A 和维生素 D 缺乏，饮水不足，饲料中钙含量高而磷含量低以及某些中毒性疾病和其他疾病。

2. 临床症状

根据痛风的临床表现和病理变化，可分为内脏型痛风和关节型痛风。

(1)内脏型痛风 临床上多见，病鸡精神不振，食欲减退，消瘦、贫血、排大量灰白色稀粪，常因脱水而死亡。剖检病死鸡可见肾脏肿大、色淡，肾小管和输尿管中充满灰白色尿酸盐。外观肾脏呈灰白色花纹状。输尿管增粗，充满白糊状尿酸盐，有时可见其中有坚硬灰白的树枝状物。心包膜、心包腔、肝、肠系膜、气管黏膜等处附有尿酸盐结晶。

(2)关节型痛风 临床上少见，主要表现运动障碍，患鸡跛行，不愿走动，关节肿大变形。消瘦、贫血、营养不良。剖检可见关节囊内和关节周围组织中有半液体状灰白色尿酸盐。

3. 防治措施

目前，对鸡和其他动物以及人的痛风都无特效药物治疗。只有加强饲养管理，消除可能的致病因素，如降低饲料中蛋白含量，供给充足的维生素 A、维生素 D 和饮水，改善钙、磷比例，降低饲养密度，保持鸡舍干燥通风，防止中毒性疾病和其他疾病等。

第五章 水产养殖技术

第一节 稻田养殖螃蟹技术

一、养蟹稻田的选择

应选择水源充足，排灌方便，水质无污染，且符合渔业水质标准、交通便利保水力强的田块，尤其是田埂不能漏水。可选择中低产田进行稻田养蟹，增产增效更加明显。

二、稻蟹工程的建设

稻田养蟹的田间工程应按蟹、稻共生对生态环境条件的要求和养殖技术等条件，合理设计、科学施工。其主要是挖好一套蟹沟，加高加固四周田埂。

1. 开挖一套蟹沟

蟹沟通常由环沟、田间沟和暂养池三部分构成。

（1）环沟　环沟在稻田的四周离田埂 2～3 m 开挖，沟宽为 2～4 m，深为 1～1.5 m，坡比为 1∶2，其总面积占大田面积的 10％～15％。

（2）田间沟　田间沟又称畦沟，主要供河蟹爬进稻田觅食、隐蔽用，视田块的大小在稻田中间开挖 3～5 条宽为 50～70 cm，深为 30～40 cm 的田间沟，田间沟与环构相通，其形状可为“十、井、半”等形。

(3)暂养池　暂养池主要用来暂养蟹种和收获商品蟹。有条件的地区可利用田头自然沟、塘经整理后作蟹的暂养池，也可利用稻田的进排水渠道改造而成。其方法是将排水渠道外一侧的渠边加高加固，达标准后便可结合使用。没有的话就在稻田的一端或一角开挖 100～150 m^2，深为 1.5 m 左右的暂养池。环沟、田间沟和暂养池的总面积不超过大田总面积的 20%。

2. 一般的田埂低

矮、小，保持的水位低为了养好河蟹须将田埂加高加固，并压实夯牢，大块的土要粉碎，不能在埂中留有缝隙，造成漏水逃蟹。加高加固的田埂可防止汛期溢水和鱼蟹逃逸。

3. 进排水系统建设

进排水口用管道较好，水管内外都要用网包好，中间更换 2 次，网眼大小根据河蟹个体大小确定。特别注意的是，管道与田埂之间不能有缝隙，应用水泥浇灌、夯实。否则，在进排水时，如有细微水流，都会引起蟹种的逃逸。

三、防逃设施建设

1. 钙塑板防逃墙

选用抗氧化能力较强的钙塑板，沿养蟹稻田四周埋设，通常钙塑板高为 60～70 cm，埋入土中 10～20 cm，高出地面 50 cm，用木桩或竹桩支撑固定，细铁丝扎牢，接头处要紧密，不能留有缝隙，四角做成圆弧形。这种防逃设施防逃性能好，能抗住较大的风灾袭击，是较为常用的一种。

2. 塑料薄膜防逃墙

选用农用塑料薄膜，用毛竹或小树桩作桩，每隔 1 m 5 根，沿稻田四周铺设，用铁丝固定，木桩支撑，通常用双层塑料薄膜，实践证明，这种防逃墙比较坚固耐用，且造价低廉，维修加固容易。

3. 水泥板防逃墙

按设计要求，用钢筋水泥预制成一定规格的水泥板，沿稻田四周铺设，水泥板埋入土内 20～ 30 cm，墙高为 50～60 cm，四角做成椭圆形。水泥板内壁要尽量抹平抹光滑，墙基要夯实压牢，以提高防逃性能。

4. 砖砌防逃墙

选用普通的红砖沿稻田四周砌墙，墙基入土 20～30 cm，底脚压牢，墙高为 40～50 cm，临近稻田一面要用水泥抹平。墙顶要砌“倒檐”。

四、水稻的栽插

1. 水稻的选择

水稻要选择生长期长，分前力强，丰产性能好，耐肥抗倒，抗病虫，耐淹，叶片直立，株型紧凑的水稻良种。如汕优 63，盐粳 87。

2. 插种方式

插种方式为宽窄行双龙出海，适当增加沟、塘边的栽插密度，一般插 2 万～3 万丛/亩，3～5 株/丛，保证基本苗 5 万株左右。晚稻在早稻的宽行中直接免耕插秧。

3. 栽插施肥

栽插前施足基肥，农家肥 60～70 担/亩、饼肥 150～200 kg/亩。秧栽插前 2～3 d 使用 1 次高效农药，以防水稻病虫害传播。

五、蟹种的质量及运输

稻田养蟹要求放养的蟹种大小适中，规格整齐，体质健壮，爬行活跃，附肢齐全，无病无伤，来源于长江水系，不要购买辽蟹或巨蟹。

1. 蟹种的选购

选购蟹种时，可采取“一查、二看、三称重”的办法：①一查，查清蟹种的来源和产地。②二看，看蟹种规格是否整齐，附肢是否齐全，爬行是否活跃，性腺成熟的蟹比例是否过大。特别要注意的是，不能用性成熟的蟹和小巷蟹做蟹种，否则会引起重大经济损失。③三称重，这是采取随机取样的方法称重过数，凡规格在120～160 只/kg，规格比较整齐、爬行比较活跃的，均属质量比较好的蟹种。

2. 蟹种的运输

蟹种运输方法多种多样。可选用聚乙烯网片做成网袋，网眼的大小以蟹种不会爬出为原则。在装蟹种时，先将网袋浸泡一下，然后再装，每袋装 3～5 kg，再用汽车装运，切忌不要挤压，也可用蟹苗箱装运，将蟹种装入蟹苗箱内，5 只箱为 1 组，集中装运。在运动途中加强管理，定期喷洒新鲜水，严防曝晒风吹雨淋，以提高运输成活率。

六、稻田蟹种投放及养蟹模式

在投放蟹种之前，应用田水喷淋蟹种 3～4 遍，使蟹种逐渐适应水，然后让其自行爬入田中。切不可将蟹种一下投入水中，以免环境变化太大，导致蟹种死亡。

1. 蟹种的投放

投入幼蟹进行稻田养蟹的分为亩产蟹 20 kg 以上、30 kg 以上、50 kg 以上几个产量等级，蟹种的放养量与商品蟹亩产量直接相关。①亩产 20 kg 以上商品蟹的稻田可放规格为 120～160 只/kg 的蟹种 4～5 kg；②亩产商品蟹 30 kg 以上的稻田可以投放上述规格的蟹种 6～7 kg；③亩产商品蟹 50 kg 以上的稻田则应放蟹种 10 kg。

2. 养蟹模式

蟹种的放养时间仍以 12 月至翌年的 3 月为主，先在稻田的暂养池中暂养，强化饲养管理，待秧苗栽插成活后再加深田水，让蟹进入稻田生长。蟹种放养前要用生石灰等药物彻底清池消毒，蟹种也要用药物浸洗，以消灭蟹沟内和蟹体上的寄生虫和致病菌，提高放养的成活率。

稻田放养早繁苗当年养成商品蟹。利用2—3月的早繁蟹苗，通过塑料大棚、温室等室内强化培育，育成400～600只/kg规格的蟹种，5月中旬或6月放入稻田，以投喂动物性饵料为主，辅以植物性饵料，进行精心饲养管理，当年年底养成规格为100 g/只以上的商品蟹。这种模式周期短，成本低，效益高，但商品蟹的规格偏小一些。

七、河蟹的饲养管理

河蟹是杂食性偏动物性的甲壳动物。在天然水域中，水域广阔，水质良好，溶氧量高，水草鲜嫩且丰富。所以河蟹虽然主要摄食植物性饵料，但生长发育良好。河蟹的食性随环境条件的变化而变化，可塑性较大。在稻田中养殖河蟹，应适当加喂动物性饵料和其他饲料以弥补天然水域中河蟹摄食动物性饲料不足的缺陷，河蟹同样可以良好地生长发育，甚至比天然水域中生长更快。实践表明，稻田养蟹饵料种类的差别、投饵数量与投饵方法强烈地影响着河蟹的生长发育的速度。

1. 饵料种类

稻田养殖河蟹的饵料种类主要有3大类：①动物性饵料：动物性尸体及其屠宰下脚料、蚌肉、螺肉、鱼虾；②粗饲料：谷类、山芋、马铃薯、玉米、南瓜、西瓜片、糠麸、豆腐渣和各种饼类；③草类：禾木科的鹅欢草、青草等，陆生鲜嫩草类，池中种植或捞入的苦草、蓝草、聚草和水葫芦等水生植物。水草是稻田养蟹必不可少的饲料之一，不仅是河蟹喜食的饵料，也是河蟹栖息隐身的地方，可避免同类互相残杀而提高成活率。

2. 投饵数量

投饵数量的多少好坏直接影响河蟹的生长速度。稻田养蟹必须坚持精、青、粗饲料合理搭配的原则，动物性精料占 30%，植物性粗饲料占 30%，草类占 40%。一般投喂 1～2 次/d，投喂动物性精饵。植物性粗饲料占蟹体重的 5%～10%，水陆草保持经常性，方便于河蟹采食。月投饵占稻田河蟹体重百分比，详见表 5-1。

表 5-1　月投饵占河蟹体重的百分比

月份	2	3	4	5	6	7	8	9	10
比例/%	3	4	4～5	5～6	6～7	7～8	9～10	9	9～8

河蟹体重计算方法：每月随机取河蟹 20～30 只，称重量，算出每只均重，以每只均重乘其全田河蟹的总数，即为河蟹当月的总体重。养殖至 5—6 月死亡率为 10%；7—8 月死亡率为 20%；9—10 月死亡率为 30%左右。

3. 投饵方法

不同于其他水产品，河蟹的活动方式、时间、摄食方式等具有一定的特点。针对其特点，我们提出河蟹的“四定”技术，即“定时、定点、定量、定质”。

(1)定时　河蟹的摄食强度随季节、水温的变化而变化。在春、夏两季水温上升 15℃以上时，河蟹摄食能力增加，适时投喂 1 次/d。水温 15℃以下时，河蟹活动、摄食减少，可隔天或数天投喂 1 次。因为河蟹昼伏夜出活动等，故投饵应在傍晚前后。

(2)定点　养成给河蟹定点吃食，既可节省饲料，又可观察河蟹吃食，活动等情况。每亩选择 5 个左右的投饵点或台。投饵点或台应选在坡度较大、底质较硬的地方，面积约为 0.5 m^2。饵料台可用芦苇一张平铺，一端搭在池埂边，另一端用竹竿搭在池中，或取水花生一丛 2 m^2，四周用草绳围住，剪掉水花生丛上的枝头即可。

(3)定质 稻田养蟹要坚持精、青、粗饲料合理搭配。原则上在 3—5 月,动物性精饵相对多投喂一些。其主要喂小鱼虾、动物尸体及下脚料、螺蚌肉,小麦和少量嫩草与蔬菜叶。动物性饵料要研成细末状,便于河蟹摄食。6—9 月是河蟹生长的旺季,各种植物性饲料大量出现,要适当增加谷类、南瓜、西瓜皮等和水草,同时也搭配一定的动物性饵料,约占总饵料的 30%。在养殖后期,即 10 月以后是河蟹肥育和积聚蟹黄的重要时期,各种动物性精饵要占 50%左右,主要是小鱼虾、螺蚌肉、煮熟的山芋。

(4)定量 每次投饵前检查上次投饵吃食情况,灵活掌握,具体可参见表 1-1。

4. 水质调控

由于水位较浅,稻田养蟹要保持水质清新,溶氧充足,坚持勤换水。当水位过浅时,要适时加水;当水质过浓,则应更换新水。正常情况下,稻田中水深保持 5～10 cm 即可。在换水时,温差不要过大,宜在上午 10:00～11:00,待河水与稻田水温接近时进行。换水次数为 4—6 月每周 1 次,换水量为 1/5,7—8 月每周 2～3 次,每次换水 1/3,在 9 月后,每 5～10 d 换 1 次,每次换 1/4 的水。

调节水质另一个有效办法是定期施生石灰,每半月施 1 次,每亩用量 15 kg 左右,注意施生石灰的面积按蟹沟、田间沟、暂养池等的面积来计算的。定期施生石灰既可调节池水的 pH,改良水质,又可增加池水钙的含量。河蟹一生要蜕 10 多次壳。河蟹甲壳的主要成分就是钙,所以河蟹对钙的需求较大。

5. 水草移植

为了增加河蟹适口的植物性饵料,提供良好的栖息、蜕壳场所,应在蟹沟、暂养池内移栽轮叶黑藻。

稻田养蟹,稻蟹共生,好处很多。蟹能清除稻田杂草,吃掉部分害虫,促进水稻生长;而稻田又为河蟹生长提供一个良好的环境,促进河蟹生长。稻田养蟹可提高种稻的经济效益,提高农民种粮的积极性。我国稻田面积广阔，发展稻田养蟹也是一项重要举措。

八、稻田养蟹的主要技术

1. 选好田块

搞好养蟹配套设施建设养蟹的稻田要求选择靠近水源、水质良好、底质为黏土、保水性能较好的田块，面积以 3～4 亩为宜。稻田养蟹蟹沟的开挖可参照稻田养鱼，沟宽为 1.5～2 m，沟深为 1 m，呈"田"字形。稻田四周用钙塑板或其他材料建好防逃墙，建好进、排水系统，进、排水口要用聚乙烯网布密封，再建一道竹栅，并加盖网，防止河蟹从进、排水口逃跑。所有这些设施建设都要在幼蟹放养前搞好。

2. 栽好水稻

适时放养蟹种养蟹的稻田，宜选用耐肥力强、秸秆坚硬、不易倒伏、抗病害的丰产水稻品种，采用宽行密株栽插，并适当增加田边栽插密度，发挥边际优势，增加水稻产量。

3. 蟹种的放养规格

蟹种的放养规格以 40～60 只/kg 的为好，放 20～30 kg/亩，也可放规格为 100～200 只/kg，放 10～15 kg/亩，要求当年都能达到上市规格。幼蟹要求规格整齐，肢体齐全，体质健壮，以提高放养的成活率。

4. 稻田养蟹的饲养管理

调控好水质稻田养蟹的饵料投喂方法、全年投饵量、每天投饵量、投喂次数，均可参照池塘养蟹的办法进行规划布局和组织实施。在稻田中增放一些绿萍、浮萍等。在 7—9 月，除投喂南瓜、小麦、黄豆等植物性饵料外，还要有计划地投喂一些小鱼、小虾、猪血、蚕蛹、螺蚬、蚌肉等动物性饵料，以满足河蟹生长的需要。

5. 稻田养蟹的稻田规格

稻田养蟹的稻田应保持水深为20～30 cm，蟹沟水深为1 m，要求水质清新，溶氧丰富。高温季节要坚持勤换水，每2～3 d换1次，每次换水至20 cm左右。

6. 稻田养蟹的防逃工作

稻田水浅埂薄，河蟹打洞常会造成田埂漏水，容易引起逃蟹。因此，要十分重视稻田养蟹的防逃工作，经常检查和维修防逃设施，堵塞田埂漏洞，防止暴雨冲跨防逃设施和田埂、大水漫过田埂等，还要防止农药、化肥对水质的污染以及采取有效措施消灭水蛇、水老鼠等敌害。

7. 河蟹的配方施肥

河蟹对化肥、农药的反应十分敏感。稻田养蟹最好不用农药，如要用，应选择高效、低毒农药。在使用药物时，先将田水灌满，改药液喷洒为喷雾，改高浓度为低浓度喷雾，尽量减少对河蟹的影响。稻田最好施足基肥，追肥也应以有机肥为主。在使用化肥时，要十分注意对河蟹的影响，以取得稻、蟹双增产。

8. 及时收获，搞好暂养越冬

稻田养蟹在9月中、下旬捕捉。其捕捉的方法有放水捉蟹，夜晚徒手捕捉以及诱捕等。河蟹收获后要及时出售或暂养。如果稻田养的蟹种在捕获后选择池塘口较深、水质条件较好的作为越冬池进行暂养或越冬，以留作来年发展养蟹的蟹种用。

第二节　冬季清塘

一、冬季清塘的原因

鱼类是变温动物，当水温下降到8℃以下时便进入冬眠期，渔业在生产上称之为“冬闲”季节。其实冬闲并不闲，仍有很多事情要做。冬季应做好以下几项工作:一是要加强冬季鱼池投喂管理,确保鱼类安全越冬。应做好鱼种的并塘工作,同时要加足水。抓住晴暖天气的中午进行间隔投饵施肥。越冬的池水透明度要提高到5 cm左右,确保肥水越冬,这是防止鱼种消瘦飘塘的有力措施。二是要抓紧做好对老池的清塘工作。在养殖中每经过一个食物链环节都会产生大量未被利用的物质以及大量使用渔药造成渔业环境的自身污染。经过一年的养殖,池底万物积聚,淤泥增厚,污染加重。

二、不清塘的危害

(一)水质变坏

长期养殖,又不进行池塘清整,会使水质变坏。亚硝酸盐和硫化氢等致命毒性物质含量超标,严重影响着鱼、虾、蟹的健康养殖与生长。

(二)病原体滋生

池塘底部存有在大量寄生虫、细菌、病毒等病原体。当水质恶化时,酸性物质增强,病原体滋生,极易引起鱼类发病。

(三)缺氧

池塘底部承载着大量残饵、粪便和死亡藻类等有机物。这些有机物腐败分解会大量消耗水体中的溶氧,使水中溶氧经常处在2～3 mg/升以下,这样的低溶氧会造成养殖的鱼、虾、蟹缺氧浮头,甚至死亡。

(四)活动空间变小

池坡坍塌,淤泥增厚。池塘变浅,载水量下降,鱼类活动空间缩小,产量降低。

总体而言,忽视池塘清整,会对鱼、虾、蟹的生长造成极大的危害。长期以来,不少的养殖户忽视池塘的清整,池坡倒塌,淤泥沉积逐年增加,池塘变浅,载水量下降,鱼类活动空间缩小,从而使鱼池的生态环境恶化,疾病加重,时常出现泛塘现象。

三、清塘方法

目前常用的清塘方法是药物清塘。药物清塘是利用药物杀灭池中危害鱼、虾、蟹苗种的病原体、寄生虫和各种凶猛鱼、野杂鱼及其他敌害生物，避免因病害影响养殖品种正常生长发育。常用的清塘药物有生石灰、漂白粉、海因类消毒剂。

（一）生石灰清塘

生石灰即氧化钙，其清塘作用是生石灰遇水后发生化学反应产生氢氧化钙，并放出大量热能。氢氧化钙为强碱，其氢氧离子在短时间内能使池水的 pH 提高到 11 以上，从而能迅速杀死野杂鱼、各种虫卵、水生昆虫、螺类、青苔、寄生虫和病原体及其孢子等。同时石灰水与二氧化碳反应变成碳酸钙，碳酸钙能使淤泥变成疏松的结构，改善底泥通气条件，加速底泥有机质分解，加上钙的置换作用，释放出被淤泥吸附的氮、磷、钾等营养素，池水变肥。其清塘方法有 2 种：分为干法清塘和带水清塘。

①干法清塘：先将池塘水放干或留水深 5～10 cm，在塘底挖掘几个小坑，每亩用生石灰 70～75 kg，并视塘底污泥的多少而增减 10%左右。把生石灰放入小坑用水乳化，不待冷却立即均匀遍洒全池，次日清晨最好用长柄泥耙动塘泥，充分发挥石灰的消毒作用，提高清塘效果。经过 7～8 d 待药力消失后，即可以放鱼。

②带水清塘：对清塘之前不能排水的池塘，可以进行带水清塘，每亩水深 1 m 用生石灰 125～150 kg，通常将生石灰放入木桶或水缸中溶化后立即趁热全池均匀遍洒。7～10 d 后药力消失，即可放鱼。实践证明，带水清塘比干法清塘防病效果好。带水清塘不必加注新水，避免了清塘后加水时又将病原体及敌害生物随水带入。其缺点是成本高，生石灰用量比较大。不论是带水清塘，还是干法清塘，经这样的生石灰清塘后，数小时即可达到清塘效果，防病效果好。但必须注意的是，酸性较强的水体不能用此法清塘。

（二）漂白粉清塘

漂白粉含有效氯30%左右，经水解产生次氯酸，次氯酸立即释放出新生态氧，它有强烈的杀菌和杀死敌害生物的作用。在施用时，先用木桶加水将药物溶解，立即全池均匀遍洒，泼完后再用船和竹竿在池中荡动，使药物在水体中均匀分布，以增加药效。每亩水深1 m的池塘用13.5 kg，4～5 d后药力消失即可放鱼。漂白粉有很强的杀菌作用，但易挥发和潮解，在使用时应先检测其有效含量，如含量不够，需适当增加用量。

（三）海因类消毒剂

此类消毒剂包括二溴海因和溴氯海因消毒剂。海因类消毒剂具有在水中释放次卤酸的氧化作用；次卤酸分解，形成新生态氧的新生氧作用。释放出的活化卤素与含氮的物质发生反应，形成卤化胺。它能干扰细菌细胞的代谢，从而起到杀菌消毒的作用。相对前两种方法，用海因类消毒剂具有用量少（每亩水深1 m使用1～2 kg，4～5 d后药力消失，即可放鱼），效果明显，作用时间长的特点。

第三节　春季鱼苗的放养

一、鱼苗池的选择

鱼苗池要求水源充足清新，排灌方便。池底平坦，壤土为佳。面积5～10亩。

二、鱼苗放养前的准备工作

①在鱼苗放养前1个月应排干池水，挖出进量的淤泥，将池底整平，修好池堤，经曝晒数日。

②药物清塘。池底保留水深10 cm，在池底四周挖几个小坑，

将生石灰倒入坑内，加水深化，不待冷却将石灰浆向池中均匀泼洒，用生石灰 60～75 kg/亩。

③培肥水质。清塘后 1 星期施有机肥，每亩施经发酵过的猪粪、牛粪等 300 kg；15 d 后，每天施农家肥 50 kg/亩，并每隔 3～4 d加注新水 10 cm。

三、鱼苗放养的时间、品种、密度

在四月中、下旬，放鲢、鳙鱼苗 10 万～20 万尾/亩。草鱼苗、青鱼苗、鲤鱼苗的放养密度适量低些。若当年想养成大规格品种，可放 5 万～6 万尾/亩。

四、饲养管理

①投饵施肥：鱼苗下塘后，每天施经发酵的猪粪 50 kg/亩，同时每天需拨洒黄豆 23 kg 磨成的浆，少量多次。

②加注新水，每隔 35 d 向池中加注新水 10 cm。

③坚持每天巡塘，观察水色变化和鱼苗的动态。

④加强鱼病的防治工作。

第四节　成鱼养殖春季鱼种投放的技术措施

俗话说“一年之季在于春”。养鱼要想获得高产高效，把握好春季鱼种放养这一环节更为重要，通过总结多年来的生产经验认为，春季鱼种投放要把握好以下技术措施。

一、要培肥池塘水质

经过整个冬天的冻晒和清塘消毒后，鱼塘要及时地注入新水，施足基肥，施 250～500 kg/亩腐熟了的牲畜粪或人粪尿。如果是新建鱼塘，要求还要多施，在施肥后可注入一部分冬水，以利于培肥水质，增加水体中的天然饲料，保证所投放的鱼种一下塘就有充足的饲料生物供给，以促进春后的生长发育。

二、把握好鱼种投放时间

惊蛰后水温上升至 8～12℃时是鱼种投放的最佳时间。这时鱼种活动力弱，鳞片紧，有利于鱼种捕捞运输和放养中的分捡挑选，鱼种下池不易受到伤害，成活率也高。但放养要选择在晴天进行，这样可使投放的鱼种尽早适应池塘中的环境，尽早开食，尽快地进入生长期。

三、要投放规格适中、质量高的鱼种

俗话说“种好鱼满塘”，要想获得养殖鱼塘的高产、优质、高效，就必须放肉质肥满、结实、体形正常、鳞片完整、体表光滑、体色和眼睛明亮、拿在手中跳动激烈、在水中顶游能力强的优质鱼种。当年养成商品鱼的鱼种投放规格为 17 cm/尾以上，个体重量控制在鲢鳙鱼 50 g/尾、鲤鱼 100 g /尾、草鱼 100 g /尾以上。如果是投放鱼种时间晚或要养成的商品鱼规格大，就要投放规格再大一些的鱼种。

为增强鱼种的抗病力，对选择好的下塘鱼种要进行一次鱼体消毒。其消毒方法是：先在需投放鱼种的池塘内放一木桶，里面注入 2 mg/kg 漂白粉或 10 mg/kg 高锰酸钾溶液，把所要投放的鱼种分批在药液中浸浴 3～5 min 后再放入池水中。如果在浸浴时遇到鱼种急游、狂跳，则说明鱼种不适应药液的浓度，这时要立即把鱼种放入塘中，以免发生死鱼事故。

四、要合理搭配投放鱼种

为充分利用水体和饲料，提高池塘鱼产量，根据不同的养殖鱼类的食性和生活习性，要合理搭配投放鱼种。一般的搭配原则为：

①肥水养鱼塘以投放鲢鳙鱼为主,其混合搭配比例为,鲢鱼占55%～60%,鳙鱼占15%,草鱼占10%,鲤鱼、鲫鱼、鳊鲂鱼等占20%～25%;②如水瘦而饲料充足,应以草鱼为主,其搭配比例为,草鱼占45%～50%,鲢鱼占20%,鳙鱼占5%～10%,鲤鱼、鲫鱼、鳊鲂鱼等占5%～10%;③如全价饲料供应充足,应以鲤鱼、鲫鱼等吃食性鱼类养殖为主,其搭配比例为,鲤鱼或鲫鱼等占80%,鲢鱼、鳙鱼占20%。这样整个水体都能被充分利用,水体中的各种饲料也能被循环利用,从而提高养殖效果。

五、要合理确定投放鱼种的投放量

"密养"与"混养"密切相关,只有在实现多品种混养的基础上,才能提高池塘的放养密度,发挥出池塘的生产潜力。如果混养种类少或单养一个品种的鱼,就很难收到这种效果的。养殖中实行大小规格鱼种套养,增加小规格鱼种的投放量,尽量提高放养密度。这样既不影响成鱼养殖,又能解决大规格鱼种的来源,能有效地提高鱼产量,增加养殖的效益。

六、加强日常管理

搞好春季鱼种投放一定要加强日常管理工作。鱼塘日常管理要从以下几个方面着手:一是坚持每天早中晚三次巡塘。到池塘查看水质,观察水环境的变化和鱼种适应环境的情况,以便发现问题及时处理。二是管理好水质。定期向池塘注入新水,调节池水的透明度、溶解氧、pH 等,为鱼类创造好的生活环境。三是严格按照养殖技术规程进行操作。四是搞好鱼病预防。春季是鱼病的高发期,在投放鱼种的过程中,做好鱼病的防治更为重要。

第五节　水产养殖的春季管理

随着春季的到来，气温、水温逐渐回升，水产养殖动物进入了正常的生长时期。一般说来，越冬水产动物经过长时间的低温生存与适应，其体力消耗、抗环境变异能力降到极限。与此相反，细菌、病毒和寄生虫等却随着温度的升高而大量繁殖。此时，如不及时预防与治疗，就容易引发各种疾病的流行，造成养殖动物发病甚至死亡，给养殖户造成经济损失。因此，在春季对养殖池塘的管理工作不可忽视。

一、抓好水质管理

控制池水深度采取分期注水措施，即不要1次灌满水，应该由浅到深逐步加入，以利提高水温，促进养殖动物快速生长，10～15 d加水1次。早春鱼池水深应控制在1 m以内；晚春池水应加深到1.5 m左右；虾、蟹养殖水面水深应由0.6 m加深到1 m；室外养鳖池应换去大部分池塘老水；早春水深应掌握在0.5 m左右，晚春以后逐步加深到养殖的正常水位。

二、饲料投喂管理

当水温上升10℃以上时，水产养殖动物已开始摄食，摄食量随水温的升高而逐渐增大。此时应及早开食，投喂新鲜质优的饲料，保障其能提早开食，促进体质的恢复。饲料中添加水产用多维等，可增强抗病力，及时促进生长，提高养殖产量、效益。

三、防缺氧管理

春季常出现阴雨天气，气压较低，水体易缺氧。此时水质管理的要点是：加强巡塘，注意鱼塘有无浮头现象出现，若出现浮头现象,应及时开启增氧机增氧,在浮头现象严重时结合抛撒增氧剂;及时对鱼塘更换,加注新鲜水;视鱼塘底质恶化情况,使用底净宁或施用微生物制剂改良水质,保持鱼塘良好的水质环境。

四、防病治病措施

做好防病治病措施,掌握无病先防、有病早治、防重于治的原则,尽量避免鱼病发生,保障健康生长。在春季,鱼类容易患水霉病、细菌性烂鳃病、肠炎病、小瓜虫病、斜管虫病等;虾、蟹的常见病有黑鳃病、烂肢病、甲壳病和纤毛虫病、蟹奴病等;鳖的常见病的腐皮病、红脖子病、赤斑病、腮腺炎和累枝虫病等。春季要及早采取预防措施,把疾病控制在初始阶段。同时,要防止鸟类、鼠类、水蛇等自然敌害对养殖动物的危害。

五、放养苗种的管理

(一)苗种的异地运输

这成为淡水养殖生产的重要环节。运输要安全、高效,应保证和提高运输成活率。在运输苗种时,应注意运输前制定周密的运输计划,准备好装卸、起运、消毒工具和药物。运输密度要根据放养的种类、规格、水温、水质、运输单间、运输方法和供氧设备等综合确定。宜选择气温较低的晴天运输苗种,起运前对苗种应停喂。

(二)池塘的清理和蓄水

在苗种下塘前,水源充足的池塘可以先放水干塘,挖去多余的淤泥,保持10～15 cm 的淤泥即可;铲除塘边四周杂草,堵塞漏洞;改浅水为深水(2～3 m),增加蓄水量;扩大苗种投放数量;提高抗御自然灾害能力,为养殖高产创造一个良好的自然生态环境。

(三)池塘的消毒

清水塘注回水的和不能放水的池塘要用药物清塘消毒,杀灭敌害生物和病原体。常用的药物包括地生石灰、漂白粉和茶饼。生石灰的作用是改良底质和水质，中和酸性，提高 pH；漂白粉杀灭病原体，消除过量的浮游生物，也有改良水质的作用；而茶饼则清除野杂鱼。在鱼种下塘前，应先检查清塘后药效是否已过。早春水温低、毒性消失慢，应提前取水，放实验鱼测试。

六、下塘时苗种的管理

(一)水温

在下塘时，注意装苗种容器的水与池塘水温差不要过大，特别是小规格苗种，容易造成死亡。早春水温低，鱼苗规格较小，鱼塘的水不要一次注满，要随着投饵施肥和鱼苗生长、天气变化而逐渐加高水位，每半月注水 1 次，每次加入 10～15 cm，4—5 月水位可控制在 80～100 cm。

(二)消毒

外购苗种应及时消毒，这样可有效防止疾病发生。早春温度低，苗种在起运、装卸中难免有创份，如不及时消毒，就容易得霉病。在消毒时要注意 3 点：①药物要现配现用。②药物剂量要准确，避免药量不足或用药过量。③浸洗时间要适当。发现鱼种有忍耐不住现象时，应立即加水或放入塘内。

第六节　春季常见鱼病防治技术

一、水霉病

1. 病原体和临床症状

该病是由霉菌感染引起的。其主要症状是伤口上有白色的棉絮状的菌丝。

2. 防治措施

(1)预防 鱼池内要用生石灰清塘消毒,在捕捞运输和放养时尽量避免鱼体受伤,同时合理放养也是防止少生水霉病的重要措施。苗种放养必须用食盐或高锰酸钾浸洗消毒,发生寄生虫病要及时治疗。

(2)治疗 用0.4～0.5 g/m^3 食盐与小苏打合剂全池泼洒,用2.5～5 kg/亩菖蒲和0.5～1 kg/亩食盐捣烂洗汁,加入5～20 kg/亩人尿,全池遍洒。每亩水面(水深1 m)用胡麻秆10 kg,扎成数捆,放在池塘向阳浅水处沤水。

二、烂鳃病

1. 病原体和临床症状

(1)由柱状嗜纤维菌引起的细菌性烂鳃病 一般由鱼体与病原菌直接接触而引起,病鱼体色发黑,鳃盖内表面皮肤充血发炎,中间部分常糜烂成一圆形透明的小窗。鳃丝肿胀,黏液增多,末端缺损。

(2)由真菌引起的鳃霉病 病鱼鳃部呈苍白色,有时有点状充血或出血现象。此病常导致鱼暴发性死亡,镜检会发现鳃霉菌丝。

(3)由寄生虫引起的鳃病 原生动物引起的一般使鱼的鳃部产生大量的黏液,严重影响鱼的呼吸,浮头时间较长,严重时体色发黑,离群独游,漂浮水面;黏孢子虫引起的鳃病一般在鳃的表皮组织里有许多白色的点状或块状胞囊,肉眼容易看到;指环虫引起的鳃病显著浮肿,鳃盖微张开,黏液增多,鳃丝呈暗灰色,镜检可见长形虫体蠕动;中华蚤引起的鳃病在鳃丝末端肿大发白,寄生许多虫体,并挂有蛆状虫体。

2. 防治措施

(1)预防 鱼池内要用生石灰清塘消毒。在发病季节,每月全池遍洒生石灰1～2次。鱼种分养用不到10%的乌桕叶煎液浸洗鱼体5～10 min,可有效地预防细菌性烂鳃病。发病季节定期用乌桕叶扎成数小捆,放在池中沤水,隔天翻动1次,可预防该病发生。

(2)治疗

①细菌及真菌性烂鳃病。用富氯或二溴海因0.3 g/m^3 全池泼洒,重症隔日再用1次,同时配合用大蒜,每千克鱼用大蒜0.5～1 kg(加入0.5 kg食盐)拌饵投喂,6 d为一疗程;五倍子磨碎,用开水浸泡后全池遍洒,用量为2～4 g/m^3;或干乌桕叶每千克用20 kg,2%生石灰浸泡12 h后再煮沸10 min,以2.5～3.5 g/m^3 的浓度全池遍洒。每万尾鱼种或每千克鱼取乌桕叶干粉0.25 kg或鲜叶0.5 kg,煮汁拌饵喂鱼,喂2次/d,3～5 d为一疗程,病愈为止。

②寄生虫引起的烂鳃病。用强效杀虫灵或菌虫杀手泼洒,其浓度为0.01～0.02 g/m^3,或晶体敌百虫0.5～0.8 g,放在10 kg水中,浸洗病鱼10～15 min,也可以选用晶体敌百虫0.2 g、硫酸铜0.2 g、硫酸亚铁0.2 g,混合放入10 kg水中,浸洗病鱼10～15 min或选用晶体敌百虫0.2～0.3 g/m^3 溶于水中,全池泼洒,每周用药1～2次,可有效杀死水中的寄生虫。

三、肠炎病

1. 病原体和临床症状

该病的病原体为肠形点状气单胞菌,也为条件致病菌。水体环境恶化、投喂变质饲料或不正常投饲易引起此病。病鱼一般腹部膨大且有红斑,肛门红肿,轻压腹部即有黄色黏液从肛门流出。剖解肠道内无食物、有淡黄色黏液。

2. 防治措施

(1)预防 ①彻底清塘消毒,保持水质清洁。②投喂新鲜饲料，不喂变质饲料，是预防此病的关键。③鱼种放养用10 g/m^3漂白粉，浸洗 0.5 h。④发病季节，每隔半个月，用漂白粉或生石灰在食场周围泼洒消毒。

(2)治疗 ①每千克鱼或每万尾鱼种用地锦干草或铁苋菜干草或辣蓼干草500 g(若用鲜草，应为干重的4～5倍)，加水8～10倍煮沸2 h，取出药汁拌在切短的嫩草上或拌饵投喂。连喂3 d为一疗程。②每亩水面(水深1 m)用鲜丁香50 kg、苦楝树叶35 kg，扎成数捆投入塘内，隔日后注入新水，使浸出的药汁遍及全池。③每千克鱼或每万尾鱼种用铁苋菜500～800 g、水辣蓼400 g、马齿苋200 g、炒焦米粉50 g，加水7 kg煎成药液3 kg，拌饵投喂，连喂2～3 d。④每千克鱼或每万尾鱼种喂大蒜头500 g加250 g食盐捣烂，拌饵投喂，连喂3～6 d。⑤每千克鱼或每万尾鱼种用鲜地榆草2.5 kg(干草0.5 kg)，捣碎后与3 kg干稻谷混合，再加水4～6 kg在锅中煎煮，煮干后将稻谷和药渣投喂，1次/d，连续4 d为一疗程。

四、暴发性出血病

1. 病原体和临床症状

该病又称细菌性败血症，是春季危害最大的一种传染性细菌病。该病主要由嗜水气单胞菌及温和气单胞菌两种病原菌引起。其主要危害对象为草鱼、鲫鱼、鲤鱼及花白鲢等常规品种。该病发病急、传染快，且死亡率高、损失大。一旦发病即难以控制，且病情反复的情况比较多。发病后的鱼体表充血，肛门红肿，腹部膨大，腹腔内积有大量的腹水并有溶血现象；肠道内无食物，却有很多黏液。病鱼有时伴有眼球突出、鳞片竖起、鳃丝末端腐烂等现象。

2. 防治措施

(1)预防 ①彻底清塘，及时清除池塘中多年淤积的底泥。

②鱼种下池前用1%～2%食盐水或15%～20%的高锰酸钾药浴10～5 min。③每隔半个月用生石灰、光合细菌、EM原露等交替使用进行水体消毒。

(2)治疗　①应诊断是否有寄生虫寄生。如有，应采用有效药物杀灭寄生虫，随后用三溴海因0.2 g/m^3，或溴氯海因0.3 g/m^3进行水体消毒；②可用光合细菌5 mL/m^3，或EM原露300～500 mL/亩，或鱼必得2 g/m^3改善水质环境；③如检测水体中亚硝酸盐含量过高，应及时泼洒亚硝酸盐降解剂0.8 g/m^3，同时投喂药饵，每千克饲料中添加生物活性添加剂1.5 g，连续投喂5 d，如病情较重，应隔2 d再投喂3 d药饵即可。

第七节　精养池塘水质调控关键技术

精养池塘放养密度过高，投饵量大，大量的残饵、粪便、排泄物扩散于水中和沉积于池底，特别是夏季水温较高，常常会导致水体的溶解氧、pH变化，水体氨氮、亚硝酸盐、硫化氢含量上升，水体透明度下降，有机物大量积累及藻相得变动，水质整体恶化，病原滋生。为此，只有了解精养池塘中主要水质指标及水色与养殖鱼类的关系，调控好精养池塘水质，才能提高养殖动物的生长速度，减少疾病，实现高产、优质、高效的目标。

一、溶解氧

1. 精养池塘中溶解氧与养殖动物的关系

溶解氧是鱼类赖以生存的必要条件，而水中溶解氧的多寡对鱼类饲料的利用和生长均有很大影响。溶氧量为5 mg/L以上，鱼类摄食正常。当溶氧量降为4 mg/L时，其摄食量下降13%；当溶氧量下降到2 mg/L时，其摄食量下降54%；当溶氧量1 mg/L以下时，鱼类停止吃食。不但如此，池中溶氧量充足还可以改善鱼类栖息环境，降低氨氮、亚硝酸态氮、硫化氢等有毒物质的浓度。因此，适宜的溶氧量对于养殖鱼类的生存、生长，提高饲料利用率等至关重要。

2. 精养池塘中溶解氧的产生和消耗因素

池水中溶解氧主要来源是依靠水中浮游植物的光合作用。在精养池中，晴天浮游植物光合作用产生的氧气可以达到精养池的一昼夜溶解氧总吸入的 90.3%，空气中氧气扩散溶入水中的仅占 9.5%。而池水中消耗溶解氧最多的为浮游生物(晚上)、细菌的呼吸和水中有机物的氧化分解，可占到 72.19%，鱼类耗氧占 16.1%，上层过饱和逸出的氧约占 10.4%，底泥耗氧约占 0.6%(存在氧债)。

3. 精养池塘中溶解氧调控技术

当水体过瘦时，施水肥，培育浮游植物；当水体过肥时，施用絮凝剂，沉淀悬浮有机物，增加透明度。为保持池水一定量氧气不逸散到大气中，可在晴天午后 1:00～2:00 开增氧机 1 h，以便将上层溶解氧送入底层，以补充底层氧气不足，改善底层水质条件；午夜开增氧机至日出，可以有效解决由于精养池塘投饵量、排泄量大二引起的水质老化以及有机物及浮游生物、野杂鱼的夜间耗氧等引起池塘水体过早地处于缺氧状态。

适时换水，加注新水，新水溶氧丰富，抽去老水，能有效降低有毒有害物质。当出现浮头时，施用增氧剂。

二、pH

1. pH 与养殖动物的关系

①精养池塘中 pH 为 7.5～8.5。pH 过高或过低对鱼、虾都有直接危害，甚至导致其死亡。

②精养池塘中的投饵物、排泄物在微生物的作用下产生大量有机酸，水体 pH 降低，酸性水中(pH 低于 6.5)可使鱼虾血液的

pH下降，削弱其载氧能力，造成生理缺氧症。尽管水中不缺氧但仍可使鱼虾浮头。

③如果pH低于4或高于10.5，鱼虾不能存活。另外，pH决定着水体的许多化学和生物过程。

④如果pH高于8，大量的铵会转化成有毒的氨。

⑤如果pH低于6，水中90%以上的硫化物以硫化氢的形式存在，增大硫化物的毒性；过高或过低的pH均会使水中微生物活动受到抑制，有机物不易分解。

总之，过高或过低的pH均会增大水中有毒物质的毒性，间接地影响鱼、虾的生存和生长。

2. 改变pH的方法

如果精养池塘中的pH小于7，则可全池泼洒20 mg/L生石灰可提高pH0.5左右，水质偏碱。当pH为7～8.5时，适宜于鱼虾生存；当pH大于9时，可采取措施降低pH。降低pH的最好方法是换水或注入新水，也可全池泼洒醋酸精来降低pH，但每次泼洒不得超过1 kg/亩，宜采用少量多次的办法。

三、氨

(一)精养池塘中氨与养殖动物的关系

1. 氨的浓度与养殖动物的关系

水产养殖中氨氮的主要来源是沉入池底的饲料，鱼排泄物，肥料和动物死亡的遗骸。氨由水产动物排泄物(粪便)和底层有机物经氨化作用而产生。氨对水产动物是种剧毒物质，养殖池中由于有动物排泄物，必定存在氨，养殖密度越大，氨的浓度越高。氨对各种水产养殖动物由于个体和品种差异而安全浓度有所不同，为保证鱼虾的安全，水产养殖(育苗)生产中，应将氨的浓度控制在0.02 mg/L以下。鲤科鱼类应控制在0.05～0.1 mg/L。当氨氮达到 0.05～0.2 mg/L，鱼生长速度就会下降。

2. 氨氮毒性强弱与总氨量的关系

氨氮毒性强弱不仅与总氨量有关，且与它存在的形式也有一定关系，离子氨氮 NH_4 ＋一不易进入鱼体，毒性也较小，而非离子态的 NH_3-N 毒性强，当它通过腮、皮膜进入鱼体时，不但增加鱼体排除氨氮的负担，且当氨氮在血液中的浓度较高时，鱼血液中 pH 相应升高，从而影响鱼体内多种酶的活性。

经研究证明，当 NH_3-N 在血液中浓度越高，越降低血清碱性磷酸酶和血清溶菌酶的活力。其活力异常变化，反映了机体代谢功能失常或组织技能损伤，因而导致鱼体不正常反应，表现为行动迟缓、呼吸减弱、丧失平衡能力、侧卧、食欲减退，甚至由于改变了内脏器官的皮膜通透性，渗透调节失调，引起充血，呈现与出血性败血症相似的症状，并影响生长。

(二)精养池塘中氨的调控技术

选用高质量的饲料，尽量减少残饵；使用微生物水质改良剂和沸石粉，对降低氨氮效果显著。

1. 光合细菌泼洒

光合细菌全池泼洒，使池水浓度为 10 mg/L，每隔 20 d 左右泼洒 1 次，效果较好；开动增氧机可将上层溶氧充足的水输入底层，并可散逸氨氮与有毒气体到大气中；加注新水、带入更多氧气；使用增氧剂，如过氧化钙等。

2. 次氯酸钠泼洒

用次氯酸钠全池泼洒，使池水浓度为 0.3 mg/L；或用 5％二氧化氯全池泼洒，使池水浓度为 5～10 mg/L；用沸石 15～20 kg/亩，可吸附部分氨氮。

四、亚硝酸盐

1. 精养池塘中亚硝酸盐与养殖动物的关系

精养池塘中亚硝酸盐主要是氨转化成硝酸盐的过程中的中间产物。在这一过程中，一旦硝化过程受阻，亚硝酸盐就会在水体内积累。水产养殖（育苗）生产中，亚硝酸盐含量必须控制在0.2 mg/L以下。当水中亚硝酸盐达到0.1 mg/L，鱼虾红细胞数量和血红蛋白数量逐渐减少，血液载氧逐渐丧失，会造成鱼虾慢性中毒。此时鱼虾摄食量降低，鳃组织出现病变，呼吸困难，骚动不安。鱼类长期处于高浓度亚硝酸盐的水中会发生黄血病或褐血病。亚硝酸盐在水产养殖中是诱发爆发性疾病的重要的环境因子。

2. 夏季精养池塘中亚硝酸盐的调控技术

定期换注新水，保持精养池塘长期不缺氧，定期使用水质改良剂EM复合菌、光合细菌等水质调节剂。

五、硫化氢

1. 精养池塘中硫化氢与养殖动物的关系

精养池塘中硫化氢主要来源于养殖池底中的硫酸盐还原菌在厌氧条件下分解硫酸盐和异养菌分解残饵或粪便中的有机硫化物。水产养殖(特别是育苗)生产中，水体中硫化氢的浓度应该严格的控制在0.1 mg/L以下。当水中的硫化氢浓度升高时，鱼虾的生长速度、体力和抗病能力都会减弱，严重时会损坏鱼虾的中枢神经。硫化氢与鱼虾血液中的铁离子结合使血红蛋白减少，降低血液载氧能力，导致鱼虾呼吸困难，造成鱼虾中毒死亡。硫化氢对于水产动物是种剧毒物质。大约0.5 mg/L的硫化氢可使健康鱼急性中毒死亡。等量的硫化氢，pH越低，毒性越大。按硫化氢的离散常数，当pH为9，约有99%的硫化氢以HS^-形式存在，毒性小;当 pH 为 5,则有 99%的硫化氢以 HS^- 的形式存在,毒性很大。

2. 精养池塘中硫化氢的调控技术

(1)充分增氧　高溶解氧可氧化消耗硫化氢,并可控制硫酸盐还原菌的生长于繁衍。通过泼洒高效增氧剂,加开增氧机可达到增氧的目的。

(2)控制 pH　pH 越低,发生硫化氢中毒的机会越大。通常控制在 7.8～8.5 之间,如果过低,可用生石灰提高 pH,但应注意水中氨氮的浓度,以防引起氨氮中毒。

(3)经常换水　使池水有机污染物浓度降低,同时向新水中添加 Fe,Mn 等金属离子能沉淀水中的硫化氢。

(4)消除淤泥　干塘后彻底清除池底淤泥,如不能清除,应将底泥翻耕曝晒,以促使硫化氢及其他硫化物氧化;合理投饵,尽量减少池内残饵量,定期施用浓缩光合细菌等。

六、水色变化与水质调节

(一)精养池塘中水色与养殖动物的关系

1. 池塘水色与浮游生物种类及数量的关系

精养池塘中水色是水体理化因子的综合反映。它与水中浮游生物的种类和数量有密切关系,不同水色是浮游生物,特别是浮游植物的多少及大致种群组成的反映。养殖生产中通常以水的颜色和透明度的大小来衡量池水水色的好坏,良好的水色应是黄褐色、黄绿色,清爽而亮泽,硅藻和绿藻同时成为池中的优势种群,悬浮有机物较少。藻类的生物量适中,透明度 25～30 cm 为宜。

2. 澡类在精养池塘的作用

藻类在精养池塘的作用主要表现:精养池塘溶氧的主要来源是藻类光合作用产生;藻类光合作用的过程,大量吸收水中的氨氮、二氧化碳及其他无机营养盐类,促进物质循环,净化改善水质。

（二）精养池塘中不同水色及调控技术

1. 水色呈黑褐色带混浊

水色呈黑褐色带混浊主要是池中腐殖质过多，腐败分解过快所引起。具体调控技术是先适量换水，然后对水体进行消毒。3 d 后施用适当的微生物制剂，改变池塘中原有的微生物类群，通过有益异养型细菌和硝化细菌的作用，分解水中过多的有机物，降低氨氮的含量。

2. 水色呈棕红色或油绿色及粒状物

通常，水面出现棕红色或油绿色的浮沫或粒状物是蓝绿藻大量繁殖所致，而蓝绿藻类又大多不能被鱼类作为饵料利用，反而消耗养料，拖瘦水质，抑制可消化藻类的繁殖，影响鱼类的生长。具体调控技术是先用消毒剂、杀虫剂等杀灭蓝藻，然后用生石灰、沸石粉等处理死亡藻体；适量换水后使用水肥及微生物制剂重新肥水。

3. 水面有浮膜

水面有浮膜（俗称“油皮”）主要是水体中生物死亡腐败后的脂肪体，粘附尘埃或污物后形成的，多呈灰黑色，鱼吞食后，不利于消化；同时浮膜覆盖水面也影响了氧气溶于水中。具体调控技术是先在浮膜上撒草木灰，用网捞出浮膜和草木灰，然后排出上层水，注入肥水，最后施 1 500～2 000 g/（亩 · m^3）过磷酸钙，其方法连用 2 次。

4. 水面有气泡

水面上常有气泡上泛，水色逐渐转变，池水发涩带腥臭主要是腐殖质分解过程中产生的碳酸、硫化氢、氨氮、沼气造成，这些气体都具有毒性，对水产养殖动物有一定的危害。具体调控技术是首先适当延长增氧机开动时间，充分曝气，排出底层水 20～30 cm 后加注肥水，施用光合细菌等微生态制剂加以改善水质。

第六章　生态农业模式及配套技术

第一节　“三位一体”庭院生态模式

“三位一体”庭院生态模式(图 6-1)即:“一池三改”模式,通过在农户庭院内建设沼气池,并对畜禽圈舍、厕所、厨房进行改造,使之达到解决农户生活用能,发展庭院经济,改善庭院环境卫生状况的目的,农户用沼气池建设与改圈、改厕和改厨同步设计、同步施工。

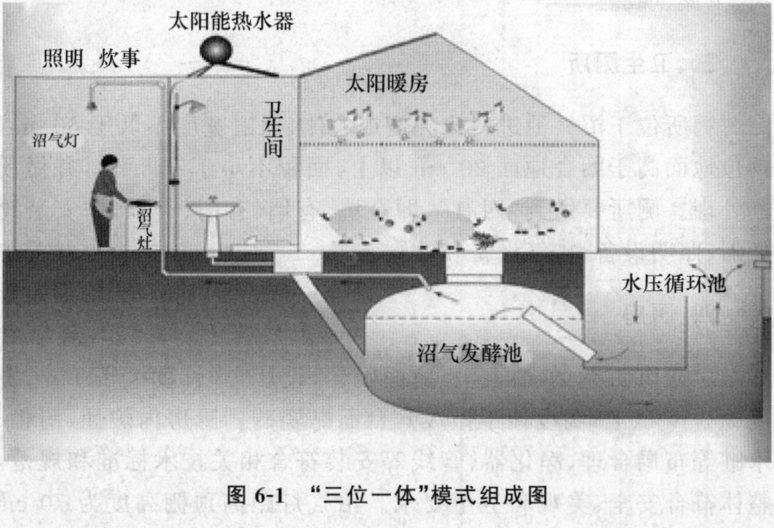

图 6-1 “三位一体”模式组成图

一、沼气池

重点推广GB/T4750—2002规定的曲流布料沼气池，池容为10 m^3，进料口位于畜禽舍内，通过进料管使畜禽舍和厕所的粪便直接进入沼气内。出料口设置在圈舍外，并增设溢流口和贮粪池，实现沼液自动出料。沼气池的建设由持有“沼气生产工”国家职业资格证书的技术员按规程施工，检查验收按GB/T4751—2002执行。

二、畜禽舍

圈舍布局合理，使用方便，面积大于10 m^2，高出自然地面5～10 cm，与沼气池相连，养殖量不少于3头猪单位(5头猪=1头牛，1头猪=10只羊，1头猪=40只鸡)，粪便能自动流入沼气池进料口，水泥地面，圈与圈之间设排污口连通，圈舍要做到冬暖夏凉、通风、干燥、明亮。

三、卫生厕所

厕所位于沼气池进料口左侧或右侧，通道宽度不低于60 cm，蹲位地面高于圈舍地面20 cm以上，面积不小于1.5 m^2，并做粉刷处理。厕所要做到“四有”，即有坑、有墙、有门、有顶，并安装蹲便器、照明设备、排气设备和冲厕装置。

四、厨房

应通风明亮、整洁卫生、地面硬化，设灶台(长度大于1 m，宽度0.5 m以上，高度便于做饭)，台面贴瓷砖。厨房内炉灶、厨柜、水缸等布局合理，净化器、管线等安装符合相关技术标准和规范，整体符合安全、美观和卫生要求。沼气灯距离顶棚高度为70 cm左右。

第二节　“四位一体”生态模式

“四位一体”农村能源生态模式以土地资源为基础，以太阳能为动力，以沼气为纽带，通过日光温室将蔬菜种植、畜禽养殖有机地结合在一起形成质能互补、良性循环的农村能源综合利用生态系统。日光温室长为 45 m，宽为 9 m，占地面积约为 400 m^2，在日光温室进口处外建一个 4 m^2 的小屋作为休息、做饭的地方，猪舍建在日光温室内进口处，占地面积为 20 m^2，厕所占地面积为 1 m^2，沼气池建在猪圈下面，容积为 10 m^3。厕所内可以装上太阳能热水器，以便农户洗澡用，温室内可以每隔 8 m 装一盏沼气灯，共装 5 盏，以便在雨雪天气增光增温。

一、施工步骤

沼气池建设与一般沼气池建造相同，主要包括：规划与选址—备料—放线与挖坑—池体施工—密封层施工—输配管路的安装—试压检验。

二、施工要点

1. 沼气池施工

(1)选址　北方农村的门前屋后、田野山坳都可搭建。但要注意选择宽敞、背风向阳、没有树木和高大建筑物遮光的地方作场地。方位坐北朝南，依纬度不同可偏东或偏西 5°～10°。

(2)放线　沼气池的施工要错过冬季和雨季。

首先，施工前，要放线，就是在场地按规定的尺寸划出“模式”总体平面的外围边际，在“模式”总平面内划出猪舍、日光温室位置，用灰线标记好。

其次，再划出“模式”宽度的中心线，以中心线和猪舍与日光温室边际线交叉点为起点，以沼气池的半径加 6 cm 为距离，在猪舍内沿中心线量出沼气池的中心点。

最后，再以此点为圆心，以沼气池的半径加 0.06 m 为半径划圆，就是沼气池的位置。同时在“模式”中心线上确定好位于猪舍的进料口和日光温室内的出料口的中心点，并按水压间的尺寸划出水压间的位置，水压间与主体池最近点相距 0.24 m。如果建两个进料口时，其任意一个进料口、出料口、池拱盖三处的中心点所形成的夹角必须大于或等于 120°。

(3)挖坑　要按放线确定的沼气池、出料间(水压间)的位置，以及设计图纸确定的坑深、圆度进行挖坑。以 8 m^3 的沼气池为例，内直径 2.4 m，池墙高 1 m，池顶矢高 0.48 m。

第一，池坑要规圆上下垂直，对于土质良好的地区坑壁可以直挖，取土时由中间向四周开挖，开挖至坑壁时留有一定余地，边挖边严格按尺寸修整池坑，直到设计深度为止。

第二，池底要修成锅底状，池中心比边缘深 0.25 m，由锅底中心至出料间挖一条 V 形浅槽，下返坡度 5%。

第三，同时还要挖好水压间，并在主体池与水压间之间挖好出料口通道，如土质坚实，出料口通道上部原土不要挖断。

第四，出料口通道以高 1.1 m，宽 0.9 m 为宜。对于土质松散的地方，地面以下 0.8 m 这段土方应放坡取土，坡度大小视土质松散情况而定，以坑壁不坍塌为原则。如果有地下水时池底要挖好集水坑，以便排水。

(4)建池

①砌筑出料口通道。用红砖和 1∶2.5 水泥砂浆砌筑出料口通道，砖墙与土壁间隙要灌满灰防止涨裂，通道顶部起拱，其通道口宽为 0.6 m，拱顶距贮气箱拱角为 0.3 m，厚度为 0.24 m。

②混凝土浇筑池墙。模具主要有砖模、木模、钢模三种。后两种可直接使用，用砖模浇筑池墙的施工方法是：把挖好的坑壁作外

模，内模用砖砌筑而成，先把砖用水浸湿，目的是防止拆模困难。每块砖横向砌筑，每层砖的砖缝错开，不用代泥口或灰口，做到砌一层砖用混凝土浇筑一层，振捣密实后砌第二层。混凝土配合重量比是1∶3∶3(水泥∶砂∶碎石)。要做到边砌、边浇筑、边振捣，中途不停直到池墙达到1 m高度为止。池墙浇筑的厚度是0.06 m。池墙浇筑要由下而上一次完成，不允许有蜂窝麻面。在捣制池墙的同时，也要捣制出料间(水压间)。

③进料管安装。一般用直径为0.2～0.3 m，长为0.6 m的陶瓷管，利用木棒、绳、横杆，使陶瓷管竖直紧紧靠近池墙，插入池的深度距拱角0.25～0.3 m(砌筑池盖时把陶瓷管固定好，待池盖完成后要用1∶1水泥、细砂抹好瓷管与池墙所形成的夹角)。同时在池坑的周围钉木桩，用麻绳拴砖块在砌筑过程中固定砖。

④池拱施工。做法有2种，一种是砼捣制的，一种是用砖砌筑的，砌筑时砖块必须先用水浸湿，保持外湿内干边浸边用砂灰砌筑(灰、砂比为1∶2)，砌筑时砂浆粘性要好，灰浆必须饱满，灰缝必须均匀错开，砖的上口必须顶紧，外口嵌牢，每一圈用小块石片楔紧。在砌筑过程中要符合图纸所规定的曲率半径尺寸，每砌筑3层砖，池盖外壁要用1∶3的水泥砂灰压实抹光，厚度要达到0.03～0.05 m，边砌边抹，随即围绕池盖均匀地做好少量的回填土。当池拱顶将要封口时，要把导气管安装拱顶上。池顶中央用4条长1 m左右的加固钢筋抹灰加厚加固。

⑤砌筑厕所、猪舍进料通道，然后砌筑输气管路暗道。输气管路由沼气池导气管周围砌筑0.2 m×0.2 m暗槽直通猪舍外，在导气管上端留2块活动砖，以便检修。

⑥池底施工。先用碎石铺一层池底，用1∶4的水泥砂浆浇筑池底，然后再用水泥、砂、碎石1∶3∶3的混凝土现浇池底，厚度要达到0.08～0.12 m。

(5)池体密封　沼气池只靠结构层还不能满足防渗漏要求，必须在沼气池结构层内壁做刚性防水三层、七层做法，才能确保沼气池不漏水、不漏气。有条件的地区可以再刷层沼气池密封剂，这一步是沼气池成败的关键。密封前一定要先将结构层内壁的沙浆、灰耳、混凝土毛边等剔除，并用水泥砂灰补好缺损。在操作中如发现有砂眼处，要反复刷好，也可用镜子反光辅助照明检查，既方便又看得清楚。密封层施工要连续操作，不得间断，抹灰刷浆每道工序要做到薄、匀、全，先将砂浆重重压抹，并反复数次，使砂浆多余水分不断排出表面，达到坚实。进料口、出料口通道和池拱一定要认真仔细抹好，这些是容易漏水、漏气的地方。

(6)养护　用混凝土浇筑的每个部位都要在平均气温大于5℃条件下自然养护，外露混凝土应加盖草帘浇水养护，养护时间7～10 d。春、秋要注意早晚防冻。在建池 24 h 后，如果下雨，要及时向池内加水，加水量应是池内装料的一半容积，以防地下水位上涨，鼓坏池体，还要注意沼气池是不能空腹越冬的。

2. 猪舍施工

(1)猪舍的面积　猪舍是“四位一体”建设三大重要组成部分之一，位于沼气池的上面，日光温室的一端，面积依养猪规模而定，按每头猪 1 m^2 计算，东西长度不得小于 4 m；中梁向南棚脚方向延伸 1 m；猪舍南墙距棚脚 0.7～1 m 建 1 m 高的围墙或铁栏(图 6-2 和图 6-3)。

(2)猪舍的墙体　日光温室和猪舍之间要砌内山墙，它的顶部高度和日光温室拱型支架相一致，墙体用砖或石材砌筑，0.7 m 高以下，墙宽 0.24 m，0.7 m 以上，墙宽 0.12 m，长度从北墙到南棚脚，具体如下。

①在内山墙靠近北面留门，作为到日光温室作业的通道门。

②内山墙中部还要留通气孔，孔口 0.24 m×0.24 m，高孔距离地面 1.5 m，低孔距离地面 0.7 m，为氧气和二氧化碳的交换孔。

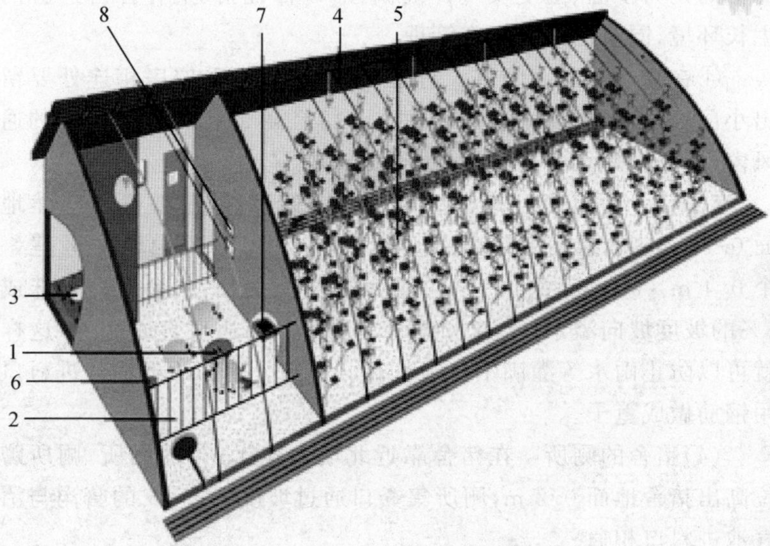

图 6-2 猪舍“四位一体”结构详图

1—沼气池；2—猪圈；3—厕所；4—日光温室；5—菜地
6—进料口；7—出料口；8—通气孔

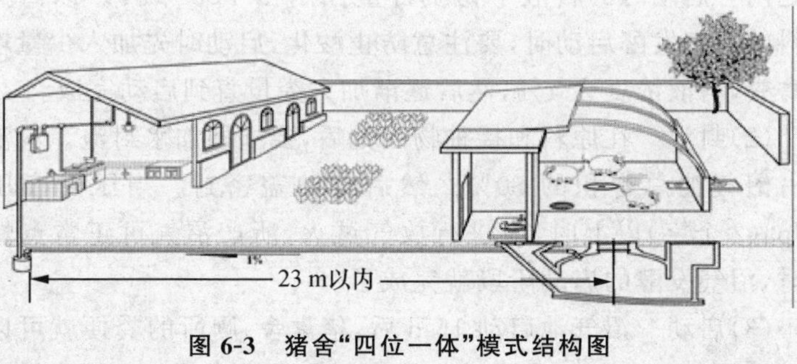

图 6-3 猪舍“四位一体”模式结构图

③内山墙的顶部要用水泥抹成拱圆形平面。猪舍内的山墙、内山墙、隔栏墙距猪舍地面上返 0.6 m 用水泥抹面。砌筑内山墙的目的是为了温、湿度及气体的调控,以保证猪、菜有各自适宜的生长环境,同时也便于生产管理。

④在靠近北面后墙留人行道,在后墙或与看护房相连处要留出小门,在猪舍后墙中央距地面 1 m 留有高 0.4 m、宽 0.3 m 的通风窗,用于夏季猪舍通风,深秋时要封好。

(3)猪舍的地面　猪舍地面用水泥砂浆抹成,要高出自然地面 0.10 m。在地面上距离南棚脚 1.5～2 m,距外山墙 1 m 建一个 0.4 m×0.3 m,深 0.1 m 的溢水槽兼集粪槽;猪舍地面要抹成 5%的坡度坡向溢水槽,溢水槽南端留有溢水通道直通棚外,这样就可以防止雨水等灌满沼气池气箱。在猪舍地面沼气池的进料口用钢筋做成篦子。

(4)猪舍的厕所　在猪舍靠近北墙角建 1 m^2 的厕所,厕所蹲位高出猪舍地面 0.2 m,厕所集粪口通过坡度大于 45°的暗沟与沼气池进料口相通。

3. 沼气池启动

(1)入池　将预处理的原料和准备好的接种物混合在一起,立即投入池内。无拱盖的沼气池应将原料从水压间的出料口通道倒入池内。启动时的料液干物质含量控制在 4%～6%。以禽粪为原料的沼气发酵启动时,要注意防止酸化,启动时先加入少量堆沤的禽粪,料液浓度为 4%,然后逐渐加大粪量直到启动完成。

(2)封池　在原料和接种物入池后,要立即加水封池。料液量约占沼气池总容积的 80%。然后将池盖密封。当压力表压力 2Mpa(2 个字)以上时,应进行放气试火,所产沼气可正常点燃使用时,沼气发酵的启动阶段就完成了。

(3)启动　沼气池启动 15 d 后,猪禽舍、厕所的粪便就可以连续进入沼气池,30 d 后就可以从出料间取肥。此时,发酵料液浓度可以达到8%～10%。

4. 日光温室施工

日光温室与普通温室相同，温室骨架设计采用固定荷载10 kg/m^2。

5. 配套养猪技术

(1)猪舍温度、湿度调控技术　①猪舍使用期间，舍内安装温度计、湿度计。②当平均气温低于5℃时，塑料薄膜应全天封闭。当气温为5～15℃时，中午前后加强通风；平均气温达到15℃以上时，应揭开塑料薄膜通风。③当气温回升时，应逐渐扩大揭开面积，不可一次完全揭掉塑料薄膜，以防生猪发生感冒。④猪舍的通风换气主要是靠每天喂饲料和厕所开门来进行，当舍内湿度偏高时，可通过排气口通风换气、通风在中午前、后进行，通风时间以10～20 min为宜，阴天和有风天通风时间宜短，晴天稍长。⑤猪舍有害气体成分应控制在允许范围内，二氧化碳含量应低于0.15%，氨气含量控制在(26×10)～6以内。⑥注意保温，猪舍四周和上盖要封严且不透风，冬季夜间塑料薄膜上要加盖纸被和草帘。

(2)猪舍管理和饲养技术　提高饲养密度，每个猪舍不少于6～10头猪，及时清除猪舍粪便和残食剩水，保持清洁卫生，猪舍经常保持温暖、干净、干燥；饲养猪应采用优良品种，猪舍勤消毒，加强疾病防治，采用配合饲料和科学饲养管理综合配套技术措施。

(3)日常管理　①及时补充新鲜原料，及时将猪粪尿清理入池，同时要定期小出料，以保持池内料液数量衡定。要做到勤出料、勤搅拌；②经常观察气压表及输配管路，防止漏气发生，一旦发现问题及时处理。定期更换脱硫剂，避免燃烧产生的二氧化硫危害作物。③严禁投入农药、杀菌剂等有毒物质及酸、碱性过大的果蔬菜，防止沼气池中毒；④加入以坑塘水为主的软水，尽量避免加入直接从井中抽出的硬水。⑤水封圈要经常加水，以防封口干裂漏气。

(4)经济效益分析　①在日光温室内建一座10 m^3 的沼气池，每年至少可出栏生猪60头，能保证常年正常产气。②人畜粪便直接入池发酵后，不仅病菌、虫卵被完全杀死，而且肥效可提高1.5～2.5倍；③使用沼气做饭，节省柴、煤折合人民币300元；④使用沼气灯可节省电费150元；⑤产生的沼液、沼渣浇施果树、蔬菜节省化肥开支200元，果蔬可提高产量20%以上，并且果品品质明显提高，提高了市场竞争力，增加收入约1 000元。⑥养猪提前出栏10 d，每头猪节省费用60元，每户按60头计算，可节省3 600元。采取该模式，每个沼气池每年至少增收节支5 250元。

第三节　"猪(畜、禽)-沼-果"生态模式

一、模式概述

以养猪为例，"猪-沼-果"模式是以一户农户为基本单元，利用房前屋后的水面、庭院等场地建成的生态农业模式。在平面布局上，要求猪栏必须建在果园内或果园旁边，不能离得太远，沼气池要与畜禽舍、厕所三结合，使之形成一个工程整体。该模式模式就是把植物生产、动物消化和微生物还原三者有机结合而形成的一种模式，该模式是利用山地、农田、水面、庭院等资源，采用"沼气池、猪舍、厕所"三结合工程，因地制宜开展"三沼(沼气、沼渣、沼液)"综合利用。生产的沼气用于农户日常做饭点灯，沼肥(沼渣)用于果树或其他农作物，沼液用于拌饲料喂养生猪，果园可以套种蔬菜和饲料作物，从而保证了育肥猪的饲料供给(图6-4)。

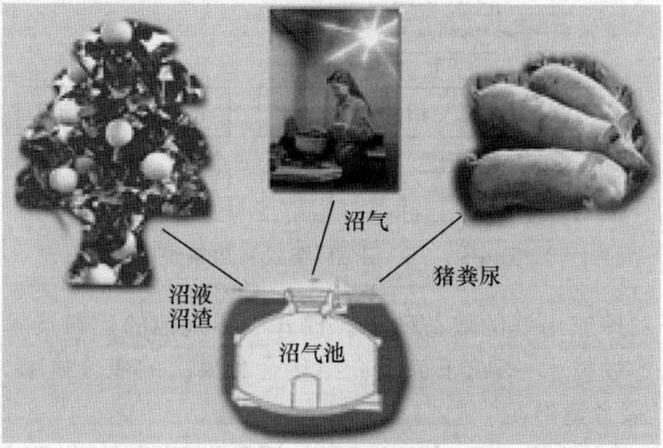

图 6-4 "猪-沼-果"生态模式结构图

二、规划设计

果园面积、养殖规模、沼气池容积要达到优化、合理组合。首先，要根据果园栽植的面积来确定肥料种类和需肥量，然后确定猪的养殖头数。其次，再根据生猪饲养规模来确定沼气池容积的大小。由于果树的需肥情况与树种、品种、树龄、树势、产量、土壤肥力及气候条件等诸因素有关。因此，模式的组合要根据具体果园的实际情况来定。

一般按户建 8～10 m^3 沼气池，常年存栏 4 头猪，种 2 700 m^2 果树的规模进行组合配套。给模式也可因地制宜，从农户的实际条件出发，农户除养猪外，还可包括养牛、养鸡等养殖业；果业也可包括粮食、蔬菜、经济作物等种植业(图 6-5)。

三、技术要求

该模式的建设主要包括猪舍、沼气池和果园三部分，每个部分都是模式系统循环利用不可缺少的设施，建设质量直接关系到模

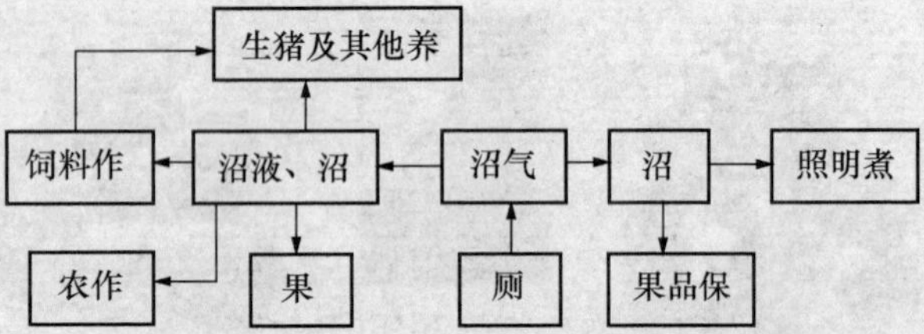

图 6-5 “猪-沼-果”模式利用系统图

式能否发挥应出好的效益效果。模式中沼气池的建在技术同户用沼气池建设技术一致,下面仅介绍猪舍和果园的建设技术。

1. 猪舍建造

(1)猪舍选择 要做到与厕所、沼气池相结合,做到冬暖、夏凉、通风、明亮、干燥、空气新鲜等要求。选择在果园或其他经济作物生产基地内或旁边,选择不积水、向阳的缓坡,使猪舍阳光充足,地势干燥,利于冬季保暖。还要达到有充足的水源,水质要良好,便于取用和进行卫生防疫。

(2)猪舍的布局 要正确安排猪舍的位置、朝向、间距。猪舍的朝向关系到猪舍的通风、采光和排污效果,要根据当地主导风向和太阳辐射情况确定。猪舍一般为长方形,朝向为坐北朝南,偏东12°,猪舍之间的距离,应以满足光照、通风、卫生防疫和防火的要求为原则,不宜过大或过小,南向的猪舍间距,可为猪舍屋檐高的3倍,其他类型的猪舍应为屋檐高的3～5倍。

2. 猪舍的设备建筑

(1)猪床 猪床地势至少要高于沼气池水平面20 cm以上。适宜面积:一头妊娠、哺乳母猪5.5 m^2、公猪10.5 m^2、断乳仔猪0.5 m^2、育肥猪1.2 m^2。按照此标准确定猪床面积和养殖头数。猪床应选用硬地面,即用混凝土现浇而成,有一定坡度,便于清扫、冲洗,使粪尿直接流入沼气池。

(2)猪舍栏门和窗户 猪舍栏门以宽度60 cm、高90～120 cm

为宜，并向内侧开放。窗户宜设置南窗比北窗多、且大，宽度1.2 m、高1.0 m，距地面0.9～1.0 m为宜。

(3)运动场　每头成年猪的运动场面积不小于2 m^2，在运动场一角设置食槽和饮水槽。根据实际情况，在舍内外建好粪尿沟和冲洗污水的沟道，沟宽15 cm、深10 cm，沟底呈半圆形，从进入到流出须有2%～3%的坡度。

3. 果园建设

果树为多年生植物，果园的气候条件、土壤肥力、地下水位等因素是影响果树生长的重要因素。因此，慎重选择对模式的发展具有极其重要的意义。园地选择好后，建园的标准和质量直接关系到果树的经济生产能力。不同的果树品种，建园的要求是不一样的。具体建设可在技术人员的指导下或参考有关专业资料进行。

四、实例

河南省孟州市东小仇镇西小仇村村民果园，秋天5亩果树硕果累累，200多头生猪膘肥体壮，散养柴鸡成群结队悠闲觅食。主人高兴地算了一笔细账：年出栏生猪220余头，纯利润3.2万元，年产苹果7吨，纯利润0.9万元，养鸡60只，鸽子40只，年收益500元，总共年纯收入4.15万元，是同等规模普通果园收入的5～8倍。园内杂草、落果配合饲料喂猪；用猪粪入沼气池产沼气；用沼气做饭、取暖、照明，节省了电和煤炭；以沼液喷洒果树叶面，既肥叶壮树又防病祛虫，沼渣是最佳的有机肥料。果园内散养柴鸡，鸡又吃虫，从而使果园内的树、草、鸡、猪、肥达到良性循环。以这种模式种植出的果树的果质也得到了明显提高。

第四节　旱区“五位一体”能源生态模式

一、旱区“五位一体”模式

该模式以农户土地资源为基础，以太阳能为动力，以沼气池为纽带，形成以农带牧、以牧促沼、以沼促果、果牧结合、配套发展的良性循环体系。模式以 3 300 m^2 的成龄果园为基本生产单元，在果园或农户住宅前后配套 1 座 10 m^3 的沼气池，1 座 12 m^2 的太阳能猪圈，1 眼 60 m^3 的水窖及配套的集雨场，1 套果园节水滴灌系统。模式实行人厕、沼气、太阳能猪舍、水窖、果园五配套，圈下建沼气池，池上搞养殖，多种经营，增大效益(图 6-6)。

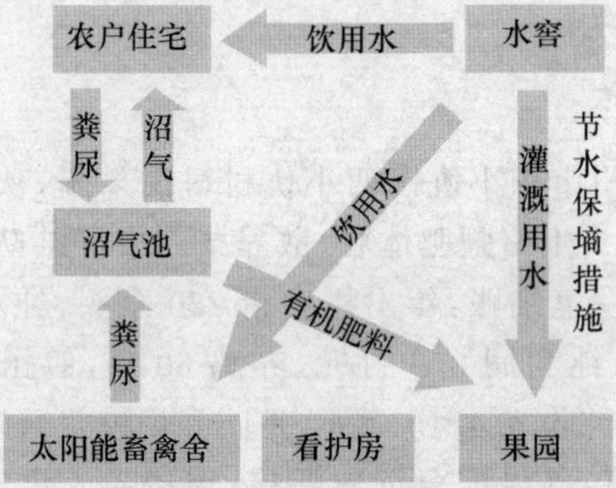

图 6-6　“五位一体”能源生态模式结构图

1. 沼气池是模式的核心

起到联结种养业、生活用能与生产用肥的纽带作用。该模式中，沼气池既可解决点灯、做饭所需燃料，又可解决人畜粪便随地排放造成的环境卫生问题。同时，沼肥可用于果树叶面喷施、追肥，沼液喂猪等，从而增加了效益，促进了生产生活的提高。

2. 太阳能猪舍是模式结合的前提

利用太阳能养猪，解决了猪和沼气池的越冬问题，提高了猪的生长率和沼气池产气率。太阳能猪舍北墙内侧设 0.8～1.0 m 的走廊，北走廊与猪舍之间用 1 m 高的铁栅栏或 24 cm 砖墙隔开。北墙为 37 cm 实心砖墙或夹心保温墙，墙高 1.8 m，在其中部 1.2 m 高处，设 0.3 m×0.6 m 的通风窗，东、西、南三面 24 cm 砖墙，南墙高 1 m，东、西墙上部形状和骨架形状一致。

3. 集水系统是模式正常运行的保障

集水系统包括收集和储蓄地表径流雨雪等水资源的集水场、水窖等设施。作为果园配套集水系统，除供沼气池、园内喷药及人畜生活用水外，还可弥补关键时期果园滴灌、穴灌用水，防止关键时期缺水影响。每个水窖按体积 60 m^3 设计，采用拱形窖顶、圆台形窖体的水窖结构，能保证水窖窖体在蓄水和空置时都能保持相对稳定。水窖在每年 5—9 月收集自然降水，加上循环多次用水，再蓄水，年可蓄集自然降水 120～180 m^3。

二、投资概算

该模式需要投资 14 000 元，其中沼气池建设需 2 000 元，太阳能猪舍需 1 500 元，水窖及配套集雨场 2 000 元，果园节水滴灌系统需 2 500 元，果园投资需 6 000 元。

三、效益分析

太阳能猪舍很多优势，具体如下。

①利用太阳能猪舍、沼液喂猪等技术手段，节省饲料 40～60 kg，提早出栏 40 d 左右，每头猪增收节支 100～200 元。②沼肥应用，可节约肥料、农药等生产费用 2 000 多元，且果品好，商品率由 65%提高到 85%，可增加 2 500 kg 左右商品果，增收 2 500 元左右。③利用沼气解决生活用能节支 1 000 元左右。每年可共

增收节支 5 500 元左右，投资回收期为 2.5 年。

第五节 “二池三改”庭院模式

一、模式概述

“二池三改”生态农业模式就是根据农户养殖牛、羊的饲养习惯，将青贮氨化池纳入到以沼气为核心的生态富民家园建设中来，即青贮氨化池、沼气池与厨房改造、圈舍改造和厕所改造结合起来，达到发展庭院经济，净化庭院环境，开发农业资源，发展生态农业的目的。模式如图 6-7 所示。

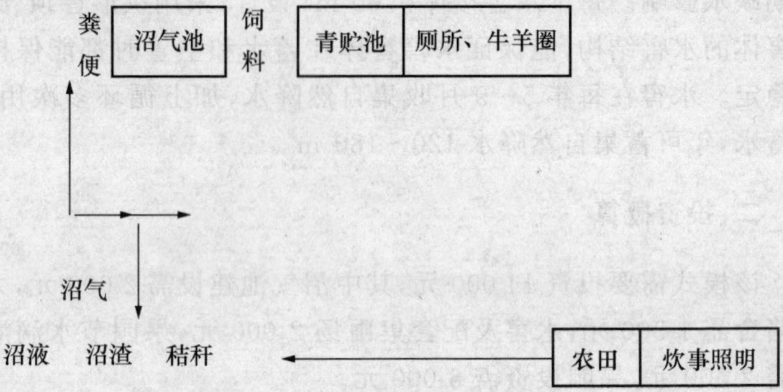

图 6-7 “二池三改”模式循环示意图

二、模式设计

“二池三改”生态农业模式是在农户庭院内建造青贮氨化池和沼气池，并对牛羊圈舍、厕所、厨房进行改造。沼气池应根据养殖数量和家庭人数来确定容积，选择地势高、背风向阳的位置，位于圈舍、厕所下面，做到相互联通，人畜粪便实现直接自动流进沼气池。青贮氨化池位于羊牛圈舍一侧，用来青贮氨化饲料，容积大小应根据养殖数量来确定。其结构如图 6-8 所示。

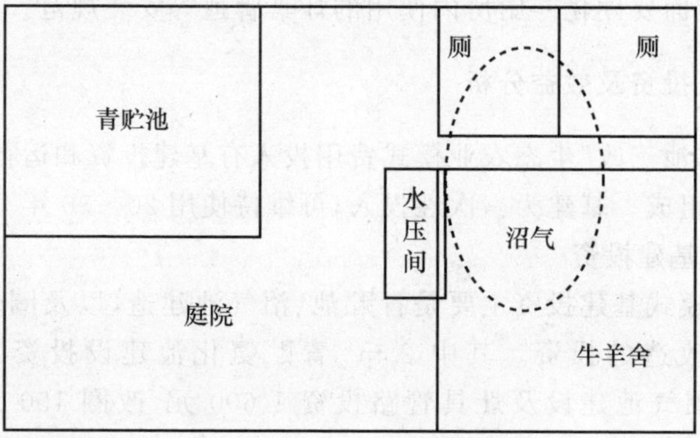

图 6-8　“二池三改“模式布局

1. 沼气池

一户 4～5 口之家，养牛 1～2 头，建设池容为 8～10 m^3 为宜，优先选用常规水压型或曲流布料型沼气池。

2. 青贮池

1 头牛按年消耗秸秆饲料 2 500 kg 左右计算，需建 2 m^3 青贮氨化池(青贮 800 kg/m^3 左右，青贮饲料占秸秆饲料的 30%，按饲养 2 头牛计)。

3. 厕所改造

厕所紧靠沼气池进料口设置，蹲位地面标高高于沼气池水平面 30～40 cm 以上。蹲位面积为 1.5～2 m^2，用马赛克或釉面砖贴面。蹲位粪槽或大便器应尽量靠近沼气池进料口位置，粪槽用瓷砖贴面，坡度大于 60°。

4. 圈舍改造

圈舍要与沼气池相连，水泥地面，混凝土预制板或石棉瓦圈顶棚。北方地区应尽量建成太阳能暖圈，冬季采取保温措施。

5. 厨房改造

厨房内炉灶、厨柜、水池等布局要合理，室内灶台砖垒，台面贴瓷砖，地面要硬化。厨房内使用的灶具管道等安装规范。

三、投资及效益分析

“二池三改”生态农业模式费用投入有基建投资和运行费用投入两项组成。基建为一次性投入，可维持使用 20～30 年。

1. 基建投资

该模式基建投资主要是青贮池、沼气池建造，以及圈舍、厕所和厨房改造的投资。其中 2 m^3 青贮氨化池建设投资 200 元，10 m^3 沼气池建设及灶具管路投资 1 600 元，改圈 150 元，改厕 200 元，改厨 150 元。总投资 2 300 元。

2. 运行投入

其主要是秸秆和添加剂的投入，1 头牛按年消耗青贮秸秆饲料 800 kg 左右，尿素的加入量为 0.5%，食盐的添加量为 4%。年总投入为 50 元，其中尿素为 8 元，食盐为 42 元。

3. 经济效益

一个 10 m^3 沼气池每年可节省炊事照明开支 600 元，沼肥施用于农田节省农药、化肥开支 200 元，粮食增产 100 元。2 头育肥牛 1 年的经济收入为 1 500 元。则该模式 1 年的直接经济效益为 2 400 元。投资收益率为 2 043%(按 20 年计算)，投资回收期为 1 年，即第 1 年即可收回全部投资。

第六节 “莲-沼-鱼”沼气生态模式

一、模式概述

连藕作为一种脆甜可口的水生蔬菜，生育期需保持一定水位，是一种喜爱腐熟陈肥的经济作物，对腐肥的吸收率极高。“莲-沼-鱼”能源生态模式是根据莲藕和鱼均需要谁的生物学特性，从实践中总结出来的一种集节水、节肥、休闲、观光、生态为一体的模式技术。

模式以莲鱼共养为基础，达到降低生产成本、增加产量且使产品无公害化的目的。莲鱼共养，由于鱼群的存在，导致水质浑浊，透光性减弱，使杂草难于发芽生长，利用沼肥种植莲藕，不仅提高莲地肥力，而且降低莲病虫害。

沼肥养鱼的基本原理就是利用沼肥所含的各种养分，培养浮游生物，供底栖生物孳生、摄食。同时沼肥中含有半消化或未消化的饲料，可直接供鱼食用，弥补人工饲料养分不足，提高饲料效率，改善水质环境，充分开发利用莲藕鱼塘生态系统资源，使池塘养鱼达到稳产、高产。此外，沼肥还具有耗氧少、病菌少、速缓效肥兼备等特点，可促进浮游生物的生长繁殖，加快鱼的生长速度，缩短养殖周期，减少鱼病，经济效益显著。

二、模式技术要点

1. 建好池，施足肥

(1)建好池　莲藕鱼池呈长方形，每池占地 1 亩左右。①先将池周围的地面下挖 30～40 cm，将土堆在四周，压实、铲平就形成池周围 1 m 高的土墙。②当池挖好后，将池底压实整平，铺上 1 层有一定厚度的塑料布。③在池底塑料布上铺混凝土 4 cm，抹面防渗，四周混凝土上砌砖，12 cm 厚砖墙 1 m 高，水泥砂浆粘合，酌情加 24 cm 砖垛加固。④墙内和墙顶抹 3 cm 厚水泥面防渗，离底 70 cm 处留溢水孔并加滤网，墙外培土加固。⑤开挖中心鱼沟，沟深 2 m，将中心鱼沟土挖出后堆在池底部，种莲藕。⑥池底压实整平，铺塑料布，混凝土制面 4 cm，四周混凝土上砌砖，12 cm 厚砖墙砌至 1.6 m，向上每隔 40 cm，砌 40 cm 墙垛。⑦墙内、墙外和墙顶抹 3 cm 厚水泥面防渗。⑧池子建成后，回填活土，土厚 50 cm。

(2)施足底肥　池藕生长期需肥量极大，所以栽植前一定要施足底肥，一般每池施入沼肥 1 500～2 000 kg，同时配合施用一些土杂肥。在施肥后，将底肥和池子里的碎土拌合均匀，池子里的土、肥厚度一般应达到 0.17～0.2 m。莲藕属根茎作物，生长期内不宜追肥过多，追肥过多会使作物很难吸收完全，所以池藕底肥应占整个施肥量的 90%左右。

2. 适时栽植

池藕的栽植时间一般应在清明前后进行，栽植以前，要灌水和池，把池子里的土、肥踩成稀糊状，接着把藕种一条条稍微斜插进去。藕种的栽植行株距为 1.5 m×1.3 m，栽插深度为 67 mm，每池藕下种量为 300～350 kg。栽植时应注意藕种距池埂 0.66 m 宽，不然夯实的池埂会影响池藕的生长，栽植后必须及时灌水，水深为 3～7 cm。

3. 沼肥养鱼

放养鱼苗应在 4 月下旬，鱼种以革胡子鲶为主，推荐罗非鱼、高背鲫等品种。这几种鱼均耐肥水，耐低氧，且基本无病害，生长迅速，放养 800～1 000 尾/池鱼苗。养鱼要保持水质“肥、活、爽”和投饵施肥“匀、足、好”，沼液和沼渣轮换交替施用，少施、勤施，水肥每次不超过 300 kg/池，渣肥以不超过 150 kg/亩为宜。

沼肥量可通过检测水体透明度来决定，当透明度在 20 cm 以上时(即手伸入水下在 20 cm 以内就看不清)，说明水质较肥，可不施或少施用水肥；透明度在 30 cm 左右时为适中，可按常规量进行施肥；透明度在 40 cm 左右时，说明水质较瘦，可适当增大施肥量。沼肥可 10～15 d 换 1 次。8 月，气温高，鱼体生长快，需饵量大，浮游生物繁殖迅速，养分消耗多，追施沼气水肥效果最佳。

三、模式效益分析

“莲-沼-鱼”能源生态技术模式投资总共 16 500 元。其中莲藕鱼池 12 000 元(18 元/m^2)，沼气池 2 000 元，育苗 1 000 元，莲藕种 1 500 元。①该模式的经济效益相当客观，每池可产莲藕 3 500～5 000 kg，共计产鱼 300～400 kg，收入可达 18 000 元，1 年可收回投资。②莲鱼共养，既节约了水资源，又节约了土地资源，实现了水资源和土地资源的高效利用。③莲鱼共养，防风固沙，可有效改善滩涂生态环境，规模发展可筑成河流滩区很好的生态绿化带。

第七节　“稻-沼-蟹”沼气生态模式

一、模式概述

该模式是根据稻田养蟹，稻蟹共生期间不能施肥、治虫的要求，延长生物链条，使各链条间的能量流动更趋合理。该模式以大田为载体，通过沼肥施用和沼液喷施防病治虫技术、稻田养蟹技术等的运用，一方面使沼液中的有机质肥料促进稻田中的浮游微生物快速生长，为螃蟹生长提供更多的饵料，降低养蟹成本，增加养蟹收入；另一方面水稻充分吸收沼液内的水溶性优质有机肥料，促进稻田无公害生产，提高稻米品质。本模式既合理解决了稻田中后期追肥的问题，又为蟹提供了食源，实现了稻、蟹共生且高产、优质、高效的目标。

二、技术要点

1. 整地、施肥插秧

在插秧前，整地并进行 1 次稻田消毒，杀灭有害生物，施用生石灰 70～80 kg/亩或漂白粉(含氯 30%)10～30 kg/亩,化成浆全田泼洒消毒后,每亩施水稻专用肥 50 kg/亩、尿素 10 kg/亩。选用高产抗倒伏水稻品种,其中株距为 10 cm,行距为 30 cm,18 750 穴/亩,穴插苗 3 株,插秧深度为 3.3 cm,基本苗 5.6 万株/亩。

2. 蟹苗的暂养

4 月中旬,把规格为 4 000 只/kg 的蟹苗放养于暂养池内。暂养池设在稻田的一端,放苗前 7 d 用消毒剂(每亩用生石灰 70～80 kg)将池水消毒。暂养池水深为 0.3～0.5 m,每亩水面暂养蟹苗 5 kg,同时,在暂养池边设防逃墙。在蟹苗投放到暂养池后,要加强蟹苗的饲养管理,投喂 2 次/d,通常在清早和下午,饲料为磨碎蒸熟后的小杂鱼。另外,每隔 10 d 要在每千克饵料中加拌 2 g 土霉素,用于预防病害。

3. 投放蟹苗

放养蟹苗 400 只/亩,于 7 月中旬投入,并在田间分别设置隔离防护墙。在投入蟹苗 1 周后,每天傍晚投饵 1 次喂养,并保持水位相对稳定。8 月中旬前,每周换水 1～2 次,每次换水 1/3,水稻拔节后,田面保持 10 cm 的水深。8 月下旬后,每 10 天换水 1 次,每次换水 1/4～1/3。

4. 喷施沼液

7 月下旬到 8 月下旬,每隔 10 d 喷施 1 次,共喷施 4 次,喷洒浓度为 100%。叶面喷施每亩均匀喷洒 30 kg,田间泼洒每亩均匀泼洒 80 kg,于下午 4:00 左右进行。同时,要根据稻蟹生长情况,适当调整沼液的使用量。

三、注意事项

喷施沼液要随时观察蟹苗的反应以及采食情况,如有异样应及时放水排出。投放蟹苗要选择晴暖的天气。投放时小心谨慎。在整个过程中,做好田间防鼠、放蛇等工作。如遇大风、大雨等天气，应及时修复防护墙，排出稻田积水。

四、投资及效益分析

1. 投资估算

该模式投资约需 6 180 元。其中，10 m^3 沼气池 2 000 元，稻种 180 元，蟹苗 400 元，蟹池、防护墙等设施 2 000 元，基肥 300 元，饵料 300 元，人工费 1 000 元。

2. 经济效益

通过喷施沼液可使水稻产量提高 7% 左右，单产 350～400 kg；成蟹 6 只/kg，每亩可按 350 只计算；沼气用于生活用能，合计产生经济效益约 5 000 元，静态投资回收期一年半左右。

3. 生态效益

这种模式改善了稻田土壤状况，提高了土壤肥力，节省了化肥用量。由于只种植水稻的稻田是静止水体，绝大部分溶氧都被水表的各类生物消耗掉。因此，常常造成缺氧，导致根腐病发生。

在养蟹后，蟹在水中活动，改善了土壤结构和供养状况，一方面，有利于有机物的分解，减少了土壤的还原物质，促进了水稻的正常生长；另一方面，有利于抑制杂草病虫，减少农药使用量。蟹类以杂草为食，抑制杂草的作用十分明显。杂草的减少避免了其与水稻争肥、争光，提高了水稻的光能利用率和肥料利用率。危害水稻的主要害虫也被生活在水中的螃蟹所吞食，如螟虫、稻虱等。因此，可明显降低水稻的虫害，并可减少农药使用量。

参考文献

[1]吉进卿，胡永献．最新小尾寒羊饲养与繁殖．郑州：中原农民出版社，2013.

[2]李文刚，甘孟侯，熊明国．猪病诊断与防治．北京：中国农业科技出版社，2002.

[3]刘立明．果树整形修剪技术．北京：中国农业科技出版社，2017.

[4]马利允，王开云．设施蔬菜栽培技术．北京：中国农业科技出版社，2015.

[5]辛登豪，王猛，张先光．现代小麦规模生产与病虫草害防治技术．北京：中国农业科技出版社，2016.

[6]李素珍，杨丽，陈美莉．生态农业生产技术．北京：中国农业科技出版社，2015.

优质肉用绵羊生产技术

崔绪奎　王　可　编著

中国农业大学出版社
·北京·

内容简介

本书向读者重点介绍了优质肉用绵羊生产中的养殖与效益分析、品种与杂交组合、繁殖生产技术、常用饲料及加工调制技术、营养需要及调控技术、饲养管理技术、育肥技术、羊舍建设与配套饲养设施、保健技术、标准化养殖场建设等方面的知识。全书内容丰富，重点突出，通俗易懂，适合肉羊养殖场技术人员及畜牧兽医工作者参考使用。

图书在版编目(CIP)数据

优质肉用绵羊生产技术/崔绪奎，王可编著. —北京：中国农业大学出版社，2014.6

ISBN 978-7-5655-0993-3

Ⅰ.①优… Ⅱ.①崔…②王… Ⅲ.①绵羊-饲养管理 Ⅳ.①S826

中国版本图书馆 CIP 数据核字(2014)第 134581 号

书　名	优质肉用绵羊生产技术
作　者	崔绪奎　王　可　编著

策划编辑	赵　中	**责任编辑**	刘耀华　王笃利
封面设计	郑　川	**责任校对**	王晓凤　陈　莹
出版发行	中国农业大学出版社		
社　址	北京市海淀区圆明园西路 2 号	**邮政编码**	100193
电　话	发行部 010-62818525,8625	**读者服务部**	010-62732336
	编辑部 010-62732617,2618	**出　版　部**	010-62733440
网　址	http://www.cau.edu.cn/caup	**E-mail**	cbsszs @ cau.edu.cn
经　销	新华书店		
印　刷	涿州市星河印刷有限公司		
版　次	2014 年 6 月第 1 版　2014 年 6 月第 1 次印刷		
规　格	850×1 168　32 开本　13.125 印张　328 千字		
印　数	1～5 500		
定　价	28.00 元		

前 言

随着经济发展和人民生活水平的不断提高,对优质羊肉的需求日益增加,人们的消费观念不仅追求肉质鲜美、风味独特,而且更加崇尚天然、绿色和有机产品。长期以来,由于人们对优质肉羊无公害健康生产认识不足,有关监管措施不力,致使肉羊生产过程中存在一些安全隐患,如饲料中使用违禁添加剂、养殖环境恶化等,从而导致了产品安全问题频发,甚至成为社会关注的焦点。为此,肉羊产业必须转变养殖方式,积极倡导健康生态养殖,以促进肉羊生产向优质、高效和安全方向发展。优质肉用绵羊生产技术以安全、优质、高效、环保、生态为主要内容,目的是推动优质肉羊生产向健康、稳定、持续发展,既获得安全、优质的羊肉产品,又获得良好的经济、社会和生态效益。编者从我国肉羊生产的实际出发,编写了《优质肉用绵羊生产技术》一书。

实施优质肉羊生产的目的,在于促进人与自然、人与社会、人与动物关系的自然和谐,既可获得安全、优质的羊肉产品,又可获得显著的经济效益和生态效益。优质肉用绵羊生产技术包括养殖与效益分析、品种与杂交组合、繁殖生产技术、常用饲料及加工调制技术、营养需要及调控技术、饲养管理技术、育肥技术、羊舍建设与配套饲养设施、保健技术、标准化养殖场建设等生产技术。掌握优质肉羊生产支撑技术和相关条件,才能保障肉羊产业持续稳定发展。

编者从我国肉羊生产的实际出发，重点向读者介绍了优质肉羊生产的相关技术知识，旨在普及和推广优质肉羊科学养殖技术，加快产业发展，提升产业生产水平，增加农牧民养羊收入。全书内容丰富，重点突出，通俗易懂，适合养羊场、养羊户及畜牧兽医工作者参考使用。

编　者

2014 年 3 月

目　录

第一章　优质肉用绵羊养殖与效益分析

随着国民经济的发展和人民生活水平的不断提高，人们的肉食消费理念发生了较大变化，对羊肉营养价值的认识逐步深化，喜欢食用羊肉的人越来越多，市场需求量越来越大。羊肉含蛋白质高，脂肪少，含胆固醇低，营养丰富，具有鲜嫩多汁、味道美、容易消化的特点，因而深受消费者的欢迎。据统计，2011 年我国羊存栏量为 28 235.8 万只，出栏量为 26 661.5 万只，羊肉产量为 393.1 万吨，羊肉当年交易量达到 508.2 万吨，羊肉供不应求的形势十分明显。随着国家退耕还林、退耕还草工程的实施，传统的养羊模式已不适应养羊业现代化生产的要求，禁牧舍饲、保护生态、实现肉羊生产与生态环境建设双赢已是大势所趋。因此，增加规模化养羊的科技投入，研究推广舍饲条件下肉羊养殖模式和饲养管理技术，对提升我国肉羊生产的整体水平，加快肉羊产业化发展进程具有重要作用。

第一节　发展优质肉羊规模化生产的必要性

一、发展规模化舍饲养羊有利于提高生产效率和经济效益

长期以来，我国养羊业的生产方式落后，规模化程度不高，农区主要为家庭副业式饲养，牧区仍以靠天养羊为主。肉羊繁殖率低，产肉性能差，羊肉质量不高，如我国肉羊胴体重只有世界水平

的79%，高档羊肉的比重不足5%。在肉羊生产方面，至今尚未培育出专门化的肉羊品种，更没有规模化的肉羊繁育体系和肉羊的产业化生产，致使我国肉羊产肉性能差，羊肉质量不高。

随着国家退耕还林、还草工程等的实施以及人们对羊肉产品需求量的增长，舍饲养羊生产日益受到重视。在舍饲条件下，肉羊生产可以进行人为控制，既可改变其择食性，又可控制其运动量，不仅能降低无益消耗，还能提高营养物质的利用率。同时，舍饲养羊也有利于先进技术的推广，有利于生产管理水平的提升，有利于发展规模化、标准化养殖，进一步提高肉羊生产经济效益。正因为如此，肉羊的饲养方式逐步由放牧转变为舍饲和半舍饲，分散饲养转变为集中饲养，规模化程度不断提高，标准化养殖小区和规模化养殖场近年快速发展，成为畜牧业生产中的新兴产业。

二、发展舍饲肉用绵羊生产，有效满足市场对优质羊肉的需求

目前世界上肉羊业发达的国家，饲养的肉羊品种80%以上是肉用绵羊，这充分说明了肉用绵羊在全球肉羊生产中的地位与作用。我国北方肉羊生产的实践也证明，舍饲养殖绵羊的经济和社会效益要好于山羊。因此，发展舍饲养羊尤其是规模化舍饲养羊，必须以繁殖力高的绵羊品种为主，只有这样才能提高肉羊产业经济效益，实现肉羊生产现代化。

羊肉营养成分含量丰富，不仅脂肪含量低，而且胆固醇含量在所有畜禽肉中也最低，同时具有肉质细嫩、风味独特、口感好，易消化等特点，是人们公认的具有营养和保健双重作用的功能食品，备受国内外市场青睐。随着人们生活水平地不断提高，对优质高档羊肉的需求将日益增加，因此，发展优质绵羊舍饲生产，不仅可大量利用各类农作物秸秆，大幅度提高秸秆的利用率，加快农区资源优势向经济优势转换的步伐，还可提高肉羊的繁殖率、生长速度、

出栏率、屠宰率、肉品品质，缩短生产周期，增加产肉量，提高羊肉质量，保障市场需求，满足人们对优质高档羊肉的需要。

三、发展舍饲养羊，保护生态环境，增加养殖户收入

近年来人们越来越清楚地认识到保护生态环境的重要性。从畜牧业生产方式看，实施禁牧舍饲是改变传统饲养方式的关键措施。提倡舍饲，充分利用人工牧草、农作物秸秆等资源养羊，可减少放牧，防止水土流失和沙化，加快生态环境治理进程。

发展舍饲养羊必须按照饲养标准，合理配制日粮，最大限度地满足其营养需要，使优良品种的生产性能得到充分发挥，实现高产、优质、高效，从而增加农牧民养羊的经济收入。

四、实施禁牧舍饲，有利于防灾抗灾

实施禁牧舍饲是提高养羊业抵御自然灾害能力的根本措施之一。近年来，由于生态环境遭到破坏，自然灾害，如旱灾和雪灾交替频繁发生，但是实行舍饲养羊的地区和农牧户，大都经受住了灾害的考验，而以放牧为主的地区和农牧户羔羊的死亡率很高，给当地养羊生产带来了很大影响。从吸取这一深刻教训出发，实行禁牧舍饲也是必然选择。

第二节　发展优质肉羊生产的可行性

我国发展优质肉羊生产具有得天独厚的条件：一是肉用绵羊的品种资源丰富，二是饲料资源比较充足，三是相关技术配套成熟，四是产业化模式已初步形成，这为发展优质肉羊生产奠定了基础。

一、品种资源丰富

品种资源是发展优质肉羊生产的基础。绵羊主要分布在北纬

28°～50°，东经75°～135°的牧区、农牧交错区和农区。据统计，我国现有绵羊品种98个，其中地方品种44个，培育品种21个，引入品种33个。不同品种之间生物学特点和生产性能表现各有差异，如以繁殖率高为特点的小尾寒羊、湖羊，以抗病、耐粗饲、适应性强、肉质好为特点的蒙古羊、阿尔泰羊等地方优良品种，也有从国外引进的适应性强、肉用性能好的杜泊、无角陶赛特、萨福克、特克赛尔等肉用绵羊品种，这些肉羊品种是我国生物多样性的重要组成部分，它们对我国不同气候和生态条件的适应性较好，为开展品种间经济杂交，利用杂种优势发展优质肉羊生产创造了条件。

二、饲草饲料资源丰足

我国有草地面积4.07亿公顷，其中可利用面积3.16亿公顷，大部分分布在北纬20°～50°的广阔地带，约有7个类型37个亚类型5 000多种牧草，其中豆科和禾本科占40%，其他如菊科、藜科等牧草占20%，不仅种类丰富而且品质优良。随着我国先进农业种植业技术的应用和发展，近年来粮食生产连年丰收，产量不断提高，不仅能保障国民日常生活和工业用粮所需，并且饲料用粮也越来越充足。特别是年产量巨大、最有开发潜力的8亿多吨农作物秸秆资源以及人工种植牧草、饲料作物及农副加工产品，为发展我国肉用绵羊生产奠定了物质基础。

三、支撑技术配套成熟

实现优质肉羊生产产业化，必须以科技为先导，以科技创新为支撑，研发适宜于我国国情的肉羊生产配套技术和相关政策。近几年，我国在肉羊产业的科学研究方面实施了多项科技攻关。如建立了国家肉羊产业技术体系，实施科技支撑计划、星火计划和丰收计划等，把试验、示范、应用、推广、技术培训与服务等融为一体，以推广优良品种和健康养殖新技术为突破口，全面提升了肉羊生产技术水平,使引进良种的扩繁和杂交改良工作进展迅速,极大地促进了我国规模化优质肉羊生产的发展。在新品种培育方面,已培育出巴美肉羊新品种,中原地区培育出适应舍饲圈养的专门化肉羊新品系——鲁西黑头肉羊多胎品系等。在优质肉羊生产繁育方面,实施胚胎移植技术,建立优质种羊扩繁与推广体系,利用杂交优势,推广商品肉羊生产杂交化,运用同期发情和人工授精技术,实现肉羊批量繁育与规模化生产。在饲养管理方面,开展了舍饲肉羊营养需要量、羔羊早期断奶与补料等技术研究,利用营养调控技术发展肉羊肥羔生产。目前规模化肉羊养殖场广泛采用饲料青贮、全价配合、羔羊短期育肥等技术实施优质肉羊生产。在疾病防治方面,加强了舍饲条件下羊病防治技术研究,一些新的高效药物及疫苗和先进防疫技术在生产中不断应用和推广,为优质肉羊生产提供了安全保障。

与此同时各地根据肉羊生产实际,进行了优质肉羊生产配套技术的研发推广工作。例如内蒙古进行了百万只肉羊生产和技术开发研究,新疆维吾尔自治区(以下简称新疆)在饲草种植、饲料加工、品种改良、舍饲育肥等方面进行了大量的探索研究,北方地区积极推广暖棚养羊等,相继获得了成功。形成了以优质肉羊生产标准化、产业化为目标的配套技术,对推动我国肉羊规模化生产和产业化经营将产生重要作用。

四、产业化模式已初步形成

近几年来随着优质肉羊生产的快速发展,肉羊主产区在品种结构、杂交改良、饲草饲料开发利用、饲养方式、育肥及屠宰加工模式等方面进行了一系列改革和创新,总结出了适合各地生产经营的产业化模式,涌现出许多大中型肉羊生产与加工企业,走出了一条从良种引进—快速繁育—杂交利用—高效育肥—加工销售为一体的产业化发展之路,推动了优质肉羊产业化进程。同时还产生了一批以市场为导向,以经济和社会效益最大化为目标,发展肉羊生产的合作社和联合体。截至2007年,肉羊优势区域共建立肉羊专业合作经济组织89个,其中肉羊专业合作社34个,肉羊协会55个,带动农户12万多户。如山东省利津县盐窝镇肉羊异地育肥,屠宰加工,“小规模、大市场”的经营模式。内蒙古自治区(以下简称内蒙古)克什克腾旗好鲁库昭乌达肉羊专业合作社,为农牧民提供产前、产中、产后便利化的社会服务,以合同形式保护农牧民利益,上联龙头企业对接市场,下联农牧户做大基地,稳定利益联结机制,以昭乌达优质肉羊品牌占领市场,赢得了消费者的信赖,也赢得了市场,跻身于内蒙古自治区农牧业产业化重点龙头企业行列。吉林省白城市大沁塔拉蒙羊合作社,推行“合作社+农户”的模式,由合作社统一提供种羊,回收成羊和羔羊,统一提供饲料和技术指导,并负责进行日常的疫病防治和管理工作,实行农户分散养殖、合作社统一管理。扩大了种羊饲养辐射面,增加了肉羊来源,保证了产品销路,经济效益和社会效益十分显著。2012年已吸收会员580人,下设19个分社,现有基础母羊2.23万只,预计年出售羔羊5.8万只,实现经济收入约300万元。以上典型被证明是符合当地实际,经济效益好的经验和做法。同时还证实,通过推广优质肉羊产业化经营模式,有利于合理利用农区秸秆资源,促进肉羊产业可持续发展。

第三节 优质肉羊健康养殖效益分析

随着现代肉羊业的快速发展,肉羊产业的总体规模和质量都有了较大提高,已成为农牧民增收致富的重要途径。由于养殖规模、饲喂标准、管理水平、出栏时间等存在差异,导致养殖户的经济效益也有较大的差距。为进一步总结、推广肉羊适度规模健康养殖生产模式,促进规范化、标准化生产发展,对适度规模优质肉羊生产模式进行概略的经济效益分析是非常必要的。

下面以饲养500只小尾寒羊基础母羊为例，分析优质肉羊规模健康养殖经济效益。

一、投资成本

（一）基建总造价

基建总造价128万元。

1. 羊舍总造价

500只基础母羊舍500米^2，羔羊、育成羊周转羊舍1 250米^2，25只公羊舍50米^2，共计1 800米^2。密闭式双列产羔舍350米^2。

1 800米^{2}羊舍按开放式彩钢结构双列棚舍设计：

$$1\ 800米^2 \times 300元/米^2 = 540\ 000元 = 54.00万元$$

350米^{2}彩钢结构密闭式双列产羔舍：

$$350米^2 \times 600元/米^2 = 210\ 000元 = 21.00万元$$

2. 青贮窖总造价

$$750米^2 \times 120元/米^2 = 90\ 000元 = 9.00万元$$

3. 饲料库及加工车间、兽医室、更衣消毒间及储草间等总造价

$$300米^2 \times 800元/米^2 = 240\ 000元 = 24.00万元$$

4. 办公室及宿舍等总造价

$$200米^2 \times 1\ 000元/米^2 = 200\ 000元 = 20.00万元$$

（二）机械设备及运输车辆投资

机械设备及运输车辆投资43万元。

1. 青贮铡草机费用

$$4台 \times 1.25万元/台 = 5.00万元$$

2. 兽用器械费用

兽用器械费用 3.00 万元。

3. 饲料加工成套设备

饲料加工成套设备 15 万元。

4. 变压器等机电设备费用和运输车辆费用

变压器等机电设备费用和运输车辆费用 20 万元。

基建总造价(128 万元)与机械设备及运输车辆投资(43 万元)合计为固定资产总投资，为 171 万元。

每年固定资产摊销(按 10 年计)：

(基建总造价＋设备机械及运输车辆总费用)÷10 年＝
171 万元/年÷10 年＝17.1 万元

(三)种羊投资

种羊投资(以小尾寒羊为例)为 62.5 万元。

1. 种羊总投资

500 只×1 100 元/只＋25 只×3 000 元/只
＝625 000 元＝62.5 万元

2. 每年种羊总摊销

种羊总投资÷5 年＝62.5 万元/年÷5 年＝12.5 万元

(四)饲草饲料成本

饲草饲料成本为 63.27 万元。

1. 种羊饲养总成本

种羊饲养总成本合计 40.97 万元。

成年羊年消耗干草费用：

525 只×0.80 千克/(天・只)×365 天×
0.90 元/千克(干草)＝138 000 元＝13.80 万元

成年羊年消耗精料费用：

525 只×0.35 千克/(天·只)×365 天×2.48 元/千克(精料)＝166 300 元＝16.63 万元

成年羊年消耗青贮料费用：

525 只×2.50 千克/(天·只)×365 天×0.22 元/千克(青贮料)＝105 400 元＝10.54 万元

2.育成羊饲养总成本

育成羊饲养总成本(按 90%配种率、250%产羔率、年产 1.5 胎、羔羊断奶成活率 95%、育成率 98%、7 个月出售、5 个月饲喂期计算)为 26.85 万元。

育成羊年消耗干草费用：

1 570 只×0.3 千克/(天·只)×150 天×0.90 元/千克＝63 600 元＝6.36 万元

育成羊年消耗精料费用：

1 570 只×0.25 千克/(天·只)×150 天×2.60 元/千克＝153 100 元＝15.31 万元

育成羊年消耗青贮料费用：

1 570 只×1.0 千克/(天·只)×150 天×0.22 元/千克＝51 800 元＝5.18 万元

总饲养成本＝种羊饲养总成本＋育成羊饲养总成本＝40.97 万元＋26.85 万元＝678 200 元＝67.82 万元

(五)年医药、水电、运输、业务管理摊销费用

年医药、水电、运输、业务管理摊销费用为 4.19 万元。

20 元/(只·年)×(525＋1 570)只＝41 900 元＝4.19 万元

(六)年工人工资

年工人工资为12万元。

2.0万元/人×6人=12万元

二、收入

年收入合计180.91万元。

1.年售羊收入

育肥羊:1 070只×40千克/只×26元/千克

=1 112 800元=111.28万元

育成母羊:500只×35千克/只×36元/千克

=630 000元=63.00万元

合计174.28万元。

2.羊粪收入

1 000米^3×60元/米^3=60 000元=6.0万元

3.羊毛收入

525只×2.0千克/只×6.00元/千克

=6 300元=0.63万元

三、年经济效益:67.30万元

年总盈利为:年总收入-年固定资产摊销-年种羊总摊销-年种羊饲养总成本-年育成羊饲养总成本-年医药、水电、运输、业务管理摊销费用-年工人工资=180.91万元-17.1万元-12.5万元-40.9万元-26.85万元-4.19万元-12.00万元=67.30万元。

第四节　发展优质绵羊生产的对策

我国肉羊产业起步晚，但发展迅速。自 20 世纪 90 年代以来肉羊存栏量稳步增长，羊肉产量呈直线增长趋势。从 1990 年的 106.8 万吨增加到 2011 年的 393.1 万吨，21 年间增加了 286.3 万吨，年均增长率为 12.8%。2007 年我国羊肉产量占肉类总产量的比重为 5.57%，肉羊业产值占畜牧业产值的比重为 5.56%。同时羊肉质量安全水平也不断提升，2009 年国内取得绿色食品认证的羊肉产量达到 26 928.6 吨。肉羊产业近年虽然取得了较快发展，但在整个畜牧业中依然是弱势产业。因此，抓住机遇，因地制宜，科学规划，依靠科技创新和龙头带动，加快优质肉羊产业化进程，已成为业界人士的共识。

一、培育新品种(系)，提高肉羊生产水平

我国拥有较多的肉羊品种资源。国家和省级政府应制定品种繁育的战略规划，大力支持国内地方肉羊品种资源的保护与开发利用。与此同时，鼓励和支持优良新品种和新品系的培育，并给予持续性的资金支持。重视肉羊专用品种(系)培育和开发，增加对肉羊优势产区育种工作的投入，利用引进品种肉用性能好和本地品种繁殖率高的种质特性，采用常规育种和现代育种技术相结合的方法，培育适合当地自然和生态条件的肉用多胎绵羊新品种(系)。在此基础上广泛开展联合育种，最终育成产肉力高、繁殖性能好、适应性强和具有国际竞争力的肉用绵羊新品种，改变或缓解肉用种羊长期依赖进口的局面，全面提升我国肉羊育种自主创新能力，推动肉羊产业向高产、优质和高效方向发展。

二、大力支持肉羊良种的选育及推广工作

肉羊良种繁育在优质肉羊生产中具有至关重要的作用。因此，应从我国肉羊生产实际出发，建立以核心场为龙头，繁殖场、生产场为基地的三级繁育体系，建设若干个区域性、规模化的种羊场，制定优质种羊的选育、推广计划。对引进的优良种羊在纯繁选育的基础上，通过同期发情、胚胎移植等先进生物技术，快速扩繁种羊群，最大限度地为社会提供优良的种羊，扩大良种的覆盖面，提高良种的普及率。同时结合良种繁育技术服务体系建设、冷冻精液配种技术等改良本地绵羊，提高其产肉量，改变目前肉羊生产中存在的良种化程度低、生产水平低的局面，提高肉羊生产效益。

为适应肉羊生产需求，应根据国务院《种畜禽管理条例》和农业部《种畜禽管理条例实施细则》，尽快验收、整顿现有种羊场，颁发种畜生产许可证，建立良种登记制度。根据具体情况制定不同品种的种羊内部质量标准，并加大对种羊管理力度，定期开展种羊生产经营许可证审核、发放工作，确保种羊的质量。

为了使肉羊良种尽快推广，可采取以下政策措施：政府通过支持育种企业或事业单位通过人工授精推广良种；通过对农民购买种羊补贴来推广良种；通过支持养羊合作社来提高种羊利用率。

三、利用杂种优势，提高生产性能

广泛利用杂种优势是肉羊产业发展的切入点，是提高肉羊生产性能和改善羊肉品质的有效途径。研究表明，利用杂种优势发展肉羊生产，一般产羔率可提高20%～30%，增重速度和饲料报酬提高20%～25%。各地应根据各自不同的自然条件，以当地适应性强，繁殖率高的本地品种作母本，用萨福克、陶赛特、特克赛

尔、杜泊等国外良种肉羊作父本，进行二元或多元经济杂交，根据不同肉羊优势区域的生态条件和品种资源情况，筛选推广相对稳定优良的杂交组合。并建立完善的杂交配套繁育体系，向农户提供繁殖率高、生长发育快、产肉率高、肉质好的杂交羊，提高本地品种的生产性能。

四、研究开发优质肉羊生产工艺模式及配套设施

良好的肉羊养殖基础设施与配套设备是实现生产规模化、标准化、产业化的关键支撑技术，它和遗传育种、饲料营养、兽医防疫等技术一起支撑现代肉羊产业的发展，是现代肉羊产业的重要标志。标准化规模养羊在我国刚刚兴起，对工厂化肉羊养殖的研究尚处于起步阶段，没有很成熟的工艺模式及相关配套技术。应积极推广先进的饲养管理技术设备，如 TMR 饲喂技术、自动饮水、自动清粪设施等。通过借鉴和参考相关领域的研究成果和实践经验，结合当地实际和羊的生物学特点和行为学特性，积极开展舍饲养羊工艺模式、配套设施设备研究，如适于农村规模养殖小区的规范化与标准化、大中型养殖场规模的标准化工程工艺模式等，并开发配套化的设施设备与环境调控技术及饲养管理技术，并使之标准化、定型化、系列化、成套化，解决舍饲养羊中出现的一些关键问题，推广应用于我国肉羊产业化生产，以提高劳动生产率和养羊业的整体生产水平。

五、利用营养调控技术、实施早期断奶和集中育肥

早期断奶，实质就是通过控制哺乳期来缩短母羊产羔间隔，控制繁殖周期，达到一年两产或两年三产之目的，以提高存栏母羊的生产效率。对羔羊实施早期补料是羔羊早期断奶的关键环节。羔羊断奶后即可进行强度育肥。羔羊在生长和肥育阶段，对各种营养物质的需要量较高，应提高日粮的营养水平，实施优化饲养与特

培技术，通常采用超常规育肥技术，即选用全价配合饲料，使营养和环境条件满足肉羊生长发育的需要。在有条件的农区采用全价配合饲料或全颗粒料饲养，以充分挖掘羔羊早期生长的潜力。在其他地区可采用玉米（或配合精料）＋紫花苜蓿＋青贮＋秸秆的方式育肥。由于我国肉羊产区之间自然资源与生态条件差异较大，各地应结合当地自然资源与气候环境选择适宜的育肥方式。如在北方农区重点推广圈养育肥，南方推广高床舍饲育肥，在牧区推广放牧加补饲育肥等。各地近几年的经验证明：发展绵羊肥羔生产，肉品品质好，投入产出高，是生产优质高档羊肉的主要方式，应在肉羊生产中大力推广。

六、合理利用饲草饲料资源，降低生产成本

饲草料是养羊业的基础，饲草料均衡供应体系是发展现代肉羊产业的物质保障。我国各种农作物秸秆资源丰富，年产 8 亿吨以上，开发潜力很大。若将可食部分的利用率提高到 50%，尚有 2 亿吨以上的作物秸秆可被利用。应用青（黄）贮、微贮、氨化等成熟技术及工艺进行加工处理，可显著提高秸秆品质，提高生物学利用率。因此，最大限度地开发秸秆资源，提高其利用率，降低生产成本，是加快我国优质肉羊发展的必由之路。广开饲草来源要统筹规划，实行林草套种，粮草轮作。在土地资源充足的牧区和半农半牧区，应推广草地改良、人工种草和草田轮作，提倡种植人工牧草。加快建立现代草产品生产加工示范基地，推动草产品加工业的发展。在精饲料资源丰富的农区，宜发展集约化程度较高的舍饲养羊业。进行饲养标准、饲料配制技术的研究开发和推广，提高肉羊生产水平。合理利用维生素，微量元素，氨基酸、微生态制剂、酶制剂，天然抗菌促生长剂等添加剂原料，研究开发科技含量高的环保型、适宜肉羊不同生长阶段的系列添加剂预混料产品，满足肉羊营养需要。

七、实施健康养殖，大力推广肉羊标准化生产

肉羊的健康养殖是以安全、优质、高效、无公害为主要内涵的可持续发展的养羊业，是实现数量、质量和生态效益并重的现代养羊业。健康养殖是保证肉羊产业健康发展的关键环节。积极引导养殖户转变养殖观念，推进标准化健康养殖。从环境调控入手，按照羊的生理需求，研究开发优质肉羊生产养殖技术与疾病防控技术以及应激防范技术，以保证产品质量。在农区专业养羊户和大型养羊场建立标准化生产体系，并推行标准化生产规程。加快专业化养殖小区建设，在养殖小区突出抓好品种、饲料、防疫、养殖技术和产品等五方面的标准化工作，逐步实现品种良种化、饲养标准化、防疫制度化和产品规格化，促进安全优质羊肉产品生产。在优势区域扶持建立现代肉羊标准化生产示范基地，对示范基地内养殖户建标准化羊舍、青贮窖及其相关设施予以支持。

八、培植龙头企业，提高肉羊产业化经营水平和效益

产业化经营是提升肉羊产业发展水平的组织保证。肉羊产业化经营要以市场为导向，以养羊户经营为基础，以“龙头”组织为依托，以经济效益为中心，以系列化服务为手段，通过实行种养加、产供销、农工商一体化经营，将肉羊再生产过程的产前、产中、产后诸环节联结为一个完整的产业系统，引导分散的养羊户的小生产转变为社会化的大生产。

(一)坚持以农户养羊为基础

国内外农业发展的历史证明，农业家庭经营是农业最基本的经营组织形式，这是由农业产业的特点所决定的，我国农村改革开放 30 多年的经验也充分验证了这一点。因此，各级政府制定的有关肉羊产业的优惠及扶持政策，如对养羊场(户)的贴息贷款、良种补贴、农机补贴、圈舍改造补贴、技术培训与指导、市场信息提供等

政策措施，应认真考虑养羊户的需求，积极采纳养羊场(户)的建设性意见和建议。

(二)正确引导肉羊相关公司和专业合作社的发展，培植肉羊生产加工龙头企业

实践证明，肉羊相关公司和专业合作社的发展对整个肉羊产业整体实力的提升起到引领作用。政府对这些公司的支持有助于带动整个肉羊产业的发展。为此，在肉羊中心产区，应大力发展扶持肉羊生产加工龙头企业，引导企业以多种形式与养殖户建立起稳定的购销关系和“利益共享、风险共担”的利益联结机制。以“公司＋协会＋农户”的形式，带动农户发展优质肉羊生产，由公司统一提供种羊、草料，回收育肥后的肉羊，利用先进设备和加工技术，进行精深加工并开发高档系列产品，提高其附加值。这对促进企业增效和农牧民增收，实现我国肉羊产业的跨越式发展和产业化经营具有重大推动作用。

(三)加强屠宰加工、质量安全管理和流通市场体系建设

一是强化对涉及羊肉食品质量安全的各个环节，尤其是羊肉加工和流通环节的监管力度，实现对羊肉产品“从生产场到餐桌”的全程监管。严格执行肉羊屠宰加工标准，制定较为科学的羊肉分级标准，形成优质优价机制，促进优质羊肉产品转化增值。采用科技含量高的生产加工技术和冷链物流系统，提高产品质量，增强产品竞争力，提高肉羊产品附加值。二是逐步建立并完善监督抽检、信息发布、投诉举报、应急处置、产品召回等制度措施，加大食品安全违法处罚力度。三是在落实食品安全监督责任的同时，加强完善羊肉产品质量安全监测评估和多层次检验检疫等支撑体系建设。建立和完善肉羊标识及疫病溯源体系；建立羊肉产品质量安全市场准入机制，强制推行 HACCP 认证，确保只有获得质检认证的安全优质羊肉产品才能进入市场，逐步建立有序竞争的规范市场体系。

九、加强优质肉羊标准化生产疫病防控体系建设

一是肉羊生产主管部门应组织制定不同区域、不同饲养模式下肉羊饲养技术规程和疾病综合防控技术规范，使得肉羊饲养过程统一化、规范化，疾病综合防控标准化，进而减少肉羊疾病的发生和流行。

二是加强畜牧兽医队伍建设，增加农村和标准化羊场兽医防疫人员数量，定期举行培训班，提高其疫病防控的业务素质，广泛开展疫病预防控制工作，为肉羊产业疫病防控提供人员储备和基础支撑。采取优惠措施，鼓励科技人员下基层广泛开展多种形式的科技文化推广活动，提高基层专业技术人员和生产养殖人员的技术水平。

49.09 千克，最大公羔 71 千克，母羔 56.6 千克；6 月龄平均体重 54.85 千克，最大公羔 78.1 千克，母羔 62.6 千克；成年公羊体重 100～120 千克，母羊 90～100 千克(表 2-1)。

表 2-1 杜泊绵羊初生至 12 月龄体重情况 千克

项目	初生	1 月龄	3 月龄	12 月龄
公羔	4.69±1.21	14.73±2.84	33.11±6.05	73.90±5.32
母羔	4.84±1.15	14.36±2.91	31.17±5.87	59.60±9.93
平均	4.75±1.18	14.55±2.87	32.14±6.03	66.75±10.64

(四)肉用性能

杜泊绵羊早期发育快，胴体瘦肉率高。据测定，杜泊绵羊 4 月龄羔羊体重可达 36.40 千克，胴体重 18～22 千克，屠宰率 55%以上。肉质细嫩多汁，脂肪含量适中，膻味轻，口感好，特别适于肥羔生产，被国际誉为“钻石级”绵羊肉，具有很高的经济价值。

(五)繁殖性能

杜泊绵羊母羊繁殖性能好，可常年发情配种，情期受胎率较高；在良好的饲养管理条件下，一年一胎或两年三胎，产羔率能达到 150%左右。在较差的放牧条件下，母羊也能分娩并带好一只质量较好的羔羊。

(六)羊毛与羊皮

杜泊绵羊是一种容易管理的品种，部分个体被毛到春天会自行脱落，一般情况下无需剪毛。杜泊绵羊板皮质量好，皮较厚；在南非，杜泊绵羊板皮的销售价要高于其他品种绵羊皮的价格。

(七)适应性

杜泊绵羊体质结实，抗病力较强，对炎热、干旱、潮湿、寒冷等多种气候条件有良好的适应性。它采食性广、不挑食，能够很好地利用低品质牧草和秸秆，尤其在干旱或半干旱地区生长健壮，抗病力强。

(八)开发利用

利用杜泊绵羊公羊与小尾寒羊母羊杂交，羔羊初生重 3.88 千克，3 月龄重为 24.6 千克，6 月龄重 51.0 千克。杜寒杂一代公、母羊育肥 5 月龄平均体重 48.9 千克，平均日增重 306 克，料重比 4.25∶1。杜(♂)×蒙(♀)杂种羔羊在完全放牧的饲养管理条件下，4 月龄断奶公羔体重平均为 37.5 千克，母羔为 34.0 千克；育肥 5 月龄胴体平均重 20.22 千克，胴体净肉重 16.65 千克，屠宰率 51.7%，胴体净肉率为 82.34%。杜×蒙杂种羊对牧草无择食性，对寒冷抵抗能力强，成活率高。

二、萨福克羊

(一)产地及分布

萨福克羊原产于英国英格兰东南部的萨福克、诺福克、剑桥和艾塞克斯等地，现分布于北美、北欧、澳大利亚、新西兰、俄罗斯及中国。我国从 20 世纪 70 年代起先后从澳大利亚、新西兰等国引进，主要分布在新疆、内蒙古、北京、宁夏、吉林、河北、山东和甘肃等省、市、自治区，适应性和杂交改良地方绵羊效果显著。

(二)外貌特征

萨福克羊(图 2-3 和图 2-4)体格大，头短而宽，鼻梁隆起、耳大，公、母羊均无角，颈长、深且宽厚，胸宽，背、腰和臀部长宽而平。肌肉丰满，后躯发育良好。体躯主要部位被毛白色，但偶尔可发现少量的有色纤维，头、耳和四肢为黑色短刺毛。

图 2-3　萨福克种公羊

图 2-4 萨福克母羊

(三)生长发育

萨福克羊成年公羊体重 110～150 千克，母羊 70～100 千克(表 2-2)。

表 2-2 萨福克羊各阶段体重 千克

项目	初生	1 月龄	3 月龄	6 月龄	周岁	成年
公羊	5.0±1.1	17.5±3.2	44.0±5.2	61.8±4.7	114.2±6.0	138.5±4.4
母羊	4.7±0.6	15.3±2.7	37.6±3.6	61.6±6.6	74.8±5.6	96.8±7.2

(四)肉用性能

萨福克羊生长发育快且早熟、产肉性能好，3 月龄羔羊胴体重达 17 千克，肉嫩脂少。公母羔羊 4 月龄平均体重 47.7 千克，屠宰率 50.7%，7 月龄平均体重 70.4 千克，胴体重 38.7 千克，屠宰率 55%。

(五)繁殖性能

萨福克羊公母羊 4～5 月龄就有性行为，通常情况下 12 月龄初配。33 只 1.5 岁母羊，平均妊娠期 144.2 天。母羊母性好，第一胎产羔率 173%，第二胎产羔率 195%。

(六)羊毛与羊皮

萨福克羊成年公羊剪毛量5～6千克,母羊3～4千克,净毛率60%以上,毛长7～8厘米,细度56～58支。

(七)开发利用

萨福克羊是当今世界上体型最大的肉用羊品种。具有生长发育快、繁殖率高、产肉性能好、肉质细嫩等特点。在英国、美国用作肥羔生产的终端品种。我国新疆和内蒙古等地从澳大利亚引入该品种羊,同当地粗毛羊及细毛杂种羊杂交生产肉羔。内蒙古用萨福克羊同蒙古羊杂交;宁夏用萨福克羊同滩羊杂交;山东用萨福克羊与小尾寒羊杂交均表现出明显的杂种优势。如甘肃省袁得光用萨福克羊与引入当地的小尾寒羊进行杂交改良育肥,并用小尾寒羊作对照。50天试验结果萨寒杂种4月龄体重为(37.62±4.13)千克,平均日增重(375.6±5.25)克,50天育肥期总增重(18.78±3.61)千克,与小尾寒羊相比,分别提高13.21%,18.86%和18.86%;胴体重(19.46±1.53)千克,净肉重(16.16±1.42)千克,屠宰率(51.88±1.64)%,胴体净肉率(83.04±1.73)%,胴体重比小尾寒羊提高13.4%,净肉重提高14.94%。

由于萨福克羊的头和四肢为黑色,杂交后代多为杂色被毛,故在细毛羊产区应用时要慎重。

三、特克赛尔羊

(一)产地及分布

特克赛尔羊原产于荷兰特克赛尔岛,属肉毛兼用型品种。19世纪中叶,由当地沿海低湿地区的一种晚熟但毛质好的马尔盛夫羊母羊与林肯羊和莱斯特公羊杂交培育而成。特克赛尔羊已引入到德国、法国、英国、比利时、美国、捷克、印尼、秘鲁和中国,作为这些国家推荐饲养的优良品种和用做经济杂交生产肉羔的父本。

(二)外貌特征

特克赛尔羊(图 2-5 和图 2-6)头大小适中,清秀无长毛,公、母羊均无角,耳短,眼大突出,鼻端、眼圈、蹄为黑色,颈中等长、粗,鬐甲宽平,体躯肌肉丰满,胸圆,背腰平直、宽,后躯发育良好。被毛全白,四肢无被毛。

图 2-5 特克赛尔种公羊

图 2-6 特克赛尔母羊

(三)生长发育

特克赛尔羊公羔平均初生重 5.0 千克,2 月龄平均体重 26 千克,平均日增重350克;4月龄平均体重45千克,2～4月龄日增重317克;6月龄体重59千克。母羔初生重4.0千克,2月龄22千克,日增重300克;4月龄体重38千克,2～4月龄日增重为267克;6月龄体重48千克。成年公羊体重115～130千克,母羊75～90千克(表2-3)。

表2-3　特克赛尔羊不同年龄阶段体重　千克

项目	初生	1月龄	3月龄	6月龄	周岁	成年
公羊	4.9±1.1	11.4±3.8	35.4±2.6	54.4±3.9	78.6±3.1	118±5.3
母羊	4.6±1.2	11.4±3.6	36.2±4.1	51.2±4.1	66.0±4.0	78.6±4.7

(四)肉用性能

特克赛尔羊具有早熟、多胎、生长快、产肉与产毛性能均较好而适应性强的特点。4～5个月龄体重可达40～50千克,平均屠宰率为55%～60%,瘦肉率、胴体出肉率高。羔羊肉品质好,具有"低脂肪、低胆固醇、高蛋白"两低一高的特点,市场竞争力强。

(五)繁殖性能

特克赛尔母羊初配年龄为7～8月龄,发情时间长,80%的母羊产双羔,产羔率150%～180%,泌乳性能良好。

(六)羊毛与羊皮

特克赛尔羊成年剪毛量成年公羊5千克,成年母羊4.5千克。毛长14.5厘米,细度为46～50支,净毛率为60%。

(七)开发利用

特克赛尔羊羔羊生长快、体型大,眼肌面积大,瘦肉率和胴体分割率高。产毛性能好,产羔率高,耐寒等。20世纪60年代初法国曾赠送我国一对特克赛尔羊,饲养在中国农业科学院畜牧研究所。自1995年以来,我国辽宁、山东、北京、河北和陕西等省、市、区引进该品种,杂交改良效果较好。如黑龙江大山种羊场1995年引进该品种公羊10只、母羊50只。用其与东北细毛羊杂交,屠宰率和净肉率均显著高于东北细毛羊。江苏钱建功用其与湖羊杂交，杂一代羔羊生长速度快，屠宰率高，杂交改良效果显著。青海省湟中县畜牧局钟永晓等(2007)对特克赛尔与藏羊杂交一代羊的生产性能进行了测定，杂一代都表现出明显的杂交优势，各项生产指标明显高于当地藏羊。该品种对寒冷气候有良好的适应性，较适宜在北方地区饲养。

四、无角陶赛特羊

(一)产地及分布

无角陶赛特羊产于澳大利亚和新西兰。20 世纪 80 年代以来，新疆、内蒙古、甘肃、北京、河北等省、市、自治区和中国农业科学院畜牧研究所等单位，先后从澳大利亚和新西兰引入无角陶赛特羊。

(二)外貌特征

无角陶赛特羊(图 2-7 和图 2-8)体质结实，头短而宽，耳中等大，公、母羊均无角，颈粗短，体躯长，胸宽深，背腰平直，体躯呈圆筒状；四肢粗短，后躯发育良好，全身被毛白色。该品种羊具有早熟，生长发育快，全年发情和耐热及适应干燥气候等特点。该品种体重成年公羊 90～110 千克，成年母羊为 65～75 千克。剪毛量

图 2-7　无角陶赛特种公羊

2.25～4.0千克，净毛率50%～70%，毛长7.5～10厘米，羊毛细度56～58支。经过肥育的4月龄羔羊的胴体重，公羔为22千克，母羔为19.7千克。在新西兰，该品种羊被用作生产反季节羊肉的专门化品种。

图 2-8　无角陶赛特母羊

（三）生长发育

无角陶赛特羊具有早熟、生长发育快等特点，单羔初生重5.5千克，双羔4.8千克。公羊周岁60千克，母羊50千克；成年公羊体重100～125千克，母羊75～90千克（表2-4）。

表 2-4　无角陶赛特羊不同年龄阶段体重　千克

项目	初生	断奶	周岁	2.5岁	3.5岁
公羊	5.5	31.5	60	120.21	125.6
母羊	4.8	29.0	50	78.27	82.46

（四）肉用性能

无角陶赛特羊胴体品质和产肉性能好，经过育肥的4月龄羔羊，胴体重20～24千克，屠宰率50%以上。

（五）繁殖性能

无角陶赛特羊四季发情，可常年配种，妊娠期为147.5天，产羔率为130%～160%。繁殖性能见表2-5。

表2-5 无角陶赛特母羊的繁殖性能

产羔母羊数/只	产羔数/只	断奶成活羔/只	产羔率/%	断奶成活率/%	繁殖成活率/%
150	216	197	144	91.2	131.3

(六)羊毛与皮革

无角陶赛特羊毛长7.5～10厘米，细度56～58支，剪毛量2.5～3.5千克。

(七)开发利用

20世纪80年代以来，我国新疆、内蒙古、甘肃、北京等省、市、自治区先后引进无角陶赛特羊，基本上能适应我国北方气候条件和草场条件，同时表现耐热和抗干旱。利用无角陶赛特羊为父本，开展杂交试验最多的是小尾寒羊。6月龄陶寒杂交一代比小尾寒羊提高增重16.34%。经与其他品种(哈萨克、蒙古、阿勒泰羊、藏羊以及甘肃与山西的本地绵羊)进行杂交，结果证实杂交一代羊具有明显的父本特征；肉用体型明显，胸宽而深，肋骨开张，背宽，后躯丰满，呈倒“U”形。在舍饲条件下，羔羊从出生到3月龄生长发育较快，最佳屠宰期在6月龄左右，是发展肉羊肥羔生产的理想父本品种之一。

五、夏洛莱羊

(一)产地及分布

夏洛莱羊产于法国中部的夏洛莱丘陵和谷地。以英国来斯特羊、南丘羊为父本，以当地的细毛羊为母本杂交育成。

(二)外貌特征

夏洛莱羊(图2-9和图2-10)公母羊均无角，头部均无毛，脸部略带粉红色或灰色。被毛同质，白色，额宽，耳大，颈短粗，肩宽平，胸宽而深，肋骨开张，背部肌肉发达，体躯呈圆筒状，体躯长，四肢较短无毛，肢势端正，两后肢距离大，呈倒“U”形。

图 2-9　夏洛莱种公羊

图 2-10　夏洛莱母羊

（三）生长发育

夏洛莱羊生长发育快，1～30 日龄双羔平均日增重 280～325 克，30～60 日龄 261～462 克；6 月龄公羔体重 48～53 千克，母羔 38～43 千克；周岁公羊 70～90 千克，母羊 50～70 千克；成年公羊体重 110～140 千克，母羊 80～100 千克。

表 2-6 小尾寒羊主要体尺、体重指标

性别	阶段	数量/只	体重/千克	体高/厘米	体长/厘米	胸围/厘米	管围/厘米
公羊	初生	310	3.72±0.06	32.60±4.93	32.40±3.91	36.00±2.35	5.38±1.51
	3月龄	118	27.07±0.71	63.29±0.36	62.97±0.39	66.42±0.48	7.30±0.07
	6月龄	53	37.60±1.36	70.54±0.42	71.44±0.44	79.02±0.60	8.03±0.06
	周岁	25	63.92±1.65	82.25±0.38	84.00±0.62	98.00±0.63	9.70±0.08
	成年	3	80.50±2.18	90.33±2.33	94.33±2.40	110.33±0.88	10.50±0.56
母羊	初生	280	3.53±0.05	37.11±3.52	29.89±3.37	36.67±3.64	5.34±0.68
	3月龄	124	23.62±0.56	60.82±0.40	60.95±0.48	67.32±0.47	7.01±0.05
	6月龄	92	33.13±0.48	68.66±0.37	69.17±0.47	79.59±0.54	7.58±0.05
	周岁	114	50.10±0.96	75.80±0.32	77.13±0.38	90.82±0.70	8.37±0.05
	成年	23	57.30±2.09	80.00±0.03	82.96±0.68	100.35±16.58	9.04±0.10

(四)肉用性能

小尾寒羊屠宰率高,肉品品质较好。皮下脂肪薄且分布均匀,肌间脂肪可见,呈明显大理石纹状结构。屠宰率和净肉率随羊的肥瘦和年龄而变化。6 月龄公羊屠宰率平均为 47.29%,8 月龄屠宰率 47.49%(表 2-7)。

表 2-7 小尾寒羊(公母各半)产肉性能

阶段	数量/只	宰前活重/千克	胴体重/千克	屠宰率/%	骨重/千克	净肉重/千克	净肉率/%	肉骨比
6月龄	4	44.4	21.0	47.29	4.4	16.6	79.05	3.77
8月龄	4	43.17	20.5	47.49	4.8	15.7	76.59	3.27

(五)繁殖性能

小尾寒羊具有早熟、繁殖力高、生产性能稳定、适应性强等优点。母羊初情期 5～6 月龄,6～7 月龄可配种怀孕,母羊常年发情,平均产羔在 2.50 只以上。1～4 胎为 2.615 只;1～5 胎为 2.619 只;2～5 胎为 2.837 只(表 2-8)。

表 2-8 小尾寒羊繁殖性能

项目	胎次					平均
	1	2	3	4	5	
母羊/只	227	188	115	33	6	
平均产羔数/只	2.29±0.74	2.73±0.86	2.956±1.14	3.00±1.17	3.0±0.89	2.619

(六)羊毛与羊皮

小尾寒羊剪毛量周岁公羊 1.29 千克,母羊 1.40 千克;成年公羊 2.89 千克,母羊 1.94 千克,净毛率 61.0%～68.4%。小尾寒羊的皮革质量较好,且随着年龄的增长皮革的厚度和面积逐渐增加,其鲜皮指标见表 2-9。

表 2-9 小尾寒羊鲜皮指标

月龄	重量/千克	皮厚/毫米	面积/厘米^2
6	3.25±0.09	2.07±0.09	8 411.6
12	5.1±0.1	2.49±0.13	10 488.7

(七)开发利用

20世纪80年代以来,全国先后有20多个省、市、自治区从产区引种。经适应性观察和生产实践已经证明,小尾寒羊体躯高大、生长发育快、性成熟早、常年发情、繁殖率高,比较适合农区半舍饲与舍饲圈养。但小尾寒羊四肢较高,前胸不发达,体躯狭窄,肋骨开张不够,后躯不丰满,肉用体型欠佳;羊肉颜色偏淡;口感和风味也不够理想。近几年经研究证实:小尾寒羊是一个比较理想的经济杂交母本,为肉羊产业化发展奠定了种质资源基础。小尾寒羊的中心产区处于农业部划定的中原肉羊优势区域的腹地,这将有利于小尾寒羊的进一步开发和利用。

二、湖羊

(一)产地及分布

湖羊产于太湖流域,源于北方蒙古羊,有学者研究认为也可能来自黄河流域的小尾寒羊。分布在浙江省湖州市的桐乡、嘉兴、长兴、德清、余杭、海宁和杭州市郊,江苏省的吴江和上海市部分郊区县。

(二)外貌特征

湖羊(图2-15和图2-16)头型狭长,鼻梁隆起,耳大下垂,公、母羊均无角。颈、躯干和四肢细长,肩胸不发达,体质纤细,全身被毛白色,少数个体的眼圈及四肢有黑色或褐色斑点。

(三)生长发育

湖羊单羔初生重3.5～4千克,双羔2.5～3千克,三羔平均

图 2-15 湖羊种公羊

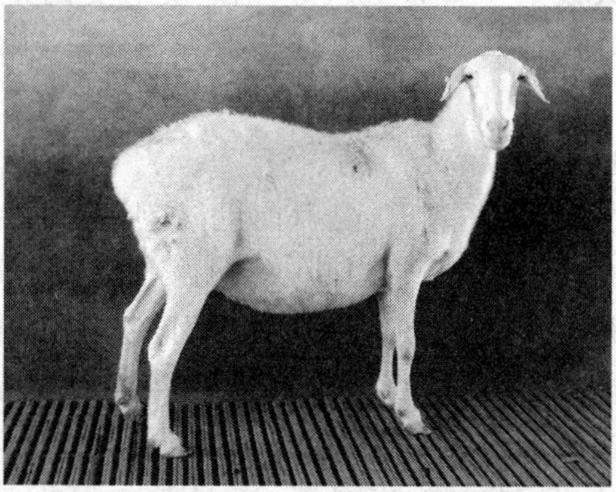

图 2-16 湖羊母羊

1.5～2 千克。湖羊生长发育快，成熟早，周岁公羊体重达 35 千克，母羊 26 千克；成年公羊体重 42～50 千克，母羊 32～45 千克。

(四)肉用性能

湖羊的肉用性能良好，在一般舍饲条件下，公羔平均活重 34.8 千克(n=20)，胴体重 16.9 千克，屠宰率 48.5%。

(五)繁殖性能

湖羊性成熟早,母羊4～5月龄性成熟,6月龄即可配种,年产两胎,或两年三胎。每胎一般产2羔,多的可产5～6羔,繁殖率可达229%,产单羔的占17.35%,产2～3羔的占79.56%,产4羔的占3.03%。湖羊母性好,泌乳力高,羔羊成活率95%以上。

(六)羊毛与羊皮

湖羊羔皮品质以初生1～2日龄宰剥的为好,称"小湖羊皮"。皮板薄而轻柔,毛色洁白如丝,光耀夺目,具有波浪式花形,甚为美观,被誉为"软宝石",在国际市场享有盛名,为我国传统出口商品。羔羊生后60天以内宰剥的皮称为"袍羔皮",皮板薄而轻,毛细柔,光泽好。成年公、母羊平均剪毛量分别为2.0千克和1.2千克,净毛率约55%。

(七)开发利用

湖羊羔皮和裘皮质量高,是目前世界上唯一的白色羔皮品种,是我国宝贵的品种资源。它对炎热、多雨、潮湿、光暗的环境有良好的适应性,是我国其他绵羊品种所不及的。湖羊性成熟早,繁殖率高;肉品品质好,而且适合舍饲和圈养,是南方各省发展肥羔生产的理想品种,也是生产杂交肥羔的最佳母本之一。湖羊在新疆适应性良好,通过导入湖羊血液,能显著提高卡拉库尔羊的产羔率。

三、多浪羊

(一)产地及分布

多浪羊是由阿富汗的瓦尔吉尔肥羊与当地土种羊杂交,经过70年的选育培育而成,主要分布在新疆塔什拉玛干大沙漠的西南边沿,叶尔羌河流域的麦盖提、巴楚、岳普湖、莎车等县。因其中心产区在麦盖提县,故又称麦盖提羊。

(二)外貌特征

多浪羊(图 2-17 和图 2-18)头较长,鼻梁隆起,耳大下垂,眼大有神,公羊无角或有小角,母羊皆无角。颈部窄而细长,胸宽深,肋骨开张,背腰平直,体躯长,后躯肌肉发达,尾大而不下垂,尾沟深。四肢高而且有力,蹄质结实;出生羔羊多为褐色或棕黄色,也有黑色或深褐色,个别为白色,但剪毛后多变为灰白色或白色,但头部及四肢仍保持出生颜色。

图 2-17　多浪羊种公羊

图 2-18　多浪羊母羊

(三)生长发育

多浪羊生长发育快,周岁公羊平均体重66.7千克,母羊59.88千克;成年公羊平均体重118.92千克,成年母羊79.89千克。

(四)肉用性能

多浪羊体型硕大,肉用性能良好。周岁公羊胴体重32.71千克,净肉重22.69千克,尾脂重4.15千克,屠宰率56.1%,胴体净肉率69.38%;尾脂占胴体重的12.69%。

(五)繁殖性能

多浪羊性成熟早,在舍饲条件下长年发情,初配年龄一般为8月龄,大部分母羊可以两年生三胎。饲养条件好的一年两胎,双羔率可达50%~60%,三羔率5%~12%,并有产4胎者。据调查,占80%以上的母羊能保持多胎特性,产羔率200%以上。

(六)羊毛与羊皮

多浪羊可分为粗毛型和半粗毛型2种,是优良的地毯毛。成年公羊产毛量3~3.5千克,母羊产毛2~2.5千克。

(七)开发利用

多浪羊饲养方式以舍饲为主,放牧为辅,小群饲养,繁殖率高,较适合发展肉羊肥羔生产。作为肉羊还有不足之处,肋骨开张不够,前胸和后躯不丰满,尾脂多。利用引进专用肉羊品种通过经济杂交或导入外血的方式,可进一步提高其肉用性能。

四、洼地绵羊

(一)产地及分布

洼地绵羊属短脂尾型羊,主要分布于山东省滨州市和东营等地市的沿渤海湾一带,其中以滨州、惠民和高青等县市为多。

(二)外貌特征

洼地绵羊鼻梁微弓,耳稍下垂,公、母羊均无角;背腰平直,前胸窄，后驱发达，四肢较短，脂尾呈方圆形，不过飞节，尾沟明显，尾尖上翘，脂尾大小中等，比大尾寒羊小，比小尾寒羊大，全身被毛白色，少数羊的头部有黑或褐色斑点（图 2-19 和图 2-20）。

图 2-19　洼地绵羊公羊

图 2-20　洼地绵羊母羊

（三）生长发育

洼地绵羊 6 月龄体重，公羊 26 千克，母羊 24 千克；成年公羊体重 60 千克，母羊 40 千克（表 2-10）。

表 2-10 洼地绵羊体重 千克

性别	初生重	3月龄	6月龄	周岁	成年
公	3.2±0.1	16.12±0.54	26.03±0.8	43.63±1.79	60.4±2.92
母	2.8±0.06	16.22±0.45	23.66±0.44	33.96±0.6	40.0±0.81

(四)肉用性能

洼地绵羊在放牧条件下,6 月龄、10 月龄、12 月龄公羔屠宰率为 43.15%、44.14%和 47.16%。胴体净肉率分别为 77.86%,78.54%和 80.11%。屠宰前 40 天,在放牧的同时,每只羊补饲 500 克混合精料,胴体重比纯放牧提高 21.5%,26.48%和 18.05%。

(五)繁殖性能

洼地绵羊性成熟早,繁殖率高,母羊初情期为 5 月龄,6 月龄可配种,周岁即产羔。常年发情配种,但多集中于春、秋两季。初产母羊平均产羔率为 177.8%,经产母羊达到 215%。核心群母羊繁殖率达到 280%,部分母羊乳房为 4 个乳头。因此,具有高繁殖力和高泌乳力特点。

(六) 羊毛与羊皮

洼地绵羊产毛量 1.5～2 千克,体躯毛色绝大多数为白色,在头、眼、嘴和耳部多有黑、褐色斑或色块。净毛率为 51%～55%。

(七)开发利用

洼地绵羊为肉皮兼用型地方良种,蹄质坚实,对低洼潮湿、土地盐碱等生态条件有较好的适应性。经辽宁、内蒙古、青海和山东本省引种和饲养,普遍反映良好,市场前景广阔。

五、蒙古羊

(一)产地及分布

蒙古羊是我国分布最广、最古老的粗毛脂尾型绵羊品种。原产于蒙古高原,除内蒙古自治区外,还广泛分布于华北、华东,东北和西北各省、市、自治区，是我国数量最多的绵羊品种之一。

(二)外貌特征

蒙古羊(图 2-21 和图 2-22)属短脂尾羊，体型外貌有很大差别，其基本特点是体质结实，骨骼健壮，头形略显狭长，鼻深隆起，背腰平直。被毛白色居多，头、颈、四肢有黑、黄褐色斑块，公羊多数有角，母羊多无角或有小角，耳大下垂。颈长短适中，胸深，肋骨不够开张。短脂尾，尾的形状不一，尾部储存脂肪，秋冬肥大而春季瘦小。

图 2-21　蒙古种公羊

图 2-22　蒙古母羊

（三）生长发育

蒙古羊体型和体重因所处的自然生态条件不同而有较大差别。总的来说，从我国东北向西南其体格和体重由大变小。锡林郭勒盟苏尼特左旗成年公、母羊平均体重为69.7和54.2千克；以乌兰察布市成年公、母羊为49和38千克，阿拉善左旗成年公、母分别为47和32千克。

（四）肉用性能

蒙古羊的产肉性能较好，成年羊满膘时屠宰率可达47%～52%，净肉率35%以上。当年羔5～7个月龄屠宰，胴体重可达13～18千克，屠宰率为40%以上。

（五）繁殖性能

蒙古羊的繁殖率不高，一般一胎一羔。

（六）羊毛与羊皮

蒙古羊被毛属异质毛，一年剪2次毛，成年公羊剪毛量为1.5～2.2千克，母羊为1.0～1.8千克。蒙古羊羔皮薄而轻，毛皮保暖性强，尤其大毛羔皮轻暖宜人，结实耐用。

（七）开发利用

蒙古羊约占我国绵羊数量的1/2，种群大，变异多，分布广，而且从未经历过像许多品种那样的有目的、有计划的定向人工选择，因而其基因组中蕴藏着大量的遗传变异和多态。其中许多变异既有适应意义，又有生产应用价值；多胸椎变异和多腰椎变异，以及优良的抗病性能就是典型的例证。蒙古羊耐粗饲，适应性强，冬季可扒雪吃草。与其他羊相比，具有抓膘快、肉质好，毛皮薄而轻，质量好等特点。作为母系品种，参与了新疆、内蒙古和东北细毛羊的杂交和育成。内蒙古东部是国家农业部划定的肉羊生产优势区域，近年来，利用已引进的国外肉羊品种与蒙古羊杂交，无论在试验还是生产上均获得了较好效果。

六、巴美肉羊

(一)产地及分布

巴美肉羊属于肉毛兼用型品种，由内蒙古巴彦淖尔市家畜改良工作站等单位的广大畜牧科技人员和农牧民经过40多年的不懈努力和精心培育而成的体型外貌一致、遗传性能稳定的肉羊新品种。品种于2007年5月15日通过国家畜禽资源委员会审定验收并正式命名，是国内第一个肉羊杂交育成品种。

(二)外貌特征

巴美肉羊(图2-23和图2-24)体型外貌一致，体格较大，体质结实，结构匀称。头部毛覆盖至两眼连线，前肢至腕关节，后肢至飞关节。胸部宽而深，背部平直，臀部宽广，四肢结实且相对较长，肌肉丰满，肉用体型明显，呈圆筒状。被毛同质白色，闭合良好，密度适中，细度均匀。巴美肉羊具有较强的抗逆性和适应性，耐粗饲。

(三)生产性能

巴美肉羊生长发育速度较快，产肉性能高，成年公羊平均体重101.2千克，成年母羊体重60.5千克，经产母羊可2年3胎，平均产羔率151.7%。育成公羊71.2千克，育成母羊平均体重50.8

图2-23　巴美肉羊种公羊

千克，6 月龄羔羊平均日增重 230 克以上，胴体重 24.95 千克；屠宰率 51.13%。羔羊育肥快，肉质鲜嫩、无膻味、口感好，是生产高档羊肉产品的优质羔羊。

2009 年巴彦淖尔市拥有巴美肉羊核心群 4 个，基础母羊达到 2 173 只；繁育群 26 个，基础母羊 4 086 只；生产群 136 个，基础母羊达到 12 364 只。

图 2-24 巴美肉羊母羊

七、昭乌达肉羊

(一)产地及分布

昭乌达肉羊为肉毛兼用品种，是以德国肉用美利奴羊作为父本、当地改良细毛羊为母本培育而成的，是农业部在 2012 年 2 月才正式通过审定的一个新品种，是我国第一个草原型肉羊品种。昭乌达肉羊中心产区位于内蒙古赤峰市，目前存栏量 55 万余只。

(二)外貌特征

昭乌达肉羊体格较大，体质结实，结构匀称，胸部宽而深，背部平直，臀部宽广，肌肉丰满，肉用体型明显，公羊、母羊均无角，颈部无皱褶或有 1～2 个不明显的皱褶，头部至两眼连线、前肢至腕关节和后肢至飞节均覆盖有细毛。被毛白色，闭合良好，密度适中，细度均匀(图 2-25 和图 2-26)。

图 2-25　昭乌达肉羊种公羊

图 2-26　昭乌达肉羊核心群

(三)生产性能

昭乌达肉羊羔羊初生重:公羔(4.5±0.3)千克,母羔(4.2±0.3)千克;羔羊断乳重:公羔(25.2±1.3)千克,母羔(23.0±0.9)千克;育成羊体重:公羊(72.1±5.2)千克;母羊(47.6±4.1)千克;成年羊体重:公羊(95.7±5.7)千克;母羊(55.7±3.1)千克。

昭乌达肉羊生长发育速度较快,6 月龄公羔平均日增重(207.0±27.0)克,母羔日增重(140.3±19.7)克。6 月龄公羔屠宰后胴体重为 18.9 千克，屠宰率为 46.4%，胴体净肉率为 76.3%。12 月龄羯羊屠宰后胴体重为 35.6 千克，屠宰率为 49.8%，胴体净肉率为 76.9%。不同胎次年龄母羊的繁殖率差异较大，其中初产羊繁殖率为 126.4%，2～3 周岁母羊平均繁殖率为 137.6%。昭乌达肉羊性成熟早，在加强补饲情况下，母羊可以实现二年三胎。昭乌达羊肉质鲜美，具有“鲜而不腻、嫩而不膻、肥美多汁、爽滑绵软”的特点，是低脂肪、高蛋白健康食品，是天然纯正的草原风味。

八、鲁西黑头羊(多胎品系)

(一)产地与分布

该品系由山东省农科院畜牧兽医研究所，利用杜泊绵羊与小尾寒羊杂交育成，并于 2010 年通过专家鉴定。主产区在山东省聊城市，主要分布在东昌府区、阳谷县、茌平县和冠县等地。

(二)外貌特征

鲁西黑头肉羊(图 2-27 和图 2-28)多胎品系体型外貌趋向一致。头颈部被毛黑色，体躯被毛白色。体型大，结构匀称，背腰平直，后躯丰满，四肢较高且粗壮，全身呈筒状结构。

图 2-27　鲁西黑头羊种公羊

图 2-28　鲁西黑头羊育成母羊

(三)生长发育

鲁西黑头肉羊成年公羊体重(107.33±5.43)千克，最大个体重 132.5 千克；成年母羊(60.10±4.52)千克，最大个体重 100.5 千克。鲁西黑头肉羊生长发育阶段体尺、体重见表 2-11。

(四)肉用性能

鲁西黑头羊具有早熟、生长发育快、肉质好等特点，3～6 月龄育肥期平均日增重(307±71)克，屠宰率 55.09%，不仅营养物质含量丰富，而且肉质细嫩，胆固醇含量低。

(五)繁殖性能

经测定 104 只母羊(2～5 胎次)平均产羔率 203%；其中 60 只经产母羊产羔率达到 208.3%。鲁西黑头羊繁殖性能见表 2-12。

(六) 羊毛与羊皮

鲁西黑头羊羊皮品质优良，鲜皮质量高，是生产高档皮革理想原料。

(七)开发利用

鲁西黑头羊适合农区舍饲圈养和发展优质肥羔生产。在同等条件下每只育肥羔羊比小尾寒羊多收入 150 元以上，经济和社会

表 2-11　鲁西黑头肉羊生长发育阶段体尺、体重

月龄	性别	数量/只	体重/千克	体高/厘米	体长/厘米	胸围/厘米	管围/厘米
初生	♂	159	3.77±1.15	34.10±3.62	29.12±3.36	35.16±3.82	6.50±0.69
	♀	127	3.39±0.96	33.04±3.18	28.23±3.28	34.25±3.50	6.33±0.62
3 月龄	♂	88	31.10±5.28	56.55±3.45	64.61±4.96	75.66±5.21	9.38±0.71
	♀	83	28.03±5.26	54.21±3.38	61.59±4.76	74.51±5.80	8.85±0.64
6 月龄	♂	23	50.77±8.60	63.70±3.70	77.17±7.91	85.87±7.60	10.59±0.69
	♀	30	43.26±7.23	60.77±2.99	71.64±5.19	85.82±5.72	9.50±0.51
18 月龄	♂	8	107.33±5.43	75.50±3.87	90.93±1.02	108.73±3.25	12.50±1.14
	♀	10	60.10±4.52	66.90±2.52	80.80±3.56	93.10±3.61	10.00±0.71

效益显著。目前鲁西地区黑头肉羊繁殖群母羊数量已达3万只以上,基本形成了以聊城东昌府区为中心的繁育基地。

表 2-12　鲁西黑头羊繁殖性能

项目	1胎次	2胎次	3胎次	4胎次	5胎次	2～5胎次平均
母羊数/只	147	104	76	43	4	104
产羔数/只	1.58±0.70	1.91±0.79	2.16±0.82	2.0±0.71	2.00±0.00	2.03±0.5

第三节　杂交组合与杂种优势利用

肉羊杂种优势是指不同肉羊品种、品系或类群间的杂交,其后代在生活力、生长势和生产性能等方面超过亲本纯繁群的现象。采用不同肉羊品种或品系进行杂交,可生产出比原有品种、品系更能适应当地环境条件和高产的杂种肉羊。肉羊杂交生产已成为我国肉羊生产的主要方式。国内常用的肉羊经济杂交模式包括二元经济杂交、三元经济杂交及双杂交。在同等饲养管理条件下,杂交后代羊表现生活力强,生长发育快,饲料报酬高,肉品品质好,所产生的经济效益远比纯种羊高,在肉羊肥羔生产中广泛应用。

一、选择杂交父本

(一)选择经过培育的肉羊品种

通常情况下这些品种的肉用性能比较好,而且遗传力比较高,种公羊能将优良性状稳定地遗传给杂种后代。如杜泊、无角陶赛特、萨福克、特克赛尔等肉羊品种。

(二)选择与计划杂种类型相似的品种

例如生产肥羔羊,就应选择早期生长发育快,肉质好,肉用体型好的品种作父本。

(三)选择外来品种

我国肉羊品种资源虽然丰富,但符合肉羊肥羔生产要求的品种不多。国外不仅肉羊品种资源丰富,而且肉用生产性能和体型外貌俱佳,加之本身所携带的遗传基因与国内品种差异较大,一般情况下杂交优势明显,效果较好。因此,应有计划、有针对性地引进外来肉羊品种,与本地品种开展经济杂交,筛选最佳杂交组合生产肥羔,是一条既符合我国国情又多快好省的路子。

(四)选择纯度高的品种

父本的影响面远比母本大,俗话说,“母羊好,好一窝;公羊好,好一坡”。因此,对杂交父本的纯度应严格要求,标准更高。尤其广泛采用人工授精技术后,更应注重和严格要求纯度和质量。

(五)根据杂交方法与要求选择品种

实施三元杂交选择的第一父本,在繁育性能方面应与母本有良好的配合力,选择的第二父本,在生产性能上要符合和达到预期杂交效果与要求。

二、选择杂交母本

(一)选数量大的品种

应选择本地区饲养数量较大、适应性强,在国家和地方区划上已定位朝肉羊方向发展的品种、品系作母本。我国的绵羊以地方品种居多,经过多年的自然和人工选择,都能较好地适应当地的生态环境条件。根据肉羊杂交试验研究资料介绍,我国大多数地方肉羊品种在划定的范围内,并且都曾用作母本与引进品种进行过杂交试验。选择本地羊作母本将为杂交羔羊能更好地适应当地环境和自然资源条件奠定基础。

(二)选择繁殖力高的品种

母羊的产羔数是直接影响肉羊生产经济效益的主要因素,对一只母羊来说,多产一只羔羊的经济效益至少要提高 30%以上。

我国本地肉用绵羊品种的繁殖性能差别较大，因此，选择繁殖率高的母羊做杂交母本，是决定杂交肥羔生产成败的关键，是重中之重的技术环节。

（三）选择泌乳力和母性好的品种

母羊泌乳力直接影响羔羊的生长发育、增重速度和断奶体重，接着会间接影响羔羊育肥期间的增重和出栏体重。因此，选择泌乳性能好的品种作杂交母本是非常重要的一环。我国的小尾寒羊、湖羊和洼地绵羊都具备上述特点，适合做肉羊肥羔生产的杂交母本。

（四）选择中等以上体型的地方品种

只要不影响产肉性能这一主要经济性状，有利于繁殖和杂种羔羊的生长发育，母羊的体型大小不要一概而论。国外引进品种除萨福克之外，普遍存在四肢短，个体矮的现象，这恰好与国内的小尾寒羊、洼地绵羊、湖羊、多浪羊具有互补性。

三、杂交方法

利用各种杂交方法，发挥不同杂交组合及其亲本品种或品系间所产生的杂种优势，是发展肉羊肥羔生产的重要途径，所采用的杂交方式有多种，但归纳起来常用的有直接利用的二元杂交、间接利用的三元杂交、计划合成的四元杂交、循环利用的轮回杂交，以及回交、顶交和合成杂交等。这里仅介绍在生产上经常应用的二元、三元和四元杂交。

（一）二元杂交

二元杂交可称为简单杂交或单杂交，一代杂种无论公母，全部作为商品羊利用，其父本、母本种群，始终保持纯种状态。在选择杂交组合时只需要做一次配合力测定，杂种优势比较明显。尤其是对提高产肉性能有明显效果，肉羊的生长性状优势率在5％～6％，饲料利用优势率约3％。肉用绵羊二元杂交类型见表2-13。

表 2-13 肉用绵羊二元杂交类型

杂交父本	杂交母本	杂交组合示例
地方品种	地方品种	小尾寒羊×滩羊
引进品种	地方品种	无角陶赛特×小尾寒羊
地方品种	引进品种	蒙古羊×萨福克羊
引进品种	引进品种	萨福克×德国美利奴羊

通常情况下应当以本地品种作母本。因本地品种量大面广，适应性强，便于推广。父本应选择具有高生产性能的引入品种。根据资料介绍，上述杂交类型与模式都有一定效果，但其程度不同。使用当地品种作母本，用哪一个引进品种作父本，则应通过配合力测定来确定。

（二）三元杂交

三元杂交又称复杂杂交或多元杂交。先用两个品种杂交，选择杂交一代母羊作母本，再用第三个品种作父本与之杂交。在一般情况下，三元杂交之杂种优势均超过二元杂交。同时可以利用杂交一代母羊的优势，又可减少纯繁母本的数量，可以减少开支，提高效益。由此可见，利用杂种母羊实施三元杂交是实现肉羊高产高效的重要一环。肉用绵羊三元杂交类型见表 2-14。

表 2-14 肉用绵羊三元杂交类型

组合	第一父本	第一母本	第二父本
1	无角陶赛特羊	小尾寒羊	萨福克羊
2	杜泊绵羊	小尾寒羊	萨福克羊
3	夏洛莱羊	本地绵羊	小尾寒羊
4	边区莱斯特羊	澳洲美利奴羊	萨福克羊
5	无角陶赛特羊	本地绵羊	小尾寒羊

(三)双杂交

双杂交又称四元杂交,即先选用4个品种实施两两杂交,然后在2个杂交种间杂交,产生经济杂交羊。双杂交种比单杂交种具有更强的杂种优势,双杂交羊表现生活力强,生产性能高,经济效益显著,双杂交的特点有以下几个方面。

①遗传基础广泛,有更多的显性优良基因互补机会,存在更多互作类型的可能,从而产生更大的杂种优势。

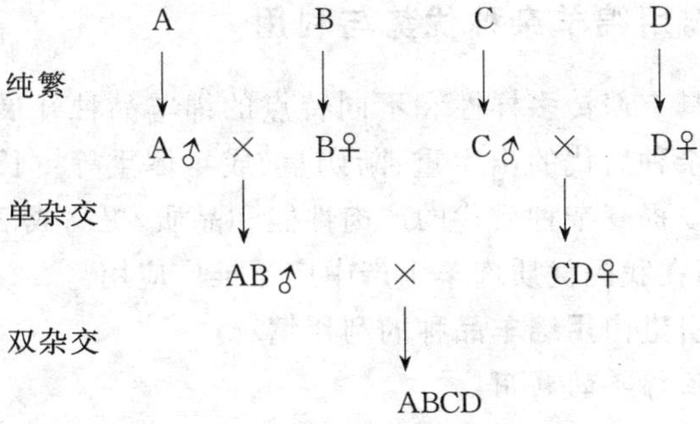

②充分利用杂种公羊的优势,这种优势表现为适应性强,配种能力强。可以少养、多配并可适当延长使用年限。

③由于大量利用杂种繁殖,这样就可以少养纯种,降低成本。

④杂种一代,除作二级杂交用的父本和母本之外,其余杂种完全可用作肥育用的商品羊,而杂种羊的肥育性能要比纯种好。

内蒙古畜牧科学院利用德国美利奴、无角陶赛特、萨福克和蒙古羊,分别实施双杂交试验。双杂交组合的羔羊,在相同饲养管理条件下,具有引进品种生长发育快,产肉率高的特点,又有蒙古羊的肉质鲜嫩、抗病力强、适应性好的特点。其肉用特性达到了国外优秀肉用羊品种的水平。肉用绵羊四品种双杂交示例见表2-15。

表 2-15 肉用绵羊四品种双杂交示例

陶德×萨蒙	DG×SM	德蒙×萨陶	GM×SD
陶萨×蒙德	DS×MG	萨德×陶蒙	SG×DM
陶蒙×德萨	DM×GS	萨蒙×陶德	SM×DG
德萨×陶蒙	GS×DM	德陶×萨德	MD×SG
德萨×蒙陶	GS×MD	蒙德×陶萨	MG×DS
陶蒙×陶萨	DM×DS	陶德×蒙萨	DG×MS

四、肉用绵羊杂种优势与利用

利用具有遗传多样性和不同特点的绵羊品种开展杂交，不仅可以提高杂种后代的出生重、断奶重、成年体重等生长发育性状，而且还可以提高杂种后代的产肉性能和品质，提高成活率，抗病力和繁殖率，在我国优质肉羊生产中广泛推广应用。

(一)引进肉用绵羊品种的利用情况

1. 杜泊绵羊的利用

福州超大现代农业集团、山东东营畜牧分公司与内蒙古鄂温克旗畜牧工作站合作，2001 年用杜泊绵羊公羊与当地母羊杂交试验，经过对 40 只杂一代的测定：在完全放牧的饲养管理条件下，4 月龄断奶公羔体重平均为 37.5 千克，母羔为 34.0 千克；5 月龄杜×蒙杂种羔羊胴体平均重 20.22 千克，胴体净肉重 16.65 千克，屠宰率 51.7%，胴体净肉率为 82.34%。同时，杜×蒙杂种羊出生时毛密，皮肤较厚，游走能力强，对牧草无择食性，对寒冷抵抗能力强，成活率高等。

齐耀武等报道，该公司用白头杜泊公羊和黑头杜泊公羊分别与小尾寒羊、洼地绵羊杂交，在较好的饲养管理条件下，用 5 月龄杂种 F_1、F_2 分别进行屠宰测定产肉性能试验，效果十分理想，经济效益相当显著，见表 2-16。

表 2-16 杜泊绵羊与小尾寒羊、洼地绵羊杂种羔羊产肉力比较

项目	只数	初生重/千克	5月龄重/千克	平均日增重/克	屠宰数量/只	屠宰率/%	净肉率/%	背膘厚度/cm
小尾寒羊	38	3.3	27.0	158	20	39.5	31.3	0.29
洼地绵羊	35	3.6	29.3	171	20	42.9	35.1	0.31
杜×寒 F_1 公羔	83	3.7	55.4	338	30	50.8	43.7	0.48
杜×寒 F_1 母羔	77	3.5	48.0	291	20	51.3	45.8	0.51
杜×洼 F_1 公羔	96	4.4	49.5	295	30	53.5	47.6	0.65
杜×洼 F_1 母羔	84	4.3	46.4	275	20	54.6	48.1	0.72
杜×寒 F_2 公羔	46	4.64	54.91	366	21	51.61	42.8	0.44
杜×寒 F_2 母羔	56	4.1	50.62	337	8	52.42	44.3	0.48
杜×洼 F_2 公羔	54	4.8	50.23	335	18	52.7	45.9	0.48
杜×洼 F_2 母羔	48	4.4	47.34	315	12	54.73	47.7	0.54

新疆吐鲁番地区畜牧工作站用杜泊绵羊与小尾寒羊、地方品种杂交,杂交效果明显,肉用性能好。在同一营养水平和同一饲养管理条件下进行饲养,5 个品种羔羊的出生重、断奶体重、周岁体重、成年体重进行对比,其结果见表 2-17。

2. 萨福克羊的利用

我国从 20 世纪 70 年代起先后从澳大利亚、新西兰等国引进萨福克羊,主要分布在新疆、内蒙古、北京、宁夏、吉林、河北、山东和甘肃等省、市、自治区,杂交改良地方绵羊效果显著。

新疆农垦科学院 2002 年从澳大利亚引入高性能萨福克肉羊品种,除进行纯种繁育外,还将高性能萨福克羊同当地粗毛羊及细毛杂种羊进行杂交,生产肉用羔羊。其中,利用其生长发育优势和湖羊的多胎性进行杂交和早期断奶(2 月龄)试验,结果显示:杂交羔羊不同生长阶段的增重均较湖羊有明显提高,杂交优势明显(表 2-18)。

新疆吐鲁番地区畜牧工作站邢红文等(2012)用萨福克羊与小尾寒羊、地方品种杂交,杂交效果明显,肉用性能好。萨福克羊、小尾寒羊、地方品种与杂一代在同一营养水平和饲养管理条件下,5 个品种羔羊的出生重、断奶体重、周岁体重、成年体重进行对比,其结果见表 2-19。

3. 特克赛尔羊的利用

黑龙江青冈县 2002 年从国外引进特克赛尔优良种羊 31 只来改良东北半细毛羊。从 2002 年到 2004 年,共改良东北半细毛羊 1 000 只,收到了较好的效果。改良羊生长速度、产肉量较东北半细毛羊都有了提高(表 2-20)。

青海省湟中县畜牧局钟永晓等(2007)对特克赛尔与小尾寒羊、藏羊杂交一代羊的生产性能进行了测定。结果显示:利用特克赛尔羊为经济杂交的父本,与小尾寒羊、当地藏羊进行杂交,在饲养管理水平一致的条件下,杂一代都表现出明显的杂交优势,各项生产指标明显高于当地藏羊(表 2-21)。

表 2-17　不同品种生长速度观察(刑红文等,2012 年)　千克

项目	出生重		断奶重		周岁重		成年重	
	公	母	公	母	公	母	公	母
杜泊绵羊	5.20±0.90	4.40±0.83	33.40±2.14	29.30±1.81	82.10±3.42	63.30±3.03	100±5.0	85±4.60
小尾寒羊	3.72±0.70	3.53±0.63	27.08±1.83	23.68±1.70	60.40±2.88	46.60±2.5	80.50±4.80	57.30±3.62
地方品种	4.25±0.73	3.84±0.65	28.58±2.01	24.12±1.64	65.20±3.09	49.67±2.86	82.52±4.91	58.62±4.00
杜寒杂一代	5.30±0.91	4.51±0.86	30.94±2.1	26.68±1.72	74.21±3.16	52.32±2.95	91.32±4.93	66.34±4.22
杜地杂一代	5.40±1.0	4.52±0.9	31.31±2.11	27.92±1.75	77.54±3.32	55.20±2.98	93.50±4.96	72.25±4.43

表 2-18　萨杂羔羊和湖羊羔羊的增重对比(杨永林,2008 年)　千克

项目	60 日龄体重	75 日龄体重	90 日龄体重	105 日龄体重	120 日龄体重
萨湖杂交羊	17.41±3.80	22.00±3.32	25.22±4.64	28.71±4.94	33.39±4.29
湖羊	14.62±1.71	17.42±2.79	21.96±3.69	24.85±4.78	28.05±3.15

表 2-19　不同品种生长速度观察(刑红文等,2012 年)　千克

项目	出生重		断奶重		周岁重		成年重	
	公	母	公	母	公	母	公	母
萨福克羊	4.48±0.75	4.35±0.68	33.57±2.43	29.70±1.86	83.25±3.65	64.25±3.10	100.00±5.12	80.00±4.85
小尾寒羊	3.72±0.70	3.53±0.63	27.08±1.83	23.68±1.70	60.40±2.88	46.60±2.5	80.50±4.80	57.30±3.62
地方品种	4.25±0.73	3.84±0.65	28.58±2.01	24.12±1.64	65.20±3.09	49.67±2.86	82.52±4.91	58.62±4.00
萨寒杂一代	4.50±0.80	4.40±0.70	31.43±2.12	27.27±1.79	75.26±3.20	53.60±2.97	92.40±4.95	69.46±4.30
萨地杂一代	4.61±1.02	4.40±0.94	31.60±2.13	28.21±1.73	78.19±3.40	56.13±3.0	94.68±4.98	74.10±4.45

表 2-20　羔羊初生重及经 75 天和 200 天饲养效果(田洪胜等,2006 年)　千克

项目	羔羊初生平均重			75 日龄平均重			75 日龄平均日增重			200 日龄平均重		
	2002 年	2003 年	2004 年	2002 年	2003 年	2004 年	2002 年	2003 年	2004 年	2002 年	2003 年	2004 年
改良羊	5.60	5.61	5.63	19.80	20.10	20.30	0.190	0.193	0.196	58.0	58.1	59.0
东北半细毛羊	3.80	3.81	3.80	16.10	16.14	16.16	0.164	0.167	0.165	50.0	50.2	50.5

表 2-21　杂种羔羊与当地藏羊体重测定结果(钟永晓,2007 年)　千克

组别	组合	初生重	断奶重	6 月龄体重	12 月龄体重
A	特×寒	4.0±0.98	23.5±3.32	39.0±5.2	47.3±7.22
B	特×藏	3.9±1.05	18.5±2.96	32.9±4.9	41.2±7.355
对照组	藏×藏	3.12±1.22	11.2±2.59	23.2±4.1	27.47±6.25

4. 无角陶赛特羊的利用

无角陶赛特羊在我国的利用范围较为广泛。我国曾利用无角陶赛特与河北细毛羊、藏系羊、青海细毛羊等地方品种进行杂交。杂交试验中，均以无角陶赛特羊为父本，地方品种为母本。在相同饲养环境下，杂一代羊生长发育快，适应性强。用无角陶赛特羊与地方品种杂交，可提高地方品种生长发育速度，建立健全肉羊杂交繁育体系，对提高地方品种的肉用性能，增加羊肉产量具有指导意义。

5. 夏洛莱羊的利用

黑龙江绥化市畜牧局在 2001 年对夏洛莱羊与当地细毛羊杂一代及当地细毛羊的当年羔羊进行了短期肥育屠宰试验，结果显示杂交效果明显(表 2-22)。

母志海等(2008 年)采用夏洛莱公羊与小尾寒羊母羊进行杂交，将所产杂交一代羔羊与小尾寒羊羔羊进行比较。在相同饲养管理条件下，夏寒杂种一代羔羊 3 月龄断奶重和 6 月龄体重分别为 24.83 千克和 42.21 千克，比同龄小尾寒羊羔羊分别增加 5.11 千克和 8.83 千克，提高 25.93%和 26.46%；3 月龄和 6 月龄胴体重分别为 14.24 千克和 23.35 千克，比同龄寒小尾羊羔羊分别增加了 3.86 千克和 5.68 千克，提高 37.25%和 32.16%。比较结果表明，用夏洛莱羊作杂交父本生产肉羊效果好，可广泛用于经济杂交生产优质羔羊肉。

6. 德国肉用美利奴羊的利用

内蒙古兴安盟家畜繁育工作站与兴安盟索伦牧场合作，利用德国肉用美利奴羊为父本，通过杂交改良兴安细毛羊的产肉性能。通过对德兴 F_1 杂交后代产肉性能的测定，增重效果极显著。德兴 F_1 杂交后代肉质鲜嫩，上膘快，在自然放牧条件下，6 月龄平均日增重达 225 克，达到德国肉用美利奴品种标准；6 月龄公羔较兴安细毛羊公羔体重高 5.7 千克，提高了 14.18%；18 月龄体重高 4.4

千克，提高7.93%，差异极显著($P<0.01$)；胴体重较兴安细毛羊6月龄和18月龄分别高4.1千克和4.09千克，分别提高25.03%和16.21%，差异极显著($P<0.01$)；净肉重较兴安细毛羊6月龄和18月龄分别高4.13千克和3.74千克，分别提高33.71%和17.98%，差异极显著($P<0.01$)。

2005年5月开始，新疆昌吉州从内蒙古赤峰、辽宁省朝阳等地引进纯种德国肉用美利奴公羊，对本地中、低品质新疆细毛羊进行杂交改良，其杂一代、二代的生产性能得到明显提高(表2-23)。

(二)绵羊的杂交组合选择

1.杂交羊的外貌特征

利用国外肉羊作父本，用国内品种作杂交母本，杂交一代羊一般都具有明显的父本特征，有的兼有二者的特点。

(1)无角陶赛特与小尾寒羊杂交一代。全身被毛白色，头面部无毛，酷似无角陶赛特，但公羊长有小螺旋角，又似小尾寒羊。所不同的是杂交羊体型大，肉用体型明显，胸深而宽，肋骨开张，背部明显比小尾寒羊宽，四肢高度居父母本之间，后躯比较丰满，肌肉发达，呈倒"U"形，但还不及其杂交父本。尾根部粗、尾尖部细。

(2)萨福克与小尾寒羊杂交一代。头部和四肢黑褐色或带黑褐色斑点，被毛白色或花色。尾细长，有部分个体出现褐斑，刚出生时颜色稍浅，断奶后随着体重的增长而逐渐加深。由于杂交一代羊四肢较高，背腰平直，其体型外貌趋向萨福克。

(3)特克赛尔与小尾寒羊杂交一代。体型外貌介于父母本之间，头清秀，口鼻部浅灰色，全身被毛白色，四肢健壮，后躯丰满，背腰平直，呈筒形结构，尾细长。

(4)杜泊绵羊(黑头)与小尾寒羊杂交一代。杜寒一代体型外貌趋向父本，头颈部黑色特征明显。羔羊中有33.5%的羊完全像黑头杜泊，有66.5%的羊头部和颈部有黑颜色，白脸。所有杂交一代羊，头和腿部无绒毛，被毛白色，有明显的粗毛。胸宽深、背腰

表 2-22　试验羊体增重和屠宰测定情况(孙光东等,2003 年)

组别	10 月 15 日体重/千克	12 月 10 日体重/千克	日增重/克	屠宰率/%	胴体净肉率/%	骨肉比
夏细杂一代	38.81±1.74	45.88±2.29	128.57±13.63	46.16±0.72	77.56±0.57	3.84±0.14
当地细毛羊	28.20±1.13	34.70±0.79	116.07±16.22	46.59±0.71	74.89±0.81	3.51±0.14

表 2-23　生产性能比较(王新平等,2010 年)

品种	母羊繁殖成活率/%	初生重/千克		周岁重/千克		屠宰率/%	净肉率/%
		公	母	公	母	60 天公羔	60 天公羔
新疆细毛羊	98.23	3.31±0.44	3.22±0.42	47.11±5.25	40.27±4.67	45.78	82.25
德新杂一代	122.33	4.85±0.45	4.41±0.43	66.81±6.26	58.12±4.10	49.34	86.33
德新杂二代	138.12	5.24±0.43	5.02±0.41	69.34±6.54	60.65±5.58	50.46	86.55

平直、肌肉丰满、后躯发育良好、尾细长，四肢介于父母本之间，较杜泊绵羊高，较小尾寒羊矮。

2.绵羊的杂交组合选择

近些年来，我国利用国外引进的优秀肉羊品种，对国内的地方绵羊品种进行了杂交改良，产肉性能等得到了较大的提高，取得了喜人的成效。但因不同杂交组合表现的杂种优势存在差异，因此，在利用肉羊的杂种优势时，应通过杂交组合筛选和配合力测定。在生产实践中，应根据地方品种资源和生态经济条件，合理选择杂交组合。

(1)二元杂交组合。二元杂交，即 2 个品种或 2 个品系间的杂交，其杂交后代直接用于商品育肥生产。通常情况下，相比纯种肉羊产肉率，杂种可提高 15%～20%。生产中，往往将杂一代公羊和种用性能不佳的母羊用于育肥，直接为市场生产羊肉。

①萨寒杂交组合：萨福克羊是著名的肉用绵羊品种之一，是传统的“肉羊之王”，具有生长速度快、出生羔羊重等优势，可秉承双亲的优良性状。以萨福克羊为父本和小尾寒羊为母本进行的二元杂交，杂种羔羊初生重 5.34 千克，0～3 月龄间日增重 271.11 克，3～6 月龄间日增重 200.00 克，6 月龄重 46.86 千克。

②白寒杂交组合：白萨福克羊原产于澳大利亚，由萨福克羊、无角陶赛特羊及边区莱斯特羊等杂交选育而成，生产性能类似于萨福克羊，但被毛品质优于萨寒杂交组合。以白头萨福克羊为父本和小尾寒羊为母本进行的二元杂交，杂种羔羊初生重可达 4.16 千克，0～3 月龄间日增重 280.00 克，3～6 月龄间日增重 203.33 克，6 月龄活重 47.39 千克。白寒组合初生重较小，但羔羊生长速度超过萨寒组合。

③陶寒杂交组合：无角陶赛特羊由有角陶赛特羊与考力代羊杂交育成，具有两年三产、繁殖周期短、羔羊断奶前增重速度较快等特点。以无角陶赛特羊为父本和小尾寒羊为母本进行二元杂

交，杂种羔羊初生重 3.72 千克，4 月龄体重 23.77 千克，6 月龄活重 30.54 千克。

④夏寒杂交组合：夏洛莱羊耐干旱、耐潮湿及寒冷等恶劣气候，季节性发情，产羔率为 135%～190%。以夏洛莱羊为父本和小尾寒羊为母本进行二元杂交。杂种羔羊初生重 4.76 千克，4 月龄体重 22.82 千克，6 月龄体重 28.28 千克。夏寒杂交一代母羊繁殖指数的杂种优势率为 11.20%。

⑤德寒杂交组合：德国肉用美利奴羊属肉毛兼用型，具有羔羊生长发育快、繁殖力强及被毛品质好等特点，常年发情，可两年三产，产羔率为 150%～250%。以德国肉用美利奴羊为父本和小尾寒羊为母本进行二元杂交，杂种羔羊初生重 3.2 千克，3 月龄体重 21.09 千克，6 月龄体重可达 36.64 千克。

⑥杜寒杂交组合：杜泊绵羊分黑头和白头两种类型。具有生长速度快、适应性好、耐粗饲等优点，肉质细嫩可口，瘦肉率高，被誉为“钻石级”绵羊肉。可两年三产，产羔率达 150%。以杜泊绵羊为父本，与小尾寒羊进行二元杂交，羔羊初生重 3.88 千克，3 月龄重为 24.6 千克，6 月龄重 51.0 千克。0～3 月龄间日增重 230 克，3～6 月龄间日增重 293 克。

⑦特寒杂交组合：特克赛尔羊源于荷兰的特克赛尔岛，具有母性好、饲料转化率高、耐粗饲等优点。可常年发情，两年三产，产羔率 150%～190%。以特克赛尔羊为父本，与小尾寒羊进行二元杂交，羔羊初生重 3.97 千克，3 月龄体重 24.20 千克，6 月龄体重 48.0 千克。0～3 月龄日增重为 225 克，3～6 月龄日增重 263 克。

⑧杜湖杂交组合：以杜泊绵羊为父本，与湖羊进行二元杂交。羔羊初生重 2.6 千克，3 月龄重为 15.7 千克，6 月龄重 24.2 千克。

⑨萨哈杂交组合：以萨福克羊为父本，与哈萨克羊进行二元杂交。羔羊初生重 3.87 千克，4 月龄重为 23.74 千克，6 月龄重 30.34 千克。0～6 月龄平均日增重 120.2 克。

⑩萨福克羊、无角陶赛特羊与阿勒泰大尾羊杂交：分别以萨福克羊、陶赛特羊为父本，与阿勒泰大尾羊进行二元杂交。萨阿杂种羔羊初生重、1月龄重、3月龄重分别为5.14千克、13.17千克、22.62千克，分别较阿勒泰大尾羊高7.76%、6.81%、2.36%。陶阿杂种羔羊初生重、1月龄重、3月龄重分别为4.94千克、12.91千克、22.01千克，分别较阿勒泰大尾羊提高3.57%、4.70%、4.21%。

⑪陶赛特羊、小尾寒羊、内蒙古细毛羊3品种不同组合：以无角陶赛特羊、小尾寒羊为父本，与蒙古细毛羊进行杂交。陶细杂种羔羊初生重4.26千克，4月龄重31.12千克，0～4月龄平均日增重223克。寒细杂种羔羊初生重4.02千克，4月龄重22.38千克，0～4月龄平均日增重158克。

⑫陶赛特羊、特克赛尔羊、萨福克羊与藏羊杂交：陶藏杂种羊初生重、断奶重、6月龄重分别为3.8千克、18.7千克、33.7千克，萨藏杂种羊初生重、断奶重、6月龄重分别为3.9千克、17.9千克、33.5千克，特藏杂种羊初生重、断奶重、6月龄重分别为3.9千克、18.5千克、32.9千克。3种杂种羔羊的初生重分别较藏羊高21.80%、25.00%、25.00%，断奶重分别提高66.70%、59.82%、65.18%，6月龄重分别提高45.26%、44.40%、41.80%。三种肉羊与藏羊的杂交效果非常显著。

(2)三元杂交组合。三元杂交是指3个品种之间的杂交。将2个品种通过杂交获得的后代中的母羊与第3个品种公羊进行杂交，所产后代即为三品种杂种。例如夏萨本杂种是先用萨福克公羊与本地绵羊杂交产生杂种，从中选出杂种母羊与夏洛莱公羊进行杂交，最终所产杂种即为夏萨本三品种杂种。三元杂交能够充分发挥杂种母羊的杂种优势，有效地利用三元杂种个体本身的杂种优势，使三个亲本品种的优点都体现在杂种后代身上。通过对比，三元杂交的效果优于二元杂交，在肉羊生产中广泛采用。

①特陶寒杂交组合：无角陶赛特羊与小尾寒羊二元杂交，F_1母羊再与特克赛尔公羊杂交。羔羊初生重 3.74 千克，3 月龄重 20.63 千克，6 月龄重 29.91 千克，0～3 月龄平均日增重 207.86 克。

②南夏土杂交组合：夏洛莱羊与山西本地土种羊进行二元杂交，杂交 F_1 母羊再与南非肉用美利奴公羊杂交。羔羊初生重4.05 千克，100 日龄断奶体重 16.30 千克，100 日龄断奶至 6 月龄日增重 51.73 克。该组合是山西等地重点推广的杂交组合类型。

③陶夏寒杂交组合：夏洛莱羊与小尾寒羊二元杂交，F_1 母羊再与无角陶赛特公羊杂交。杂交母羊的产羔率为 162%。3 月龄杂种羔羊 29.97 千克，6 月龄杂种羔羊 44.98 千克，0～6 月龄日增重 165.71 克。

④萨夏寒杂交组合：夏洛莱羊与小尾寒羊二元杂交，F_1 母羊再与萨福克公羊杂交。所产杂交母羊的产羔率为 222%，3 月龄杂种羔羊体重 27.21 千克，6 月龄杂种羔羊重 42.59 千克，0～6 月龄日增重 166.31 克。

⑤德夏寒杂交组合：以夏洛莱羊为父本与小尾寒羊二元杂交，F_1 母羊再与德国肉用美利奴公羊杂交。3 月龄杂种羔羊重 32.63 千克，6 月龄杂种羔羊重 53.19 千克，0～6 月龄日增重 223.48 克。这种杂交组合母羊的产羔率为 127%。

⑥陶赛特羊、萨福克羊、德国肉用美利奴羊与夏洛莱羊级进小尾寒羊 F_2 杂交：以夏洛莱羊为父本与小尾寒羊二元杂交，F_1 母羊再与夏洛莱公羊级进杂交，杂二代母羊再与陶赛特公羊杂交。这种杂交组合 F_3 羔羊初生重、断奶重分别可达 4.11 千克、28.00 千克，F_2 母羊产羔率 160%。在夏洛莱羊级进杂交小尾寒羊基础上，杂二代母羊再与萨福克羊杂交，F_3 羔羊初生重、断奶重分别可达

3.52 千克、27.81 千克，F_2 母羊产羔率 173%。若在夏洛莱羊级进杂交小尾寒羊基础上，杂二代母羊再与德国肉美利奴羊杂交，F_3 羔羊初生重、断奶重分别可达 3.10 千克、25.5 千克，F_2 母羊产羔率 114%。

⑦陶寒滩杂交组合：小尾寒羊为父本与滩羊二元杂交，F_1 母羊再与陶赛特公羊杂交。三元杂交单羔、双羔、三羔、四羔初生重分别为 4.29 千克、3.01 千克、2.15 千克、1.78 千克；三元杂交羔羊 1 月龄、3 月龄、6 月龄重分别可达 11.03 千克、15.56 千克、30.37千克，分别比小尾寒羊×滩羊二元杂交羔羊提高 25.06%、16.29%、28.58%。

⑧特寒滩杂交组合：以小尾寒羊为父本与滩羊二元杂交，F_1 母羊再与特克赛尔公羊杂交。三元杂交初生重、3 月龄、6 月龄重分别可达 4.26 千克、23.62 千克、41.15 千克，而相同环境下饲养的陶寒滩三元杂交羔羊的相应指标分别为 4.42 千克、21.93 千克、39.34 千克。与滩羊相比，特寒滩三元杂交羔羊和陶寒滩三元杂交羔羊初生重分别提高 44.44%、39.22%，断奶重分别提高 53.57%、65.41%，6 月龄重分别提高 43.26%、50.45%。

⑨陶赛特羊与夏细杂种羊杂交：无角陶赛特羊分别与夏洛莱羊和东北细毛羊的杂一代母羊进行杂交，杂二代公羔的初生重、1 月龄重、断奶龄重分别可达 5.0 千克、13.1 千克、22.0 千克，较夏细杂种羊分别高 11.11%、21.29%、26.44%。

⑩萨福克羊、陶赛特羊、夏洛莱羊、杜泊绵羊与寒蒙杂种母羊杂交：先以小尾寒羊公羊与蒙古母羊交配，杂一代母羊再与不同的终端父本进行杂交。萨寒蒙杂种羔羊初生重、3 月龄重、6 月龄重分别为 3.96 千克、23.67 千克、39.97 千克，陶寒蒙杂种羔羊初生重、3 月龄重、6 月龄重分别为 3.98 千克、24.18 千克、40.18 千克，夏寒蒙杂种羔羊初生重、3 月龄重、6 月龄重分别为 3.97 千克、

24.30 千克、40.48 千克，杜寒蒙杂种羔羊初生重、3 月龄重、6 月龄重分别为 4.10 千克、26.48 千克、43.68 千克，可见杜寒蒙杂交组合效果最好。

(三)杂交羊育肥效果

利用杂交羊育肥，在舍饲和补饲条件下，杂种优势表现明显。在所报道的资料中大都表现其生长速度快，饲料报酬提高，适应性较强，屠宰率和出肉率高等特点。只有极少数在生态环境恶劣，补饲条件缺乏条件下，杂种优势表现不明显。

姚树清等(1995)用无角陶赛特公羊与小尾寒羊杂交，陶寒一代羊全部舍饲，精饲料由玉米 50%，麸皮 30%，豆粕 20%组成，日喂量 0.5～0.7 千克。粗饲料自由采食，有草粉、花生秧、青贮玉米秸等。试验结果表明，陶寒杂一代公羔 6 月龄体重 40.44 千克，母羔 35.22 千克。选择公羔测定：屠前体重 44.41 千克，胴体重 24.2 千克，屠宰率 54.49%，胴体净肉率 79.11%。

袁得光(2001)分别用萨福克和无角陶赛特与小尾寒羊杂交，选萨寒、陶寒和小尾寒羊各 15 只，于 2 月龄断奶并开始试验。日粮组成：玉米 65%、麸皮 20%、黑豆 8%、菜籽饼 5%、石粉 1%、食盐 0.5%、生长素 0.5%。经 50 天试验，平均日增重：萨寒 375.6 克、陶寒 366 克、小尾寒羊 316 克，萨寒和陶寒分别比小尾寒羊提高增重 18.86%和 15.82%，杂种优势明显。

王金文等(2003)利用黑头杜泊公羊与小尾寒羊母羊杂交，喂给全颗粒饲料育肥，结果平均日增重达到 306 克，饲料报酬 4.25∶1，分别比小尾寒羊提高 20%和 21.17%。此外，杜寒杂交一代表现特别耐粗饲，对低品质秸秆和牧草有较高的利用率，不仅肉的品质有较大改善，而且皮革质量也有较大提高。

肉用绵羊二元杂交育肥效果见表 2-24。

表 2-24 肉用绵羊二元杂交育肥效果

杂交父本	杂交母本	杂交一代	日龄	日增重/克	宰前体重/千克	屠宰率/%	净肉率/%	资料来源
无角陶	小尾寒羊	公羔	180	200	40.44	54.49	79.11	姚树清(1995)
赛特	小尾寒羊	公羔	180	256	50.00	54.00	79.63	张丛玉(2001)
	小尾寒羊	公羔	155	282	47.75	50.80	78.1	王金文(2005)
	小尾寒羊	公羔	120	312	37.44	52.08	83.48	袁得光(2003)
	洼地绵羊	公羔	240	168	45.43	47.00	83.4	冉汝俊(1998)
	湖羊	公羔	210	159	33.27	49.70	77.53	钱建共(2001)
	蒙古羊	公羔	180	194	38.89	—	—	蔡元(2002)
萨福克	蒙古羊	羯羔	190	180	37.25	49.21	73.6	唐道廉(1988)
	阿勒泰	公羔	150	240	39.30	47.28	81.8	陈维德(1995)
	哈萨克	公羔	135	257	37.72	51.72	81.96	陈维德(1995)
	小尾寒羊	公羔	120	376	37.62	51.88	83.04	袁得光(2001)
	湖羊	公羔	180	190	37.33	48.92	74.55	钱建共(2002)
特克塞	小尾寒羊	公母	150	277	45.70	50.00	77.00	王金文(2003)
尔	东北细毛羊	公羔	165	236	42.40	49.30	79.52	王大广(2000)
	湖羊	公羔	180	190	39.22	49.38	78.76	钱建共(2002)
夏洛莱	小尾寒羊	公羔	180	216	42.30	—	—	赵国明(2001)
	湖羊	公母	180	168	34.04	49.05	74.42	钱建共(2002)
德国美	蒙古羊	公母	240	156	37.50	48.8	77.70	冯旭芳(2001)
利奴	湖羊		180	196	39.83	50.34	77.6	钱建共(2002)
波德代	甘肃土	羯羔	180	170	35.18	51.21	79.17	赵有璋(2003)
	种羊	母羊	180	160	32.17	—	—	
杜泊绵	小尾寒羊	公母	150	306	49.50	50.60	80.00	王金文(2003)
羊	蒙古羊	公羔	120	300	40.44	51.70	82.34	陈华(2001)

第三章 肉用绵羊繁殖生产技术

繁殖性状是肉羊生产中的重要经济性状之一。繁殖性能高低主要受品种、年龄、多羔性、受胎率以及饲养管理等多种因素影响。只有根据羊的繁殖规律，研究和推广先进的繁殖技术，才能将良种羊的种质特性和遗传潜力充分发挥出来，从而实现增长数量、提高质量的目的。因此，掌握好肉羊的繁殖与配种技术，做好肉羊繁殖工作，是保障优质肉羊生产健康发展和提高经济效益的关键环节。

第一节 肉羊配种的基础条件

一、种羊的性成熟与初配年龄

(一)公羊性成熟与初配年龄

1.性成熟

性成熟是个连续的过程。性成熟是公羊生殖器官和生殖机能发育趋于完善、达到能够产生具有受精能力的精子并有完全性行为能力的时期。初情期是公羊初次出现性行为和能够射出精液的时期，是性成熟过程中的开始阶段。

公羊达到性成熟的年龄与体重增长速度呈一致的趋势。品种、遗传、营养、气候和个体差异等均可影响达到性成熟的年龄。如体重增长快的个体，到达性成熟的年龄要比体重增长慢的个体来得早；群体中如有母羊存在，可促使性成熟提前。

2.初配年龄

公羊在达到性成熟时，身体仍在继续生长发育，配种过早，会影响身体的正常生长发育，并且降低繁殖力，影响种公羊配种使用年限。通常公羊开始配种的年龄是在达到性成熟后，体重达到成年体重的70%左右。绵羊在6～10月龄时性成熟，以12～18月龄开始配种为宜，此即为公羊的初配期。

早期配种次数不宜过多，一般以每天配种1～2次为宜。

(二)母羊性成熟、初配年龄与发情

1.性成熟

在青年母羊的初情期之后，母羊的身体和生殖器官进一步发育，生殖机能达到发育完善并具有正常繁殖能力时，叫做性成熟。绵羊的性成熟期一般在6～10月龄。性成熟的年龄因母羊的品种、个体、饲养管理条件、气候等因素而存在一定的差异。母羊到性成熟时，并不等于已经达到适宜的配种繁殖年龄。母羊刚达到性成熟年龄时，其身体生长发育尚未完成，生殖器官的发育也末完善，过早妊娠就会妨碍自身的生长发育，产生的后代易出现体质较弱、发育不良甚至出现死胎。母羊泌乳性能也较差。

2.初配年龄

体成熟又称为初配年龄，指肉羊生长发育基本完成，获得了成年羊应有的体型和结构，体成熟较性成熟晚。在同一品种个体间，体成熟年龄受饲养、气候等因素的影响。良种母羊应在体成熟后才能配种，绵羊的体成熟年龄，公羊在1.5～2岁，母羊在1.5岁左右，早熟品种能提前半年。

有学者认为母羊配种年龄应以体重为依据，当母羊的体重达到该品种成年体重的70%以上时，可以开始初配。母羊达到性成熟时，最显著的表现是具有协调的生殖内分泌机能，表现出有规律的发情周期和完全的发情征状、排出能受精的卵子，此时即具有繁衍后代的能力。

3.发情

发情为母羊在性成熟以后所表现出的一种具有周期性变化的生理现象。肉羊为自发性排卵动物,发情周期为16～17天。它的排卵时间一般在发情开始后24～30小时。母羊发情时有以下表现特征。

(1)性欲。性欲是母羊愿意接受公羊交配的一种行为。母羊发情时,一般不抗拒公羊接近或爬跨,或者主动接近公羊并接受公羊的爬跨交配。在发情初期,性欲表现不甚明显,以后逐渐显著。排卵以后,性欲逐渐减弱。到性欲消失后,母羊则抗拒公羊接近和爬跨。

(2)性兴奋。母羊发情时,表现兴奋不安。

(3)生殖道发生一系列变化。外阴部充血肿大、柔软而松弛,阴道黏膜充血发红、上皮细胞增生,前列腺分泌增多,子宫颈开张,子宫蠕动增强,输卵管的蠕动、分泌和上皮纤毛的波动增强。

(4)卵泡发育和排卵。卵巢上有的卵泡发育成熟,之后卵泡破裂,卵子排出。

母羊在某一时期出现上述4方面的特征,通常都称为发情。母羊从开始表现上述特征到这些特征消失为止这一时期叫发情持续期。母羊的发情持续期与品种、个体、年龄和配种季节等有密切的关系。

二、配种时期

羊的繁殖季节(亦称配种季节)是经过长期的自然选择逐渐演化而形成的,主要决定因素是分娩时的环境条件要有利于初生羔羊的存活。羊的繁殖季节因品种、地区而有差异,一般是在春、秋、冬3个季节母羊有发情表现。母羊发情时,卵巢功能活跃,滤泡发育逐渐成熟,并接受公羊交配。平时,卵巢处于静止状态,滤泡不发育,也不接受公羊的交配。母羊发情之所以有一定的季节性,是因为在不同的季节中,光照、气温、饲草饲料等条件发生变化。在饲养管理条件良好的年份,母羊发情开始早,而且发情整齐旺盛。公羊在任何季节都能配种,在气温高的季节,性欲减弱或者完全消失,精液品质下降,精子数目减少,活力降低,畸形精子增多。在气候温暖、海拔较低、饲草饲料良好的地区饲养的羊,一般能四季发情,配种时间不受限制。

羊的配种时期是根据产羔时间决定的,而产羔时间应根据自然条件和饲养管理条件来决定。在一年产一次羔的情况下,产羔时间可分为 2 种,即产冬羔和产春羔;前者一般是 7～9 月份配种,12 月份至翌年 1～2 月份产羔,表现为冬羔初生重大,发育好,生产性能高,繁殖成活率高,但需要一定的圈舍设备和贮备一定的饲草饲料。后者是 10～12 月份配种,第二年的 3～5 月份产羔,表现为羔羊初生重小,体质弱,生长发育差,繁殖成活率低,省料、省设备,生产成本低;也有产秋羔的,即 4～6 月份配种,9～11 月份产羔。当然,在公母混群饲养的情况下,产长流水羔的更不好。究竟选择什么时候产羔,不能强求一律,应根据当地条件全面考虑,在自然和饲养管理条件较好的农区,以产冬、春羔及秋羔为好;在白然和饲养管理条件较差的山区和牧区,以产春羔为好;在实行一年两产或两年三产的情况下,宜产春、秋羔。如一年两产的母羊,需严格控制或缩短产后配种时间,可以安排在 4 月份配种,当年 9 月份产羔,第二胎在 10 月份配种,翌年 3 月份产羔;两年三产的母羊,一般是第一年 5 月份配种,10 月份产羔;第二年 1 月份配种,6 月份产羔;9 月份配种,第三年 2 月份产羔。

三、配种方法

1. 自由交配(本交)

自由交配是指公羊和母羊自己来选择交配的时间,不需要人工辅助，随时随地自由进行交配。这种交配方法省去了不少人工和精力，但是受胎率较低。同时自由交配不能推算产期，在管理方面带来一定的困难。

2. 人工辅助交配

用人工辅助的办法进行交配，是提高受胎率的很好办法。这种方法不仅提高了成功率，也可确定预产期。具体办法是：当公羊爬跨时，一手将圆盘状尾巴向上翻的同时另一只手护住颈下前躯。这种交配方法，在发情征状不明显的情况下不易掌握交配时间，解决的办法有 3 条：一是注意观察母羊的发情表现，特别是察看外阴唇是否有黏膜红肿，如确有发情的母羊可进行交配；二是在舍饲和放牧过程中，有母羊接近公羊或公羊追逐母羊等表现时及时交配；三是在公母羊分群饲养的情况下，早晚和放牧前后，有意把公羊放出进行试情，如有发情羊及时交配。

3. 人工授精

人工授精是将公羊的精液用假阴道采出后，经过稀释再输入母羊的生殖道内，是母羊受胎的一种方法。人工授精的方法有以下几个优点：一是增加了交配母羊的数量而扩大了优良种公羊的利用率；二是可以提高母羊的受胎率；三是通过检查公羊的精液，可以避免精液品质不良而造成的不育；四是可以节省饲养种公羊的费用；五是可以避免在交配时，由公母羊直接接触可能传播各种疾病。

四、配种

1. 配种时机

母羊发情持续期 2 天左右，但个体间差异较大。初次发情时间较短，随着年龄的增加而增加，但老母羊又短，范围为 8～60 小时。排卵一般是在发情结束前后的几小时。成熟的卵在输卵管中存活的时间为4～8小时。公羊的精子在母羊的生殖道内受精作用最旺盛的时间是24小时左右。为了使精子和卵子得到充分结合的机会，最好在排卵前数小时内交配，比较适宜的时机是发情中期，但是实际上很难做到，因此，可安排发情期内多次交配。如为保证受胎率，可采用重复配种，即早晨检出的发情母羊早晨配种一次，傍晚再配种一次，下午检出的发情母羊在傍晚配种一次，到第二天早晨再配种一次，两次配种时间间隔10～18小时。复配时可用同一只公羊，也可用不同的公羊。

由于发情周期是10～29天，如果1个月内（一般17天左右）不再发情，表明已受胎，受胎羊除极个别外不再发情。

2.适宜的配种季节

春季的4月末至5月份，秋季是10月末至11月份是最适宜的配种季节，这样产羔的时间分别为9月末和10月份以及来年2月末及3月份，既避开了炎热的季节配种，也不在严冬季节产羔；既提高了受胎率，又能提高成活率。

五、早期妊娠诊断

早期妊娠诊断有2种办法。一种是观察母羊配种后的1个月之内是否再次发情，如不再发情可能是怀了孕，但是这种方法可靠性不是100%。因为母羊的发情受各种因素的制约，不发情也不一定怀了孕，有的羊因气候、饲料、疾病的原因可能不再发情；但也有个别怀孕羊发情的。另一种办法是检查巩膜。当翻开母羊上眼皮，观察巩膜上的血管时，若在瞳孔正上方有了根竖立的、较粗大的微血管充盈而凸起于巩膜表面，并呈紫红色，这是怀孕的征兆。这种现象从怀孕起一直持续到产后1周左右。空怀母羊的巩膜没有这种现象。且其微血管也很小而不显露，并呈淡红色，用此办法诊断，准确率在97%以上。

第二节　同期发情

同期发情是指利用外源激素及其类似物对母羊进行处理，人为地控制并调整一群母羊的发情周期，使它们在特定的时间内集中表现发情并排卵的方法。目前，同期发情技术在国内外已经是一项非常成熟的技术，在大规模的生产实践中应用，普遍能达到90％～100％的同期发情率。

一、同期发情的意义

①有利于人工授精技术的推广，促进优质肉羊的品种改良，促进优秀种公羊精液的推广应用，使人工授精成批集中进行，改变母羊的发情周期以提高繁殖力。

②有计划、合理地组织配种，为集约化管理带来方便。集约化管理是提高肉羊生产经济效益的重要手段之一。利用同期发情技术有计划、合理地组织配种，使同期出生的幼畜整齐成批培育、出栏，同时使产品均衡地供应市场成为可能。

③是胚胎移植技术的重要环节。在胚胎移植的应用中同期发情有两方面的意义：其一，受体的发情同期化，即在同一时间内为超排供体或冷冻胚胎准备足够可用于移植的受体；其二，在鲜胚移植中供体和受体的发情同期化，以期达到供、受体处于相同的生理状态。

二、同期发情的方法

目前使用的同期发情药物，根据其性质大体分为3类：第一类是抑制发情的孕激素类药物，有孕酮、甲孕酮、炔诺酮、氯地孕酮、氟孕酮、18-甲基炔诺酮、16-次甲基甲地孕酮等，这些药物能抑制卵泡生长，延长黄体期；第二类是促进黄体退化的前列腺素及其类似物，有 15-甲基前列腺素、前列腺素甲酯、氯前列烯醇等，其用药方法是将少量前列腺素溶液直接注入子宫或肌内注射，只处理1～2 次即可；第三类是在应用上述激素的基础上，配合使用的促性腺激素，如 FSH、LH、PMSG、HCG 和 GnRH 及其类似物，可以增强发情同期化和提高受胎率，并促使卵泡更好的成熟和排卵，提高受胎率。

(一)孕激素法

孕酮、甲孕酮、氟孕酮、氯地孕酮、甲地孕酮以及 18-甲基炔诺酮等均属此类药物。其用药方式有口服法、注射法、耳背皮下埋植法和阴道栓塞法。早期处理方法以口服和注射为主，持续 16～20 天，因受胎率仅为正常配种的 70%，故未能显示其经济效益，因而没有受到重视。20 世纪 70 年代以后开发了孕激素耳背皮下埋抗法和孕激素阴道栓法。这 2 种方法均能保证孕激素稳定持续释放，在处理时间内能有效地抑制雌性动物发情和排卵。

1. 耳背皮下埋植法

埋植物一般为含有 3 毫克甲基炔诺酮的硅橡胶棒，将其埋植于动物皮下，经一定时间后取出，处理过程中药物被缓慢吸收，可成群处理。生产中一般采用 14～18 天的较长时间处理，以期获得较高的发情率和受胎率。孕激素处理结束时，视体重注射 350～1 000 国际单位 PMSG，对促进卵泡发育和发情同期化有一定的作用。孕激素同期发情处理后 2～3 天的发情率可达 90%，但第一个情期的受胎率不高，一般第二个情期的受胎率相对比较正常。

2. 阴道栓塞法

国外现在使用的主要有螺旋状(美式，PHID)和 Y 状(新西兰式，CIDR)栓塞。国产的多为孕激素海绵栓，内含孕激素，如甲孕酮 40～60 毫克、氟孕酮 30～60 毫克、18-甲基快诺酮 30～40 毫克以及氯地孕酮 20～30 毫克。其制作过程为：先按剂量将孕激素制成悬浮液，取一块经灭菌的海绵浸透药液，拴上细线。使用时用送栓器将海绵栓塞入母羊的阴道深部子宫颈附近将细线引到阴门外，放置14～16天取出，为提高药效，可中途换栓1次。一般撤栓后72小时同期发情率可达90%以上。缺点是海绵栓容易和阴道内膜发生粘连，造成取栓困难，产生阴道炎。

(二)利用溶黄体的制剂

由于前列腺素及其类似物具有显著的溶解黄体和促进排卵的作用，并且价格较低，因此在羊的同期发情处理中使用较广泛。常用的药物为$PGF_{2\alpha}$及其类似物如氯前列烯醇，二者对羊的同期发情效果差异不大。生产中利用PG进行同期发情处理时通常为间隔8～14天，对母羊2次颈部肌内注射。氯前列烯醇注射剂量为0.1毫克。一次用药后的发情率为70%，并且第一情期的受胎率较低，第二情期的集中发情程度高且受胎率正常。PG处理后母羊一般在4天内发情，观察到发情后12小时配种。但是绵羊观察到的发情率通常低于实际排卵率，因此在处理结束后48小时、72小时2次定时输精的受胎率会高一些。

(三)配合强化制剂

通常应用于同期发情的药物，都需要配合促性腺激素作为强化剂，以增强同期化和提高发情率。促性腺激素药物有PMSG、HCG、FSH、LH、LHRH。一般是在应用抑制卵泡或黄体生理功能正常发育两类药物的基础上，当群体母羊卵巢处于相同生理阶段的基础上，再应用促性腺激素，以提高发情同期化的效果。使用孕激素作同期发情处理的母羊，其第一情期的配种受胎率较低，但第二情期的受胎率达到正常水平，其原因是孕激素能影响精子在母羊生殖道内的运行并使其生活力受到破坏。在停用孕激素后下一个情期到来之前，配合应用PMSG，可促进受胎率的提高。常用的处理方法有以下几种。

1. 孕激素＋PMSG法

在母羊发情周期的任何一天埋植孕激素阴道栓，14天后取出，取栓同时肌内注射 PMSG，剂量为 250～500 国际单位。

山东省农科院畜牧兽医研究所试验羊场，2008—2012 年，5 年间用此法同情发情处理鲁西黑头肉羊母羊 432 只，48 小时内有 373 只母羊发情，同期率平均为 86.34%，其中 2011 年处理 98 只鲁西黑头肉羊母羊，同期发情率达到 90.8%（表 3-1）。

表 3-1 鲁西黑头羊同期发情效果

年度	处理羊数/只	48 小时内发情母羊数/只	同期发情率/%
2008	53	47	88.68
2009	38	32	84.2
2010	172	146	85
2011	98	89	90.8
2012	71	59	83.1
平均	432	373	86.34

2. 孕激素＋PMSG＋PG 法

母羊阴道埋植孕酮栓 16 天，可在羊发情周期的任何一天埋植，将埋植之日作为 0 天，于孕酮栓埋植的第 14 天，肌内注射 PMSG，剂量为 200～500 国际单位，在第 16 天时撤栓，颈部肌内注射 PG，剂量为 0.1 毫克。此种方法最大的优点是发情集中程度高，24 小时同期率可达到 64.6%，并且不受季节和地区的影响。

3. 孕激素＋FSH 法

在母羊发情周期的任何一天埋植孕激素阴道栓，将埋植之日作为 0 天，于孕酮栓埋植的第 13 天，肌内注射 FSH 25～50 国际单位，第 14 天撤栓。

4. 三合激素法

由于三合激素中含有较高的雌激素，处理后虽有发情表现，但可能不排卵，造成受胎率极低，因此必须与促性腺激素配合使用，才能达到理想效果。具体方法是：母羊第一次肌内注射三合激素

1.0～2.0 毫升，试情但不配种，间隔 14 天，第二次肌内注射三合激素 0.5～1.0 毫升，同时注射 PMSG150 国际单位和 LRH-A250 微克（或 FSH 20 国际单位）。

三、同期发情应注意的问题

①在注重同期发情效果的同时考虑成本，氯前列烯醇（$PGF_{2\alpha}$）成本低，操作简单，但只能在羊的繁殖季节使用，非繁殖季节使用效果不佳。孕激素阴道栓在繁殖和非繁殖季节均可使用，在使用时，配合注射孕马血清促性腺激素（PMSG）效果很好，但成本较高。

②注射孕马血清促性腺激素（PMSG）时要特别细心，不能将药品遗留到羊的体外。有些人认为羊的卵巢是一边一个，将药同时注射到羊的体侧两边，效果会好，其实不然。据初步观察，注射两边时，羊的同期发情率只有 50%。而在相同的操作下，将药一次注射到羊体的一侧，同期发情率达 100%。

③使用海绵阴道栓时，由于海绵吸收的黏液对羊的子宫颈口及周围易造成感染，影响受精，因此，在取栓时应配制消炎药水对羊的阴道进行冲洗，提高受胎率。

④在用于人工授精的同期发情处理时，要考虑种公羊的多少及配种能力。在公羊不足的情况下，不能同一天将母羊全部处理，否则会出现母羊发情时，公羊不够用的情况。应根据公羊的配种能力，每天处理一定数量的母羊，控制当天发情的母羊数，做到发情就配。

第三节　人 工 授 精

羊人工授精技术是用器械以人工方法采集公羊的精液，经过品质检查和稀释，再通过器械将精液输入发情母羊生殖道内（目前多用子宫角输精)，达到母羊受胎的配种方式。人工授精可以最大限度地提高优秀种公羊的利用率，极大限度地提高了种公羊的配种效能，使优秀种公羊的遗传基因在短时间内得以迅速扩大，促进后代生产性能的迅速提高，从而加速了品种改良的进度。人工授精还减少种公羊的头数，节省饲养大量公羊的饲料及管理费用，同时避免了公、母羊的直接接触，可以防止许多烈性传染病的传播，促进了品种培育和种畜安全。但是，人工授精技术也存在一定弊端，如果操作技术不规范，不仅会影响受胎率，甚至会传播疾病。

人工授精技术包括器械的消毒、采精、精液品质检查、精液的稀释、精液保存和运输、母羊发情鉴定和输精等主要技术环节。

一、精液的采集

精液的采集简称为采精，是人工授精技术的重要环节。正确掌握采精技术，是保证采得大量优质精液的前提。

(一)采精前的准备

1. 采精场所

采精要有固定的场地和环境，以便公羊建立起巩固的条件反射。同时，也是保证人、羊安全和防止精液污染的基本条件。采精场所应宽敞、平坦、清洁、安静，配备喷洒消毒和紫外线照射装置。理想的采精场所应设有室内、室外两个部分，并与输精操作室、羊舍相连。但不能让羊舍内的公羊直接见到采精操作场地，以防引起自淫或骚动。

2. 器械的准备与消毒

(1)假阴道、采精瓶的洗涤、灭菌和消毒。采精瓶和假阴道内胎通常用2%的碳酸氢钠刷洗。用清水冲干净后再用蒸馏水洗2次，采精瓶置于纱布罐内保存，干后用蒸汽灭菌待用。内胎洗完后要用纱布裹好。长柄镊子需先用75%的酒精消毒，内胎需用长柄镊子夹上75%的酒精棉球消毒。外壳用酒精棉球消过毒后放入消过毒的盆内至酒精充分挥发后再使用。如果这些器具有残存的酒精，对精液活力会造成不良的影响。

(2)输精器材的洗涤与消毒。输精器材需先用2%的碳酸氢钠清洗并用清水冲洗，之后用蒸馏水冲洗数次，用毛巾包好，进行蒸汽灭菌。使用前再取出并用生理盐水冲洗数次。每次输完一只羊后，输精器的尖端要用75%的酒精棉球擦拭，再用灭菌生理盐水棉球进行擦拭，再进行另一只母羊输精。开膣器的消毒通常用酒精火焰消毒。消毒之后的开膣器要置于消过毒的生理盐水中待用。

(3)其他器材的消毒。玻璃器材通常是用2%的碳酸氢钠溶液清洗干净，用清水冲洗之后再进行蒸汽灭菌。纱布、毛巾等洗涤干净后进行高压蒸汽灭菌。外阴部的消毒布要用肥皂水洗干净后，用2%的来苏儿水消毒之后晾干备用。

3. 台羊的准备

采精用的台羊有真、假2种。真台羊一般选择健康无病(包括性病、其他传染病、体外寄生虫病)、体格强壮、体型适中、性情温驯的发情母羊为最好。

假台羊是根据母羊体型大小，选用钢管或木材制成的有支撑力的架子，然后在其表面包裹一层羊皮或麻袋、人造革等柔软有弹性的物品。应用假台羊采精是一种方便、清洁、安全、有效的方法。

4. 种公羊的选择与调教

按照育种方向，选择健康结实、体质匀称、生产性能高、生殖器官正常、有明显雄性特征、精液品质优良的公羊作为种公羊。要查看种公羊的亲代和后代，再加上公羊本身的性状参数看其是否可以作为主配公羊，人工授精用的公羊必须都是一级以上公羊。种公羊在配种前3周开始排精。第1周隔2天排精1次，第2周隔日排精1次，第3周每日排精1次，以提高种公羊的性欲和质量。

公羊精液的质量与公羊的饲养管理、运动和配种利用是否合理有密切的关系，只有保持公羊良好的繁殖体况，才能保证产生优质精液。如公羊营养不良、过于肥胖、管理不良，都会影响精液的品质和性欲的维持。

公羊采精前性准备充分与否，直接影响到精液量、精子活力、密度和精液的纯洁度。在采精前必须给予充分的性兴奋时间和性欲刺激，因此，公羊适应爬跨假台羊必须经过调教训练。调教方法可根据具体情况选择，如在假台羊的后躯涂抹发情母羊阴道分泌物，或在假台羊旁放一头发情母羊，引起公羊性欲和爬跨，但不让其交配，一旦爬上去就拉下来。如此反复多次，待公羊性欲达到高潮，迅速牵走母羊，再诱导公羊爬跨假台羊采精。此时，假台羊表面若涂有发情母羊的阴道分泌物，则效果更为理想。在调教过程中，切忌强迫、抽打、恐吓或其他不良刺激，以防止性抑制而给调教造成困难。同时，要注意人、羊安全和公羊生殖器官清洁卫生。第一次爬跨成功后要经过几次重复，以便建立起巩固的条件反射。一般来说，有无配种经验的种公羊都可调教成功。

(二)假阴道的安装

(1)安装内胎与调试。将内胎的光滑面向里，放入外壳内，使两端露出部分长度相当。将一端折叠后放内外壳内，将另一端内胎的一部分翻贴在外壳上，调整周正后，双手向上推卷，使内胎卷起，脱离外壳，并使卷起的长度与原来露出的长度相当或略长，再将内胎套在外壳上，并调整周正。另一端用同样方法，将其翻贴在外壳上。

(2)消毒内胎。用长柄钳(羊假阴道消毒用 20 厘米镊子)夹取 75%的酒精棉球，从内向外消毒内胎内壁，然后用镊子夹取 75%酒精棉球消毒集精杯和集精管。再用 95%酒精棉球，用同样方法进行第 2 次擦拭，以促进酒精迅速挥发。

(3)注入温水。用 1 000 毫升大烧杯，将水温调至 50℃(夏)或 55℃(冬)，用漏斗将温水注入内胎与外壳的夹壁内，注满后，来回摇动几次，将水再倒出 1/2。在集精杯夹壁内注入 35℃的温水，并用软木塞将注水孔塞紧。

(4)冲洗。用稀释液将内胎和集精杯冲洗一遍。

(5)涂润滑剂。用玻璃棒醮取少量凡士林或红霉素软膏，均匀涂布于假阴道外口深 1/2 处。

(6)充气。用双连球向假阴道夹壁内充气至压力合适(用玻璃棒插入略有阻力)。

(7)测温。用酒精温度计测量假阴道内的温度。至酒精柱稳定后(需 2～3 分钟)，温度应为 38～41℃。如果温度不合适，应重新调温注水，倒出部分水后，再加入少量温度更高或更低的水。

(8)保温。将假阴道用毛巾包好备用。

(三)采精操作

采精人员站立于台羊的右后侧，右手握住假阴道，集精杯一端向上。当公羊爬跨时，将假阴道与公羊阴茎方向成一直线，将阴茎导入假阴道入口内，公羊的后躯向前冲击即射精，随后将假阴道集精杯向下倾斜，以使精液完全流入集精杯内。当公羊爬下时，采精人员应持假阴道随阴茎后移，打开开关，放出空气，当阴茎自行软缩脱出后迅速而自然地取下假阴道，并立即将采到的精液送入精液处理室进行品质检查与处理。如图 3-1 所示。

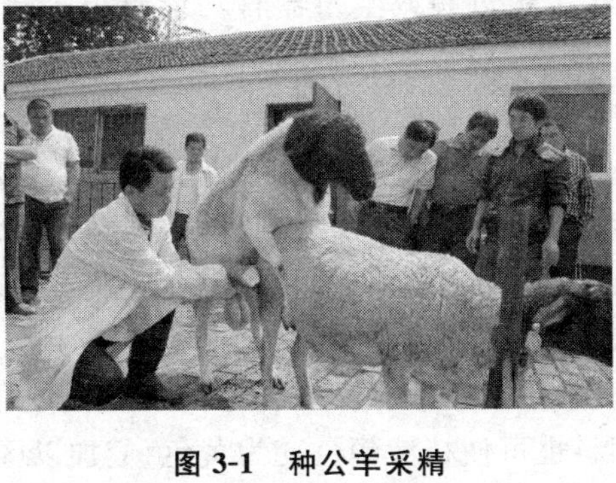

图 3-1　种公羊采精

公羊对假阴道的温度比压力更敏感，因此要求温度准确。阴茎导入假阴道时，要用掌心托住包皮，切勿用手抓捏阴茎。羊交配时间短，仅几秒钟，因此采精过程要求迅速、敏捷、准确，并注意避免阴茎突然弯折而受到损伤。

二、精液品质检查

精液品质检查的主要目的在于鉴定其品质的优劣，同时也为精液稀释、分装保存和运输提供依据。另外，通过精液品质的检查，还可了解种公畜的饲养水平、生殖功能状态、操作技术水平等。精液品质检查要求采精后迅速置于37℃条件下检查，防止温度骤然下降，对精子造成低温打击，检查操作要迅速，不能人为损害精子，评定结果要准确，取样要均匀。

（一）精液的外观检查

（1）精液量。是指公羊1次采精射出精液的容量，可直接用有刻度的集精管测得，也可用小量筒或注射器针管测量。精液量因品种及个体不同而有差别，但每头公羊的射精量一般均保持在一定的范围内，如射精量太多可能是由于过多的副性腺分泌或其他异物（尿液、假阴道漏水）混入。如果太少可能是由于采精方法不当、采精过频或生殖器官功能衰退等造成。但是，评定公羊正常射精量，应以一定时间内多次射精总量的平均数为依据。

（2）色泽。正常精液的色泽一般为乳白色、浅灰色或浅乳黄色。精液密度越高色泽越深，反之则越淡，凡颜色异常的精液表明公羊生殖器官可能有疾病。如精液呈淡绿色是混有脓液，呈淡红色是混有血液，呈黄色则可能是混有尿液，均应弃去或停止采精，并及时查明病因，给予治疗。但要注意有时公羊吃了某些核黄素含量较高的饲料也可使精液颜色变为黄色，应加以区别。

（3）气味。精液一般略有腥味，有的带有动物本身固有的气味，如羊精液略有膻味。气味异常者，常伴有色泽的改变。

(4)状态。密度大和活力强的羊精液，放在玻璃容器中或在显微镜下观察可看到有“云雾”状态(精子运动翻腾滚滚如云雾状)。精液的质量越好，这种状态越明显。

(5)pH。滴1滴精液于pH试纸上，与标准色板对照来确定精液pH。一般羊精液呈弱酸性，但精液的pH随品种、个体、采精方法及副性腺分泌物等因素的影响而有所变化。当公羊患有附睾炎或睾丸萎缩症时，其精液偏碱性。

(二)显微镜检查

1.精子活力检查

精子活力，是指精液中呈直线运动的精子所占的百分率。精子活力可直接反映精子自身的代谢功能，与精子授精能力密切相关，是评定精液品质的一个重要指标。一般在采精后，精液处理前、后和输精前均要进行精子活力的评定。精子活力评定方法是，在37～38℃的环境下，用200～400倍的生物显微镜进行观察。多采用“十级评分制”，即按精子直线运动占视野中精子的估测百分比评为10个等级，100％直线运动者为1.0，90％者为0.9，以此类推。

2.密度检查

精子密度是指单位容积(毫升)精液内所含有的精子数目。目前，测定精子密度的方法主要有估测法、血细胞计数法和光电比色法。估测法是生产中常用的方法，常结合精子活力检查进行。根据显微镜下精子的密集程度，把精子的密度大致分为密(精子之间的距离小于1个精子的长度)、中(精子之间的距离大约等于1个精子的长度)、稀(精子之间的距离大于1个精子的长度)3个等级，这种方法能大致估计精子的密度，主观性强，误差较大。血细胞计数法是公畜精液做定期检查的一个方法，可以准确地测定每单位容积精液中的精子数，一般采用血细胞计数板进行。光电比色法是目前国际上普遍采用的测定羊精子密度的方法，其原理是利用精液的透光性，精子密度越大其透光性越差。此方法快速、准确、操作简便。精液抹片示意图见图 3-2。

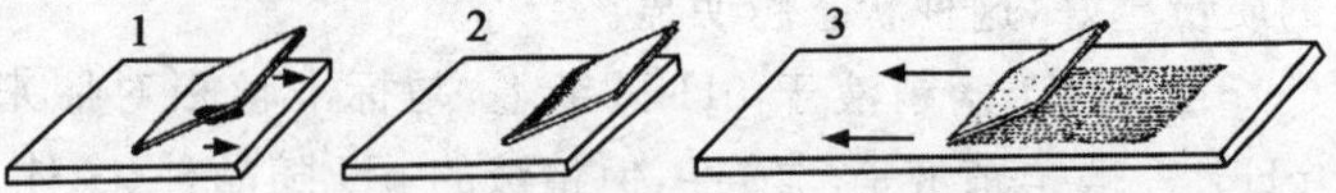

图 3-2 精液抹片示意图

3. 形态检查

(1)精子畸形率。一般情况下，羊的精液都有一定比例的畸形精子，正常精液的精子畸形率一般不超过 20%(图 3-3)。

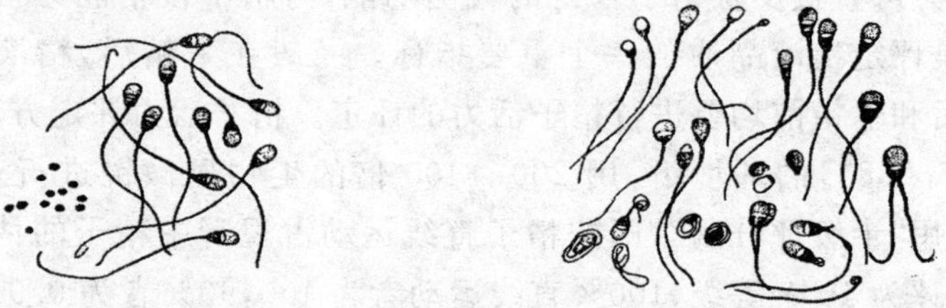

图 3-3 左图为正常精子(左下为原生质小滴)，右图为各种畸形精子

精子畸形的检查方法：取 1 滴被测精液置于载玻片上，将样品滴以拉出形式制成抹片，切忌将精液推出而造成人为精子损伤。自然干燥 5 分钟，每一样品制作 2 个抹片。在风干的抹片上滴上 1～2 毫升中性福尔马林固定液，固定 15 分钟后用清水缓缓冲去固定液，吹干或自然风干。然后将固定好的抹片姬姆萨染色 1.5 小时，用清水缓缓冲去染液，晾干待检。将制备好的抹片在显微镜(400～600 倍)下观察，每个抹片观察 200 个以上精子，取 2 个抹片的平均值，计算出畸形精子百分率。变异系数不得大于 20%，若超过应重新制片。

(2)精子顶体异常率。顶体异常有膨大、缺陷、部分脱落、全部脱落等数种,若超过一定比例会直接影响其受精率。

检查方法:采用测定精子畸形率的方法制作抹片,自然干燥,用1～2毫升福尔马林磷酸缓冲液固定。对含有卵黄、甘油的精液样品需用含2%甲醛的柠檬酸钠液固定。静置15分钟,水洗后用姬姆萨染液染色90分钟或用苏木精染液染色15分钟,水洗、干燥后再用0.5%伊红染液复染2～3分钟:水洗、干燥后置于1 000倍显微镜下用油镜检查,或用相差显微镜观察。每张抹片需观察300个精子,统计出精子顶体异常率。

4. 生物学检查

精液中如果有大量的微生物存在,不仅会影响精子的寿命、降低受精率,而且还会导致疾病的传播。因此,目前国内外都十分注重精液的微生物检查,精液中含有的病原微生物及菌落数是精液品质评定的重要指标,并作为海关进出口精液的重要检查项目。

三、精液的稀释

精液稀释是指在采集的精液中,加入适宜于精子存活并能保持其受精能力的稀释液。精液稀释的目的是为了扩大精液的容量,提高一次射精量的可配母畜头数;并通过降低精液的能量消耗,补充适量营养和保护物质,抑制精液中有害微生物的活动,以延长精子的寿命;便于精液的保存和运输,提高优良种公畜的利用效率。

稀释液的主要成分有稀释剂、营养剂、保护剂及其他添加剂。稀释剂主要是指与精液具有相同或相近渗透压的生理盐水、糖类和某些盐类溶液,其主要作用是扩大精液容量;营养剂主要提供精子在体外所需的能量,延长精子的存活时间,如糖类(主要为单糖)、奶类及卵黄等;保护剂是为了中和、缓冲精液对精子保存的不良影响，防止精子受低温打击，创造精子生存的抑菌环境等，其中有缓冲物质、非电解质、防冷物质、抗冻保护物质和抗生素等；一般精液中还要加一些酶类、激素类、维生素和 pH 调节物等其他添加剂来改善精子外在环境的理化特性，调节母畜生殖道的生理机能，提高受精机会。

1. 稀释液的种类和配制

根据稀释液的性质和用途，稀释液可分为现用稀释液、常温保存稀释液、低温保存稀释液和冷冻保存稀释液 4 类。

(1)现用稀释液。以扩大精液容量、增加配种头数为目的，适用于采精后稀释立即输精用精液。在牧场、农村饲养种畜单位开展人工授精可采用这种稀释液，尤其适用于羊的鲜精人工授精。现用稀释液以简单的等渗糖类和奶类物质为主体配制而成，也可将 0.85％氯化钠溶液高压灭菌后使用。

(2)常温保存稀释液。适用于精液常温短期保存用，以糖类和弱酸盐为主体，一般 pH 较低。

(3)低温保存稀释液。用于低温保存的稀释液，须加入卵黄等抗冷休克的一类物质。

(4)冷冻保存稀释液。用于超低温冷冻保存。须加入甘油等抗冷冻的物质。

2. 精液稀释方法和稀释倍数

(1)稀释方法。精液稀释液的温度要与精液的温度一致，在 20～25℃时进行稀释。将与精液等温的稀释液沿精液瓶壁缓缓倒入，用经过消毒的玻璃棒轻轻搅匀。如作 20 倍以上高倍稀释时，应分两步进行，先加入总量的 1/3～1/2 作低倍稀释，稍等片刻后再将剩余的稀释液全部加入。稀释完毕后，必须进行精子活率检查，如稀释前后精子活率一致，就可进行分装和保存。

(2)稀释倍数。适当的稀释倍数可延长精子的存活时间，稀释倍数一般根据采精量、精子密度和精子活力来确定，稀释倍数过高，会使精子的存活时间缩短，从而影响受胎率。羊的精液稀释比例一般为 1∶(2～4)倍，精子密度在 25 亿以上的精液，可按 1∶(40～50)的比例稀释。

四、精液的运输与保存

(一)液态精液的运输与保存

1. 常温保存

是将精液保存在室温(15～25℃)下，也称常温保存。此方法保存的精液在 3 天内有正常的受精能力。其原理是利用精子正常代谢所产生的乳酸或 CO_2+H_2O 或加入一定量的酸，使精液的 pH 下降，抑制精子的活动，使精子保存在可逆的静止状态而不丧失受精能力。保存方法是按输精剂量分装，封口后放在室内、地窖或自来水中保存。保存温度要恒定，不能超过 25℃，pH 值不能太低，弱酸性即可，切记要加入抗生素。

2. 低温保存

是将精液放在 0～5℃条件下保存，效果要比常温保存好，一般可保存 7 天左右不丧失授精能力。原理是利用低温来抑制精子活动，降低精子代谢和运动的能量消耗。当温度回升后，精子又逐渐恢复正常代谢功能而不丧失授精能力。保存时稀释液中加入卵黄，缓慢降温(从 30℃降至 0～5℃时每分钟下降 0.2℃左右为宜)后，按一个输精剂量分装在贮精瓶中，封口。用数层纱布或棉花包裹，置 0～5℃的低温环境保存。输精前要升温，可直接将贮精瓶放到 30℃的环境中。

3. 新鲜精液的运输

用内径 0.3 厘米、长 20 厘米的灭菌软塑料管作为运输精液的细管，每管装稀释精液 0.4～0.5 毫升，在酒精灯上将细管两端加热，待管端融化时，用镊子夹一下，将两端密封。运输距离为 1～2 小时路程时，可用干净的毛巾或软纸将精液细管包起来，装在运输人衣袋内带走。输精时,将精液细管一端的封口剪开,沿阴道上壁插入母羊阴道底部,再将另一端剪开,精液就会流入发情母羊的阴道内,保持1～2分钟后放开母羊。应注意的是,不能沿阴道下壁插入,否则有可能将细管插入尿道。运输距离为4～6小时或6小时以上路程时,须将装有精液的细管放入装有凉水和冰块的保温瓶中运输,到达目的地后,从保温瓶中取出细管,使温度回升至40℃,进行输精。避免精子遭受冷应激而死亡。

新鲜精液运输时应注意以下事宜:盛装精液的器具要安放稳妥,做到避光、防潮、防震、防撞;运输途中,必须保证保存精液的温度恒定,切忌温度变化;运输精液时应附有精液运输单,其内容主要包括发放的站名、公羊品种和编号、采精日期、精液剂量、稀释液种类、稀释倍数、精子活力和精子密度等。

(二)冷冻精液的运输与保存

精液的冷冻保存是将采集的新鲜精液经特殊处理后经一定的降温程序,最后保存在液氮(－196℃)、干冰(－79℃)冷媒中,以达到长期保存目的的一种精液保存方法。

1.冷冻精液的保存

(1)稀释。冷冻保存稀释液应具有保护精子免受或减少冻害的作用,其主要成分是在低温保存稀释液的成分基础上再加入一定量的抗冻保护物质。精液冷冻稀释液主要有卵黄—柠檬酸钠—甘油液,卵黄—糖类—甘油液2种。稀释方法一般多采用1次或2次稀释法,1次稀释法常用于颗粒冻精,也可用于细管精液,适合于低倍稀释。2次稀释法效果最好,首先用不含甘油的稀释液对精液进行最后稀释倍数的半倍稀释,然后把该精液连同含甘油的稀释液一起经1小时缓慢降温至0～5℃,并在此温度下做第2次稀释。

(2)降温与平衡。降温是指精液稀释后由30℃以下的温度,经1～2小时缓慢降至0～5℃,以防止低温打击。平衡是指降温后，继续在0～5℃的环境中停留2～4小时。使甘油充分深入精子内部，起到抗冻作用。在生产中降温和平衡可同时进行。将分装好的细管码排在细管盘中，直接放入0～5℃环境中停留4小时左右。

(3)精液的冷冻。目前在冷冻精液生产单位多使用全自动冷冻机进行精液的冷冻。使用时首先在电脑中设计好冷冻的最佳温度曲线，冷冻仪与低温柜应尽量靠近，开启液氮灌阀门把冷冻仪降温至4℃，关闭风扇电源，待风扇完全停止后把已排满待冻细管的架子迅速放入冷冻仪，盖严盖子按预先设定好的程序自动完成冷冻过程。

(4)保存。液氮保存法是目前冷冻精液常用的保存方法。对于抽检合格的冷冻精液，在做好标记后，应按品种不同进行分类保存。在精液的保存过程中，应定期检查液氮的消耗情况，并定期补充液氮，以免精液升温造成大的损失。

2. 冷冻精液的运输

冷冻精液的运输应专人负责，一般用盛满液氮的运输液氮罐，专车运输可用较大的液氮罐，非专车运输可采用小的液氮罐(3～10升)。运输过程中应持有冻精生产单位出具的液氮无害证明，以防客运部门将其误认为危险品而不让上车。液氮罐应有外套保护，装卸时要小心，轻拿轻放。液氮罐装上车后，应将其安放平稳，不可斜放，严防撞击和倾斜。专车运输应避免日光暴晒，夏季选择早晨或晚上运输。长途运输要注意补充液氮。

五、发情鉴定

肉羊的发情周期为16～17天，而且为自发性排卵动物。它的排卵时间一般在发情开始后24～30小时。

(一)发情表现

母羊发情时常表现不安，时常鸣叫，一些发情母羊会爬跨其他母羊。外阴红肿，外阴部会排出大量黏液，开始较稀薄清亮，继而变得黏稠。发情母羊会追随公羊，并接受公羊的爬跨。发现发情母羊应将其挑出，并用试情公羊进一步判断母羊的发情阶段。

(二)试情

将结扎输精管 2 个月以上，或用带试情布的公羊放入母羊群，公母比例为 1∶40，观察母羊追随公羊和接受公羊爬跨的情况。每天 2 次，每次约 1 小时。发现母羊接受公羊交配，应立即将发情母羊挑出。也可用试情布将种公羊的腹部兜住，如果晚上或者在没有人看管的情况下，可在兜布下垫一浸有油性颜料的海绵，当试情公羊爬跨发情母羊时，接受爬跨的发情母羊臀部会留下明显印记。此时应将有明显标记的母羊另外组群，母羊接受试情公羊爬跨后 6～12 小时为配种的最佳时机。

六、输精

1. 保定母羊

可将母羊保定在专用的输精架内，输精架应高于地面或在输精架后挖一个坑以便于工作人员操作，或将母羊的后肢放在一个横杆上保定；也可由两名助手将母羊的两后肢提起，使前肢着地，使母羊呈倒立姿势。

2. 准备输精器

应先用蒸馏水冲洗输精器管壁内外，然后用酒精进行管内和管壁外的消毒，再用蒸馏水将酒精冲洗掉，将输精器金属部分放在干燥箱中 120～150℃ 消毒 30 分钟并降至室温，将输精器末端接一支 1 毫升注射器，吸取鲜精或解冻后的冷冻精液。

3. 消毒外阴部

用 0.3% 的高锰酸钾喷在母羊的后躯，湿润后，用消毒纱布擦干。

4. 插入开膣器

压开阴唇裂，用消毒过的开膣器，涂上润滑剂，使侧扁的鸭嘴部呈上下方向插入母羊阴道内，然后使手柄向下转动，并张开开膣器，保持撑开状态。

5. 找子宫颈口

子宫颈口可能因黏液存在而不易寻找，可用输精器轻轻拨开黏液，找到插入子宫颈口。冷冻精液必须进行子宫颈口内输精，否则会降低受胎率。有条件的情况下可用腹腔镜子宫角内输精，能提高冷冻精液受胎率。

子宫颈口内输精时，将消毒后在0.9%氯化钠溶液浸涮过的开膣器装上照明灯(可自制)，轻缓地插入阴道，打开阴道，找到子宫颈口，将吸有精液的输精器通过开膣器插入子宫颈口内，深度1厘米左右。稍退开膣器，输入精液，先把输精器退出，后退出开膣器。进行下只羊输精时，把开膣器放在清水中，用布洗去粘在上面的阴道黏液和污物，擦干后再在1%氯化钠溶液中浸洗；用生理盐水棉球或稀释液棉球，将输精器上粘的黏液、污物擦干净。

6. 输精要求

在正确判断母羊输精适期的基础上，将一定量的优质精液输送至发情母羊的子宫颈口内，输精员应先清洗、消毒母羊阴户及所用器具，用开膣器轻轻扩张阴道，将输精管慢慢插入母羊子宫颈口内0.5～1厘米，保证有效精子不低于7 500万个。经保存或运输的精液，在输精前最好升温到38～40℃，经显微镜检查合格时才能输精(图3-4)。

7. 输精量

原精输精每只羊每次输精0.05～0.1毫升，低倍稀释为0.1～0.2毫升，高倍稀释为0.2～0.5毫升，冷冻精液为0.2毫升以上。

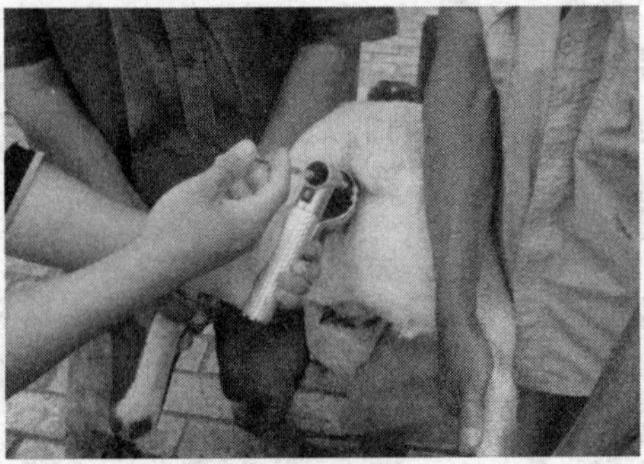

图 3-4 输精

第四节 分娩与接羔

一、准备工作

(一)产羔舍

产羔舍要保持地面干燥、通风良好、光线充足、没有寒风。在接羔舍附近,应安排一暖室,为初生弱羔和急救羔羊之用。此外,在产羔前 1 周左右,必须对产羔舍、饲料架、饲槽、分娩栏等进行修理和清扫,并用 2%的火碱水或 10%～20%的石灰乳溶液进行彻底消毒。

(二)饲草饲料

冬季产羔在哺乳期正值枯草季节,如缺乏良好的冬季牧草或充足的饲草、饲料,母羊易缺奶,影响羔羊发育。所以应该为产冬羔的母羊储备充足的青干草、质地优良的农作物秸秆、多汁饲料和适当的精料等。

(三)药品药械

消毒药品:来苏儿、酒精、碘酊、高锰酸钾;产科常用药品:强心剂、镇静剂、脑垂体后叶素、生理盐水、葡萄糖注射液等;常用器械:手术刀、剪刀、注射器、温度计等:其他常用物品:消毒纱布、脱脂棉、秤、记录表格等。

(四)接羔人员

接羔护羔是一项繁重而细致的工作,要根据羊群分娩头数认真研究,制定接羔护羔的技术措施和操作规程,做好接羔护羔的各项工作。接羔人员必须分工明确,责任到人,对初次参加接羔的工作人员要进行培训,使其掌握接羔的知识和技术。此外,兽医要经常进场进行巡回检查,做到及时防治。

二、接产

(一)分娩征兆

母羊临产前,表现乳房肿大,乳头直立,阴门肿胀潮红,有时流出黏液;肷窝下陷,尤以临产前 2～3 小时最明显;行动困难,排尿次数增多;起卧不安,不时回头顾腹,喜卧墙角,四肢伸直努责。有时四肢刨地,表现不安,不时咩叫。工作人员应随时观察母羊,如具有上述情况,尤其出现努责或羊膜露出外阴时,应立即将母羊送进接羔棚。

(二)接产

母羊正常分娩时,在羊水破后 10～30 分钟,羔羊即可产出。正常胎位的羔羊出生时,一般两前肢和头部先出。如后肢先出,最好立即人工接产和助产,以防胎儿窒息死亡。

产双羔时,一般先后间隔 5～30 分钟,但也有 1 小时以上的。当母羊产出第一羔后,须检查是否还有未产羔羊,如见有表现不安、卧地不起或起立后重新躺下努责的情况,可用手掌在母羊腹部前方适当用力向上推举,如还有羔羊,则能触到一个硬而光滑的羔体。对产双羔或多羔的母羊应特别加以注意,在第二、三只羔羊产出时,已疲乏无力,且羔羊的胎位往往不正,所以多需助产。

羔羊产出后，首先把其口腔、鼻腔里的黏液掏出擦净，以免因呼吸困难、吞咽羊水而引起窒息或异物性肺炎。羔羊身上的黏液，最好让母羊舔净。如母羊不舔或天气寒冷时，须迅速把羔体擦干，以免受凉。羔羊出生 2 小时内，要进行称重及初生鉴定(表 3-2)，并建立档案。

表 3-2 初生羔羊体重体尺记录表

羊号	父号	母号	胎别	测定日期	性别	年龄	体重	体高	体长	胸围	胸宽	胸深	管围	体型外貌

(三)难产处理

在羊水破后 20 分钟左右，母羊不努责，胎膜也未排出，应立即助产。助产员剪短指甲，洗净手臂并消毒，涂润滑油；先帮助母羊将阴门撑大，把胎儿的两前肢拉出来再送进去，重复 3～4 次，然后一手拉前肢，一手扶头，随着母羊的努责，慢慢向后下方拉出，但不可以用力过猛，以防伤及产道。

(四)羔羊的假死处理

母羊如分娩时间较长，羔羊出现假死情况，欲使其复苏，一般采用 2 种方法：一种是提起羔羊两后肢，使羔羊悬空，同时拍其背胸部；另一种是使羔羊卧平，用两手有节律地推压羔羊胸部两侧。暂时假死的羔羊，经过处理后即能复苏。

三、产羔后母羊和羔羊的护理

(一)初生羔羊的护理

羔羊出生后，应使其尽快吃上初乳。瘦弱的羔羊或初产母羊，以及母性差的母羊，需人工辅助哺乳。如因母羊患病或一胎多羔奶水不足时，应找保姆羊代乳。此外，要注意畜舍的环境卫生及羔羊个体卫生等，积极采取预防措施，减少疫病的发生，提高羔羊的成活率。

(二)产后母羊的护理

产后母羊应注意保暖、防潮、避风、预防感冒、让其充分休息。产后应给予质量好、易消化的饲料，但是量不宜过多，经3～5天后饲料即可转为正常供给。

第五节 利用多胎基因，提高肉用绵羊产羔率

繁殖性状是养殖业的重要经济性状之一，它与畜群的繁衍速度和规模大小密切相关，对畜产品的产出量有着直接影响。羊的繁殖率较低是限制养羊业规模化生产的主要因素。繁殖性能高低主要受多胎性、受胎率以及成活羔羊数三个因素影响，其中以多胎性的变量最大。多胎性是一个复杂的数量性状，受基因、年龄、季节和营养等因素的影响，其遗传力只有0.1左右，难以用常规的育种技术来改良。随着分子生物学技术、分子数量遗传学、动物繁殖学、遗传育种学等学科的不断发展、相互交织、渗透，借助影响多胎性状相关基因的分子标记使得多胎性状选择更加迅速、有效，对实现绵羊育种标记辅助选择具有重要意义。

目前，英、美等国利用多胎遗传性状分子标记辅助育种体系，在培育新品种方面已取得很大成就，培育出了高产的肉羊品种，在产肉性能好的基础上繁殖率达到280%～300%，这样就使每只母羊产羔数增加1～1.5只，向市场提供了更高的肥羔和肥羔品种，如波利帕羊、达姆来羊、科尔不雷德羊等。

我国大部分绵羊品种，特别是牧区和半农牧区绵羊品种，母羊为一年一胎，一胎一羔。以小尾寒羊和湖羊的繁殖性能最高，平均

比一般品种每年可多产2只羔羊。国内学者在我国地方绵羊品种多胎主效基因筛选和标记辅助育种研究方面也做了很多工作，发现了 *BMPR 1B*、*BMP15*、*FSHβ*、*GDF9*、*ER*、*MTNR1A*、*INH* 等多个绵羊高繁殖力候选基因。其中，对小尾寒羊的多胎性状进行了分子标记，证明 *FecB* 基因是影响小尾寒羊高繁殖力的一个主效基因，可以用于对产羔数的辅助选择。*FecB* 基因定位在6号染色体上，具有提高排卵和产羔数等生物学作用。利用含有 *FecB* 主效基因的母羊建立小尾寒羊核心群，已开始由试验转入实际应用阶段。

一、小尾寒羊高繁新品系繁育群多胎基因检测及应用

1. 基因型频率

2008年春季和9月，在菏泽分别对核心群34只和39只小尾寒羊种羊进行耳组织采样，进行多胎基因检测。结果表明（表3-3），在检测的53只小尾寒羊母羊中，29只带纯合型(BB)基因，基因型频率为0.547 2；杂合型(B+)基因18只，基因型频率0.339 6。被检测的20只小尾寒羊公羊中，纯合型(BB)基因2只，基因型频率为0.10；杂合型(B+)基因13只，基因型频率为0.65。

表3-3 采样个体基因型分布

品种	性别	只数	纯合型(BB)		杂合型(B+)		野生型(++)	
			只数	基因型频率	只数	基因型频率	只数	基因型频率
小尾寒羊	♀	53	29	0.547 2	18	0.339 6	6	0.113 2
小尾寒羊	♂	20	2	0.100 0	13	0.650 0	5	0.250 0

2. 对产羔数影响

从基因型对产羔数的影响看（表3-4），纯合型(BB)基因小尾寒羊母羊产羔数头胎平均比带杂合型(B+)基因的母羊增加0.18只，二胎平均增加1.30只。这说明具有 *BMPR-IB* 基因的纯合子

或杂合子母羊产羔数与该基因密切相关。B 等位基因具有增加产羔数的效果。

表 3-4　小尾寒羊基因型分布与产羔数的统计

母羊基因型	总产羔母羊数/只	头胎平均产羔数/只	二胎平均产羔数/只	三胎平均产羔数/只	四胎平均产羔数/只
BB	27	2.04(26)	3.30(23)	3.00(12)	3.00(2)
B＋	7	1.86(7)	2.00(2)		

二、鲁西黑头肉羊多胎品系培育

鲁西黑头肉羊多胎品系，是利用黑头杜泊绵羊肉用性能好和小尾寒羊繁殖率高的种质特性，采用常规育种和 *FecB* 分子遗传标记辅助选择技术，经杂交选育、横交固定与扩繁，培育出的适合我国农区生产优质高档肥羔肉的多胎品系。

在杂交和横交选育过程中，对育种群进行了多批次基因取样检测，检测结果如表 3-5 所示。

表 3-5　多胎基因检测结果

羊群类别	数量/只	BB 基因型		B＋基因型		＋＋基因型	
		数量/只	频率	数量/只	频率	数量/只	频率
杜寒 F_1	23	1	0.043	18	0.783	4	0.174
杜寒 F_2	71	1	0.014	29	0.408	41	0.578
杜寒 F_3	47	1	0.021	8	0.170	38	0.809
横交群 F_{22}	22	3	0.136	9	0.409	10	0.455
横交群 F_{23}	30	1	0.033	9	0.300	20	0.667
横交群 F_{31}	16			7	0.438	9	0.562
横交群 F_{32}	40	1	0.025	9	0.225	30	0.750
合计	249	8		99		152	

①在杜泊(♂)×小尾寒羊(♀)杂交 F_1、F_2 和 F_3 代及不同横

交类群中，存在BB、B+和++ 3种基因型，并以B+基因型为主。杜寒F_1与F_2、F_3代羊B+基因型频率差异极显著($P<0.01$)，杜寒F_2与F_3代羊B+基因型频率差异显著($P<0.05$)，说明杜泊绵羊与小尾寒羊杂交后，小尾寒羊的多胎性能够通过杂交较好地传给后代。

②分析群体基因型与个体产羔数关系，杜寒F_1、F_2、F_3代B+基因型繁殖母羊比++基因型繁殖母羊分别增加产羔0.54只、0.65只和0.66只，差异极显著($P<0.01$)。杜寒F_1代繁殖母羊平均产羔数1.67只，显著高于杜寒F_3代($P<0.01$)，比F_2代平均产羔数增加0.28只，差异不显著($P>0.05$)，表明利用杜泊(♂)×小尾寒羊(♀)开展杂交育种，小尾寒羊的多胎性能在杜寒F_1代表现最好，其次为F_2代，以F_3代最差，杂交后代的繁殖性能，随级进杂交代数的增加变差。因此，在开展杂交选育过程中，级进代数不宜超过2代，否则不利于提高繁殖率。

③在4个横交组合中以杜寒F_3♂×F_1♀组合产羔数最多，显著高于杜寒F_2♂×F_3♀($P<0.01$)，其次为F_2♂×F_2♀、F_3♂×F_2♀组合产羔数较多。不同横交组合的B+基因型繁殖母羊平均产羔数，都显著高于++基因型繁殖母羊($P<0.01$)。这为今后开展横交固定，提高繁殖率提供了参考依据。

以上试验结果表明，鲁西黑头肉羊存在3种*FecB*基因型(BB、B+和++)，并以B+基因型为主。B+基因型母羊比++基因型母羊多产羔0.62～0.87只。肉羊的多胎性能够通过杂交较好地传给后代。为利用*FecB*分子标记选育多胎品系，增加产羔率提供了技术支撑。

在鲁西黑头肉羊横交固定选育过程中，选择携带*FecB*基因型(BB、B+)的优秀公母羊个体优先配种扩繁，增加了品系群体中携带BB、B+基因型个体数量。2011年对核心群133只育成羊进行多胎基因(*FecB*)检测，BB、B+和++基因型频率，公羊分别为0.113 6、0.568 2和0.318 2；母羊分别为0.123 6、0.606 7和0.269 7；核心群体 3 种基因型频率平均为 0.120 3、0.594 0 和0.285 7，其中 BB 和 B+基因型频率达到 0.714 3。与 2010 年检测结果相比，核心群中 BB 和 B+基因型频率分别增加 0.060 1 和 0.137 1，合计增加 0.188 2。携带 BB、B+基因型母羊产羔率达到 211.7%。鲁西黑头羊繁殖母羊 1 胎 3 羔和 1 胎 4 羔的情况见图 3-5 和图 3-6。

图 3-5　鲁西黑头肉羊繁殖母羊 1 胎 3 羔

图 3-6　鲁西黑头肉羊繁殖母羊 1 胎 4 羔

随着我国地方绵羊品种多胎主效基因筛选和标记辅助育种的深入研究与应用，必将有力地推动和加速我国肉用绵羊多胎品系的选育步伐，促进我国优质肉羊产业的发展，产生巨大的经济效益。

第四章　肉羊常用饲料及加工调制技术

饲草、饲料是养羊业的物质基础，肉羊所需的各种营养物质必须由饲料供给。在肉羊生产成本中，饲草饲料费占70%左右。因此，了解不同饲料的性质和营养特点，根据肉羊不同生长、生产阶段营养需要进行合理加工、配制，是提高饲料利用效率，降低饲料成本，增加肉羊生产效益的主要生产环节之一。

第一节　肉羊常用饲料及特点

根据国际分类原则，我国按照动物营养需要的几个主要方面和饲料的主要营养特性，把饲料分为八大类：青绿饲料、青贮饲料、粗饲料、能量饲料、蛋白质饲料、矿物质饲料、维生素饲料、添加剂（图4-1）。

一、青绿饲料

青绿饲料是指自然水分含量在60%以上的一类饲料，它包括天然和人工栽培牧草、青刈饲料作物、叶菜类饲料、树枝树叶及水生植物等。青绿饲料营养丰富而且较全面，适口性好，消化率高，还具有轻泻、保健、改善畜产品内外品质等作用，是肉羊日粮的基本饲料。青绿饲料中粗蛋白质含量比禾本科籽实多。青绿饲料的氨基酸组成也优于其他植物性饲料，含有各种必需氨基酸，以赖氨酸、色氨酸的含量最高。据测定，青草的蛋白质生物学价值比精料高25%以上。特别是青绿饲料叶片中叶绿蛋白的氨基酸组成近似于酪蛋白，对肉羊育肥特别有利。以青饲料为主要来源的放牧肉用绵羊，能基本满足各种矿物质、维生素的营养需要。

- 羊常用饲料
  - 粗饲料
    - 青干草
    - 稿秕饲料
      - 秸秆
      - 秕壳
  - 青绿饲料
    - 青鲜草
    - 青割牧草
    - 叶菜类
  - 青贮饲料
  - 精饲料
    - 能量饲料
      - 谷实类加工副产品
      - 块根、块茎及瓜果类饲料
      - 其他（动植物油、糖蜜等液态饲料）
    - 蛋白质饲料
      - 植物性蛋白质饲料
        - 豆料籽实
        - 饼粕类饲料
        - 其他加工副产品
      - 动物性蛋白质饲料
      - 单细胞蛋白质饲料
      - 非蛋白氮饲料
  - 矿物质饲料
  - 维生素饲料
  - 添加剂及其他

图 4-1　肉羊常用饲料

（一）常用青绿饲料

1. 青饲玉米

玉米植株高大，生长迅速，产量高，是肉羊产区的主要粮食作物之一。青刈玉米具有柔嫩多汁，适口性好，营养丰富，无氮浸出物含量高，易消化等特点，青贮后可作为肉羊的优质青饲料（图 4-2）。

图 4-2　青饲玉米

2. 苜蓿

分为紫花苜蓿和黄花苜蓿，以前者分布广，是最重要的栽培牧草之一，以“牧草之王”著称（图 4-3）。不仅产量高，而且品质好、适应性强，一次栽种可利用多年，一般以第 2 年到第 4 年生长最旺盛，在开花前（50％现蕾期）刈割最适宜。苜蓿营养价值高，如初花期干物质中粗蛋白质为 21.1％，且必需氨基酸组成较平衡，赖氨酸达 1.34％，消化率可达 78％，饲用效果较好，可作肉用绵羊的主要青饲料。但喂量不宜过多，体重 60 千克的肉用绵羊日喂量不宜

图 4-3　紫花苜蓿

超过 7 千克，否则会引起瘤胃鼓气。

3. 羊草

羊草又名碱草，是我国北方草原分布很广的一种优良多年生牧草。由于它适应性强，饲用价值高，容易栽培，已成为我国重点推广的优良牧草。羊草的适口性好，营养丰富，鲜草干物质含量为 28.64%，粗蛋白质为 3.49%，蛋白品质较好。羊草主要供调制干草，也可整株鲜喂或铡碎后饲喂。

4. 根茎和瓜类的茎叶

这类饲料柔嫩多汁，适口性好，营养价值较高。如甘蓝、白菜、油菜、竹叶菜、甜菜茎叶、甘薯藤、胡萝卜茎叶、南瓜叶等，都可作为肉羊的青饲料。

(二)利用青绿饲料应注意的问题

青绿饲料的利用方法主要有铡碎、制作青贮饲料和调制干草等，饲用青饲料应注意以下问题。

1. 合理搭配

用青绿饲料饲养肉羊时，要补充和掺入适量青干草、谷物饲料(玉米、高粱等)和蛋白质饲料(豆饼、花生饼等)，这样才能满足营养需要，饲养效果才能更好。

2. 适时收割

青饲料要适时收割，喂肉羊一般以 3～10 厘米长为宜。

3. 喂量适当

对适口性差、有异味的牧草，如串叶松香草、俄罗斯饲料菜等，初次喂时应进行训饲。肉羊经 3～5 天训饲，能够适应后才可足量投喂。

4. 预防中毒

一防亚硝酸盐中毒。用青绿多汁饲料喂肉用绵羊时，不要堆积时间过长，因为腐败菌能把硝酸盐还原为亚硝酸盐，羊采食后会中毒；二防氢氰酸中毒。玉米苗、高粱苗、亚麻叶、苏丹草等，因为它们含有氰苷，肉羊吃了后在瘤胃内会生成氢氰酸而发生中毒；三防有机农药中毒。刚喷过农药的牧草、蔬菜及田间杂草等，不能立即饲喂，应在药效消失后才能饲喂；四防发生瘤胃臌胀病。豆科牧草由于含有皂素，肉羊一次吃得过多，易发生瘤胃臌胀病。

二、青贮饲料

青贮饲料是指将新鲜的青饲料切短装入青贮设施，密封后经过微生物发酵作用，制成的一种具有特殊芳香气味、营养丰富的饲料。

（一）青贮饲料的特点

①原料来源广，调制方便，营养损失较少。用于青贮的原料来源广泛，如全株玉米、甘薯藤、花生藤、各种块根块茎、各种蔬菜等农作物，以及苜蓿、野青草等。只要适时收割青贮，一般保留 90% 左右原料成分。青贮也有利于维生素的保存，如甘薯秧青贮饲料每千克含有胡萝卜素 94.7 毫克，而自然风干后仅为 2.5 毫克。其他营养成分，也有类似趋势。

②青贮饲料适口性好，消化率高。青饲料经过乳酸菌发酵后，质地柔软，有酸甜清香味，羊喜欢吃。饲料经青贮后饲喂肉用绵羊，各种营养成分的消化率也有提高。

③青贮饲料能够保存青绿饲料的营养特性，不仅可以常年利用，还可长期保存，实现以丰补歉的目的。同时不受风、霜、雨、雪及水、火等自然灾害的影响。

④饲喂青贮饲料，可促进生长发育，还可减少消化系统和寄生虫病的发生。

（二）青贮饲料的适宜喂量

饲喂青贮饲料应经过 4～7 天的训练，喂量应由小到大，和其他饲料配合饲喂，使之逐渐适应。如肉用绵羊每日喂量：成年羊3～5千克，羔羊0.4～0.6千克。同时应注意妊娠羊要少喂青贮饲料，妊娠后期停喂，冻结的要化开再喂，以防引起母羊流产。

三、粗饲料

粗饲料指干物质中粗纤维的含量在18%以上的一类饲料，含有丰富的粗纤维，对促进肠胃蠕动和增强消化力有重要作用，也是肉羊冬、春季节的主要饲料。主要包括干草类、秸秆类、农副产品类。

（一）干草类

1.青干草

一般水分含量8%～9%，粗蛋白质含量5%～13%，粗纤维含量为30%～38%，无氮浸出物含量在40%左右，钙多磷少，每千克青干草含消化能8兆焦左右，含胡萝卜素35毫克左右，是肉羊冬春必备的饲草。

2.栽培牧草

主要有苜蓿、草木樨、沙打旺、红豆草、羊草、老芒麦、披碱草等。苜蓿干草的粗蛋白质含量可达18%～24.8%，赖氨酸1.06%～1.38%，粗脂肪2.4%，粗纤维35.7%，无氮浸出物34.4%，粗灰分8.9%，其中钙为1.09%，磷为0.3%。初花期和盛花期苜蓿干草的能量，接近于中等能量饲料。

（二）秸秆类

肉羊产区农作物秸秆种类以小麦秸、玉米秸、稻草、谷草、甘薯秧、花生秧和豆秸为主，是粗饲料的主要来源。

1.玉米秸

玉米（图4-4）的种植面积大，秸秆产量也最多。风干的玉米秸粗蛋白质含量3.9%，粗脂肪0.9%，粗纤维37.7%，无氮浸出物48.0%，粗灰分9.5%。玉米秸外皮光滑，茎的上部和叶片营养价值较高，羊喜爱采食，是肉羊的主要饲草。

图 4-4 玉米

2. 豆秸

豆秸是各类豆科作物收获籽粒后的秸秆总称，包括大豆、豌豆、蚕豆、绿豆等茎叶，在籽实收获的过程中，经过碾压，豆秸被压扁，豆荚仍保留在豆秸上，这样豆秸的营养价值和利用率都得到提高。青刈的大豆秸叶的营养价值接近紫花苜蓿。在豆秸中蚕豆秸和豌豆秸的蛋白质含量最多，品质较好。

3. 花生秧

干花生秧含可消化蛋白质 70 克/千克，钙、磷分别为 17 和 7 克/千克，其粗蛋白质含量分别是豌豆秧和稻草的 1.6 倍和 6 倍。花生秧不仅营养丰富，且适口性好，采食利用率、消化率都较高，是肉羊极好的饲草。

4. 甘薯秧

甘薯秧干物质中的粗蛋白质含量为 8.8%，比花生秧含量稍高，比谷草含量高 1 倍；甘薯秧中粗脂肪的含量为 2.6%，比苜蓿草高 0.3%，比谷草高 0.7%。另外，甘薯秧质地柔软、适口性好，消化利用率较高。

5. 谷草

谷草就是谷子秸秆，质地柔软厚实，营养丰富，可消化粗蛋白质较麦秸、稻草高。在禾谷类饲草中，谷草主要的用途是制备干草，供冬、春季饲用，是品质较好的饲草。

(三)树叶类

树叶中含有丰富的蛋白质、矿物质和维生素。用树叶喂羊，成本低、增重快、省精料、效益高，还能增强抗病力。有100多种树的叶子可以用作肉羊的饲料，主要有杨树叶、桑叶、槐树叶、泡桐树叶、苹果树叶、松针等。

(1)槐树叶。含粗蛋白质19.1%～23.2%、无氮浸出物39.3%～44.6%、赖氨酸1.29%～1.68%，苏氨酸0.56%～0.93%，精氨酸1.27%～1.48%、钙1.76%～2.4%、磷0.03%～0.31%以及多种维生素，尤其是胡萝卜素和维生素B_2含量丰富，用来喂羊可提高增重和饲料报酬，节约精料。

(2)杨树叶。干物质中含有18种氨基酸、维生素等营养物质，其中粗蛋白质12%～13%，粗脂肪4.75%，粗纤维16.8%，钙0.51%，磷0.15%。杨树叶具有利水通便，解热毒，杀虫，健胃消食，激活口腔味觉，增进食欲之功效，并对羊胃肠道有害杂菌有抑制作用。鲜喂、干喂均可。

(3)松针。松叶主要是指马尾松、黄山松、油松以及桧、云杉等树的针叶。松针粉含粗蛋白质6.5%～9.6%，粗纤维14.6%～17.6%，赖氨酸、天门冬酸等18种氨基酸总含量5.5%～8.1%；钙0.45%～0.62%，磷0.02%～0.04%及铜、锌、钴等矿质元素；每千克松针含胡萝卜素250毫克、维生素C 540～650毫克/千克，叶绿素700～2 200毫克/千克。可促进生长，预防肠胃道疾病及各种维生素缺乏症，对种公羊具有提高精液分泌量的作用。

四、能量饲料

能量饲料指干物质中粗纤维的含量在18%以下，粗蛋白质的含量在20%以下的一类饲料，主要包括谷实类、糠麸类、淀粉质的根茎瓜果类、油脂、草籽树实类等。

(一)谷实类籽实

这类饲料属禾本科植物成熟的种子，常用的有玉米、小麦、大麦、燕麦、稻谷、谷子、高粱等。

1. 玉米

玉米是肉羊生产中常用的能量饲料，产区分布广，产量高、种类多，种植面积大，是农区主要粮食作物之一。玉米含粗纤维较少，仅2%左右，而无氮浸出物高达70%以上，能量为14.5兆焦/千克以上。全玉米中有机物质的平均消化率可达到86%，并且适口性好，易于消化。玉米蛋白质含量低，品质较差，缺少赖氨酸，微量元素含量都较低。玉米脂肪含量高，但多为不饱和脂肪酸。据测定：玉米水分含量在14%以上时，在储藏过程中温度超过20℃时，极易发生霉变，特别是黄曲霉菌产生的黄曲霉毒素，是一种致癌物质，所以在配制饲料时，禁用发霉变质的玉米。我国饲用黄玉米的原料标准见表4-1。

表4-1 饲用黄玉米的质量分级标准 %

指标	一级	二级	三级
粗蛋白质	≥9.0	≥8.0	≥7.0
粗纤维	<1.5	<2.0	<2.5
粗灰分	<2.3	<2.6	<3.0

注：以86%干物质计。

2. 高粱

主要产于我国东北地区，营养成分略低于玉米，消化能平均可达 13.8 兆焦/千克，粗脂肪含量较高，但高粱所含的蛋白质质量较差，氨基酸也不平衡，微量元素含量较低，特别是高粱含有较多的单宁，是一种抗营养因子，会阻碍能量和蛋白质及矿物质的利用率，适口性也较差。

3. 小麦

小麦是肉羊产区的主要粮食作物之一。小麦有效能值仅次于玉米，粗蛋白质含量高于玉米、高粱，各种限制性氨基酸也高于玉米；小麦中锰、锌、铜、钙、磷含量也较玉米高，但钙（0.48%）磷（0.4%）不平衡，维生素 A、维生素 D、维生素 B_2 比较缺乏、维生素 B_1 比较丰富。

4. 大麦

大麦的有效能值不如玉米和高粱，与小麦相近，但是大麦蛋白质质量较好。赖氨酸含量比玉米、高粱高 1 倍，粗纤维含量和灰分含量较高，影响能量的利用率，大麦中钙、铜含量较低，但铁含量比较高，大麦整粒喂养不易消化，所以应该破碎。

5. 稻谷

稻谷是谷实类饲料中产量最高的一种，但由于它含有坚实的外壳，粗纤维含量高，一般在 8%以上，因而有效能值较低，消化能仅为 10.5～10.8 兆焦/千克。稻谷所含蛋白质比玉米稍低，氨基酸含量与玉米相似，有效钙、磷和微量元素与玉米相近。我国饲用稻谷的质量等级标准见表 4-2。

表 4-2　饲用稻谷质量指标及分级标准　%

指标	一级	二级	三级
粗蛋白质	≥7	≥6	≥6
粗纤维	<5	<8	<10
粗灰分	<5	<6	<8

注：以 86%干物质计。

(二)加工副产品

这类饲料主要是指谷实类的加工副产品，主要有米糠、小麦麸、大麦麸、玉米皮、高粱糠、谷糠、大豆皮等，其中以小麦麸与米糠最常用。

1.小麦麸

小麦麸俗称麸皮，是小麦粒制粉后的副产品，其营养价值因面粉的精制程度不同而有差异。一般含粗纤维8.5%～12%，能量为11.5～12.0兆焦/千克，粗蛋白质含量较高可达15.5%。小麦麸中赖氨酸含量较高，含有较丰富的铁、锌、锰。但磷的质量不好，绝大部分是植酸磷。小麦麸中含有丰富的维生素E、烟酸和胆碱。我国饲用小麦麸的质量标准见表4-3。

表4-3 饲用小麦麸的质量标准 %

指标	一级	二级	三级
粗蛋白质	≥16	≥14.0	≥12.0
粗纤维	<9.0	<10.5	<12.0
粗灰分	<5.5	<6.0	<6.5

注：以87%干物质计。

2.米糠

米糠是糙米精制成精米时的副产品，由种皮、糊粉层、胚及少量胚乳组成，占稻谷的6%～8%。米糠中粗蛋白质含量为14%，比大米(粗蛋白质为9.2%)高。赖氨酸、色氨酸和苏氨酸含量高于玉米。粗脂肪含量12%以上，粗纤维含量不高，所以有效能值较高。B族维生素及维生素E含量高，且含有肌醇，是核黄素的良好来源。米糠矿物质含量丰富，钙少(0.08%)磷多(1.6%)，钙磷比例不平衡，所含磷主要是植酸磷。此外，米糠中锌、铁、锰、钾、镁含量较高。米糠中脂肪多属不饱和脂肪酸，且脂肪酶活性较高，长期储存易引起脂肪变质。

我国饲用米糠的质量及分类标准见表 4-4。

表 4-4　饲用米糠的质量及分类标准　%

指标	一级	二级	三级
粗蛋白质	≥13.0	≥12.0	≥11.0
粗纤维	<6.0	<7.0	<8.0
粗灰分	<8.0	<9.0	<10.0

注：以 87%干物质计。

（三）根、茎类

主要包括甘薯、马铃薯、胡萝卜、饲用甜菜等。这类饲料的最大特点是容积大，水分含量高，可达 70%～90%，因而干物质含量低。干物质中粗蛋白质、粗纤维的含量较低。无氮浸出物含量高，且多为易消化的淀粉或糖分。

1. 胡萝卜

胡萝卜产量高，易栽培，耐储藏，营养丰富，是种羊重要的青饲料。蛋白质含量也较其他块根多，胡萝卜素含量尤为丰富，每千克胡萝卜中含胡萝卜素 36 毫克以上，胡萝卜还含有大量钾盐、磷盐和铁盐等多种微量元素。对提高种公羊精液品质、维持泌乳母羊的泌乳都有重要作用，具有很好的调养作用，是种公羊和繁殖母羊冬、春季重要的多汁饲料。因熟喂会使胡萝卜素、维生素 C、维生素 E 遭到破坏，所以胡萝卜要生喂。肉羊种公羊一般每天喂给 1～2 千克即可满足需要。

2. 甘薯

甘薯又称红薯、地瓜，干物质含量可达 25%～30%，其中 85%为淀粉，蛋白质含量较低，甘薯含有一定量的胡萝卜素，其他维生素和矿物质缺乏，必须同其他饲料混合喂饲。

3. 马铃薯

马铃薯又称土豆，马铃薯含干物质约 25%，主要成分是淀粉，占干物质的80%以上。鲜马铃薯中维生素C含量丰富,其他维生素缺乏,钙、磷及其他矿物质元素含量低。马铃薯耐储藏,温度高时会发芽,发芽马铃薯的绿色表皮含有龙葵素,大量采食可致中毒,甚至死亡,应禁止饲喂任何动物。

五、蛋白质饲料

蛋白质饲料指干物质中粗纤维含量在18%以下,粗蛋白质含量在20%以上的一类饲料,主要包括植物性蛋白质饲料、动物性蛋白质饲料、微生物蛋白质饲料等。我国肉羊生产禁用动物源性饲料。

(一)植物性蛋白质饲料

植物性蛋白质饲料主要包括豆科籽实、饼粕类和某些加工副产品。其中豆科籽实大部分是作为食品,仅少量用作饲料。饼粕类饲料是肉羊最主要的蛋白质饲料资源,加工副产品如玉米蛋白粉、糟渣类也是常用的植物性蛋白质饲料。

1. 大豆饼(粕)

豆饼(粕)是以大豆为原料,提取或榨取食用油脂后的副产品。粗蛋白质含量一般为40%~46%,氨基酸比例组成较合理,必需氨基酸含量高,尤其是赖氨酸在各种饼粕类饲料中含量最高,达2.4%~2.9%,但蛋氨酸含量不足。大豆饼(粕)中的可溶性碳水化合物主要是糖类,淀粉含量不多,粗纤维含量低,因此可利用能量高。矿物质含量不平衡,钙低(0.3%),磷较适宜(0.65%),含有丰富的铁和锌。豆饼、豆粕的适口性好,是肉羊的优质蛋白质饲料,在精饲料中用量一般占10%~30%。

2. 棉籽饼(粕)

棉籽饼(粕)是棉籽榨油后的副产品,去壳的棉籽饼(粕)中含35%~41%的粗蛋白质,蛋白质的品质较大豆饼(粕)低,赖氨酸不足,精氨酸含量高。含较丰富的磷、铁、锌。棉籽饼(粕)含有毒物质棉酚，喂量过多容易引起中毒。但对肉用绵羊来说，只要饲喂不过量（日粮中用量以不超过 20％为宜）就不会发生中毒，且成本较豆粕（饼）便宜，故在肉羊生产中被广泛应用。

3. 菜籽饼（粕）

菜籽饼（粕）一般粗蛋白质含量为 30％～38％，粕的粗蛋白质含量比饼高出 2％～3％。粗蛋白质含量低于大豆饼（粕）和棉籽饼（粕），并且蛋白质的消化利用率低。但蛋氨酸含量高于大豆饼（粕）、棉籽饼（粕）。粗纤维含量为 12％～14％，约为大豆饼的 2 倍，可利用能量水平较低。菜籽饼（粕）中钙、磷、锰含量较高，硒的含量是植物性饲料中最高的。菜籽饼（粕）中胡萝卜素、维生素 D 及硫胺素、核黄素、泛酸的含量较低，但烟酸和胆碱含量高，是其他饼粕类饲料的 2～3 倍。

菜籽饼（粕）含有硫葡萄糖苷类化合物，可水解成噁唑烷硫酮、异硫氰酸盐等类等有毒物质，所以菜籽饼（粕）不脱毒，只能限量饲喂，只有脱毒或减毒后才能提高饲喂比例。日粮中用量以不超过 20％为宜

4. 花生饼（粕）

花生饼（粕）是指脱壳花生去油后的副产品。花生饼粗蛋白质含量 42％～44％，浸提粕 45％～48％。带壳的花生饼（粕）蛋白质含量仅为 35％左右，而粗纤维高达 18％。花生饼（粕）赖氨酸含量 1.35％、蛋氨酸含量 0.39％，精氨酸含量特别高（5.2％），是所有动、植物性饲料中含量最高的。花生饼（粕）粗纤维含量仅 5％左右，无氮浸出物中大多为淀粉、糖和戊聚糖等，含消化能可达 12.5 兆焦/千克以上。花生饼（粕）中胡萝卜素、维生素 D 和维生素 C 含量均低，但 B 族维生素含量丰富，特别是烟酸含量高（达 174 毫克/千克），泛酸（52 毫克/千克）、硫胺素（7.3 毫克/千克）含量均高于大豆饼（粕）。钙、磷含量少且多为植酸磷，其他微量元素含量与大豆饼（粕）相近。

花生饼(粕)粗蛋白品质比豆饼差,饲用价值与大豆饼(粕)相当或略低,有甜香味,适口性好。此外花生饼(粕)储存不当,易感染黄曲霉,产生黄曲霉毒素。一旦发现,经脱毒后方能用作饲料。

5. 玉米胚芽饼(粕)

玉米胚芽饼(粕)是玉米胚芽脱油后所剩的残渣。蛋白质含量一般为15%~21%,氨基酸中赖氨酸0.70%,蛋氨酸0.30%,色氨酸含量较低。维生素中维生素E含量丰富,达87毫克/千克,大大高于其他植物饼(粕)类。玉米胚芽饼(粕)适口性好,价格低廉,是肉用绵羊的优良饲料。

6. 玉米蛋白粉

玉米蛋白粉是玉米淀粉厂的主要副产物之一,为玉米除去淀粉、胚芽、外皮后剩下的产品。蛋白质含量因工艺条件不同变异较大(粗蛋白质35%~60%),氨基酸组成不佳,蛋氨酸含量较高。粗纤维含量低,易消化。B族维生素含量低,但胡萝卜素含量高。钙、磷等各种矿物质含量低。

7. 糟、渣类

糟、渣类主要包括啤酒糟、酒精糟、豆腐渣、酱油渣、醋渣等,都含有较高的蛋白质,适当处理可以作为较好的蛋白质补充料。

(1)啤酒糟。是大麦提取可溶性碳水化合物后的残渣,是酿制啤酒过程的副产品,其成分除淀粉含量低外,其他与大麦组成相似。干啤酒糟粗蛋白质含量为22%~27%,氨基酸中赖氨酸(0.75%)、蛋氨酸(0.6%)含量低。粗纤维含量(15%)较高,矿物质、维生素含量丰富。无氮浸出物39%~43%,以五碳糖类戊聚糖为主。啤酒糟适口性好,过瘤胃蛋白质含量高,适用于肉羊育肥。饲喂量可达到混合精料的30%~35%。

(2)酒精糟。以玉米酒精糟最多。经干燥处理后的脱水酒精糟,蛋白质含量较高(18%~25%),并且粗纤维(11%~20%)含量低,脂肪含量(3%~8%)较高。含有丰富的B族维生素,适口性好，其中的蛋白质在肉羊瘤胃中降解率较低，是很好的过瘤胃蛋白质来源。

(3)豆腐渣。豆渣中的蛋白质含量受加工的影响较大，干物质中粗蛋白质含量为 19%～29.8%，粗纤维和粗脂肪含量较高，维生素含量低，含有抗胰蛋白酶因子。

豆腐渣水分含量很高，不容易干燥，不宜久存，一般鲜喂，是肉羊的良好多汁饲料。

(二)微生物蛋白质饲料

微生物蛋白质饲料是指由各种微生物细胞制成的蛋白质饲料，包括酵母菌、细菌、真菌和一些单细胞藻类。

微生物蛋白质饲料由于原料及生产工艺不同，其营养成分组成变化较大。主要营养特点是：粗蛋白质含量较高，风干制品中含粗蛋白质一般在 50%以上。富含多种酶系，动物对其消化率较高。富含 B 族维生素，氨基酸含量不平衡。酵母类单细胞生物饲料一般具有苦味，适口性差，应限制喂量。

六、矿物质饲料

矿物质饲料包括饲料级单一矿物质饲料，多种矿物质混合的矿物质饲料，以及加有载体或稀释剂的矿物质添加剂预混料。

(一)食盐

食盐补饲食盐时，除了直接拌在饲料中外，也可以以食盐为载体，制成微量元素添加剂预混料。在缺硒、铜、锌地区等，也可以分别制成含亚硒酸钠、硫酸铜、硫酸锌或氧化锌的食盐砖、食盐块供羊舔食。

(二)钙、磷矿物质饲料

钙、磷矿物质饲料适宜的钙、磷比对羊的生长和骨骼发育至关重要；生产中常用的有石粉、贝壳粉、磷酸氢钙、磷酸二氢钙等(表 4-5)。羊一般禁用骨粉和肉骨粉。

表 4-5 常用钙、磷矿物质饲料 %

饲料名称	分子式	钙	磷
碳酸钙(饲料级)	$CaCO_3$	38.42	0.02
磷酸氢钙(无水)	$CaHPO_4$	29.60	22.77
磷酸氢钙(2 个水)	$CaHPO_4 \cdot 2H_2O$	23.29	18.00
磷酸二氢钙	$Ca(H_2PO_4)_2 \cdot H_2O$	15.90	24.58
磷酸氢钙(4 个水)	$CaHPO_4 \cdot 4H_2O$	21.00	16.50
磷酸三钙	$Ca_3(PO_4)_2$	38.76	20.00
石粉、石灰石	主要成分 $CaCO_3$	35.84	0.01
贝壳粉	主要成分 $CaCO_3$	32～35	—
蛋壳粉		30～40	0.1～0.4
磷酸二氢钠	NaH_2PO_4	0.09	21.82

(三)镁补充饲料

镁补充饲料主要有氧化镁、硫酸镁、碳酸镁、磷酸镁、氯化镁、柠檬酸镁等。其生物学价值分别为 100%、58%～113%、86%～113%、100%、98%～100%、100%～148%。其中以氧化镁、硫酸镁、碳酸镁应用较多。

(四)硫补充饲料

硫补充饲料主要有蛋氨酸、硫酸钠、硫酸钾、硫酸钙、硫酸镁等。其生物学价值分别为 100%、68%～80%、60%～80%、60%～80%。生产中以硫酸钠应用较多。

(五)天然矿物质饲料

1. 沸石

天然沸石是含碱金属和碱土金属的含水铝硅酸盐类，含有 Ca、Mg、K、Na、Zn、Fe 等 25 种矿物元素。它能析出营养元素供机体利用，具有较强的吸附作用，可选择性地吸附 NH_3、CO_2 等物质,还能吸附某些细菌毒素,对机体有良好的保健作用。日粮中使用沸石还可降低畜禽舍的臭味。

2. 麦饭石

麦饭石是一种经过蚀变、风化或半风化,具有斑状或似斑状结构的中酸性岩浆岩矿物质,主要化学成分是二氧化硅和三氧化二铝。含有 K、Na、Ca、Mg、Cu、Zn、Fe、Se 等对动物有益的常量、微量元素,这些元素的溶出性好,有利于体内营养代谢。

3. 膨润土

膨润土是蒙脱石类黏土岩组成的一种含水的层状结构铝硅酸盐矿物。含磷、钾、锰、钴、钼、镍等动物生长发育所必需的多种常量和微量元素。这些元素是以可交换的离子和可溶性盐的形式存在,易被肉羊吸收利用。膨润土具有吸附性和离子交换性,可延缓饲料通过消化道的速度,提高饲料的利用率,可使酶、激素的活性增加或免疫反应增强,提高动物的抗病能力。

七、饲料添加剂

根据动物营养学原理,一般将饲料添加剂分为营养性和非营养性两大类。

(一)营养性添加剂

营养性添加剂包括微量元素添加剂、维生素添加剂、氨基酸添加剂和非蛋白氮添加剂。

1. 微量元素添加剂

微量元素添加剂依其在动物体内含量的多少,分为常量元素和微量元素。含量多于万分之一的矿物元素称为常量元素,含量少于万分之一的称微量元素。与动物有关的微量元素主要有铁、铜、锰、锌、硒、碘、钴等。微量元素的添加形式有无机盐、有机盐和蛋白盐类,生产中常用的是各种元素的无机盐类(表 4-6),

表 4-6　我国微量元素饲料添加剂质量标准(包括部分常量元素补充物)

名称	分子式	含量/%	主要元素/%	性状	重金属(Pb)/(毫克/千克)	砷/(毫克/千克)	水不溶物/%	氯化物等/(克/千克)	细度
硫酸铜	$CuSO_4 \cdot 5H_2O$	≥ 98.5	Cu≥25.0	淡蓝色结晶性粉末	≤10	≤5	≤0.2		通过 W=800 微米试验筛≥95%
硫酸镁	$MgSO_4 \cdot 7H_2O$	≥ 99.0	Mg≥9.7	无色结晶或白色粉末	≤10	≤2		Cl≤140	通过 W=400 微米试验筛≥95%
硫酸锌	$ZnSO_4 \cdot H_2O$	≥98.0	Zn≥35.0		≤20	≤5	≤0.05		通过 W=250 微米试验筛≥95%
	$ZnSO_4 \cdot 7H_2O$	≥99.0	Zn≥22.5	白色结晶性粉末	≤10	≤5	≤0.05		W=800 微米试验筛≥95%
硫酸亚铁	$FeSO_4 \cdot 7H_2O$	≥98.0	Fe≥19.68	浅绿色结晶	≤20	≤2	≤0.2		通过 W=2.8 毫米试验筛≥95%
硫酸锰	$MnSO_4 \cdot H_2O$	≥ 98.0	Mn≥31.8	白色或略带粉红色结晶	≤15	≤5	≤0.05		通过 W=2.50 微米试验筛≥95%
亚硒酸钠	Na_2SeO_3	≥98.0	Se≥44.7	无色结晶粉末			水分≤2		
氯化钴	$CoCl_2 \cdot 6H_2O$	≥ 98.0	Co≥24.3	红色或红紫色结晶	≤10	≤5	≤0.03		通过 W=800 微米试验筛≥95%
碘化钾	KI	≥99.0	I≥75.7	白色结晶	≤10	≤2	水分≤1.0	Ba≤10	通过 W=800 微米试验筛≥95%
轻质碳酸钙	$CaCO_3$	≥98.3	Ca≥39.2	白色粉末	≤30	≤2	水分≤1.0	Ba≤50	
磷酸氢钙	$CaHPO_4 \cdot 4H_2O$		Ca≥21.0 P≥16.0	白色粉末	≤20	≤30		F≤1 800	通过 W=400 微米试验筛≥95%

注:W 表示筛孔大小。

引自陈喜斌. 饲料学,2003.

如硫酸盐、盐酸盐(氯化钴等)、氧化物(氧化镁)等。微量元素添加量应按育肥羊的营养需要添加,一般不考虑饲料中的含量和可利用率。

2. 维生素饲料

维生素饲料指人工合成或由天然原料提纯的单一维生素或复合维生素制剂,但不包括某项维生素含量较多的天然饲料。大多数维生素都有不稳定性,易氧化或易被其他物质破坏失效的特点,几乎所有的维生素制剂都经过特殊加工处理或包被。常用商品维生素饲料添加剂可归纳为三类:一是纯制剂。稳定性较好的维生素单一高浓度制剂,其化合物含量在95%以上,例如维生素 B_1、维生素 B_2、维生素 B_6、叶酸、烟酸、泛酸钙、维生素 K_3 等;二是经包被处理的制剂,又称稳定型制剂,如维生素 C;三是利用脱脂米糠等载体或稀释剂制成的各种浓度的维生素预混合饲料。常用维生素产品见表4-7。

3. 氨基酸

目前广泛用作饲料添加剂的是赖氨酸与蛋氨酸。肉羊有瘤胃微生物的作用,除幼龄羔羊外,一般情况下不需要专门补给这类氨基酸。

4. 非蛋白氮饲料

(1)种类及利用过程。非蛋白氮包括蛋白质分解的中间产物——氮、酰胺、氨基酸,还有尿素、缩二脲和磷酸二氢铵等一些铵盐,目前生产中常用的主要是尿素。羊瘤胃微生物能把饲料中的非蛋白氮和尿素类饲料添加剂转变为微生物蛋白质,最后被羊消化利用,其过程如下。

$$\left.\begin{array}{l}\text{尿素}\xrightarrow{\text{微生物脲酶}}\text{氨}+\text{二氧化碳}\\ \text{碳水化合物}\xrightarrow{\text{微生物酶}}\text{挥发性脂肪酸}+\text{酮酸}\end{array}\right\rangle\xrightarrow{\text{细菌合成}}\text{微生物蛋白}$$

表 4-7 维生素添加剂的规格要求

种类	外观	粒度/(万粒/克)	含量	容重/(克/毫升)	水溶性	重金属/(毫克/千克)	砷盐/(毫克/千克)	水分/%
维生素 A 乙酸脂	淡黄色到红褐色球状颗粒	10～100	50 万国际单位/克	0.6～0.8	在温水中弥散	<50	<4	<5.0
维生素 D_3	奶油色细粉	10～100	10～50 万国际单位/克	0.4～0.7	可在温水中弥散	<50	<4	<7.0
维生素 E 乙酸脂	白色或淡黄色细粉或球状颗粒	100	50%	0.4～0.5	吸附制剂，不能在水中弥散	<50	<4	<7.0
维生素 K_3(MSB)	淡黄色粉末	100	50%甲萘醌	0.55	溶于水	<20	<4	—
维生素 K_3(MSBC)	白色粉末	100	25%甲萘醌	0.65	可在温水中弥散	<20	<4	—
维生素 K_3(MPB)	灰色到浅褐色粉末	100	22.5%甲萘醌	0.45	溶于水的性能差	<20	<4	—
盐酸维生素 B_1	白色粉末	100	98%	0.35～0.4	易溶于水，有亲水性	<20	—	<1.0
硝酸维生素 B_1	白色粉末	100	98%	0.35～0.4	易溶于水，有亲水性	<20		—
维生素 B_2	橘黄色到褐色，细粉	100	96%	0.2	很小溶于水	—	—	<1.5

续表 4-7

种类	外观	粒度/(万粒/克)	含量	容重/(克/毫升)	水溶性	重金属/(毫克/千克)	砷盐/(毫克/千克)	水分/%
维生素 B_6	白色粉末	100	98%	0.6	溶于水	<30	—	<0.3
维生素 B_{12}	浅红色到浅黄色粉末	100	0.1%～1%	因载体不同而异	溶于水	—	—	—
泛酸钙	白色到浅黄色粉末	100	98%	0.6	易溶于水	—	—	<20(毫克/千克)
叶酸	黄色到浅黄色粉末	100	97%	0.2	水溶性差	—	—	<8.5
烟酸	白色到浅黄色粉末	100	99%	0.5～0.7	水溶性差	<20	—	<0.5
生物素	白色到浅褐色粉末	100	2%	因载体不同而异	溶于水或在水中弥散	—	—	—
氯化胆碱(液态制剂)	无色液体	—	70%、75%、78%	含 70%者为 1.1	易溶于水	<20	—	—
氯化胆碱(固态制剂)	白色到褐色粉末	因载体不同而异	50%	因载体不同而异	氯化胆碱部分易溶于水	<20	—	<30
维生素 C	无色结晶,白色到淡黄色粉末	因粒度不同而异	99%	0.5～0.9	溶于水	—		

引自娄玉杰. 实用动物饲养学,2002

(2)尿素的应用方法。尿素是最常用的非蛋白氮饲料。尿素的含氮量为47%,如全部被瘤胃微生物利用,1千克尿素相当于2.8千克粗蛋白质的营养价值,或7千克豆饼蛋白质的营养价值。因此用尿素等非蛋白物质代替部分蛋白质饲料,既能促进羊只快速生长,又可降低饲料成本。

尿素的喂量与喂法:尿素用量一般不超过日粮粗蛋白质的1/3,或不超过日粮干物质的1%,或按羊体重的0.02%～0.03%喂给,即每10千克体重日喂尿素2～3克。应将定量的尿素与精料充分拌匀,每日喂量分2～3次投给。开始喂量要少,经5～7天的过渡期再转入正常喂量。

(3)喂尿素的注意事项

①尿素不能单独喂,也不能空腹喂给,通常是把尿素与精料拌匀后饲喂,以免造成氨中毒。

②喂后不要马上饮水,防止尿素直接进入皱胃。给羊饮水应在饲喂尿素1小时后进行。

③喂尿素只有在日粮蛋白质不足(低于12%)时饲喂,日粮蛋白质充足时,瘤胃微生物则利用有机氮,加喂尿素反而造成浪费。

④喂尿素要连续进行,直至成肥出栏。同时注意给羊充足的营养物质,如含淀粉多的玉米、高粱等,目的是提高瘤胃微生物的繁殖能力,加速对氨的利用。

⑤注意选用"安全型非蛋白氮"产品,如磷酸脲、缩二脲、异丁基二脲等,这些产品可使尿素在瘤胃中的分解速度减慢,有利于微生物对氮的充分利用。

(二)非营养性添加剂

非营养性添加剂主要包括生长促进剂、药用保健剂、饲料保藏剂和加工辅助剂等。目前养羊生产中常用以下几种。

1.瘤胃素

瘤胃素也称莫能菌素,其功能是通过减少甲烷气体能量损失和饲料蛋白质降解、脱氨损失，控制和提高瘤胃发酵效率，从而提高增重速度及饲料转化率。瘤胃素的添加量一般为每千克日粮干物质中添加 25～30 毫克，均匀地混合在饲料中。最初喂量低，以后逐渐增加。出栏前 5 天停药。

2. 杆菌肽锌

杆菌肽锌为淡黄色至淡棕黄色粉末，无臭，味苦，稳定性好。杆菌肽锌对革兰氏阳性菌有强大的抗菌力，对阴性菌、螺旋体、放线菌也有效，无毒性，药物残留低。对羊有促生长作用，有利于养分在肠道内的消化吸收，改善饲料利用率，提高增重。羔羊用量，每千克混合料中添加 10～20 毫克，混合均匀后喂用。

3. 酶制剂

酶是活体细胞产生的具有特殊催化能力的蛋白质，是一种生物催化剂，对饲料消化吸收起重要作用。如饲料中添加纤维素酶，可提高羊对纤维素的分解能力，使纤维素得到充分利用。

4. 中草药添加剂

中草药添加剂是为预防疾病、改善机体生理状况、促进生长而在饲料中添加的一类天然中草药或中草药提取物。利用中草药添加剂饲喂育肥肉羊，具有健脾开胃、助消化、提高增重等功效。如张英杰等对肉用绵羊育肥公羔进行了中草药添加剂试验，选用黄芪、麦芽、山楂、陈皮、槟榔等中草药，经科学配伍粉碎混匀，每只羊每日添加 15 克，经 2 个月的饲喂期，试验组平均体重较对照组增加 2.69 千克，且发病率显著降低。

5. 碳酸氢钠

碳酸氢钠调节瘤胃酸碱度，增强食欲，提高饲料消化率。用量一般占精料的 1%～1.5%。应用时可采取逐渐增加喂量的方法，以免造成应激反应。碳酸氢钠与氧化镁合用，比例以(2～3)∶1 为宜。

6. 氧化镁

氧化镁维持瘤胃适宜酸度，增加干物质采食量，有利于粗纤维和糖类消化。用量一般占精料的0.75%～1.0%。

7.稀土

稀土是元素周期表中钇、钪及全部镧系共17种元素的总称，可作为一种饲料添加剂用于畜禽生产，具有良好的饲喂效果和较高的经济效益。一般作为饲料添加剂的稀土类型有硝酸盐稀土、氯化盐稀土、维生素C稀土和碳酸盐稀土。在育肥羊日粮中稀土添加量为0.2%。

八、预混料

预混料是添加剂预混合饲料的简称，它是将多种微量组分（包括各种微量矿物元素、各种维生素、合成氨基酸、某些药物和添加剂）与稀释剂或载体按要求配比，均匀混合后制成的中间型配合饲料产品。预混料是全价配合饲料的重要组分。

（一）预混料的特点

1.组成复杂

质量优良的预混料一般包括六七种微量元素，多种维生素、氨基酸，1～2种药物及其他添加剂（抗氧化剂和防霉剂等），且各种饲料添加剂的性质和作用各不相同，配伍关系复杂（表4-8）。

2.用量少、作用大

一般预混料占配合饲料的比例在1%～10%，用量虽少，但对动物生产性能的提高、饲料转化率的改善以及饲料的保存都有极大作用。

3.不能直接饲喂

预混料中添加剂的活性成分浓度很高，一般为动物需要量的几十至几百倍，如果直接饲喂很容易造成动物中毒。

（二）预混料的作用

①可使添加剂的微量成分在配合饲料中分布均匀。

表 4-8　断奶羔羊育肥预混料配方　　千克

原料种类	0.3%羔羊育肥预混料	0.5%羔羊育肥预混料		4%羔羊育肥预混料
	配方 1	配方 2	配方 3	配方 4
硫酸钠（$Na_2SO_4 \cdot 10H_2O$）		100		
硫酸镁（$MgSO_4 \cdot 5H_2O$）			100	
20%瘤胃素		60		7.5
10%杆菌肽锌			30	
维生素 A		5	5	0.625
维生素 D_3		1	1	0.125
维生素 E		10	12	1.5
碘酸钙[$Ca(IO_3)_2$]	0.35	0.15	0.15	0.018 75
硫酸铜（$CuSO_4 \cdot 5H_2O$）	13.4	10.5	12	1.5
硫酸亚铁（$FeSO_4 \cdot H_2O$）	50.8	45.5	44	5.5
硫酸锌（$ZnSO_4 \cdot H_2O$）	68.7	33.7	36.7	4.59
硫酸锰（$MnSO_4 \cdot H_2O$）	32.1	52	48	6.5
亚硒酸钠（$Na_2SeO_3 \cdot 5H_2O$）	0.39	0.27	0.25	0.033 75
氯化钴（$CoCl_2 \cdot 6H_2O$）	1.23	0.5	0.5	0.062 5
次粉		385	365	347
石粉	833	297	346	290
碳酸氢钠（$NaHCO_3$）				250
氧化镁（MgO）				85
抗氧化剂		0.1	0.1	0.1
合计	1 000	1 000	1 000	1 000

②通过预混合工艺处理，补偿和改善微量成分的不理想特性，如不稳定性、吸水性、静电吸附现象等。

③使添加剂的添加水平标准化。

④简化一般饲料加工厂的生产工序并减少投资。

(三)使用预混合饲料的注意事项

1. 正确认识预混料的功效

使用预混料，应首先考虑日粮中粗蛋白质、能量、钙、磷等营养指标，只有在日粮中主要营养指标合理的前提下，预混料的作用才能表现出来。

2. 合理选择预混料

在选购时必须从实际出发，根据自己拥有的饲料原料状况和肉羊不同生产阶段选择合适的类型。

3. 严格识别质量

在购买预混料时，应仔细验看包装是否规范、标签内容是否完整。还要对产品质量作感官判定，合格的预混料应粒度大小基本一致，色泽均一，无异味、霉变、吸湿及结块等现象。

4. 用量准确

应按照说明与其他饲料充分混合饲喂，使用时应准确称量。

5. 正确存放

注意掌握预混料的储藏时间和条件，保持其新鲜。未开袋的预混料要存放在通风、阴凉、干燥处，并且要分类保管；开袋后应尽快用完，切勿长时存放。使用期间应注意密封，避免潮湿，否则会导致有效成分含量降低。

第二节 精饲料加工调制技术

为提高肉羊对精饲料的适口性，增加采食量，提高利用率，生产中需要对精饲料进行合理加工与调制。其加工调制技术包括粉碎、压扁、颗粒化、脱毒、过瘤胃保护和尿素缓释等技术。

一、粉碎

粉碎是精饲料最常用的加工方法，粉碎的程度直接影响精饲料的利用率。试验证明，粗粉与细粉相比，粗粉可提高适口性，提高肉羊唾液分泌量，增加反刍，提高消化吸收率，所以精饲料不宜粉碎过细，稍加粉碎即可。籽实粉碎一般1～2毫米为宜。

二、压扁

将谷物用蒸汽加热到120℃左右，再用压扁机压成1毫米厚的薄片，迅速干燥。由于压扁可改变精料中的营养物质结构，如淀粉经加热糊化、纤维素软化，用于饲喂肉羊，可明显提高消化利用率。

三、制粒

将精饲料粉碎混匀，根据肉羊的营养需要，制成颗粒饲料。具有饲喂方便，适口性好，羊采食量大，消化利用率高，给羔羊补料方便，饲养育肥羊增重效果好等特点；还能有效避免挑食、减少饲料浪费等，是肉羊生产中饲料加工发展的趋势。

四、棉籽饼、菜籽饼的脱毒调制

（一）物理去毒法

1. 蒸煮法

蒸煮法其原理是通过加热煮沸，使棉籽饼中的游离棉酚与部分水溶性化合物形成结合棉酚而失去毒性。即按棉酚的3倍加工煮沸，保持沸腾1小时，并不断搅拌。蒸煮后，棉籽饼变成深褐红色或呈铁锈色，可去掉55％～75％的棉酚。此法简单，但需燃料较多，且会使棉籽饼的赖氨酸利用率降低。

2. 膨化脱毒

用膨化机进行膨化处理，可使游离棉酚的脱除率达70％，该法时间短，故营养损失少，效果较好。对棉籽饼中游离棉酚含量在0.08％以下的，不加脱毒剂膨化，即可达安全饲用标准。对游离棉酚含量超过0.08%的，膨化前加脱毒剂（如硫酸亚铁和生石灰）再膨化，也能达安全饲用标准。但此法必须在高温高压条件下进行，成本较高。

（二）化学脱毒法

某些化学制剂可使游离棉酚破坏后变为结合棉酚。如Fe^{2+}、Cu^{2+}、碱、芳香胺、尿素等均具有去毒作用，其中硫酸亚铁是目前公认的游离棉酚有效的去毒剂。

1.原理

硫酸亚铁中的亚铁离子（Fe^{2+}）与游离棉酚螯合，使棉酚中的活性醛基和羟基失去作用，形成的棉酚—铁复合物在动物消化道内难以吸收。亚铁离子不仅能使其毒性降低，而且能降低其在肝脏中的蓄积量，从而起到预防中毒的作用。

亚铁离子可直接与菜籽饼中硫葡萄糖苷生成无毒的螯合物，也可与其降解产物异硫氰酸酯和噁唑烷酮等生成无毒产物。

2.方法

去毒时根据棉籽饼中游离棉酚的含量，按铁元素与游离棉酚1∶1的重量比，向饼粕中加入硫酸亚铁。具体做法是将1.25千克工业用硫酸亚铁，溶于125千克水中，浸泡50千克粉碎的棉饼，中间搅拌几次，一昼夜后即可使用。

菜籽饼的脱毒调制方法与棉籽饼基本相同。

五、过瘤胃保护技术

过瘤胃保护技术就是将饲料营养成分，如蛋白质、脂肪等经过技术处理将其保护起来，避免蛋白质在瘤胃内发酵降解，而直接进入小肠被吸收利用。目前主要采用下列几种方法。

（一）热处理

加热可使蛋白酶抑制因子和其他抗营养因子失活，使淀粉颗粒膨胀并糊精化，降低饲料蛋白质的降解率。如利用膨化技术处理全脂大豆，可作为羔羊蛋白质和能量的良好来源，与豆粕和豆饼相比，其促生长作用明显。但热处理应有适当的温度和时间，否则会降低蛋白质的消化率，导致一些氨基酸、维生素的损失。一般认为，140℃左右烘焙 4 小时，或 130～145℃火烤 2 分钟，或 420.5 千帕压力和 121℃处理饲料 45～60 分钟较宜。

(二)化学处理

1. 甲醛处理

甲醛可与蛋白质分子中氨基、羟基、硫氢基发生烷基化反应而使其变性，免于瘤胃微生物降解。甲醛可作为饲料蛋白质和尿素的保护剂。处理方法是：用 0.3%的甲醛溶液喷洒到饲料蛋白质上并混匀，然后密封于塑料袋内，经过 15 天，打开后自然风干，即可饲喂。甲醛的用量，按照粗蛋白质 1∶125 的比例加入或甲醛占饲料的 0.2%～0.4%。

2. 锌处理

锌盐可以沉淀部分蛋白质，从而降低饲料蛋白质在瘤胃的降解。处理方法是：先将饼粕、水、硫酸锌按 1∶2∶0.03 的比例准确称量，然后将硫酸锌溶解在水里，再将饼粕和水混匀后放置 2～3 小时，经 50～60℃烘干备用。

(三)过瘤胃保护脂肪

由于脂肪在瘤胃中干扰微生物的活动，降低粗纤维消化率，影响小尾寒羊肥育性能的提高，所以在反刍动物育肥日粮中添加的脂肪要采取一定保护措施，形成过瘤胃保护脂肪。最常见的产品是脂肪酸钙。

(四)饲喂过瘤胃保护蛋白质

饲喂过瘤胃保护蛋白质，是弥补肉羊育肥过程中微生物蛋白不足的有效方法。补充过瘤胃淀粉和脂肪能促进小尾寒羊的快速育肥。豆科牧草、玉米蛋白粉、酒糟等在瘤胃内降解率较低，是天然的过瘤胃蛋白质资源。玉米是一种理想的过瘤胃淀粉来源。

六、尿素缓释技术

尿素具有成本低、来源广、饲喂方法简便等优点，是应用最广的非蛋白氮饲料产品之一。尿素缓释技术，就是将尿素经过适当的处理或添加某种物质来减缓尿素在瘤胃中的分解速度，避免氨释放过快造成尿素损失及氨中毒，提高其生物学利用率。生产中常采用的尿素缓释技术主要包括以下几种：

(一)制作尿素青贮或氨化秸秆

将尿素按一定比例，均匀喷洒在用于青贮或氨化的粗饲料上，经过一段时间的微生物作用后，制得尿素青贮料或氨化秸秆。

(二)糊化淀粉尿素

糊化淀粉尿素就是利用谷物（玉米、高粱等）淀粉与尿素在适合的温度及压力下而生成的淀粉与尿素的均匀混合物。

方法是将粉碎的玉米、高粱等高淀粉谷物饲料与尿素按（70～80）∶（20～25）混合后，通过糊化机，在一定的温、湿度和压力下，使淀粉糊化，尿素被融化，均匀地被淀粉分隔、包围，也可适当添加缓释剂。粗蛋白质含量60%～70%。每千克糊化淀粉尿素的蛋白质含量相当于棉籽饼的2倍、豆饼的1.6倍，价格便宜。育肥羊每日每只用量80克。

糊化淀粉尿素的优点：糊化淀粉尿素不但减缓了尿素在瘤胃中的释放速度，同时，淀粉与尿素的均匀混合，使得淀粉和尿素被微生物分解的时期几乎是同步的，从而提高了小尾寒羊对尿素氮的代谢率，同时提高了微生物蛋白产量和粗饲料的消化率。如顾炳龙等(1996)在山羊饲养中用糊化淀粉尿素替代豆粕，具有提高山羊采食量和粗纤维的消化率的作用。该项技术具有生产工艺简单、原料来源广泛、产品适口性好、价格低廉等优点，在今后的生产过程将成为重要的蛋白质替代品而应用。

(三)包衣尿素

包衣尿素也称为包被尿素，就是用特殊的材料将尿素颗粒或晶粉严密包裹而成。如用硬脂酸包膜尿素，可降低瘤胃内 pH 和氨氮浓度，并使氨氮峰值由饲喂后的 1 小时推迟到 2 小时左右，微生物蛋白含量显著提高 78.3%。应用包衣尿素不光控制了尿素的分解速度，达到提高尿素氮的利用率和防止中毒的作用，而且改善了以往产品的适口性差、氨味重、易吸湿、性质不稳定等缺点。

(四)尿素化合物

尿素化合物主要有磷酸脲、缩二脲、羟甲基尿素等。与尿素相比，这类化合物水解速度慢，氨的释放速度能得到较好的控制，易于吸收和利用，有利于瘤胃微生物的繁殖和合成微生物蛋白，提高微生物蛋白合成率。

第三节　粗饲料加工调制技术

粗饲料作为肉羊的主要基础饲料，在日粮中占有相当大的比重，其质量高低对肉羊的生产性能起着非常重要的作用。粗饲料的加工调制目的就是应用科学合理方法，对粗饲料进行适当处理，以改善适口性，增加采食量，促进瘤胃微生物群充分分解，提高消化率和利用率。具体主要表现在以下几个方面。

①改善低质粗饲料的可消化性和营养价值。实践证明，通过应用物理、化学或生物学的加工处理技术，破坏其木质纤维结构，可以有效地提高低质粗饲料的消化率和营养价值，改善其对小尾

寒羊的饲喂效果。

②改善低质粗饲料的适口性，提高采食量。限制低质粗饲料饲养效果的重要因素之一是适口性差，这主要与粗饲料的质地和木质化程度有关。通过切碎、揉碎、高温高压蒸煮处理、膨化处理、成形加工颗粒化等物理调制技术，以及碱化氨化处理和复合处理等技术措施，都可以有效地改善低质粗饲料的质地和适口性，提高小尾寒羊的采食量，从而提高其饲喂效果。

③改善低质粗饲料的营养平衡性，提高饲喂效果。低质粗饲料如果单一饲喂，养分组成很不平衡，常缺乏蛋白质、必需氨基酸、维生素、钙、磷及某些微量元素等，因而饲养效果不佳。通过补饲适宜的养分，进行营养强化，并采用合理的加工调制技术如复合处理、成形加工技术等，调制成复合草块或颗粒饲料，可以改善粗饲料的营养平衡性，充分发挥饲料养分间的正组合效应，从而提高低质粗饲料的饲喂价值。

④提高粗饲料的密度和容重，缩小体积，以便于粗饲料的包装、运输和储存。低质粗饲料如秸秆类，在自然状态下密度很低、体积庞大，容重仅为30～50千克/米^3，因此储存、运输和利用都极为不便。经过适当的成形加工处理，调制成秸秆草块或颗粒饲料，将使秸秆产品的容重大大提高，达到500～700千克/米^3。此外，加工成形的秸秆草块或颗粒饲料，因密度提高、吸湿性下降，有利于提高储存过程中的稳定性；若在加工过程中再添加防腐剂，则储存稳定性更佳。

⑤减少饲喂过程中的饲料损失浪费，利于饲养管理的机械化。粗饲料原样饲喂的粉尘损失和采食浪费相对较多，且不利于机械化操作；通过适当的机械加工调制，特别是粗饲料的成型加工调制，可有效地减少粗饲料的饲喂损失，且便于机械化喂料操作。

⑥提高低质粗饲料的利用效率，有利于对低质粗饲料资源的产业化开发和有效利用。如化学处理与机械加工调制相结合的复合处理技术，就是可供选择的可行技术之一。

一、干草的加工调制

青干草是指用青草或其他青绿饲料植物，在未结籽实以前收割，经干燥而制成。由于它是由青绿饲料植物调制而成的，故仍保留一定的青绿颜色。

（一）牧草的适宜收割期

牧草刈割分为人工割草和机械割草。一般豆科牧草应在初花期（10%开花的时期）刈割，禾本科牧草应在抽穗至初花期刈割。刈割高度，人工牧草地牧草一般离地面为5～6厘米，粗大牧草、高大的杂类草，可提高到离地面10～15厘米刈割。

收割时期对干草质量影响很大，因为任何牧草在趋向成熟时，干物质的消化率会下降，蛋白质的含量也会下降，但如果过早收割不仅会影响饲草产量，而且幼嫩饲草相对较高的含水量会增加干草调制的难度和成本。因此，选择适宜的收割期，对保证调制干草的质量和效果非常重要。禾本科牧草一般应以抽穗初期至开此初期收割为宜；豆科牧草以始花期到盛花期收割为最好（表4-9）。

表4-9　一些调制干草用牧草品种的适宜收割期

牧草品种	适宜收割期
苜蓿	少于1/10花开时或长新花蕾时
红三叶草	早期至1/2开花期
草木樨	开花开始时
红豆草	1/2豆荚充分成熟
大豆草	1/2豆荚充分成熟

续表 4-9

牧草品种	适宜收割期
胡枝子	盛花期
白三叶草	盛花期
禾本科草	抽穗至开花期
苏丹草	开始抽穗
小谷草	籽粒乳熟期至蜡熟期

(二)牧草干燥

牧草干燥是生产青干草工作中的一个重要生产环节。

1. 干燥方法

在草地上生长的草含水量一般为 65%～85%，需要通过一定时间的干燥，排去草中大量的水分，使草中水分降低到 15%～18%，才能抑制植物酶和微生物的活动，确保干草的长期保存。干燥方法大致可分为自然干燥和人工干燥两大类。

自然干燥不需要特殊的设备，尽管在很大程度上受天气条件的限制，但仍是我国目前采用的主要干燥方法。常用的有田间干燥和草架干燥。

人工干燥法即利用加热、通风的方法调制干草。其特点是干燥时间短，可以减少牧草自然干燥过程中营养物质的损失，使牧草保持较高的营养价值，可进行大规模工厂化生产。主要有常温鼓风干燥、低温烘干和高温快速干燥。

2. 干草品质的感官鉴定

(1)收割时期。不同收割时期调制的青干草，其外观颜色、营养成分含量和消化率是有差别的，如苜蓿(表 4-10)。适时收割的青干草，颜色青绿，气味芳香，叶多、茎秆较柔软，营养成分含量较高，消化和利用率也较好。

表 4-10　苜蓿不同生长阶段营养成分及绵羊的消化率

生长阶段	营养物质含量(干物质基础)/(克/千克)					
	粗纤维	可消化粗纤维	粗蛋白质	可消化粗蛋白质	粗脂肪	无氮浸出物
蕾前期	235	80	253	213	29	365
现蕾期	260	128	215	170	35	361
盛花期	300	162	182	141	34	373

生长阶段	绵羊对营养物质的消化率/%				
	粗蛋白质	粗纤维	粗脂肪	无氮浸出物	代谢能/(兆焦/千克)
蕾前期	89	45	50	76	10.33
现蕾期	79	49	38	78	9.87
盛花期	69	45	50	61	8.41

(2)组成种类及含量。天然草地干草主要看其中的组成种类及其含量。人工栽培牧草主要看杂草在整个草群中所占的比例，杂草所占的比例越小，其品质和营养价值越高。

(3)水分含量。青干草的水分含量一般为 15%～18%。

(4)颜色和气味。优质青干草颜色为青绿色，颜色越深，表明所含可溶性营养物质、胡萝卜素及其他维生素越多，营养价值越高；气味浓郁、芳香，若有霉烂气味则品质低劣。

(5)含叶量。青干草含叶量越多，营养价值越高。优质豆科干草的含叶量应占干草总重量的 30%～40%。

(三)干草打捆

牧草干燥到一定程度后用打捆机进行打捆(图 4-5 和图 4-6)，减少牧草所占的体积和运输过程中的损失，便于运输和储存，并能保持干草的芳香气味和色泽。为了防止储藏时发霉变质，一般打捆应在牧草含水量 15%～20%时进行，如果喷入防腐剂丙酸，打捆时牧草的含水量可高达 30%，这样可有效防止叶和花序等柔嫩部分折断而造成的机械损失。

图 4-5　苜蓿草捆

图 4-6　羊草草捆

(四)草粉加工

为了减少饲草的营养物质损失，常将饲草制成草粉。生产中常用的草粉主要有苜蓿草粉、串叶松香草粉和作物秸秆草粉(如花生秧粉、甘薯秧粉等)。加工草粉的原料主要有优质豆科和禾本科牧草。干草用锤式粉碎机粉碎，制成1～3毫米的干草粉。草粉质量的评价指标主要有含水量、粗蛋白质、粗纤维含量及杂质含量等。我国常用的苜蓿草粉质量标准如表 4-11 所示。

表 4-11　苜蓿草粉质量标准(GB 10389—89)　%

质量指标	一级	二级	三级
粗蛋白质	≥18.0	≥16.0	≥14.0
粗纤维	<25.0	<27.5	<30.0
粗灰分	<12.5	<12.5	<12.5

草粉具有营养价值高，运输及应用方便等优点。优质草粉是肉羊冬春季节蛋白质、维生素、微量元素及其他生物活性物质的重要来源，也是舍饲养羊生产中应用最多的粗饲料。

(五)草粒加工

将草粉通过制粒机压制成草粒，直径为 0.64～1.27 厘米，长度为 0.64～2.54 厘米。草粒减少了氧化作用，也可在制粒时加入抗氧化剂，减少胡萝卜素等养分的氧化损失。

(六)干草的储藏

调制好的干草应及时妥善收藏保存。青干草的储藏方法是否合理，对青干草品质影响很大。若青干草含水比较多，营养物质易发生分解和破坏，严重时会引起干草发酵、发热、发霉，使青干草变质，失去原有的色泽，并有不良气味，饲用价值会大大降低。收藏方法可因具体情况和需要而定。不论采用什么方法储藏，都应尽量缩小与空气的接触面，减少日晒雨淋等影响。

1. 露天堆垛

露天堆垛是一种最经济、较省事的青干草储存方法。选择离羊舍较近、平坦、干燥、易排水、不易积水的地方，做成高出地面的平台，台上铺上树枝、石块或作物秸秆 30 厘米左右厚，作为防潮底垫，四周挖好排水沟，堆成圆形或长方形草堆。堆垛时应尽量压紧，加大密度．缩小与外界环境的接触面，垛顶用薄膜封顶，防止日晒漏雨，以减少损失。为了防止自燃，上垛的干草含水量一定要在15％以下。

2．草棚堆藏

气候湿润或条件较好的牧场应建造简易的干草棚或青干草专用储存仓库，避免日晒、雨淋。堆草方法与露天堆垛基本相同，要注意干草与地面、棚顶保持一定距离，便于通风散热。也可利用空房或屋前屋后能遮雨地方储藏。

3．干草储藏注意事项

青干草在储存中应注意控制含水量在17％以下，并注意通风和防雨。这是由于青干草仍含有较高水分，发生于青干草调制过程中的各种变化并未完全停止。如果不注意通风，周围环境湿度大或漏雨，致使干草水分升高，则酶和微生物共同作用会导致青干草内温度升高，当温度达72℃以上时，会出现化学氧化，导致进一步产热，热量的累积最后会引起青干草自燃。因此要定期检查维护，发现漏缝、温度升高，应及时采取措施加以维护。

干草经过长期储存后，干物质的含量及消化率降低．胡萝卜素被破坏，草香味消失，适口性也差，营养价值下降。因此，过长时间的储存或是隔年储藏的方法是不适宜的。

二、秸秆的加工调制

秸秆的加工调制目的就是应用科学合理的方法，对秸秆进行适当处理，以改善适口性，增加采食量，促进瘤胃微生物充分分解，提高消化率和利用率。目前秸秆较为有效的加工处理主要有物理处理、化学处理和生物学处理3种方法。

（一）物理处理法

物理处理方法比较简单，能提高饲料的适口性，增加小尾寒羊的采食量;但其不能提高粗饲料的营养价值和消化率。常作为其他方法的前处理,常见的物理处理方法有以下几种。

1. 铡短

铡短是调制秸秆等粗饲料最简便又最重要的方法。铡短增加了粗饲料与瘤胃微生物的接触面积,便于降解发酵。同时,铡短后可以减少咀嚼料时能量消耗,减少饲料浪费,便于与其他饲料配合利用,增加采食量。秸秆等粗饲料铡短的程度因肉羊年龄而异,一般以 1.5～2.5 厘米为宜。

2. 粉碎

试验结果表明,粗饲料粉碎较切短处理虽然使羊的消化率下降 1%,但是,秸秆等粗饲料经粉碎后,羊采食量增加 20%～30%,吃净率提高,大大弥补了消化率略有下降的不足,消化吸收的总养分增加,日增重可增加 20%左右。

3. 制成颗粒或压块

将粗饲料粉碎后直接压制成颗粒饲料,或与其他较好的草粉、精饲料混合,制成全价颗粒饲料,可保持混合饲料中各组成部分的均质性,防止动物挑食,有效减少饲料的浪费;提高饲料的适口性和消化率;提高饲料采食量,改善动物生产性能;饲料密度显著增加,便于包装、运输和储存;有利于机械化和规模化饲养。

据毛华明 1989 年报道,秸秆压粒或压块后其密度增加 10 倍以上,使储存和运输很方便,也使储存和运输过程中的损失减少 20%～30%,使采食量增加 30%～50%。刁其玉等用秸秆颗粒化喂羊(表 4-12),在 40 天的试验期内,对照组平均每只羊增重了 9.81 千克,试验组每只羊增重了 12.48 千克,比对照组多增重 2.67 千克。就日增重分析,试验组日增重比对照组提高 27.22% ($P<0.05$)。

表 4-12　秸秆颗粒化技术喂羊效果

组别	初始重/千克	40 天重/千克	全期增重/千克	全期日增重/克
对照组	23.65±6.37	33.46±6.79	9.81±1.37	245.25±30.4
试验组	23.55±4.62	36.03±4.9	12.48±1.06	312.01±23.45

付春江等(1991)在保持精粗比一致(4∶6)的基础上，对羔羊日粮中干玉米秸秆的处理方法(粗粉碎、中等粉碎、细粉碎、细粉碎拌湿、细粉碎后并对整个日粮压粒)进行了研究，结果表明，颗粒料组的日采食量、日增重及饲料转化率均最优，而在不同粉碎细度的处理中以细粉碎组(0.8 厘米)最好。

4.浸泡

秸秆饲料浸泡后质地柔软，能提高其适口性。同时，浸泡处理可改善饲料采食量和消化率，并提高代谢能利用效率，增加体脂中不饱和脂肪酸比例。

5.热喷技术

热喷是近年来采用的一项新技术。经热喷处理的鲜玉米秸，可使粗纤维由 30.5%降低到 20.14%。热喷处理干玉米秸，可使粗纤维由 33.4%降低到 27.5%。添加尿素的秸秆热喷技术使麦秸的消化率达到 75.12%，玉米秸的消化率达到 68.02%，稻草达到 64.42%。每千克经热喷处理秸秆的营养价值相当于 0.6～0.7 千克的玉米籽实。热喷饲料能改善羊瘤胃微生态环境、提高羊的采食量和生长速度。

(二)化学处理法

化学处理就是利用化学制剂作用于作物秸秆，使秸秆等粗饲料内部结构发生变化，有利于瘤胃微生物的分解，从而达到提高消化率、提高营养价值的目的。按其所用化学试剂不同可将粗饲料的化学处理分为碱化处理、氨化处理、碱化—氨化复合处理、酸化处理和氧化剂处理等。

1. 秸秆氨化技术

秸秆氨化是迄今最经济简便而又实用的秸秆处理方法之一。秸秆氨化的方法，根据利用氨源的不同，可分为液氨氨化、尿素氨化、碳酸氢铵氨化和氨水氨化等几种，其中以液氨氨化、尿素氨化效果较好。

(1)氨化作用。当氨遇到秸秆时，就与秸秆中的有机物质发生化学反应，形成铵盐(醋酸铵)。铵盐是一种非蛋白氮化合物，是肉羊瘤胃微生物的氮素营养源，可代替肉羊蛋白质需要量的25%～50%。

(2)中和作用。氨与秸秆中有机酸结合，消除了醋酸根，中和了秸秆中潜在酸度。由于瘤胃呈中性，pH 7.0 左右，中和作用使瘤胃微生物更活跃，因而可提高消化率，同时氨盐改善了秸秆的适口性，从而提高羊的采食量。

(3)主要操作步骤。

①将氨化池清扫干净，把氨化秸秆切成1～2厘米长度。再将尿素制成水溶液：按每100千克秸秆取尿素5千克，溶于40～60千克水中(用水量根据秸秆含水量而定，原则上要使氨化秸秆的水量达30%～40%)，制成尿素溶液备用。

②将切碎的秸秆均匀放入氨化池中，每层厚度20厘米左右，每放入一层秸秆则喷洒一层尿素溶液，做到秸秆全部放入池中尿素液也用完，并形成馒头状高出氨化池。

③密封。将薄膜沿馒头形顶面顺坡向池的四边铺压，把20～30厘米的薄膜边缘插入氨化池的内壁，池边用泥糊封严。在薄膜上面要压一层稻草或细软物料，能用泥土压实更好。

④开窖放氨。氨化处理的时间与季节、温度有关，如环境温度为20℃时，可氨化15天左右。准确的氨化时间以原料颜色和气味判断，一般来说，原料呈深黄色，有氨味，柔软，呈糊香味时即可开窖放氨。

(4)氨化秸秆质量评定。

①感官评定。可从秸秆的颜色、气味、质地、温度等几个方面加以综合判断。氨化好的秸秆,打开时有强烈氨味,放氨后呈糊香或微酸香味,颜色变成棕色、深黄或浅褐色,质地柔软、松散,温度不高。

②化学成分分析。秸秆氨化后,粗蛋白质、纤维成分等都会发生变化,特别是粗蛋白质含量会成倍增加。氨化好的秸秆粗蛋白质含量增加1倍以上。

(5)氨化秸秆储存。放氨晒干的氨化秸秆,储存方法同干草一样。

(6)秸秆氨化及利用。氨化可提高秸秆的消化率、营养价值和适口性(表4-13)。许腾(2006)用氨化玉米秸和普通玉米秸饲喂生长期小尾寒羊,结果表明:氨化组比普通组采食量增加27.30%,平均日增增重提高30.67%,差异极显著($P<0.01$),试验期内比普通组只均日增经济效益0.22元,经济效益明显。

表4-13 玉米秸氨化效果比较 %

品种	干物质	粗蛋白质	粗纤维	干物质消化率
玉米秸	90.0	3.7	30.5	42.0
氨化玉米秸	90.0	8.7	30.5	60.0

(引自刘建新主编《干草·秸秆·青贮饲料加工技术》,2003)

2.秸秆碱化技术

碱化处理可改变秸秆和秕壳的物理性质,提高秸秆和秕壳的消化率。由于秸秆和秕壳内含有木质素和硅酸盐,影响其消化率,用碱处理后可除去大部分木质素和部分可溶性硅酸盐,使纤维素和半纤维素被释放出来,从而提高了秸秆和秕壳的营养价值。

(1)氢氧化钠处理法。用1.6千克氢氧化钠加水100千克,制成溶液。将秸秆铡成2～3厘米小段,每100千克干秸秆用上述氢氧化钠溶液6千克，使用喷雾器均匀喷洒，使之湿润。24小时后，再用清水把余碱洗去。饲喂时把碱化秸秆与其他饲料混合喂用，一般占日粮的20%～40%比较合适。

(2)生石灰处理法。每100千克干秸秆用3千克生石灰或4千克熟石灰、1～1.5千克食盐，再加水200～250千克制成溶液。把这种石灰液喷洒在切碎的秸秆上，拌和均匀，然后放置24～36小时，不经冲洗即可饲喂。

还有一种方法是按每100千克秸秆用1千克生石灰或3千克熟石灰、1～1.5千克食盐，加水220～250升制成溶液。把切碎的秸秆浸泡在上述溶液中5～10分钟，然后捞出放在木板上压实，放置2～3小时后饲喂。喂法、喂量与氢氧化钠处理法相同。

(3)氢氧化钠和生石灰混合处理法。秸秆不铡碎平铺成20～30厘米厚，喷洒1.5%～2%的氢氧化钠和1.5%～2.0%的生石灰混合溶液，然后压实。再重新依次铺放秸秆，并再次喷洒混合溶液(每50千克秸秆喷80～120千克混合溶液)。经过1周后，秸秆内温度达到50～55℃。经过这样处理秸秆粗纤维消化率可由40%提高到70%。

(4)氢氧化钠尿素处理法。这种方法既可以提高秸秆有机物的消化率，又可以增加秸秆中的含氮量。把占秸秆重量2%的氢氧化钠制成水溶液处理小麦秸，然后加3%的尿素，拌匀，饲喂效果好。经这样混合处理的麦秸或稻草占日粮中的比例一般不超过35%。

(三)生物学处理法

生物学处理法主要包括青贮、酶解法和微生物处理法，其中应用最广的是青贮和微生物处理法。

1. 青贮技术

(1)青贮原理及方法。青贮是储备青绿饲料的一种方法，是将新鲜的青绿饲料填入密闭的青贮塔、窖或其他密闭容器内，经过一段时间微生物的发酵作用而发生一系列物理的、化学的、生物的变化，形成一种多汁、耐贮、适口性好、营养价值高、可供全年饲喂的饲料。

（2）主要步骤。

①收割。要掌握好青贮原料的刈割时间，及时收割。常用青贮原料适宜收割期见表 4-14。

表 4-14 常用青贮原料适宜收割期

青贮原料种类	收割适期	含水量/%
全株玉米(带果穗)	乳熟期	65
收玉米后秸秆	果粒成熟立即收割	50～60
豆科牧草及野草	现蕾期及开花初期	70～80
禾本科牧草	孕穗及抽穗期	70～80
甘薯秧	霜前或收薯期 1～2 天	86
马铃薯茎叶	收薯前 1～2 天	80

②运输。割下的原料要及时运到青贮地点，以防在田间时间过长水分蒸发，因细胞呼吸作用造成养分损失（图 4-17）。

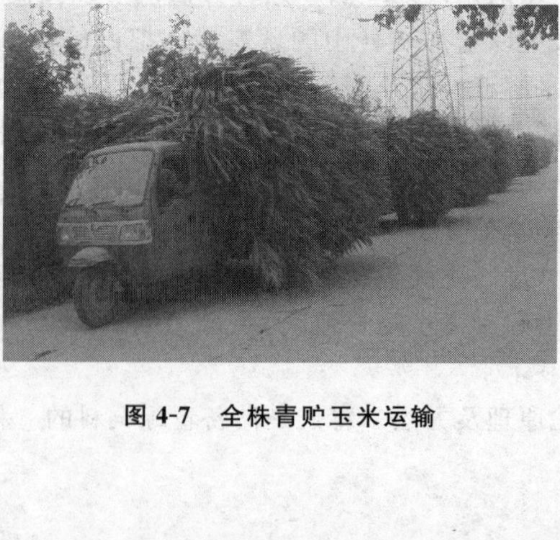

图 4-7 全株青贮玉米运输

③铡短。将原料切成 2～3 厘米，以利于装窖时踩实、压紧、较好地排出空气，沉降也较均匀，养分损失少(图 4-8)。同时，铡短的植物组织渗出大量汁液，有利于乳酸菌生长，加速青贮过程。

图 4-8　全株青贮玉米铡短

④装窖。将青贮原料调整到水分含量在 60%～70%，然后开始装窖，随装随踩，每装 30 厘米左右踩实 1 次，尤其是边缘踩得越实越好。如果一次不能装满全窖，可在原料上面盖上一层塑料薄膜，窖面盖上木板，次日继续装填。

⑤盖膜封土。装填量需高于边缘 30～50 厘米，最后覆盖塑料薄膜后压土或压以其他重物，注意一定要保持薄膜的密闭性，防止漏气。

(3)青贮饲料质量评定。鉴定青贮玉米秸质量的好坏，一般可用感官鉴定法，即通过人的眼看、手摸、口尝，根据青贮玉米秸的颜色、气味和结构等方面来综合评定其好坏，一般分为以下 3 个等级。

①优良。优良的青贮玉米秸，其颜色应是青绿色或黄绿色并有光泽，接近于原来青贮前的颜色；其气味芳香宜人，具有浓郁酒

酸香味，口感舒适，质地柔软。从结构来看，紧密、湿润，茎叶还保持原状并且易于分开。

②中等。其颜色为黄褐色或暗褐色，酸味中等，香味较淡，茎、叶部分保持原状，柔软，水多。

③低劣。其颜色为黑色或暗绿色，具有特殊的刺鼻腐臭味或霉味，无酸味或酸味较淡。肉眼看，大部分腐烂成污泥状黏滑或干燥，或黏结成块而没什么结构。

我国农业部已颁布青贮饲料质量评定标准(试行)见表 4-15。

表 4-15　青贮饲料质量评定标准

原料种类	项目	pH	水分	气味	色泽	质地
	总配分	25	20	25	20	10
青贮玉米秸	优等 (100～75 分)	3.6(25) 3.7(23) 3.8(21) 3.9(20) 4.0(18)	70%(20) 71%(19) 72%(18) 73%(17) 74%(16) 75%(14)	酸香味 舒适感 (18～25)	亮黄色 (14～20)	松散软弱 不粘手 (8～10)
	良好 (75～51 分)	4.1(17) 4.2(14) 4.3(10)	76%(13) 77%(12) 78%(11) 79%(10) 80%(8)	酸臭味 酒酸味 (9～17)	金黄色 (8～13)	(中间) (4～7)
	一般 (50～26 分)	4.4(8) 4.5(7) 4.6(6) 4.7(5) 4.8(3) 4.9(1)	81%(7) 82%(6) 83%(5) 84%(3) 85%(1)	刺鼻酸味 不舒适感 (1～8)	淡黄褐色 (1～7)	略带黏性 (1～3)
	劣等 (25 分以下)	5.0 以上 (0)	86%以上 (0)	腐败味 霉烂味(0)	暗褐色 (0)	腐烂发霉 结块(0)

(4)青贮饲料的管理利用。

①经常检查。密封的青贮池要经常检查,严防人、畜踩踏,一旦发现踩踏和裂缝要及时用土填平。青贮池和青贮堆要高出地面30厘米以上,四周设排水沟,严防雨水灌入。

②逐渐取用。青贮饲料一般经过60天左右即可利用。取用时最好搭棚遮阴,防止日晒雨淋引起饲料发黑变质。要从青贮池的一端开始取用,取料时要取成平面,不要掏洞或全部掀开,每次取用后必须用塑料布或草帘盖严,以免霉烂、冻结或掉进泥土。

③适量饲喂。初次饲喂青贮饲料的肉羊应经过4~7天的训练,喂量应由小到大,和其他饲料配合饲喂,使之逐渐适应。

④青贮玉米有轻泻作用。应注意妊娠母羊要少喂青贮饲料,妊娠后期停喂,冻结的要化开再喂,以防引起母羊流产。

2.微贮技术

(1)秸秆微贮原理。在微贮饲料中,由于加入高活性发酵菌种,使饲草中能分解纤维素的菌数大幅度提高。发酵菌在适宜的厌氧环境下,分解大量的纤维素和半纤维素,甚至一些木质素,并转化为糖类,糖类经有机酸发酵转化为乳酸、乙酸和丙酸,使pH降至4.5~5.0,加速了微贮饲料的生物化学作用,抑制了丁酸菌、腐败菌等有害菌的繁殖。

(2)微贮技术特点。

①原料来源广。稻草、麦秸、青黄玉米秸秆、高粱秆、土豆秧、甘薯秧、甜菜叶、豆秸、无毒野草及青绿水生植物等都可用秸秆发酵活干菌制成优质微贮饲料。

②制作技术简便,成本低、效益高。秸秆微贮制作技术易学易懂,不误农时。每吨秸秆制成微贮饲料只需用3克秸秆发酵活干菌(价值10元),而每吨秸秆氨化则需用30~50千克尿素(30~50元)。

③适口性好,采食量高,消化率高。秸秆经微贮处理,可使粗

硬秸秆变软，并具有酸香味，刺激了家畜的食欲，从而提高了采食量。季波等(2007)对玉米、小麦等作物秸秆混合微贮后进行检测，结果粗蛋白质、钙和磷分别提高23.8%、12.0%和27.3%，粗纤维降低8.09%。用微贮秸秆饲喂寒滩杂交一代羊，试验组日增重比对照组多增重109.6克，料重比试验组与对照组分别为8.7和16.11，差异均极显著($P<0.01$)。许腾(2005)用微贮玉米秸饲喂小尾寒羊，在60天育肥期内，微贮组每只日均增重为0.200千克，对照组(未处理玉米秸)每只日均增重为0.150千克，差异极显著($P<0.01$)；试验期内微贮组每只获利30元，对照组为14.4元，经济效果明显。

④保存期长，取用方便。微贮饲料不需晾晒，不易发霉腐败，能长期保存。

(3)微贮方法。秸秆微贮饲料的制作除需进行菌种的复活和菌液配制外，其他的步骤与尿素氨化秸秆制作方法大致相同。

①菌种的复活。根据微贮饲料的数量，将秸秆发酵活干菌倒入水中充分溶解，也可在水中加入1%的白糖溶解后再加入活干菌，常温下放置1～2小时使菌种复活待用。

②菌液的配制。将复活好的菌剂倒入充分溶解的0.8%～1.0%食盐水中拌匀。微贮饲料含水量达60%～70%最适宜。大体来说，1 000千克秸秆加发酵干菌3克，食盐8～10千克，水1 000～1 200千克。

③切碎装窖。将微贮的作物秸秆切碎为1～1.5厘米，在窖底铺放20～30厘米的秸秆后均匀喷洒菌液水，踩实，如此重复，直到高出窖口40～60厘米再封口。

④封窖。秸秆装满充分压实后，在最上面均匀洒上一些盐，再盖上塑料薄膜，塑料薄膜上面撒上20～30厘米的稻草或麦秸，再压上20～30厘米的土密封，保证窖内呈厌氧状态。

(4)秸秆微贮质量鉴别。秸秆微贮饲料所需时间的长短与温度有关，一般需要 25～35 天即可完成发酵过程。品质优良的微贮青玉米秸色泽呈橄榄绿，稻草、麦秸秆呈黄褐色，具有醇香和果香气味，并有弱酸味，手感松散，柔软湿润。

(5)饲喂方法。微贮饲料可以作为小尾寒羊日粮中的重要饲料，但开始时羊对微贮饲料有一适应过程，应逐步增加微贮饲料的饲喂量，使用微贮饲料时，应特别注意取料的方法，应从一端开始，从上至下垂直逐段取料，每次取完要用塑料薄膜将窖口封严，尽量避免与空气接触，防止再次发酵变质。

第四节　粗饲料的合理利用

一、常年均衡供应

适量的粗饲料对肉羊生产性能以及疾病预防均有重要作用。粗饲料做到常年均衡供应，既可稳定肉羊瘤胃和肠道内环境，防止消化机能的紊乱和酸中毒，又能使肉羊保持长期稳定的生产性能。

二、选择优质粗饲料

优质粗饲料，应当是营养丰富、易被消化吸收、适口性好，对机体无毒副作用，是不可替代的日粮成分，也是提高生产性能的最有效的饲料。用做高产及优质育肥肉羊的粗饲料，应首选苜蓿干草及其他一些豆科牧草和羊草等品质优良的粗饲料，其次是花生秧、甘薯蔓、绿豆荚、大豆荚、蚕豆荚(秸)等。玉米秸、稻草、麦秸等由于营养物质含量低，消化利用率低，应进行适当的加工和调制后饲喂。

另外，粗饲料饲喂量应适当(表 4-16)，这对于降低瘤胃 pH，保持瘤胃内环境的稳定，防止酸中毒的发生等都有一定意义。

表 4-16 几种常规粗饲料日给量的最高限度

饲料种类	日消耗量占体重的百分比/%
优质干草	2.5～3.0
中等质量干草	2.0
低质干草、燕麦及大麦秸秆	1.5
小麦秸秆	1.0
青贮（风干样）	2～3

三、做到精、粗料合理搭配

不论哪种粗饲料，营养都不全面，只有根据肉羊的营养需要合理搭配，才能最大限度地满足营养需要，充分发挥肉羊的生产性能。生产实践中，肉羊粗料比例一般不低于日粮的40%。育肥前期精粗料比一般为 70∶30 或 60∶40，育肥后期精粗比可达到40∶60。为防止酸中毒，可适量加入缓冲剂碳酸氢钠以调节 pH。

四、选择适宜的加工调制方法

各种牧草，由于其本身营养物质含量较高，且易于消化，可采用干燥制作干草或进一步打捆、压块、制粒、制粉的方法进行调制，既保存了牧草的营养成分，又不会增加太多的加工成本。对于农作物秸秆，如花生秧、地瓜秧等，可通过干燥制作干草；而玉米秸，可通过生物和化学处理的方法，如青贮、氨化、微贮等，来改善粗饲料的营养价值和消化率，以提高其适口性和营养价值。粗饲料不宜粉碎得太细，要保持 3～5 厘米的长度。

五、选用正确的饲喂方法

在饲喂上应采用先粗后精或精粗混合的方法，精料尽量做到少量多次饲喂，避免一次摄入大量精料。氨化饲料喂量不宜太多，不宜在高温或阳光下饲喂。

第五章　肉用绵羊营养需要及调控技术

营养是优质肉羊生产过程中最重要的因素。了解羊的营养需要，是确定饲养标准，合理配合日粮，实施肉羊营养有效调控，进行科学生产的依据，也是保证肉羊健康生产的基础。

第一节　肉用绵羊的消化代谢特点及营养需要

一、肉用绵羊的消化代谢特点

（一）消化系统结构与功能

羊嘴尖，唇薄齿利，上唇有一纵沟，增加了上唇的采食灵活性，其次下颚门齿向外倾斜，吃草时口唇与地面接近，能啃吃短草，拣吃草屑和地面上的树叶。尤其喜食豆科、禾本科牧草。舌前端尖，舌面上有短而钝的乳头，舌尖光滑，可协助咀嚼和吞咽。

羊是反刍动物，消化系统结构见图 5-1。胃的消化功能非常强大，其总容积为 26～29 升。由瘤胃、网胃、瓣胃和皱胃（又名真胃）4 个胃组成，前 3 个胃总称为前胃，其黏膜无胃腺、不能分泌胃液。第一胃叫瘤胃，为椭圆形，占据腹腔左半部。在 4 个胃中，瘤胃的容积最大，占总容积的 78%～82%，达 20 升以上，黏膜为棕黑色，表面有无数密集的乳头。瘤胃具有物理和生物消化作用。物理作用主要通过瘤胃的节律性蠕动将食物磨碎。生物消化作用是瘤胃的主要作用，瘤胃内有大量的微生物，主要是细菌和原虫，这些微生物分泌的酶可将饲料发酵分解。第二胃叫网胃，又叫蜂巢胃，因内壁分割成许多网格状而得名，平均容积 2 升，第一、二胃紧连在一起，其消化生理作用基本相似，除机械作用外，也可利用微生物进行分解消化食物。第三胃叫瓣胃，平均容积 0.9 升，内壁有无数纵列的褶膜，对食物进行机械的压榨作用。在瘤胃中经反刍过的稀、细食物进入网胃，经网瓣口到达瓣胃，而后进入皱胃。皱胃容积约 3.3 升，内壁有纵列的褶膜，壁黏膜有腺体，能分泌消化酶，饲料在消化酶作用下进行化学性消化，与单胃动物相同，因此皱胃又叫真胃。

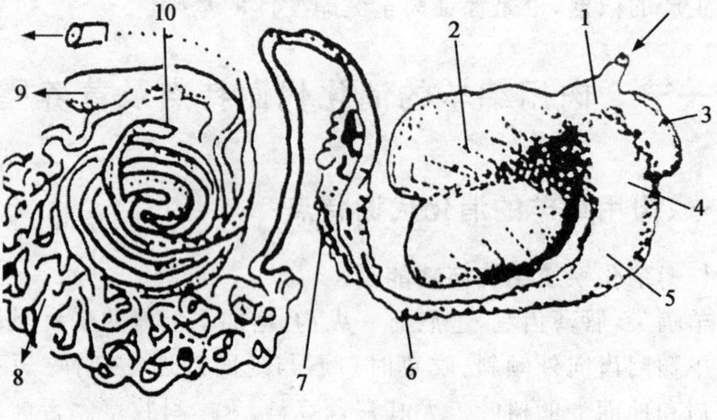

图 5-1　肉羊的胃肠结构

1. 食道　2. 瘤胃　3. 网胃　4. 瓣胃　5. 皱胃（真胃）
6. 十二指肠　7. 胰腺　8. 小肠　9. 盲肠　10. 大肠

初生的羔羊，起主要消化作用的是皱胃（真胃），前三胃的作用很小。因为此时瘤胃微生物区系还没形成，没有消化粗纤维的能力，不能采食和利用草料。对淀粉的耐受量很低，小肠消化淀粉的能力是很有限的。所吃母乳直接进入真胃，由真胃所分泌的凝乳酶进行消化。随日龄的增长和采食植物性饲料的增加，前三胃体积逐渐增大，在 20 日龄左右开始出现反刍活动，此后，真胃的凝乳酶分泌开始减少，其他消化酶逐渐增多，从而对草料的消化分解能力开始加强。依据这一特点，在出生后 15 日龄左右开始补饲优质干草和饲料，对刺激、促进瘤胃的发育和微生物区系的形成，增强对植物性饲料的消化能力是很有意义的。

小肠是羊消化吸收的主要器官。长度为 18～35 米，细长而曲折，小肠与体长的比为（25～30）：1。酸性的胃内容物进入小肠后，经各种消化液的化学性消化作用，分解为各种营养物质而被绒毛上皮吸收，未被消化的食物，经小肠的蠕动而被推进大肠。

大肠长度为 5～12 米，它的功能主要是吸收水分和形成粪便。凡小肠内消化未尽的营养物质，也可在大肠微生物和由小肠液带来的各种酶的作用下继续分解、消化和吸收，剩余残渣经过浓缩成为粪便排出体外。

(二)瘤胃的消化特点

反刍是羊的重要消化生理特点。羊在短时间内能采食大量草料，经瘤胃浸软、混合和发酵，随即出现反刍活动。肉羊采食后，饲料经初步咀嚼混合大量的碱性唾液，形成食团吞咽入瘤胃内浸泡软化。反刍时逆一个食团于口中，反复咀嚼 70～80 次后并混合唾液再咽入瘤胃中。羊每天反刍次数为 8～10 次，反复咀嚼食团数约 500 个。反刍是周期性进行的，正常情况下，食入食物后 50～70 分钟出现第一次反刍周期，每次反刍平均持续 40～60 分钟，有时可达 1.5～2 小时。反刍次数的多少，持续时间的长短与草料种类、品质、调剂方法及羊的体况有密切的关系。过度疲劳、患病或受到外来较强刺激时，都可引起反刍和瘤胃机能减弱或完全停止，食物滞留在瘤胃内，往往由于发酵所产生的气体排不出去而引起臌胀，对羊的健康造成不利影响。反刍迟缓或反刍停止是观察羊疾病的一个重要标志。

羊的瘤胃可看成是高效率又连续接种的微生物繁殖活体发酵罐。在每毫升胃内容物中有细菌 10^{10}～10^{11} 个，纤毛虫 10^{5}～10^{6} 个。瘤胃中最重要的微生物包括厌气性细菌、纤毛虫和厌气性真菌，其中起主导作用的是细菌。瘤胃微生物对羊的消化和营养具有重要意义。瘤胃微生物与羊是一种共生关系，在正常的情况下保持稳定的区系活性。因此在生产实践中，变更饲料种类时要有1～2周的适应期，才能保证瘤胃微生物顺利的变化，如突然变更饲料都会破坏瘤胃微生物的生态平衡，引起肉羊消化代谢紊乱。瘤胃的功能如下。

1. 分解消化碳水化合物，尤其是粗纤维

食入的碳水化合物，在瘤胃的机械作用和多种微生物分泌酶的作用下被发酵和分解，并形成挥发性低级脂肪酸，如乙酸、丙酸、丁酸等，这些酸被瘤胃壁吸收，通过血液循环，参与代谢，是羊体最重要的能量来源。据测定，由于瘤胃微生物的发酵作用，羊采食饲草饲料中有55%～95%的碳水化合物、70%～95%的纤维素被消化。羊一昼夜内通过瘤胃微生物降解饲料所产生的能量，可满足羊体对总能量需要的40%。

2. 利用蛋白氮和非蛋白氮合成菌体蛋白质

饲料中的含氮物质，包括植物性蛋白质和非蛋白氮（NPN）进入瘤胃后，通过瘤胃微生物分泌酶的作用，被分解为肽、氨基酸和氨。瘤胃微生物再利用这些分解产物来合成微生物蛋白质。微生物蛋白质含有肉羊所需各种必需氨基酸，其比例合适，组成稳定，生物学价值高。它随食糜进入真胃和小肠，被消化道内的蛋白酶分解，成为肉羊的重要蛋白质来源（图5-2）。经过瘤胃微生物的分解和合成作用，饲料的必需氨基酸含量可提高5～10倍。

3. 对脂类有氢化作用

瘤胃微生物可将草、料中的不饱和脂肪酸，氢化形成所需的饱和脂肪酸，同时也能合成脂肪酸供机体利用。Sutton（1970）测定，绵羊每天可合成长链脂肪酸为22克左右。

4. 合成B族维生素和维生素K

瘤胃微生物可以合成维生素B_1、维生素B_2、维生素B_{12}和维生

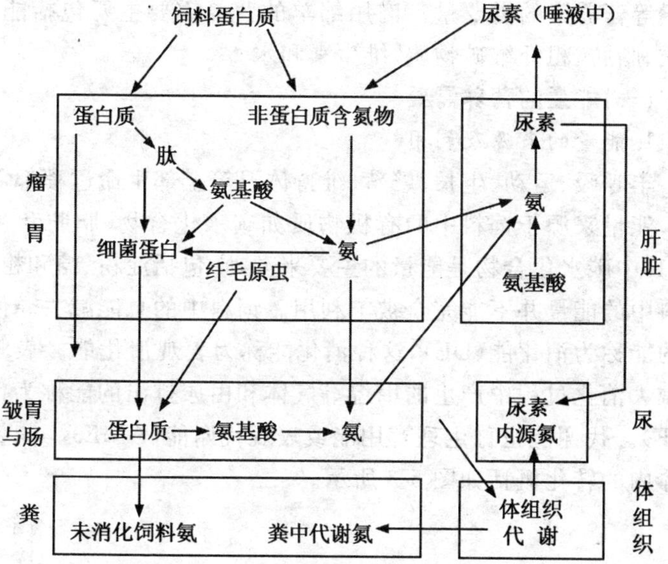

图 5-2　羊的粗蛋白质消化代谢

素 K，这些维生素可以在小肠等部位被吸收利用，满足肉羊对这些维生素的需要。影响瘤胃微生物合成 B 族维生素的主要因素是饲料中氮、碳水化合物和钴的含量。饲料中氮含量高则 B 族维生素的合成量也多，但氮来源的不同，B 族维生素的合成情况也不同。如以尿素为补充氮源，维生素 B_1 和维生素 B_{12} 的合成量不变，但维生素 B_2 的合成量增加。碳水化合物中淀粉的比例增加，可提高 B 族维生素的合成量。给羊补饲钴，可增加维生素 B_{12} 的合成量。一般情况下，瘤胃微生物合成的 B 族维生素足以满足羊各种生理状况下的需要。

二、肉用绵羊营养需要

羊的营养需要是指每只羊每一天对能量、蛋白质、矿物质和维生素等营养素的需要量。肉用绵羊的营养需要主要包括能量、蛋白质、脂肪、粗纤维矿物质、维生素和水。

(一)能量的营养需要

1. 能量的来源及利用

羊呼吸、运动、生长、繁殖、维持体温等全部生命过程都需要能量。能量来源于饲料中的有机物质如碳水化合物、脂肪和蛋白质等，其中碳水化合物是能量的主要来源，它包括淀粉、糖和粗纤维。饲料中的能量并不能完全被羊利用。饲料中的总能减去粪便中所含的能称为消化能(DE)，这种消化能称为表观消化能。表观消化能减去消化过程中产生的甲烷等气体和由尿排出的能称为代谢能(ME)。代谢能也称生理有用能或表观代谢能(AME)。能量在肉羊体内的转化概括如图 5-3 所示。

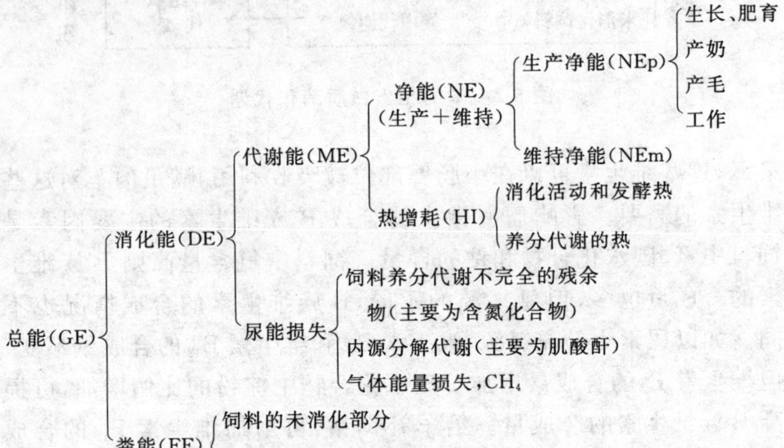

图 5-3 肉羊体内能量的转化

能量单位用焦耳表示，如焦耳(J)、千焦(kJ)、兆焦(MJ)，其换算关系为：

1 兆焦(MJ)＝1 000 千焦(kJ)＝1 000 000 焦耳(J)

2. 肉羊对能量的需要量

(1)维持需要。羊维持正常生命活动,体重不增不减,不生产产品时所需的能量为维持能量。羊维持需要的能量与代谢体重(活体重的 0.75 次方)在一定的范围内呈直线相关关系,美国全国研究委员会(NRC,1985)确定的绵羊每日维持能量需要(NE_m)可用下面的数学式表示:

$$NE_m = 56W^{0.75} \times 4.1868 \text{ 千焦}$$

式中:NE_m 为维持净能,单位为千焦耳(kJ);W 为活体重,单位为千克(kg)。

(2)生长需要。NRC(1985)规定,空腹 20～50 千克生长发育的绵羊,每千克空腹增重所需的热值,轻型体重羔羊为 12.56 ～16.75 兆焦/千克,重型体重羔羊为 23.03～31.40 兆焦/千克。在生产实际中计算增重所需的能量,需将空腹重换算成活重。

$$\text{估计活重} = \text{空腹重} \times 1.195$$

同一品种活重相同时,公羊每千克增重所需的能量是母羊的 82％。

(3)妊娠需要。NRC(1985)认为,妊娠前 15 周,青年妊娠母羊能量需要＝维持能量＋本身生长增重能量＋胎儿增重和妊娠产物能量;成年妊娠母羊能量需要＝维持能量＋胎儿增重和妊娠产物能量。

妊娠期的后 6 周,胎儿增重快,对能量需要量大,妊娠母羊(单羔)总能量需要＝维持需要×1.5;妊娠母羊(双羔)总能量需要＝维持需要×2.0。

(4)泌乳需要。包括维持和产乳需要。羔羊在哺乳期增重与母乳的需要量之比为 1∶5。肉羊在产后 12 周泌乳期内,代谢能转化为泌乳净能的效率为65%～83%,带双羔母羊比带单羔母羊的能量转化率高。

(二)蛋白质的营养需要

1.蛋白质的营养作用

蛋白质是羊机体必需的重要成分,不但组成各种组织、器官,而且也是体内酶、激素、抗体及肉、皮、毛等产品的主要成分。蛋白质的营养作用是碳水化合物、脂肪等营养物质所不能替代的。饲料中蛋白质供应不足时,会造成羊消化机能减退,生长缓慢,体重减轻,发育受阻,繁殖性能下降,抗病力减弱,严重缺乏时甚至引起死亡。

2.饲料蛋白质在瘤胃中的消化代谢

饲料蛋白质进入瘤胃后,以不同的途径进行消化。进入瘤胃的蛋白质约有60%被微生物降解,生成肽、游离氨基酸,氨基酸再经脱氨基作用产生挥发性脂肪酸、二氧化碳、氨及其他产物,微生物同时又利用这些分解产物合成微生物蛋白质。少量的氨基酸可直接被瘤胃壁吸收,为机体所利用。一部分氨也通过瘤胃壁吸收进入血液,在肝脏合成尿素,或随尿排出体外,或进入唾液再返回到瘤胃重新被利用(图5-4)。

3.蛋白质的需要量

(1)蛋白质营养的表达方式。肉羊摄入的日粮蛋白质,一部分被瘤胃微生物降解,用于合成瘤胃微生物蛋白质,日粮中未被降解的蛋白质和瘤胃微生物蛋白质进入小肠,组成小肠蛋白质被消化吸收和利用。因此,近代肉羊蛋白质营养体系均以小肠蛋白质为基础(图5-4),只是表达方式不同,如美国(NRC,1996,2001)用可代谢蛋白质,我国用小肠表观可消化粗蛋白质等。

(2)蛋白质需要量。蛋白质需要量目前主要使用粗蛋白质和可消化粗蛋白质两项指标,二者关系可用下式表达:

$$可消化粗蛋白质=0.87\times粗蛋白质-2.64$$

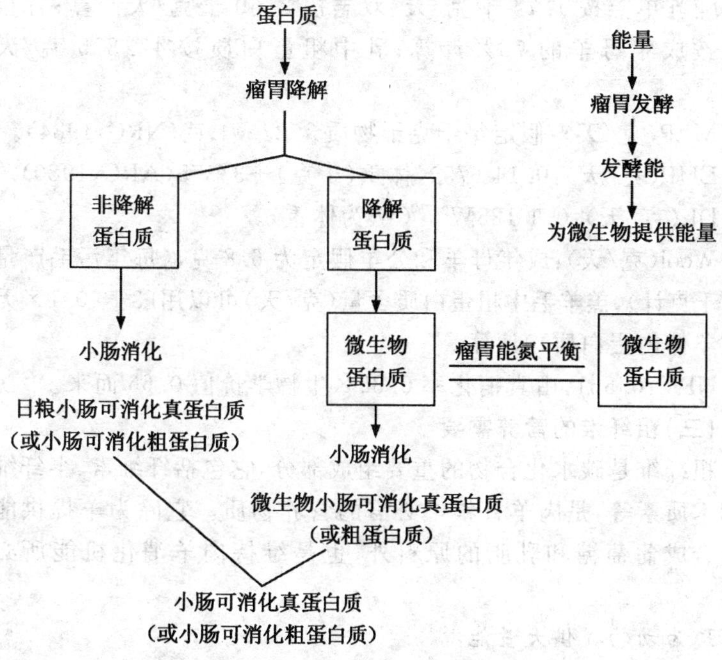

图 5-4 饲料小肠可消化蛋白质体系示意图

在绵羊瘤胃消化功能正常情况下，NRC(1985)用析因法求出蛋白质需要量，其计算公式如下：

$$\text{粗蛋白质需要量(克/天)}=\frac{PD+MFP+EUP+DL+Wool}{NPV}$$

式中：PD 为蛋白质贮留量；MFP 为粪中代谢蛋白质；EUP 为尿中内源蛋白质；DL 为皮肤脱落蛋白质；Wool 为羊毛内的粗蛋白质；NPV 为蛋白质净效率。

PD(克/天)：怀单羔母羊妊娠初期为 2.95 克/天，妊娠最后 4 周为 16.75 克/天，多胎母羊按比例增加；泌乳母羊的泌乳量，成年母羊哺乳单羔按1.74千克/天、双羔按2.60千克/天计算；青年母羊按成年母羊的75%计算；乳中粗蛋白质按47.875克/天计算。

MFP(克/天)：假定每千克干物质含33.44克(NRC,1984)。

EUP(克/天)：0.14 675×体重(千克)+3.375(ARC,1980)。

DL(克/天)：0.1 125$W^{0.75}$(W为体重)。

Wool(克/天)：成年母羊和公羊假定为6.8克,(每年污毛产量以4千克计),羔羊毛中粗蛋白质含量(克/天)可以用〔3+(0.1×无毛被羊体内蛋白质)〕计算。

NPV：0.561,由真消化率0.85×生物学价值0.66而来。

(三)粗纤维的营养需要

粗纤维是碳水化合物的重要组成部分,它包括纤维素、半纤维素和木质素等,是肉羊日粮中必需的营养物质。它除为羊提供能量及合成葡萄糖和乳脂的原料外,也是维持肉羊消化机能所必需的。

1.为动物提供大量能源

饲粮纤维在瘤胃中发酵所产生的挥发性脂肪酸(VFA)是反刍动物主要的能源物质。挥发性脂肪酸能为羊提供能量需要的70%～80%,可见饲粮纤维发酵对能量代谢的重要意义。VFA除了为羊提供能量,还参与各种代谢,并形成产品。

2.促进胃肠道的消化吸收功能

胃肠道正常蠕动和反刍是影响养分吸收的重要因素。纤维素可刺激胃肠道,促进胃肠蠕动和粪便的排泄。此外,还对维持正常的微生态系统平衡,促进瘤胃的发育和动物的健康有重要的作用。

3.控制采食量

研究表明,在瘤网胃的胃壁上分布着连续的接触性受体,这些受体随着食糜重量增多和体积增大的刺激,会限制饲料干物质采食量(DMI)。饲料中中性洗涤纤维(NDF)组分的消化速度通常较慢，被认为是与瘤胃充满程度效应相关的主要饲料成分因子。在 NDF 含量超过 35％时，瘤胃充满程度直接限制 DMI。所以，消化率较低的饲料限制干物质采食量(DMI)，原因是它们在瘤胃中被清除的速度和通过消化道的速度慢，因而对羊干物质采食量(DMI)产生调控作用。

另外研究表明，挥发性脂肪酸(VFA)中的丙酸可诱导胰岛素和胰高血糖素的释放，似乎丙酸作了调控饱感的信号。粗饲料中的纤维素、半纤维素和木质素的含量较高，在瘤胃中发酵产生的乙酸较多；而精饲料中淀粉和糖的含量较高，在瘤胃中发酵产生的丙酸较多，因而日粮的粗精比例决定了瘤胃中乙酸与丙酸的比例，所以在保证满足羊营养需要的情况下，可以通过调控日粮的纤维素含量和粗精比来达到调控 DMI 目的。

4. 维持动物健康，维护正常的生产性能

足量的纤维或优质粗饲料可以维持羊健康及改善生产性能。羊体内主要的生糖物质是丙酸，主要生糖器官是肝和肾，VFA 中如果丙酸比例增加，则有利于肥育。因此，控制适宜的粗纤维水平，则有利于肉羊的肥育。

此外，日粮中适宜的粗纤维水平，对于维持反刍动物健康具有重要意义。如果日粮中粗饲料用量不足，纤维水平过低，淀粉迅速发酵，大量产酸，会降低瘤胃瘤胃 pH，降低瘤胃内微生物菌群活性而导致一些代谢病，如酸中毒、蹄角炎、真胃扭转、肝脓肿，影响到肉羊的健康。

5. 饲粮纤维水平

研究表明，适宜的饲粮纤维水平对于消除由于大量进食精料所引起的采食量下降，防止酸中毒、瘤胃黏膜溃疡和蹄病是绝对不可缺乏的。饲粮纤维低于或高于适宜范围，都不利于能量利用。因此，在饲养肉羊过程中，必须把日粮粗纤维的含量调整到一定的水平。粗纤维在日粮中的含量，依肉羊生长发育阶段不同而有所差别，一般 2～6 月龄羔羊以 7%～11%为宜，6～12 月龄羊以 17%～22%为宜，成年羊以 20%～23%为宜。

(四)脂肪的营养需要

羊的各种器官、组织，如神经、肌肉、皮肤、血液等都含有脂肪。脂肪不仅是构成羊体的重要成分，也是热能的重要来源。另外，脂肪也是脂溶性维生素的溶剂，饲料中维生素 A、维生素 D、维生素 E、维生素 K 及胡萝卜素，只有被饲料中的脂肪溶解后，才能被羊体吸收利用。

羊体内的脂肪主要由饲料中的碳水化合物转化为脂肪酸后再合成体脂肪，但羊体不能直接合成十八碳二烯酸（亚麻油酸）、十八碳三烯酸（次亚麻油酸）和二十碳四烯酸（花生油酸）3 种不饱和脂肪酸，必须从饲料中获得。若日粮中缺乏这些脂肪酸，羔羊生长发育缓慢，皮肤干燥，被毛粗直，有时易患维生素 A、维生素 D 和维生素 E 缺乏症。

豆科作物籽实、玉米糠及稻糠等均含有较多脂肪，是羊日粮中脂肪的重要来源，一般羊日粮中不必添加脂肪。

(五)矿物质的营养需要

矿物质是构成体组织不可缺少的成分之一（表 5-1)，特别是骨骼和牙齿主要由矿物质组成。同时，矿物质参与体内各种生命活动，是保证羊体健康生长必需的营养物质。

1.钙和磷

钙和磷是羊体内含量最多的矿物质，是骨骼和牙齿的主要成分，约有 99%的钙和 80%的磷存在于骨骼和牙齿中。钙是骨骼和牙齿的主要组成成分；是细胞和组织液的重要成分，通过神经体液调节，控制神经传递物质释放，调节神经兴奋性；可改变细胞膜通透性，进入细胞内触发肌肉收缩；能激活多种酶的活性；可促进胰岛素、儿茶酚氨、肾上腺皮质固醇，甚至唾液等的分泌；钙还具有自身营养调节功能，在外源钙供给不足时，沉积钙（ 特别是骨骼中)

表 5-1 肉羊对日粮维生素、微量矿物质元素需要量

项目	生长羔羊	育成母羊	育成公羊	育肥羊	妊娠母羊	泌乳母羊
	4～20 千克	25～50 千克	20～70 千克	20～50 千克	40～70 千克	40～70 千克
硫/(克/天)	0.24～1.2	1.4～2.9	2.8～3.5	2.8～3.5	2.0～3.0	2.5～3.7
维生素 A/(国际单位/天)	188～940	1 175～2 350	940～3 290	940～2 350	1 880～3 948	1 880～3 434
维生素 D/(国际单位/天)	26～132	137～275	111～389	111～278	222～440	222～380
维生素 E/(国际单位/天)	2.4～12.8	12～24	12～29	12～23	18～35	26～34
钴/(毫克/千克)	0.018～0.096	0.12～0.24	0.21～0.33	0.2～0.35	0.27～0.36	0.3～0.39
铜/(毫克/千克)	0.97～5.2	6.5～13	11～18	11～19	16～22	13～18
碘/(毫克/千克)	0.08～0.46	0.58～1.2	1.0～1.6	0.94～1.7	1.3～1.7	1.4～1.9
铁/(毫克/千克)	4.3～23	29～58	50～79	47～83	65～86	72～94
锰/(毫克/千克)	2.2～12	14～29	25～40	23～41	32～44	36～47
硒/(毫克/千克)	0.016～0.086	0.11～0.22	0.19～0.30	0.18～0.31	0.24～0.31	0.27～0.35
锌/(毫克/千克)	2.7～14	18～36	50～79	29～52	53～71	59～77

注：表中推荐数值参考《肉羊饲养标准》(NY/T 816—2004)。

可大量分解供代谢循环需要。磷与钙一起参与骨齿结构组成，保证骨骼和牙齿的结构完整；是核酸、磷脂和磷蛋白的组成成分，参与体内能量代谢；以磷脂的方式促进脂类物质和脂溶性维生素的吸收；是细胞膜不可缺少的成分，保证生物膜的完整；磷作为重要生命遗传物质 DNA、RNA 和一些酶的结构成分，参与许多生命活动过程，如蛋白质合成和动物产品生产。

肉羊的日粮中钙磷比例以(2～1.5)∶1为宜。日粮中缺乏钙或钙、磷比例不当时，羊食欲减退、消瘦、生长发育不良，幼畜患佝偻病，成年羊患软骨症或骨质疏松症。磷缺乏时，羊出现异食癖，如吃羊毛、砖块、泥土等。一般植物性饲料都缺钙，但豆科牧草和苋科植物中含钙量较多。农作物秸秆含磷较低，谷实类、饼粕、糠麸含磷较高，动物性饲料如鱼粉含磷丰富。日粮补钙磷常使用磷酸氢钙。

2.钠和氯

钠和氯是胃液的分子，与消化机能有关。钠和氯也是维持渗透压及酸碱平衡的重要离子，并参与水的代谢。钠和氯元素长期缺乏，会发生食欲下降。补充钠和氯一般用食盐，既是营养品，又是调味剂，可提高食欲，促进生长。植物性饲料，尤其是作物秸秆含钠、氯较少，因此应经常给羊喂盐。一般按日粮干物质的0.15%～0.25%或混合精料的0.5%～1%补给。青粗饲料中含钾多，钾能促进钠的排出，为此对放牧饲养的羊要多补一些食盐，以粗饲料为主的羊要比以精料为主的羊多喂些。

3.镁

镁是骨骼的组成成分，机体中有60%～70%的镁存在于骨骼中。镁具有许多生理功能，如维持神经系统正常功能，作为磷酸酶、氧化酶等多种酶的活化因子，在碳水化合物、蛋白质和脂肪代谢中起重要作用等。肉羊缺镁，表现生长受阻，过度兴奋，痉挛、厌食，肌肉抽搐，甚至昏迷死亡。牧区肉羊多发生此病，舍饲肉羊很少发生。牧区可通过对牧草施镁肥来预防。

4.硫

硫是蛋氨酸、胱氨酸、半胱氨酸等含硫氨基酸的组成成分，硫对合成体蛋白质、激素和被毛，以及碳水化合物代谢有重要作用。羊瘤胃中微生物能利用无机硫和非蛋白氮合成含硫氨基酸，日粮干物质中氮硫比例以(5～10)∶1为宜。

5.铁

铁主要存在于羊的肝脏和血液中，为血红素及各种中短呼吸酶的成分。饲料中缺铁时，羊易患贫血症，羔羊尤为敏感。供铁过量会引起磷的利用率降低，导致软骨症。幼嫩的青绿饲料和谷类含铁丰富。

6.铜

铜与铁的代谢关系密切，是许多氧化酶的组成成分，参与造血过程，促进血红素的合成。当机体缺铜时，会减少铁的利用，造成贫血、消瘦、骨质疏松、皮毛粗硬、毛皮质量下降等。日粮中铜过量会引起中毒，尤其是羔羊，对过量铜耐受力较差。一般饲料中含铜较多，但缺铜地区土壤生长的植物含铜量较低，容易引起铜缺乏症。可用硫酸铜、氯化铜补充。

7.锌

锌是构成动物体内多种酶的重要成分，参与脱氧核糖核酸的代谢作用，能促进性腺活动和提高繁殖机能。锌还可防止皮肤干裂和角质化。日粮中缺乏锌时，羔羊生长缓慢，皮肤角化不全，可见脱毛和皮炎，公羊睾丸发育不良。锌在青草、糠麸、饼粕类饲料中含量较多，玉米和高粱中含锌较少。日粮高钙易引起缺锌。

8.锰

锰对羊的生长、繁殖和造血都有重要作用，为多种酶的激活剂，能影响体内一系列营养物质的代谢。严重缺锰时，羔羊生长缓慢，骨组织损伤，易骨折并影响繁殖机能。锰在青绿饲料、米糠、麸皮中含量丰富，谷实及块根、块茎中含量较低。

9. 钴

钴是维生素 B_{12} 的组成成分，饲料缺钴会影响维生素 B_{12} 的合成。土壤中缺钴的地区生长的牧草含钴量较低，当每千克饲草干物质含钴量低于 0.07 毫克时，应补钴，一般选用硫酸钴或氯化钴。

10. 硒

硒是谷胱甘肽过氧化酶的组成成分。这种酶有抗氧化作用，能把过氧化脂类还原，防止这类毒素在体内蓄积。羊日粮中缺硒可引起白肌病，羔羊更敏感。肉羊对硒的需要量为每千克日粮干物质 0.1～0.3 毫克。在缺硒地区要补硒，一般用亚硒酸钠。

(六)维生素的营养需要

维生素对维持羊的健康、生长和繁殖有十分重要的作用(表 5-2)，是调节物质代谢过程，提高抗病能力，保障繁殖机能不可缺少的营养物质。目前，已确定的维生素有 14 种，按溶解性分为脂溶性维生素和水溶性维生素两大类。脂溶性维生素有维生素 A、维生素 D、维生素 E、维生素 K 4 种；水溶性维生素有维生素 B_1、维生素 B_2、维生素 B_6、维生素 B_{12}、尼克酸、泛酸、生物素、叶酸、胆碱、维生素 C 等。成年羊瘤胃微生物能合成维生素 B 族、维生素 C 及维生素 K，这些维生素除哺乳期羔羊外一般不会缺乏。在羊的日粮中要注意供给足够的维生素 A、维生素 D 和维生素 E(表 5-2)。胡萝卜素在一般青绿饲料中含量较高，如胡萝卜、黄玉米中含量丰富。羊主要通过小肠将胡萝卜素转化为维生素 A。维生素 E 是一种抗氧化物质，能保护和促进维生素 A 的吸收、储存，同时在调节碳水化合物、肌酸、糖原的代谢过程中起重要作用。维生素 E 和硒缺乏都易引起羔羊白肌病的发生。尽管反刍动物瘤胃可以合成 B 族维生素，但在羔羊阶段仍建议日粮中添加 B 族维生素。

表 5-2 维生素的生理功能、缺乏症和主要来源

维生素名称	特性	生理功能	缺乏症	主要来源
维生素 A	植物含有胡萝卜素，动物可将其转化为维素 A	维持上皮组织的健全与完整，维持正常视觉，促进生长发育	干眼病，夜盲症，上皮组织角质化，抗病力弱，生产性能降低	青绿饲料、胡萝卜、黄玉米、鱼肝油
维生素 D	结晶的维生素 D 比较稳定，晒太阳少时易缺乏	促进钙磷吸收与骨骼的形成	幼畜佝偻病，成年羊骨质疏松症	日光照射在体内合成。鱼肝油合成的维生素 D_2 和维生素 D_3
维生素 E	对酸、热稳定，对碱不稳定，易氧化	维持正常生殖机能，防止肌肉萎缩，抗氧化剂	肌肉营养不良或白肌病，生殖机能障碍	植物油、青绿饲料、小麦胚、合成的维生素 E
维生素 K	耐热、易被光、碱破坏	维持血液的正常凝固	凝血时间延长	青绿饲料合成的维生素 K、羊体内合成
硫胺素（维生素 B_1）	对热和酸稳定，遇碱易分解，温度高于 100℃ 时被破坏	维持正常碳水化合物代谢。维持神经、血液循环、消化系统的正常功能	运动失调，失明，厌食，呕吐，腹泻	青绿饲料、糠麸类饲料、合成的硫胺素、羊体内合成
核黄素（维生素 B_2）	对热和酸稳定，遇光和碱易被破坏	维持正常能量、蛋白质和脂肪代谢	生长受阻，生产力低下	青绿饲料、酵母、工业合成的核黄素、羊体内合成
泛酸（维生素 B_3）	对湿热及氧化剂稳定，在碱性环境中不稳定	是辅酶 A 的组成部分，参与碳水化合物、脂肪和蛋白质代谢	生长受阻，运动失调	苜蓿、糠麸类饲料、饼类饲料、泛酸钙、羊体内合成

续表 5-2

维生素名称	特性	生理功能	缺乏症	主要来源
吡哆醇(维生素 B_6)	对热稳定,对光不稳定	为氨基酸脱羧酶等辅酶的成分,参与氨基酸、蛋白质代谢	生长不良,贫血,运动失调	谷类饲料、酵母、动物性饲料、羊体内合成
生物素(维生素 H)	易被高温和氧化剂破坏	为多种酶的辅酶,参与各种有机质代谢和脂肪合成	皮炎,贫血,脱毛症,生长受阻	青绿饲料、小麦、豆饼、羊体内合成
叶酸	在酸性中加热分解,易被光破坏	对氨基酸合成和红细胞形成有促进作用	生长减慢,脂肪肝,脾肿大	青绿饲料、谷物、酵母、羊体内合成
胆碱	对酸不稳定	为脂肪和神经组织的成分,调节脂肪代谢和防止肝脏变性	生长减慢,脂肪肝,脾肿大	绿色植物、酵母、谷实类
维生素 B_{12}(钴胺素)	强酸、日光、氧化剂、还原剂均可破坏	对核酸的形成、含硫氨基酸代谢、脂肪与碳水化合物代谢有重要作用	生长停滞,贫血,皮炎,后肢运动失调,繁殖率降低	动物性饲料、维生素 B_{12} 制剂、羊体内合成
维生素 C(抗坏血酸)	被氧化剂破坏	参与机体一系列代谢,有抗氧化作用	贫血、出血、抗病力降低	谷物、羊体内合成

注:哺乳期羔羊不具有体内合成维生素能力。

(七)水

水是羊体重要的组成成分之一,一般水分占体重的60%～70%,是饲料消化、吸收、营养物质代谢、排泄及体温调节等生理活动所必需的物质,是羊生命活动不可缺少的。当体内水分不足时,羊的胃肠蠕动减慢,消化机能紊乱,体温调节功能遭到破坏。特别是在缺水情况下脂肪过度沉积(肥育),会促进肠毒血症的发生,并出现肾炎等症状。饮水不足还会影响饲料的适口性。羊需要的水主要由饮水供应,其水质应达到畜禽饮用水水质标准(NY/5027—2002)。需水量因体重、气温、日粮及饲养方式不同而异,夏季、春末、秋初饮水量增大,冬季、春初和秋末饮水量较少。一般每采食1千克饲料干物质,需水2～3千克。成年羊一般每日需饮水3～4千克,每日应让羊自由饮水2～3次。

第二节　肉羊的饲养标准

饲养标准是根据大量饲养试验结果和动物实际生产的总结,对各类羊所需要的各种营养物质的定额做出规定,这种系统的营养定额规定称为饲养标准。

一、饲养标准的作用

1. 提高肉羊生产效率

饲养实践证明,在饲养标准指导下饲养肉羊,与传统用经验饲养肉羊相比,生长速度显著提高,肉羊产品质量明显改善。

2. 提高饲料资源利用效率

利用饲养标准指导肉羊生产,不但满足了肉羊的营养需要,还显著节约饲料,减少浪费,提高了饲料资源的利用效率。

3. 推动肉羊生产发展

一些经济和科学技术比较发达的国家和地区,肉羊饲养数量减少，肉羊产品产量和质量反而提高，明显体现了利用饲养标准指导和发展肉羊生产的作用。

4.提高科学养殖水平

饲养标准具有帮助饲养者计划和组织饲料供给，科学决策发展规模，提高科学饲养肉羊的能力。

二、肉用绵羊的饲养标准

美国绵羊的营养需要标准（NRC，1985）见表 5-3。

在使用美国绵羊的营养需要标准（NRC，1985）时应注意以下事项。

①消化能转化为代谢能的效率设定为 0.82。

②饲料的维持净能和生长净能浓度同饲料的代谢能浓度的关系为：

$$NEm = 1.37ME - 0.318ME^2 + 0.0105\,ME^3 - 1.12$$
$$NEg = 1.42ME - 0.174ME^2 + 0.0122\,ME^3 - 1.65$$

式中：NEm 和 Neg 分别为维持净能和生长净能，ME 为代谢能。此式不适用于颗粒饲料。

③妊娠前 15 周的营养需要中包括维持正常的毛生长和很小的体重增加。代谢能用于妊娠的效率为 0.17。

④标准中没有列出泌乳后 6～8 周的饲养标准，但建议由于该时期泌乳量降低（为前 6～8 周的 30%～40%），所以应根据体况适当减少供给。

⑤对泌乳羊而言，按该标准饲养应有一定的体重减少。

⑥该标准中所指活重是指早晨饲喂前的活重。

⑦该标准较适用于舍饲绵羊，对放牧绵羊应做适当调整。

表 5-3　美国绵羊的营养需要标准(NRC,1985)

体重/千克	日增重/(克/天)	采食量/千克	消化能/兆焦	代谢能/兆焦	粗蛋白质/克	钙/克	磷/克	维生素 A/国际单位	维生素 E/国际单位
成年母羊维持									
50	10	1.0	10.05	8.37	95	2.0	1.8	2 350	15
60	10	1.1	11.29	9.20	104	2.3	2.1	2 820	16
70	10	1.2	12.13	10.04	113	2.5	2.4	3 290	18
80	10	1.3	13.38	10.87	122	2.7	2.8	3 760	20
90	10	1.4	14.22	11.71	131	2.9	3.1	4 230	21
催情补饲(配种前 2 周至配种后 3 周)									
50	100	1.6	11.15	14.22	150	5.3	2.6	2 350	24
60	100	1.7	18.40	15.06	157	5.5	2.9	2 820	26
70	100	1.8	19.66	15.89	164	5.7	3.2	3 290	28
80	100	1.9	20.49	16.73	171	5.9	3.6	3 760	28
90	100	2.0	21.33	17.56	177	6.1	3.9	4 230	30

续表 5-3

体重/千克	日增重/（克/天）	采食量/千克	消化能/兆焦	代谢能/兆焦	粗蛋白质/克	钙/克	磷/克	维生素 A/国际单位	维生素 E/国际单位
妊娠前 15 周									
50	30	1.2	12.55	10.04	112	2.9	2.1	2 350	18
60	30	1.3	13.88	10.87	121	3.2	2.5	2 820	20
70	30	1.4	14.22	11.71	130	3.5	2.9	3 290	21
80	30	1.5	15.06	12.55	139	3.8	3.3	3 760	22
90	30	1.6	15.89	13.38	148	4.1	3.6	4 230	24
妊娠最后 4 周(预计产羔率为 130%～150%)或哺乳单羔泌乳期后 4～6 周									
50	180	1.6	17.15	14.22	175	5.9	4.8	4 250	24
60	180	1.7	18.40	15.06	184	6.0	5.2	5 100	26
70	180	1.8	19.66	15.89	193	6.2	5.6	5 950	27
80	180	1.9	20.49	16.73	202	6.3	6.1	6 800	28
90	180	2.0	21.33	17.56	212	6.4	6.5	7 650	30

续表 5-3

体重/千克	日增重/（克/天）	采食量/千克	消化能/兆焦	代谢能/兆焦	粗蛋白质/克	钙/克	磷/克	维生素 A/国际单位	维生素 E/国际单位
妊娠最后 4 周(预计产羔率为 180%～225%)									
50	225	1.7	20.07	16.73	196	6.2	3.4	4 250	26
60	225	1.8	21.33	17.56	205	6.9	4.0	5 100	27
70	225	1.9	22.58	18.40	214	7.6	4.5	5 950	28
80	225	2.0	23.84	19.66	223	8.2	5.1	6 800	30
90	225	2.1	25.09	20.91	232	8.9	5.7	7 650	32
哺乳单羔前 6～8 周(哺乳双羔后 4～6 周)									
50	—25(90)	2.1	25.09	20.49	304	8.9	6.1	4 250	32
60	—25(90)	2.3	27.60	22.58	319	9.1	6.6	5 100	34
70	—25(90)	2.5	30.11	24.67	334	9.3	7.0	5 950	38
80	—25(90)	2.6	30.95	25.51	344	9.5	7.4	6 800	39
90	—25(90)	2.7	31.78	26.35	353	9.6	7.8	7 650	40

续表 5-3

体重/千克	日增重/(克/天)	采食量/千克	消化能/兆焦	代谢能/兆焦	粗蛋白质/克	钙/克	磷/克	维生素 A/国际单位	维生素 E/国际单位
哺乳双羔前 6～8 周									
50	—60	2.4	28.86	23.42	389	10.5	7.3	5 000	36
60	—60	2.6	30.95	25.51	405	10.7	7.7	6 000	39
70	—60	2.8	33.46	27.60	420	11.0	8.1	7 000	42
80	—60	3.0	35.97	29.27	435	11.2	8.6	8 000	45
90	—60	3.2	38.47	31.37	450	11.4	9.0	9 000	48
青年母羊妊娠前 15 周									
40	160	1.4	15.06	13.38	156	5.5	3.0	1 880	21
50	135	1.5	16.30	13.54	159	5.2	3.1	2 350	22
60	135	1.6	17.15	14.22	161	5.5	3.4	2 820	24
70	125	1.7	18.40	15.06	164	5.5	3.7	3 290	26
妊娠后 4 周(预计产羔率为 100%～120%)									
40	180	1.5	17.15	14.22	187	6.4	3.1	3 400	22
50	160	1.6	18.40	15.06	189	6.3	3.4	4 250	24
60	160	1.7	19.66	16.31	192	6.6	3.8	5 100	26
70	160	1.8	20.91	17.15	194	6.8	4.2	5 950	27

续表 5-3

体重/千克	日增重/（克/天）	采食量/千克	消化能/兆焦	代谢能/兆焦	粗蛋白质/克	钙/克	磷/克	维生素 A/国际单位	维生素 E/国际单位
妊娠后 4 周(预计产羔率为 130%～175%)									
40	225	1.5	18.40	15.06	202	7.4	3.5	3 400	22
50	225	1.6	19.66	15.89	204	7.8	3.9	4 250	24
60	225	1.7	20.49	16.73	207	8.1	4.3	5 100	26
70	225	1.8	20.91	17.15	210	8.2	4.7	5 900	27
哺乳单羔前 6～8 周(羔羊 8 周断奶)									
40	−50	1.7	20.49	16.73	257	6.0	4.3	3 400	26
50	−50	2.1	25.51	20.91	282	6.5	4.7	4 250	32
60	−50	2.3	28.02	23.00	295	6.8	5.1	5 100	34
70	−50	2.5	30.53	25.09	301	7.1	5.6	5 400	38
哺乳双羔前 6～8 周(羔羊 8 周断奶)									
40	−100	2.1	26.76	21.75	306	8.4	5.6	4 000	32
50	−100	2.3	29.27	23.84	321	8.7	6.0	5 000	34
60	−100	2.5	31.78	25.93	336	9.0	6.4	6 000	38
70	−100	2.7	34.29	27.60	351	9.3	6.9	7 000	40

续表 5-3

体重/千克	日增重/(克/天)	采食量/千克	消化能/兆焦	代谢能/兆焦	粗蛋白质/克	钙/克	磷/克	维生素 A/国际单位	维生素 E/国际单位
育成母羊									
30	227	1.2	14.22	11.17	185	6.4	2.6	1 410	18
40	182	1.4	16.73	13.80	176	5.9	2.6	1 880	21
50	120	1.5	16.31	13.38	136	4.8	2.4	2 350	22
60	100	1.5	16.31	13.38	134	4.5	2.5	2 820	22
70	100	1.5	16.31	13.38	132	4.6	2.8	3 290	22
育成公羊									
40	330	1.8	20.91	17.15	243	7.8	3.7	1 880	24
60	320	2.4	28.02	23.00	263	8.4	4.2	2 820	26
80	290	2.8	32.62	26.76	268	8.5	4.6	3 760	28
100	250	3.0	35.13	28.86	264	8.2	4.8	4 700	30
育肥幼羊(4～7 月龄)									
30	295	1.6	17.15	14.22	191	6.6	3.2	1 410	20
40	275	1.6	22.58	18.40	185	6.6	3.3	1 880	24
50	205	1.6	22.58	18.40	160	5.6	3.0	2 350	24

续表 5-3

体重/千克	日增重/(克/天)	采食量/千克	消化能/兆焦	代谢能/兆焦	粗蛋白质/克	钙/克	磷/克	维生素 A/国际单位	维生素 E/国际单位
早期断奶羔羊(生长潜力中等)									
10	200	0.5	7.53	5.85	127	4.0	1.9	470	10
20	250	1.0	14.64	12.13	167	5.4	2.5	940	20
30	300	1.3	18.40	15.06	191	6.7	3.2	1 410	20
40	345	1.5	21.33	17.56	202	7.7	3.9	1 880	22
50	300	1.5	21.33	17.56	181	7.0	3.8	2 350	22
早期断奶羔羊(生长潜力高)									
10	250	0.6	8.78	7.11	157	4.9	2.2	470	12
20	300	1.2	16.72	13.79	205	6.5	2.9	940	24
30	325	1.4	20.06	16.72	216	7.2	3.4	1 410	21
40	400	1.5	20.90	17.14	234	8.6	4.3	1 880	22
50	425	1.7	23.83	19.65	240	9.4	4.8	1 350	25
50	350	1.7	23.83	19.65	240	8.2	4.5	2 820	25

三、正确理解和科学使用饲养标准

饲养标准是利用某(几)个品种的健康羊只,在适宜的条件下,达到最优生产性能时,营养的最低需要量。

现行饲养标准采用列表式静态描述,以致生产中无法根据许多不同的因素和饲料资源及当地实际情况,真正做到营养决策动态化、最优化。

在饲料配方设计时不能生搬硬套饲养标准,要在标准允许的范围内,根据不同的饲喂对象,以试验结果为依据,灵活应用饲养标准,这样才能准确地配合各类羊的日粮,从而保证羊的健康生长和繁殖。

第三节 肉羊的日粮配合及典型配方

一、日粮配合原则

①根据肥羔羊在不同饲养阶段的营养需要量,科学确定饲料配方的营养标准,依据所选定的饲养标准进行配制。

②日粮配合应以青、粗饲料为主,适当搭配精料。除保证各种营养成分之间的平衡外,还应保证日粮精料和粗饲料比例合适,体积适当,能够提供足够的干物质和粗纤维含量,否则会影响羔羊的正常消化和新陈代谢过程。对早期断奶的育肥羔羊,应适当降低粗料比例,提高精料比例。此外,配合日粮时还应尽量多用几种饲料原料进行配合,这样可以充分发挥各种原料之间的营养互补作用,以保证营养物质的完善,有利于提高日粮的消化率和营养物质的利用率。

③充分利用本地饲料资源,力求保持饲料种类稳定。利用本地饲料资源,可以保证饲料来源充足,减少饲料运输费用,降低饲

料的生产成本。保持所用饲料种类相对稳定，可有效减少育肥羊消化系统疾病发生。如果必须改变饲料种类和配合比例时，应逐渐更换，否则影响肥育羊的生产性能。

④了解饲料的特性，注意饲料原料的多样化。在配合日粮时必须对各类饲料的特性有所了解，对所选饲料的营养成分要清楚。有条件的地方应利用自己分析得到的营养成分数据，如果没有条件分析，必须借助饲料营养成分表时，要选用和当地相近、加工工艺相同的数据。

⑤注意饲料原料的品质和适口性。在设计配制高质量的饲料配方时，应严格掌握所选饲料原料的质量，注意原料的适口性，对于那些有不良特性和适口性差的原料要先进行加工处理，并限制其在饲料中的使用量。

⑥注意饲料的安全性和合法性。配方设计必须注意饲料安全问题，遵循国家的《产品质量法》、《饲料和饲料添加剂管理条例》、《兽药管理条例》、《饲料标签》、《饲料卫生标准》、《饲料药物添加剂使用规范》、《禁止在饲料和肉羊饮用水中使用的药物品种目录》等有关饲料生产的法律法规，决不违禁违规使用药物添加剂，不超量使用微量元素和有毒有害原料，正确使用允许使用的饲料原料和添加剂，确保饲料产品的安全性和合法性。

二、日粮配合的方法

(一)日粮配合方法

羊日粮是指羊在一昼夜内所采食的各种饲料数量的总和。日粮配合的基本方法有以下几种：

1. 方程法

包括 2 种来源和 1 种营养物质的日粮，可通过解方程的方法进行配合。

2. 试差法

试差法为目前生产中所普遍采用的方法。它计算的数据清楚，容易掌握。该方法是根据肉羊饲养标准有关营养指标，首先粗略地配制一个日粮，然后按照饲料成分表计算每种饲料中养分的含量。最后把各种养分的总量与饲养标准相比较，看是否符合或接近饲养标准要求。若每种养分比饲养标准的要求过高或过低，对日粮进行调整，达到符合饲养标准的要求。

3. 计算机法

计算机法是利用电子计算机把各种饲料中所含的营养成分和单价输入计算机内储存，又输入饲养标准所要求的各项营养素的需要量，再输入计算机程序，即线性规划，要求计算出各种营养素都符合营养需要的最低成本配方。目前国内较大型种羊场或饲料加工厂都广泛采用计算机进行饲粮配合地计算；具有方便、快速和准确的特点，能充分利用各种饲料资源，降低配方成本。

(二)日粮配合的步骤

现在以试差法为例，说明羔羊育肥日粮的具体配制步骤。

1. 选定饲养标准

根据育肥羊群的平均体重和欲达到的日增重水平选定饲养标准，确定配合日粮的营养水平，并查羊饲料营养成分表，列出所用饲料的养分含量表。

2. 确定各类粗饲料的喂量

粗饲料是反刍肉羊日粮的主体，一般粗饲料的干物质采食量占育肥羊体重的 2%～3%。选定所用粗饲料种类及每只羊日喂量，以风干物质为基础，计算出各种粗饲料所提供的营养成分，并加以总和。

3. 计算应由精饲料提供的养分量

每日的总营养需要与各类粗饲料所提供的养分之差，便需由精料来补充。

4. 确定混合精饲料的配合比例及数量

根据经验草拟一个配方，初步计算其营养成分含量，再按照试差法对不足或过剩的养分进行调整。在能量和蛋白质含量以及饲料搭配基本符合要求的基础上，调整补充钙、磷、食盐及添加剂等其他指标。

5. 检查、调整与验证

上述步骤完成之后，将所有饲料提供的各种养分进行总和，如果实际提供量与其需要量相差在±5%之间，说明配方合理。如超出此范围，可按前面所讲的方法，适当调整个别精饲料的用量，以充分满足其需要。

6. 计算精料补充料配方

求出全日粮型饲料配方后，以风干物质为基础，计算出各种精料（包括矿物质和添加剂）在全日粮型饲料配方中所占百分比，以此为基础计算出精料补充料的配方，以便生产配合饲料。

现举例说明肉羊日粮配合的设计方法。例如为平均体重30千克的鲁西黑头羊育肥公羊群设计饲料配方，预计日增重为300克，饲喂的饲草饲料有青贮玉米秸、野干草、玉米、麸皮、豆饼、磷酸氢钙、石粉、食盐。

第一步：查NRC(1985)育肥羊饲养标准表。参考杜泊绵羊的营养标准，给出育肥公羊每天的养分需要量，见表5-4。

表5-4　育肥公羊每天养分需要量

体重/克	日增重/克	干物质采食量/千克	消化能/兆焦	粗蛋白质/克	钙/克	磷/克	食盐/克
30	300	1.4	20.06	200	6.0	3.5	6.0

第二步：查羊常用饲料营养成分表给出所用饲料养分含量，见表5-5。

表 5-5 常用饲料营养成分表

饲料名称	干物质/%	消化能/（兆焦/千克）	粗蛋白质/（克/千克）	钙/%	磷/%
青贮玉米秸	22.7	2.26	21	0.1	0.02
野干草	90.6	9.86	89	0.14	0.09
玉米	88.4	16.13	86	0.04	0.21
小麦麸	88.6	11.09	144	0.18	0.78
豆饼	90.6	15.93	430	0.32	0.50
磷酸氢钙	100	0	0	21	16.5
石粉	100			37	

第三步，求出粗饲料的营养含量。设粗饲料和精饲料的用量比例为 35∶65，玉米青贮和野干草的比例为 2∶1。30 千克体重的羊需饲料干物质为 1.4 千克，则粗饲料干物质的投喂量为 0.49 千克(1.4 千克×35%)，玉米青贮干物质含量 22.7%，其投喂量为 1.44 千克(0.49 千克÷22.7%×66.7%)，干草的投喂量为 0.18 千克(0.49 千克÷90.6%×33.3%)。则粗饲料的营养价值量为：消化能 5.02 兆焦，粗蛋白质 46.0 克，钙 1.69 克，磷 0.44 克(即玉米青贮营养量和野干草营养量的合计)。由此可以得出补充精料的营养投喂量为：干物质 0.91 千克，消化能 15.04 兆焦，粗蛋白质 145 克，钙 4.31 克，磷 2.86 克(即由饲养标准减去粗饲料的营养价值量)，见表 5-6。

表 5-6 粗饲料提供的养分含量

饲料名称	干物质/千克	日喂量/千克	消化能/兆焦	粗蛋白质/克	钙/克	磷/克
青贮玉米秸	0.31	1.44	3.25	30	1.44	0.28
野干草	0.18	0.20	1.77	16	0.25	0.16
粗饲料提供	0.49		5.02	46	1.69	0.44
精料需补充	0.91		15.04	154	4.31	3.06

第四步：草拟精料补充料配方，假设精料混合料配方为玉米62%，小麦麸18.4%，豆饼17%，食盐1.0%，磷酸氢钙0.5%，石粉0.6%，微量元素+维生素预混料0.5%，将所需精料干物质0.91千克按上述比例分配到各种精料中，并计算其营养含量，见表5-7。

表5-7　草拟精料补充料配方营养含量

饲料名称	干物质/千克	日喂量/千克	消化能/兆焦	粗蛋白质/克	钙/克	磷/克
玉米	0.564 2	0.638 2	10.29	55	0.255	0.134
小麦麸	0.167 4	0.188 9	2.09	27	0.340	1.470
豆饼	0.154 7	0.170 8	2.72	73	0.546	0.854
食盐	0.009 1	0.009 1				
磷酸氢钙	0.004 55	0.004 55			0.956	0.751
石粉	0.005 46	0.005 46			2.020	
预混料	0.004 55	0.004 55				
合计	0.91		15.10	155	4.117	3.209

从表5-7可看出，干物质、消化能、粗蛋白质已基本满足需要，钙略有不足，磷稍超标，现在用石粉代替部分磷酸氢钙进行调整，调整后的配方见表5-8。

表5-8　日粮组成和营养成分含量

饲料名称	干物质/千克	日喂量/千克	消化能/兆焦	粗蛋白质/克	钙/克	磷/克
玉米	0.564 2	0.638 2	10.29	55	0.255	0.134
小麦麸	0.167 4	0.188 9	2.09	27	0.340	1.470
豆饼	0.154 7	0.170 8	2.72	73	0.546	0.854
食盐	0.009 1	0.009 1				
磷酸氢钙	0.003 55	0.003 55			0.746	0.586
石粉	0.006 46	0.006 46			2.390	
预混料	0.004 55	0.004 55				
合计	0.91		15.10	155	4.277	3.044

从表 5-8 可看出，干物质、消化能、粗蛋白质、钙、磷已基本满足需要，平均体重 30 千克的鲁西黑头羊育肥公羊的日粮配方见表 5-9。相应的精料混合料配方为：玉米 62%，小麦麸 18.4%，豆饼 17.0%，食盐 1.0%，磷酸氢钙 0.39%，石粉 0.71%，微量元素＋维生素预混料 0.5%。

表 5-9 日粮组成和营养成分含量

饲料名称	干物质/千克	日喂量/千克	消化能/兆焦	粗蛋白质/克	钙/克	磷/克
青贮玉米秸	0.31	1.44	3.39	12	1.50	0.3
野干草	0.18	0.20	1.77	14	0.25	0.16
玉米	0.564 2	0.638 2	10.29	55	0.255	0.134
小麦麸	0.167 4	0.188 9	2.09	27	0.340	1.470
豆饼	0.154 7	0.170 8	2.72	73	0.546	0.854
食盐	0.009 1	0.009 1				
磷酸氢钙	0.003 55	0.003 55			0.746	0.586
石粉	0.006 46	0.006 46			2.390	
预混料	0.004 55	0.004 55				
合计	1.4		20.12	201	5.97	3.48

三、优质肉羊生产典型日粮配方

在查阅国内外资料的基础上，经比较，摘录了部分饲料配方，仅供参考(表 5-10 至表 5-15)。

表 5-10 澳大利亚绵羊羔羊液体饲料(人工乳)配方

成分	数量
全脂奶粉/克	6 205
水/克	23 750
硫酸镁/克	60
胆碱/克	16
肌醇/克	1.2

续表 5-10

成分	数量
对氨基苯甲酸/克	0.1
维生素 C/克	0.6
月桂酸盐/克	0.6
山梨酸酯钾/克	6.0
多种矿物质/毫克	100
多种维生素营养成分/毫克	100
营养成分	
干物质/%	19.6
粗蛋白质/%	29.0
粗脂肪/%	26.2
能量/(千焦/克)	23.6
矿物质	
七水硫酸亚铁/(克/升)	60.0
氯化锌/(克/升)	9.3
四水硫酸锰/(克/升)	10.0
五水硫酸铜/(克/升)	0.8
六水氯化钴/(毫克/升)	24.0
碘化钾/(毫克/升)	80.0
维生素	
维生素 A/(国际单位/升)	18 000
维生素 D/(国际单位/升)	7 500
维生素 E/(毫克/升)	20
维生素 B_1/(毫克/升)	10
维生素 B_2/(毫克/升)	5
维生素 B_6/(毫克/升)	3
维生素 B_{12}/(毫克/升)	20
维生素 K/(毫克/升)	800
烟酸/(毫克/升)	35
泛酸/(毫克/升)	25

表 5-11　绵羊哺乳羔羊颗粒料补饲日粮配方　　%

原料种类	前期	后期
玉米	50.5	48.5
小麦麸	8.0	7.0
大豆粕	16.0	15
花生粕	7.0	6
甘薯秧粉	5.0	10
花生秧粉	10.0	10
氢钙	2.0	2
添加剂	1.0	1
食盐	0.5	0.5
合计	100.0	100
消化能/(兆焦/千克)	13.38	13.05
粗蛋白	16.93	16.21
钙	0.68	0.72
磷	0.62	0.61
粗纤维	7.67	8.94
精料比例	85	80

添加剂在每千克日粮中添加：铁 50 毫克、铜 6 毫克、锌 50 毫克、锰 45 毫克、钴 0.2 毫克、碘 0.3 毫克、硒 0.2 毫克、多种维生素 0.3 克。

表 5-12　绵羊羔羊育肥日粮配方　　%

日粮	配方 1	配方 2	配方 3	配方 4	配方 5	配方 6	配方 7
苜蓿干草	自由采食	64	30	自由采食	21	自由采食	自由采食
玉米	58	12		83	21.5	50	58
玉米(果穗)			55				
燕麦(大麦)	20	9.0					
小麦麸	10				17	22	19.5
豆饼	10	10	9	15	10.5	15	
菜籽粕					21		
棉粕						11	10

续表 5-12

日粮	配方 1	配方 2	配方 3	配方 4	配方 5	配方 6	配方 7
饲用酵母					6.8	10	
糖蜜		3.0	4.0				
石粉	0.5	0.6	0.5	0.6	1.0	0.6	0.5
磷酸氢钙	0.5	0.5	0.5	0.5		0.4	0.5
食盐	0.7	0.6	0.7	0.6	0.7	0.5	1.0
预混料	0.3	0.3	0.3	0.3	0.5	0.5	0.5
合计	100	100	100	100	100	100	100

表 5-13　绵羊羔羊育肥精粗混合型饲料配方　%

原料种类	精料比例		
	低水平(40%)	中水平(50%)	高水平(60%)
玉米	27.1	33.2	40.5
麸皮	3.7	4.8	4.9
豆粕	4.7	6.8	8.2
棉籽粕	2.2	2.9	4.4
氢钙	0.8	0.8	0.5
食盐	0.5	0.5	0.5
1%预混料	1	1	1
花生秧粉	30	25	20
地瓜秧粉	30	25	20
合计	100	100	100
消化能/(兆焦/千克)	11.6	12.4	13.2
粗蛋白	12.2	13.3	14.3
钙	0.94	0.82	0.66
磷	0.3	0.33	0.32
粗纤维	22.2	19.3	16.5
每千克价格/元	1.21	1.37	1.52

表 5-14　鲁西黑头肉羊全株玉米青贮育肥日粮(TMR)配方　%

原料种类	精料配方			青贮＋精料混合日粮配方		
	配方 1	配方 2	配方 3	配方 1	配方 2	配方 3
玉米	54.0	55.0	53.3	27.0	22.0	16.0
小麦麸	18.0	17.25	17.7	9.0	6.9	5.3
大豆 粕	22.0	21.0	21.0	11.0	8.4	6.3
全株玉米青贮				50.0	60.0	70.0
氢钙	2.0	2.25	2.7	1.0	0.9	0.8
添加剂	2.0	2.5	3.3	1.0	1.0	1.0
食盐	1.0	1.0	1.0	0.5	0.4	0.3
碳酸氢钠	1.0	1.0	1.0	0.5	0.4	0.3
合计	100.0	100.0	100.0	100.0	100.0	100.0
含消化能/(兆焦/千克)	13.62	13.54	13.33	7.94	6.77	5.58
粗蛋白质	16.89	16.43	16.36	9.24	7.53	6.03
钙	0.55	0.59	0.69	0.36	0.35	0.33
磷	0.72	0.75	0.83	0.39	0.33	0.28
粗纤维	4.20	4.10	4.10	5.53	5.78	6.06
日粮精料比例				80	70	60

表 5-15　甘肃农大绵羊不同营养水平和饲料组合试验颗粒饲料配方　%

原料	配方 1	配方 2	配方 3
玉米	42.0	23.5	11.5
小麦	12.8	10	6.0
菜籽粕	9.8	10	9.5
棉籽粕	7.5	7.5	7.2
玉米蛋白粉	3.7	1.5	0.6
青干草	12.6	26.3	34.0

续表 5-15

原料	配方 1	配方 2	配方 3
玉米秸	9.4	19.7	25.5
磷酸氢钙		0.10	0.3
石粉	1.4	0.6	0.07
食盐	0.5	0.5	0.5
膨润土			4.5
添加剂	0.3	0.3	0.3
总计	100.0	100.0	100.0
粗蛋白质/(克/千克)	153.2	138.3	123.7
消化能/(兆焦/千克)	12.5	11.3	10.1
钙/(克/千克)	7.0	6.8	6.8
磷/(克/千克)	3.5	3.3	3.3

第四节 肉羊营养调控技术

采用先进的营养与调控技术，如适当补充蛋白质饲料、可发酵纤维物质、过瘤胃蛋白、精粗混饲等营养调控措施，可以改进肉羊对各种营养物质的消化、吸收和利用，提高其生产性能。

一、提高饲料的适口性和消化率

（一）提高饲料的适口性

饲料适口性是饲料的滋味、香味和质地特性的总和，是动物在觅食、定位和采食过程中视觉、嗅觉、触觉和味觉等感觉器官对饲料的综合反应。饲料适口性是以动物的采食量来体现的，它通过影响动物的食欲来影响采食量。

采食量是衡量肉羊摄入营养物质数量的尺度。采食量的大小，通常取决于饲料的适口性。一般情况下，饲料适口性好，则肉羊的食欲强，采食量大。反之，饲料适口性差，则食欲缺乏，采食量小，因而采食量是影响肉羊生产效率的重要因素。饲料适口性问题是生产高品质饲料必须要解决的问题。

1. 影响饲料适口性的因素

(1)抗营养因子。抗营养因子不仅阻碍营养成分的消化吸收，某些抗营养因子还直接影响饲料的适口性。影响饲料适口性的抗营养因子主要有单宁、硫葡萄糖苷、芥子碱、植物凝集素、水溶性非淀粉多糖等。如存在于高粱中的单宁，具有苦涩味，进入肉羊体内后，能与胃肠蛋白质结合，分解出有强烈刺激性的没食子酸，影响适口性和采食量。存在于大豆等豆科植物中的植物凝集素，它能与小肠壁的黏膜结合，影响小肠上皮细胞的正常生理功能，造成消化酶活性的改变。广泛存在于大麦、小麦、燕麦等谷物饲料及其副产品(如次粉、麦麸)中的水溶性非淀粉多糖(主要包括 *p*-葡聚糖、阿拉伯木聚糖等)，不仅黏性大，而且不易分解吸收，进而影响肉羊的食欲，降低采食量。

(2)饲料霉变。饲料在保存过程中，由于高温、高湿气候，或饲料本身水分含量高，储存不当，导致饲料被霉菌毒素污染，出现发热、明显霉味等一系列变化，失去饲料正常的香味，严重影响饲料的适口性。另外，用作饲料原料的谷物类，如玉米等，在未收获前由于长期阴雨，受到呕吐毒素等单端孢霉烯族毒素的污染，用于饲料中，能引起敏感动物的呕吐，导致动物采食量显著下降。

(3)饲料氧化酸败。脂肪是饲料中不可少的成分之一，在肉羊生长中起着重要的作用。但在高温、高湿的环境条件下，脂肪含量高，特别是不饱和脂肪酸含量高的饲料，极易与空气中的氧作用，发生氧化而出现酸败，产生不愉快的气味和苦涩味，造成适口性显著下降。如米糠含不饱和脂肪酸较高，在高温高湿的夏季易发生氧化酸败。

(4)饲料中含有某些刺激性气味。各种酿造发酵副产品,如酵母粉、药渣、酒糟、酱渣等,这些产品本身具有一定的营养价值,而且能够降低饲料成本,具有较高的使用价值。但发酵后具有一定刺激性气味,影响饲料的适口性。

某些防霉剂及某些用于促生长的添加剂,如抗生素等,具有较强的苦味,也能影响饲料的适口性,导致采食量下降。

(5)加工调制不当。同样的原料,同样的配方,加工方法不同,可使饲料的适口性不一样。如粉碎粒度,羊饲料粉碎粒度宜粗一些,粉得过细则会影响饲料适口性。制作颗粒饲料时,因通入蒸汽不足,调质温度低,形成过度挤压,产生黑色的硬颗粒,也会影响饲料的适口性。

(6)矿物质含量过多或缺乏会导致食欲减退。饲料原料中杂质含量过高,如在麦麸中掺滑石粉,饼粕中掺泥沙等,用这样的原料加工饲料,导致适口性严重下降。

此外,还有一些饲料原料,因容重较轻,也会对适口性造成影响。

(7)蛋白能量不平衡。"为能而食"是动物的本能。肉羊可通过增加或减少采食量,来适应日粮中能量浓度的降低或增高。如某种饲料能量高,而蛋白质等其他营养成分相对偏低,其表现出来的就是这种饲料的适口性降低,采食量下降,导致生长生产能力下降。

2. 改善饲料适口性的措施

(1)消除抗营养因子对饲料适口性的影响。尽可能选择抗营养因子含量较低的原料,如选择"双低"油菜籽为原料的菜粕。限量使用含抗营养因子的原料,如在日粮中限量使用棉粕。采用膨化、制粒等加工方法,不但可使饲料本身的香味增加,适口性改善,还可使一些抗营养因子失活。如植物凝集素、棉酚等，膨化后的活性大幅度降低。实践证明，玉米、豆粕、米糠、棉粕、菜粕及其他原料，通过膨化都可提高其适口性。

(2)防止饲料霉变。必须把饲料水分控制在安全范围内，严禁使用霉变原料。改善储存条件，尽量缩短储存时间。饲料原料和饲料成品要储存在阴凉、干燥、通风处，防止包装破损。选用高效、安全的防霉剂，适量添加，以确保饲料不受霉菌污染。对已受霉菌毒素污染的原料可添加霉菌毒素吸附剂。

(3)防止饲料氧化酸败，保证使用新鲜原料。对不饱和脂肪酸含量高的原料，如全脂米糠等，在高温季节谨慎使用，做到随进随用。正确使用抗氧化剂。避免饲料直接被阳光照射。

(4)提高加工质量，改善饲料品质。根据不同生长生产阶段肉羊的采食要求，掌握好原料的粉碎粒度和颗粒饲料的大小，控制好制粒调质温度和时间，使颗粒均匀、大小一致，香味纯正，膨松可口。

(5)把好原料质量关，合理使用各种原料。坚决杜绝使用不合格原料，尽量使用新鲜原料，按照先进先出原则使用。合理进行原料评估和搭配使用，取长补短，保证配方的合理性。对于有刺激性气味的原料，应控制配方用量。

(二)提高饲料的消化率

利用现代技术充分发挥肉羊能够利用纤维素和非蛋白氮的潜力，最大限度减少饲料，特别是精饲料在消化代谢过程中造成的损失，提高利用效率，达到高效节粮的目的。可采取以下措施。

1. 提高低质饲料的利用效率

(1)选择经济合适、有效的低质粗饲料加工处理方法，如物理法、化学法、生物法等，提高低质粗饲料饲用价值，增加采食量，提高饲料利用率。如尿素氨化秸秆加石灰复合处理，可增加粗蛋白质1～2倍，采食量增加30%～50%，消化率提高8%～15%。

(2)合理调控瘤胃内环境，如在日粮中补充适量能量物质，补加适当数量的NPN，补充矿物质硫，添加适宜的日粮脂肪等，可保证瘤胃微生物的正常生长和繁殖，增强蛋白质合成能力，提高瘤胃中氮的利用率和纤维素的消化率。如试验表明，每天给饲喂低质蛋白质干草的肉羊添加50～100克淀粉(或蔗糖)，粗纤维的消化率从43%提高到54.5%。

2.提高非蛋白氮的利用效率和比例

非蛋白氮(NPN)特别是尿素，它可代替部分蛋白质饲料喂肉羊。要想保证尿素最大限度发挥营养作用，就应在尿素进入瘤胃后，控制和减缓氨的释放速度，维持较低的氨浓度，从而防止氨中毒和促进尿素的利用。如采用尿素包被处理工艺；将尿素和淀粉质饲料及载体混合，形成溶解慢的缓释尿素饲料；制作糖蜜尿素舔砖；利用双缩脲等尿素衍生物，这些措施和方法都能有效地控制和减缓氨的释放速度，提高微生物利用氨合成菌体蛋白质的效率。

3.合理利用日粮蛋白成分和日粮组合效应，提高精饲料的利用率

研究表明，高蛋白质水平可以在一定程度上提高淀粉利用率和能量的表观消化率。如给肉羊饲喂高水平的非降解蛋白时，淀粉在瘤胃和瘤胃后肠道的降解率都较高。

4.建立合适的精饲料加工体系

建立适合反刍动物消化代谢特点的精饲料加工体系，有效调控因瘤胃发酵造成的能量损失与蛋白质饲喂价值的降低。如对谷物进行粉碎、破碎、蒸汽压片等处理，可改变谷物的消化率(表5-16)。对蛋白质饲料进行保护处理(蛋白质的过瘤胃保护)，可避免其在瘤胃内发酵降解，从而直接进入小肠被吸收利用，提高蛋白质饲料利用率。

表 5-16 不同淀粉加工方式对绵羊采食量、瘤胃降解率和消化率的影响

谷物类型	饲喂形式	日粮中比例/%	淀粉采食量/(克/天)	瘤胃消化率/%	全消化道消化率/%
大麦	碾压	100	479	92	100
	整粒	100	573	95	—
	蒸汽压片	68	369	95	100
玉米	粉碎	80	613	78	100
	蒸汽压片	80	626	96	100
高粱	碾压	68	398	89	100
	蒸汽压片	69	373	89	100

引自冯仰廉主编《反刍动物营养学》,2006.

5.应用饲料添加剂

添加某些药物如饲喂抗生素,可使瘤胃丙酸、丁酸比例下降,氨态氮浓度降低,淀粉降解率和氮降解率下降,增加了淀粉流入小肠的比例,从而提高了淀粉的利用率。饲料中应用瘤胃素(莫能菌素),可以改变瘤胃微生物群体组成和消化酶的活性,从而影响瘤胃内营养物质的发酵过程,使游离氨基酸的降解率降低,乙酸与丙酸之比降低,减少甲烷的产生,从而降低了动物对蛋白质需要量,节省饲料蛋白质。

6.利用益生素增强瘤胃机能,提高饲料利用率

益生素菌株一般包括乳酸菌、芽孢杆菌、光合细菌、酵母菌等。与反刍家畜关系密切的是丝状真菌、酵母菌等。研究发现,利用真菌益生素作为肉羊的饲料添加剂,能使瘤胃中的总菌数和纤维素分解菌数成倍提高,从而增强了瘤胃微生物的分解代谢作用,使秸秆中的纤维素、半纤维素等多糖类物质降解为单糖,并转化为挥发性脂肪酸,为肉羊提供能量来源,同时为微生物菌体蛋白的合成提供充足的碳,达到提高粗饲料营养价值和利用效率的目的。

二、瘤胃内环境调控技术

1. 适量补充能量

瘤胃内容物的能量浓度是决定瘤胃微生物合成速度的主要因素。首先,能量水平对细菌的生长和繁殖有着决定性作用。细菌利用氮或氨基酸是一个耗能过程,而这些能量主要由日粮中的碳水化合物发酵产生。其次,瘤胃细菌必须利用碳水化合物形成各种 α-酮酸,才能通过氢化作用形成氨基酸。大量试验已证明,当瘤胃中有充足的易利用能源时,瘤胃中氮的利用率高,微生物生长繁殖快,蛋白质合成强度大;而能量不足时,纤维素分解菌不能发育完全,使日粮中粗纤维素和其他营养物质的消化率降低。纤维素分解菌迅速繁殖,其适宜的 pH 为 6.2～7.0。试验表明,每天给饲喂低质蛋白干草的绵羊添加 50～100 克淀粉(或蔗糖),粗纤维的消化率可以从 43%提高到 54.5%。若添加超过 200 克时,消化率降至 34.1%。因此,日粮中适宜的易消化碳水化合物的添加量对提高粗纤维的利用率非常重要。一般认为,肉羊每千克活重适宜供糖量通常为 1～3 克。

2. 适当补加非蛋白氮

瘤胃中的氨浓度是决定蛋白质合成的重要因素。氨是瘤胃微生物合成蛋白质的基本原料,故在微生物合成作用的最高限度内,当能量供应充足时,氨浓度的大小直接影响着蛋白质的合成。一些研究提出的最佳 NH_3-N 浓度范围是每 100 毫升瘤胃液 0.35～20 毫克。Okorie 和 Buttery 等在瘤胃氮浓度为 5×10^{-3} 摩尔/升时获得了最高的瘤胃蛋白质合成量。

3. 适当补充硫元素

硫具有促进瘤胃微生物生长的作用,是确保微生物最佳生长的重要物质,所以必须持续不断地给瘤胃微生物提供足够的硫源。

硫缺乏时会影响肉羊对纤维素的消化和瘤胃内挥发性脂肪酸(VFA)的比例,并会导致食欲减退甚至丧失,特别在以低质饲草为主的饲养模式中,补充硫十分重要。一般用瘤胃液的 N/S 和硫化物浓度作为检测硫营养状况的指标。肉羊适宜的 N/S 是(10～14)∶1。

4.合理控制瘤胃 pH

在大多数情况下,瘤胃 pH 取决于快速水解的碳水化合物的数量,还取决于与之配合的粗饲料中细胞壁组分的数量和组成。据报道,瘤胃 pH 低于 6.0～6.1 时,纤维素的分解全部被抑制。因此,如果要维持纤维素的分解作用,瘤胃 pH 必须保证在 6 以上。大量研究表明,日粮中精料水平较高时添加缓冲盐能明显提高采食量和纤维物质消化率,主要是它提高和稳定了瘤胃 pH,增加瘤胃液流通速率,纤维分解活性菌增强。

5.调控日粮阴阳离子平衡

酸碱平衡与肉羊的生产性能和健康密切相关。尽管影响肉羊体内酸碱平衡的因素很多,但配合日粮是主要的影响因素。如果肉羊日粮中主要阳离子(Na^+、K^+)和主要阴离子(Cl^-、SO_4^{2-})之间的比例失调,就会严重影响血液的 pH,进而导致酸碱平衡失调,影响肉羊的正常代谢活动和生产性能。向肉羊日粮中添加缓冲剂,如碳酸氢钠和氧化镁,不仅可改善日粮的阴阳离子平衡状况,调节肉羊体内的酸碱平衡,还能改善其生产性能。

6.合理配合日粮

适宜的精粗比,不仅能提供足够的纤维,保证瘤胃的正常生理功能,同时能满足瘤胃微生物能氮平衡,使蛋白质和碳水化合物同步降解,为瘤胃微生物繁殖提供最佳营养源,提高精饲料的利用效率。

7. 改变饲养制度

现存的饲养体系大多是精粗分开饲喂，即粗料自由采食，如果提供的精料水平很高时，肉羊对粗料的采食量下降，瘤胃 pH 降低，不利于纤维素的消化。而改用全混合日粮饲养制度，可以增加肉羊的饲喂频度，刺激肉羊增加唾液分泌，维持适合于纤维素分解的瘤胃环境，以提高饲粮的利用潜力。

三、减少应激反应

应激是指机体对内外非特异性因素刺激所产生的机能障碍和防御反应。在饲养过程中，往往会遇到气候骤变、免疫接种、转圈分群、噪声等应激因素，对肉羊的生长发育和生产造成不良影响。因此需采取有效措施加以预防，使应激造成的损失降到最低。

(一)引起肉羊出现应激反应的主要因素

①夏季高温、冬季低温以及气温突然大幅度变化，如夏季超过 30℃，日温差在 15℃以上。

②相对湿度过高 80%。

③羊舍空气污浊。

④饲料质量达不到养殖要求，如饲料营养浓度过低、比例失调或霉变等。

⑤饲养密度过大。

⑥长途运输或转群。

⑦免疫、注射疫苗等。

⑧突发性巨大噪声。

⑨药物使用不当造成应激等。

(二)预防羊群应激的措施

1. 改善饲养环境

肉羊生存的环境如温度、湿度、密度、空气污染度、光照、噪声等对羊群的应激有直接影响，因此应做好以下几点工作。

①冬季注意关闭门窗防风保暖，夏季注意通风防暑降温，尽量使羊舍温度保持在14～22℃。

②调控羊舍空气相对湿度在60%左右，无恶劣天气时，让肉羊在舍外活动以适应天气变化，雨季时在羊舍内放生石灰，降低湿度。

③保持适宜饲养密度。如肉用绵羊饲养密度一般为：成年公羊2米^2/只，成年母羊1～1.2米^2/只，育成羊0.8～1米^2/只，羔羊0.5～0.8米^2/只，怀孕后期母羊或哺乳母羊2.2～2.5米^2/只。通常每群羊以20～30只为宜。

④保持羊舍内干燥卫生，每日清扫圈舍一次，降低羊舍空气中有害气体及尘埃、病原微生物的浓度。

⑤合理光照。光照对肉羊的繁殖机能、育肥及生理机能都具有重要的调节作用，应实行短光照制度即每日8小时光照，16小时黑暗。

⑥羊舍内及其周围避免车辆、机器、人员、其他动物等噪声应激，保持羊舍周围环境安静。

2. 加强饲养管理

(1)合理配制日粮。饲草、饲料要多样化，做到青干搭配、精粗搭配，既达到营养全面又精粗配比合理。变更饲草、饲料要逐渐进行，保证有3～5天的过渡期。

(2)保持饮水清洁卫生。久渴失饮时，防止暴饮暴食，冬季饮温水。夏季高温，必要时可在饮水中添加电解质，以缓解热应激。

(3)制定相关的饲养管理规程，做到"定时、定量、定点、定人"饲喂，让羊群有一个相对稳定及安静的采食、运动、休息规律。

(4)合理饲喂。饲喂时少喂勤添，按时饲喂，每天3～4次，每只羊每天干物质的采食量按其体重的3%～5%供给，保证采食均匀，防止拥挤及饥饱不均。并根据季节变化及时调整饲喂时间及方式，夏季避开最热的时间，冬季避开最冷的时间。

(5)分群饲养。做到公、母分群，成年羊、青年羊、羔羊、哺乳羊分群，空怀羊与妊娠羊分群，健康羊与弱羊、病羊分群。一旦分群后，尽量避免再次调动，因为肉羊一旦合群，其强弱、大小位次已经形成，有了相对稳定的群体结构，调动后就将其结构打乱。

(6)断奶。采取逐渐断奶法，并将羔羊留在原圈，母羊调至远离其羔羊的圈舍；断奶后母羊合群饲养，以相互刺激促进早日发情、配种。

(7)定期做好消毒、防疫、驱虫、剪毛、药浴等技术性工作，以增强羊只体质，提高抗应激能力。

(8)加强运动，减小圈养应激。长期舍饲圈养的肉羊，会造成防御机能弱化，消化吸收能力下降，代谢机能紊乱，生长发育迟缓，饲料转化率低，抵抗力下降易发多种疾病，如风湿、关节炎、生产瘫痪、难产等。因此，应加强运动，有放牧条件的可适当增加放牧距离。

(9)实行人性化管理。如分群、抓捕、驱赶、防疫、治疗、剪毛、药浴、打耳号、断尾、去势、去角等工作时，动作要轻柔，禁止抽打、恐吓、踢踩等粗暴行为。有些给羊只造成应激较大的工作，应分开进行，以降低应激程度。

3. 药物预防

发生应激时，采用药物预防有治疗和缓解作用。预防应激效果较好且被广泛采用的药物主要是镇静剂，如氯丙嗪、利血平、安定等。遇到强应激有流产征兆时，可注射黄体酮保胎。某些激素，如肾上腺皮质激素、地塞米松；维生素类，如维生素 C、维生素 E；微量元素，如硒、锌、铜、铁等；参与糖类代谢的物质，如柠檬酸；应激缓解剂，如杆菌肽锌；缓解酸中毒的药物，如小苏打等；维持酸碱平衡的物质，如氯化铵，这些药物在羊只断奶、分群、去势、去角、运输等之前服用，可以起到较好的抗应激作用。

4.增强抗应激能力

使肉羊经受适度的锻炼是提高抗应激能力的重要措施。通过筛选增强抗应激能力，淘汰应激敏感羊，是提高抗应激能力的有效方法，也是预防应激最根本的措施。

第六章 肉用绵羊饲养管理技术

肉用绵羊的饲养管理基本原则是按照各类羊的营养需要和可利用的饲料资源，经合理搭配提供全价的日粮，同时按照羊的生理特点和不同的生产阶段提供适宜的生产、生活与福利条件。目的是使肉羊生产性能、肉品品质、经济与社会生态效益得到同步提高。

第一节 优质肉羊健康养殖技术条件与应用

一、空气质量

自然生态环境对肉羊育肥影响较大，尤其是空气质量不好将直接影响育肥羊的增重和饲料报酬。如肉羊育肥场的空气质量不良，不仅影响羔羊的健康，诱发呼吸道疾病，而且影响大气环境和人类的健康。因此，改善空气质量，是保障肉羊生产健康发展的基本条件。建议空气中不良气体和悬浮颗粒不超过表 6-1 中的指标。

表 6-1 空气质量指标

项目	氨气/（毫克/米^3）	硫化氢/（毫克/米^3）	二氧化碳/（毫克/米^3）	TSP/（毫克/米^3）	恶臭（稀释倍数）
指标	20	8	1 500	4	70

二、圈舍环境质量

良好的饲养环境，是减少应激，降低呼吸道疾病、减少兽药使用，提高产品品质的重要保障。针对肉羊的生理和生态特点，研究不同生态区域、不同生产规模的羊舍环境标准和控制技术、降低羊场废弃物排放量，是保障肉羊健康养殖和换取绿色和无公害食品的重要环节，也是保障养羊业可持续发展的重要措施。舍区污染物排放量控制指标见表 6-2。

表 6-2 控制圈舍区污染物排放量指标

生化需氧量/(毫克/升)	化学需氧量/(毫克/升)	悬浮物/(毫克/升)	氨态氮/(毫克/升)	总磷(以P计)/(毫克/升)	100毫升粪大肠菌群/个	蛔虫卵/(个/升)
150	400	200	80	8	1 000	2

三、饮水质量

肉羊的饮水量为采食饲料量的 3～4 倍，饮水不足则会引起食欲减退，生长速度降低，饲料消耗增加，严重者可导致脱水。如果饮水质量得不到保障，将会影响羊的健康或导致消化道疾病发生。如饮水中大肠杆菌超标，极易导致消化不良、腹泻、肠炎等。最终影响羊的生长发育及肉的品质。饮水不得有异臭、异味，不得含有肉眼可见物，最好能达到畜禽的饮用水标准(表 6-3)。

表 6-3 饮用水水质标准

项目		标准值
感官性状及一般化学指标	色度(°)	≤30°
	浑浊度(°)	≤20°
	臭和味	不得有异臭、异味
	肉眼可见物	不得含有
	总硬度(以碳酸钙计)/(毫克/升)	≤1 500
	pH	5.5～9
	溶解性总固体/(毫克/升)	≤4 000
	氯化物(以 Cl^- 计)/(毫克/升)	≤1 000
	硫酸盐(以 SO_4^{2-} 计)/(毫克/升)	≤500

续表 6-3

细菌指标	每 100 毫升总大肠菌群/个	幼畜 1,成年畜 10
毒理学指标	氟化物(以 F^- 计)/(毫克/升)	≤2
	氢化物/(毫克/升)	≤0.2
	总砷/(毫克/升)	≤0.2
	总汞/(毫克/升)	≤0.01
	铅/(毫克/升)	≤0.1
	铬(六价)/(毫克/升)	≤0.1
	镉/(毫克/升)	≤0.05
	硝酸盐(以 N 计)/(毫克/升)	≤30

四、饲料与添加剂质量

饲料中有毒有害物质会直接影响羊的健康,长期饲喂会造成蓄积中毒或者死亡,同时对肉品的质量产生不良影响。因此,要严格遵循饲料与添加剂卫生指标(表 6-4),合理配合育肥日粮。

表 6-4 饲料与添加剂卫生指标

序号	安全卫生指标项目	产品名称	指标	备注
1	砷(以总砷计)的允许量/(毫克/千克)	石粉、硫酸亚铁、硫酸镁	≤2.0	不包括国家主管部门批准使用有机砷制剂中的砷含量
		磷酸盐	≤20	
		沸石粉、膨润土、麦饭石 氧化锌、精料补充料	≤10	
		硫酸铜、硫酸锰、硫酸锌 碘化钾、碘酸钙、氯化钴	≤5	
2	铅(以 Pb 计)的允许量/(毫克/千克)	磷酸盐 石粉	≤30 ≤10	
3	氟(以 F 计)的允许量/(毫克/千克)	磷酸盐 石粉	≤1 800 ≤2 000	
4	汞(以 Hg 计)的允许量/(毫克/千克)	石粉	≤0.1	

续表 6-4

序号	安全卫生指标项目	产品名称	指标	备注
5	镉(以 Cd 计)的允许量/(毫克/千克)	米糠 石粉	≤1.0 ≤0.75	
6	氰化物(以 HCN 计)的允许量/(毫克/千克)	木薯干 胡麻饼(粕)	≤100 ≤350	
7	六六六的允许量/(毫克/千克)	米糠、小麦麸、大豆饼(粕)	≤0.05	
8	滴滴涕的允许量/(毫克/千克)	米糠小麦麸、大豆饼(粕)	≤0.02	
9	沙门氏杆菌	饲料	不得检出	
10	霉菌的允许量(每克产品中)霉菌总个数($\times10^3$)个	玉米、小麦麸、米糠 大豆、棉籽、菜籽饼(粕)	<40 <50	限量 40～100 大于 100 禁用
11	黄曲霉毒素 B_1 允许量/(毫克/千克)	花生、棉籽、菜籽饼(粕),玉米豆粕	≤50 ≤30	

摘自 GB 13078—2001《饲料卫生标准》,饲料中允许量均以含干物质 88%为基础。

第二节　种公羊的饲养管理

种公羊的基本要求是体质结实,膘情适中,精力充沛,性欲旺盛,精液品质好。种公羊精液的数量和品质,取决于日粮的全价性、饲养管理的科学性和合理性。在饲养上日粮应品质优良、易消化、体积较小和适口性好。在管理上,可采取单独组群饲养,并保证有足够的运动量。

一、非配种期

种公羊在非配种期的饲养以恢复和保持其良好的种用体况为目的。配种结束后,种公羊的体况都有不同程度的下降,为使体况较快恢复,在配种刚结束的 1～2 个月内,种公羊的日粮应与配种期基本一致，但对日粮的组成可作适当调整，增加优质青干草或青绿多汁饲料的比例，并根据体况的恢复情况，逐渐转为饲喂非配种期的日粮。在冬季，种公羊的饲养要保持较高的营养水平，既有利于体况恢复，又能保证其安全越冬度春。做到精粗料合理搭配，补喂适量青绿多汁饲料（或青贮料），在精料中应补充一定的矿物质微量元素。每天补饲精料 0.5～0.6 千克，青贮 2.0～3.0 千克，优质青绿干草 1.5 千克，胡萝卜等多汁饲料 0.5 千克。精料配方：玉米 64%，麸皮 15.5%、豆粕 15.0%、氢钙 1.5%、预混料 1.0%、食盐 3.0%（表 6-5）。

表 6-5 种公羊非配种期的日粮配方及营养水平

日粮组成	饲喂状态	干物质	营养成分	日进食量
青干草/千克	1.5	1.38	干物质/千克	2.40
青贮饲料/千克	1.5	0.54	消化能/兆焦	26.64
玉米/千克	0.7	0.62	粗蛋白质/克	192.2
磷酸氢钙/克	10	9.9	钙/克	11.65
食盐/克	15	15	磷/克	4.9
合计/千克	3.73	2.57		

二、配种前准备期

1. 调整日粮

在配种前调整种羊日粮，是配种期积蓄营养和打基础的良好时期，配种前 1～1.5 个月开始补喂精料，供给量为配种期标准的 60%～70%。舍饲公羊可按禾本科干草 35%～40%，多汁饲料 20%～25%，精饲料 45%的比例饲喂。也可按每只每日补喂混合精料 0.7～1.0 千克，优质干草 1.0～2.0 千克，胡萝卜 0.5 千克，食盐 10 克，磷酸氢钙 10 克，鸡蛋 1 枚，日喂 3 次，自由饮水。

2.加强运动

开始每天运动不低于 1 小时,7 天后视种公羊体况逐渐增加 2～3 小时。

3.检查精液品质

配种期前 2 周,开始采精训练,每隔 3 天采精 1 次,直至每日采精 1 次。严格检查精液品质,发现问题,及时研究解决方法,以保证配种期公羊的精液品质。

三、配种期

种公羊在配种期内要消耗大量的养分和体力,因配种任务或采精次数不同,对营养的需要量也不同。对配种任务繁重的优秀种公羊,每天应补饲 1.5 千克的混合精料,并在日粮中增加部分动物性蛋白质饲料(如牛奶、鸡蛋等),以保持其良好的精液品质。

配种期种公羊的饲养管理要做到认真、细致,要经常观察羊的采食、饮水、运动及粪、尿排泄等情况。保持饲料、饮水的清洁卫生,在夏季,高温、潮湿对种公羊不利,会造成精液品质下降。为避免夏季高温,应尽可能早、晚运动,中午回圈内休息。种公羊舍要通风良好。

在配种前 1.5～2 个月,逐渐调整种公羊的日粮,增加混合精料的比例,同时进行采精训练和精液品质检查。种公羊在配种前 1 个月开始采精,检查精液品质。开始采精时,1 周采精 1 次,然后 1 周 2 次,以后 2 天 1 次。到配种时,每天采精 1～2 次,成年公羊每日采精最多可达 3～4 次。对精液稀薄的种公羊,应增加日粮中蛋白质饲料的比例;当精子活力差时,应加强种公羊的运动。种公羊的采精次数要根据羊的年龄、体况和种用价值来确定。每次采精应有 1～2 小时的间隔时间。采精较频繁时,也应保证种公羊每周有 1～2 天的休息时间,以免因过度消耗养分和体力而造成体况明显下降。

饲养种公羊的日粮原料质量要好。日粮定额可参考如下标准:精料 1~1.5 千克、青干草 1~2 千克、胡萝卜 0.5~1.5 千克、食盐 10~15 克、磷酸氢钙 10~15 克。精料配方:玉米 64%、麸皮 17.75%、豆粕 15%、氢钙 0.75%、预混料 1.0%、食盐 1.5%。种公羊日粮配方及营养水平见表 6-6。

表 6-6　种公羊日粮配方及营养水平

日粮组成	饲喂状态		干物质		营养成分	日进食量	
	配方 1	配方 2	配方 1	配方 2		配方 1	配方 2
花生秧/千克	1.5		1.35		干物质/千克	2.85	2.87
甘薯秧/千克		2.0		1.8	消化能/兆焦	34.26	32.51
青贮玉米秸①/千克	0.5		0.13		粗蛋白质/克	405	365.51
胡萝卜/千克	0.5	1.5	0.05	0.16	钙/克	22.12	26.39
玉米/克	765	555	690	465	磷/克	7.71	6.72
麸皮/克	400	250	360	225			
豆粕/克	300	200	270	180			
磷酸氢钙/克	10	10	10	10			
食盐/克	15	15	15	15			
添加剂②/克	10	10	10	10			
合计/千克	4.000	4.500	2.89	2.87			

①青贮玉米秸,为整株带穗玉米,下同。

②添加剂:每千克日粮中添加:铁 50 毫克,铜 6 毫克,锌 60 毫克,锰 50 毫克,钴 0.2 毫克,碘 0.3 毫克,硒 0.2 毫克,维生素 A 1 000 国际单位,维生素 D_3 200 国际单位,维生素 E 15 国际单位。(添加剂含量,本章以下表格中含量相同。)

四、种公羊的日常管理(表 6-7)

①种公羊要单独组群饲养,除配种外,尽量远离母羊,不能公母混养,以防乱配,消耗体力,影响正常配种。种公羊喜欢顶斗,尤其是配种期间,互相争斗,互相爬跨,不仅消耗体力,还易造成创

伤。因此，饲养人员应多观察，发现公羊顶架应及时予以驱散。

②种公羊每天必须坚持运动，使种公羊保持中等膘情。饲养人员最好对舍饲的种公羊实施驱赶运动，每天上午、下午各运动2小时左右。当采取快步驱赶时，要在40分钟内走完3千米。这样可使种羊体质健壮，精力充沛，精子活力旺盛。

③种公羊圈舍应勤换垫草、垫抖，清除粪污，通风良好，保持清洁干燥。

④夏季在羊运动场内搭建遮阳凉棚，使种公羊在阴凉处休息，同时供给充足的饮水，做好防暑降温工作。

⑤定期消毒、定期防疫、定期驱虫、定期修蹄，保证种公羊有一个健康的体魄。

⑥要经常观察种公羊的食欲好坏，发现食欲不振时，应立即找出原因，及时解决。

⑦适时做好育成公羊调教，训练其正确的爬跨动作，适应人工采精环境。

表 6-7　种公羊配种期的日常管理

时间	管理日程	指标要求	效果评价
6:00～8:00	驱赶运动	3 000～4 000 米	
8:00～9:00	喂料	混合精料占日粮的1/2,鸡蛋1～2枚	
9:00～11:00	配种、采精		精子活力0.7以上
11:00～14:00	自由采食青干草、饮水		
14:00～15:00	舍内休息		
15:00～17:00	配种、采精		精子活力0.7以上
17:00～18:00	喂料	混合精料占日粮的1/2,鸡蛋1～2枚	
18:00～20:00	自由采食青干草、饮水		
20:00	舍内休息		

第三节　种母羊的饲养管理

种母羊是羊群发展的基础。种母羊的饲养可分为空怀期、妊娠期和哺乳期3个阶段。根据母羊不同生理时期,应采取适宜的养水平,合理的日粮搭配,保持良好的繁殖体况。突出强化妊娠后期和哺乳前期的补饲,以达到实现多胎、多产、多活、全壮的目的。

一、空怀母羊的饲养

空怀母羊是指从羔羊断乳到配种受胎的时期。

(一)营养需要

空怀期母羊的营养需要量:以体重60千克为例,每日需要干物质1.7千克,消化能18.4兆焦,粗蛋白质157克,钙5.5克,磷2.9克。可按每只每日喂给:禾本科干草1千克,青贮玉米2.0千克,混合精料0.45千克,磷酸氢钙15克,食盐10克,添加剂5克。也可按表6-8的配方饲喂。

表6-8　空怀母羊的日粮配方及营养成分

日粮组成	饲喂状态	干物质	营养成分	日进食量
花生秧/千克	0.5	0.46	干物质/千克	1.57
地瓜秧/千克	0.5	0.46	消化能/兆焦	15.43
青贮玉米/千克	2.0	0.50	粗蛋白质/克	159
玉米/克	110	100	钙/克	18.82
麸皮/克	50	45	磷/克	5.48
豆粕/克	50	45		
磷酸氢钙/克	15	15		
食盐/克	10	10		
添加剂/克	5	5		
合计/千克	3.2	1.57		

(二)饲养管理

此期要注意母羊的抓膘复壮,在配种前1～1.5个月实行短期优饲,提高母羊配种时的体况,达到发情整齐、受胎率高。

(三)适当运动

空怀母羊所面临的任务是配种繁殖,但是有部分舍饲和圈养的羊,即便是处在发情季节也不发情(引进肉羊多于当地品种肉羊),除了营养的因素外,无放牧条件和缺乏户外运动是主要因素。只有在保证母羊营养需要的基础上,保持运动好、体况佳,发情整齐,才能使空怀母羊按计划配种、怀孕和产羔。

二、妊娠母羊的饲养

母羊怀孕的前3个月为妊娠前期,后2个月为妊娠后期。妊娠前期胎儿发育较慢,所需营养与空怀期基本相同,一般饲喂普通日粮即可满足营养需求。

(一)妊娠前期

母羊受胎后的前3个月内,胎儿发育较慢,所增重量仅占羔羊初生重的10%,对能量、粗蛋白质的要求与空怀期相似,略高于空怀母羊即可,但应补喂一定量的优质蛋白质饲料,以满足胎儿生长发育和组织器官分化对营养物质,尤其是蛋白质的需要。在青草期,通过加强放牧能基本满足母羊的营养需要,随着牧草的枯黄,除放牧外,必须补饲,每只日补饲优质干草1.0～2.0千克或青贮饲料1.0～2.0千克。

妊娠前期的母羊一切管理措施都要围绕保胎来考虑,避免羊群吃霜、冻草和霉烂变质饲料,避免惊群和剧烈运动等,以防发生早期隐性流产。

以体重70千克妊娠母羊为例,每日需要干物质1.4千克,消化能14.2兆焦,粗蛋白质180克,钙3.5克,磷2.9克。日粮可由50%青干草、30%农作物秸秆、15%青贮玉米料、5%精料配成。妊娠前期母羊日粮配方及营养水平见表 6-9。

表 6-9 妊娠前期母羊日粮配方及营养水平

日粮组成	妊娠前期	营养成分	妊娠前期
花生秧/千克	0.6	干物质/千克	1.88
地瓜秧/千克	0.6	消化能/兆焦	18.41
青贮玉米秸/千克	2.0	粗蛋白质/克	184.45
玉米/克	200	钙/克	21.47
麸皮/克	50	磷/克	5.75
豆粕/克	50		
磷酸氢钙/克	15		
食盐/克	10		
添加剂/克	5		
合计/千克	3.54		

(二)妊娠后期

妊娠最后 5～6 周对营养物质的需要量迅速增加，胎儿生长发育加快，此时母羊本身也需要积蓄大量养分，有的母羊又属多胎高产羊，所以饲养要最大限度地满足其营养需要。管理上要特别精心。这一时期母羊营养供应不足，可导致初生重小，抵抗力弱，成活率低，生长发育缓慢等。

母羊妊娠后期的营养需要量：干物质 2.0 千克，消化能 24 兆焦，粗蛋白质 220 克，钙 8.2 克，总磷 6.1 克。妊娠第 4 个月，胎儿平均日增重 40～50 克；妊娠第 5 个月平均日增重高达 150～250 克，且骨骼已有大量的钙、磷沉积。母羊妊娠的最后 1/3 时期，对营养物质的需要增加 40%～60%，钙、磷的需要增加 1～2 倍。也可在维持需要的基础上加以调整，一般怀双羔的母羊增加 20%，怀 3 羔的母羊增加 30%～40%。

建议每只每日喂给秸秆 0.5～1 千克、优质干草 0.5 千克、混合精料 0.5 千克。或每只羊每天需补饲精料 450 克，干草 1～1.5 千克，青贮料 1.5 千克，食盐和磷酸氢钙各 15 克，以促进胎儿生长发育。也可参考表 6-10。

表 6-10 妊娠后期母羊的日粮配方及营养水平

日粮组成	妊娠后期	营养成分	妊娠后期
花生秧/千克	0.8	干物质	2.09
地瓜秧/千克	0.7	消化能/兆焦	21.21
青贮玉米秸/千克	1.5	粗蛋白质/克	234.0
玉米/克	220	钙/克	23.64
麸皮/克	100	磷/克	6.16
豆粕/克	100		
磷酸氢钙/克	15		
食盐/克	10		
添加剂/克	5		
合计/千克	2.95		

三、围产期母羊的管理

围产期(产前 10 天和产后 10 天)。要让母羊适当运动，注意胎位变化，防止出现难产及产前、产后瘫痪。主要管理措施如下。

1. 补饲精料

在舍饲情况下，每日除满足妊娠母羊 2.5～3.0 千克优质鲜草外，还要补饲玉米、麸皮、豆粕等混合精料 0.5 千克和适量的矿物质及维生素。在缺乏优质青干草的冬春季节，补饲量要增加到 0.8 千克左右。

2. 预防流产

管理上也要注意做到“三稳三防”：即出入羊舍要稳，防挤撞；放牧要稳，山区应避免在陡坡上放羊，防惊吓猛跑和爬沟坎，以防流产;饮水要稳,防跌倒,以免发生流产、死胎。冬季要给妊娠母羊饮温水,不可饮带冰碴儿的水。怀孕母羊要严禁饲喂发霉变质的饲草饲料,不饮冰冻水。在放牧时,做到慢赶,不打冷鞭,不惊吓,不跳沟,不走冰滑地;出入圈舍不拥挤,不无故捕捉惊扰羊群,及时阻止羊间角斗,以防造成流产。

3. 适当运动

产后1周要做好带羔母羊的运动,到比较平坦的地方吃草、晒太阳;母羊和羔羊放牧时,时间要由短到长,距离由近到远。

4. 抓好营养调控

对于产双羔或多羔的母羊要格外加强管理,并适当增加精料。对即将断奶的母羊要注意减料,特别是减精料和多汁饲料的喂量,防止发生乳房炎。同时对发情羊及时配种,以利进入下一个繁殖周期。

5. 管理上要做到"六净"

所谓"六净"即料净、草净、水净、圈净、槽净、羊体净。同时要供给充足的饮水。母子圈舍,要勤换垫草,经常打扫,污物要及时清除,保持圈舍清洁、干燥、温暖。定期消毒,以减少疾病的发生。

6. 预防母羊产前产后瘫痪

当母羊怀3羔或多羔或母羊年老体弱,或日粮中不能提供大量能量时,极易导致母羊产前或产后瘫痪,产生弱羔甚至死胎,是多胎肉羊常见的一种代谢病,多发于产前1～2个月。特别是高产母羊,一旦治疗不当,往往造成不良后果。预防和治疗措施如下:在怀孕后期将可能出现瘫痪的母羊单独饲养,将日粮能量或谷实类饲料比平时提高50%以上,同时添加磷酸氢钙15克,食盐10克拌料。生后出现症状的用红糖30～50克,麸皮100～150克,开水冲后调温,让母羊饮用。

7. 做好接产准备、把握接产时机

母羊妊娠后期和分娩前管理要特别精心。一般要准确掌握妊娠母羊的预产期，提前做好接产准备。应对羊舍和分娩栏进行一次大扫除，大消毒，修好门窗，堵好风洞，备足褥草等。母羊临产前1周左右，不得远牧，应在羊舍附近做适量的运动。若发现母羊肷窝下陷，腹部下垂，乳房胀大，阴门肿胀流黏液，独卧墙角，排尿频繁，时起时卧，不停回头望腹，发出鸣叫时，都是母羊临产前的表现，应随时准备接产。母羊产后，应及时饮红糖麸皮水，并立即生火驱寒，促使母羊借助温度舔干羔羊，尽快给羔羊吃上初乳，并保持母子在背风朝阳铺有垫草的栏内活动。

四、哺乳期母羊的饲养管理

母羊哺育羔羊时间为2～3个月，分为哺乳前期和哺乳后期。抓好哺乳母羊的饲养管理，母羊产奶多，羔羊发育好，抗病力强，成活率高。如果母羊养得不好，不仅母羊消瘦，产奶量少，而且直接影响羔羊的生长发育。母羊产后1周圈内饲养，1周后可到附近草场放牧，每日返回2～3次，给羔羊哺乳，晚间母子合群自由哺乳。

1.哺乳前期

羔羊出生后一段时期内，其主要食物是母乳，因此，母羊泌乳量越多，羔羊的生长越快，发育越好，抗病力越强，因而成活率就越高。母羊产羔后泌乳量逐渐上升，在4～5周内达到泌乳高峰，8周后逐渐下降。随着泌乳量的增加，母羊需要的养分也应增加，如所提供的养分不能满足其需要时，母羊会大量动用体内贮备的养分来弥补。泌乳性能好的母羊往往比较瘦弱，这是一个重要原因。因此应根据带羔的多少和泌乳量的高低，搞好母羊补饲。

羔羊出生后15～20天内，母乳是唯一的营养来源。母羊乳汁的多少，是影响羔羊成活的关键，母羊奶多，则羔羊发育好，抗病力强，成活率高，否则将影响羔羊成活。因此，要特别注意母羊哺乳前期补饲。带单羔的母羊，每天补喂混合精料0.3～0.5千克；带双羔或多羔的母羊，每天应补饲 0.5～1.5 千克；精料配方：玉米 54%、麸皮 11.8%、豆粕 31.0%、氢钙 1.2%、预混料 1.0%、食盐 1.0%。对体况较好的母羊，产后 1～3 天内可不补喂精料，以免造成消化不良或发生乳房炎。

为调节母羊的消化机能，促进恶露排出，可喂少量轻泻性饲料（如在温水中加入少量麦麸喂羊）。3 天后逐渐增加精饲料的用量，同时给母羊饲喂一些优质青干草和青绿多汁饲料，力求母羊在哺乳前期不掉膘，使哺乳后期保持原有体重或增重。

哺乳母羊日粮配方及营养水平见表 6-11。

表 6-11　哺乳母羊日粮配方及营养水平

日粮组成	饲喂状态		营养成分	哺乳前期	哺乳后期
	哺乳前期	哺乳后期			
苜蓿干草/千克	0.8	0.5	干物质/千克	2.42	1.77
地瓜秧/千克	0.7	0.5	消化能/兆焦	28.79	20.0
青贮玉米秸/千克	1.0	1.7	粗蛋白质/克	346.0	228.1
玉米/克	720	410	钙/克	23.31	18.63
麸皮/克	100	50	磷/克	8.87	7.16
豆粕/克	100	50			
磷酸氢钙/克	15	15			
食盐/克	10	10			
添加剂/克	5	5			
合计/千克	3.46	3.20			

2. 哺乳后期

哺乳后期母羊的泌乳量下降，即使加强母羊的补饲，也不能继续维持其高的泌乳量，单靠母乳已不能满足羔羊的营养需要。此时羔羊已可采食一定量植物性饲料，对母乳的依赖程度减小，一般精料可减至 0.45 千克、干草 1～2 千克、青贮 1 千克。

第四节 羔羊超前培育

羔羊主要指断奶前处于哺乳期间的羊只。羔羊生长发育快、可塑性大,合理地对羔羊进行培育,既可充分发挥其遗传性能,又能加强外界条件的同化和适应能力,有利于个体发育,提高生产力。

羔羊抵抗力弱,消化机能不完善,对外界适应能力较差,且处于营养来源从母体血液、奶汁转为草料的过程,变化很大。羔羊的发育又同以后的成年羊体重、生产性能密切相关。因此,必须高度重视羔羊的饲养管理,把好羔羊培育关。针对羔羊的生长特点,饲养管理上应把握以下几个环节。

一、加强护理

1. 净身

对新生羔羊,接产者要及时清除口、鼻、耳内的黏液,躯体上的黏液让母羊舔干净,并及时让羔羊吃上初乳。舔羔一方面可促进羔羊体温调节、排出胎粪;另一方面可促使母羊排出胎衣。如果母羊不愿舔,可将麸皮撒在羔羊身上,诱使母羊舔干。

2. 保温

初生羔羊毛短,且自身调节体温能力差,对外界环境温度变化非常敏感,天冷时要注意保暖。尤其是我国北方产冬羔和早春羔时,必须做好防寒工作。羊舍要准备取暖设备,如安置火炉、火墙等来提高舍内温度,羔羊舍温一般要保持在10℃以上。同时地面铺垫柔软干草、麦秸,以御寒保温,防止羔羊受冻。

3. 防病

羔羊产后3~5天内的粪便,色黄而黏稠,常堵塞肛门,影响排便。饲养人员要随时检查,发现粪便堵塞肛门,要及时用剪子剪掉，操作时防止剪伤皮肤。

羔羊生后15天左右，部分羔羊有吃土吃毛的恶习，这一时期容易诱发胃肠疾病。因此，应在保持圈舍干燥卫生的前提下，在羔羊舍内放置食槽和饮水槽，让羔羊自由采食和饮水。

二、早吃初乳

分娩完毕，用温消毒水洗涤乳房。擦干后，即可辅助羔羊吃初乳。

1. 初乳的营养

初乳系指母羊分娩后1～3天内分泌的乳汁。黄色浓稠，营养成分极为丰富，蛋白质、脂肪和氨基酸组成全面，维生素较为齐全和充足。与常乳相比较，干物质含量高1.5倍，脂肪高1倍，维生素A高10倍以上，而且容易消化吸收。初乳含有免疫球蛋白和多种抗体。

2. 及早吃初乳

羔羊对初乳的吸收效率，随出生时间的延长而迅速降低，有试验证实18小时后，新生羔羊从肠道吸收抗体的能力开始减弱并逐渐消失。所以，羔羊出生后吃初乳的时间越早越好，初乳吃不好，将给羔羊带来一生中难以弥补的损失。生后10～15小时仍吃不上初乳，羔羊的死亡率相应增高。

3. 初乳的作用

羔羊出生后，应立即辅助其吃到初乳。在羔羊出生后几小时内从初乳中获得的抗体主要功能是抵御外界微生物侵袭，具有防病和保健作用。初乳含矿物质较多，特别是镁多，有轻泻作用，可促进胎粪排出。应保证羔羊在产后半小时内吃到初乳，最迟不要超过1小时。早吃、多吃初乳对增强羔羊体质和抗病能力具有重要作用，同时对母羊生殖器官的恢复也有积极作用。

三、辅助哺乳

在正常情况下，羔羊出生后就会吃奶，但初产母羊及哺育力差的母羊所生的羔羊，需要人工辅助哺乳。

1. 引导羔羊哺乳

一种方法是先把母羊固定，将羔羊放在母羊乳房前，让羔羊寻找乳头吃奶，经训练很快建立起母仔哺育行为。

2. 强制彼此适应

把母羊的乳汁涂抹在羔羊身上，或将麸皮撒在羔羊身上让母羊舔食，使母羊从气味上接受羔羊。或将母仔放在同一母仔栏内，强制彼此适应达到哺乳目的。经过几天适应就可认羔哺乳。母羊认羔后可除去母仔栏，放入大群中喂养。

3. 人工投服

如果新生羔羊较弱，通过人工辅助仍不能张口吃到初乳，最好把初乳挤出，让有经验的兽医将细胃管（小动物专用）轻轻插入羔羊食管内灌服。羔羊生后数周内主要靠母乳维生。要有专职饲养员照顾好羔羊吃母乳，对一胎多羔的母羊也要人工辅助哺乳，防止强者吃得多，弱者吃得少。

四、选调保姆羊

选保姆羊时最好选带 1 只羔羊、营养状况良好、泌乳力强的母羊或失去羔羊的母羊。寄养待哺羔羊的日龄与“保姆”羊产羔日数尽量接近（最好前后不超过 3 天）。可将保姆羊乳汁涂在寄养羔羊的身上，使母羊难以辨认而给予哺乳。如遇母羊不肯给羔羊哺乳，饲养员应定时限制母羊活动或给予适当保定，确保羔羊能吃足吃好“保母乳”。

五、人工哺乳

随着羔羊日龄和哺乳量的增加，很可能出现母羊奶量不足的情况，这时要给羔羊进行人工哺乳。人工哺乳就是用牛奶、羊奶、奶粉或其他流动液体食物喂养缺奶的羔羊。用牛奶、羊奶喂羊，首先尽量用新鲜奶。鲜奶味道及营养成分较好，病菌及杂质也较少。用奶粉喂羔羊应该先用少量冷或温开水，把奶粉溶开，然后再加热水，使总加水量达到奶粉量的 5～7 倍。羔羊越小，胃越小，奶粉对水的量也应该越少。有条件的羊场应再加点植物油、鱼肝油、胡萝卜汁及多种维生素、多种微量元素、蛋白质等。其他流动液体食物是指豆浆、小米米汤、代乳粉或市售婴幼儿用奶粉，这些食物在饲喂以前应加少量的食盐，有条件的添加鱼肝油、胡萝卜汁和蛋黄等。

（一）人工哺乳的关键技术

人工哺乳的关键技术是要搞好“定人、定时、定温、定量和讲究卫生”几个环节，这样才能把羔羊喂活、喂强壮。不论哪个环节出差错，都可能导致羔羊生病，特别是胃肠道疾病。即使不发病，羔羊的生长发育也会受到不同程度的影响。所以从一定意义上讲，人工哺乳是下策。

1. 定人

人工哺乳中的“定人”，就是从始至终固定一专人哺乳。这样可以熟悉羔羊生活习性，掌握吃饱程度、喂奶温度、喂量以及在食欲上的变化，健康与否等。

2. 定温

“定温”是指羔羊所食的人工乳要掌握好温度。一般冬季喂 1 月龄内的羔羊，应把奶凉到 35～41℃，夏季温度可略低。随着羔羊日龄的增长，喂奶的温度可以降低些。没有温度计时，可以把奶瓶贴在脸上或眼皮上，感到不烫也不凉时就可以喂羔了。温度过高，不仅伤害羔羊上皮组织，而且容易发生便秘；温度过低往往容易发生消化不良、拉稀或胀气等。

3. 定量

“定量”是指每次限量。掌握在“七成饱”的程度，切忌喂得过量。具体喂量是按羔羊体重或体格大小来定，一般全天给奶量相当于初生重的1/5为宜。喂给粥或汤时，应根据浓稠度进行定量，全天喂量应略低于喂奶量标准，特别是最初喂粥的2～3天，先少给，待慢慢适应后再加量。羔羊健康、食欲良好时，每隔7～8天比前期喂量增加1/4～1/3；如果消化不良，应减少喂量，加大饮水量，并采取一些治疗措施。

4. 定时

"定时"是指羔羊的哺乳时间固定，尽可能不变动。初生羔羊每天应喂6次，每隔3～5小时喂一次，夜间睡眠可延长时间或减少次数。10天以后每天喂4～5次，到羔羊吃草或吃料时，可减少到3～4次。

5. 注意卫生条件

饲喂人员在喂奶以前应洗净双手。平时不要接触病羊，尽量减少或避免致病因素。出现病羔应及时隔离，由单人分管。羔羊的胃肠功能不健全，消化机能尚待完善，最容易"病从口入"，所以羔羊所食的奶类、豆浆、面粥以及水源、草料等都应注意卫生。例如奶类在喂前应加热到62～64℃，经30分钟或80～85℃瞬间，可以杀死大部分病菌。粥类、米汤等在喂前必须煮沸。羔羊的奶瓶应保持清洁卫生，健康羔与病羔应分开用，喂完奶后随即用温水冲洗干净。如果有奶垢，可用温碱水冲洗，或用瓶刷刷净，然后用净布或塑料布盖好。病羔的奶瓶在喂完后要用高锰酸钾、来苏儿、新洁尔灭等消毒，再用温水冲洗干净。

(二)人工乳的配制

对于条件好的羊场或养羊户，可自行配制人工合成奶类，喂给7～45日龄的羔羊。人工合成奶的成分为脱脂奶粉60%，牛奶或脂肪干酪素、乳糖、玉米淀粉、面粉、磷酸钙、食盐和硫酸镁。

每千克代乳粉的营养成分如下：水分4.5%，粗脂肪24.0%，粗纤维0.5%，灰分8.0%，无氮浸出物39.5%，粗蛋白质23.5%；

维生素 A 5 万国际单位，维生素 D 1 万国际单位，维生素 E 30 毫克，维生素 K 3 毫克，维生素 C 70 毫克，维生素 B_1 3.5 毫克，维生素 B_2 5 毫克，维生素 B_6 4 毫克，维生素 B_{12} 0.02 毫克，泛酸 60 毫克，烟酸 60 毫克，胆碱 1 200 毫克，镁 120 毫克，锌 20 毫克，钴 4 毫克，铜 24 毫克，铁 126 毫克，碘 4 毫克；蛋氨酸 1 100 毫克，赖氨酸 500 毫克，杆菌肽锌 80 毫克。

六、及时补料

羔羊处于一生中生长发育最快的时期，对蛋白质、能量和矿物质的需要量较高。此阶段单依靠从哺乳中获得营养已满足不了羔羊的营养需要，必须通过补料提供营养才能满足。补料不但使羔羊获得更完善的营养物质，还可以提早锻炼胃肠的消化机能，尤其是建立正常瘤胃功能，促进胃肠系统的健康发育，增强羔羊体质。

1. 营养水平与配方

为了使羔羊生长发育快，对双羔和 3 羔的群体除吃足初乳和常乳外，还应尽早补料（表 6-12）。

表 6-12　羔羊补料日粮配方和营养水平　%

原料种类	前期	后期	营养成分	前期	后期
玉米	48.5	43	消化能/（兆焦/千克）	14.54	13.39
小麦麸	7.0	7	粗蛋白质	18.0	16.8
大豆粕	21	17.5	钙	0.82	0.69
甘薯秧粉	10	15	磷	0.70	0.49
花生秧粉	10	15	粗纤维	10.1	13.13
氢钙	2	1	精料比例	80	70
添加剂	1	1			
食盐	0.5	0.5			
合计	100	100			

2. 饲料调制

将玉米适当粉碎加上其他原料，搅拌均匀配成混合料即可喂用。但是颗粒饲料体积小，营养浓度大，非常适合饲喂羔羊。所以在开展早期断奶，实施强度育肥时，以采用颗粒饲料为好，实践证明同样的配方，颗粒饲料比粉料能提高饲料报酬 5%～10%，适口性好，羔羊也喜欢采食。

3. 补料时间

一般在羔羊 15 日龄开始给予颗粒饲料，供羔羊随时舔食。

4. 补料方法

为了尽早能让羔羊吃料，最初用颗粒或混合饲料均匀放入羔羊饲槽中。羔羊在补饲栏内可采食到饲料，在栏外能吃到母乳，两者结合起来才能满足生长发育的需要。

5. 补料量

10～120 日龄的羔羊，一般平均日消耗 500～600 克颗粒饲料，其中 3 周龄时每日消耗 50 克，7～8 周龄时日消耗 350～550 克。也可按 15 日龄每天补颗粒或混合精料 50～75 克，1～2 月龄 100 克，2～3 月龄 200 克，3～4 月龄 250 克。全期合计为 10～15 千克/只。

6. 饮水

此阶段要在供给母羊饮水的同时，要更加注重在补料栏给羔羊提供清洁的饮水，冬季和早春应给羔羊提供温水。饮水量为采食量的 2～3 倍，如果羔羊喝不到清洁而温度适宜的饮水，将严重影响羔羊的采食和生长发育。

七、适时断奶

羔羊瘤胃发育可分为从出生至 3 周龄的无反刍阶段，3～8 周龄的过渡阶段和 8 周以后的反刍阶段。从理论上讲羔羊断奶的月龄和体重，应以能独立生活并以饲草为主获得营养为准。

1. 断奶时间

从生理角度分析，母羊通常在分娩后 2～3 周达到最大产奶量，其后产奶量下降很快。羔羊 2 月龄时，母乳已不能满足羔羊生长发育的需要。试验证明，羔羊在第 21 天时瘤胃已开始发育，到 49 日龄时瘤胃功能便可达到成年羊状态，羔羊便可利用植物饲料中的营养物质。因此，羔羊以双月龄断奶效果为好。

2. 断奶体重

羔羊发育比较整齐一致，可采用一次性断奶。若羔羊发育有强有弱，可采用分批断奶法，即强壮的羔羊先断奶，弱小的羔羊仍继续哺乳，断奶时间可适当延长。

3. 断奶方法

断奶后的羔羊留在原圈舍里，母羊关入较远的羊舍，以免羔羊恋母，影响采食。断奶应逐渐进行，开始断乳时，每天早晨和晚上仅让小羊哺乳 2 次。早期断奶集约化生产要求全进全出，即羔羊进入育肥圈时的体重大致相似，若差异较大则不便管理，影响育肥效果。

八、羔羊的日常管理

1. 编号

为了搞好肉羊育种工作和识别羊，必须进行编号。打耳标是目前最常见的一种方法。用铝或塑料制成圆形或长方形的耳标，用特制的钢字钉(或专用笔)把所需要的号码打(写)在耳标上。安置前先用特制的耳钳在羊耳朵上打一圆孔，再将耳标扣上。耳标应打在左耳中下部，用打耳钳打孔时，要避免血管密集区，打孔部位要用碘酒充分消毒。羔羊生下 7 天以内，应给羔羊打耳号，并应登记在案。发现羊耳标脱落后及时补戴。

编制羊只耳标时，既要考虑当前羊只存栏的数量，又要考虑到将来发展的情况，还要考虑羊只调入调出等情况，此外，羊耳标数字的编排要体现一定的规律性，以便迅速识别。例如，存栏可繁母羊 10 群，每群 60 只，2009 年羊的编号可以如下设计：总体数字为 5 位数，第一位数字代表年份，第二、三位数字代表羔羊所在母羊的群别，第四、五位数字代表所生羔羊的顺序号，因为每群母羊为 60 只，所以顺序号从 1 到 99 足够了，顺序号中，奇数号代表公羔，偶数号代表母羔。90839 羊耳标数字代表的意义是，9 代表羊羔是 2009 年出生，08 代表羔羊出生在养殖场内第 8 群可繁母羊群内，39 代表公羔，打号顺序是 39 号或出生的公羔有 39 只，此羔正号排在 39 号。

2. 断尾

断尾时间一般在生后 7～10 天，断尾常用结扎法。结扎法即用细绳或橡皮筋在羔羊 3～4 尾椎间紧紧扎住，阻断血液循环，一般经 10～15 天尾巴自行脱落。注意如断尾时尾椎留得太少，日后容易导致羔羊脱肛。此法的好处是经济简便，容易掌握。缺点是结扎部位夏秋季易遭蚊蝇骚扰，造成感染，尾巴脱落时间长。发现上述情况，可用 5%碘酊涂擦，也可用抗生素软膏处理。

3. 去角

当羔羊 1～2 周龄时进行去角。

4. 去势

凡体型不良、发育不好、没有留种价值的公羔，都应及早去势，避免乱交滥配，便于管理和育肥。去势羊可在生后 2～3 周龄时进行。

5. 修蹄

舍饲的羊要经常修蹄，可用专用修蹄刀或较锋利的小刀，剪去或削去过长部分，使蹄匣与蹄底接近平齐，以利于行走和四肢正常发育。

第五节 育成羊培育

育成羊是指断奶后至第一次配种前之间的幼龄羊，多在 4～

18月龄。羔羊断奶后的4～5个月生长发育快，增重强度大，对饲养条件要求较高。通常，公羔的生长较母羔快，因此育成羊应按性别、体重分别组群和饲养。8月龄后羊的生长发育强度逐渐下降，到1.5岁时生长基本结束，因此在生产中一般将羊的育成期分为2个阶段，即育成前期(4～8月龄)和育成后期(9～18月龄)。育成前期，尤其是刚断奶不久的羔羊，生长发育快，瘤胃容积有限且机能不完善，对粗料的利用能力较弱。此期羊的日粮应以精料为主，补喂优质青干草和青绿多汁饲料。育成后期羊的瘤胃消化机能基本完善，应以牧草和农作物秸秆为主，结合补饲少量的混合精料。粗劣的秸秆不宜用来饲喂育成羊，即使要用，在日粮中所占比例也不可超过20%～25%，使用前还应进行合理的加工调制。

为了培育好育成羊，应注意以下几点。

(1)合理的日粮搭配。精粗饲料搭配合理，一般精粗比为4∶6，另外饲料也要多样化，粗饲料搭配青干草、青贮饲料、块根块茎及多汁饲料等。另外，还要注意矿物质如钙、磷、食盐和微量元素的补充。育成公羊由于生长发育比育成母羊快，所以营养物质需要量多于育成母羊。

(2)合理的饲喂方法和饲养方式。饲料类型对育成羊的体型和生长发育影响很大，优良的干草、充足的运动是培育育成羊的关键。给育成羊饲喂大量而优质的干草，不仅有利于促进消化器官的充分发育，而且培育的羊体格高大，乳房发育明显，产奶多。充足的阳光照射和充分的运动可使其体壮胸宽，心肺发达，食欲旺盛，采食多。有优质饲草，就可以少给或不给精料，精料过多而运动不足，容易肥胖，早熟早衰，利用年限短。

(3)适时配种。一般育成母羊在满8～12月龄，体重达到成年体重的65%以上时配种。育成母羊不如成年母羊发情明显和规律，所以要加强发情鉴定，以免漏配。8月龄前的公羊一般不要采精或配种，须在12月龄以后再参加配种。

第六节 健全肉羊生产技术档案

在羊的饲养和繁殖工作中，应建立起系统的养殖档案和系谱记载。记载的内容有防疫计划和程序，疫苗使用种类、时间、只数，饲料兽药购入和使用情况，饲养只数，繁殖成绩等。羊的配种繁殖应建有系统的系谱记载，一般使用卡片档案和电子档案 2 种形式。种羊系谱档案主要包括种羊本身记录、鉴定成绩、系谱及配种产羔记录和后裔品质鉴定等资料。主要记录项目有种羊卡片、配种登记表、羔羊等登记表、母羊繁殖成绩统计表和鉴定记录表等（表 6-13 至表 6-21）。

种羊卡片分种公羊卡片和种母羊卡片。种羊卡片是对种羊一生各种性能表现和各种关系的综合记录档案。卡片中包括种羊的系谱、本身生长发育或生产性能及鉴定成绩、历年配种产羔记录和后裔品质。

表 6-13 种公羊卡片

品种__________登记耳号__________

出生日期__________胎别__________

（一）本身鉴定成绩（正面）

鉴定年份	年龄	体重/千克	体高/厘米	体长/厘米	胸围/厘米	胸宽/厘米	胸深/厘米	管围/厘米	等级
	初生								
	3 月龄								
	6 月龄								
	1 周岁								
	2 岁								
	3 岁								
	4 岁								

(二)亲、祖代品质及性能(背面)

代别	耳号	年龄	体重/千克	体高/厘米	体长/厘米	胸围/厘米	胸宽/厘米	胸深/厘米	管围/厘米	等级
父亲										
母亲										
祖父										
祖母										
外祖父										
外祖母										

(三)后裔情况(背面)

配种年份	配种头数	产羔母羊	羔羊数/只		初生重/千克		断奶重/千克		受胎率/%	繁殖率/%
			公	母	公	母	公	母		

留(出)厂日期：　　　　年　月　日　　　　技术负责人签字：

表 6-14　种母羊卡片

品种＿＿＿＿＿＿登记耳号＿＿＿＿＿＿

出生日期＿＿＿＿＿＿胎别＿＿＿＿＿＿

(一)本 身 鉴 定 成 绩(正面)

鉴定年份	年龄	体重/千克	体高/厘米	体长/厘米	胸围/厘米	胸宽/厘米	胸深/厘米	管围/厘米	等级
	初生								
	3 月龄								
	6 月龄								
	1 周岁								
	2 岁								
	3 岁								
	4 岁								

（二）亲、祖代品质及性能（背面）

代别	耳号	年龄	体重/千克	体高/厘米	体长/厘米	胸围/厘米	胸宽/厘米	胸深/厘米	管围/厘米	等级
父亲										
母亲										
祖父										
祖母										
外祖父										
外祖母										

（三）后裔登记

配种年份	与配公羊	胎别	羔羊号	性别	初生重/千克	断奶重/千克	周岁体重/千克	等级

留（出）厂日期：　　年　月　日　　　　　　技术负责人签字：

表 6-15　肉用绵羊个体鉴定记录表

序号	品种	羊号	性别	年龄	体型外貌	体重/千克	羊毛品质	剪毛量/千克	损征、失格	等级	备注

鉴定时间：　　年　月　日　　　　　　场技术负责人签字：

表 6-16　种公羊精液品质检查及利用记录表

品种：　　　　　　　　　　　　公羊耳号：

采精			射精量/毫升	原精液				稀释精液			精液保存			输精量/毫升	授精母羊数	备注
日月	时间	次数		色泽	气味	密度	活率	稀释液	倍数	活率	保存时间/小时	保存温度/℃	活率			

技术负责人签字：

表 6-17　羊配种记录表

序号	配种母羊			与配公羊			配种日期				分娩		生产羔羊			备注
	品种	羊号	等级	品种	羊号	等级	第1次	第2次	第3次	第4次	预产期	产羔期	只数	羊号	性别	

登记员：　　　　　　　　　　　　技术员：

表 6-18　羊产羔记录表

序号	品种	羔　羊					母　羊			公羊耳号	羔羊出生鉴定					备注
		耳号	性别	单双羔	出生日期	初生重/千克	品种	耳号	等级		体型结构	体格大小	被毛同质性	毛色	等级	

登记员：　　　　　　　　　　　　技术员：

表 6-19 肉羊体尺体重测量记录表

羊号	父号	母号	胎别	测定日期	性别	年龄	体重/千克	期内增重/千克	日增重/克	体高/厘米	体长/厘米	胸围/厘米	胸宽/厘米	胸深/厘米	管围/厘米	体型外貌

登记员： 技术员：

表 6-20 羊群饲草饲料消耗记录表

品种： 群别： 性别： 年龄：

供应日期	精饲料/千克				粗饲料/千克				多汁饲料/千克				矿物质饲料/千克				备注
				合计				合计				合计				合计	

登记员： 技术员：

表 6-21 羊群变动月统计表

圈舍	羊别	年龄	性别	上月底结存数	本月内增加				本月内减少					本月底结存数	备注
					调入	购入	繁殖	合计	死亡	调出	出售	宰杀	合计		

报出日期： 技术员： 管理员：

第七章　优质肉用绵羊育肥技术

近几年我国优质肉羊生产发展较快，但与养羊业发达国家相比差距依然较大，突出表现是肉羊良种产业化程度较低，生长速度稍慢，饲料报酬低，屠宰率较低，肉品品质较差。因此，培育适应我国生产生态条件的肉羊新品种，利用引进的国外专用肉用绵羊品种，开展杂交改良，研究开发相适应的配套技术，提高肉羊的生长速度、出栏率、出肉率，提高肉品品质，增强市场竞争力是非常必要的。

第一节　影响肉羊育肥效果的因素

一、品种与杂交组合

品种是发展肉羊肥羔生产的物质基础，要提高肉羊生产的整体水平和经济效益，必须选择生长速度快，饲料报酬高、肉用性能好的品种。研究表明，不同品种的绵羊育肥性能差异很大，引进国外肉用绵羊品种（萨福克羊、无角陶赛特羊、特克赛尔羊、杜泊绵羊等）的生长速度快，羔羊育肥阶段平均日增重 250～300 克；饲料报酬（4～5）∶1；屠宰率 50％以上，高于在同等饲养条件下国内肉毛或肉裘兼用地方品种，如小尾寒羊、大尾寒羊、湖羊、蒙古羊等。但在产羔率方面，小尾寒羊和湖羊平均达到 250％以上，远远高于引进国外肉羊品种（150％～180％）。

（一）对生长性能的影响

近十年来，以国外肉用绵羊品种作为父本，选择性早熟、多胎、高产的地方品种小尾寒羊、湖羊作为母本，进行经济杂交生产杂交羔羊，是我国肉羊生产的一条新路子，符合我国肉羊生产实际。实践也证明，利用杂交羔羊育肥，具有生长速度快、饲料报酬高、屠宰率高、胴体品质和风味好等特点。从报道的资料看，全国各地筛选出的杂交组合，杂交效果非常明显。山东省农业科学院畜牧兽医研究所，利用引进品种杜泊绵羊同小尾寒羊杂交，取得了较好的育肥效果(表 7-1 和表 7-2)。

表 7-1　不同品种与杂交组合对增重及饲料报酬的影响

项目	始重/千克	5 月龄重/千克	期内增/千克	日增重/克	饲料转化率
杜寒 F_1	33.5±3.61	48.9±1.53	15.4	256.7	4.25∶1
小尾寒羊	23.9±7.88	35.1±11.8	11.2	186.7	5.84∶1
杜泊绵羊	32.3±3.6	49.0±2.15	16.7	278.3	3.92∶1

内蒙古宗泽君等利用夏寒杂交一代与小尾寒羊开展育肥对比试验，结果表明，杂交羊比小尾寒羊提高增重 41.15%。

表 7-2　杂交羊与地方良种羊育肥比较

组别	初生重/千克	6 月龄体重/千克	增重/千克	日增重/克
夏寒 F_1	3.25±0.65	49.7±3.34	46.65±3.62	259.17±30.12
小尾寒羊	3.38±0.78	36.43±4.28	33.05±2.78	183.61±25.25

这提示我们，开展杂交配套技术研究与应用，是改变我国目前肉羊生产普遍存在的出栏率低、商品率低、肉品质差这一现状的重要途径。

(二)对产肉性能的影响

品种是影响肉羊产肉性能的首要因素。不同品种的羔羊，其产肉性能存在着明显的差异。各品种的羊与同一品种的本地羊杂交，其后代的产肉性能也有明显的差异。姚树清等(1994)在研究杂种肉羔产肉性能和肉品营养成分的试验中，对陶赛特×小尾寒羊、罗姆尼×小尾寒羊、小尾寒羊×小尾寒羊的后代羔羊产肉性能做了比较，结果见表 7-3。

表 7-3　不同品种与杂交组合 6 月龄羔羊产肉性能比较

项目	陶赛特羊×小尾寒羊	罗姆尼羊×小尾寒羊	小尾寒羊 6 月龄×小尾寒羊
胴体重/千克	24.20±1.64	18.87±1.99	17.07±0.12
屠宰率/%	54.49±1.79	51.17±1.18	47.42±0.46
净肉率/%	43.13±1.08	38.84±1.33	34.37±0.28
眼肌面积(厘米^2)	17.33±2.24	14.07±3.05	12.26±1.35

(三)对肉品品质

由表 7-4 看出，杜×寒×蒙杂交组合和夏×寒×蒙杂交组合羊肉水分含量较少，而干物质、蛋白质杜×寒×蒙杂交组合含量最高(39.01%)，且脂肪含量适中，失水率较低，因而食用价值较高。说明杜×寒×蒙杂交组合羊肉具有红、白肉相同的大理石状结构，肉质细嫩、味香可口，羊肉膻味较轻，适合国内市场消费者的需求。

表 7-4　不同品种与杂交组合羔羊肉品质测定　%

组别	组合	水分	干物质	其中			pH	熟肉率	失水率
				蛋白质	脂肪	灰分			
1 组	萨×寒×蒙	61.82	38.18	22.41	14.32	1.14	6.3	68.48	31.4
2 组	陶×寒×蒙	61.91	38.09	22.38	13.62	1.47	6.5	65.72	31.6
3 组	夏×寒×蒙	61.63	38.37	22.40	14.56	1.22	6.3	67.89	31.5
4 组	杜×寒×蒙	61.70	39.01	23.13	13.98	1.35	6.4	68.51	31.4

二、断奶时间与体重

断奶时间与体重大小与育肥效果有直接关系。一般早期断奶(6～8 周)育肥效果比常规断奶(3～4 月龄)效果好。美国羊肉生产一般在3～4月龄断奶，育肥至6月龄，屠宰活重达到40～50千克，生产22千克以上的大胴体。而美国普林那公司则是从2月龄断奶并开始育肥，羔羊30千克以前喂羔羊生长料，30千克以后喂育肥料，体重达48～50千克结束。加拿大羔羊育肥采取的措施是：羔羊早期断奶，早期补料，出栏前育肥。法国人认为羔羊活重比初生重大2倍时断奶为宜，英国人则强调羔羊活重达到11千克以上，就可以断奶。澳大利亚大多数地区推行6～10周龄断奶。

从母羊产后泌乳规律来看，产后3周泌乳达到高峰，然后逐渐下降，到羔羊出生后7～8周龄，母乳已不能满足羔羊的营养需要。而此时形成乳汁所需的饲料也大增，经济上不合算。从羔羊胃肠功能建立和消化代谢规律来看，一般7周龄时羔羊开始反刍，已具备从草料中获取营养的能力。因此，综合以上因素羔羊以7～8周龄时断奶为育肥为宜。

三、年龄与性别

(一)年龄

年龄影响羔羊的生长速度与饲料报酬。以杜泊绵羊为例，1～4月龄羔羊生长速度最快，公母羔平均达到300克以上，之后生长速度逐渐下降，3～12月龄平均增重降至128克，4～12月龄平均日增重只有107克。增重情况见表7-5。

表7-5 杜泊绵羊平均日增重情况

年龄	平均日增重/克		
	♂	♀	♂/♀
1～2月龄	295.3	274.8	286.9
2～3月龄	315.6	290.3	305.5
3～4月龄	305.3	321.3	307.3
3～12月龄	151.1	105.3	127.5
4～12月龄	131.8	78.3	107

姚树清等(1994)试验表明,在相同的营养水平下,陶塞特×小尾寒羊杂一代羔羊1～6月龄的日增重分别为328.6克、224克、138克、166.3克、102.7克、109.3克。由此可见,随着年龄的增加,羔羊的生长速度和日增重逐渐减慢。年龄对羔羊的屠宰率也有影响。李玉阁(1994)选用2.5月龄断奶的小尾寒羊,以中等营养水平进行舍饲肥育,当羔羊达到4、5、6、8月龄时,对羔羊进行屠宰测定,结果表明,肥育至5月龄羔羊日增重最快,饲料转化率最高。但屠宰率和净肉率却是6月龄羔羊比5月龄高,而且同龄公羔高于母羔。

(二)性别因素

在生产实践中,我们发现杜寒 F_1 杂交羔羊1月龄之前公母羊之间生长发育差不显著。在同等条件下断奶育肥,到5月龄时公母羔之间体重和增重差异显著(表7-6)。但杜寒杂交羊公母羔均具有早期生长发育快的特点,是发展肥羔生产的理想杂交组合。

表7-6　杜寒杂交羊公母羔生产性能的比较

杂交组合	性别	数量/只	初生重/千克	1月龄重/千克	5月龄体重/千克	平均日增重/克
杜寒 F_1	♂	83	3.7	12.8	55.4	338
杜寒 F_1	♀	77	3.5	12.1	48.0	291

四、公羔与羯羔

羔羊性成熟前,公羊育肥增长速度比羯羊和母羊快,未去势的羔羊生产瘦肉多,因此公羔育肥效果最好。甘肃农业大学赵有璋教授采用以舍饲为主的育肥方法,选波德代和陶塞特与蒙古羊杂交一代公羔和羯羔1 817只,每只羊日喂青苜蓿2～3千克,混合精料0.6千克。自由采食,自由饮水。育肥期50～65天,结果表明平均日增重杂交公羔均高于杂交羯羔，也高于蒙古纯种羯羔(表7-7)。

表 7-7 5月龄杂交公羔与羯羔肥育性能对比

品种	始重/千克	末重/千克	绝对增重/千克	平均日增重/克
波蒙公羔	21.5±3.2	38.80±4.76	17.3±1.9	288.33±33.12
波蒙羯羔	21.8±1.25	35.88±1.18	14.00±1.73	233.33±28.87
陶蒙公羔	20.13±1.93	37.25±3.7	17.13±2.72	285.42±45.33
陶蒙羯羔	20.5±0.87	32.00±1.68	13.67±1.53	227.78±25.46
蒙古羯羔	20.83±5.39	32.00±8.67	11.17±3.4	186.11±56.73

五、育肥方式

(一)放牧育肥

放牧育肥是最经济的育肥方式，也是牧区和农牧区传统的育肥方式。就是将待育肥的羔羊，在5～10月份青草期放牧2～3个月，羊膘满肉肥时进行屠宰。放牧育肥一定要保证每天青草的采食量，一般断奶羔羊应吃到4千克以上，大羊应吃到7千克以上。

(二)舍饲育肥

舍饲育肥完全在羊舍内饲养的一种育肥方式。它可大规模、集约化、工厂化养羊；房舍、设备和劳力利用合理，劳动生产率高；羊的增重比放牧育肥提高10%～20%；育肥羊在50天的育肥期内就可迅速达到上市标准，育肥期比放牧育肥方式短。要求使用配合日粮，日粮以精饲料占40%～50%、粗饲料占50%～60%的比例较为合适。最好能将草、料配合在一起加工成颗粒饲料，用自动饲槽喂羊。

(三)混合育肥

在单靠放牧不能满足羔羊快速育肥的营养需要时，可采用白天放牧，早、晚补饲精料，夜间添加干草或秸秆的放牧加补饲的混合育肥方式。这种育肥方式既能节约饲养成本，又能满足羊的营养需要。因此，有放牧条件的地方，应尽量采用混合育肥的方式发展羔羊育肥。

(四)放牧与舍饲育肥比较

陈周田等（1993)在研究阿垦肉用细毛羊生长发育及其产肉性能时，对几个品系的6.5月龄羔羊在舍饲和放牧条件下的屠宰性能作了测定。试验结果说明，舍饲能明显提高羔羊的生产性能，羔羊的屠宰性状优于放牧羔羊(表7-8)。究其原因可能是放牧过程中，羔羊的采食范围广，运动量大，体能消耗也较大。另外，由于放牧受羊自身和草场条件的限制，满足不了羔羊的营养需要，因此影响育肥效果。在舍饲条件下，羔羊的生产可以进行人为控制，既可改变其择食性，又可控制其运动量；不仅能降低无益消耗，又能提高营养物质的利用率。因此，舍饲在肉羊育肥生产中，是农区和无放牧条件的地区值得推广的方法。

表7-8　放牧与舍饲育肥屠宰性能比较

项目	154品系		157品系		420品系	
	放牧	舍饲	放牧	舍饲	放牧	舍饲
宰前重/千克	38.50±2.12	45.95±1.15	40.50±2.12	45.40±2.19	40.25±1.77	44.49±2.06
胴体重/千克	16.56±0.04	23.10±1.62	17.67±0.08	24.02±3.10	19.43±2.02	24.76±1.41
屠宰率/%	43.01	50.25	43.63	52.91	48.26	55.65

六、营养水平与精粗饲料比

(一)不同能量水平

王景元(1992)试验表明，饲喂高营养水平日粮(代谢能10.04兆焦/千克、粗蛋白质121.04克/千克)，比饲喂低营养水平日粮(代谢能8.74兆焦/千克、粗蛋白质100.43克/千克)的小尾寒羊,日增重有显著提高。5月龄时日增重前者比后者高110.8克,6月龄日增重前者比后者高79.03克,屠宰率前者比后者提高3.4%。

王金文等(2005)选用杜寒 F_1、杜寒 F_2 以及小尾寒羊公羔54只,均为3~4月龄断奶公羔,按对等的原则分为6个组,研究探讨不同能量水平条件下,全颗粒料和精料加干草饲喂,对育肥羔羊生产性能的影响。试验60天,结果表明:饲喂高能量日粮组(DE 12兆焦/千克、CP 150克),比饲喂低能量日粮组(DE 10兆焦/千克、CP 146克)提高增重33.59%,每增重1千克节约消化能29.34%和粗蛋白质39.12%。同一营养水平不同品种间,平均日增重和饲料报酬差异不显著。这表明此阶段影响增重的关键因素是营养,而在粗蛋白质水平相同的条件下,影响增重的营养组分是能量。这为合理利用饲料资源,发展肉羊肥羔规模化生产提供了科学依据(表7-9)。

表7-9 日粮不同能量水平对肉羊增重的影响

日粮水平	精料/%	粗料/%	数量	始重/千克	末重/千克	期内增重/千克	平均日增重/克
低能组	34	66	26	30.97	44.0	13.03	217.33
高能组	67	33	32	29.79	47.22	17.43	290.33

(二)不同能量、蛋白水平

甘肃农业大学用无角陶赛特和波德代公羊与蒙古母羊的杂种一代(3~3.5月龄)公羔,研究采用不同饲料原料和不同营养水平配制日粮的育肥效果。试验结果表明,2个日粮育肥3~3.5月龄陶蒙和波蒙杂一代公羔,均取得了良好的生产效果,平均日增重无显著差异,但低水平日粮组饲料报酬稍低。而且,能充分发挥反刍动物利用粗饲料的生理特性,可扩大饲料来源,降低生产成本(表7-10)。

表 7-10　日粮不同营养水平对生产性能的影响

项目	高水平		低水平	
	配方 1	配方 2	配方 3	配方 4
消化能/(兆焦/千克)	12.4	12.3	11.2	11.3
粗蛋白质/克	142.5	142.5	129.6	129.1
平均日增重/克	243	228	242	237
料肉比	4.44	4.77	5.32	5.33
屠宰率/%	47.3	46.6	46.6	47.0

七、料型与加工方法

配合育肥羊日粮的原则，应根据羊的饲养标准，并结合饲养经验，灵活配合日粮，使日粮配合具有科学性和实用性。所选用的饲料要营养丰富、价格低廉、种类多样、互补性强、适口性好。应以最小的投入换取得大的经济效益。必须使所配合的日粮不超过羊允许的最大干物质采食量；所选用的每种饲料也在允许的最大使用量范围之内；所配合的日粮能被羊完全采食。

(一)液体型

这是利用乳汁或人工液体饲料饲养初生至 4 月龄前后羔羊的一种育肥方式。它利用瘤胃沟的反射功能，直接将液体饲料送入真胃和小肠，不饲喂饲草和精料，可生产所谓的“白色羊肉”。这种羊肉，肉质细嫩，芳香多汁，是一种营养丰富的高档羊肉，价格是普通羊肉的 3～4 倍。

(二)精料型

这是大量利用谷物类精饲料喂羊，精、粗比达到 7∶3 以上的一种育肥方式。高营养精料型育肥，即强度育肥，就是采取高能量高蛋白质的一种育肥方式。日粮组成多以精料为主，精料提供的营养占 70%以上。它适宜于饲喂强度育肥的早期断奶羔羊，可使早期断奶羔羊生长发育快，日增重高，肉质好，但耗费精料过多，成本较高，易造成瘤胃积食和酸中毒。

（三）粗料型

这是大量利用青、粗饲料喂羊的一种育肥方式。它常见于我国地方羊的饲养。近年来，许多地方利用秸秆青贮饲料或微贮饲料育肥羔羊，也取得了显著的增重效果。低营养育肥，即低度育肥，就是基本不喂精料的一种育肥方式，其成本较低，但增重慢，肥育期长，肉质差。

（四）粗精混合型

这是在育肥前期主要使用粗料，后期主要使用精料的一种前粗后精的肥育方式。比较经济实用，且肉质也好。即适度育肥，其常采取放牧加补饲的育肥方式。一般精料喂量占体重的1%左右。

（五）饲料不同加工方法比较

采用不同加工形式的饲料饲喂肥育羔羊，对其消化代谢有明显影响。甘肃农业大学科研人员参照商品羊营养需要设计饲料配方，日粮组成：玉米47.8%、甜菜渣8.0%、大豆粕13.0%、棉籽粕5.0%、苜蓿草粉9.0%、小麦秸6.0%、玉米秸10.0%、石灰石粉0.6%、食盐0.3%、添加剂0.3%。含消化能12.4兆焦/千克，粗蛋白质142.5克，钙5.8克，磷2.9克。

将上述配方分别加工成：全混合颗粒状日粮、粉碎精料与铡短粗料日粮、整粒谷实与铡短粗料日粮，研究不同的加工方法对采食、反刍、瘤胃内环境和营养物质消化代谢的影响。结果表明，3种加工处理方式均可用于生产，以未粉碎精料加粗料组效果最好，全颗粒料育肥羔羊可行，以粉碎精料与铡短粗料效果稍差。

不同加工形式的饲料饲喂育肥羔羊，其日增重也表现不同。惠禹等（1997）分别以舍饲混合饲料、配合饲料为主、放牧为辅以及舍饲颗粒饲料（与配合饲料同一配方）3种方法肥育9月龄肉羊羯羊，育肥2个月，结果以饲喂颗粒饲料组日增重最高(229.17±28.56克)，喂配合饲料为主、放牧为辅组日增重其次(184.16±21.87克)，舍饲混合饲料组日增重最低(148.00±19.03克)。

八、生物活性物质的应用

(一)瘤胃素

瘤胃素又名莫能菌素，其功能是通过减少甲烷气体能量损失和饲料蛋白质降解、脱氨损失，控制和提高瘤胃发酵效率，从而提高增重速度及饲料转化率。试验研究表明，舍饲绵羊饲喂瘤胃素，日增重比对照羊提高35%左右，饲料转化率提高27%。瘤胃素的添加量一般为每千克日粮干物质中添加25～30毫克，均匀地混合在饲料中，最初喂量可低些，以后逐渐增加。出栏前5天停药。

(二)杆菌肽锌

杆菌肽锌是一种抑菌促生长剂。对羔羊具有促生长作用，其作用是有利于养分在肠道内的消化吸收，改善饲料利用率，提高增重效果。在饲料中混合均匀饲喂。使用剂量为每千克混合料中添加10～20毫克。

(三)酶制剂

酶是活体细胞产生的具有特殊催化能力的蛋白质，是一种生物催化剂，对饲料养分消化起重要作用。可促进蛋白质、脂肪、淀粉和纤维素的水解，提高饲料利用率，促进生长。如饲料中添加纤维素酶，可提高羊对纤维素的消化分解能力，使纤维素得到充分利用。李景云等报道，育成母羊和育肥公羔每只每日添加纤维素酶25克，育成母羊经45天试验期，日增重较对照组增加29.55克，育成公羔经32天试验期，日增重较对照组增加34.06克。育肥公羔屠宰率增加2.83%，净肉重增加1.80千克。

(四)中草药添加剂

中草药添加剂是为预防疾病、改善机体生理状况、促进生长而在饲料中添加的一类天然中草药、中草药提取物或其他加工利用后的剩余物。张英杰等对小尾寒羊育肥公羔进行了中草药添加剂试验，选用健脾开胃、助消化、驱虫等中草药（黄芪、麦芽、山楂、陈皮、槟榔等），经科学配伍粉碎混匀，每只羊每日添加 15 克，经 2 个月的饲喂期，试验组平均体重较对照组增加 2.69 千克，且发病率显著降低。

（五）皂苷

丝兰皂苷的作用机制是通过抑制尿酶的活性，阻抑了氨、硫化氢类有害气体的生成。这样，在促进肉羊健康发育的同时，还促进了厌氧性发酵，从而提高了消化率，控制了粪便所发出的恶臭，起到净化环境的效果。刘春龙等（2005）选用 12 只雄性成年东北细毛羊，按随机区组试验设计，采用全收粪法分别测定 3 个饲喂丝兰皂苷处理（100 毫克/千克、200 毫克/千克 和 300 毫克/千克）对绵羊全混合日粮有机物质表观消化率，结果表明，添加丝兰皂苷 300 毫克/千克处理的有机物质、干物质、中性洗涤纤维消化率分别为 70.81%、66.11%和 50.47%，显著高于对照。粗蛋白质的消化率则是添加丝兰皂苷 200 毫克/千克处理显著高于对照和添加丝兰皂苷 100 毫克/千克处理。但与添加丝兰皂苷 300 毫克/千克处理相比差异不显著。

九、饮水与饲料质量

绵羊的饮水量为采食饲料量的 3～4 倍，饮水不足则引起食欲减退，生长速度降低，饲料消耗增加，严重者可导致脱水。如果饮水质量得不到保障，将会影响羊的健康或导致疾病发生，最终影响羊的生长和肉的品质。饮水水质应达到畜禽的饮用水标准。

饲料中有毒有害物质会直接影响动物健康，长期饲喂肉羊会造成蓄积中毒，同时对肉的品质产生不良影响。因此，要严格遵循饲料与添加剂卫生标准，合理配合育肥日粮。

十、养殖环境

(一)空气质量

自然生态环境对绵羊肥羔生产的影响较大。尤其是空气质量不好将直接影响羔羊的增重和饲料报酬。如大型肉羊饲养场的空气质量不良,不仅有损于羔羊和饲养人员的健康,而且影响大气环境。另外,据试验测定,不同类型圈舍内,CO_2 气体含量:密闭式羊舍>半开放式羊舍>开放式羊舍,差异显著($P<0.01$)。NH_3 气体含量:密闭式羊舍>半开放式>开放式差异显著($P<0.01$)。因此,改善空气质量,是保障养羊生产健康发展的基本条件。建议空气中不良气体和悬浮颗粒不超过以下指标(表 7-11)。

表 7-11 空气质量指标

项目	氨气/(毫克/米^3)	硫化氢/(毫克/米^3)	二氧化碳/(毫克/米^3)	TSP/(毫克/米^3)	恶臭稀释倍数
指标	20	8	1 500	4	70

(二)温度与湿度

绵羊的最适温度一般为－3～23℃,羔羊 20～30℃。气温高于或低于最适温度时,绵羊的生长速度减慢,经济效益降低。研究表明,当气温低于－15℃或高于 30℃时,将严重影响绵羊肥羔的正常生理机能,或导致新陈代谢紊乱,最终使体重减轻和掉膘。如当环境温度降至－5.4℃,羊舍内温度降至－0.4℃时,鲁西黑头肉羊平均日增重为 183 克,平均日耗料 606 克,饲料转化率 3.31∶1;较降温前,平均日增重降低 25.61%($P<0.05$),饲料转化率降低 40.94%,差异极显著($P<0.01$)。

适宜的抓膘温度为 8～24℃,最适抓膘温度 14～22℃。空气中相对湿度的大小,将直接影响羊体热的散发。在适宜的温度条件下,相对湿度以 60%～70%为宜。

(三)光照

光照对羊的生长发育有明显影响。Sohanbacher 等(1982)设计在 5、18 和 31℃ 3 个温度条件,羔羊分长光照(16 小时/天)和短光照(8 小时/天),结果长光照组在上述 3 个温度条件下,平均日增重分别为 320、275、213 克;而短光照组相应的日增重分别为 287、245 和 152 克。这表明长光照在相同温度条下优于短光照。

(四)风

风主要影响羊的散热和行为,可以加速羊体内水分的蒸发和热量的散失,间接影响羔羊能量和水的代谢。羊舍或周围环境的最适宜气流,冬季以 0.1～0.2 米/秒为宜。夏季刮风有利于羊的采食和放牧,特别是夏季气温较高时,既可帮助散失羊体热量,减少热应激,同时也减少蚊蝇对羊采食的干扰,因而对羔羊的生长发育有利。当气流和风速过大时,可造成羊体热量过度散失,特别是寒冷的冬春季节,会增加羊的冷应激,对肉羊生产不利。

(五)圈舍环境

研究针对不同品种、不同生态区域、不同生产规模的肉羊舍环境标准和控制技术、降低肉羊场废弃物排放量,是发展健康养殖的重要保障。控制舍区污染物排放量,是保障肉羊健康养殖和换取绿色和无公害食品的重要环节,也是保障养羊业可持续发展的重要措施。优化肉羊饲养环境,可减少肉羊应激,降低呼吸道疾病、减少兽医和饲料用药,提高肉羊产品品质。舍区污染物排放量指标如表 7-12 所示。

表 7-12 舍区污染物排放量指标

项目	生化需氧量/(毫克/升)	化学需氧量/(毫克/升)	悬浮物/(毫克/升)	氨态氮/(毫克/升)	总磷(以P计)/(毫克/升)	粪大肠菌群(100毫克内)/个	蛔虫卵(每升内)/个
指标	<150	<400	<200	<80	<8	<1 000	<2

第二节　羔羊育肥试验示范

随着人们生活水平的提高，对肉食品的风味越来越重视。羊肉以其低脂肪、低胆固醇深受广大消费者的欢迎，而肉质鲜嫩的羔羊肉更是备受青睐。因此，羔羊肉的生产不仅要增加数量，而且要提高质量。因此，研究影响羔羊产肉性能的因素，以及不同育肥方式育肥效果，是为了更好地提高产肉量和改进肉品品质。我们在筛选国外肉羊良种（杜泊绵羊、萨福克羊、无角陶赛特羊）与小尾寒羊杂交组合的基础上，开展了对小尾寒羊和杂交肥羔羊肉品品质的研究，为肉羊杂交改良和肥羔羊肉产品的开发利用提供科学依据。

一、不同杂交组合育肥效果评定分析

（一）育肥试验前的准备

1. 合理分群

按品种、性别、年龄、体况、大小、强弱合理进行分群，制订育肥的进度和强度。

2. 驱虫

肥育前要驱除体内外的寄生虫，用虫克星 0.2 克/千克，注射，盐酸左旋咪唑 15 毫克/千克体重，内服。

3. 备齐草料

要保证育肥期不断料，不轻易地变更饲料。饲喂青贮和秸秆时，喂量由少到多，逐步代替其他牧草，适应后，每只羊每日喂青贮饲料 3～4 千克，粉碎秸秆 1～1.5 千克。

4. 舍施宽敞

应保持有一定的活动场地，羔羊每只占地 0.75～1 米^2。饲时避免羊只拥挤、争食。饲槽长度要与羊数相称，每只羊应用 25～

40 厘米，投饲量不能过多，以吃完不剩为理想。

5. 饮水充足

要确保育肥羊每日都能喝足清洁的水。据估计，气温在 15℃时，育肥羊饮水量在 1 千克左右；15～20℃时，饮水量 1.2 千克；20℃以上时饮水量接近 1.5 千克，冬季不宜饮用雪或冰水。

6. 保证饲料品质

不喂发霉变质和冰冻的饲料。

(二)技术要点

1. 杂交组合

试验选用 4 个组合，即杜泊绵羊(♂)×小尾寒羊(♀)、萨福克羊(♂)×小尾寒羊(♀)、无角陶赛特羊(♂)×小尾寒羊(♀)、以小尾寒羊为对照。

2. 试验羊分组与试验期

试验羊为 2～3 月龄断奶公羔，按体重对等原则将羔羊分组，每组 10～12 只，每 5～6 只为一个重复。预试期为 7 天，平均达 5～6 月龄，体重达到 45～50 千克试验结束。

3. 日粮组成和配制

参照 NRC 商品羔羊饲养标准，预期平均日增重 250 克的营养需要量，日粮营养水平为：消化能 13.6 兆焦，粗蛋白质 150 克，钙 5.4 克，磷 2.5 克。日粮由玉米、小麦麸、大豆、甘薯秧粉、花生秧粉、紫花苜蓿、氢钙、添加剂、食盐组成。饲料原料的干物质、粗蛋白质、钙和磷含量用实测值；按配方加工成全颗粒饲料。

4. 屠宰测定

从每个处理组中选取 4 只体重接近的公羊进行屠宰测定，宰前禁食 24 h，禁水 12 h。屠宰后取背最长肌和股二头肌，制备成代表 4 个肉羊品种的 4 组样品，供化学成分、氨基酸和微量元素分析用。

(三)试验结果

1. 增重

以杜寒 F_1 组合的生长速度最快，平均日增重达到 313 克；增重速度依次为杜寒 F_1＞陶寒 F_1＞小尾寒羊＞萨寒 F_1。

2. 饲料报酬

以杜寒 F_1 组合饲料报酬最高，达到 5.17：1，其中精料 3.62：1，干草 1.55：1。饲料报酬依次为杜寒 F_1＞小尾寒羊＞萨寒 F_1＞陶寒 F_1。

试验羊增重和饲料报酬表见表 7-13。

表 7-13　试验羊增重和饲料报酬表

组别	组合	羊只	始重/千克	末重/千克	期内增重/千克	日增重/克	料肉比	精料	干草
1 组	小尾寒羊	12	29.28	45.98	16.7	278	5.79	4.05	1.74
2 组	杜寒 F_1	10	28.36	47.14	18.78	313	5.17	3.62	1.55
3 组	萨寒 F_1	10	35.58	47.9	12.32	274	5.93	4.15	1.78
4 组	陶寒 F_1	10	33.2	47.75	12.7	282	6.18	4.33	1.85

3. 产肉性能

屠宰测定结果表明，4 个处理组胴体重均达到了国家冻羊肉出口标准（ZBX 22004—86），杜寒 F_1 屠宰率分别比小尾寒羊高 1.8 个百分单位。眼肌面积陶寒 F_1（15.5 厘米^2）、杜寒 F_1（15.3 厘米^2）分别比小尾寒羊提高 26.02%和 24.39%（表 7-14）。

表 7-14　羔羊产肉性能测定

组别	组合	羊只	宰前活重/千克	胴体重/千克	屠宰率/%	骨重/千克	净肉重/千克	胴体净肉率/%	肉骨比	眼肌面积/厘米^2	GR值/厘米
1 组	小尾寒羊	4	43.17	20.87	48.3	4.8	15.7^b	75.2	3.26	12.3^b	1.53
2 组	杜寒 F_1	4	44.5	22.3	50.1	4.5	17.8	79.8	3.96	15.3^a	1.63
3 组	萨寒 F_1	4	43.2	21.5	49.8	4.2	16.8	78.1	4.0	13.8	1.5
4 组	陶寒 F_1	4	46.7	23.7	50.8	4.6	18.5^a	78.1	4.0	15.5^a	1.9

4. 肉品品质测定

屠宰后60分钟内，肉的pH指标比较接近。以陶寒F_1失水率稍高，其他3个处理为17%～19%。肉的颜色以杜寒杂交眼肌呈鲜红色效果最好；萨寒和陶寒居中，小尾寒羊眼肌肉色稍差。大理石纹以萨寒最好，杜寒F_1居中，肌肉的剪切值以萨寒F_1最高(3.68千克)相对肉质较粗硬，以杜寒F_1(2.82千克)肉质较细嫩(表7-15)。

表 7-15 羔羊肉品质测定

组别	组合	羊只	肉色	大理石纹	pH	失水率/%	系水率/%	熟肉率/%	剪切值/千克
1组	小尾寒羊	4	3.8	2.4	5.96	8.83	88.5	51.5	2.82
2组	杜寒F_1	4	4.0	3.03	6.03	9.5	87.5	51..2	2.8
3组	萨寒F_1	4	4.0	3.6	6.0	8.5	88.8	51.9	3.68
4组	陶寒F_1	4	4.0	2.57	6.03	14.6	81.0	51.8	2.62

5. 化学成分分析

结果表明：粗蛋白质含量，萨寒F_1 20.8%，陶寒F_1 20.5%，杜寒F_1 20.1%，均高于小尾寒羊(19.6%)。以小尾寒羊肥羔含磷最高(0.21%)，杜寒F_1与小尾寒羊接近，萨寒和陶寒杂交肥羔肉略低，各组间差异不显著(表7-16)。

表 7-16 不同品种杂交肥羔肉化学成分组成 ($n=4$) 克

项目	小尾寒羊	杜寒F_1	萨寒F_1	陶寒F_1
干物质	23.17±0.42	23.73^a±0.50	24.01±0.67	23.27±0.34
粗蛋白质	19.6±0.34	20.1±0.83	20.8±0.91	20.5±0.42
粗脂肪	2.24^b±0.48	2.24^b±0.82	2.85^a±0.47	2.49^a±0.47
灰分	1.85±0.11	1.72±0.01	1.70±0.10	1.39±0.21
钙	0.038^b±0.01	0.078^a±0.02	0.104^a±0.07	0.109^a±0.02
磷	0.21±0.041	0.208±0.029	0.20±0.017	0.203±0.094

6. 氨基酸组成

经测定17种氨基酸总量，以萨寒杂交肥羔肉最高(20.09克)；陶寒与杜寒接近；以小尾寒羊(18.42克)最低，表明杂交羊的氨基酸含量均高于小尾寒羊。人体营养所需要的必需氨基酸(Thr、Cys、Val、Met、Ile、Leu、Tyr、Phe、Lys、His、Arg)含量丰富，萨寒F_1(10.07克)；陶寒F_1(10.04克)、杜寒F_1(9.45克)；分别比小尾寒羊(9.25克)提高8.86%、8.54%和2.16%；其中组氨酸含量显著高于小尾寒羊；而组氨酸对婴幼儿的营养有重要价值。杜寒F_1和陶寒F_1的蛋氨酸含量也分别比小尾寒羊高19.05%和16.68%。这就进一步证实了采用上述杂交组合生产的肥羔肉，不仅提高了蛋白质含量，而且提高了生物学价值。测定结果还证实，杂交羊的天冬氨酸和谷氨酸含量均高于小尾寒羊。因羊肉的风味(鲜味)与天冬氨酸(Asp)和谷氨酸(Glu)含量有直接关系，这说明杂交羊肉不仅营养价值得到了提高，而且肉的风味也得到了较大改善。不同品种肥羔羊肉氨基酸组成见表7-17。

7. 微量元素含量

不同品种肥羔羊肉微量元素含量差异显著，其中杂交肥羔肉铁、锰、硒的含量显著高于小尾寒羊。而小尾寒羊肥羔锌和铜的含量均高于杂交羊。综合看杂交羊微量元素含量更丰富(表7-18)。

经测定小尾寒羊和杂交肥羔肉，重金属元素均未检出，说明肉羊生产的生态环境和饲料条件均能达到绿色食品和有机食品的要求。因此，采用以上品种、杂交组合、饲料条件和生产方式，可以生产出绿色和有机羊肉(表7-19)。

8. 胆固醇测定

本研究测定结果表明，萨寒F_1、陶寒F_1和杜寒F_1胆固醇含量高于小尾寒羊，平均达到了59.92毫克，但仍低于猪肉(81毫克)和鸡肉(106毫克)(表7-20)。

表 7-17 每 100 毫在羊肉的氨基酸组成 ($n=4$) 毫克

氨基酸	小尾寒羊	杜寒 F_1	萨寒 F_1	陶寒 F_1
天冬氨酸(Asp)	1.8±0.03	1.81±0.07	1.97±0.01	1.93±0.03
苏氨酸(Thr)	0.88±0.01	0.89±0.03	0.97±0.01	0.96±0.02
丝氨酸(Ser)	0.77±0.02	0.76±0.02	0.84±0.01	0.82±0.01
谷氨酸(Glu)	3.21±0.07	3.25±0.13	3.49±0.03	3.45±0.07
甘氨酸(Gly)	0.93±0.07	0.91±0.02	1.01±0.02	0.94±0.01
丙氨酸(Ala)	1.13±0.03	1.14±0.04	1.23±0.01	1.20±0.02
胱氨酸(Cys)	0.09±0.01	0.09±0.01	0.11±0.01	0.11±0.01
缬氨酸(Val)	1.04±0.02	1.04±0.04	1.08±0.03	1.08±0.04
蛋氨酸(Met)	0.42^{b}±0.01	0.50^{a}±0.02	0.40^{b}±0.1	0.49^{a}±0.1
异亮氨酸(Ile)	0.92±0.01	0.93±0.03	0.99±0.01	0.99±0.04
亮氨酸(Leu)	1.59±0.02	1.61±0.06	1.74±0.01	1.72±0.03
酪氨酸(Tyr)	0.63±0.01	0.65±0.02	0.69±0.01	0.70±0.01
苯丙氨酸(Phe)	0.79±0.01	0.79±0.03	0.86±0.01	0.85±0.02
赖氨酸(Lys)	1.68±0.02	1.71±0.06	1.85±0.01	1.84±0.04
组氨酸(His)	0.59±0.01	0.63±0.06	0.71±0.03	0.66±0.22
精氨酸(Arg)	1.25±0.03	1.26±0.05	1.36±0.01	1.34±0.02
脯氨酸(Pro)	0.72±0.04	0.70±0.03	0.82±0.05	0.75±0.01
氨基酸合计	18.42±0.38	19.13±0.4	20.09±0.13	19.78±0.39

表 7-18 每千克肉品中微量元素含量 ($n=4$) 毫克

元素	小尾寒羊	杜寒 F_1	萨寒 F_1	陶寒 F_1
铁(Fe)	59.67^{b}±11.57	80^{a}±18.4	110^{a}±4.32	121.3^{a}±2.08
锰(Mn)	0.43^{b}±0.12	1.03^{a}±0.12	1.01^{a}±0.14	1.01^{a}±0.19
锌(Zn)	34.0±2.83	27.67±3.8	28.33±3.3	29.67±2.6
铜(Cu)	0.47^{a}±0.16	0.30^{b}±0.10	0.27^{b}±0.06	0.41^{a}±0.09
硒(Se)	0.046^{b}±0.012	0.05^{b}±0.005	0.05^{b}±0.003	0.06^{a}±0.01

表 7-19　肉品中有毒有害元素含量　($n=4$)　毫克/千克

元素	小尾寒羊	杜寒 F_1	萨寒 F_1	陶寒 F_1
汞(Hg)	未检出(<0.001)	未检出(<0.001)	未检出(<0.001)	未检出(<0.001)
砷(As)	未检出(<0.005)	未检出(<0.005)	未检出(<0.005)	未检出(<0.005)
铅(Pb)	未检出(<0.005)	未检出(<0.005)	未检出(<0.005)	未检出(<0.005)

表 7-20　每 100 克肉品中胆固醇含量　($n=4$)　毫克

项目	小尾寒羊	杜寒 F_1	萨寒 F_1	陶寒 F_1
胆固醇	49.21	59.29	62.37	58.10

不同品种杂交肥羔肉胆固醇含量差异显著，小尾寒羊含胆固醇 49.21 毫克，不仅低于杂交一代肥羔肉(59.92 毫克)，也低于牛肉(58 毫克)和兔肉(59 毫克)。这表明小尾寒羊肥羔肉在家畜肉类中胆固醇含量也属最低的。因此，小尾寒羊肉尤其是肥羔肉，被誉为是具有营养和保健作用的功能食品，有科学依据。

(四)综合评价

利用国外肉用绵羊品种与小尾寒羊杂交，既利用了国外肉羊前期生长发育快、饲料报酬高、产肉性能好的特点，又利用了小尾寒羊繁殖率高，适应性好等特点，杂交优势明显。杂交一代羊在山东地区均表现出良好的适应性，尤其是杜寒杂交羊，不仅表现特耐粗饲，而且特别适合舍饲和圈养。综合评价，杜寒杂交组合是首选。同时采用舍饲圈养的方式不破坏生态，符合肉羊生产的发展规律，也符合我省养羊大省的省情，具有广阔的开发推广前景。

二、鲁西黑头肉羊快速育肥操作规程

(一)羊舍要求

①基本要求。通风干燥，清洁卫生；夏挡强光，冬避风雪。

②羊舍面积。每只羊占 0.75～1.0 米^2，羔羊另加 2 倍的运动

场，运动场内配备草架。

③喂养设施。每只羔羊槽位 20～25 厘米，自由饮水。

④羊舍消毒。进羊前和每周用 10%漂白粉或 3%～5%的来苏水消毒 1 次（注意：先清扫，后喷洒。）。

⑤哺乳期、育肥期羔羊高床或地面平养，参考美国 NRC 标准确定营养水平，制定配方，全颗粒料补饲、育肥。

（二）哺乳期

①羔羊毛干后，在第一次吃初乳前，立即进行称重，填写产羔记录表。

②羔羊出生后 1 个星期，产房温度要保持在 15℃左右。羔羊吃饱后，要经常驱赶运动，以防受凉。

③羔羊因失去母亲或母羊奶量不足，产羔多、哺乳困难的，可用保姆羊代养或用牛奶、羊奶和代乳粉等替代部分母乳，但必须让其吃上初乳，增加抵抗力。人工哺乳奶温以 38～39℃为宜，在整个喂奶期要保持"四定"，即定时、定量、定质、定温。

④断尾。羔羊出生 7 天进行断尾，断尾常用结扎法。即用细绳或橡皮筋在羔羊 3～4 尾椎间紧紧扎住，阻断血液循环，一般经 10～15 天尾巴自行脱落。

⑤补料。羔羊达到 15 日龄，开始诱饲训练，将加工好的颗粒饲料（配方见表 7-21 和表 7-22）放在饲槽中，引导羔羊采食，开始每日投喂 10～50 克，之后日喂量逐渐增加。补饲成功后日补饲 3～4 次，以吃完不剩料为原则。另加喂胡萝卜和幼嫩苜蓿草等。

⑥羔羊要多运动、多晒太阳，天气好时让羔羊在舍外活动场或院内自由活动，天冷时让羔羊在中午到舍外活动，但注意天气变化，防止感冒发病。

⑦为预防羔羊拉稀，在 15～45 日龄颗粒料中交替加入 30～50 毫克/千克土霉素或杆菌肽锌。

表 7-21　羔羊早期补饲颗粒料配方(15～60 日龄)

原料种类	含量	营养指标	含量
玉米/%	48.0	消化能/(兆焦/千克)	13.14
麸皮/%	5.0	代谢能/(兆焦/千克)	10.81
豆粕/%	22.0	粗蛋白质/%	16.83
地瓜秧粉/%	8.0	可消化粗蛋白质/(克/千克)	134.89
花生秧粉/%	7.0	粗脂肪/%	3.50
代乳粉/%	5.0	钙/%	0.73
磷酸氢钙/%	2.0	磷/%	0.66
食盐	0.5	粗纤维/%	7.30
碳酸氢钠/%	1.5		
1%羔羊预混料/%	1.0		
合计/%	100.0		

表 7-22　羔羊早期补饲颗粒料 1%预混料配方

原料种类	每 100 千克预混料含量(克)	原料种类	每 100 千克预混料含量(克)
KI	4.49	石粉	48 000
$CuSO_4 \cdot 5H_2O$	162	次粉	44 140
$FeSO_4 \cdot H_2O$	1 450	维生素 A	800
ZnO	380	维生素 D_3	80
$MnSO_4 \cdot H_2O$	971	维生素 E	2 000
$Na_2SeO_3 \cdot 5H_2O$	4.60	复合维生素	2 000
$CoCl_2 \cdot 6H_2O$	8.15		
合计	100 000.2		

⑧生产效果：197 只羔羊 3 月龄断奶体重，公羔(29.12±7.44)千克，平均日增重(271±72)克；母羔(25.04±6.30)千克，平

均日增重(236±64)克。3月龄断奶平均成活率91.60%。

(三)断奶羔羊育肥

①按羊只体格、体重和瘦弱等相近分群,每群20～30只。

②驱虫。可选择使用其中一种:丙硫咪唑每千克体重15～20毫克,灌服;阿维菌素每千克体重0.12～0.13毫克(有效含量),皮下注射或口服。

③接种疫苗。羊快疫、猝狙、肠毒血症三联苗,每只羊5毫升,肌内注射。绵羊痘疫苗0.5毫升/只尾根部皮下刺种。口蹄疫疫苗肌内注射,每只羊1毫升。

④育肥期饲养管理。

a.91～120日龄:全颗粒料饲喂,精粗比65∶35,日喂量占体重4%～5%,日喂3次,自由饮水。配方如下,玉米40%,小麦麸5%,大豆粕17.5%,甘薯秧粉20%,花生秧粉15%,磷酸氢钙1%,维生素+微量元素预混料1%,食盐0.5%,加工成全价颗粒料喂给。

b.121～150日龄:精粗比50∶50,日喂量占体重4%～5%,日投料1.5～2千克,日喂3次,自由采食,自由饮水。配方如下,玉米32%,小麦麸6%,大豆粕9.5%,甘薯秧粉25%,花生秧粉25%,磷酸氢钙1.0%,维生素+微量元素预混料1%,食盐0.5%,加工成全价颗粒料喂给。

⑤预期效果。育肥全期平均日增重可达到250克以上,混合饲料报酬大约在(5～5.5)∶1(保证粗饲料质量)。出栏平均体重达到40～45千克,肥羔此时(5～6月龄)出栏,杂交羔羊屠宰率52%,胴体重20～22千克。

三、小尾寒羊育肥技术

(一)育肥前的准备工作

(1)选羊与分群。选小尾寒羊50只,按性别、年龄、体重、强弱合理分群。

（2）驱虫。羔羊育肥前要驱除体内外寄生虫，选用驱虫药物应具有高效、低毒、无残留、无公害等特点。可选用阿维菌素（虫克星）每千克体重 0.2 克，注射；丙硫咪唑每千克体重 15 毫克，内服。

（3）备齐草料。备齐备足草料，育肥期间不要轻易变更。需要改变时喂量由少到多，逐步代替。待适应之后，方可全部应用。

（4）日粮配合。日粮营养成分要全，营养浓度要高，精粗饲料搭配要合理。根据羔羊的生理特点、营养需要和当地的饲料资源，配制营养全价的日粮。此时羔羊体重 15～20 千克，预期平均日增重 200 克的营养需要量，日粮配方与营养水平见表 7-23。为防止羔羊拉稀，促进羔羊生长，提高饲料报酬，在日粮中可使用无公害抗菌促生长类添加剂（10～30 毫克/千克）。

表 7-23　育肥日粮组成和营养水平　%

原料种类	前期	后期	营养成分	前期	后期
玉米	43	40	消化能/（兆焦/千克）	13.9	11.78
小麦麸	7	5	粗蛋白质/%	16.8	12.60
大豆粕	17.5	12.5	钙/%	0.70	0.69
甘薯秧粉	15	20	磷/%	0.50	0.38
花生秧粉	15	20	粗纤维/%	13.1	14.13
氢钙	1	1	精料比例/%	70	60
添加剂	1	1			
食盐	0.5	0.5			
合计	100	100			

（5）设施配套。应保持有一定的活动场地，羔羊每只占地 0.75～1 米^2。饲槽长度要与羊数相称，每只羊应有 25～40 厘米的槽位。投饲量不宜过多，以吃完不剩为适度。

(6)自由饮水。要确保育肥羊每日都能喝足清洁的水。据估计,气温在15℃时,育肥羊饮水量在1千克左右;15～20℃时,饮水量1.2千克;20℃以上时饮水量接近1.5千克,冬季不宜饮用雪水或冰水。

(7)采用颗粒饲料。颗粒饲料适口性好,羔羊采食颗粒饲料,可以增加采食量,减少饲料浪费,提高饲料的消化利用率。颗粒大小,可根据月龄和体重而定。一般羔羊1～1.3厘米,大羊1.8～2厘米。

(二)育肥效果

(1)增重和饲料报酬。参照美国NRC标准配制全颗粒料饲喂肉羊,其平均日增重达到255克,单就增重速度来看,已经达到了国内地方品种的先进水平,接近国外肉羊的生产水平(表7-24)。

表7-24 试验羊(公母各半)增重和饲料报酬表 ($n=28$)

品种	始重/千克	末重/千克	期内增重/千克	平均日增重/克	料肉比
小尾寒羊	23.71	46.65	22.94	255	5.15∶1

(2)产肉性能。6月龄小尾寒羊的屠宰率高于国内地方绵羊品种,胴体净肉率接近国外肉羊品种或略低(表7-25)。

表7-25 羔羊(公母各半)产肉性能测定 ($n=8$)

品种	宰前活重/千克	胴体重/千克	屠宰率/%	骨重/千克	净肉重/千克	胴体净肉率/%	肉骨比	眼肌面积/厘米^2	内脏油重/克
小尾寒羊	44.4	21.0	47.3	4.4	16.6	79.1	3.83	15.07	500

小结:利用小尾寒羊羔羊育肥,与国外肉羊的生产水平相当,但小尾寒羊比国外肉羊品种产羔率高,适应性好,宜舍饲。在良好饲养条件下发展肥羔生产,也能取得较好的饲养效果。

四、肉羊杂交改良与育肥示范

(一)目的

山东凯银集团为实施黄河三角洲高档肥羔肉产业化开发项目,引进杜泊绵羊和特克赛尔绵羊作父本,以小尾寒羊与洼地绵羊作母本,开展杂交和育肥试验与示范,探索出优质肥羔肉生产的新路子。

(二)杂交组合

选杜 F_1、特寒 F_1、杜洼 F_1、特洼 F_1 各 120 只杂交羔羊。

(三)饲料配方

玉米 67%、豆粕 10%、棉粕 20%、磷酸氢钙 1.5%,食盐 0.5%。肉羊添加剂预混料 1%(含维生素 A 500 国际单位,维生素 D 200 国际单位,维生素 E 20 国际单位。锌 150 毫克,锰 80 毫克,镁 200 毫克、钴 5 毫克,碘化钾 1 毫克、硒 0.5 毫克/千克

(四)饲养管理

羔羊以舍饲为主,10 日龄开始补料,1 月龄内补饲精料不限量,2 月龄补饲精料 0.2 千克/(天·只),苜蓿 0.25 千克/(天·只),甘薯秧不限量。3 月龄补饲精料 0.3 千克/(天·只)。4～5 月龄补饲精料 0.5 千克/(天·只)。苜蓿 0.25 千克/(天·只),甘薯秧不限量。自由采食自由饮水。

(五)示范效果

示范效果如表 7-26 所示。

结果证明,利用杜泊绵羊与小尾寒羊与洼地绵羊杂交,是生产高档肥羔肉的首选杂交组合,其杂交一代羔羊育有生长快,产肉多,肉质好,特别是具有适应性好、耐粗饲、抗病力强等特点,深受养羊生产者的欢迎。

表 7-26 5月龄生长发育及屠宰结果

杂交组合	只数	初生重/千克	5月龄重/千克	平均日增重/克	屠宰率/%	净肉率/%	背膘厚/厘米
小尾寒羊	38	3.3	27.0	158	39.5	31.3	0.29
洼地绵羊	35	3.6	29.3	171	42.9	35.1	0.31
杜寒 F_1	83♂ 77♀	3.60	51.84	315	51.04	44.71	0.49
杜洼 F_1	96♂ 84♀	4.35	48.05	286	54.01	47.83	0.68
特寒 F_1	41♂ 45♀	3.69	45.47	269	49.37	42.05	0.53
特洼 F_1	35♂ 32♀	4.55	40.65	236	51.21	44.17	0.61

五、肉羊异地短期育肥典型案例介绍

(一)利津县盐窝镇

山东省利津县盐窝镇位于利津县中部，辖50个行政村，总人口3.6万人，其中农业人口3.3万人。具有畜牧养殖和畜产品加工运销的传统优势。该镇因势利导，支持成立养羊协会和肉羊专业合作社，加强信息、技术交流，把活羊采购—饲草料供应—饲养育肥—屠宰加工—羊产品销售等环节有机结合起来，形成了以盐窝镇为中心，合作组织为支撑，鲁北畜产品大市场为龙头的肉羊育肥产业完整链条，育肥、屠宰、销售规模逐年提高。2011年全镇存栏肉羊50万只，出栏销售屠宰肉羊130万只以上。生产的肉羊和羊肉产品占据京、津两大销售区市场的较大份额，产业链延伸至内蒙古自治区、新疆维吾尔自治区、黑龙江、河北等17个省、自治区，产品还出口到哈萨克斯坦、俄罗斯等国家。主要做法如下。

1. 建设育肥示范园区

盐窝镇政府在2004年就划拨荒碱地220亩(1亩≈667米^2)，投资700万元建设可容纳40户，总存栏能力达5万只，年出栏可达 15 万只的育肥羊示范园区（图 7-1 和图 7-2）。园区内设施完备、科学、适用，优惠租给有条件的大户施行标准化饲养，统一服务，分户独立经营管理。多年来，园区示范带动作用，促进了市场的繁荣和发展，养殖规模不断扩大，效益逐年提高。

图 7-1　棚架短期育肥

图 7-2　地面短期育肥

2. 成立合作组织

该镇先后成立了肉羊生产协会和各类肉羊育肥、生产资料等相关专业合作社，协会主要体现政府的引导、服务作用，以提供信息、技术交流为主；专业合作社立足生产合作共赢，增强抵御市场风险的能力，保证市场健康发展，调动了养殖积极性。2011 年肉羊育肥规模比上一年增长 30%以上，其中存养 1 000 只以上的养殖大户达到 200 户。

3. 注重关键技术推广

在掌握常规饲养技术的基础上，对于实用新技术传播快、落实快、见效快是市场的突出特点。

①注重羊源信息，严把选购关。选派专职人员负责采购、运输。主要从我国内蒙古自治区、东北地区养羊产区选购，品种主要为蒙古羊及其杂交后代。平均体重 10～25 千克。

②购进羊后必做的剪毛、驱虫、免疫三件事始终坚持雷打不动，落实到位。

③日粮以当地产量高、适口性好、价格低廉的农副产品加工下脚料为主，如酒渣、豆渣、棉籽皮等，育肥期日粮配方如下：玉米 10%～20%，麸皮 5%～10%、鲜酒渣 20%～30%、鲜豆腐渣 25%～35%、羊浓缩料（含粗蛋白质 20%）25%、苜蓿草粉 2%～5%、棉籽皮、玉米秸秆等自由采食。

根据短期育肥羊特点添加精料补充料，瞄准 30～50 天育肥出栏，更新日粮搭配，一旦有好的原料和新配方能迅速得以推广。

4. 注意发挥政府功能

盐窝市场的发展除历史、地域条件外，政府的协调服务功能发挥了重要作用。

(1)制订保护鼓励政策。一是注重引导，少干预，条件成熟时及时因势利导帮助发展；二是加强管理，防市霸、防垄断发生；三是加强服务，尽量减少收费项目，时刻保护客户利益。

(2)增加投入,帮助市场进行更新改造。不断增加基础设施投入。从2009年开始对肉羊加工市场进行更新改造,建设自动化生产线2条,排酸及储存冷冻库9座。目前每天出售及宰杀肉羊5 000多只。实现机械化流水作业后,每只羊加工费用由手工宰杀时15元降至10元(赶羊费1元、宰杀费1元、加工费5元、检疫费1元、市场管理费2元)。肉羊加工产品质量、价格显著提高,育肥效益由2008年每只30～50元提高到100元以上,总养殖效益可达1.5亿元。

(二)肉羊规模育肥典型村

山东省冠县烟庄乡后十里铺村,是一个典型的回族村。全村380户,总人口1 235人,总耕地1 194.46亩,人均占有耕地0.97亩。村民依据自身特点,发挥养殖肉羊和加工营销的传统优势,把活羊采购—饲养育肥—屠宰加工—羊产品销售等环节有机结合起来,形成了以村为中心的养羊产业链条。

1.肉羊育肥规模及数量

目前该村有280户从事肉羊育肥,占全村总户数的73.7%,其中大户育肥规模每批在1 000只左右,中等户每批在400只左右,小户100以上。每年育肥4批次,育肥时间2.5～3个月。2010年户均育肥出栏羊4 000余只,户均年育肥收入4万元,全村育肥总收入达到1 400多万元。

2.育肥羊屠宰、销售

全村有280户从事育肥羊屠宰加工项目,从业村民800多人,占全村总人口的64.77%。户均年屠宰育肥羊500只,户均年屠宰羊收入4 000元,每屠宰1只育肥羊收入8～10元。2010年全村屠宰羊总收入达到110万元。

屠宰胴体销售价格依据胴体大小、质量有所不同,为每千克20～24元不等。羊皮78元/张,羊下货7.6元/千克。产品主要销往北京、广州、上海、济南、郑州、新乡等大中城市,目前每天外销牛羊肉30多吨。

3.具体做法

养殖户从我国内蒙古自治区、东北地区及当地周边地区选购体重15～25千克的蒙古羊、小尾寒羊及杂交后代,购回后实施防疫和驱虫,在棚架上集中育肥。根据每批育肥数量,分群饲养。常用粗饲料有:玉米秸秆、花生秧、甘薯秧、小麦秸等;常用精饲料有:玉米、花生粕、豆粕、棉籽粕;糟渣有酒糟、豆腐渣等。一般搭配比例:酒糟30%,豆腐渣30%,草粉20%,玉米10%,麸皮2.5%,棉粕2.5%,2.5%大豆(熟),预混料2.5%。日喂2次,每天每只2.5千克左右,育肥期75～90天,平均日增重200克左右,出栏体重35～50千克。育肥除去饲料、人工等成本后平均每只羊能赚50～100元。出栏羊自己屠宰、加工,产品直接出售或于本村清真冷库暂存待售。屠宰环节每只收入8～10元。

第三节 羔羊育肥技术规程

发展肉羊育肥生产,实现优质、高产、高效,必须把握和推广先进的舍饲配套技术。现将羔羊舍饲育肥技术规程总结如下。

一、羊舍

(1)环境。通风干燥,清洁卫生,夏挡阳光,冬避风雪。

(2)面积。羊舍0.8～1米^2/只,运动场2～3米^2/只。

(3)设施。槽位20～25厘米/只,自由饮水,并配备草架。

(4)消毒。进羊前和每周用10%漂白粉或3%～5%的来苏水消毒1次。

二、选羊

(1)年龄。3～4月龄断奶羔羊。最好为杂交羔羊。

(2)体型。体躯呈筒状，胸宽深，后躯呈“n”形。

(3)膘情。全身发育匀称，体重 20～25 千克，中上等膘情。

(4)健康。四肢健壮，被毛光亮，精神饱满，上下颌吻合好。

三、免疫驱虫

(1)休整。新入舍羊要安静休息 8 小时，当日只给饮水和少量干草。

(2)分群。第二天早晨逐只称重，根据体重大小分群，每群 20～30 只。

(3)驱虫。苯硫咪唑每千克体重 15～20 毫克(内服)，阿维菌素 0.25 毫克/千克，皮下注射。

(4)免疫。羊快疫、猝狙、肠毒血症三联苗，每羊 5 毫升，肌内注射。绵羊痘疫苗刺种。

四、育肥前期

(1)1～3 天。饲喂青干草或地瓜秧、花生秧(铡短)自由采食，自由饮水。

(2)7～30 天。饲喂全混合颗粒日粮Ⅰ，精粗比(70～60)∶(30～40)，日喂 3 次，每只日投料 1～1.5 千克，自由采食、自由饮水。

(3)日粮Ⅰ配方。玉米 43%，小麦麸 7%，大豆粕 17.5%，甘薯秧粉 15%，花生秧粉 15%，氢钙 1%，维生素＋微量元素预混料 1%，食盐 0.5%。加工成全颗粒喂给。

五、育肥后期

(1)30～60 天。饲喂全混合颗粒日粮Ⅱ，精粗比(50～60)∶(50～40)，每只日投料 1.5～2 千克，日喂 3 次，自由采食，自由饮水。

(2)日粮Ⅱ配方。玉米 40%，小麦麸 5%，大豆粕 12.5%，甘薯秧粉 20%，花生秧粉 20%，氢钙 1%，维生素＋微量元素预混料 1%，食盐 0.5%。加工成全颗粒喂给。

六、出栏

按此规程进行饲养管理，育肥全期平均日增重应达到 250 克以上，混合饲料报酬大约在(5～5.5)∶1，(粗饲料质量要有保障)。每只羊净增重 15 千克，平均体重达到 35～40 千克，肥羔此时(5～6 月龄)出栏，杂交羔羊屠宰率 50%以上，胴体重 17.5～20 千克。

第四节 有机羊肉生产加工技术

一、产地环境要求

有机食品的生产要求要比无公害食品及绿色食品严格得多，在生产中除了严格遵守无公害产品和绿色食品生产各个环节的标准和要求外，必须严格执行有机产品的标准和规定。

(一)生产基地的选择

有机生产首先要确保养殖场及周边环境不被污染，同时养殖场自身的环境保护也要得到很好的解决。有机羊场以及牧草和饲料生产基地应选择在没有污染源的区域，无水土流失、风蚀及其他环境问题，远离交通要道、旅游景点、公共场所、居民区、学校和医院。饲养场地应保证动物在活动场所能呼吸到新鲜空气，能得到直接的阳光照射；并要经过转换期和有机食品基地生产认证，方可从事有机食品生产。有机生产与非有机生产体系之间应有界线明确的过渡地带，即缓冲带，用来预防临近地区可能袭来的禁用物质的污染。

(二)环境质量要求

1. 环境空气质量

有机羊场(或企业)和有机羊产品的产地环境空气质量应符合GB 3095《环境空气质量标准》一级标准的有关规定。

2. 水质要求

羊的饮用水、有机牧草和饲料的灌溉用水,水质应分别符合生活饮用水卫生标准和《农田灌溉水质标准》(GB 5084)的有关规定。

3. 土壤环境质量

种植有机牧草、饲料的土壤应耕性良好、无污染,土壤环境质量必须符合《土壤环境质量标准》(GB 15618)的规定。

二、羊的有机生产技术

(一)转换期

转换期是指从开始有机管理至获得有机认证之间的时间。

1. 饲草料产地

牧草、饲料生产基地必须符合有机农场的要求,一年生牧草的转换期一般不少于 24 个月,多年生作物的转换期一般不少于 36 个月,新开荒地或撂荒多年的土地也要经过至少 12 个月。

2. 羊

转换期因动物种类和用途不同而异,肉羊 4 个月,奶山羊 3 个月。

3. 产品

饲养的羊只经过转换期后,其产品方可作为有机产品出售。

(二)羊只引入

羊场(或企业)每年引入的常规羊只不能超过有机食品发展中心(OFDC)认证的同种成羊数量的 10%。在特定的情况下,颁证委员会可以允许引入的常规羊只超过 10%,任何情况下不得超过

40%。而且引入的常规羊只必须经过相应的转换期。

引入羊只的品种要能适应当地的自然环境，抗逆性强，并且在当地可获得足够的生产资料。从无病害的种畜场选择6月龄以下、已断奶的健壮羊只，并在6月龄以下羔羊，使用清洁的运输工具和合理的运输方式运到饲养场。要有设计合理的饲养程序和与之相配套的饲粮配方。

可从任何地方引入种公羊、母羊，但是引入后必须按照有机方式饲养；所有引入羊都不能受到来自基因工程产品的污染，包括涉及基因工程的育种材料、药物、代谢调节剂和生物调节剂、饲料和饲料添加剂。

（三）饲料与饲料添加剂

1. 饲料

对于生产有机羊只所需饲料原料、浓缩饲料、配合饲料和饲料加工过程的要求、试验方法、检验规则、标签、包装、储藏、运输等方面问题，国家都有严格的规定。有机羊只的饲养必须饲喂有机饲料，如在特殊情况下，允许养殖场在限定时间、限定范围内饲喂一定比例的非有机饲料。

绵、山羊应以OFDC认证的或OFDC认可的或其他认证机构认证的有机饲草料饲养，其中至少50%的饲草料必须来自本农场或相邻农场。生产过程中应尽量在当地建立自己的饲草料基地或与当地的有机饲料生产基地建立密切的合作关系，以确保有机饲草料的供应。在羊场实行有机管理的第一年，羊场自产的饲草料可以作为有机饲草料饲养羊场自己的羊只，但不能作为有机饲草料出售。在有机饲草料供应短缺时，颁证委员会可以允许羊场购买常规饲草料。饲喂常规饲草料时必须详细记载，并且要事先征得OFDC的许可。但常规饲草料消费量在全年消费量中所占比例不得超过10%（以干物质计），且日最高摄食常规饲草料量不超过每日总饲草料量的25%。

不可预见的严重自然或人为灾害、极端的天气情况、该地区有机农业尚处在初级发展阶段时，可以允许例外，但必须同时规定时间限制和条件。

必须保证羊只每天都能得到基本满足其基础营养需要的粗饲料。初生羔羊在初乳期必须由母羊喂养并能吸吮母乳；禁止羔羊在 6 周内断奶，或用奶替代品喂养羔羊。

有机饲草料生产过程中禁止使用以下产品：

①动物及其动物制品，以及动物废料（如屠宰场废物）。

②未经加工或经过加工的任何形式的动物粪便。

③经化学溶剂提取的或添加了化学合成物质的饲料，如经过溶剂处理、提取（豆粉或油菜籽）或其他化学物质的饲料。

④化学合成的生长促进剂（包括用于促进生长的抗生素、激素和天然物质）。

⑤化学合成的开胃剂。

⑥人工合成的镇静剂。

⑦防腐剂（作为加工助剂时例外）。

⑧化学合成色素。

⑨非蛋白氮（如尿素）、化学提纯的氨基酸。

⑩转基因生物或其他产品。

2. 饲料添加剂

（1）允许使用的物质。经 OFDC 许可可以使用《OFDC 许可可以使用》规定的限制使用的物质（表 7-27）。

（2）禁用物质。禁止使用人工合成的生长促进剂（包括用于促进生长的抗生素、激素和微量元素）、合成的开胃剂、防腐剂（作为加工助剂时例外）、合成的色素、尿素、动物粪便（未经加工或经过加工的）、经化学溶剂提取的或添加了化学试剂的饲料、纯氨基酸、基因工程生物或其产品，禁止给反刍动物饲喂动物副产品。

表 7-27 允许和限制使用的饲料添加剂

物质名称	使用条幅	物质名称	使用条件
贝壳粉		鱼肝油	
海草		海盐	
石灰石		粗岩盐	
白云石		乳清	
泥灰石		糖	
氧化镁		甜菜浆	
绿砂		面粉	
硒	根据推荐剂量注射或由畜禽摄入	糖蜜	
发芽的粮食		酶	
人工合成的维生素和微量元素	只限在冬季时间长、山区或由于气候恶劣使牧草供应不足，或其他方法无法满足畜禽营养需求的情况下，才允许使用，并须得到 OFDC 的许可	酵母	
		蚁酸菌、乙酸菌、饮料发酵乳酸菌、丙酸菌	
		蚁酸、乙酸、乳酸、丙酸	只限于天气条件不适合发酵时使用

3. 配合饲料

(1)安全要求。所有主料的配料必须与获得 OFDC 或 OFDC 认可的组织的认证。配合饲料中的配料加上添加的矿物质元素和维生素不能低于 95%。添加的矿质元素和维生素可以来自天然或合成产物，但不能含有禁止使用的添加剂或保护剂。

(2)营养要求。饲料必须满足羊的营养需求和饲养目标，并为以下 2 种证明方式的一种所证实：①各种成分满足国家相关管理规定或国家有关权威机构规定的要求；②除水以外，以配合饲料作为唯一的营养来源饲养健康羊，经国家有关管理机构规定的程序测试，能够满足羊的各生命阶段的营养需求。

(四)饲养管理

1.环境要求

羊的圈舍、围栏等饲养环境必须满足羊的生理和行为需求,应当有足够的活动空间和休息场所,足够的垫料、饮水和饲料,空气流通,自然光线充足;避免过度的太阳照射及难以忍受的温度、风和雨,避免使用对人或羊的健康明显有害的建筑材料和设备;必要时可以用人工照明来延长光照时间,但一般每天不得超过16小时。

幼羊对环境适应能力较弱,容易遭受外界环境不良因素影响而死亡,因此幼羊要早喂初乳,以获得抗体,增强抵抗力,及早补饲。成年羊只,实行分段饲养,科学投料。通过日粮营养调控,改善畜产品品质,延长货架期。

含有大量氮、磷、有机悬浮物及羊粪尿,如果不妥善处理和利用,会对水质、空气、土壤造成严重的污染,甚至会引起病疫的蔓延和传播,因此要做好羊只排泄物的高温发酵和其他无害化处理,避免其对环境的污染。羊只使用过的垫料等废物应及时正确处理,保证饲养环境的清洁。必须保证羊粪便的储存设施有足够的容量,以免羊粪通过直接排放、地表径流或土壤渗透污染水体。

2.饲养方式

在羊只的饲养过程中实行全程质量控制,除选用抗病力强的品种外,尽量为羊只提供适宜的生活条件,在适当的季节,必须对所有羊进行户外放养,使动物按照自身生物习性生活。提高动物自身福利待遇,尽最大可能减少因为饲养管理给动物带来的应激。禁止采用羊无法接触土地的饲养方式和完全圈养、舍养、拴养、笼养等限制羊的自然行为等的饲养方式。羊不能单独饲养,在不影响羊只健康的条件下同一圈舍至少要饲养2只羊。但病患的公羊及母羊应单栏饲养。应做好全年的饲草料供应计划,禁止强迫喂食,不允许对羊只进行断尾手术。

3. 饲养数量

必须保证饲养羊的数量不超过本羊场及其合作单位草场的最大载畜量,要充分考虑饲草料生产能力、羊只健康和对环境的影响。如果因为过度放牧导致对环境的不利影响,则不能获得认证。

4. 粪便处理

必须保证羊粪便的储存设施有足够的容量,以免通过直接排放、地表径流或土壤渗滤污染水体,定期清除羊的粪便。

(五)繁殖

提倡自然繁殖,允许采用不对绵、山羊的遗传多样性产生严重限制的各种繁殖方法,但禁止使用胚胎移植手术。

(六)疫病防治

1. 防治原则

①选择适宜的绵、山羊品种

②根据每个品种的需要,采用相应的饲养管理方法,增强对疫病的抵抗力和对传染因素的预防。

③采用优质饲料,结合有规律的舍外活动,促使羊增强抗病力。

④确定合理的饲养密度,防止羊只密度过大导致健康问题。

2. 卫生消毒

允许在饲养场所使用《OFDC 有机认证标准》附录 E 所限定的清洁剂和消毒剂,以及附录 B 中的物质(表 7-28)。消毒处理时,应将羊事先迁出处理区。

3. 兽药使用

限制使用常规兽药。当必须要对病羊使用常规兽药时,则必须经过该药物降解期(半衰期)的 2 倍时间之后,这些羊及其产品才能作为产品出售。禁止为了提高羊群体的生产力而使用抗生素、抗寄生虫药和其他生长促进剂。禁止使用激素控制羊的生殖行为(如诱导发情、同期发情、超数排卵),但激素可在兽医的监督下用于对个别动物进行疾病治疗。

表 7-28　允许羊使用的清洁剂和消毒剂

物质名称	使用条件	物质名称	使用条件	物质名称	使用条件
软皂		天然植物香精		酒精	
水和蒸汽		柠檬酸		硝酸	乳加工设备
石灰水		过乙酸		磷酸	乳加工设备
生石灰		蚁酸		甲醛	
次氯酸钠		乳酸		碘酒	
氢氧化钠		草酸		高锰酸钾	
氢氧化钾		乙酸		碳酸钠	
过氧化氢					

4.预防接种

当羊场有发生某种疫病的危险而又不能用其他方法控制时，允许采用预防接种(包括为了促使母体抗体物质的产生而采取的接种措施)技术。允许进行法定的预防接种。

5.自然疗法

羊群疾病的防治，主要采用中兽医、顺势疗法、微生态制剂和家畜管理实践经验等方法。一旦发现疫病，应对症下药，优先使用天然药品和方法或选毒副作用小的药物(例如盐酸氨丙啉等饮水剂)，并通过改变管理措施防止将来重新发生。允许采用自然疗法，如使用植物制剂、针灸和顺势疗法医治羊的疾病。

6.标记与档案记录

对于接受过常规兽药治疗的羊只应逐个标记。饲养者必须对所用物质以及疾病诊断结果、剂量、给药方式、给药时间、药物降解期进行记录。

7.非治疗性手术

为了保持产品质量和传统生产习惯而进行的阉割、断角，为了防止蝇蛆病而进行的羔羊断尾等情况下，允许采用非治疗性手术，但应尽量减少给动物带来的痛苦。必要时可使用麻醉剂。

养殖场发生疫病或怀疑发生疫病时，应根据《中华人民共和国动物防疫法》及时采取以下措施。

①驻场兽医应及时诊断，并尽快向当地畜牧兽医管理部门报告疫情。

②确诊发生疫情时，养殖场应配合当地畜牧兽医管理部门，对病畜群实施严格的隔离、扑杀措施；全场进行彻底的清洗消毒，病死或淘汰羊只的尸体应进行无害化处理。

综合以上，有机养殖场健康管理最低标准要求见表 7-29。

表 7-29 有机养殖健康管理标准

最低标准要求	注解
养殖场必须采取切实的措施，通过预防性饲养方法，确保动物健康和福利	预防为主
若采取了预防措施，动物仍生病或受伤，则必须采取迅速而适当的治疗措施，如有必要应隔离病羊，将其安置在合适的圈舍里。如治疗会导致动物失去有机状态，养殖场也不得停止治疗	不允许为了保护动物的有机认证状态而停止治疗
只有在下列情况下，养殖场可以使用兽药或抗生素，实施化学对抗疗法：①多种预防性的措施仍对治疗疾病或损失无效；②这些方法是在兽医指导下使用，且停药期必须为法定停药期的 2 倍，或者至少 48 小时，以时间长者为准	有些标准规定了最高允许的常规兽药治疗次数，例如欧盟和中国标准
禁止使用合成物质刺激抑制自然生长	不允许人为缩短动物生长期
疫苗限于在下列情况下使用：①已知某种传染病在本地区存在或预期将成问题，且不能通过其化管理技术控制时；②法定疫苗接种；③要求不是基因工程疫苗	

引自赵克强，有机食品的标准认证与质量管理，2005。

三、有机羊肉加工技术

有机羊只在待宰和屠宰、装卸、运输期间必须有专人负责照料。

(一)运输

羊在运输过程中必须认真清楚地标记。当用车辆运输时,运到屠宰场的时间不应超过 8 小时,但可能有例外时,必须供给羊只饲草和水。必须提供适当的条件,使羊只能够承受运输造成的应激,例如:改善运输方式和操作设备的质量,保持现存的群体联系,避免饥渴或接触到正在屠宰的动物或死亡动物(通过眼、耳或气味),提供适宜的温度和相对湿度,缓解应激的休息时间,考虑每个动物的个别需要等。禁止在运输前和运输过程中对动物使用镇静剂或兴奋剂,运输距离和次数应尽量减少,以减少应激,减少因装卸和卸载等因素造成的不良影响。禁止使用电棒及类似设备驱赶羊。

(二)屠宰

屠宰的有机肉羊来自有机养羊场。有机肉羊必须在国家卫生防疫部门批准的屠宰场宰杀,且应与常规羊只分别屠宰,屠宰后应分别存放并清楚标记。禁止在羊只失去知觉之前进行捆绑、悬吊和屠宰。羊只在宰前要进行疫病检验,若在检查中发现羊快疫、羊肠毒血症、羊痘等疾病时要按下列规定处理:病羊用密闭工具送急宰间,采取不放血方式扑杀,然后销毁。管理区进行严格消毒后,继续生产,同群羊只可继续送宰。

(三)加工

有机加工方式应保持食品的天然营养特性和自然风味。参加生产的所有员工必须参加生产操作、质量管理、技术标准、企业规范制度和有机食品知识培训,经考试合格后方可上岗。加工人员要参加身体检查,持健康证上岗,且在生产过程中工作人员不得在手部使用化妆品。生产人员必须穿戴工作服、工作帽、口罩,生产人员工作间不得相互讲话,不得随地吐痰。生产车间要实行封闭式生产,生产人员一律不准离开车间,应保持车间内卫生。

在加工中,要防止或尽量减少加工中营养物质的损失、氧化、降解,最大限度地保留其营养价值。有机食品加工过程中既要保证食品质量,又要控制二次污染,在保证食品不受任何污染的同时,也要保证在食品加工过程中不对环境和人类产生其他形式的污染与危害,做到既不污染自己,也不污染别人。

有机食品加工方法最低标准要求见表7-30。

表7-30 有机食品加工方法标准

最低标准要求	注解
加工有机食品必须使用生物、物理和机械的方法。任何添加剂、加工助剂或食品发生化学反应或改变有机食品性质的物质都必须符合相关准则	有机加工者应注意有些产品本来是允许使用的,但经过有机溶剂提取后就成禁用物质了
只能用水、乙醇、动物植油、醋、二氧化碳、氮或羧酸溶剂作为提取溶剂。这些溶剂的质量必须满足使用要求	
禁止使用辐照的方法	指用放射性核素(如^{60}Co和^{137}Cs)发生的高能辐照,改变食品的分子结构,以控制食品中的微生物,达到保存食品的目的
必须限制使用在分子水平上会与有机食品起化学反应或改变其性质的过渡方法。过滤设备中禁止含有石棉,或使用对产品造成负面影响的技术和方法	
允许使用下列储藏方法:气调、温度控制、干燥、温度调节	
允许使用乙烯气体催熟	

引自杜相革,有机农业概论,2001。

第八章 羊舍建设与配套饲养设施

长期以来羊舍和养羊设备是制约肉羊舍饲和规模化生产的关键因素。随着农业部标准化畜禽饲养的示范与推广，饲养方式逐步由放牧转变为舍饲和半舍饲，分散饲养正向相对集中饲养方式转变，生产规模化程度不断提高，养羊业逐步向区域优势化、养殖规模化、产业化方向发展。为挖掘肉羊生产的潜力，搞好优质肉羊生产，确保畜产品的品质和卫生安全，必须抓好羊舍建设，把饲养设备和设施配备好、建设好，从而提高劳动生产率和养羊生产的经济效益。

第一节 羊 舍 建 设

羊舍是羊生活、休息的地方。据调查，羊生产力的20%～30%取决于整体环境。因此，发展养羊生产，必须科学地修建好羊舍。建设羊场的目的在于给羊只提供适宜的生存环境，便于生产管理，以达到优质、高产高效的目标。因此，在建设实施过程中，既要考虑羊只的生物学特性、羊群规模大小和生产管理方式，又要符合科学合理、因地制宜、经济实用的基本原则。

一、羊场选址

1. 地势高燥平坦

羊场应选建在地势较高、向阳，排水良好和通风干燥的平坦地方。切忌在低洼涝地、山洪水道、冬季风口处建场。朝向以坐北向南或偏东 5～10 度为宜，即场地高于周围地势，地下水位在 2 米以下。不宜在山洪水道，冬季风口，泥石流通道选选址。场址的土壤以沙壤土最好，有利于排除积水、防潮。

2. 草料充足、有清洁水源

以舍饲为主的地区及集中育肥肉羊产区，羊场最好有一定的饲草、饲料基地及放牧草地。

水源供水量充足，水质优良，以泉水、井水和自来水较理想。切记不要在水源不足或受到严重污染的地方建场。

3. 交通、通讯便利

为防止疫病的传播，羊场距离公路、铁路等交通干道、居民点、附近单位和其他畜群，应至少保持 500 米以上。

4. 能源供应充足

电力负荷能满足生产需要和稳定供应。

5. 考虑发展计划

羊场的选址既要与当地畜牧业发展规划和生态环境条件相适应，又要考虑养羊业发展趋势和市场需求的变化，以便确定生产方向和扩大生产规模。此外，种羊场最好建在肉羊生产基础较好的地区，以便于就近推广和组织生产。

二、羊场布局

羊场布局见图 8-1。

1. 功能明确

规范化羊场至少要分为生活区（含办公区）、生产区、草料加工区和隔离观察区 4 部分，并由低矮灌丛或矮墙将净道、污道隔离开。其中，生活区应安排在地势较高的上风头处，最好能由此望到全场的其他房舍；生产区的羊舍朝向应有利于冬季采光或夏季遮阳；隔离区一般位于地势较低的下风头处。

2. 操作方便

可分为种公羊舍、种母羊舍、产房、羔羊和育成羊舍、育肥羊舍

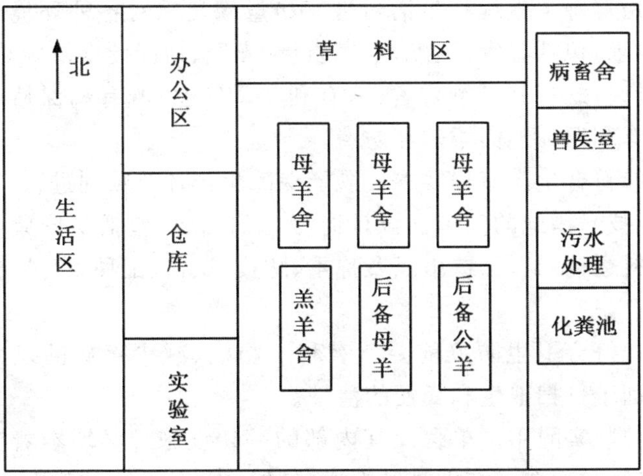

图 8-1　肉羊标准化养殖场总体布局

等，羊舍间有一定距离，从方便生产操作角度考虑，种公羊舍应靠近人工采精室，并与种母羊舍保持一定距离；种母羊舍应与产羔舍相邻。病羊隔离室、贮粪池、尸坑应在羊舍下风方向。

3. 环境清洁

在生产区、生活区及生产管理区的四周应建有绿化隔离带，有利于改善场区小气候、净化空气、减少尘埃和噪声。粪便及时清理，院落、道路、羊栏等应保持清洁，并定期消毒。

三、羊舍设计与建造

设计和建造羊舍的目的，是为羊创造适宜的生产、生活环境，以提高羊的健康和生产力。应遵循下列原则：一是根据当地气候特点和生产要求选择畜舍类型和构造方案；二是尽可能采用科学合理的建设工艺及建筑材料；三是注意节约用地，在满足建筑要求的情况下，尽量降低建设成本。

(1)符合羊生理和生活习性。尽量满足羊对各种环境卫生条件的要求,包括温度、湿度、空气质量、光照、地面硬度及导热性等。也就是说,既有利夏季防暑,又有利冬季防寒;既有利保持地面干燥,又有利保证地面柔软和防滑。

(2)符合生产流程要求。既能保障生产环节顺利进行,又能保障各项技术措施的实施。设计时考虑的内容,包括羊群调整和周转,草料运输、给饲、饮水以及称重、防疫、试情、配种、接羔、羔羊护理等。

(3)符合卫生防疫需要。有利于防病、减少疾病的发生与传播,有利于打扫卫生和粪便的清理。

(4)坚实耐用。羊舍及其内部的一切设施都必须本着实用的原则修筑和建造。特别是像圈栏、隔栏、圈门、饲槽的建造,一定要结实耐用。

(5)造价低廉。尽量做到就地取材,尽可能降低原材料购入价和建造成本。

四、羊舍建设基本要求

1. 方位与平面布置

羊舍以坐北朝南、东西走向为宜,单列式或双列式布置。

2. 建筑面积

建筑面积参见表8-1。

表8-1 各类羊舍所需面积 米^2/只

羊别	面积	羊别	面积
单饲公羊	4.0～6.0	育成母羊	0.7～0.8
群饲公羊	1.5～2.0	去势羔羊	0.6～0.8
成年母羊	0.8～1.0	3～4月龄羔羊	0.3～0.4
育成公羊	0.7～0.9	育肥羯羊、淘汰羊	0.7～0.8

3. 羊舍地面

羊舍地面高出舍外地面 20～25 厘米，出入口采取坡道连接，不设台阶和门槛。

4. 羊栏

舍内围栏高度不低于 1.0 米。

5. 饲槽

饲槽表面应光滑、耐用，饲槽底部为圆弧形，槽体高 25 厘米，槽内径宽 26 厘米，槽深 16 厘米。每只羊槽位 30 厘米左右。

6. 窗户

窗户面积与舍内地面面积之比 1∶12。

7. 运动场与饮水槽

每一栋羊舍附设一个运动场，位于羊舍南面，围墙为花栏墙，高度 1.2 米；运动场砖铺地面，向外坡度 1.5%，面积为羊舍占位面积的 2 倍。

运动场边设饮水槽，每只羊占位 10 厘米，槽深 40 厘米，水深不超过 20 厘米。

8. 辅助设施

(1)饲料库。饲料库要满足 1～2 个月生产需要。

(2)饲料加工间。建于辅助生产区，根据养殖规模配备饲料加工机组。

(3)青贮窖。建于排水良好、地下水位低的地方，羊只只均容积 1.5 $米^3$。

(4)干草棚。干草棚应满足 3～6 个月生产需要。

(5)人工授精室、兽医室。设置人工授精室 30～40 $米^2$、兽医室约 20 $米^2$。

(6)药浴池。池长 12.5 米，池顶宽 0.8 米，池底宽 0.6 米，深 1.2 米。入口处围栏 25 $米^2$，出口处围栏 35 $米^2$。

(7)堆粪场。根据羊群规模建设相应堆粪场。如 500 只基础母羊需建设堆粪场 240 米^2。

(8)隔离羊舍。根据生产需要在小区下风向围墙外边设隔离场所,大小依据羊群规模设计,如 500 只基础母羊需建隔离羊舍面积 60 米^2。

(9)消毒设施。消毒池设在大门口以及生产区进出口,消毒池内的消毒液应使用 2%烧碱,每 3～7 天更换 1 次。人行通道设在消毒间内,在消毒间的顶棚安装紫外线消毒或喷雾消毒设施。

(10)办公设施。办公室、门房等依据需要建设。一般规模羊群约建 60 米^2 左右。

五、羊舍建筑结构及设计参数

羊舍建筑结构及设计参数见表 8-2。

表 8-2 羊舍建筑、设施有关参数总表

	项目	繁殖母羊	种公羊	育成羊
羊 舍	面积/(米^2/只)	0.8～1.0	1.5～2.0	0.6～0.8
	墙厚度/米	0.24	0.24	0.24
	前高/米	2.2～2.5	2.2～2.5	2.2～2.5
	后高/米	1.8～2.0	1.8～2.0	1.8～2.0
	门宽/米	2.0～2.3	2.0	2.2
	门高/米	1.8～2.0	1.8	2.0
	前窗高/米	1.5～1.8	1.5～1.8	1.5～1.8
	前窗宽/米	0.6～1.0	0.6～1.0	0.6～1.0
	后窗宽/米	1.0～1.5	1.0～1.5	1.0～1.5
	后窗高/米	0.5～0.8	0.5～0.8	0.5～0.8
	饲槽长/米	3.00	3.00	3.00
	饲槽宽/米	0.4	0.45	0.35
	饲槽高/米	0.35	0.35	0.30

续表 8-2

项目		繁殖母羊	种公羊	育成羊
运动场	面积/($米^2$/只)	2.0～2.5	3.0～4.0	1.5～2.0
	围栏高/米	1.0～1.2	1.2	1.0
	门宽/米	1.3～1.5	1.5	1.2～1.5
	门高/米	1.0～1.2	1.2	1.0
	饲槽长/米	3.0	3.0	3.0
	饲槽宽/米	0.4	0.45	0.35
	饲槽高/米	0.35	0.35	0.3
	水槽/米	长 5.00×宽 0.50×高 0.35		

羊舍高度要依据羊群大小来确定，羊群越大其高度可适当增高，以保证舍内有足够的空气。羊舍的主要大门以外开为宜，其设置要依羊群数量而定。门槛应与舍内地面等高，同时舍内地面要高于舍外运动场 20～30 毫米，以防止雨水、污水倒流。窗户的大小应与羊舍面积相协调，按窗户总面积占羊舍内地面面积的 1/13 来设计。窗户距地面高度应在 1.2～1.5 米。

墙体建筑宜用砖或复合夹芯板等新型材料。门窗宜采用塑钢等新型材料，也可用木料等。屋面保温部分采用复合夹芯板等新型材料，采光部分采用塑料中空板等透光材料。地面采用三合土、砖等。结构骨架宜采用钢、木、玻璃钢等。

六、羊舍建筑与施工

1. 羊舍基本构造及方案

(1)羊舍基本构造。主要部分包括墙体(或柱子)、基础、地面(或楼板)、屋顶、门窗及内外装修(散水、勒脚、踢脚、墙裙、吊顶、内外墙面粉刷等)，根据其功能可分为承重部分和围护、分割部分。见图 8-2。

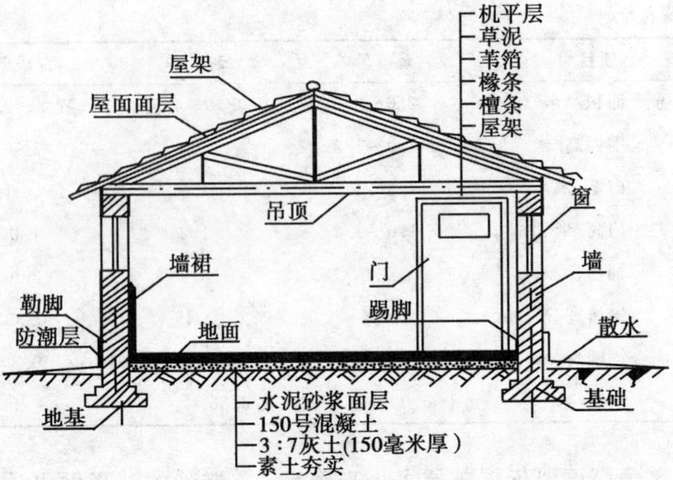

图 8-2 封闭式羊舍主要结构

承重部分有2种形式，第1种是墙体承重，依靠内外墙承载屋顶、楼板层、风雪和墙身自重等各种荷载，并将其传递到基础和地基上，该承重方式坚固、稳定、结构简单、施工方便、造价低，在羊舍建筑中经常使用；第2种是立贴式梁架承重，即由梁、柱承载屋顶重量，墙体起围护作用。采用立贴式梁架承重的墙体可以选用保温隔热性能好，价格低但强度差的材料，这种承重方式一般用于单层羊舍建筑。

(2)羊舍构造方案的确定原则。要求构造坚固、符合养羊生产要求、形体和构造简单、整齐、经济美观，适用。在羊舍构造方案选择过程中，应该根据气候因素、肉羊生产特点、建筑材料、建筑习惯和投资能力等因素综合考虑，切不可贪大求洋、生搬硬套，盲目模仿。

2. 主要构造建筑施工

(1)地基和基础。

①地基。直接承载基础的土层称为天然地基，经过加固处理

后承载基础的地基称为人工地基。天然地基应是质地均匀、结实、干燥、抗冲刷力强、膨胀性小、地下水位在 2 米以下，且无浸湿作用。沙砾、碎石、岩性土层以及有足够厚度、且不受地下冲刷的砂质土层是良好的天然地基。黏土和黄土含水多时，土层较软，压缩性和膨胀性均大，如不能保证干燥，不适宜做天然地基。简易羊舍或小型羊舍因负载小，一般建于天然硬基上即可；大型羊舍要求有足够的承重能力和厚度，膨胀性小，且具有一定的抗冲刷力。

②基础。基础必须具备坚固、耐久、防潮、防冻和抗机械作用等能力。一般基础应比墙宽 10～15 厘米，加宽部分常做成阶梯形，称“大放脚”。基础通过“大放脚”来增大底面积，使压强不超过地基的承载力。基础的地面宽度和埋置深度应根据羊舍的总荷载，地基的承载力根据土层的冻涨程度及地下水位状况计算确定。北方基础埋置深度应在土层最大冻结深度以下，但应避免将基础埋置在受地下水浸湿的土层中。

(2)墙。墙体承重作用是指墙体将房舍全部荷载(包括房舍自身重量和屋顶积雪重量及风的压力等)传递给基础或地基。围护、分割作用是指墙体将羊舍与外界隔开或对羊舍空间进行分割的主要构造。既具有围护和分割又具有承重的墙体称为承重墙；只具围护和分割的墙体称为非承重墙。墙体对羊舍内温度和湿度状况影响很大。据测定，冬季通过墙散失的热量占整个羊舍总失热量的 35%～40%。复合板墙具有造价低、施工快、美观等优点。复合板墙一般由结构层(内层)、保温层和饰面层构成。

(3)柱。柱是根据需要设置的房舍承重构件。用于立贴梁架、敞棚、房舍外廊等的承重时，一般采用独立柱，可为木柱、砖柱、钢筋混凝土柱等；如用于加强墙体的承重能力或稳定性时，则做成与墙合为一体但凸出墙面的壁柱。

(4)屋顶。屋顶是羊舍上部的外围护结构，主要起遮风、避雨、雪和隔绝太阳辐射，对冬季保温和夏季隔热都有重要意义。单坡式屋顶跨度小，结构简单，利于采光，适用于单列羊舍；双坡式屋顶跨度大，易于修建，保温隔热性能好。

(5)地面。羊舍地面必须具备下列基本要求：一是具有高度的保温隔热特性；二是不透水，易于清扫消毒；三是易于保持干燥、平整、无裂纹、不硬不滑、有弹性；四是有足够的强度，坚固、防潮、耐腐蚀；五是向排尿沟方向应有适当的坡度（羊舍 1%～1.5%），以保证污水的顺利排出。羊舍地面可分实体地面和缝隙地板两类。根据使用材料的不同，实体地面有素土夯实地面、三合土地面、砖地面、混凝土地面等；缝隙地板有木地板、塑料地板、金属网地板等。

①漏缝地板。集约化饲养的羊舍可建造漏缝地板，用厚 3.8 厘米、宽 6～8 厘米的水泥条筑成，间距为 1.5～2.0 厘米。漏缝地板羊舍需配以污水处理设备，造价较高，国外大型羊场和我国南方一些羊场已普遍采用。

②羊床。多采用竹、木原料制成漏缝地板。木条宽 6 厘米，厚 3 厘米，间距宽 1.5～2 厘米，10 月龄以下的羔羊可为 1～1.5 厘米，可为固定式或活动式 2 种。

(6)通道或加料道。双列式羊舍过道一般为 1.2～2 米宽，单列式羊舍通道为 1～1.2 米，便于运输饲料及打扫卫生。

(7)运动场。运动场面积应为羊舍面积的 2 倍以上，羊舍与羊舍之间可单独设运动场，其位置略比羊舍位置低 20～30 厘米。地面处理要求致密、坚实、平整、无裂缝、不打滑，达到卧息舒服。为防止四肢受伤或蹄病发生，可采用砖铺地面，还可利用草坪作运动场，四周围墙不得低于 2～2.5 米。

七、实用羊舍类型与示范

按羊舍外围护结构封闭的程度大小，可将羊舍分为开放式羊舍，半开放式羊舍和封闭式羊舍三大类型。

1. 封闭式羊舍

由屋顶、围墙以及地面构成的全封闭状态的羊舍，通风换气仅依赖于门、窗或（和）通风设备，该种羊舍具有良好的隔热能力，便于人工控制舍内环境。封闭羊舍四面有墙，纵墙上设窗，跨度可大可小。可开窗进行自然通风和光照，或进行正压机械通风，亦可关窗进行负压机械通风。由于关窗后封闭较好，防寒保暖效果较半开放式好。封闭羊舍外围护结构具有较强的隔热能力，可以有效地阻止外部热量的传入和羊舍内部热量的散失，封闭舍空气温度往往高于舍外。空气中尘埃、微生物含量舍内大于舍外，封闭羊舍通风换气差时，舍内有害气体如氨、硫化氢等含量高于舍外（图8-3至图 8-6）。

封闭式羊舍使用范围：有窗封闭舍主要适用于温暖地区（1 月份平均气温－5～15℃）和寒冷地区羊的生产。

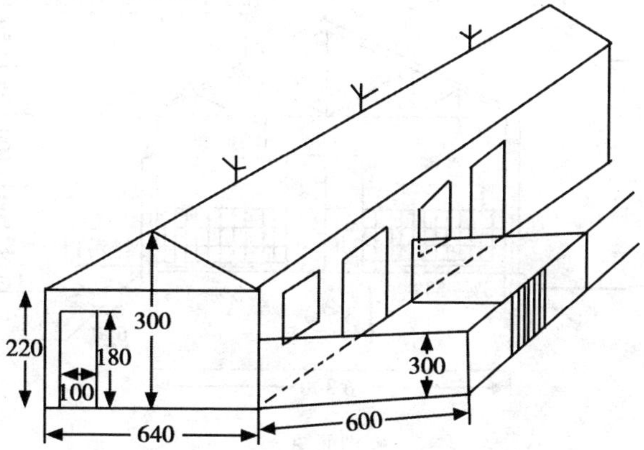

图 8-3　封闭式单列羊舍示意图（单位:厘米）

图 8-4 封闭式单列羊舍实际效果图

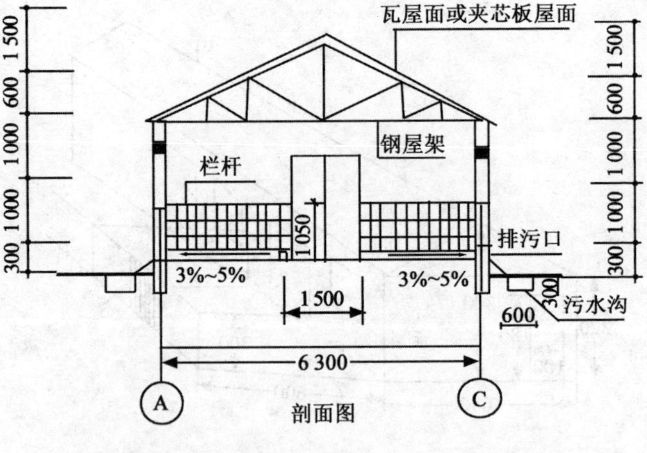

图 8-5 封闭式双列羊舍示意图（单位：毫米）

图 8-6　封闭式双列羊舍实际效果图

2. 半开放式羊舍

半开放式羊舍三面有墙，正面全部敞开或有部分墙体，敞开部分通常在向阳侧。多用于单列的小跨度羊舍。这类羊舍的开敞部分在冬天可加遮挡形成封闭舍。半开放式羊舍外围护结构具有一定的隔热能力。由于一面无墙或为半截墙、跨度小，因而通风换气良好，白天光照充足，一般不需人工照明、人工通风和人工采暖设备，基建投资少，运转费用小，但通风不如开放舍。所以这类羊舍适用于冬季不太冷而夏季又不太热的地区使用。为了提高使用效果，也可在半开放式羊舍的后墙开窗，夏季加强空气对流，提高羊舍防暑能力，冬季将后墙上的窗子关闭，还可在南墙的开露部分挂草帘或加塑料窗，以提高保温性能（图 8-7 和图 8-8）。

半开放式羊舍外围护结构具有一定的防寒防暑能力，冬季可以避免寒流的直接侵袭，防寒能力强于开放舍和棚舍，但空气温度与舍外差别不很大。半开放式羊舍跨度较小，仅适用于小型牧场，温暖地区可用作成年羊舍，炎热地区可用作羔羊舍。

3. 开放式羊舍

开放舍是指一面（正面）或四面无墙的羊舍，后者也称为棚舍。

图 8-7　平顶式半开放羊舍

图 8-8　单坡式半开放羊舍

其特点是独立柱承重,不设墙或只设栅栏或矮墙,其结构简单,造价低廉,自然通风和采光好,但保温性能较差(图 8-9 和图 8-10)。

开放舍可以起到防风雨、防日晒作用,小气候与舍外空气相差不大。前敞舍在冬季对无墙部分加以遮挡,可有效地提高羊舍的防寒能力。

开放式羊舍适用于炎热地区和温暖地区养羊生产，但需作好棚顶的隔热设计。

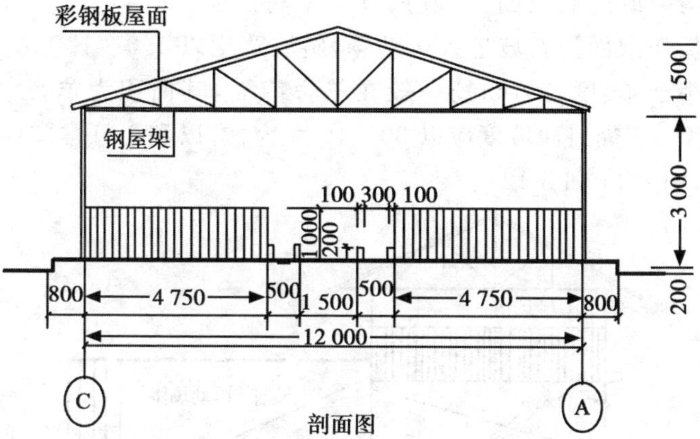

图 8-9 开放式羊舍示意图(单位:毫米)

图 8-10 开放式羊舍实际效果图

4. 楼式羊舍

楼式羊舍俗称高架羊舍，多用竹片或木条作建筑材料，安装漏缝板作为羊舍地板(羊床),板面横条宽 3～5 厘米,漏缝宽 1～1.5 厘米,离地面高度为 1.2～1.5 米,以方便饲喂人员添加草料。羊舍的南面或南北两面,一般只有 1 米高的墙,舍门宽 1.5～2 米。漏缝板朝阳面为斜坡进入运动场,斜坡宽度以 1.0～1.2 米为宜,坡度小于 45 度。运动场一般在羊舍南面,其面积为羊舍的 2～2.5 倍。积粪斜面坡度应以 30～45 度为佳,以利于日常粪便排放冲洗(图 8-11 和 8-12)。

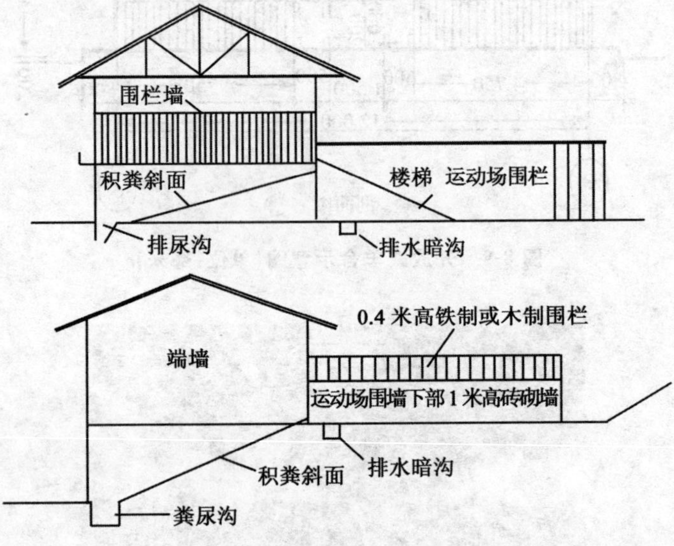

图 8-11 楼式羊舍示意图

1. 道路 2. 粪沟 3. 排水暗沟

5. 塑料薄膜大棚式羊舍

塑料薄膜大棚式羊舍一般中梁高 2.5 米,后墙高 1.7 米,前墙高 1.2 米。中梁与前沿墙用竹片或钢筋搭成,可选用木材、钢材、竹竿、铁丝和铝材等,上面覆盖单层或双层膜,塑料薄膜可选用白色透明、透光好、强度大、厚度为 100～120 微米、宽度 3～4 米,抗

图 8-12　楼式羊舍实际效果图

老化、防滴和保温好的膜，例如聚氯乙烯膜、聚乙烯膜、无滴膜等。在侧面开一个高 1.8 米、宽 1.2 米的小门，供饲养人员出入。在前墙留有供羊群出入运动场的门(图 8-13 和图 8-14)。

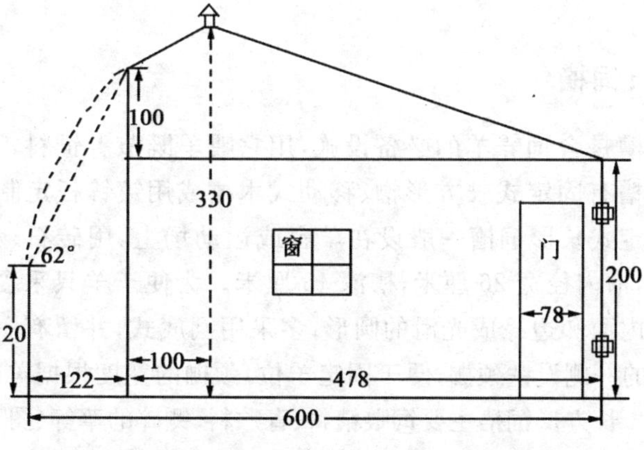

图 8-13　塑料暖棚羊舍侧面示意图(单位:厘米)

图 8-14 塑料暖棚羊舍实际效果图

在北方较寒冷地区，采用此法效果明显，可提高羊舍温度，基本能满足羊的生长发育要求。在一定程度上改善寒冷地区冬季养羊的生产条件，有利于发展适度规模经营，而且投资少，易于修建。

第二节 饲养设施

一、饲槽

饲槽是舍饲养羊的必备设施，用它喂羊既节省饲料，又干净卫生。饲槽有固定式长方形槽、移动式木槽或用镀锌板定制的饲槽。

固定式长形饲槽一般设在羊舍或运动场上，用砖石、水泥砌成长条状，槽内径宽 26 厘米，槽深 16 厘米。为便于羊只采食和清扫，要求槽内面和边缘成光滑的圆形，多采用圆底式，并留有一定坡度。靠近羊的一侧设铁颈枷，便于固定羊位，颈枷的宽度根据羊的个体大小而定。长方形饲槽主要饲喂精料、青贮料、铡碎的草等(图 8-15)。

移动式料槽用厚木板钉制，铁槽用铁皮打制，上缘卷成圆形。视羊群数量多少决定制作数量。总的要求是以羊只采食不互相拥挤为宜(图 8-16)。

图 8-15　固定式长形饲槽

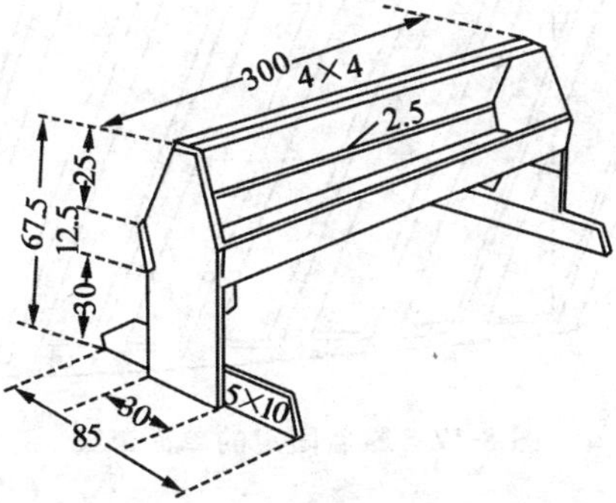

图 8-16　移动式木制料槽(单位:厘米)

二、草架

草架是用来饲喂长草或草捆的用具。主要有移动式、悬挂式、固定式和结合式四种。可以用木材、竹条、钢筋等制作。利用草架喂羊可以减少饲草的浪费,避免践踏和粪尿污染。

双面草架从侧面看为三角形,上宽下窄,用钢筋或木条制成,条间距为10厘米，可从两面采草。单面草架借助一面墙，采草面有隔栅，与墙形成一个上宽下窄的直角三角形。

1. 简易供草架

先用砖、石头砌成一堵墙，或直接利用羊圈的围墙，然后将数根1.5米以上的木杆或竹杆下端埋入土墙根底，上端向外倾斜25度，并将各个竖杆的上端固定在一根横棍上，横棍的两端分别固定在墙上即可(图8-17)。

图8-17 靠墙固定的单面草架

2. 木制活动供草架

先做一个高1米、长3米长方形的立体框，再用1.5米高的木条制成间隔12～18厘米"V"形的装草架，最后将草架固定在立体木框之间即成(图8-18)。

3. 固定式长形饲槽

固定式长形饲槽一般设在羊舍或运动场上，用砖石、水泥砌成长条状。为便于清洗，多采用圆底式，并留有一定坡度。靠近羊的一侧设铁颈枷，便于固定羊位，颈枷的宽度根据羊的个体大小而

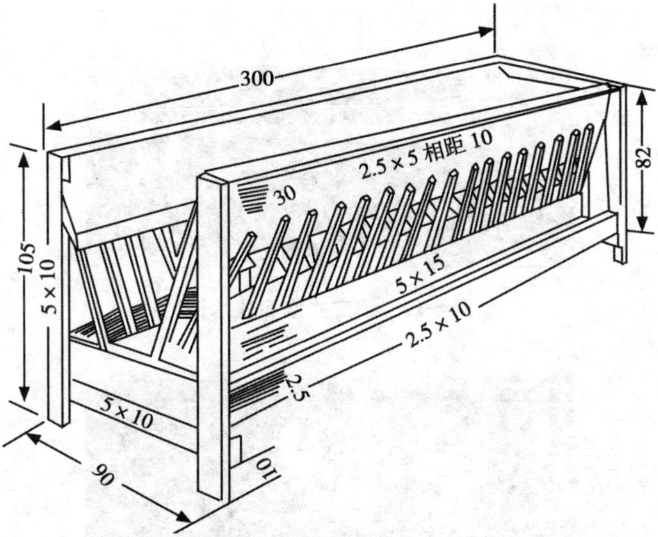

图 8-18　木制活动草架示意图(单位:厘米)

定。长方形饲槽主要饲喂精料、青贮料、碎草等。

三、水槽

1. 饮水槽

一般固定在羊舍或运动场上,可用镀锌铁皮制成,也可用砖、水泥制成。槽高离地面 10～30 厘米,宽 30 厘米,长度根据羊群规模大小设定。在下部设置排水口,以便清洗水槽,保证饮水卫生,水槽高度以羊方便饮水为宜(图 8-19 和图 8-20)。

2. 自动饮水器

规模化羊场一般在羊舍外靠围墙边沿安装自动饮水器,安装位置以羊能抬头饮水且不能站在饮水器上蹭痒为最佳,也可将自动饮水器设置在羊舍饲槽上方,使羊抬头就能饮水(图 8-21)。

图 8-19 固定式水泥饮水槽

图 8-20 移动式塑料饮水槽

图 8-21 饮水碗

四、围栏设备

1. 围栏

围栏是将不同大小、性别和类型的羊只相互隔开，并将其限制在一定的活动范围之内，以利于提高生产效率和便于科学管理，通常设在羊舍内和运动场四周。栏的高度视其用途而定，一般羔羊栏 1～1.5 米，成年羊 1.5～2 米。围栏必须有足够的强度和牢度，可用木栅栏、铁丝网、钢管、原竹等制作，有移动式和固定式（图 8-22 和图 8-23）。母羊产羔时，可用活动围栏临时间隔为母子圈。根据其结构不同，通常有重叠围栏、折叠围栏和三脚架围栏等类型。羔羊补饲栏可用多个栅栏、栅板或网栏，在羊舍或补饲场靠墙围成足够面积的围栏，并在栏间插入一个仅供羔羊能自由出入的采食栅门。

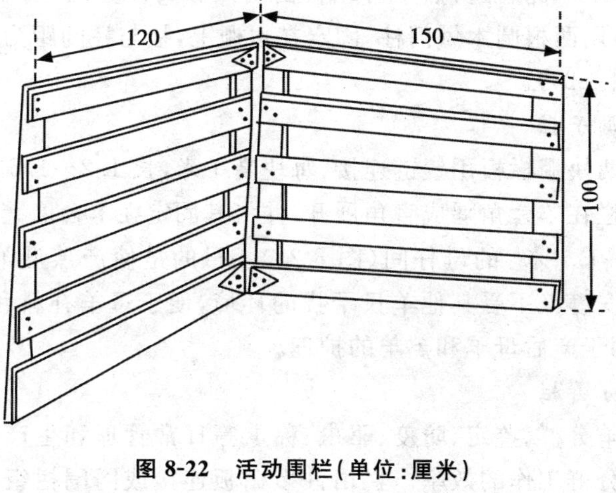

图 8-22　活动围栏（单位：厘米）

2. 羔羊补饲栏

一般情况下，羔羊生后 10～14 天就应补给草料。由于母羊和

图 8-23 固定式钢管围栏

羔羊同圈饲养，补喂时羔羊不能自由而有效地采食补喂饲料，必须设专门的羔羊补饲栏。

羔羊的补饲栏应在母羊圈内适当的地方，或靠近圈的一侧墙边，使母羊不能通过，羔羊可以自由出入。具体办法是：用木栅栏做围墙，用两根圆木做门柱，固定在木栅上，柱与柱间距为 20 厘米即可(图 8-24)。

3. 母子栏

将两块栅栏板用铰链连接，每块高 1 米，长 1.2～1.5 米，将此活动木栏在羊舍角隅成直角展开，并将其固定在羊舍墙壁上，可围成 1.2～1.5 $米^2$ 的母仔间(图 8-25)。目的是使产羔母羊及羔羊有一个安静又不受其他羊只干扰的环境，便于母羊补料和羔羊哺乳，有利于产后母羊和羔羊的护理。

4. 分群栏

供羊分群、鉴定、防疫、驱虫、称重等日常管理和生产中使用，可提高分群工作的效率。栏由许多栅板连接或网围栏组成，可以是固定的也可临时搭建，其规模视羊群的大小而定。分群栏可建成坚固永久性的或用栅栏临时隔成。分群栏设有一窄而长的通道，通道的宽度比羊体稍宽，羊在通道内只能单独前进，在通道的

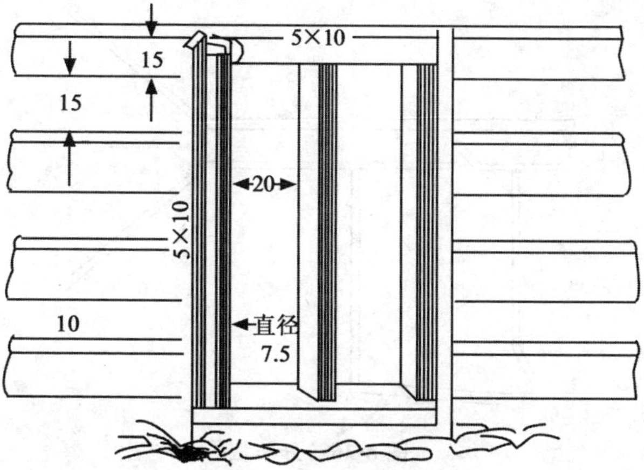

图 8-24　补饲栏(单位:厘米)

图 8-25　母子栏

两侧设若干个只能出不能入的活动门,门外围以若干贮羊圈,通过控制活动门的开关决定每个羊只的去向(图 8-26)。

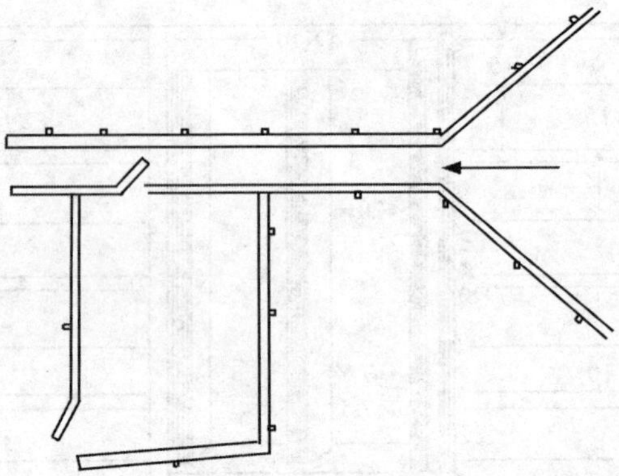

图 8-26 分羊栏

五、羊床

羊床是羊躺卧和休息的地方，要求洁净、干燥、不残留粪便和便于清扫。羊床多由竹、木原料制作，也可由钢筋、水泥制成，缝宽1.8～2.2 厘米，铺设高度 0.5～1 米，每块的长度与宽度以 1～2 米 为宜。羊床大小可根据圈舍面积和羊的数量而定，以易于搬动、安放为宜(图 8-27)。

图 8-27 羊床

第三节　附属设施

肉羊规模化养殖场附属设施主要有饲料库、晒场、草棚、青贮饲料池等。

一、饲料库

饲料库是指专门用于存放谷物、饼类和各种辅助性用料的房屋。为方便加工和配料，在料库的一端应留出专门摆放加工机械的地方。库房建筑主要组成部分及技术要求如下。

(一)地坪

地坪的作用主要是承受货物、货架以及人和机械设备等的荷载，因此，地坪必须有足够的强度以保证安全使用。根据使用的建筑材料可分为三合土、砖石、混凝土以及土质地坪等。对地坪的基本要求是平坦坚实，耐摩擦和冲击，表面光洁不起灰尘。地坪的承载能力应视堆放物品性质、当地地质条件和使用的建筑材料确定，一般载荷量在5～10吨/米^2。

(二)墙体

墙体是库房建筑的主要组成部分，起着承重、围护和分隔等作用。墙体一般可分为内墙和外墙；按承重与否可分为承重墙和不承重墙。对于起不同作用的墙壁可以根据不同的要求，选择不同的结构和材料。对承重外墙除要求其满足具有承重能力的条件外，还需要考虑保温、隔热、防潮等围护要求，以减少外部温湿度变化对库存物品的影响。

(三)屋顶

屋顶的作用是抵御雨雪、避免日晒等自然因素的影响，它由承载和覆盖两部分构成。承载部分除承担自身重量外，还要承担风、雪的荷载；覆盖部分主要作用是抵御雨、雪、风、沙的侵袭，同时也起保温、隔热、防潮的作用。对屋顶的要求是防水、保温隔热，并具有一定的防火性能，符合自重要轻、坚固耐用的要求等。

(四)门窗

门窗是库房围护结构的组成部分，要求具有防水、保温、防火、防盗等性能。其中，库房窗户主要是通风和采光，因此，窗户的形状、尺寸、位置和数量应能保证库内采光和通风的需要，而且要求开闭方便，关闭严密；库门主要是供人员和搬运车辆通行，同时作业完毕后要关闭，以保持库内正常温度、湿度，保证物品存放安全，因此，对库门要求关启方便、关闭精密，库门的数量、尺寸应考虑库房的大小、吞吐量的多少、运输工具的类型、规格和储存物品的形状等因素。

二、饲料青贮设施

青贮料是农区舍饲养羊的主要饲料来源，为制作和保存青贮料，应在羊舍附近修建青贮设施。常用的青贮饲料容器主要有青贮窖、青贮壕、青贮塔及青贮袋等。

(一)青贮设施要求

根据地下水位的高低可建成地上式、半地下式和地下式3种。对这些设施的基本要求是：场址要选择在地势高燥，地下水位较低，距羊舍较近而又远离水源和粪坑的地方。装填青贮饲料的设施，必须具备以下条件。

1. 不透空气

青贮窖(壕、塔)壁最好是用石灰、水泥等防水材料填充、涂抹，如能在壁裱衬一层塑料薄膜更好。

2. 不透水

青贮设施不要靠近水塘、粪池，以免污水渗入。地下式或半地下式青贮设备的底面要高出地下水位0.5米以上，且四周要挖排水沟。

3. 内壁要平直

内壁要求平滑垂直，墙壁的角要圆滑，以利于青贮料的下沉和压实。

4. 要有一定的深度

青贮设施的宽度或直径一般应小于深度，宽深比为 1：(1.5～2)为好，以便青贮料能借助自身的重量压实。

5. 防冻

地上式的青贮窖(池)，在寒冷地区要有防冻设施，防止青贮料冻结。

(二)青贮设施的容量和容积

青贮料单位体积重量与原料的种类、含水量、切碎压实程度等有关。常见青贮料的重量估计见表 8-3。

表 8-3　常见青贮饲料重量估计　千克/米^3

青贮原料种类	青贮饲料重量
全株玉米、向日葵	500～550
去穗玉米秸	450～500
甘薯秧	700～750
牧草、野草类	550～600
萝卜叶	600
叶菜类	800

(三)青贮窖

1. 青贮窖

青贮窖以长方形为多，根据具体情况可建造全地上、全地下，或半地上和半地下等型式均可(图 8-28 和图 8-29)。地下式适用地下水位低的地区，永久型用砖混垒砌。青贮窖的壁要光滑、坚实、不透水、上下垂直。一般要求窖底应高出地下水位 0.5～1 米，窖口制成“凹”字形便于封顶压膜。一般深 2.53 米，宽 3～4 米，长 20 米，长度不一，可根据养羊多少自定。特点是建造简单，成本低，易推广，适合于小型养羊农户。但窖、壕中易积水，常引起青贮霉烂，因此应注意在周围设排水沟。

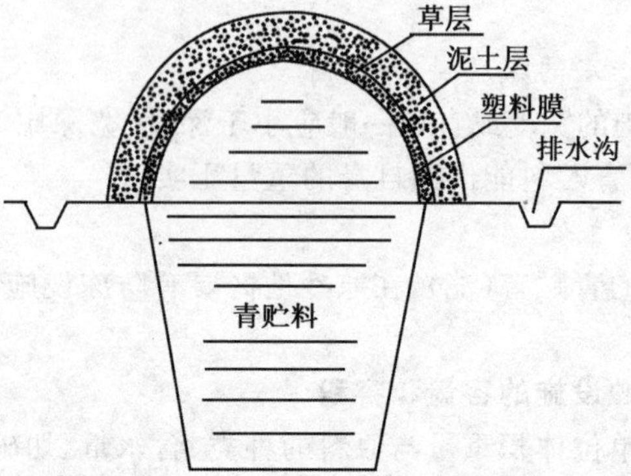

图 8-28 地下青贮窖剖面图

图 8-29 地上青贮窖

2. 青贮壕

青贮壕的建造与青贮窖致相同，近年来，大型羊场采用地上式青贮代替青贮壕，用大型机具操作填压。厚塑料膜加盖，效果好、使用方便。

3. 青贮袋

青贮袋为一种特制的塑料大袋，袋长可达 36 米，直径 2.7 米，塑料薄膜用两层帘子线增加强度，非常结实。袋式青贮损失少，成本低，适用性强，可推广利用。

三、供水设施

配置合理供水设施，保证羊场人畜用水，做到清洁卫生是十分必要的。因此，应修建相应供水设施，如水井、水塔或蓄水池，安装管道等予以保证。

四、其他设施、设备

1. 人工授精室

修建人工授精室要求保温，采光好。要求精液检查室温度能达到 25℃，输精、采精室达到 20℃，其他房舍不低于 15℃，北方寒冷地区应设置取暖设备。输精室的采光系数不低于 1∶5，人工授精站建设原则上靠近羊舍。为便于管理，在人工授精室中间隔成几个相应大小的小房舍，分别是采精室、精液检查室、输精等待室、输精室、储藏室、已输精母羊室。

2. 兽医室

中型以上羊场均要建设独立的兽医室，配备有专门的兽医人员、常用兽医器械、药物。可以与人工授精室合建或在生产管理区单独建设，要求兽医室离羊舍不宜太远，便于兽医随时观察检查羊只。一般饲养农户必须配备兽医保健箱及常用器械、药物。

3. 磅秤及羊笼

为了解饲养管理情况，掌握羊只生长发育动态及对外销售和定期进行称（测）体重的需要，羊场应设置小型地磅（≤100 吨）或普通台秤（≤1 000 千克）。

羊笼一般长 1.4 米,宽 0.6 米,高 1～1.2 米,两端设活动门供羊进出,底部可设 4 个轮子,活动自如,供称重或羔羊转群时使用。羊笼多用竹条、木条或钢筋制成。

4. 盐槽

给羊群供给食盐和其他矿物质时,如果不在室内或不混在饲料内饲喂,为防止在舍外被雨水淋潮化,可设一有顶盐槽,任羊随时舐食。

5. 饲草料排子车

饲草料排子车见图 8-30。

图 8-30 排子车(长×宽×深:1.45 米×0.7 米×0.5 米)

6. 隔离圈舍

养羊小区应建专门的隔离羊舍,并与羊舍保持一定的距离。羊患病后,应及时将其放入隔离舍内进行观察治疗,待治疗痊愈后再归群;新购进的羊,为防止疫病传播,也应先饲养在隔离舍内,通过一段时间的饲养观察,确定无疫病后再归群。隔离羊舍要在羊出入前出后进行消毒。

第四节　常用机械设备

实现肉羊舍饲生产设施标准化、设备配套并机械化、环境控制自动化是提高现代肉羊生产效率，提高生产水平和产品质量的重要技术措施。国外一些发达国家形成了适合本国饲养特点的畜牧机械制造业，如美国主要发展以粮食饲料为主的大型全自动化饲料加工及规模化饲养机械，充分体现高技术规模效益。澳大利亚、荷兰等以草食畜牧业为主，大规模优质草料种植、机械化牧草收获、人工草场建设机具具有代表性。而日本、韩国则以家庭农场饲养为主，适度规模畜牧机械化是其主要发展趋势。随着我国传统粗放型养羊业向现代规模化、标准化养羊生产的转变，农牧民对肉羊养殖机械的需求日益增多。实现肉羊生产机械化，可降低生产成本，提高生产效率与经济效益，促进肉羊生产持续、稳定发展。

一、饲草饲料加工收贮机械

(一)铡草机

1. 类型及构成

目前，铡草机和青贮饲料切碎机主要有 2 种类型，即滚筒式和圆盘式。用于切碎秸秆和青贮饲料。主要由喂入机构、铡切机构、抛送机构、传动机构、行走机构、防护装置和机架等部分组成。

2. 工作原理

由电机作为配套动力，将动力传递给主轴，主轴另一端的齿轮通过齿轮箱、万向节等将经过调速的动力传递给压草辊，当待加工的物料进入上下压草辊之间时，被压草辊夹持并以一定的速度送入铡切机构，经高速旋转的刀具切碎后经出草口抛出机外。

如 9Z-9A 型铡草机(图 8-31)，主要用于羊场各种牧草和秸秆的切碎，主要技术参数见表 8-4。

图 8-31 9Z-9A 型铡草机

表 8-4 9Z-9A 型铡草机生产效率

性能	含水率/%	生产效率/(吨/小时)
青玉米秸秆	65	9
干玉米秸秆	17	4
青牧草	65	7
干稻草	17	4
干麦秸	17	3

3.应用铡草机注意事项

①操作人员先学习安全使用和防护知识。

②严禁酒后、带病或过度疲惫时开机作业。

③未成年人及未掌握机器应用规则的人不准单独作业。

④在规定的转速下工作,严禁超速、超负荷作业。

⑤工作人员喂草时,严禁双手伸进喂料口的护罩内。

⑥严防木棒、金属物、砖石等进入机内,以免损机伤人。

⑦发现异常，应立即停机检查，检查前必需切断动力。

⑧结束工作前，应先把变位手柄扳至 0 位，让机器空转 2 分钟左右再停机。

(二)秸秆铡揉机

适用于青干玉米秸秆、高粱秆、麦草等各种农作物秸秆的切碎揉搓加工。可将各种农作物秸秆切碎揉搓至 3～50 毫米左右丝状，揉搓率达 93%。解决了传统铡草机节状和硬梗的主要问题，提高了秸秆的采食率，可节约 18%左右的草料费用。

产品通过输送装置将待加工物料输送至切碎室进行切碎，再经高速旋转的锤片与揉搓板相互作用，将物料揉碎，经抛送风叶将揉碎后的物料抛送室外。

图 8-32　9ZR-6A 型秸秆铡揉机

9ZR-6A 型秸秆铡揉机(图 8-32)生产效率见表 8-5。

表 8-5　9ZR-6A 铡揉机生产效率

型号	外形尺寸/毫米	主机功率/千瓦	加工能力/(吨/小时)	切碎揉搓长度/厘米	重量/千克	饲料类型
9ZR-6A 系列	2 700×1 000×2 200	22	2	0.3～5	680	秸秆，青饲料

(三)粉碎机

1. 饲料粉碎机

饲料原料的粉碎是饲料加工中非常重要的一个环节。通过粉碎可增大单位质量原料颗粒的总表面积，增加饲料养分在动物消化液中的溶解度，提高饲料的消化利用率。

(1)主要类型。根据粉碎物料的粒度可分为普通粉碎机、微粉碎机、超微粉碎机；根据粉碎机的结构可分为销连锤片式、劲锤式、对辊式和齿爪式。

(2)工作原理。一般的畜禽料通常采用普通的锤片粉碎机，其工作原理是将物料引入冲击齿板、筛板与旋转锤片之间的空间，利用锤片等对物料的打击和搓擦作用，将物料破碎成若干小粒，是一种冲击式粉碎设备。

锤片式粉碎机基本构造包括圆筒筛板、锤片转子、锤片和固定在锤片转子周围的冲击齿板。如广州国伟机械有限公司研制生产的 9FZ-400 型锤片式粉碎机，它的主要技术参数为：主轴转速 5 800 转/分钟；配套电机 7.5 千瓦/380 伏；全机重量 100 千克；外形尺寸：980×900×950 毫米。

9FQ-400 型锤片式粉碎机(图 8-33)的主要性能指标见表 8-6。

图 8-33 9FQ-400 型锤片式饲料粉碎机

表 8-6 9FQ-400 型饲料粉碎机主要性能指标

种类	筛孔直径/毫米	生产效率/(千克/小时)
玉米	5.0	≥15 000
玉米	2.0	≥15 000
水渍大豆	2.0	≥800
鲜地瓜	1.2	≥1 000

2. 饲草粉碎机

饲草粉碎机主要用于粉碎各种饲草，如：玉米秸、豆秸、花生秧、甘薯秧、干杂草等。也可加工鲜玉米秸、鲜甘薯秧、青杂草、青菜、鲜马铃薯等饲料。

(1)产品结构。粉碎机主要由上机体、进料斗、下机体、喂入辊切刀、转子、风机、出料管、底架、电机等部分组成。

(2)工作原理。将物料均匀、适量地喂入粉碎室内，粉碎室内有高速旋转的锤片，上机体上装有齿板，加入的物料在锤片的强烈打击、撕裂和搓擦等作用下迅速被粉碎成粉状，由于离心力和粉碎机下腔负压的作用，细碎的物料通过筛孔落到下腔之后被风机吸走，又由风机送到离心卸料器内或集料间内。

9CJ-500 型饲草粉碎机(图 8-34)的技术参数特点见表 8-7。

图 8-34　9CJ-500 型饲草粉碎机

表 8-7　9CJ-500 型饲草粉碎机技术参数特点

配套动力	生产效率	设备外形/毫米	适用范围	设备特点
18.5/22 千瓦	500 千克/小时（Φ3 的筛孔）	3 100×3 100×2 785	农场、牧场及专业户加工草粉	1.是粉碎多种干草及农作物秸秆等粗饲料的专用设备;2.可和其他设备配套组成以草和秸秆为要原料的粗饲料加工机组,生产粉状或颗粒饲料

(四)饲料混合机

饲料混合是确保配合饲料质量和提高应用效果的重要环节。目前国内常用的饲料混合机种类主要有卧式环带混合机、立式混合机和双轴桨叶式混合机等。

1.卧式环带式混合机

卧式环带式混合机由机体、转子、进料口、出料口和传动机构等组成(图 8-35)。其优点是混合效率高,混合质量好,卸料迅速,物料在机内残留少。不仅能混合散落性好的饲料,而且能混合散落性差、黏附力较大的饲料,必要时还能加入一定量的液体饲料。

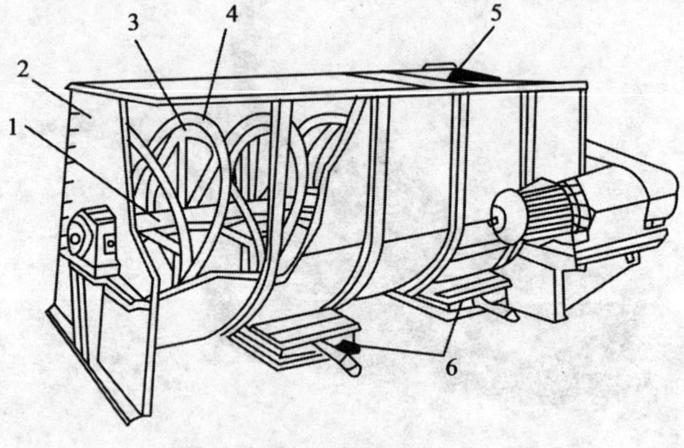

图 8-35　卧式螺带混合机

1.主轴　2.机壳　3.内螺带　4.外螺带　5.进料口　6.出料口

卧式环带混合机在配合饲料生产中应用广泛。混合周期一般为 3～6 分钟/批，混合均匀度变异系数 CV≤10％。表 8-8 列出了卧式环带混合机的主要技术参数。

表 8-8　卧式环带混合机的主要技术参数

型号规格	有效容积/米^3	混合量/吨	均匀度(CV)/％	混合时间/分钟	配用动力/千瓦
SLHY0.25	0.25	0.1	CV≤7	3～6	2.2
SLHY0.6	0.6	0.25	CV≤7	3～6	5.5
SLHY1.0	1	0.5	CV≤7	3～6	11

2. 立式混合机

立式混合机又称为垂直式螺旋式混合机，适于粉状配合饲料的混合(图 8-36)，结构由料斗、垂直螺旋、螺旋外壳、机壳、卸料口、支架和电动机传动部分组成。特点是配套动力小，占地面积小，一次装料多，适合小型饲料加工机组使用。

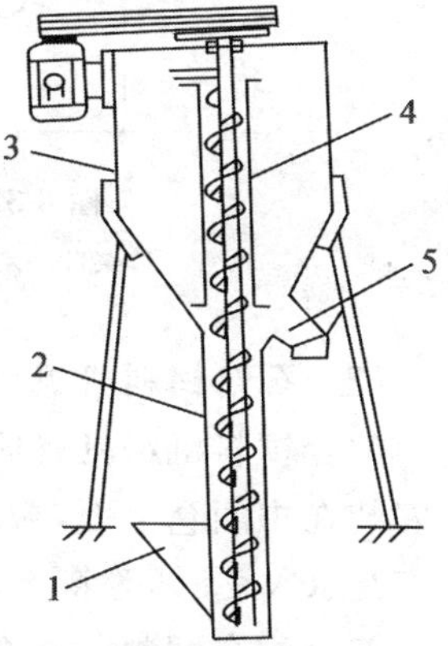

图 8-36　立式混合机

1. 接料斗　2. 垂直螺旋　3. 圆筒　4. 落选外壳　5. 卸料口

3. 双轴桨叶式混合机

双轴桨叶式高效混合机的结构见图 8-37，由机壳、转子、液体添加喷管、排料门和转动机构组成。机体截面呈“W”形，顶盖上开有 2 个进料口，2 个机槽底部各有一个排料口，机体内安装两个转子，转子上不同角度安装多组桨叶片。其混合方式为集合式，及扩散对流和剪切混合。这种混合机的特点是使用物料范围广，混合速度快，通常一批饲料的混合时间 1～3 分钟；混合均匀度高，混合均匀度变异系数 CV≤5％；能混合黏性物料，添加20%的液体，原料仍可混合均匀；混合均匀度受物料充满系数的影响小，充满系数为0.4～0.8；单位产品能耗低，噪声低；结构紧凑，占地面积空间小，安装、使用、维修保养方便。混合周期一般为1.5～2分钟/批。

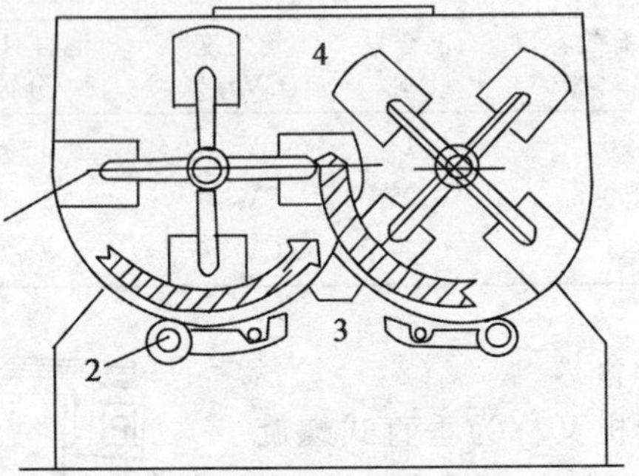

图 8-37 卧式双轴桨叶混合机

1.桨叶 2.排料门 3.排料室 4.混合室

(五)配合饲料机组

配合饲料机组具有体积小、结构紧凑、操作方便等特点；粉碎机安装在中间仓上面，粉碎室在中间仓内噪声小、粉尘少、耗电低、效率高、CV≤8%等特点，适于各种类型羊场使用。

部分配合饲料机组的结构图与生产性能参数如表8-9至表8-10和图8-38至图8-40所示。

表 8-9 9PS 系列配合饲料机组型号及生产性能参数

设备型号	产量/(吨/小时)	功率/千瓦
9PS500C	0.5	9.7
9PS1000C	1.0	14.7
9PS1000H	1.0	12.65

表 8-10　9PSJA 系列配合饲料加工成套设备型号及技术参数

项 目	9PSJ-1500A	9PSJ-1000A	9PSJ-1000	9PSJ-750A	9PSJ-750	9PSJ-300
生产效率/（千克/小时）	1 000～1 500	850～1 100	800～1 000	600～800	600～800	280～320
吨耗电/度	＜8	＜8	＜6	＜7	＜5	＜5
配用动力/千瓦	14	12.5	9	7	5.5	4.8
配合均匀度/%	＜10	＜8	＜8	＜8	＜8	＜8
操作人数	2～3	2～3	2～3	2～3	2～3	2～3
机重/千克	1 200	1 000	800	800	600	400

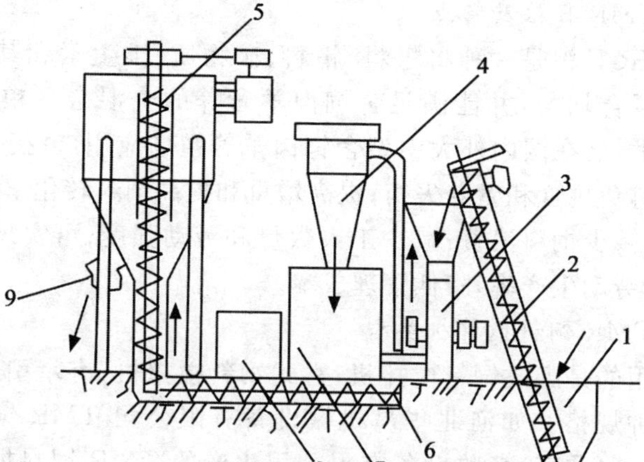

图 8-38　9ST-1 型机组

1. 地坑　2. 搅龙　3. 粉碎机　4. 旋风分离器　5. 立式混合机　6. 横向搅龙　7. 主料箱　8. 副料箱　9. 出料口

图 8-39　9PS 系列配合饲料机组

图 8-40　9PSJ 系列配合饲料加工成套设备

(六)TMR 饲料搅拌机

1. TMR 日粮及特点

TMR 日粮是一种将粗料、精料、矿物质、维生素和其他添加剂充分混合均匀,并能满足舍饲肉羊营养的全混合日粮。TMR 饲喂技术,已在国内外大中型舍饲肉羊养殖场应用广泛。采用该技术可避免挑食和营养失衡;提高增重和提高饲料转化率;降低饲喂成本,减少饲料浪费;减少工人数量和劳动强度;可实现分群管理,提高劳动生产率,降低管理成本。

2. TMR 饲料搅拌机类型

常用的是卧式饲料搅拌机、立式饲料搅拌机,有牵引式、固定式等多种规格。如河北华昌机械设备有限公司 TMR 饲料搅拌机;司达特(北京)畜牧设备有限公司生产的 TMR 饲料搅拌机等(图 8-41 至 8-43)。

3. 使用 TMR 饲料搅拌机注意事项

①根据搅拌车的说明,掌握适宜的搅拌量,避免过多装载,影响搅拌效果。通常装载量占总容积的 70%～80%为宜。

②严格按日粮配方,保证各组分精确给量,定期校正计量控

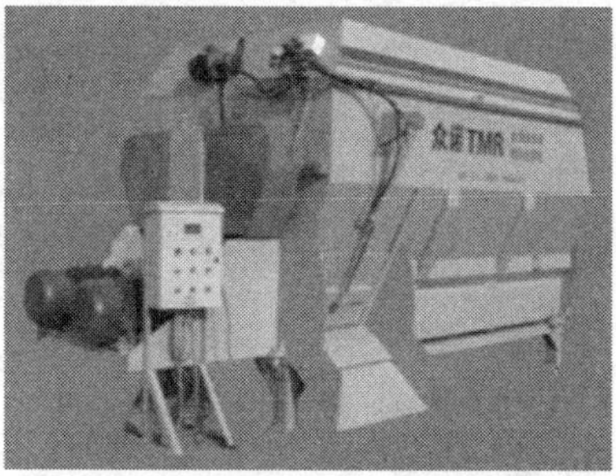

图 8-41　卧式固定式 TMR 饲料搅拌机

图 8-42　立式牵引式 14 立方 TMR 饲料搅拌机

图 8-43　立式自走式 12 立方 TMR 饲料搅拌机

制器。

③根据青贮及各类饲料等的含水量，掌握控制 TMR 日粮水分。

④添加过程中，防止铁器、石块、包装绳等杂质混入搅拌车，造成车辆损伤。

(七)颗粒饲料机

颗粒饲料机是舍饲肉羊养殖的理想设备。饲料制成颗粒后，体积小，密度大，便于储藏和运输，对于饲料熟化，增加营养、提高吸收、杀灭病菌、降低成本、提高肉羊增重和饲料转化效率，实现高产高效具有重要意义。

1.环模式颗粒机

环模式颗粒饲料机具有产量高、使用寿命长、可配套使用、自动化程度好，适用于连续作业、饲料质量均匀、维护成本低等特点，适用于大中型养羊场(户)。应用最多的是卧轴环模式颗粒机(图8-44)。

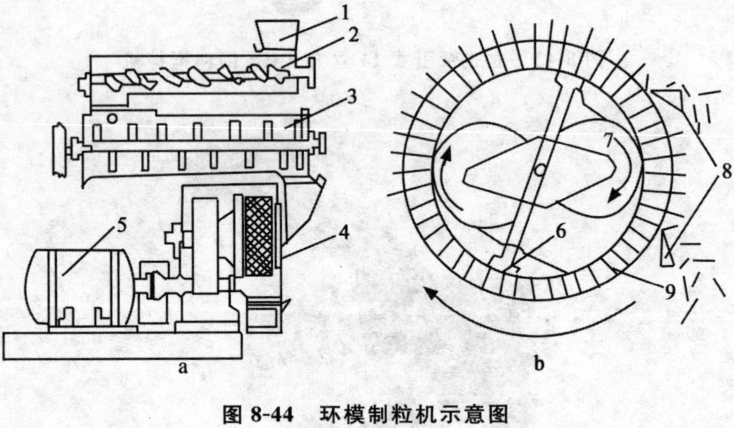

图 8-44 环模制粒机示意图

a.环模制粒机 b.压模圈及压辊

1.料斗 2.螺旋供料器 3.搅拌调质器 4.制粒机 5.电动机

6.分配器 7.压辊 8.切刀 9.压模圈

2. 平模式颗粒机

平模压粒机有动辊式、动模式和动辊动模式 3 种，结构简单、制造容易、造价低，使用方便、维护简单，特别适用于加工纤维性的物料，适用于中小型舍饲养羊场(户)。ZLSP 系列平模颗粒机(图 8-45)主要参数见表 8-11。

图 8-45 ZLSP-200B 颗粒机

表 8-11 ZLSP 系列平模颗粒机主要参数

型号	动力/千瓦	生产效率 /(千克/小时)	重量/千克
ZLSP120B	三相 3 千瓦电机，单相 2.2 千瓦	75～100	80/100
ZLSP230B	三相 11 千瓦电机	300～400	290/320

3. 压粒机的使用和维护

①使用新的压粒机或换新的环模圈时应先加工一部分含油脂较高的饲料，使模孔得到一定的润滑，然后再加工一般物料。这样可延长环模圈的使用寿命。

②压粒前在粉料中可滴加 4%左右的水或蒸汽，有时也可加

入不超过3%的油脂和不超过10%的糖蜜。

③若压粒机需较长时间停歇时，则应在工作快结束时，加入油质粉料，或经油浸的锯末屑来填充模孔，以防生锈。

(八)玉米秸秆联合收割机

国内青贮生产中使用的青饲料收获机主要有悬挂式、牵引式、自走式3类。

1.4QZ-5.0型自走式青贮饲料收获机

4QZ-5.0型自走式青贮饲料收获机适用于玉米、高粱、苜蓿及其他青贮作物的收获，在田间作业时能一次完成对青贮作物的收割、粉碎、揉搓、输送、装车(图8-46)。

图8-46 4QZ-5.0型自走式青贮饲料收获机

2.9QZ-2800自走式青饲料收获机

石家庄藁城丰收机械厂生产的9QZ-2800自走式青饲收获机(图8-47)主要技术规格：整机重量7.2吨，效率8～10亩/小时；发动机功率/转速千瓦(马力)/转/分钟162(220)/2200。

(九)TMR青贮取料机

ZH9QL型移动式青贮取料机(图8-48)是一种用于青贮窖内进行旋转切割青贮料，并高抛输送到运输车车厢内或搅拌车车厢内的机械设备。

图 8-47　9QZ-2800 自走式青饲料收获机

产品特性:高效、快速、节能、噪声小、加强型经久耐用。全液压传动,安全稳定。切面平齐,有效防止二次发酵和日晒雨淋的损失。ZH9QL 型青贮取料机技术参数见表 8-12。

图 8-48　TMR 青贮取料机

表 8-12 ZH9QL 型青贮取料机技术参数

型号	切面宽度/厘米	取料高度/米	配套功率/千瓦	产能/(吨/小时)	适用对象
120 型	120	3	15	8	小型牛、羊场
160 型	160	4	21	10	中型规模牛、羊场
160 型	200	6	30	15	大型牛、羊场

二、保健机械与设备

(一)剪毛机

剪毛机按剪毛组织形式可分为移动式和固定式 2 种。移动式剪毛机组适用于广大牧区放牧场剪毛。固定式剪毛机组适用于大型农牧场等羊群比较集中的地方,其中以挠性轴式应用最广。

挠性轴式剪毛机由电动机、挠性轴和剪头等组成。动力由电动机通过挠性轴传递给剪头,带动剪头上的剪切装置的活动刀片进行剪毛。剪头也可由内燃机通过传动箱来带动(图 8-49)。

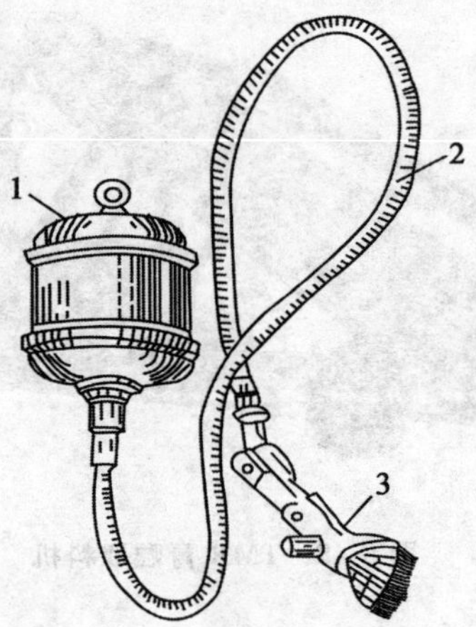

图 8-49 挠性轴式剪毛机

1.电动机 2.挠性轴 3.羊毛剪头

(二)药淋机械

我国近年来研究成功的药淋装备,通过机械对羊群进行药淋,可加快药淋的速度,减少羊只伤亡,降低劳动强度,提高工作效率。

1. 9AL-8 型药淋装置

该药淋装置由机械和建筑 2 部分组成。机械部分包括上淋管道、下喷管道、喷头、过滤筛、搅拌器、螺旋式阀门、水泵和柴油机等;地面建筑包括淋场、待淋场、滴液栏、药液池和过滤系统等,可使药液回收,过滤后循环使用。工作时,用 295 型柴油机或电动机带动水泵,将药液池内的药液送至上、下管道,经喷头对羊进行喷淋。上淋管道末端设有 6 个喷头,利用水流的反作用,可使上淋架均匀旋转。圆形淋场直径为 8 米,可同时容纳 250～300 只羊淋药(图 8-50)。

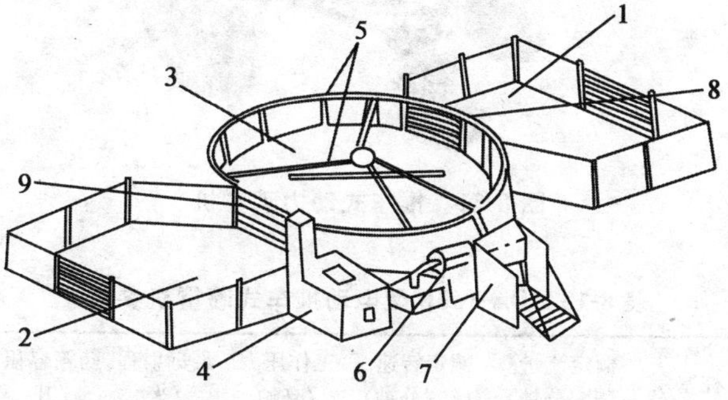

图 8-50　淋浴式药淋装置示意图

1. 未浴羊栏　2. 已浴羊栏　3. 药浴淋场　4. 炉灶及加热水箱　5. 喷头　6. 离心式水泵　7. 控制台　8. 药浴淋场入口　9. 药浴淋场出口

2. 流动药浴车

目前应用的主要型号有 9A-21 型新长征 1 号羊药浴车、9LYY-15 型移动式羊药淋机、9AL-2 型流动小型药淋机以及 9YY-16 型移动式羊只药浴车等。如 9YL-1 小型移动式羊用药淋机，以 2.9 千瓦汽油机为动力，驱动 2ZC-22 自吸泵，将药液泵入药浴走廊及手持式扁嘴喷头，对羊进行药淋，每小时药淋 300～400 只羊。

(三)消毒机械、设备

1. 喷雾机

喷雾机适用羊场舍内外消毒卫生防疫(图 8-51 和表 8-13)。

图 8-51 推车式动力喷雾机

表 8-13 DA-160B 型电动推车式喷雾机参数

功率	柱塞泵	额定流量/(升/分钟)	额定转速/(转/分钟)	工作压力/毫帕	最远射程/米	药箱容积/升	外形尺寸/厘米
1.5 千瓦单相电机	26 型	25～29	800～1 000	1.5～3.5	12～16	160	110×80×100

2. 喷雾器

气溶胶喷雾器是一种新型多用途的喷雾消毒器械，采用双旋风气流雾化喷头与药瓶构成喷洒部件，以电动离心风机及机座组成动力部件，由波纹软管将喷洒部件与动力部件连接在一起而构成(图 8-52)。

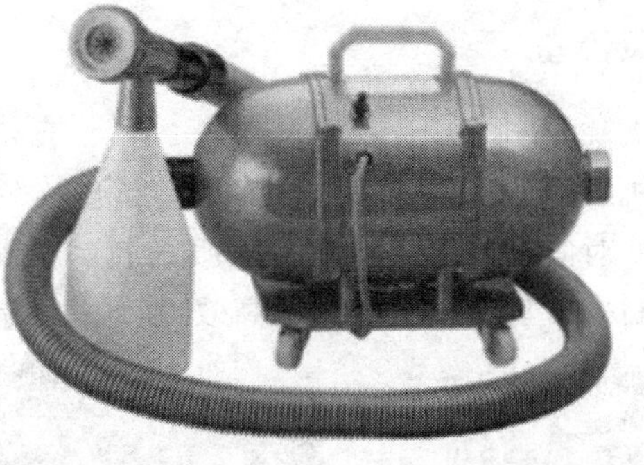

图 8-52　ZD-1000 气溶胶电动喷雾器

三、自动清粪设施

输送器式清粪设备有刮板式、螺旋式和传送带式 3 种。其中刮板式清粪设备最多(图 8-53)。常见的输送器式清粪设备有：拖拉机悬挂式刮板清粪机、往复刮板式清粪机、输送带式清粪机和螺旋式清粪机。

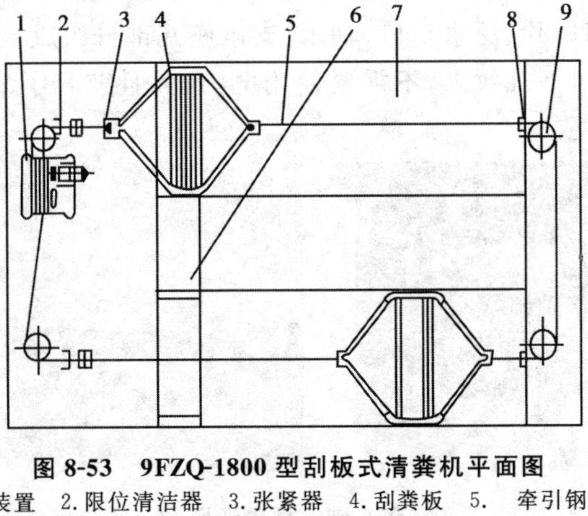

图 8-53　9FZQ-1800 型刮板式清粪机平面图

1.牵引装置　2.限位清洁器　3.张紧器　4.刮粪板　5.　牵引钢丝绳　6.横向粪沟　7.　纵向粪沟　8.清洁器　9.转角轮

四、通风设备

1. 负压风机

负压风机(图 5-54)是利用空气对流、负压换气的降温原理,由安装地点的对向—大门或窗户自然吸入新鲜空气,将室内闷热气体迅速强制排出室外,换气彻底、高效,换气率可高达 99%。

图 8-54 负压风机

2. 涡轮通风器

涡轮通风器(图 8-55)又称为旋转式通风器,是由涡轮叶壳、中心轴、切风片、泛水切口、轴承、支承座几部分组成。它是利用风力达到通风换气效果,不需要使用电力,并且兼容了采光功能,安装维修方便。

图 8-55 涡轮通风器

涡轮通风器工作原理是利用涡轮叶壳上的叶片捕捉住迎风面上风力，推动叶片，使涡轮叶壳旋转，同时因旋转产生离心力，将涡轮下方的空气由背风面的叶片间诱导排出。由于空气排出后，涡轮下方形成了低压区域，为了维持空气动态平衡，高压区域内的空气就会自然地向低压区域流动。随着空气不断排出，屋外新鲜空气不断通过窗户、门等通风口进来补充，达到通风换气的效果。

第九章 肉用绵羊保健技术

发展优质肉用绵羊生产，平时要坚决贯彻“预防为主、防重于治”的原则。要求技术人员根据当地实际，制订行之有效的、完善的羊场卫生防疫、日常管理、环境清洁消毒、废弃物及病、死羊处理等在内的各项规章制度，并设专职人员监督管理，以减少疾病的发生与传播，确保羊场和羊群安全。

第一节 建立卫生消毒及管理制度

一、建立完善的预防疾病的卫生管理制度

(一)建立完善的防疫机构和制度

按照卫生防疫的要求，根据羊场实际，制订和完善羊场卫生防疫制度，建立健全包括肉羊日常管理、环境清洁消毒、废弃物及病畜和死畜处理等在内的各项规章制度。设立专职环境卫生监督管理与疫病防治岗位及人员，确保羊场各项卫生管理制度的严格执行和落实。

(二)做好卫生管理工作

1.确保肉羊生产环境卫生状况良好

按照规章制度及时清理羊舍粪便和排出污水；保持地面、墙壁、设施及用具的清洁卫生；确保饮水安全；定期对羊场环境、羊舍及用具进行消毒；对粪便和污水进行无害化处理；妥善处理病死羊及其他废弃物，防止疾病传播。加强通风换气，保持良好的空气卫生状况。

2. 防止人员和车辆流动传播疾病

羊场应谢绝外来人员参观，尽量减少外来人员进入生产区。必须进入羊场的外来人员应按照羊场卫生防疫要求，经严格消毒、更换衣帽后方可进入生产区。场内工作人员应严格遵守各项规章制度，每次进入生产区前，必须经过消毒后才可进入生产区。工作人员在上班期间不可串岗、串舍。场内技术人员因工作需要进入各生产区时，应按羔羊、种羊、生产群的顺序进行，并应在进入各小区或羊舍前更衣、消毒。生产区内专用的工作服应严禁穿、带出场区外。

3. 严防饲料霉变或掺入有毒有害物质

认真做好饲料质量监控工作，确保饲料质量安全、可靠，符合卫生标准。严格检验饲料原料，防止被农药、病原微生物等污染的原料以及有毒和霉变原料进入生产过程。做好饲料的储藏和运输工作，确保饲料不发生霉变和不混入有毒有害物质。

4. 做好防寒防暑工作

环境过冷或过热，都会对肉羊健康产生危害，直接或间接诱发多种疾病。为此，应做好羊舍冬季防寒和夏季防暑工作，以减少疾病发生。

(三)加强卫生防疫工作

1. 做好计划免疫工作

应根据本地区肉羊疾病的发生情况、疫苗的供应条件、气候条件及其他相关因素和抗体检测结果，制定本场免疫接种程序，并按计划及时接种疫苗进行免疫，以减少传染病的发生。

2. 严格消毒

按照卫生管理制度，严格执行各种消毒措施。为了便于防疫和切断疾病传播途径，应尽量采用“全进全出”的生产工艺。出栏后对羊舍、用具、场地等进行全面的清洁和彻底消毒，并经过至少2周的闲置期后，再接纳下一批肉羊。

3.隔离

对羊场内出现的病畜，尤其是确诊为患传染性疾病或不能排除患传染病可能的病羊，应及时隔离、治疗或按兽医卫生要求及时妥善处理。由场外引入的肉羊，应首先隔离饲养2～3周，经检疫确定健康无病后方可进入羊舍。

4.检疫

对于引进的羊只，必须进行严格的检疫，只有确定无疾病和不携带病原后，才可进入羊场；对于要出售的羊及产品，也须进行严格检疫，杜绝疫病扩散。

二、羊场消毒

在肉羊生产过程中，场内环境、羊体表面以及饲养设施、器具等随时可能受到病原的污染，从而导致传染病的发生，给生产带来巨大的损失。为此，做好消毒工作，是搞好健康养殖，预防肉羊传染病发生的最重要和最有效的措施之一。

(一)常见的消毒方式

消毒是指以物理的、化学的或生物学的方法清除或杀灭由传染源排放到外界环境中的病原微生物，以切断传播途径，预防或防止传染病发生、传播和蔓延的措施。常见的羊场消毒主要有经常性消毒、定期消毒、突击性消毒、临时消毒和终末消毒等几种。

1.经常性消毒

经常性消毒是指在未发生传染病的条件下，为了消灭可能存在的病原体，预防传染病的发生，根据日常管理的需要，随时或经常对羊场环境、有关生产人员及一些设施、车辆等进行的消毒。主要对象是易受病原体污染的器物(如工作服)、设施和出入羊场的人员、车辆等。

常见方式如在羊场或生产区大门口设置消毒池，在池内放置消毒剂，对于过往车辆人员进行消毒。在场舍入口处设消毒走廊和紫外线杀菌灯，是经常性消毒最简单易行的办法。生产人员在进入羊舍前必须更换场内专用的服装、鞋帽，并经过消毒后方可进入羊舍。

2.定期消毒

定期消毒是指为了预防传染病的发生，对有可能存在病原体的场所或设施，如圈舍、栏圈、设备用具等进行定期消毒。如当羊群育肥出栏后，对羊舍及设备、设施进行全面清洗和消毒，以彻底消灭病原微生物。

3.突击性消毒

突击性消毒是指在某种传染病暴发和流行过程中，为了切断传播途径，防止其进一步蔓延，对羊场环境、设施等进行的紧急性消毒。所采取的措施主要有：

①封锁羊场，谢绝外来人员和车辆进场，本场人员和车辆出入也须严格消毒。

②与患病羊接触过的所有物品，均应用强消毒剂消毒。

③尽快焚烧或填埋垫草。

④对舍内空间进行气雾消毒。

⑤将舍内设备移出，清洗、暴晒，再用消毒溶液消毒。

⑥墙裙、混凝土地面用4%氢氧化钠或其他清洁剂热水溶液清洗，再用1%的新洁尔灭溶液清洗。

⑦素土地面用1%福尔马林浸润，在严重污染地区，最好将表土铲去10～15厘米。

⑧将羊舍密闭，将设备用具移入舍内，用甲醛气体熏蒸消毒。

4.临时消毒

在非安全地区的非安全期内，为消灭病羊携带的病原传播所进行的消毒，称为临时消毒。临时消毒所采取的措施有：

①羊舍内的设备装置，搬移至舍外，小件的浸泡消毒，大件的喷洒消毒；

②清扫干净屋顶、天棚及墙壁、地面的尘埃，进行喷洒消毒；

③墙壁与混凝土地面用3%氢氧化钠或其他清洁剂的热水溶液刷洗，再用新洁尔灭溶液刷洗；

④羊舍及其设备清洗消毒后，再用甲醛熏蒸消毒。

5.终末消毒

发病地区消灭了某种传染病，在解除封锁前，为了彻底消灭病原体而进行的最后消毒，称为终末消毒。终末消毒不仅要对病羊周围一切物品及羊舍进行消毒，而且要对痊愈羊的体表、羊舍和羊场及其环境进行消毒。

(二)消毒类型

1.物理消毒法

(1)机械性清除。在进行消毒前，用清扫、铲刮、洗刷等机械方法清除降尘、污物及粘染在墙壁、地面以及设备上的粪尿、残余饲料、废物、垃圾等。

(2)日光照射。日光照射消毒是指将物品置于日光下暴晒，利用太阳光中的紫外线、阳光的灼热和干燥作用使病原微生物灭活的过程。常见的病原被日光照射杀灭的时间，巴氏杆菌为6～8分钟，口蹄疫病毒为1小时，结核杆菌为3～5小时。适用于对羊场、运动场、垫料和可以移出室外的用具等进行消毒。

(3)辐射消毒。紫外线照射消毒是用紫外线灯照射杀灭空气中或物体表面的病原微生物的过程。紫外线照射消毒常用于兽医室以及人员进入羊舍前的消毒。

(4)高温消毒。高温消毒是利用高温环境破坏细菌、病毒、寄生虫等病原体结构，杀灭病原的过程，主要包括火焰、煮沸和高压蒸气等消毒形式。火焰消毒常用于畜舍墙壁、地面、笼具、金属设备等表面的消毒。煮沸消毒常用于体积较小而且耐煮的物品如衣物，金属、玻璃等器具的消毒。高压蒸汽消毒常用于医疗器械等物品的消毒。常用的温度为115℃、121℃或126℃，一般需维持

20～30分钟。对于受到污染的易燃且无利用价值的垫草、粪便、器具及病死羊等则应焚烧以达到彻底消毒的目的。

2. 化学消毒法

化学消毒法是使用化学消毒剂，通过化学消毒剂的作用破坏病原体的结构以直接杀死病原体或使病原体的增殖发生障碍的过程。化学消毒法比其他消毒方法速度快、效率高，能在数分钟内进入病原体内并杀灭之。化学消毒法是羊场最常用的消毒方法。

(1)化学消毒剂的主要种类。按照杀灭微生物的作用机理，化学消毒剂主要分类为以下几种。

①凝固蛋白质及溶解脂肪类消毒剂：如酚类（甲酚及其衍生物——来苏儿、克辽林）、醇类和酸类等。

②溶解蛋白质类消毒剂：如氢氧化钠、石灰等。

③氧化蛋白质类消毒剂：如高锰酸钾、过氧乙酸、漂白粉、氯胺、碘酊等。

④阳离子表面活性剂：如洗必泰、新洁尔灭等。

⑤具有脱水作用的消毒剂：如福尔马林、乙醇等。

(2)选择消毒剂的原则。

①适用性。不同种类的病原微生物构造不同，对消毒剂反应不同，如有些消毒剂只对有限的几种微生物有效。因此，应根据消毒的目的、对象，根据消毒剂的作用机理和适用范围选择最适宜的消毒剂。

②杀菌力和稳定性。在同类消毒剂中注意选择消毒力强、性能稳定，不易挥发、不易变质或不易失效的消毒剂。

③毒性和刺激性。应尽量选择对人、畜无害或危害较小的，不易在畜产品中残留的并且对畜舍、器具无腐蚀性的消毒剂。

④经济性。应优先选择价廉、易得、易配制和易使用的消毒剂。

(3)化学消毒剂的使用方法。

①清洗法。清洗法是用一定浓度的消毒剂对消毒对象进行擦

拭或清洗，以达到消毒目的。常用于对羊舍地面、墙裙、器具进行消毒。

②浸泡法。浸泡法是一种将需消毒的物品浸泡于消毒液中进行消毒的方法。常用于对医疗器具、小型用具、衣物进行消毒。

③喷洒法。喷洒法是将一定浓度的消毒液通过喷雾器或洒水壶喷洒于设施或物体表面以进行消毒。常用于对羊舍地面、墙壁、用具及动物产品进行消毒。喷洒法简单易行、效力可靠，是羊场最常用的消毒方法。

④熏蒸法。熏蒸法是利用化学消毒剂挥发或在化学反应中产生的气体，以杀死封闭空间中病原体。这是一种作用彻底、效果可靠的消毒方法。常用于羊舍等空间进行消毒。

⑤气雾法。气雾法是利用气雾发生器将消毒剂溶液雾化为气雾粒子对空气进行消毒。此法消毒效果较好，是消灭气源性病原微生物的理想方法。

(4)影响消毒剂消毒效果的因素。

①消毒剂的浓度与作用时间。任何一种消毒剂都必须达到一定浓度后才具有消毒作用。因此，在使用某种消毒剂时应注意其有效浓度。一般而言，消毒剂与微生物的接触时间越长灭菌效果越好。

②温度与湿度。温度与消毒剂的杀菌效力呈正比。一般温度每增加 10℃，消毒效果可增加 1～2 倍。在一定环境中，不同的消毒方式需要不同的湿度环境。通常环境湿度过低，消毒效果差。

③pH 及拮抗作用。许多消毒剂的消毒效果受环境 pH 的影响。例如酸类、碘制剂、阴离子消毒剂(来苏儿等)，在酸性溶液中杀菌力增强。而阳离子消毒剂(新洁尔灭等)和碱类消毒剂则在碱性溶液中杀菌力增强。

此外消毒剂之间因化学或物理性质不同，也往往可能产生拮抗作用。比如阳离子消毒剂和阴离子消毒剂之间，酸性和碱性消毒剂之间便存在着拮抗作用。

④有机物的存在。所有的消毒剂对任何蛋白质都有亲和力。所以，环境中的有机物可与消毒剂结合而使其失去与病原体结合的机会，从而减弱消毒剂的消毒能力。因此，在对畜牧场环境进行化学消毒时，应首先通过清扫、洗刷等方式清除环境中的有机物，以提高消毒剂的利用率和消毒效果。

⑤微生物的特点。微生物的种类或所处的状态不同，对于同一种消毒剂的敏感性不同。因此，在消毒时应根据消毒的目的和所要杀灭对象的特点，选择病原敏感的消毒剂。

(5)常用消毒剂。常用消毒剂有氢氧化钠(烧碱)、石灰乳(氢氧化钙)、漂白粉、克辽林、石炭酸、高锰酸钾、氨水、碘酊等(表9-1)。应根据需要选择合适消毒剂。

表 9-1　常用消毒剂的种类及使用

消毒剂名称	使用浓度/%	消毒对象	注意事项
氢氧化钠	1～4	畜舍、车间、用具	防止对人畜皮肤腐蚀，消毒完用水冲
生石灰	10～20	畜舍、墙壁、地面	必须现配现用
草木灰	10～20	畜舍、用具	草木灰与水 1∶5 比例混合，煮沸，过滤
漂白粉	0.5～20	饮水、污水、畜舍、用具	含有效氯＞25%，新鲜配用
氨水	5	用具、地面	使用时应戴口罩
来苏儿	2～5	畜舍、笼具、洗手、器械	先清除污物，再消毒，效果好
克辽林	2～5	畜舍、笼具、洗手、器械	先清除污物，再消毒，效果好
福尔马林(甲醛溶液)	5～10	畜舍、仓库、车间	1%可用作畜体消毒。与高锰酸钾混合可用于熏蒸消毒
过氧乙酸	0.2～0.5	畜舍、体表、用具、地面	0.3%溶液可作带畜喷雾消毒，不可与碱性物质混用
新洁尔灭	0.1	畜舍、食槽、体表	忌与肥皂，盐类或其他合成洗涤剂同时使用，避免使用铝制容器

3. 生物消毒法

生物消毒法是利用微生物在分解有机物过程中释放出的生物热，杀灭病原性微生物和寄生虫卵的过程。如在有机物分解过程中，畜禽粪便温度可以达到60～70℃，可以使病源性微生物及寄生虫卵在十几分钟至数日内死亡。生物消毒法是一种经济简便的消毒方法，能杀死大多数病原体，主要用于粪便消毒。

（三）羊场环境消毒方法

1. 带羊消毒

在日常管理中，对羊舍应经常进行定期消毒。消毒的步骤通常为清除污物、清扫地面、彻底清洗器具和用品、喷洒消毒液，有时在此基础上还需以喷雾、熏蒸等方法加强消毒效果。可选用2%～4%的氢氧化钠、0.2%～0.5%的过氧乙酸或0.2%的次氯酸钠、0.3%的漂白粉溶液进行喷雾消毒。这种定期消毒一般带羊进行，每隔2～3周进行一次。

2. 羊场空舍消毒

羊出栏后，应对畜舍进行彻底清扫，将可移动的设备、器具等搬出畜舍，在指定地点清洗、暴晒并用消毒液消毒。用水或用4%的碳酸钠溶液或清洁剂等消毒墙壁、地面、用具等，干燥后再进行喷洒消毒并闲置2周以上。

在新一批羊进入羊舍前，可将所有洗净、消毒后的器具、设备及欲使用的垫草等移入舍内，密闭门窗，以福尔马林（40%甲醛溶液）熏蒸消毒。福尔马林的用量一般为25～40毫升，与高锰酸钾的比例以（5∶3）～（2∶1）为宜。该消毒法消毒时间一般为12～24小时，然后打开门窗通风3～4天。

3. 饲养设备及用具的消毒

应将可移动的设施、器具定期移出羊舍，清洁冲洗，置于太阳下暴晒，再用1%～2%的漂白粉、0.1%的高锰酸钾及洗必泰等消毒剂浸泡或洗刷。

4. 粪便及垫草的消毒

一般情况下，家畜粪便和垫草最好采用生物消毒法消毒。

5. 畜舍地面、墙壁的消毒

对地面、墙裙、舍内固定设备等，可采用喷洒法消毒。如对圈舍空间进行消毒，则可用喷雾法。喷洒要全面，药液要喷到物体的各个部位。

6. 羊场及生产区等出入口的消毒

在羊场入口处供车辆通行的道路上应设置消毒池，池的长度一般要求大于车轮周长1.5倍。在供人员通行的通道上设置消毒槽，池（槽）内用草垫等物体作消毒垫。消毒垫以20%新鲜石灰乳、2%～4%的氢氧化钠或3%～5%的来苏儿浸泡，对车辆、人员的足底进行消毒。

7. 工作服消毒

洗净后可用高压消毒或紫外线照射消毒。

8. 运动场消毒

清除地面污物，用10%～20%漂白粉液喷洒，运动场围栏可用15%～20%的石灰乳涂刷。

第二节　生物安全与免疫

一、生物安全

生物安全即羊的疾病控制坚持“以预防为主，防重于治”的原则。用药物对无症状的动物进行群体预防，是防治某些疫病的一种有效手段。羊群除了用药物驱虫、药浴外，也可以用安全而价廉的抗菌药物加入饲料或饮水中进行群体防治。预防、治疗和诊断疾病所用的兽药必须符合中华人民共和国兽药规范、兽药管理条例、中华人民共和国药典、中华人民共和国动物防疫法、兽用生物制品质量标准、进口兽药质量标准、饲料药物添加剂使用规范、兽药质量标准等有关规定，其生产企业必须具有生产许可证，兽药产品必须具有产品批准文号。

(一)使用兽药注意事项

①采取各种措施以减少应激，增强羊的自身免疫力。

②最大限度地减少化学药品和抗生素的使用。

③严格按规定的使用对象、使用途径、剂量及停药期执行。

④禁止用放射性药品、解毒药品、激素类药品，及有致畸、致癌、致突变等毒副作用较大的兽药。

⑤优先使用有机农业标准和条例中列出的中草药，如植物提取物(抗生素除外)、香精等。非化学合成的兽药或抗生素，如果治疗效果较好则只能在特殊情况下可以使用。

⑥建立并保持患病羊的治疗记录，包括患病羊号、发病时间、发病症状、治疗用药物、治疗时间、治疗经过、所用药物的商品名称及成分。

⑦正确利用羊和环境之间的相互关系和调控机制，使羊既健康生长又降低兽药的使用。

(二)合理用药

在治疗羊病时，合理用药可促使疾病早日痊愈，否则不仅拖延病程，浪费药品，还会导致死亡。为此应重视合理用药问题。

1. 用药剂量比例

羊的年龄不同，用药量比例不同(表 9-2)，一般随着年龄增加，用药量比例减小，用药量增大。不同用药途径，其用药量比例也有差别(表 9-3)。因此，应根据羊的年龄和不同用药途径，合理选择用药量比例和剂量。

表 9-2　羊不同年龄用药量比例

年龄	比例	年龄	比例
2 岁以上	1	3～6 月龄	1/8
1～2 岁	1/2	1～3 月龄	1/16
6～12 个月	1/4		

表 9-3　羊不同用药途径与用药量比例

用药方法	剂量比例	用药方法	剂量比例
内服	1	肌内注射	1/3～1/2
灌服	1/2	静脉注射	1/4～1/3
皮下注射	1/3～1/2	气管内注射	1/4

2. 磺胺类与抗生素的应用

(1)磺胺类。磺胺嘧啶(SD)每日给药以 2～3 次为宜;磺胺甲氧比嗪(长效磺胺,SMP)每日给药以 1～2 次为宜;磺胺邻二甲氧嘧啶(周效磺胺,SDM),静脉注射时以一天 1 次为宜;磺胺对甲氧嘧啶(长效磺胺 D,SMD),用药间隔时间为 12 小时;磺胺间甲氧嘧啶(制菌磺,SMM),建议 3～4 小时给药 1 次。

(2)抗生素。链霉素、红霉素、庆大霉素肌内注射以每日 2～3 次为宜。除羔羊患细菌性肠炎口服外,一般应避免口服。

3. 联合用药

联合用药目的是为了获得协同作用,从而提高抑菌或杀菌效果,更好地控制感染,降低毒性,减少或避免产生抗药性。

(1)联合用药的对象。一是病因未明,二是严重感染,三是混合感染,四是感染部位为一般抗菌药不易透入者,五是需要长期应用抗菌药而细菌易产生抗药性者。

(2)联合应用效果。抗菌药物按对细菌作用性质可分为 4 类(表 9-4)。联合应用效果如表 9-5 所示。

表 9-4 抗菌药物分类

类别	对细菌作用性质	实例
第一类	繁殖期杀菌剂	青霉素类、头孢霉素类等
第二类	静止期杀菌剂	链霉素、庆大霉素、卡那霉素等
第三类	速效抑菌剂	四环素、土霉素、红霉素等
第四类	慢效抑菌剂	磺胺类、呋喃类

表 9-5 合用效果

合用	效果	实例
第一类和第二类	有增强作用	青、链霉素合用
第一类和第三类	可降低抗菌效能	青霉素与氯霉素合用
第二类和第三类	可获得增强或相加作用，一般不会产生拮抗作用	
第三类和第四类	可获得相加作用	
第四类和第一类	一般无重大影响	青霉素与磺胺嘧啶治疗流行性脑膜炎

二、免疫接种

(一)肉羊疫病的综合防疫措施

对于肉羊疫病，首要是防止其发生与流行。只要通过控制传染来源，切断传播途径和增强肉羊的免疫力 3 个方面进行综合防制，就能取得好的成效。

1. 控制传染来源

①防止外来疫病的侵入。有条件的地方应坚持“自繁自养”，以减少疫病的传入。必须引入羊时，应从非疫区购买。新购入的羊只需进行隔离饲养、观察，确认健康后方可混群饲养。饲养场均应设立围墙和防护沟，门口设置消毒池，严禁非生产人员、车辆入内。当外周地区发生疫病时，要做好隔离消毒工作，杜绝外来疫病

的侵入。

②严格执行检疫制度。经常检查羊群疫情，加强羊群检疫工作。对有些传染病如结核杆菌病、布氏杆菌病应定期进行检疫。对所查出的病羊或可疑羊，根据情况及时进行隔离、治疗或扑杀。

③一旦发生传染病要向有关部门报告疫情，并立即隔离病羊及可疑羊，专人饲养管理，固定用具，并加强消毒工作，防止疫病蔓延。

2. 切断传染途径

①做好日常环境卫生消毒工作。对粪便、污水进行无害化处理；定期杀虫、灭鼠；对不明死因的羊只严禁随意剥皮吃肉或丢弃，应采用焚烧、深埋或高温消毒等方式处理，以切断传播途径。

②一旦发生传染病，要根据不同种类传染病的传染媒介，采取相应的防制对策。如发生经消化道传染的疫病时，应停止使用已污染的草料、饮水、牧场及饲养管理用具，禁止病羊与健康羊共同使用一个水源、牧场或同槽饲养。对寄生虫病，应尽量避免中间宿主与羊只接触。另外应加强环境卫生管理，对病羊的粪便、排泄物、尸体等所有可能传播病原的物体进行严格处理。

3. 增强肉羊的免疫力

①加强饲养管理工作。经常检查羊只的营养状况，防止营养物质缺乏。严禁饲喂霉变饲料、毒草和农药喷过不久的牧草。禁止羊只饮用死水或污水，以减少病原微生物和寄生虫的侵袭。保持羊舍干燥、清洁、通风。

②进行免疫接种。根据本地区常发生传染病的种类及当前疫病流行情况，制定切实可行的免疫程序。按免疫程序进行预防接种。

③紧急免疫。当易感羊受传染威胁时，可用疫苗或抗血清进行紧急预防注射，以提高免疫力。

(二)肉羊的免疫接种

1. 预防接种

预防接种是为了防止某种传染病的发生,定期有计划地给健康羊进行的免疫接种。通常采用疫苗、菌苗、类毒素等生物制品,采用皮下、皮内、肌内注射或饮水、喷雾等不同的接种方法。

2. 紧急接种

紧急接种是为迅速扑灭疫病的流行而对尚未发病的羊只进行的临时性接种,一般用于疫区周围的受威胁区,也可以用于疫区内受传染威胁还未发病的健康羊。

3. 免疫接种的注意事项

①接种疫苗前,必须检查羊只的健康情况,凡身体瘦弱、体温升高、临近分娩或分娩不久的母羊,一般不要注射。

②疫苗在使用之前,要逐瓶检查。发现盛药的玻璃瓶破损、瓶塞松动、没有标签或瓶签不清、过期失效、制品的色泽和形状与制品说明书不符或没有按规定方法保存的,都不能使用。

③接种时,注射器械和针头事先要严格消毒,吸取疫苗的针头要固定,做到一只一针,以避免从带菌羊把病原体通过针头传染给健康羊。

④接种疫苗后,在反应期内应注意观察,若出现体温升高,不吃、精神萎靡或表现出有某传染病的症状时,必须立即隔离进行治疗。

⑤疫苗必须根据其性质妥善保管。油苗、死菌苗、类毒素、血清及诊断液要保存在低温、干燥、阴暗的地方,温度维持在 2～8℃之间,防止冻结、高温和阳光直射。冻干弱毒疫苗最好在－15℃或更低的温度下保存。保存的期限不得超过该制品所规定的有效保存期。

4. 肉羊常用疫苗及其使用方法

肉羊常用疫苗及其使用方法如表 9-6 所示。

表 9-6 肉羊常用的疫苗及其使用方法

疫苗名称	预防的疫病	接种方法和说明	免疫期
羔羊痢疾菌苗	羔羊痢疾	孕羊分娩前20～30日皮下注射2毫升,10～20日后皮下注射3毫升，第二次注射后10日产生免疫力	母羊5个月，经乳汁使羔羊被动免疫
羊猝疽、快疫、肠毒血症三联苗	羊猝疽、快疫和肠毒血症	羊不论年龄大小,肌内注射5毫升，14天后产生免疫力	1年
绵羊痘鸡胚化弱毒苗	绵羊痘	按瓶签上疫苗量,用生理盐水稀释，不论羊只大小,一律皮下注射0.5毫升。注射后6天产生免疫力	绵羊1年
山羊痘细胞化弱毒苗	山羊痘,也可用于绵羊痘	适应各种年龄羊及孕羊,于尾内侧或股内侧皮下注射,一律0.5毫升，也可用于紧急接种	1年
口蹄疫双价灭活苗	口蹄疫	肌内注射,4～12个月羊0.5毫升，12个月以上1.0毫升	4～6个月
山羊传染性胸膜肺炎疫苗	传染性胸膜肺炎	皮下或肌内注射,羔羊2毫升/只，青年羊、成年羊4毫升/只。每年5月份、10月份各防疫1次。	5个月
小反刍兽疫弱毒疫苗	小反刍兽疫	颈部皮下注射,1月龄以后新生羔羊、青年羊、成年羊1毫升/只	3年

三、驱虫药浴

寄生虫病是羊临床上较为普遍的一种疾病,它不仅影响肉羊生长发育、降低绵羊生产经济效益,而且还会给其他病原的侵入创造条件,从而导致肉羊出现各种病状,如严重消瘦、咳嗽,被皮瘙痒等,给养羊业造成重大损失。防治寄生虫病要贯彻“预防为主”、“防重于治”的方针,采取综合性防治措施,才能收到较好效果。

(一)净化环境

大部分线虫不受中间宿主的限制,因此,分布范围广,感染机会多。所以防制线虫病的重点应当是减少环境的污染,并注意杀灭中间宿主。羊舍要经常清扫,定期消毒;保持饮水卫生,切断传播途径。

(二)处理老弱羊

老弱羊多数感染寄生虫,是较严重的带虫者,因此,每年入冬前应对羊群中的老弱羊进行淘汰处理,以减少寄生虫病传播的机会。

(三)驱虫

驱虫是杀灭羊体寄生虫的重要措施,驱虫的目的是控制和消灭传染源。驱虫可分为预防性驱虫和治疗性驱虫 2 种。

1.预防性驱虫

在肉羊的寄生虫病发生季节到来之前,用药物给羊群进行预防性驱虫,能有效预防寄生虫病。肉羊在育肥前驱虫,能提高育肥效果。预防性驱虫通常在春季和秋季进行,一般 4～5 月份及10～11 月份各驱虫 1 次。

2.治疗性驱虫

治疗性驱虫一般以肉羊粪便的检查情况或对死羊的解剖结果,依感染轻重对症驱虫。

3.常用的驱虫药物

常用的驱虫药物有硫双二氯酚、左旋咪唑、丙硫苯咪唑、阿维菌素族等。

(1)左旋咪唑。片剂,主要驱除胃肠线虫及其幼虫,对肺线虫有特效。口服剂量按每千克体重 8 毫克计算。

(2)丙硫苯咪唑。片剂,是广谱高效、低毒低残留驱虫药。它对大多数体内线虫及其幼虫、绦虫、吸虫均有良好的驱虫效果。口服剂量:对线虫为每千克体重 10 毫克,对吸虫为每千克体重 15～20 毫克。

(3)阿维菌素。有片剂和针剂,可去除体内外多种寄生虫,广谱高效安全、使用方便。片剂口服用量为每千克体重 5 毫克，针剂为每千克体重 0.025 毫克，皮下注射。

4. 应注意的问题

①驱虫方法主要为口服或拌料喂给，也有皮下或肌内注射的药物，使用时要认真阅读说明，准确按药品说明书配制药液浓度。

②驱虫时间最好在晴朗天气及放牧之前进行。

③准确掌握好用量，保证用药安全。首先要正确估计个体重量，按大小准确计算药量，严格按操作规程给药。对新药应先做小群安全试验，确认安全后方可大批使用。

④驱虫后 1 周内坚持天天彻底清扫圈舍，粪便堆积发酵，以彻底消灭虫卵。放牧羊只应轮换草场，防治二次感染。

⑤驱虫药要经常更新换代或交替使用，防止虫体产生抗药性，影响驱虫效果。

(四)药浴

药浴的主要目的是为了预防和治疗羊体外寄生虫，如羊虱、蜱、疥癣等。药浴的时间可根据具体情况而定。在疥癣病常发生的地区，一年可进行 2 次药浴，一次是治疗性药浴，在春季剪毛后 7～10 天进行，另一次是预防性药浴，在夏末秋初进行。

1. 常用的药浴药物

常用的药浴药物有敌百虫、辛硫磷，舒利保等。

2. 药浴设施

药浴设施主要有药浴池、药浴锅或药浴缸、药浴桶以及药浴机械设备等。如药浴池，一般用水泥砌筑，长方形水沟状，池深 1 米，长 10～15 米，底宽 30～50 厘米，上宽 60～100 厘米，以 1 只羊能通过而不能转身为宜，池的入口陡坡，出口为台阶。入口端设贮羊圈，出口端设滴流台，使羊身上的药液流回到池内。

3. 药浴时注意问题

①药浴应选择在晴朗气温较高的上午进行，以便在中午时羊

毛能晾干。

②药浴前要停止放牧和饲喂，浴前2小时让羊充分饮水，防止药浴时羊口渴误饮药液。

③药浴前要用体质较差的3～5只羊进行试浴，确定药液安全后再按计划组织药浴。先浴健康羊，后浴病弱羊，有外伤的羊只暂不药浴。

④药浴持续时间：治疗为2～3分钟，预防为1分钟。

⑤在药浴期间，为防止人员中毒，药浴人员应戴口罩和胶皮手套。

⑥用完的药液应集中作无害化处理，防止羊只误食。

第三节　疫病控制

一、疫病的控制与扑灭

《中华人民共和国动物防疫法》将动物疫病分为3类，一类疫病是指对人畜危害严重、需要采取紧急、严厉的强制预防、控制、扑灭措施的；二类疫病是指可造成重大经济损失、需要采取严格控制、扑灭措施，防止扩散的；3类疫病是指常见多发、可能造成重大经济损失、需要控制和净化的。对于《中华人民共和国动物防疫法》所规定的3类疫病，主要采取隔离、消毒、药物预防、免疫接种、灭鼠、杀虫、检疫检测等措施，同时结合加强饲养管理和健康羊培育，可使羊群中的有关疫病逐步得到净化。

(一)疫病的防治与净化

1.隔离

隔离在扑灭动物疫病工作中是一项经常运用的强制性措施。其基本做法是动物防疫人员对易感羊只进行检查后，将患有疫病或者疑似疫病的羊，与健康羊隔离开来，以防止疫病扩散，把损失限制在最小的范围内。

隔离措施的具体要求如下。

①隔离场所应选择不易散布病原体，方便消毒，便于实施处理措施的地方，并严格进行消毒。

②隔离期间严禁无关人员、动物出入隔离场所。

③疑似疫病羊只应另选场所严格消毒后进行隔离，并采取紧急预防措施。

④疫区易感动物应同患有疫病或疑似疫病的羊只分开，并采取预防接种等预防措施。

⑤隔离场所的废弃物，应进行无害化处理，同时，密切注意观察和监测，加强保护措施。

2. 疫病检测与检疫

由当地动物疫病预防控制部门实施，肉羊饲养场应积极配合。羊场常规检测的疾病应包括口蹄疫、羊痘、炭疽、布鲁氏菌病等。此外，还应根据当地疫病流行情况，选择其他一些疾病进行检测。同时做好肉羊产地检疫工作。

3. 治疗

疫病的治疗与一般普通病不同，特别是一些流行性强、危害严重的传染病，一定要在严密封锁和隔离的条件下进行，必须使治疗病羊不致成为散播病原体的传染源，并且及早进行。在治疗的同时，应加强对病羊的饲养管理。

4. 杀虫灭鼠

鼠类不但偷食饲料、破坏建筑物和场内设施，而且是众多病原体的携带者，能够传染多种疾病(如鼠疫、肠道传染病、血吸虫病、结核病、布氏杆菌病等)，对肉羊健康和畜牧场生产危害极大。应加强羊场建筑设施的坚固性和严密性，防止鼠类进入羊舍，以减少鼠害。同时可采取器械、化学药物等方法灭鼠。

羊场粪便和污水等废弃物适于蚊、蝇等有害昆虫的滋生，肉羊和饲料也易于招引蚊、蝇及其他害虫。这些昆虫叮咬骚扰肉羊、污染饲料及环境，携带病原传播疾病。防治羊场害虫，应首先搞好羊场环境卫生，不留卫生死角，及时清除粪便、污水，避免在场内及周围积水，保持羊场环境清洁干燥。另外可以采取药物灭虫。

(二)疫情的控制与扑灭

《中华人民共和国动物防疫法》规定，发生一类动物疫病时，应当采取下列控制和扑灭措施：一是当地县级以上地方人民政府兽医主管部门应当立即派人到现场，划定疫点、疫区、受威胁区，调查疫源，及时报请本级人民政府对疫区实行封锁。疫区范围涉及2个以上行政区域的，由有关行政区域共同的上一级人民政府对疫区实行封锁，或者由各有关行政区域的上一级人民政府共同对疫区实行封锁。必要时，上级人民政府可以责成下级人民政府对疫区实行封锁。二是县级以上地方人民政府应当立即组织有关部门和单位采取封锁、隔离、扑杀、销毁、消毒、无害化处理、紧急免疫接种等强制性措施，迅速扑灭疫病。三是在封锁期间，禁止染疫、疑似染疫和易感染的动物、动物产品流出疫区，禁止非疫区的易感染动物进入疫区，并根据扑灭动物疫病的需要对出入疫区的人员、运输工具及有关物品采取消毒和其他限制性措施。

发生二类动物疫病时，应当采取下列控制和扑灭措施：一是当地县级以上地方人民政府兽医主管部门应当划定疫点、疫区、受威胁区。二是县级以上地方人民政府根据需要组织有关部门和单位采取隔离、扑杀、销毁、消毒、无害化处理、紧急免疫接种、限制易感染的动物和动物产品及有关物品出入等控制、扑灭措施。

疫区内有关单位和个人，应遵守县级以上人民政府及其畜牧兽医行政管理部门依法作出的有关控制、扑灭动物疫病的规定。任何单位和个人不得藏匿、转移、盗掘已被依法隔离、封存、处理的动物和动物产品。

疫点、疫区、受威胁区的撤销和疫区封锁的解除，按照国务院兽医主管部门规定的标准和程序评估后，由原决定机关决定并宣布。

二、病死羊及其产品的生物安全处理

为规范病死及死因不明动物的处置，消灭传染源，防止疫情扩散，保障畜牧业生产和公共卫生安全，根据《中华人民共和国动物防疫法》等有关规定，农业部制定了《病死及死因不明动物处置办法》(试行)，适用于饲养、运输、屠宰、加工、储存、销售及诊疗等环节发现的病死及死因不明动物的报告、诊断及处置工作。国家制定了《病害动物和病害动物产品生物安全处理规程》(GB 16548—2006)，规定了病害动物和病害动物产品的销毁、无害化处理的技术要求。

1. 运送

运送病死羊及其产品应采用密闭、不渗水的容器，装前卸后必须消毒。

2. 销毁

销毁处理的方法主要是焚毁和掩埋。

(1)焚毁。焚毁就是将病害动物尸体、病害动物产品投入焚化炉（焚烧炉)或用其他方式烧毁炭化。焚毁是最可靠的无害化处理方法，也是杀灭病原微生物最彻底的方法，其优点是设备简单，操作方便，消毒可靠。缺点是焚烧尸体可能会对环境造成污染。

确认为口蹄疫、蓝舌病、小反刍兽疫、绵羊痘和山羊痘、山羊关节炎-脑炎、炭疽、狂犬病、羊快疫、羊肠毒血症、肉毒梭菌中毒症、羊猝狙、钩端螺旋体病、布鲁氏菌病的病害羊尸体、病害羊产品，必须运送到指定地点投入焚化炉或用其他方式烧毁碳化。

(2)掩埋。具体掩埋要求如下。

①掩埋地应远离学校、公共场所、居民住宅区、村庄、动物饲养和屠宰场所、饮用水源、河流等地区。

②掩埋前应对需要掩埋的病害动物尸体和病害动物产品实施焚烧处理。

③掩埋坑底铺2厘米厚生石灰。

④掩埋后需将掩埋土夯实，病害动物尸体和病害动物产品上层应距地表1.5米以上。

⑤焚烧后的病害动物尸体和病害动物产品表面，以及掩埋后的地表环境应使用有效消毒药喷、洒消毒。

3.无害化处理

无害化处理是指对带有或疑似带有病原体的动物尸体、动物产品及其他废弃物，经过物理、化学或生物学方法处理后，使其失去传染性、毒性而不对环境产生危害，保障人畜健康安全的一种技术措施。目的是消灭传染病流行的传染源，切断传染病流行的传播途径，阻止传染病病原体的扩散。

(1)化制。对于除了规定销毁处理的疫病以外的其他疫病的染疫羊尸体或胴体、内脏，应利用干化、湿化机，将原料分类，分别投入化制。

(2)消毒。对于除了规定销毁处理的疫病以外的其他疫病的染疫羊的生皮、原毛以及未经加工的蹄、骨、角、毛等产品进行消毒处理，使之达到无害。主要有高温处理法、盐酸食盐溶液消毒法、过氧乙酸消毒法、碱盐液浸泡消毒法和煮沸消毒法。

三、废弃物的处理

肉羊养殖对环境的影响，主要是羊粪、尿、尸体及相关组织、垫料、过期兽药、残余疫苗、一次性使用的畜牧兽医器械及包装物和污水等废弃物对环境的污染。为避免环境污染，羊场场区内净道和污道要分开，应设有废弃物储存设施和场所，设有废弃物处理设施。采取清污分流和粪尿的干湿分离等措施，实现清洁养殖。

1. 污水处理

羊场排放的污水成分复杂，其中病原菌和寄生虫卵可随污水传播，对人、畜造成严重威胁。因此，羊场应设有污水处理设施，如污水处理池。羊场排放的污水可采用物理、化学或生物学方法进行处理。

物理处理法是利用格栅、化粪池或滤网等设施进行处理的方法。经物理处理的污水，可除去40%～65%的悬浮物，并使 BOD_5 下降25%～35%；化学处理法是根据污水中所含主要污染物的化学性质，用化学药品除去污水中的溶解物质或胶体物质的方法。如使用消毒剂处理污水，一般每升水中加入2～3克漂白粉；生物处理法就是利用污水中微生物的代谢作用分解其中的有机物，对污水进行处理的方法。

污水经过处理后应达到GB 18596《畜禽养殖业污染物排放标准》的规定。

2. 粪便无害化处理

羊场粪便的储存场所及设施，必须距离羊场供水设施400米以上，并应有防止渗漏和溢流等措施。羊粪宜采用条垛式、机械强化槽式和密闭仓式堆肥技术进行无害化处理。

堆肥发酵处理是目前羊粪便处理与利用较为传统可行的方法。运用堆肥技术，可以在较短的时间内使粪便减量、脱水、无害，取得较好的处理效果。粪便经过堆放发酵，利用自身产生的温度来杀死虫卵和病原菌。经过高温处理的粪便呈棕黑色、松软、无特殊臭味、不招苍蝇、卫生、无害。

另外，沼气发酵处理、干燥处理等也是羊场粪便常用的处理方法。

不论采用哪种方法处理粪便，都应参照农业部颁布的《畜禽粪便无害化处理技术规范》(NY/T 1168)执行。粪便经无害化处理后应达到有关排放标准(如GB 18596)后才能排放。发生重大疫情后的粪便，必须按照国家动物防疫有关规定处理。

第四节 环境绿化及检测

羊场环境状况与肉羊生产关系非常密切，环境不良或恶化，轻则导致肉羊生产力降低，重则致使发病率增高，甚至疫病流行。因此，对羊场环境进行绿化和监测管理，及时掌握环境状况，采取有效控制措施，是改善羊场环境，提高肉羊生产力，防止疾病传播的有效途径。

一、环境绿化

加强羊场环境绿化建设，可以有效防止污染扩散，改善羊场生态环境，促进优质肉羊健康生产持续稳定发展。

(一)环境绿化的作用

1. 改善场区小气候

①绿化可以明显改善羊场内温度状况。如在炎热夏季，绿色植物能够减少地面对太阳辐射的吸收量，降低空气温度。

②绿化可以明显增加羊场的湿度。如绿化区域空气的湿度，包括绝对湿度和相对湿度均普遍高于非绿化区。

③绿化可以明显减少羊场场区气流速度。如在冬季的主风向方向种植高大的乔木，组成绿化带，对于减少冷风对畜牧场的侵袭，形成较为温暖、稳定的小气候环境具有重要意义。

2. 净化空气环境

①吸收空气有害气体。绿色植物能够吸收畜群呼吸排出的二氧化碳，释放氧气。一些树木(如云杉、龙柏、紫穗槐、桑葚树、泡桐等)还具有吸收二氧化硫、氟化氢等有害气体的作用。因此，畜牧场内及周围地区种植绿色植物既可以降低场区氨气浓度，减少空气污染，又能够为植物自身提供氮素养分，减少施肥量并促进植物

生长。

②吸附空气灰尘。绿色植物具有吸附和滞留空气灰尘微粒的作用。对畜牧场场区进行绿化，能明显地减少空气微粒，净化空气环境。

③减少空气微生物含量。花草树木能够吸附空气尘粒，使空气中细菌因失去了附着物减少。许多植物的芽、叶和花粉能分泌挥发性的物质，能杀死细菌、真菌和原生动物。根据资料，气流通过绿化带后，可使空气微生物含量减少 21.7%～79.3%。

3. 防疫防火、降低噪声

在羊场周围及场内各区之间种植林带，能有效地防止人员、车辆随意穿行，使之相互隔离；植物净化空气环境、杀灭细菌及昆虫等作用均可减少病原体的传染机会，对于防止疫病发生和传播具有重要意义；由于树木枝叶含水量大，加之绿色植物所具有的固水增湿、降低风速等作用，因此，羊场环境绿化对于防止火灾发生和蔓延具有重要作用。另外，场区内设置绿化带，还可以降低畜牧场噪声。

(二)羊场绿化的种类及植物

羊场主要有场界绿化带、场内隔离林带、道路两旁林带、运动场遮阳林带和草地绿化等几种形式。

1. 场界绿化带

场界绿化带主要是在场界周边种植以高大的乔木或乔、灌木混合组成林带，林带一般由 2～4 行乔木组成。树种以高大挺拔、枝叶茂密的杨、柳、榆树或常绿针叶树木等为宜。

2. 场区隔离林带

场内各区，如生产区、生活区及行政管理区的四周，都应设置隔离林带，一般以绿篱植物如小叶杨树、松树、榆树、丁香等，或以栽种刺笆为主。林带一般中间种植 1～2 行乔木，两侧种植灌木，宽度以 3～5 米为宜。

3.场区道路绿化

场区道路绿化宜采用乔木为主，乔灌木搭配种植。一般由1～2行树木组成。树种应选择树冠整齐美观、枝叶开阔的乔木或亚乔木，例如槐树、松树、杏树等。

4.运动场遮阳林带

在运动场的南、东，西三侧，应设1～2行遮阳林。一般可选择枝叶开阔，生长势强，冬季落叶后枝条稀少的树种，如杨树、槐树、法国梧桐等。

5.草地绿化

应种植低矮的花卉或草坪，如紫花苜蓿、红三叶草、白三叶草、黑麦草、牡丹、金银花等。

二、羊场环境监测

(一)羊场环境监测的目的和任务

环境监测是指对羊场环境中某些有害因素进行调查和度量，目的是为了查明被监测环境变异幅度以及环境变异对肉羊健康生产的影响，以便采取有效措施，减少环境变异对健康养殖造成的不良影响。

通过环境卫生监测可及时了解羊舍及羊场内的环境状况，如温湿度变化、环境污染程度等，根据测定的数据和环境卫生标准，结合羊群健康和生产状况，及时采取应对措施，确保肉羊生产正常进行。

(二)羊场环境监测的基本内容和方法

1.羊场环境监测的内容

羊场环境监测的内容主要包括两方面，一是对肉羊健康生产所利用的羊舍、水源、土壤、空气、饲料等进行监测；二是对健康生产所排放的污水、废弃物以及畜产品进行监测，以免羊场环境污染影响人体健康。

2. 空气环境监测的内容与方法

(1)空气环境监测的内容。

①温热环境。气温、气湿、气流、羊舍的通风换气量。

②光环境。光照强度、光照时间、羊舍采光系数。

③空气卫生指标。空气卫生监测主要是对羊场空气中污染物质和可能存在的大气污染物进行监测。主要为恶臭气体、有害气体(氨气、硫化氢、二氧化碳等)、细菌、灰尘、噪声、总悬浮微粒、飘尘、二氧化硫、氮氧化物、一氧化碳等。

(2)空气环境监测的一般方法。

①经常性监测。即常年在固定测点设置仪器,供管理人员随时监测。如在羊舍内设置干湿球温度表,随时观察羊舍的空气温度、湿度。

②定期监测。是指按照计划在固定的时间、地点对固定的环境指标进行的监测。如在一年中每季度确定一天或连续数天对羊舍的温热环境进行定点观测。

③临时性监测。即当环境出现突然的异常变化时,为了掌握变化和对肉羊环境的影响程度所进行的测定。如当呼吸道疾病发病率升高时一般需进行临时性监测。

3. 水质环境监测的内容

水质监测包括对羊场水源的监测和对羊场周围水体污染状况的监测。羊场水源水质监测指标如下。

(1)物理指标。温度、颜色、浑浊度、臭和味、悬浮物(SS)。

(2)化学指标。溶解氧(DO)、化学耗氧量(COD)、生化需氧量(BOD)、氨氮、亚硝酸盐氮、硝酸盐氮、磷、pH 等。

(3)细菌学指标。细菌总数、总大肠菌群、蛔虫卵等。

4. 土壤环境监测的内容

羊场土壤环境主要监测项目为土壤肥力指标和卫生指标。前者主要包括:有机质、氮、磷、钾等。后者主要包括大肠菌群数、蛔虫卵等。

(三)羊场环境质量评价的技术与方法

环境质量的评价就是按照一定的评价标准和评价方法对环境质量状况进行定量评定、解释和预测。它对于确切了解羊场环境状况,制定和实施羊场环境管理措施以及检验评价羊场环境管理措施的实施效果,具有重要意义。目前环境质量评价主要集中在对大气和水质进行评价。

1.空气环境评价

(1)小气候环境的评价。目前主要是对肉羊生产中所需要的气候因素,主要是温度、相对湿度、气流速度、光照强度等进行检测和评价,检验羊舍或羊场等小气候环境是否符合要求,从中发现问题及原因,制定相应的解决措施。

(2)空气质量评价。空气环境质量评价是依据相应环境质量标准对空气中有害物质进行评价。应参照我国已颁布的大气环境质量标准,如《大气环境质量标准(GB 3095—82)》、《恶臭污染物排放标准(GB 14554—93)》、《居住区大气中有害物质的最高允许浓度(TJ 36—79)》等相关内容,并结合羊场大气污染物的特点,制定监测内容及质量标准。

监测内容应以羊场主要污染物为主,监测点以离羊场周边400～500米范围和在下风向为宜;主要监测项目与环境标准为,恶臭强度:2级以下;氨气:5毫克/米^3;硫化氢:2.5×10^{-6}毫克/米^3;二氧化碳0.1%;细菌总数:1万～1.5万个/米^3。

2.水体环境质量评价

在羊场水源的选择和保护中,水体环境质量评价主要依据为《地面水环境质量标准(GB 3838—88)》和《生活饮用水卫生标准(GB 5749—85)》。

在对污水排放及羊场周围环境水体质量的评价中,主要依据除《地面水环境质量标准(GB 3838—88)》外,还有《污水综合排放标准(GB 8978—88)》、《农田灌溉水质标准(GB 5074—92)》等。

第五节　灭鼠灭虫

鼠、蚊、蝇等是肉羊场生产中常见的,虫害、鼠类不但在畜牧场内偷食饲料、破坏建筑物和场内设施,而且能传播疾病。蚊和蝇等的最大危害是传播病原,它们对肉羊健康危害很大。因此,灭鼠灭虫是肉羊场环境管理的重要内容。

一、防治鼠害

鼠类不但在畜牧场内偷食饲料、破坏建筑物和场内设施,而且是众多病原体的携带者,能够传染多种疾病(如鼠疫、肠道传染病、血吸虫病、结核病、布氏杆菌病等)。因此,鼠害对家畜健康和畜牧场生产危害极大。

防治鼠害的主要方法有以下几种。

1. 建筑防鼠

加强建筑物的坚固性和严密性是防止鼠类进入羊舍,减少鼠害的重要措施。因此要求羊舍建筑应基础坚固,以混凝土砂浆填满缝隙并埋入地下 1 米左右;舍内铺设混凝土地面;门窗和通风管道周边不留缝隙,通风管口、排水口设铁栅等防鼠设施;屋顶用混凝土抹缝;墙基最好用水泥制成,用碎石和砖砌墙基,应用灰浆抹缝。

墙面应平直光滑,以防鼠沿粗糙墙面攀登;砌缝不严的空心墙体,要填补抹平;墙体上部与天棚衔接处应砌实,不留空隙;瓦顶房屋应缩小瓦缝和瓦、椽间的空隙并填实;用砖、石铺设的地面和畜床,应衔接紧密并用水泥灰浆填缝;各种管道周围要用水泥填平;通气孔、地脚窗、排水沟(粪尿沟)出口均应安装孔径小于 1 厘米的铁丝网,以防鼠窜入。

2. 器械灭鼠

器械捕鼠的优点是无毒害、对人畜安全，结构简单，使用方便，费用低而捕鼠效率高。器械灭鼠是畜牧场常用的捕鼠方法。灭鼠器械主要有夹、关、压、卡、翻、扣、掩、粘、电等。

3. 化学药物灭鼠

化学药物灭鼠 是指使用化学灭鼠剂（毒饵）毒杀鼠类。化学灭鼠效率高、使用方便、成本低、见效快，缺点是能引起人、畜中毒。

灭鼠剂主要包括：

(1)速效灭鼠剂。如磷化锌、毒鼠磷、氟乙酸钠、甘氟、灭鼠宁等。

(2)抗凝血类灭鼠剂。如敌鼠钠盐、杀鼠灵等。

(3)其他灭鼠剂。如使用不育剂，使雌鼠或雄鼠失去繁殖能力。

饲料库、加工车间和畜舍是防除鼠害的重点。饲料库可用熏蒸剂毒杀。羊舍投喂的饵料应定时清扫。

二、防治害虫

畜牧场粪便和污水等废弃物极适于蚊、蝇等有害昆虫的滋生。如蝇的幼虫及蛹适宜于在温暖、潮湿且富有有机物的粪堆中发育。肉羊和饲料也易于招引蚊、蝇及其他害虫。这些昆虫叮咬骚扰羊只、污染饲料及环境，携带病原传播疾病。

防治畜牧场害虫，可采取以下措施。

1. 环境灭虫

搞好畜牧场环境卫生，保持环境清洁和干燥是环境防除害虫的重要措施。

因此，进行环境改造，清除孳生场所是简单易行的方法。

一是填平无用的污水池、土坑、水沟和洼地，永久性消灭蚊蝇孳生场所。对阴沟、沟渠等定期疏通，保持排水系统畅通，勿使污水潴积。对不能清除或加盖的防火贮水器，在蚊蝇滋生季节定期换水。

二是经常清扫环境，不留卫生死角，及时清除家畜粪便、污水，避免在场内及周围积水，保持畜牧场环境干燥、清洁。排污管道采用暗沟，粪水池应尽可能加盖。采用腐熟堆肥和生产沼气等方法对粪便污水进行无害化处理，铲除蚊蝇滋生的环境条件。

2. 药物灭虫

药物灭虫是指使用天然或合成的化学杀虫剂，毒杀或驱逐蚊蝇等害虫的过程。在使用上虽存在抗药性、污染环境等问题，但具有使用方便、见效快、并可大量生产等优点，是当前防除蚊蝇的重要手段。

应优先选用低毒高效的杀虫剂，避免或尽量减少杀虫剂对肉羊健康和生态环境的不良影响。

常用的杀虫剂有菊酯类杀虫剂、昆虫激素、马拉硫磷、敌敌畏等。

3. 生物防除

生物防除是指利用有害昆虫的天敌灭虫。如可以结合畜牧场污水处理，利用池塘养鱼，鱼类能吞食水中的孑孓和幼虫，具有防治蚊子滋生的作用。另外蛙类、蝙蝠、蜻蜓等均为蚊、蝇等有害昆虫的天敌。

4. 物理防除

物理防除可使用电灭蝇灯杀灭苍蝇蚊子等有害昆虫。它是利用昆虫的趋光性，发出荧光引诱苍蝇等昆虫落在围绕在灯管周围的高压电网，用电击杀灭蚊蝇。

第十章　肉羊标准化养殖场建设

肉羊标准化养殖场是指按照肉羊养殖场所与居民分离的原则，由地方人民政府相关部门批准，布局合理、设施完善、功能齐全、高效安全的肉羊养殖场所。肉羊标准化示范场建设包括选址、布局、建设、饲养管理、防疫、环保等诸多技术环节，是养羊业标准化生产、规模化健康养殖的重要方式，是推广科学技术和发展养羊业规模经济、实施生产设施化的有效载体。它有利于宅圈分离，促进新农村建设；有利于羊群疾病控制，确保畜产品的“优质、高效、安全”；有利于科学技术的推广和普及，提高养羊生产效率和生产水平；有利于提高羊产品市场竞争力；有利于促进养殖、加工、经营、销售各环节链接，提高养羊产业化经营水平；有利于生态环境保护和加快农业产业结构调整。

第一节　肉羊标准化养殖场建设技术规程

肉羊标准化规模养殖场是养羊业标准化生产、规模化养殖的重要方式，是推广科学技术和发展养羊业规模经济的有效载体。为规范养殖场选址、布局、建设、防疫、环保等关键技术环节，保障肉羊健康养殖、安全生产，结合肉羊生产实际，特制定肉羊标准化规模养殖场建设方案。

1. 范围

本规程规定了肉羊标准化规模养殖场场址选择、场内布局、羊舍建筑与设备、消毒防疫、废弃物处理与利用、环境保护及水电供应等技术要求。

本规程适用于从事绵羊或山羊生产的全舍饲规模化养羊场，其他类型的养羊场也可参照执行。

2.规范性引用文件

下列文件中的条款通过本标准的利用而成为本标准的条款，凡是注日期的引用文件，其随后所有的修改单（不包括勘误的内容）或修订版均不适应于本标准，凡是不注日期的引用文件，其最新版本适用于本标准。

GB 16548：病害动物及其产品生物安全处理规程；

GB/T 18407：农产品安全质量无公害畜禽肉用产地环境要求；

GB 18596：畜禽养殖业污染物排放标准；

GB 50052：供配电系统设计规范；

NY 5027：畜禽饮用水水质标准；

NY/T 682：畜禽场场区设计技术规范；

GB 3095 环境空气质量标准；

NY/T 1168：畜禽粪便无害化处理技术规范；

SL 310：村镇供水工程技术规范；

3.术语和定义

下列术语和定义使用于本标准

3.1 规模化养羊场

指年存栏生产母羊或后备母羊 200 只左右、年出栏种羊和肉羊 500 只以上、实行分区管理的养羊场。

3.2 公羊舍

用于饲养配种公羊的羊舍。

3.3 母羊舍

用于饲养繁育用基础母羊的羊舍。

3.4 羔羊舍

用于培育羔羊的羊舍。

3.5 育成羊舍

用于饲养育成羊的羊舍。

3.6 育肥羊舍

用于育肥羔羊、架子羊的羊舍。

3.7 净道

场区内用于健康羊群与饲料等洁净物品转运的专用道路。宜用混凝土路面,也可用砖、石铺制,宽度一般不小于 4.0 米。

3.8 污道

场区内用于垃圾、粪便、病死羊等非洁净物品出场的专用道路。污道路面可同净道,也可用碎石或石灰渣土路面,宽度一般不小于 3.0 米。

3.9 废弃物

包括羊粪、尿、尸体及相关组织、垫料、污水、过期兽药、残余疫苗、一次性使用的畜牧兽医器械及包装物等。

3.10 生物安全处理

通过用焚毁、掩埋或其他生物方法,将病害动物尸体或产品、附属物进行处理,以彻底消灭所携带的病原体,达到保护人畜安全的目的。

4.场址选择

肉羊规模健康养殖场应位于法律法规明确规定的禁养区以外。地势高燥、通风良好、交通便利、水电供应稳定、隔离条件良好的地域。

4.1 羊场应距离城镇居民点、学校、医院及长年主导风向的下风向或侧风向 1 000 米以外;距离其他畜禽场、干线公路、铁路 1 000 米以上;周围 3 000 米以内无大型化工厂、矿区、皮革厂、屠宰场、肉品加工厂和其他畜牧场。

4.2 选址地域环境应符合 GB/T 18407。

4.3 水源充足,水质应符合 NY 5027。

4.4　禁止在旅游区、自然保护区、水源保护区和环境公害污染严重的地区建设养殖场区。

4.5　基础母羊 500 只以上或者存栏量 1 000 只以上规模羊场占地面积不少于 12 000 米^2(18 亩)。

5.羊场布局

5.1　布局原则

从实际出发,做到安全可靠,经济合理,节约用地,以布局紧凑,科学实用,便于管理、有利于防疫和安全生产为原则。

5.1.1　养羊场周围设围墙和防疫沟,建设设施按生活与管理区、生产区和隔离区 3 个功能区布局,各区之间界限分明、联系方便,并用围墙或绿化带隔离。

5.1.2　生活区设在场内主导风向上风处,依次为生活与管理区、生产区、隔离区,隔离区建在场内主导风向下风处。

5.1.3　与外界接触有专门道路相通,厂区内分净道和污道,净道与污道不能通用或交叉。

5.2　功能区划分及建筑

功能区划分为生活管理区、辅助生产区、生产区和隔离区。

5.2.1　生活管理区

生活管理区的主要建筑物包括门卫值班室、办公室、技术培训室、业务洽谈室、职工食堂、宿舍等,位于养殖小区的上风向区域。在大门口应设消毒池。

5.2.2　辅助生产区

包括草料库、饲料加工间、青贮窖、配电室、水泵房等,位于生产管理区的下风向或侧风向。

5.2.3　生产区

生产区的主要建筑物包括羊舍、运动场、兽医室、人工授精室等,位于生活办公区与辅助生产区的下风向,入口处设人员消毒更衣室和车辆消毒池。

5.2.4 隔离区

包括病畜隔离治疗舍、粪便处理场及沼气设施,位于生产区下风向,与生产区保持50米以上的防疫距离或建于养殖场区外下风向。

5.2.5 实施雨污分离

对场区自然降水可采用有组织的排水。对场区污水应采用暗管排放,集中处理,符合GB18596的规定。

6 羊场建设

6.1 建设原则

羊场的设计与建造原则,能满足肉羊规模健康养殖的生产要求和防疫、防火安全,经济节约、经久耐用。执行NY/T682。

6.2 羊舍建筑

6.2.1 方位与平面布置

羊舍以坐北朝南、东西走向为宜,单列式或双列式布置。建设应符合NY/T682。

6.2.2 羊舍环境

具备良好的隔热、防寒、保暖、通风、排湿以及采光性能。空气质量执行GB3095。

6.2.3 建筑面积

只均建筑面积:种公羊3.0~5.0米^2,母羊1.5~2.0米^2,妊娠或产羔母羊2.5~3.0米^2,育肥羔羊0.8~1.0米^2。

羊舍高度一般2.4~3.0米(檐高)。

6.2.4 羊舍地面

羊舍地面高出舍外地面20~25厘米,三合土或砖地面,出入口采取坡道连接,不设台阶和门槛。

6.2.5 羊栏

舍内围栏高度不低于1.0米。

6.2.6 饲槽

饲槽表面应光滑、耐用,饲槽底部为圆弧形,槽体高25厘米,槽内径宽 26 厘米，槽深 16 厘米。每只羊槽位 30～40 厘米。

6.2.7 门窗

门向外开，宽 1.2～1.5 米，窗户面积与舍内地面面积之比 1∶12。

6.2.8 运动场与饮水槽

每一栋羊舍附设一个运动场，位于羊舍南面，围栏为花栏墙或钢管围栏，高度 1.2 米；运动场砖铺地面，向外坡度 1.5%，面积为羊只占位面积的 2 倍。

运动场边设饮水槽，每只羊占位 10 厘米，槽深 40 厘米，水深不超过 20 厘米。

6.3 辅助设施

6.3.1 饲料库

饲料库要满足 1～2 个月生产需要。

6.3.2 饲料加工间

建于辅助生产区，根据养殖规模配备饲料加工机组。

6.3.3 青贮窖

建于排水良好、地下水位低的地方，青贮窖墙体应参考挡土墙设计，窖的长度以生产规模和青饲料多少来决定。青贮窖要坚固不漏气，窖壁光滑平坦。羊只只均有效容积 1.5 $米^3$。

6.3.4 干草棚

干草棚应满足 3～6 个月生产需要。

6.3.5 晒场

晒场为晒制干草、饲料所用，面积不小于 180 $米^2$。

6.3.6 人工授精室、兽医室

设置人工授精室 30～40 $米^2$、兽医室约 20 $米^2$。

6.3.7 药浴池

用于羊只预防外寄生虫，由水泥浇筑成长沟形状，宽度以单只羊能自由通过。池长 12.5 米，池顶宽 0.8 米，池底宽 0.6 米，深

1.2 米。入口处围栏 25 米^2,出口处围栏 35 米^2。

6.3.8 堆粪场

养殖场区应根据养殖规模建设一定面积的堆粪场,如存养基础母羊 500 只标准化养殖场应建设堆粪场约 240.0 米^2。

6.3.9 隔离羊舍

可根据生产需要在场区下风向,围墙外边设隔离场所,用于饲养隔离的病羊。

6.3.10 消毒设施

消毒池设在大门口以及生产区进出口,消毒池内的消毒液应使用 2%烧碱,每 3～7 天更换 1 次。人行通道设在消毒间内,在消毒间的顶棚安装紫外线消毒或喷雾消毒设施,并设计洗手池和更衣柜。

6.3.11 办公设施

如存养基础母羊 500 只标准化养殖场应建设培训室、办公室、门房等约 130.0 米^2。

6.3.12 厕所

养殖场区建设相应的公共厕所。

6.4 配套工程

6.4.1 给排水管线工程

养羊饮水宜用开放式饮水或允吸型自动饮水系统。给排水管线工程执行 SL 310。生产用水以每只肉羊每天 10～15 升计算。

6.4.2 供电

采取专线供电,执行 GB 50052,并自备发电机组。

7.消毒与防疫

7.1 消毒

创建良好的生产环境条件,搞好卫生控制,执行 NY/T 1167。

7.2 防疫

羊场防疫执行 NY 5126。

8　废弃物处理与利用

8.1　病害物处理

病害物的处理执行 GB 16548。

8.2　粪便处理与排放

粪便无害化处理采用 NY/T 1168，排放执行 GB 18596。

第二节　肉羊标准化养殖场生产技术规范

1. 范围

本规范规定了优质肉用绵羊生产过程中引种、场地环境、疫病防制、饲料饲养、兽药使用、生产档案、废弃物处理等应遵循的规范。

本规范适用于优质肉羊生产过程中各环节的管理。适用于种羊场、人工授精站点、商品羊场、养羊专业户。

2. 规范性引用文件

下列文件中的条款通过本标准的利用而成为本规范的条款，凡是不注日期的引用文件，其最新版本适用于本规范。

GB 16548：病害动物及其产品生物安全处理规程

GB 16549：畜禽产地检疫规范

GB 16567：中畜禽调运检疫技术规范

GB/T 18407：农产品安全质量无公害畜禽肉用产地环境要求

GB 18596：畜禽养殖业污染物排放标准

NY/T 388：畜禽场环境质量标准

NY 5027：畜禽饮用水水质标准

NY 5147：无公害食品 羊肉

NY/T 5148：无公害食品 肉羊饲养兽药使用准则

NY/T 5149：无公害食品 肉羊饲养兽医防疫准则

NY/T 5150:无公害食品 肉羊饲养饲料使用准则

NY/T 5151:无公害食品 肉羊饲养管理准则

《种畜禽管理条例》

《中华人民共和国动物检疫法》

《食品动物禁用的兽药及其他化合物清单》

《饲料药物添加剂使用规范》

《允许使用的饲料添加剂品种目录》

畜禽标识和养殖档案管理办法 中华人民共和国农业部令2006第67号

牲畜耳标技术规范 中华人民共和国农业部

3.术语和定义 下列术语和定义适用于本规范。

3.1 肉羊:在经济或体形结构上用于生产羊肉的品种(系)。

3.2 羔羊:断奶以前的小羊。

3.3 青年羊:断奶至第一次配种(怀孕)的羊。

3.4 肉羊育肥:按照饲养标准配制日粮,并以较短育肥期和适当的投入获取羊肉的一种饲养方式。

3.5 日粮:羊一昼夜采食各种饲料的总和。

3.6 投入品:饲养过程投入的饲料、饲料添加剂、水、疫苗、兽药等物品。

3.7 净道:羊群周转、饲养员行走、场内运送饲料的专用道路。

3.8 污道:粪便等废弃物出场的道路。

3.9 羊场废弃物:主要包括羊粪、尿、尸体及相关组织、垫料、过期兽药、残余疫苗,一次性使用的畜牧兽医器械及包装物和污水。

4.品种选择

4.1 种羊生产品种定向为多胎小尾寒羊、洼地绵羊和湖羊等。

4.2 商品肉羊生产主要选择小尾寒羊、洼地绵羊和湖羊为母本与杜泊、特克赛尔、无角陶赛特作父本生产的杂交后代等。

5.引种

5.1　不得从疫区引进种羊。

5.2　引进种羊，应从具有畜牧兽医主管部门核发的《种畜禽生产经营许可证》和《动物防疫合格证》的种羊场引进，并按照GB 16567进行检疫。

5.3　引进的种羊，隔离观察至少30～45天，经当地动物防疫监督机构检疫确定为健康合格后，方可生产使用。

6.场地环境

6.1　肉羊场环境应符合GB/T 18407.3要求。

6.2　肉羊场应建在地势平坦干燥、背风向阳，排水良好，场地水源充足、未被污染和没有发生过一、二类传染病的地方，并与公路、居民区、公共场所保持一定距离。

6.3　按性别、年龄、生长阶段设计羊舍，实行分阶段饲养、集中育肥的饲养工艺。

6.4　羊舍应具备良好的清粪排尿系统。

6.5　羊舍内的温度、湿度、气流（风速）和光照应满足肉羊不同饲养阶段的需求，以降低羊群发生疾病的机会。

6.6　羊舍内空气质量应符合NY/T 388的规定。

6.7　羊舍地面和墙壁应选用适宜材料，以便于进行彻底清洗消毒。

6.8　羊场内应分设管理区、生产区及粪污处理区，管理区和生产区应处上风向，粪污处理区应处下风向。

6.9　羊场净道和污道应分开。

6.10　羊场周围应设绿化隔离带。

6.11　羊场排污应遵循减量化、无害化和资源化的原则。

6.12　场区应有足够的生产和饮用水，饮水质量应达到NY 5027的规定。

6.13 经常清洗和消毒饮水设备,避免细菌滋生。

6.14 若有水塔或其他贮水设施,则应有防止污染的措施,并予以定期清洗和消毒。

7.日粮组成

7.1 肉羊日粮应以青绿饲料、粗饲料为主,并补充配合精料等。禁止在肉羊饲料中添加和使用肉骨粉等动物源性饲料。

7.2 粗饲料应以青干草、红薯藤、花生秧等优质粗饲料为主。玉米秸可进行青贮处理,稻草、小麦秸秆可经过氨化、微贮,以增加适口性,提高营养价值。

7.3 青绿饲料应为紫花苜蓿、黑麦草等优质牧草或杂草、树叶等;多汁饲料可使用胡萝卜等。

7.4 所用饲料和饲料添加剂符合《饲料和饲料添加剂管理条例》和《动物源性饲料产品管理办法》规定。

7.5 所用饲草、饲料和饲料添加剂不应发霉、变质、结块及异臭、异味,不应被有毒有害物质及病原微生物污染。

7.6 肉羊饮水应符合 GB/T 18407.3 和 NY 5027 的要求,达到清洁卫生。

8.饲养

8.1 饲养原则

8.1.1 充分利用本地饲料资源,尽量降低饲养成本。饲料品种要多样化,并合理搭配,满足肉羊生长、繁殖需要。

8.1.2 饲草要少喂勤添,减少浪费,日喂 3～4 次。

8.1.3 日粮改变要有 7～10 天的过渡期。

8.2 种公羊饲养

8.2.1 种公羊保持中、上等膘情,保证性欲旺盛、精液品质好(活力 0.3 以上)。

8.2.2 种公羊配种前 1 个月,开始增加精料,逐步过渡到配种期日粮。配种期每只每日补饲 0.8～1.2 千克精料，并日喂胡萝卜 0.5～1.0 千克，鸡蛋 1～2 枚，青、干草自由采食。

8.2.3 合理控制采精或配种次数，每日可采精或配种 1～2 次。连续 2～3 天后原则上休息 1 天。

8.2.4 种公羊应单圈饲养，并与母羊圈保持一定距离，并适当运动。

8.3 母羊饲养

母羊应按空怀期、妊娠期和哺乳期分阶段饲喂。

8.3.1 空怀期

体况较差的空怀母羊应加强补饲，配种前 2～3 周，每只每日补给混合精料 0.2～0.3 千克，青粗饲料自由采食，使母羊尽快恢复体况，以保持中上等膘情接受配种。

8.3.2 妊娠期

妊娠后 2 个月应注意饲喂优质牧草或青干草，体况好的母羊可少补或不补精料；妊娠后期，应加强补饲，每只每日补精料 0.3～0.4 千克。青、粗饲料自由采食，缺乏青草时，每只羊要日补胡萝卜 0.5 千克。

8.3.3 哺乳期

哺乳前期每只每日应补给混合精料 0.4～0.6 千克和胡萝卜 0.5 千克，青粗饲料自由采食；哺乳后期要逐渐减少多汁饲料和精料的喂量，以防发生乳房炎。

8.4 羔羊饲养

8.4.1 羔羊出生后，应尽早吃到初乳。

8.4.2 及时补饲。羔羊出生 10 日后开始补喂青草，15 日逐渐训练采食颗粒料。1～2 月龄日喂 2 次，补精料 100 克；3～4 月龄每天喂 3 次，补精料 150 克。

8.4.3 对缺奶羔和多胎羔羊，应找保姆羊或人工奶粉哺乳。人工哺乳要做到定时、定量、定温（35～38℃）。哺乳用具每次用后要消毒，保持清洁卫生。

8.4.4　羔羊 2～3 月龄断奶。断奶后的羔羊加强补饲，防止掉奶膘。

8.5　青年羊饲养

8.5.1　断奶后的羊只每天应喂精料 0.25 千克。粗饲料以优质干草和青贮料为宜。

8.5.2　5～6 月龄后可根据青粗饲料质量及膘情，少喂或不喂精料。

8.5.3　青年种公羊不可采食过多青粗饲料，以防形成草腹，影响配种能力。

9.肉羊育肥

9.1　育肥羊应选择优质杂交羊。育肥方式可选择舍饲育肥或放牧与舍饲相结合的方式。

9.2　舍饲育肥一般为 60～90 天；放牧与舍饲育肥方式控制在 90～120 天。

9.3　应备足草料，主要有青贮玉米秸、花生滕、甘薯秧等。

9.4　育肥前要有 10～15 天的过渡期，过渡期可进行分群、编号、免疫驱虫、健胃等，育肥开始、中间、结束要称重。

9.5　育肥期每只羊日供应精料 0.3～0.5 千克；使用全价颗粒料育肥按羊体重 5%左右投喂颗粒料。此外，应按 15～20 只羊的标准悬挂矿物质盐砖，以便羊只自由舔食。

9.6　使用尿素育肥时应与精料混合饲喂，添加量为成年羊每日 10～15 克，6 月龄以上的青年羊 6～8 克。喂后 1 小时才能饮水。

10.管理

10.1　日常管理

10.1.1　羊场工作人员应定期进行健康检查，有传染病者不应从事饲养工作。

10.1.2　羊场内兽医人员不可对外诊疗病羊及其他动物的疾病，配种人员不可对外开展羊的配种工作。

10.1.3　饲养区内不应饲养其他动物，并防止周围其他动物进入场区。

10.1.4　羊场尽量避免外来人员参观，饲养人员不应经常外出。

10.1.5　应定期灭鼠和驱除蚊蝇，同时搞好羊舍、料槽、水槽等环境卫生工作。

10.2　羊只管理

10.2.1　经常观察羊群健康状态，发现异常及时处理。

10.2.2　不驱打、惊吓羊只，特别是种公羊和怀孕母羊。

10.2.3　羊只尤其是种羊要使用耳号牌进行编号。

10.2.4　育肥羊应按性别、体重分群饲养。群体大小、饲养密度要适宜。

10.2.5　选择高效、安全的抗寄生虫药，春秋两季对羊只驱虫。

10.2.6　应对成年种公羊、母羊定期浴蹄和修蹄。

10.3　饲喂管理

10.3.1　饲喂应定人、定时、定量，并使羊只均匀采食。

10.3.2　每天定点打扫羊舍卫生，保持料槽、水槽用具干净，地面清洁。使用垫草时要定期更换，保持卫生清洁。

11.防疫

11.1　坚持自繁自养的原则，必须引进羊只时，应从非疫区引进，并附有动物检疫合格证。羊只引进后至少隔离观察饲养 30 天，确保健康后方可合群饲养。

11.2　运输车辆彻底消毒，羊在装运及运输过程中不能接触其他偶蹄动物。

11.3　羊群的防疫应符合 NY 5149 的规定，坚持“预防为主”原则，做好羊只免疫接种。疫苗要从防疫机构购买，并采取正确的防疫方法。

11.4 发生疫情应立即封锁现场，并尽快向当地动物防疫监督机构报告。

11.5 确诊发生口蹄疫等烈性传染病时，应对羊群实施严格的隔离、扑杀措施。

11.6 发生羊痘、布鲁氏菌病、关节炎等疫病时，应对羊群进行隔离转群和净化措施。

11.7 全场进行彻底的清洗消毒，病羊或淘汰羊的尸体按GB 16548进行无害化处理。

12.兽医治疗

12.1 治疗使用兽药时应符合NY 5148的规定。不得使用《食品动物禁用的兽药及其化合物清单》中所列的和其他禁用药物或人用药物，禁止使用未经国家畜牧兽医行政管理部门批准作为兽药使用的药物。

12.2 肉羊育肥后期使用药物进行治疗或采用含有药物的添加剂时，应严格执行休药期制度。达不到休药期的，不能作为肉羊上市。

12.3 发生疾病的种羊在使用药物治疗时，在治疗期或达不到休药期的不可作为食用淘汰羊出售。

12.4 对可疑病羊应隔离观察、确诊。有使用价值的种羊应隔离饲养、治疗，治愈后，才能合群。

12.5 羊场不应出售病羊或死因不明的羊。

13.卫生消毒

13.1 消毒剂

消毒剂应选择符合《中华人民共和国兽药典》规定的高效、低毒和低残留消毒剂，符合NY 5148的规定。可选择烧碱、甲醛、新洁尔灭、生石灰等。消毒剂应交替使用。

13.2 消毒方法

13.2.1 紫外线消毒。人员入口处设紫外线灯照射至少5分钟。

13.2.2 喷雾消毒。用规定浓度的有机碘混合物、过氧乙酸、煤酚等消毒剂，对羊舍、道路及进入场区的车辆消毒。

13.2.3 喷洒消毒。在羊舍周围、入口处、产房和羊床下撒生石灰或烧碱液进行消毒。

13.2.4 浸液消毒。用一定浓度的新洁尔灭、有机碘混合物或煤酚的水溶液，对手、工作服、胶靴和器械进行消毒。

13.3 制定消毒制度

13.3.1 羊场入口应设消毒池和消毒间，羊舍周围环境按有关规定定期消毒。

13.3.2 工作人员进入生产区应更衣和消毒，工作服不得穿出场外，特别是与肉羊接触密切的饲养员应定期进行健康检查，发现有传染病患者应及时调出。

13.3.3 外来参观者必须经消毒、更衣后方能入场，并遵守场内防疫制度。

13.3.4 定期对料槽、饲料车、料箱等用具进行消毒，定期进行舍内消毒、羊体消毒，减少传染病的发生。

13.3.5 羊舍及周围环境消毒要形成制度。羊舍周围环境每星期用2%烧碱或生石灰消毒1次；场内排粪坑、下水道出口，每月用漂白粉消毒1次；在羊场、羊舍入口处设消毒池并定期更换消毒液；每批羊出栏后，要彻底清扫羊舍，采用喷雾、熏蒸等方式消毒；定期进行带羊消毒，减少环境中的病原微生物。

14.运输

14.1 商品羊运输前，应按有关规定进行检疫，合格者出具检疫证明，凭检疫证明方可出境运输、上市或屠宰。

14.2 运输车辆在运输前和使用后应彻底消毒。

15.生产资料档案记录

15.1 优质肉用绵羊饲养场应建立一系列相关的生产档案,确保无公害羊肉品质的可追溯性。

所有记录应准确、可靠、完整。记录资料应长期保存。

15.2 羊引进、配种、产羔、哺乳、断奶、转群、增重、饲料消耗等生产记录。

15.3 种羊或商品羊来源、种羊系谱档案和主要生产性能记录。

15.4 饲料和饲草来源及各种添加剂使用记录。包括饲料及饲料添加剂的生产厂家、出厂批号、检验报告、投料数量,含有药物添加剂的应特别注明药物的名称、含量及休药期。

15.5 建立并保存环境消毒、疫病免疫和治疗记录。包括肉羊编号、发病时间及症状、治疗用药物名称(商品名及有效成分)、给药剂量、疗程等。

15.6 种羊、商品羊销售记录。包括育肥时间、出栏时间、检验报告、出场记录、销售地记录。

第三节 肉羊标准化养殖场创建实施方案

一、内蒙古2012年畜禽养殖标准化示范创建实施方案

根据农业部畜禽养殖标准化示范创建活动有关要求,制定本方案。

1.创建目标

2012年创建国家级畜禽养殖标准化示范场48个。通过示范创建加快转变畜牧业发展方式,积极推进畜牧业转型,着力发展现代规模养殖,实现草原增绿、畜牧业增产、农牧民增收。

2. 创建内容

(1)基本要求。参与创建的规模养殖场生产经营活动必须遵守畜牧法、动物防疫法等相关法律法规，具备养殖场备案登记手续和《动物防疫条件合格证》，养殖档案完整，两年内无重大动物疫病和质量安全事件发生。

肉羊：农区存栏能繁母羊 250 只以上，或年出栏肉羊 500 只以上的养殖场；牧区存栏能繁母羊 400 只以上，或年出栏肉羊 1 000 只以上的养殖场。

(2)示范创建内容。畜禽养殖场标准化创建的主要内容有以下几点。

①畜禽良种化。因地制宜，选用高产优质高效畜禽良种，品种来源清楚、检疫合格。

②养殖设施化。养殖场选址布局科学合理，畜禽圈舍、饲养和环境控制等生产设施设备满足标准化生产需要。

③生产规范化。制定并实施科学规范的畜禽饲养管理规程，配备与饲养规模相适应的畜牧兽医技术人员，严格遵守饲料、饲料添加剂和兽药使用有关规定，生产过程实行信息化动态管理。

④防疫制度化。防疫设施完善，防疫制度健全，科学实施畜禽疫病综合防控措施，对病死畜禽实行无害化处理。

⑤粪污无害化。畜禽粪污处理方法得当，设施齐全且运转正常，实现粪污资源化利用或达到相关排放标准。

3. 工作要求

(1)申报程序。各级农牧业主管部门要建立畜禽养殖标准化示范创建项目储备库，旗县区农牧业主管部门负责组织对参与示范创建的标准化规模养殖场申报工作，将旗县区自愿申请、主动实施标准化改造、符合基本条件的养殖场全部入库。各盟市农牧业主管部门对旗县区拟申报养殖场进行认真审核，并按自治区示范创建申报计划将储备库中的养殖场择优推荐上报自治区，自治区根据盟市上报情况将参与标准化示范创建的养殖场名单推荐农业部。

(2)申报基本条件。申请参与创建的养殖场能够严格执行《农业部畜禽标准化示范场管理办法》规定的示范场条件，并按照示范场要求进行标准化建设。

①场址不得位于《中华人民共和国畜牧法》明令禁止区域，并符合相关法律法规及区域内土地使用规划。

②达到农业部畜禽养殖标准化示范场验收评分标准所规定的饲养规模。

③按照畜牧法规定进行备案，养殖档案符合《农业部关于加强畜禽养殖管理的通知》(农牧发[2007]1 号)要求。

④按照相关规定使用饲料添加剂和兽药，禁止在饲料和动物饮用水中使用违禁药物及非法添加物，以及停用、禁用或者淘汰的饲料和饲料添加剂。

⑤具备县级以上畜牧兽医部门颁发的《动物防疫条件合格证》，两年内无重大疫病和质量安全事件发生。

⑥饲养的商品代畜禽来源于具有种畜禽生产经营许可证的养殖企业，饲养、销售种畜禽符合种畜禽场管理有关规定。

(3)组织实施和审核验收。围绕示范场“畜禽良种化、养殖设施化、生产规范化、防疫制度化、粪污无害化”各项建设内容，旗县农牧业主管部门负责组织拟推荐养殖场的标准化改造实施方案制定工作；由盟市农牧业主管部门负责方案审核工作，并报自治区备案。自治区农牧业主管部门组织 3 人以上的专家组，对申请参与示范创建的养殖场按照《畜禽养殖标准化示范场验收评分标准》(表 10-1)进行现场评审验收，确定每个养殖场在示范期限内的具体示范任务和目标，并将验收合格的养殖场名单在自治区农牧业信息网公示，无异议后报农业部畜牧业司。农业部审核通过后，授予“农业部畜禽标准化示范场”称号。

表 10-1 肉羊标准化示范场验收评分标准

申请验收单位： 验收时间： 年 月 日

必备条件（任一项不符合不得验收）	1.场址不得位于《中华人民共和国畜牧法》明令禁止区域，并符合相关法律法规及区域内土地使用规划	可以验收□ 不予验收□
	2.具备县级以上畜牧兽医部门颁发的《动物防疫条件合格证》，两年内无重大疫病和产品质量安全事件发生	
	3.具有县级以上畜牧兽医行政主管部门备案登记证明；按照农业部《畜禽标识和养殖档案管理办法》要求，建立养殖档案	
	4.农区存栏能繁母羊 250 只以上，或年出栏肉羊 500 只以上的养殖场；牧区存栏能繁母羊 400 只以上，或年出栏肉羊 1 000 只以上的养殖场	

验收项目	考核内容	考核具体内容及评分标准	满分	最后得分	扣分原因
一、选址与布局（20 分）	（一）选址（4 分）	距离生活饮用水源地、居民区和主要交通干线、其他畜禽养殖场及畜禽屠宰加工、交易场所 500 米以上，得 2 分，否则不得分	2		
		地势较高，排水良好，通风干燥，向阳透光得 2 分，否则不得分	2		
	（二）基础设施（5 分）	水源稳定、水质良好，得 1 分；有储存、净化设施，得 1 分，否则不得分	2		
		电力供应充足，得 2 分，否则不得分	2		
		交通便利，机动车可通达得 1 分，否则不得分	1		

续表 10-1

验收项目	考核内容	考核具体内容及评分标准	满分	最后得分	扣分原因
一、选址与布局(20分)	(三)场区布局(8分)	农区场区与外界隔离,得2分,否则不得分。牧区牧场边界清晰,有隔离设施,得2分	2		
		农区场区内生活区、生产区及粪污处理区分开得3分,部分分开得1分,否则不得分。牧区生活建筑、草料储存场所、圈舍和粪污堆积区按照顺风向布置,并有固定设施分离,得3分,否则不得分	3		
		农区生产区母羊舍,羔羊舍、育成舍、育肥舍分开得2分,有与各个羊舍相应的运动场得1分。牧区母羊舍、接羔舍、羔羊舍分开,且布局合理,得3分,用围栏设施作羊舍的减1分	3		
	(四)净道和污道(3分)	农区净道、污道严格分开,得3分;有净道、污道,但没有完全分开,得2分,完全没有净道、污道,不得分。牧区有放牧专用牧道,得3分	3		
二、设施与设备(28分)	(一)羊舍(3分)	密闭式、半开放式、开放式羊舍得3分,简易羊舍或棚圈得2分,否则不得分	3		
	(二)饲养密度(2分)	农区羊舍内饲养密度≥1米²/只,得2分;<1米²≥0.5米²得1分;<0.5米²/只不得分。牧区符合核定载畜量的得2分,超载酌情扣分	2		
	(三)消毒设施(3分)	场区门口有消毒池,得1分;羊舍(棚圈)内有消毒器材或设施得1分	2		
		有专用药浴设备,得1分,没有不得分	1		

续表 10-1

验收项目	考核内容	考核具体内容及评分标准	满分	最后得分	扣分原因
二、设施与设备(28分)	(四)养殖设备(16分)	农区羊舍内有专用饲槽,得2分;运动场有补饲槽,得1分。牧区有补饲草料的专用场所,防风、干净,得3分	3		
		农区保温及通风降温设施良好,得3分,否则适当减分。牧区羊舍有保温设施、放牧场有遮阳避暑设施(包括天然和人工设施),得3分,否则适当减分	3		
		有配套饲草料加工机具得3分,有简单饲草料加工机具的得2分;有饲料库得1分,没有不得分	4		
		农区羊舍或运动场有自动饮水器,得2分,仅设饮水槽减1分,没有不得分。牧区羊舍和放牧场有独立的饮水井和饮水槽得2分	2		
		农区有与养殖规模相适应的青贮设施及设备得3分;有干草棚得1分,没有不得分。牧区有与养殖规模相适应的贮草棚或封闭的贮草场地得4分,没有不得分	4		
	(五)辅助设施(4分)	农区有更衣及消毒室,得2分,没有不得分。 牧区有抓羊过道和称重小型磅秤得2分。	2		
		有兽医及药品、疫苗存放室,得2分;无兽医室但有药品、疫苗储藏设备的得1分,没有不得分	2		

续表 10-1

验收项目	考核内容	考核具体内容及评分标准	满分	最后得分	扣分原因
三、管理及防疫(30 分)	(一)管理制度(4 分)	有生产管理、投入品使用等管理制度,并上墙,执行良好得 2 分,没有不得分	2		
		有防疫消毒制度,得 2 分,没有不得分	2		
	(二)操作规程(5 分)	有科学的配种方案,得 1 分;有明确的畜群周转计划,得 1 分;有合理的分阶段饲养、集中育肥饲养工艺方案,得 1 分,没有不得分	3		
		制定了科学合理的免疫程序,得 2 分,没有则不得分	2		
	(三)饲草与饲料(4 分)	农区有自有粗饲料地或与当地农户有购销秸秆合同协议,得 4 分,否则不得分。牧区实行划区轮牧制度或季节性休牧制度,或有专门的饲草料基地,得 4 分,否则不得分	4		
	(四)生产记录与档案管理(15 分)	有引羊时的动物检疫合格证明,并记录品种、来源、数量、月龄等情况,记录完整得 4 分,不完整适当扣分,没有则不得分	4		
		有完整的生产记录,包括配种记录、接羔记录、生长发育记录和羊群周转记录等。记录完整得 4 分,不完整适当扣分	4		
		有饲料、兽药使用记录,包括使用对象、使用时间和用量记录,记录完整得 3 分,不完整适当扣分,没有则不得分	3		
		有完整的免疫、消毒记录,记录完整得 3 分,不完整适当扣分,没有则不得分	3		
		保存有 2 年以上或建场以来的各项生产记录,专柜保存或采用计算机保存得 1 分,没有则不得分	1		
	(五)专业技术人员(2 分)	有 1 名以上经过畜牧兽医专业知识培训的技术人员,持证上岗,得 2 分,没有则不得分	2		

续表 10-1

验收项目	考核内容	考核具体内容及评分标准	满分	最后得分	扣分原因
四、环保要求（12分）	(一) 粪污处理 (5分)	有固定的羊粪储存、堆放设施和场所，储存场所要有防雨、防溢流措施。满分为3分，有不足之处适当扣分	3		
		农区粪污采用发酵或其他方式处理，作为有机肥利用或销往有机肥厂，得2分。牧区采用农牧结合良性循环措施，得2分，有不足之处适当扣分	2		
	(二) 病死羊处理 (5分)	配备焚尸炉或化尸池等病死羊无害化处理设施，得3分	3		
		病死羊采用深埋或焚烧等方式处理，记录完整，得2分	2		
	(三) 环境卫生 (2分)	垃圾集中堆放，位置合理，整体环境卫生良好，得2分	2		
五、生产技术水平（10分）	(一) 生产水平 (8分)	农区繁殖成活率90%或羔羊成活率95%以上，牧区繁殖成活率85%或羔羊成活率90%以上，得4分，不足适当扣分	4		
		农区商品育肥羊年出栏率180%以上，牧区商品育肥羊年出栏率150%以上，得4分，不足适当扣分	4		
	(二) 技术水平 (2分)	采用人工授精技术得2分	2		
合计			100		

二、肉羊标准化养殖场建设实例

甘肃省玉门市兴耀肉羊标准化示范场位于玉门市清泉乡集镇东北侧1千米处，总投资为267万元，羊场总面积3万米^2，基础设施建设占地面积 2.15 万$米^2$。该羊场选址科学，布局合理，具有玉门市畜牧兽医局颁发的动物防疫条件合格证。羊场建在符合畜牧法明令禁止的区域和相关法律法规及区域内土地使用规划区域内，近几年没有发生过重大动物疫病和安全事故；具有县级以上畜牧兽医行政主管部门备案登记证明，并按照农业部《畜禽标识和养殖档案管理办法》要求，建立了各类养殖档案，羊场畜种档案齐全，制度完善。目前存栏肉羊 2 130 只(其中：能繁母羊存栏 1 526 只，后备母羊 479 只，公羊 125 只)，年可出栏肉羊 3 000 只以上。

羊场现有密闭双列式羊舍 5 栋 1 250 $米^2$，圈舍配套有运动场 4 400 $米^2$，羊舍设施齐全，设施设备配套。羊舍内饲养密度≥1 $米^2$/只；羊舍阳面建有钢结构和装有阳光塑板，设有通风窗，通风降温及保温设施完备良好；每栋羊舍配套有遮阳棚及饲喂设施；场区内配套有与现有养殖规模相适应的青贮设施；场区内绿化面积达到 1 600 $米^2$，整体环境卫生良好。

羊场建立有生产管理、投入品使用、防疫消毒、免疫等制度；根据生产需要，制定有配种方案、畜群周转计划、有合理的分阶段饲养、集中育肥饲养工艺方案；具备有饲草料基地 300 亩，年可种植青贮玉米 168 亩，苜蓿 132 亩，完全可以满足饲养所需。

生产记录与档案建立健全，登记规范，生产配种、接羔、生产发育和羊群周转等记录完整。免疫消毒记录完整，各类生产记录有专柜保存。场内有助理以上的畜牧兽医专业技术人员 2 名，保证了生产技术指导服务所需。

该羊场建成投产后，不仅提高了全市养殖业的整体实力，而且对推动标准化规模养殖起到重要的示范带动作用。通过标准化、规模化养殖场建设，可快速实现肉羊产业的集约化管理、工厂化生产、产业化经营和市场化服务，提高养殖效益，促进农民增收。通过示范点的示范带动，全市标准化规模养殖比例达到 50％以上，肉羊出栏和生产水平大幅度提高；在经济效益方面，通过标准化养羊生产，每年向社会提供优质商品肉羊 8 000 只，年可实现养殖收入 640 多万元，可有效带动当地经济发展；在生态保护方面，可大量利用农作物秸秆，通过草畜转化，畜粪还田，羊舍所排粪污经过发酵处理，可达到无污染、生态、环保的效果，为无公害农业生产创造条件。同时，可提高畜群的舍饲养殖比例，减少放牧畜群，减轻草原载畜量，为退牧还草工作提供基础，有效保护自然环境。

第四节　发展建设肉羊标准化养殖场措施

一、因地制宜，统一规划

加强对标准化养殖场区建设规划工作，包括小区道路、栏舍、粪污治理、防疫屏障、水电等公用设施的设计布置等内容。做好养殖场区的用地规划，做到养殖场区发展规划与土地利用规划有机衔接，解决用地困难问题。推进养殖场区和环境保护同步规划、同步治理，实现生产与生态的良性循环。尤其是要通过统一规划，积极推广种养结合、林牧结合、牧沼结合为主要内容的资源循环利用养殖模式。对已经形成具备一定规模和基础的粗放型养殖场区，要在现有的基础上改进和完善防疫和环保基础设施，加大栏舍改造和环境整治力度，使之符合现代生态养殖要求。对新建的养殖场区，要按照生态养殖和标准化养殖场的技术要求进行规划、设计和管理，并实行备案管理制度。

二、加强引导，典型示范

一是要通过优化基础设施、提供公共技术服务、资金信贷扶持等政策措施，鼓励和支持有条件的龙头企业、中介组织采取“公司＋基地＋农户”、“中介组织＋农户”等形式建设标准化养殖场区。鼓励和支持分散农户集中建设标准化养殖小区，扩大养殖规模，提高集约化发展水平。支持养殖场区配套沼气建设，提高健康养殖水平。二是发挥典型示范作用，通过建设一批起点高、标准化程度高的养殖场区，示范带动周边区域彻底摆脱传统散养方式，自觉向养殖场区方向发展。三是要做好技术服务工作，确保养殖场户享受到标准化养殖带来的生态效益和经济效益。

三、加大投入，扶持标准化养殖场区

肉羊标准化养殖场区的要求高，投入大，要积极探索和建立以政府为主导、市场运作为补充的多元化投资机制，逐步把养殖场区建设纳入公共财政支持范畴，鼓励各种主体参与建设。一是设立专项建设资金。政府应从现代肉羊产业发展要求出发，设立专项建设资金，用于支持标准化养殖场区建设。二是加大基础设施建设投入。对于养殖场区的水、电、路等公共基础设施建设要纳入政府公共支持范畴，解决好发展的必备基础条件。三是实行养殖补贴。对进入标准化养殖场区的养殖场、户，按肉羊饲养量给予补助，推动肉羊养殖向小区集聚，推进养殖方式转变。四是减免税费，场区内的养殖用水、用电实行农业用水、用电政策，实行免费防疫、检疫，所需费用由财政支付。

四、落实用地

针对大部分养殖场区建设没有预留土地、流转困难的实际，可以采取以下措施：一是要尽快制定肉羊养殖场区用地规划。根据现有的农村土地结构，结合农业结构调整和发展循环农业，在防疫屏障好、基础设施容易解决的山地、林地中规划生态养殖场区用地。这样既不破坏耕地，又能为山地林木等种植作物提供有机肥料，推进生态养殖。二是集体调地。农村集体经济组织原有集体山地、集体农场，要优先安排标准化养殖场区用地，并根据肉羊养殖发展需要逐步改善基础设施建设。没有集体土地的地方，要在长期稳定农村土地承包权的基础上，放活农村土地使用权和经营权，由农村集体经济组织出面采取土地调整或流转方式，帮助规划区域内的养殖场区用地由非养殖户向养殖户流转，满足养殖场区用地需要。经济条件许可的乡村，可以由乡村集体向承包地的农民采取反租承包形式，由集体向原承包户支付一定的承包费将土地集中，再过渡到养殖场区用户。三是要创新用地许可制度。肉羊养殖属农业生产，应与农业同等对待。肉羊标准化养殖小区内的栏舍建设，应视为农业基础设施建设，减免其固定设施建设的许可收费。

五、加强标准化生产场区疫病防控体系建设

一是肉羊生产主管部门应组织制定不同区域、不同饲养模式下肉羊饲养技术规程和疾病综合防控技术规范，使得肉羊饲养过程统一化、规范化，疾病综合防控标准化，进而减少肉羊疾病的发生和流行。

二是增加农村和标准化羊场兽医防疫人员数量，定期举行培训班提高其疫病防控的业务素质，为肉羊产业疫病防控提供人员储备和基础支撑。

六、加强屠宰加工、质量安全管理和流通市场体系建设

一是强化对涉及羊肉食品质量安全的各个环节，尤其是羊肉加工和流通环节的监管力度，实现对羊肉产品“从生产场到餐桌”的全程监管。严格执行肉羊屠宰加工标准，制定较为科学的羊肉分级标准，形成优质优价机制，促进优质羊肉产品转化增值。采用科技含量高的生产加工技术和冷链物流系统，提高产品质量，增强产品竞争力，提高肉羊产品附加值。

二是逐步建立并完善监督抽检、信息发布、投诉举报、应急处置、产品召回等制度措施，加大食品安全违法处罚力度。

三是在落实食品安全监督责任的同时，加强完善羊肉产品质量安全监测评估和多层次检验检疫等支撑体系建设。建立和完善肉羊标识及疫病溯源体系；建立羊肉产品质量安全市场准入机制，强制推行 HACCP 认证，确保只有获得质检认证的安全优质羊肉产品才能进入市场，逐步建立有序竞争的规范市场体系。

附录一　种羊引种技术规范

1.范围

主要对引种地生态环境、引种季节、纯种选择、羊群结构、检疫、运输及种羊引进后的隔离和饲养管理。

本标准适用于种羊的引进。

2.规范性引用文件

下列文件中的条款通过本标准的引用而成为本标准的条款。凡是注日期的引用文件，其随后所有的修改单或修订版本均不使用于本标准，然而，鼓励根据本标准达成协议的各方研究是否可使用这些文件的最新版本。凡是不注日期的引用文件，其最新版本适用于本标准。

3.术语和定义

下列术语和定义适用于本标准。

3.1　精子活力　精液中直线运动精子占精子综总数的百分比。

3.2　精子密度　单位体积中的精子数。常用“密”“中”“稀”三级评定。精子充满显微镜整个视野，精子之间空隙小于一个精子的长度，看不出单个精子活动情况的为“密”；精子间相互距离有1～2个精子的长度，能看清单个精子活动的为“中”；视野中只有少量精子，且相互距离很大的为“稀”。

4.生态环境

种羊引入地与原产地的气候环境、饲草饲料资源应基本相似。

5.引种季节

一般在秋季或春末夏初。

6.种羊选择

6.1　要在具有种畜禽生产经营资质的种羊场引进，引进养殖系谱资料完整，外貌特征符合本品种要求。

6.2　引进孕羊的妊娠期不要超过2个月。

6.3　引进种公羊还必须检查其生殖器官发育情况和精液品质，要求精子活力在0.8%以上，密度中等以上。

7.羊群结构

7.1　在引种时应按合理的年龄结构。一般引种应以青壮年羊为主。

7.2　引种公母羊比例一般为1∶20～1∶30。

8.检疫

按GB 16567的规定执行。

9.运输

9.1　根据运输距离长短备足材料及饮水设备。上车前给羊喂矢量草料，饮足水，1 h后再装车。

9.2　长途运输过程中定期给羊饮水，宜喂优质干草和青绿多汁饲料，尽量少喂精料。喂饲料时要少量多次。高温远途运输时要选择夜间行车，避免产生过多的过激反应。

9.3　运羊途中，要有专人看护羊只，定时检查，及时扶起被挤倒的羊只，防止伤亡。

9.4　羊只运到后，将汽车倒至有高台处，打开后厢，搭成缓坡，缓慢赶羊下车入圈。先让羊只饮些温水，休息几小时后便可放牧或按要求饲养。

10.引种羊的管理

饲养引种羊的圈舍应清洁、干燥、通风和气温适宜，并单圈隔离饲养45天，确无传染病时方可与其他羊混群饲养。对引进种羊要尽量创造与引种地相同的环境、饲养管理条件，以缩短适应期。

附录二　羊人工授精技术规程

（山东省地方标准 DB37/T 592—2005）

1.范围

本标准规定了人工授精站的建设、种公羊选择与调教、人工授精器械准备、种公羊采精、精液检查、精液稀释、母羊的发情鉴定、人工授精、配种记录。

本标准适用于绵山羊的人工授精。

2.定义

2.1　人工授精

人工授精是指利用器械以人工方法采集公羊的精液，经特定处理后。再输入到发情的母羊生殖道的特定部位使其妊娠的一种动物繁殖技术。

2.2　精子活率

精子活率以呈直线前进运动的精子数占全部精子的百分率来测定。

2.3　精子数

用血球计数盘计算出每毫升精液的精子数。

2.4　精子密度

精子密度又称精子浓度，是指单位容积（1 毫升）的精液所含的精子数。

2.5　初配年龄

初配年龄是第一次参加配种的年龄。

3.人工授精站的建设要求

3.1 人工授精操作室

3.1.1 采精室和输精室

采精室和输精室面积为10～12米^2，要求地面平整，光线充足，室内有1～2个输精架。

3.1.2 精液处理室

精液处理室面积为8～10米^2，要求屋顶、墙壁、地面平整，室温应保持在20℃左右。

3.2 种公羊舍

种公羊舍要求地面干燥，光照充足，有补饲用的料槽，每只种公羊占有面积约为2.5～3米^2，并有10～15米^{2}的运动场。

3.3 待配母羊棚(圈)

待配母羊棚(圈)应与输精室相连通，其面积可根据母羊群大小来决定。

3.4 人工授精站常用器械详见资料性附录A、常用药品详见资料性附录B。

4.种公羊选择与调教

4.1 种公羊选择

选择符合种用标准，体质结实，结构匀称，生产性能高，生殖器官发育正常，有明显的品种特征，精液品质良好、健康无病的公羊作为种羊，应达到一级以上。

种公羊除经外貌鉴定外，尚需根据父母、祖代系谱及后裔进行测定，选择个体育种值高的作为主配公羊。

4.2 种公羊调教

在配种前1个月加强营养、进行调教训练，在配种前3周应开始采精一次，前2周每隔3天采精一次，前1周每隔1天采精1次，以提高种公羊的性欲和精液品质。对于初次用于配种的种公羊，须经调教，使其习惯于假阴道采精。

5.人工授精器械的消毒和冲洗

5.1　假阴道内胎、玻璃棒、温度计、金属镊子需用75%酒精棉球擦拭消毒。

5.2　集精杯、稀释液、生理盐水棉球、毛巾、纱布、保存运输精液用的玻璃容器需经高压蒸汽消毒，要求消毒温度达到115℃，维持30分钟。

5.3　输精器需经高压蒸汽消毒。当连续数只母羊输精时，每使用一次，输精器的前段用75%酒精棉球由前向后擦拭消毒，切忌将酒精挤入到输精器内。待酒精干燥后，再用生理盐水棉球擦拭后，方可为另一只母羊输精。

5.4　使用后的开膣器需洗涤干净消毒后，再用灭菌生理盐水棉球冲洗两次。

5.5　凡是接触精液的器械，如假阴道内胎、集精杯、输精器、保存运输精液用的容器均应经过彻底消毒之后，再用经灭菌的稀释液冲洗两次，以保持精子的适宜环境。

5.6　人工授精器械的洗涤。人工授精所用器械在每次使用后，需用洗涤剂洗刷干净，特别是假阴道内胎的油渍及输精器内残留的精液，均应彻底洗涤干净，最后再经清水和蒸馏水各冲洗一次。并保持清洁、干燥，存放于清洁的柜内。

6.采精

6.1　台羊

选择发情的健康母羊作为台羊，或利用假台羊，后躯应经擦拭消毒后供种公羊爬跨。

6.2　清洗包皮

种公羊在采精之前，应以湿毛巾将阴茎的包皮周围擦拭干净。

6.3 假阴道的准备

6.3.1 假阴道的安装

首先检查所用的内胎有无损坏和沙眼，完整无损的先放入开水中浸泡3～5分钟。安装时先将内胎装入外壳，并使其光面朝内，两头等长，然后将内胎一端翻套在外壳上，依同法套好另一端，此时注意勿使内胎有扭转情况，并使松紧适度，然后在两端分别套上橡皮圈固定。

消毒时，用长柄镊子夹上75%酒精消毒内胎，从内向外旋转，勿留空白，要求彻底，等酒精挥发后，用生理盐水棉球多次擦拭，冲洗。

6.3.2 灌注温水

将安装好的假阴道，加入50～55℃温水150～180毫升，用漏斗注入到假阴道的夹层内。水量为外壳与内胎间容量的1/2～1/3。

6.3.3 涂抹润滑剂

用消毒玻璃棒蘸取润滑剂，涂抹于假阴道内胎的前1/2段，由外向内均匀涂抹一薄层。

6.3.4 检温、吹气加压

用经消毒的温度计检测假阴道内腔温度，以达到39～42℃为宜；若过低、过高可用热水、冷水调节。为使假阴道内腔形成一定的压力，需要向夹层内注入适量的空气，以使假阴道的采精口端形成三角形。

6.4 采精方法

6.4.1 采精场地

首先要有固定的采精场所，以便使公羊建立交配的条件反射，场地应平坦避风，采精时应保持环境安静。

6.4.2 台羊准备

台羊应选择健康的、体格大小与公羊大小相似的发情母羊。若用假母羊为台羊，须先经过训练，即先用真母羊为台羊，采精数次，再改用假母羊作台羊。

6.4.3　公羊的牵引

把公羊牵到采精现场后，不要使它立即爬跨台羊，要控制几分钟，再让它爬跨，这样不仅可增强其性反射，也可提高所采精液质量。

6.4.4　采精技术

采精人员蹲于台羊右侧，右手持假阴道与地面成35～40°角，紧靠于台羊尻部，当种公羊爬跨于台羊背上并伸出阴茎时，采精人员即敏捷地用左手指轻托阴茎包皮，将阴茎导入假阴道内。公羊射精后，立即将假阴道竖起，排除空气，取下集精杯，盖上集精杯盖，挂上公羊牌号送往精液处理室。

6.5　采精次数

种公羊每天可采精1～2次，每周可采5天。

6.6　采精后用具的清理

倒出假阴道内的温水，将假阴道、集精杯放在热水中，用洗衣粉充分洗涤，然后用温水冲洗干净、擦干，待用。

7.精液品质检查

7.1　精液的感官检查

正常羊精液为乳白色，无味或略带腥味。凡带有腐败臭味，出现红色、褐色的精液均不可用于输精。公羊的射精量一般为1～1.5毫升。

7.2　精液的显微镜检查

7.2.1　方法

用消毒过的干净玻璃棒取出原精液1滴，或用生理盐水稀释过的精液1滴，滴在擦洗干净的干燥载玻片上，盖上干净的盖玻片，使盖玻片与载玻片之间充满精液，避免产生气泡，然后在显微镜下放大300～600倍进行观察，观察时盖玻片、载玻片、显微镜载物台的温度不得低于30℃，室温不低于18℃。

7.2.2　活率

如查100%的精子呈直线前进运动者评为1.0；90%的精子呈

直线前进运动者评为0.9,依此类推。

7.2.3 密度

显微镜视野内布满密集的精子,精子间空隙很小的精液定为“密级”;精子间空隙相当于1个精子的长度,能看到每个精子活动的精液定为“中”级;在显微镜视野内看到少数精子,精子间空隙很大,超过1个精子长度的精液则定为“稀”级。

7.2.4 精子数

1～2周测定1次。

8.精液的稀释

8.1 精液稀释液的配制

8.1.1 奶类稀释液

取自健康母牛、母羊的新鲜奶,经水浴(92～95℃)消毒15分钟,降温至40℃以下,每100毫升加入青霉素10万～20万单位。

8.1.2 葡-柠-卵稀释液

葡萄糖3克,柠檬酸钠1.4克,蒸馏水加至100毫升。取上液80毫升,加卵黄20毫升,青霉素10万单位。

8.1.3 生理盐水

0.85%氯化钠溶液。

8.2 精液稀释

8.2.1 稀释倍数应视精液密度、活率和选用的稀释液而定。每个输精剂量(0.1～0.2毫升),保持有效精子数在2 000万个以上。

8.2.2 调整稀释液的温度与原精液温度相同。应将稀释液缓慢地向原精液中注入。先以1∶5作第一次稀释,放置10分钟后再稀释至应稀释的倍数。精液稀释后,应进行精子活率评定,以检验稀释效果。

8.2.3 精液瓶应切实做好标记,注明种公羊号、采精时间、精液量及其活率评定等级。

9.输精点及精液保存运输

9.1 输精点每日所需精液,应定时到人工授精站取回。

9.2　采出的精液，经精液品质检查后应迅速稀释、包装、降温发送出去。

9.3　运送精液的保温瓶应放入冰块，使精液温度保持在2～5℃。精液瓶的温度应缓慢下降，并稳妥安置于保温瓶内。

9.4　精液在运输过程中，严防剧烈振荡，并尽可能缩短途中运输时间。

9.5　精液送达输精点，输精时再从保温瓶中取出，在室温下使精液温度升高至18～25℃，温水中升温。

9.6　经运输和保存的精液，需要经精液品质检查合格后，方能用于输精。

10.母羊发情鉴定

10.1　初配年龄

一般母羊初配在体重达成年体重70%以上时的年龄开始配种，或地方品种初配年龄一般在7～8月龄，国外引进品种初配年龄一般在1.5岁左右。

10.2　母羊发情表现

母羊发情时，常常表现兴奋不安，行为异常，尾巴频频摆动，对外界刺激反应敏感，食欲减退，有交配欲，主动接近公羊，在公羊追逐或爬跨时站立不动。发情终止时，拒绝公羊接近和爬跨。发情母羊外阴部松弛、充血、肿胀、阴蒂勃起；阴道充血、松弛，分泌黏液。每次发情持续时间一般为36～60小时。发情周期平均为21天。

10.3　试情

10.3.1　选择体格健壮无疫病，年龄2～5岁的公羊做试情公羊，在腰部绑系试情布，将阴茎兜住。也可做输精管结扎或阴茎移全术。

10.3.2　试情公羊应单圈喂养，除作试情外不得和母羊在一起。试情公羊要给予良好的饲养条件，未作手术的种公羊应每隔5～6天排精或本交一次，以保持其旺盛的性欲。

10.3.3 试情公羊与母羊的比例为1∶(40～50)为宜。试情公羊进入母羊群后，发现有站立不动并主动接近公羊或接受公羊爬跨的母羊，即为发情母羊。

11. 输精

11.1 输精时间

母羊需经发情鉴定及健康检查后，才允许给予输精。母羊输精时间一般在母羊发情后12～24小时输精。

11.2 输精部位

母羊输精前，外阴部应经清洗干净，以0.1/1 000高锰酸钾溶液擦拭消毒，擦干后，再以生理盐水棉球擦拭。将经消毒的开膣器轻缓地插入阴道，打开阴道，寻找子宫颈外口，再将输精器插入子宫颈外口内，深度约1～2厘米。

11.3 输精量

每头份的输精量，原精液可为0.05～0.1毫升，稀释后精液应为0.1～0.2毫升。每头份输精量中直线前进运动的精子数应不少于2 000万个。精子活率达0.5以上。

11.4 输精次数

早晨发现发情，可在当天下午输精一次，第2天早上再复配一次；傍晚发现发情，则在第2天上、下午各输精1次。如母羊继续发情，可再行输精1次。

11.5 输精器及开膣器在为每只母羊使用后，须经消毒才可为另一只母羊输精。

12. 记录工作

为了总结经验，提高受胎率，人工授精站及输精点需分别做好种公羊精记录及母羊配种繁殖记录。各项记录必须按时、准确，定期进行统计分析。

附表 1 人工授精站常用器械

序号	名称	规格	单位	数量
1	显微镜	300～600 倍	台	1
2	天平	0.1～100 克	台	1
3	假阴道外壳		个	6～8
4	假阴道内胎		条	15～20
5	假阴道塞子(带气嘴)		个	10
6	输精器	羊用	个	10
7	集精杯	羊用	个	15～20
8	金属开膣器	羊用	个	2～3
9	温湿度计		个	2
10	温度计	100℃	支	2
11	盖玻片		盒	5
12	载玻片		盒	5
13	酒精灯		个	2
14	玻璃量杯	50 毫升、100 毫升	个	各 2
15	玻璃量筒	500 毫升、1 000 毫升	个	各 2
16	玻璃漏斗	8 厘米、12 厘米	个	各 2
17	漏斗架		个	1
18	烧杯	500 毫升	个	3
19	洗液杯	500 毫升	个	3
20	玻璃皿	10～12 厘米	套	2
21	广口玻塞瓶	125 毫升、500 毫升	个	各 2～3
22	细口玻塞瓶	500 毫升、1 000 毫升	个	各 2
23	玻璃三角烧瓶	500 毫升	个	3
24	搪瓷盘	20 厘米×30 厘米 40 厘米×50 厘米	个	各 1

续附表1

序号	名称	规格	单位	数量
25	带盖搪瓷杯	250毫升、500毫升	个	各1
26	镊子		把	2
27	剪刀	直头	把	2
28	吸管	1毫升	纸	5
29	玻璃棒	0.2厘米、0.5厘米	支	各10
30	试管刷	大、中、小	个	各2～3
31	高压消毒锅	中型	个	1
32	采精架		个	1
33	输精架		个	
34	脸盆		个	1

附表2　人工授精常用药品

序号	名称	规格	单位	数量
1	酒精	95%,500毫升	瓶	3
2	氯化钠	化学纯	瓶	2
3	碳酸氢钠		千克	1
4	凡士林		瓶	1
5	药棉		千克	1
6	纱布		千克	1
7	试情布		块	10
8	碘酊		毫升	500
9	精液检查记录		本	1
10	配种记录		本	1

附录三　肉羊常用饲料成分及营养价值表

饲料类别	饲料名称	样品说明	干物质/%	粗蛋白/%	粗脂肪/%	粗纤维/%	无氮浸出物/%	粗灰分/%	钙/%	磷/%	消化能/(兆焦/千克)	代谢能/(兆焦/千克)	可消化粗蛋白质/(克/千克)
青绿饲料	马铃薯秧	黑龙江哈尔滨,后期	12.1	2.7	0.6	2.5	4.5	1.8	0.23	0.02	1.09	0.88	14
	三叶草	宁夏,红三叶	18.6	4.9	0.6	3.1	7.0	3.0	—	0.01	2.30	1.88	38
	沙打旺	辽宁,第二年生,盛花期	31.5	3.6	0.5	10.4	14.4	2.6	—	—	2.89	2.38	25
	甜菜叶	新疆,饲用种	8.7	2.0	0.3	1.0	3.5	1.9	0.11	0.04	0.96	0.79	13
	紫云英	8省市,8样品平均值	13.0	2.9	0.7	2.5	5.6	1.3	0.18	0.07	1.76	1.42	21
	苜蓿	吉林,佳木斯种,营养期	25.0	4.9	—	8.2	—	—	0.37	0.05	2.68	2.18	35
	甘薯蔓	11省市,15样平均	13.0	2.1	0.5	2.5	6.2	1.7	0.20	0.05	1.17	0.96	
青贮饲料	草木犀青贮	青海西宁,已结子,pH4.0	31.6	5.4	1.0	10.2	10.9	4.1	0.58	0.08	3.26	2.68	39
	胡萝卜青贮	甘肃	23.6	2.1	0.5	4.4	10.1	6.5	0.25	0.03	2.72	2.22	10
	胡萝卜秧青贮	青海西宁,起苔,pH5.4	19.7	3.1	1.3	5.7	4.8	4.8	0.35	0.03	2.05	1.67	20
	马铃薯秧青贮	青海西宁	23.0	2.1	0.6	6.1	8.9	5.3	0.27	0.03	1.72	1.42	8
	苜蓿青贮	青海西宁,盛花期,pH4.0	33.7	5.3	1.4	12.8	10.3	3.9	0.50	0.10	3.26	2.68	34
	玉米青贮	四省市5样平均	22.7	1.6	0.6	6.9	11.6	2.0	0.10	0.06	2.72	2.22	8

续表

饲料类别	饲料名称	样品说明	干物质/%	粗蛋白/%	粗脂肪/%	粗纤维/%	无氮浸出物/%	粗灰分/%	钙/%	磷/%	消化能/(兆焦/千克)	代谢能/(兆焦/千克)	可消化粗蛋白质/(克/千克)
块根块茎类	甘薯	7省市,8样品均值,鲜	25.0	1.0	0.3	0.9	22.0	0.8	0.13	0.05	3.68	3.01	6
	胡萝卜	青海西宁,黄色	8.8	0.5	0.1	1.4	6.1	0.7	0.11	0.07	1.34	1.09	4
	胡萝卜	山东	10.3	1.4	—	1.1	—	—	0.08	0.06	1.63	—	7
树叶	杨树叶	内蒙古,落叶,风干	92.6	23.5	—	22.8			—	—	7.03	5.77	92
	紫穗槐叶	宁夏,初花期,风干	88.0	20.5	2.9	15.5	43.8	5.3	1.20	0.12	10.79	8.83	135
干草类(含牧草)	黑麦草	吉林	87.8	17.0	4.9	20.4	34.3	11.2	0.39	0.24	10.88	8.90	105
	碱草	内蒙古,抽穗期	90.1	13.4	2.6	31.5	37.4	5.2	0.47	0.63	10.46	8.58	120
	紫花苜蓿	山东	88.9	18.4	—	26.7	—	—	1.07	0.32	9.26	8.32	138
	苜蓿	内蒙古,花期	90.0	17.4	4.6	38.7	22.4	6.9	1.07	0.32	7.87	6.49	89
	沙打旺	吉林,开花期	85.8	15.7	1.6	25.8	—	—	0.36	0.18	10.46	8.58	118
	雀麦草	黑龙江	94.3	5.7	2.2	34.1	46.1	6.2	—	—	8.49	6.95	16
	苏丹草	黑龙江	85.8	10.5	1.4	28.6	45.6	2.2	0.33	0.14	9.50	7.78	66
	羊草	黑龙江,4样品平均值	91.6	7.4	3.6	29.4	46.6	4.6	0.37	0.18	8.74	7.15	37
	羊草	东北,三级草	88.3	3.2	1.3	32.5	46.2	5.1	0.25	0.18	6.53	5.36	16
	野干草	吉林,山草	90.6	8.9	2.0	33.7	39.4	6.6	0.54	0.09	7.99	6.57	53
	青干草	山东	91.0	7.2	—	34.5	—	—	0.41	0.08	8.32	6.56	53

续表

饲料类别	饲料名称	样品说明	干物质/%	粗蛋白/%	粗脂肪/%	粗纤维/%	无氮浸出物/%	粗灰分/%	钙/%	磷/%	消化能/(兆焦/千克)	代谢能/(兆焦/千克)	可消化粗蛋白质/(克/千克)
农副产品类	豆秸	山东	86.5	5.9	—	39.1	—	—	0.2	0.02	6.5	5.94	31
	大豆荚	吉林怀德	85.9	6.5	1.0	27.4	38.4	12.6	0.64	0.10	7.24	5.94	31
	大麦秸	新疆	88.4	4.9	2.9	33.8	38.7	8.1	0.05	0.06	7.49	6.14	
	小麦秸	山东,冬小麦	88.4	2.5	1.9	37.2	38.9	7.9	0.05	0.06	6.73	5.52	4
	谷草	黑龙江,粟秸,2样品平均值	90.7	4.5	1.2	32.6	44.2	8.2	0.34	0.03	7.32	6.02	17
	莜麦秸	内蒙古,打谷场副产品	84.9	4.4	3.0	28.1	33.2	16.2	0.11	0.16	6.36	5.21	
	稻草	浙江	90.2	4.9	1.4	29.9	35.4	18.6	0.10	0.13	5.98	4.91	
	油菜秆	新疆	94.4	3.0	1.3	55.3	31.0	3.8	0.55	0.03	6.94	5.68	2
	花生秧粉	山东	89.4	8.8	1.7	30.4	37.7	7.7	1.86	0.05	8.0	6.8	36
	甘薯秧粉	山东	92.2	8.5	3.2	30.1	41.3	8.9	1.83	0.06	8.83	7.1	33
	玉米秸	辽宁,3样品平均值	90.0	5.9	0.9	24.9	50.2	8.1	—	—	8.61	7.06	21
	玉米秸	山东	88.8	5.9	—	21.0	—	—	1.4	0.02	8.37	7.1	18

续表

饲料类别	饲料名称	样品说明	干物质/%	粗蛋白/%	粗脂肪/%	粗纤维/%	无氮浸出物/%	粗灰分/%	钙/%	磷/%	消化能/(兆焦/千克)	代谢能/(兆焦/千克)	可消化粗蛋白质/(克/千克)
谷实类	大麦	20省市,49样品平均值	88.8	10.8	2.0	4.7	68.1	3.2	0.12	0.29	13.93	11.42	85
	高粱	17省市,18样品平均值	89.3	8.7	3.3	2.2	72.9	2.2	0.09	0.28	13.89	11.41	58
	粟	6省,13样品平均值,谷子	91.9	9.7	2.6	7.4	67.1	5.1	0.06	0.26	11.67	9.58	70
	小麦	15省市,28样品平均值	91.8	12.1	1.8	2.4	73.2	2.3	—	0.36	14.73	12.09	94
	稻谷	成熟晒干 NY/T2级	86.0	7.8	1.6	8.2	63.8	4.6	0.03	0.36	12.64	10.36	
	糙米	良,成熟,未去米糠	87.0	8.8	2.0	0.7	74.2	1.3	0.03	0.35	14.27	11.70	
	燕麦	11省市,17样品平均值	90.3	11.6	5.2	8.9	60.7	3.9	0.15	0.33	13.18	10.84	97
	玉米	23省市,120样品平均值	88.4	8.6	3.5	2.0	72.9	1.4	0.04	0.21	15.40	12.64	65
糠麸类	大豆皮	内蒙古	92.1	12.3	2.7	36.4	35.7	5.0	0.64	0.29	9.29	7.61	90
	谷糠	内蒙古	91.9	7.6	6.9	22.6	45.0	9.8	—	—	8.54	6.98	33
	黑麦麸	甘肃山丹、粗麸	91.7	8.0	2.1	19.1	57.9	4.6	0.05	0.13	9.15	7.44	46
	青稞麸	甘肃山丹、白色	90.6	12.7	4.2	12.7	58.4	2.6	0.20	0.41	11.88	9.74	
	小麦麸	24省市,115样品平均值	88.6	14.4	3.7	9.2	56.2	5.1	0.18	0.78	11.09	9.08	108
	玉米皮	内蒙古	86.1	5.8	3.6	12.0	61.5	—	0.08	0.48	10.79	8.87	33
	次粉	黑面,下面 NY/T2级	87.0	13.6	2.1	2.8	66.7	1.8	0.08	0.48	13.60	11.15	
	米糠	新鲜,不脱脂,NY/T2级	89.0	12.8	16.5	5.7	44.5	7.5	0.07	1.43	13.77	11.29	

续表

饲料类别	饲料名称	样品说明	干物质/%	粗蛋白/%	[illegible]/%	[illegible]	[illegible]	[illegible]	[illegible]/%	磷/%	消化能/(兆焦/千克)	代谢能/(兆焦/千克)	可消化粗蛋白质/(克/千克)
豆科籽实	大豆	16省市,40样品平均值	88.0	37.0	16.2	5.1	25.1	4.6	0.27	0.48	17.60	14.46	333
	黑豆	7省市,9样品平均值	90.0	37.7	13.8	6.6	27.4	4.5	0.25	0.50	17.26	14.13	339
饼粕类	菜籽饼	13省市,27样品平均值,机榨	92.2	36.4	7.8	10.7	29.3	8.0	0.73	0.95	14.85	12.18	313
	豆饼	13省市,42样品平均值,机榨	90.6	43.0	5.4	5.7	30.6	5.9	0.32	0.50	15.94	13.10	366
	豆粕	2省4样品平均值,浸提	92.4	47.2	1.1	5.4	32.6	6.1	0.32	0.62	15.65	12.84	401
	花生粕	山东,平均值	90.0	48.3	6.8	5.1	24.4	5.4	0.23	0.26	16.18	13.26	439
	胡麻饼	8省市,11样品平均值,机榨	92.0	33.1	7.5	9.8	34.0	7.6	0.58	0.77	14.48	11.88	285
	棉籽饼	13省市,23样品平均值	92.2	33.8	6.0	15.1	31.2	6.1	0.31	0.64	13.72	11.25	267
	向日葵饼	内蒙古,带壳	93.3	17.4	4.1	39.2	27.8	4.8	0.40	0.94	7.02	5.77	151
	玉米胚芽饼	新疆	91.9	14.6	6.1	5.6	60.3	5.3	0.05	1.17	13.56	11.09	105
	芝麻饼	10省市,13样品平均值,机榨	92.0	39.2	10.3	7.2	24.9	10.4	2.24	1.19	14.69	12.05	357
	玉米蛋白粉	去胚芽淀粉的面筋部分	90.1	63.5	5.4	1.0	19.2	1.0	0.07	0.44	18.37	15.06	

续表

饲料类别	饲料名称	样品说明	干物质/%	粗蛋白/%	粗脂肪/%	粗纤维/%	无氮浸出物/%	粗灰分/%	钙/%	磷/%	消化能/(兆焦/千克)	代谢能/(兆焦/千克)	可消化粗蛋白质/(克/千克)
糟渣类	豆腐渣	宁夏银川	15.0	4.6	1.5	3.3	5.0	0.6	0.08	0.05	2.55	2.05	40
	粉渣	内蒙古,马铃薯粉渣,风干	81.5	2.3	0.6	8.0	66.6	4.0	—	—	11.08	9.07	14
	甜菜渣	宁夏银川	10.4	1.0	0.1	2.3	6.7	0.3	0.05	0.01	1.42	1.17	6
	酱油渣	宁夏银川,豆饼3份,麸皮2份	24.3	7.1	4.5	3.3	7.9	1.5	0.11	0.03	4.06	3.33	
	酒糟	内蒙古	45.1	5.8	4.1	15.8	14.9	4.5	0.14	0.26	2.51	2.05	35
	啤酒糟	山东,8样品平均值	92.3	25.8	3.3	13.5	46.8	3.0	0.33	0.35	2.83	2.32	173